| 전면개정판 |

수목생리학

전면개정판

수목생리학

초판 1쇄 발행 1993년 2월 25일
전면개정판 1쇄 발행 2021년 8월 30일
전면개정판 7쇄 발행 2025년 8월 15일

지은이 이경준

펴낸곳 서울대학교출판문화원
주소 08826 서울 관악구 관악로 1
도서주문 02-889-4424, 02-880-7995
홈페이지 www.snupress.com
페이스북 @snupress1947
인스타그램 @snupress
이메일 snubook@snu.ac.kr
출판등록 제15-3호

ISBN 978-89-521-2961-1 93520

TREE PHYSIOLOGY

| 전면개정판 |

수 목 생리학

이경준 지음

서울대학교출판문화원

머리말

이 책은 2011년 간행된 『수목생리학』(3차 수정판)의 내용을 최근 연구자료로 보완하고 새롭게 편집하여 발행한 것이다. 1993년 당시 국내에 수목생리학 분야의 대학 교재가 없었던 시절에 처음으로 서울대학교출판부에서 『수목생리학』이 발행되었으며, 그동안 다양한 많은 독자들의 사랑을 받아 왔다. 그사이 식물생리학과 수목생리학 분야는 많은 발전을 거듭해 왔으며, 이에 맞추어 『전면개정판 수목생리학』을 편찬하게 되었다.

수목생리학은 수목이 어떻게 자라는지 그 기본 원리를 다루는 기초 학문으로 식물생리학과 밀접하게 연관되어 있다. 수목은 장수하는 식물로서, 수명이 짧은 초본식물과 비교하여 장기간에 걸친 다양한 환경 변화에 적응하기 위한 독특한 구조와 기능, 생장 특성, 적응 생리, 그리고 생존 전략을 가지고 있다. 따라서 수목생리학은 농작물의 수확량을 높이는 데 관련된 분야를 연구하는 작물생리학이나 원예학과 비교하여 상당히 다른 내용을 강조하지만, 식물생리학의 기본 이론에 바탕을 두고 있으며 그 원리를 수목에 응용한다.

수목을 효율적으로 그리고 건강하게 기르기 위해서는 수목이 어떻게 자라는지 먼저 이해해야 한다. 이 책은 수목이 자라는 과정에 어떤 대사가 관여하는지 설명하고 있으며, 단독으로 혹은 숲속에서 자라는 수목의 구조와 생장 특성, 광합성, 호흡, 탄수화물과 단백질, 지질 대사, 수분생리와 증산작용, 수액상승, 무기염 흡수, 무기영양, 유성생식과 개화, 종자생리, 식물호르몬, 조림과 무육 생리, 환경 변화에 따른 수목의 반응과 적응, 그리고 각종 스트레스 생리를 기술하고 있다.

수목생리학은 생장에 관련된 생리적 과정을 설명하는 기초 학문이기 때문에 임업 종자, 양묘, 조림, 임목육종, 산림생태학, 산림보호, 수목관리, 수목의학 분야 등 산림생물학 분야에 넓게 응용된다. 또한 원예학, 과수재배학, 조경학 분야에도 수목을 건강하게 관리하기 위한 기초 지식을 제공하고 있다.

최근 나무와 숲에 관련된 다양한 직업이 창출되면서 수목생리학의 응용분야가 확대되고 있다. 나무와 숲을 가꾸는 산림기사, 식물보호기사, 수목치료기술자, 나무의사, 조경수조성관리사, 문화재수리기술자는 수목생리학을 이해함으로써 과학적으로 수목을 관리할 수 있는 능력을 갖추게 된다. 그 밖에 나무와 숲에 대한 해설을 담당하는 숲해설가, 숲길등산지도사, 숲길체험지도사, 산림치유지도사, 유아숲지도사, 자연환경해설사에게도 수목생리학은 해설 내용을 다양화하는 지식을 제공한다.

끝으로 『전면개정판 수목생리학』을 발행할 수 있도록 허락하신 서울대학교출판문화원에 깊은 감사의 뜻을 표하며, 많은 표와 그림, 사진을 정돈하고 수정 작업을 빈틈없이 마무리해 주신 관계자 여러분에게도 감사의 마음을 전한다. 이 책 속의 많은 삽화는 초판을 발행할 때 서울대학교 대학원 박사과정의 조덕현 선생이 직접 그렸고, 저자의 내자인 안명희 씨가 최근 포토샵 작업과 추가로 삽화를 그려서 보완했으며, 표지 디자인은 저자의 차남이면서 건축설계사인 이영진 씨가 아이디어를 내고 초안을 만들었음을 밝히며 깊은 감사의 뜻을 전한다.

2021년 8월
저자 씀

차례

3장 | 수목의 생장 • 69

4장 | 햇빛과 광합성 • 101

11장 | 무기염의 흡수와 수액상승 • 329

12장 | 유성생식과 개화생리 • 359

13장 | 종자생리 • 393

14장 | 식물호르몬 • 421

1

서론

수목(樹木, trees)은 인간에게 매우 중요하고 유익한 생물이다. 인간은 수목으로부터 목재, 펄프, 연료, 식품, 임산물 등 각종 경제적 혜택을 얻고 있으며, 또한 수목을 이용해 정원과 공원을 만들어 경관을 아름답게 한다. 수목은 숲을 이루어 야생동물의 서식지를 제공하고, 인간에게 휴식처를 만들어 주며, 스포츠를 즐길 수 있게 해준다. 수목은 맑은 물과 공기를 제공하며, 기후를 온화하게 하고, 지구온난화 가스를 흡수하며, 대기오염을 경감시키고, 토양침식을 막고, 홍수와 소음을 줄여줄 뿐만 아니라, 혐오시설을 차폐하고, 건물의 유지 에너지를 절약하게 해주는 등 공익적 기능도 제공해 준다.

이와 같이 수목의 기능은 매우 다양하며 인간에게 많은 혜택을 주고 있으므로, 그 혜택을 최대화하기 위해 인간은 나무를 심고 가꾸면서 수목의 생장을 적절하게 도와줄 필요가 있다. 수목을 효율적으로 관리하기 위해서 우리는 수목 고유의 유전적 생장 특성과 수목이 환경 변화에 어떻게 영향을 받는지 이해해야 하며, '수목생리학'은 이러한 문제를 다루는 학문이다.

1. 수목의 정의

수목(樹木, trees)은 살아 있는 나무를 일컬으며, 숲을 이루고 있을 때에는 임목(林木, forest trees)이라고 한다. 전통적인 식물분류학자들은 형태적 특성을 근거로 하여 식물을 계통에 따라서 분류하지만, 편의상 종자식물을 크게 초본식물과 목본식물로 나눌 경우 수목은 목본식물에 해당한다.

목본식물(木本植物, woody plants)은 종자식물 중에서 매년 줄기에서 2차생장(secondary growth)을 하는 식물을 의미한다. 식물학에서 2차생장이란 유관속형성층(維管束形成層, 부름켜, vascular cambium)이 2차조직(secondary tissue), 즉 2차목부(二次木部, 물관, secondary xylem)와 2차사부(二次篩部, 체관, secondary phloem)를 만들면서 자라는 것을 뜻한다. 따라서 목본식물을 식물학적으로 정의할 때에는 유관속형성층에 의해 2차생장을 통해서 나이테를 추가하면서 직경이 증가하는 식물이라고 할 수 있다. 이 정의에 의하면 나

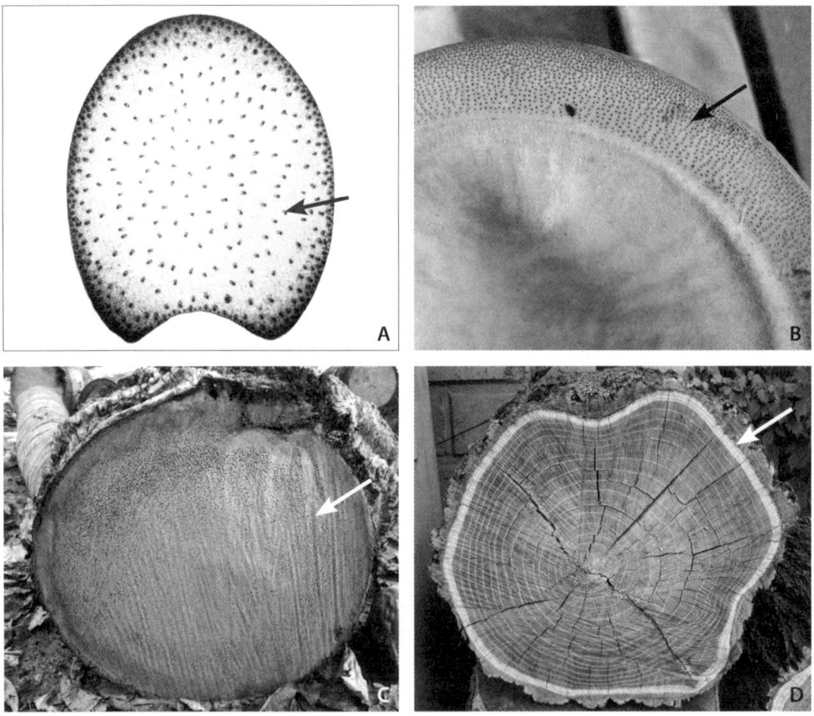

〈그림 1-1〉 여러 식물 줄기의 횡단면

A: 흩어진 유관속을 가진 단자엽 초본식물 옥수수. B: 가운데가 비어 있고 가장자리에 흩어진 유관속(화살표)이 무수히 많지만 나이테가 없는 대나무. C: 풀과 비슷한 흩어진 유관속을 가지고 있으며 나이테가 없는 야자나무. D: 원통형의 유관속형성층(화살표)이 만든 나이테를 가지고 있는 진정한 목본식물 아까시나무.

이테를 형성하지 않는 대나무류, 야자류, 소철류, 나무고사리류는 목본식물에 속하지 않는 셈이다(〈그림 1-1〉 참조).

온대지방에서 목본식물을 좀 더 쉽게 이해할 수 있는 기준은 생태학에서 적용하고 있는 생육형(生育型, growth form)에 대한 개념이다. 겨울철에 지상부가 살아남으면 목본식물이며, 지상부가 전부 죽으면 초본식물로 분류된다. 예를 들어 같은 작약속(*Paeonia*)에 속하면서 비슷한 모양의 잎과 꽃을 가진 식물 중에서 작약은 겨울철에 지상부가 모두 죽기 때문에 초본식물로 분류되며, 모란(목단)은 지상부가 살아남기 때문에 목본식물로 분류된다. 내나무류, 청미래덩굴, 청가시덩굴, 인동덩굴은 나이테가 없지만 줄기 혹은 덩굴줄기가 겨울에 살아남아 목본식물로 분류된다.

초본식물(草本植物, herbaceous plants)은 생활형(生活型, life form)에 따라서 1년생 식물, 2년생 식물, 다년생 식물로 분류된다. 토마토와 고추 같은 식물은 온대지방에서 1년생 초본식물에 해당한다. 그런데 온실 내에서는 다년간 살아남아 나무 같은 굵은 밑동과 줄기를 가지지만 형성층을 가지고 있지 않기 때문에 초본식물의 범주를 넘지 못한다.

목본식물은 관목과 교목으로 분류하는데, 관목(灌木, shrubs)은 일반적으로 다 자랐을 때 키가 4m 이내인 나무를 의미하고, 4m 이상으로 자라면 교목(喬木, trees)이라고 한다. 무궁화는 키가 보통 4m 이하로 자라기 때문에 관목으로 분류되지만, 따뜻한 곳에서 70년 이상 자라면 키가 7m까지 달하

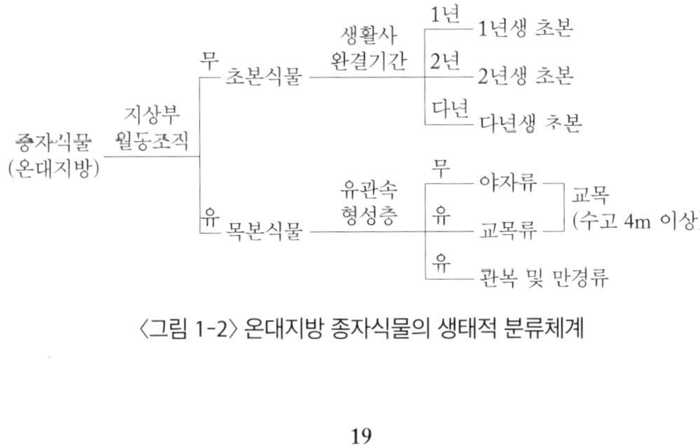

〈그림 1-2〉 온대지방 종자식물의 생태적 분류체계

여 소교목(혹은 아교목)으로 분류될 수 있다. 〈그림 1-2〉는 온대지방에서 적용할 수 있는 종자식물의 생태적 분류체계를 보여준다.

2. 생물의 공통점

지구의 나이는 최소 45억 년으로 알려져 있으며, 생물이 태어난 시기는 최소 35억 년 전으로 추정된다. 지구상에는 현재 수백만 종의 생물이 서식하고 있는데, 이와 같은 종다양성(種多樣性, species diversity)은 수십억 년간의 진화에 의해 이루어진 결과로 믿어진다. 다양한 수많은 생물들은 각각 외부 형태적으로 독특한 모양을 하고 있으며, 생활양식과 기능에서도 특유한 성질을 가지고 있다. 단세포 생물인 조그만 박테리아(bacteria, 세균)와 다세포 생물인 거대한 나무 사이에는 별 공통점이 없는 것처럼 보이나, 생물(生物, organisms)이라는 큰 공통점이 있다.

생물은 독특한 기능을 가진 여러 부분이 서로 유기적인 관계를 유지하면서 공통된 생명현상을 나타낸다. 진화론(進化論, evolutionary theory)에 따르면, 원시적인 박테리아가 수십억 년의 기간이 지나면서 현재의 고등 동식물로 진화해 왔다고 한다. 이러한 진화론을 뒷받침하는 많은 생명현상 가운데 가장 두드러진 공통점은 호흡작용에 관련된 생리학적인 현상을 들 수 있다. 예를 들어 박테리아가 산소를 소모하면서 당분을 에너지로 바꾸는 생화학적 호흡방법은 인간뿐만 아니라 거대한 나무에도 그대로 적용된다.

따라서 박테리아 생리학(bacterial physiology)의 원리가 수목생리학(tree physiology)에도 응용될 수 있으며, 이런 점에서 수목생리학의 영역은 다른 생물학 분야와 완전히 독립된 분야가 아니다. 다행히 현재 미생물과 초본식물을 대상으로 많은 연구가 이루어지고 있어, 급속히 발전한 미생물학과 식물학 이론을 수목생리학에 응용함으로써 수목생리학도 한층 더 발전할 수 있게 되었다. 반면 모든 첨단연구가 미생물과 초본식물에서 먼저 이루어지다 보니, 수목생리학은 항상 한발 늦게 발전할 수밖에 없는 단점도 있다.

3. 동물과 식물의 차이

동물과 식물은 이동성, 정형성, 기관의 복잡성, 필요한 양분의 형태, 에너지 획득 방식, 세포의 구조에서 서로 다르다고 할 수 있다. 동물(animal)은 알맞은 환경을 찾아서 능동적으로 이동할 수 있지만, 식물(plants)은 한곳에 정착하여 자라기 때문에 환경에 대한 선택성이 거의 없다. 동물은 성숙하면 일정한 크기와 형태를 유지하면서 더 이상 성장하지 않으며, 고등동물은 수십 개의 복잡한 기관이 서로 유기적으로 기능을 발휘한다. 반면에 육상 식물은 제자리에 뿌리를 내려 움직이지 않으며, 수목의 경우 크기가 계속해서 커지기 때문에 모양이 일정하지 않고 6개의 기관만을 가질 만큼 구조가 단순한 편이다.

세포학적으로 볼 때 식물과 동물의 차이점은 식물세포는 세포벽(cell wall)으로 둘러싸여 있고, 동물은 세포벽이 없다는 것이다. 척추동물은 등뼈를 이용하여 몸을 지탱하고 모양을 갖추고 있는데, 식물은 그 대신에 세포 하나마다 두꺼운 세포벽을 만들어 세포의 지지력을 높여 몸을 지탱한다. 대신 성숙하여 굳어진 식물세포는 다시 커지지 않는다.

영양학적으로 볼 때 동물과 식물의 차이점은 에너지원(energy source)이 서로 다르다는 것이다. 동물은 유기물로 된 화합물(化合物, organic compounds)을 분해시켜 에너지를 얻으며, 일부 필요한 아미노산과 비타민을 자체적으로 합성할 수 없기 때문에 외부로부터 유기물(먹이)을 계속하여 섭취해야만 살아갈 수 있는 종속영양자(從屬營養者, heterotrophic organism)이다. 반면에 식물은 엽록소를 이용한 광합성에 의해 필요한 에너지를 직접 합성할 수 있다. 광합성에 의해 만들어진 화합물은 유기물인 탄수화물(당류)이며, 이것을 이용하여 식물이 필요로 하는 모든 탄수화물, 지방, 단백질, 그리고 비타민까지 합성할 수 있는 능력이 있다. 식물은 햇빛, 물, 이산화탄소를 이용해 유기물을 합성하는 능력이 있기 때문에 먹이 없이 독립적으로 살아갈 수 있는 독립영양자(獨立營養者, autotrophic organism)라 부른다.

4. 수목의 특징

수목은 초본식물에서 볼 수 없는 몇 가지 특징을 가지고 있는데, 가장 큰 특징은 유관속형성층에 의해서 직경이 굵어지며 몸체가 크다는 것이다. 지구상에 있는 생물 중에서 가장 큰 생물은 나무다. 가장 큰 세쿼이아(*Sequoia sempervirens*)는 키가 116m에 달하며, 몸체를 지탱할 수 있는 견고한 수간(樹幹, trunk)을 가지고 있다. 직경이 가장 큰 나무는 멕시코 오악사카(Oaxaca) 지방에서 자라는 낙우송류(*Taxodium mucronatum*)로서 밑동지름이 15m에 이른다.

수목의 두 번째 특징은 다년생 식물로서 수명이 길다는 것이다. 국내에서 장수하는 수종으로 주목, 향나무, 은행나무, 소나무, 느티나무, 팽나무, 회화나무, 왕버들을 예로 들 수 있으며, 수백 년을 살아가고 있다. 세계에서 가장 나이가 많은 나무는 미국 네바다주 해발 3,500m에서 자라는 룽가에바잣나무(*Pinus longaeva*)로서 2012년에 5,068년 된 개체가 발견되었다.

세 번째로 수목은 긴 세월을 살아가기 위해 생식생장(개화와 결실)에 많은 에너지를 소비하지 않는다. 1년생 식물은 열매를 맺고 죽지만, 나무는 성숙할 때까지 기다린 후 꽃을 피우되, 꽃과 열매 생산에 적은 에너지를 투여함으로써 다음 생장과 월동을 위해 에너지를 저장한다.

네 번째 특징은 죽은 세포를 많이 가지고 있다는 것이다. 동물은 대부분의 세포가 살아 있으며, 몸체가 커지면 이에 비례하여 호흡량이 증가하기 때문에 많은 에너지를 필요로 한다. 1년생 식물도 대부분 살아 있는 세포로 구성되어 있어 호흡을 많이 한다. 반면 수목은 몸체가 커지면 수간의 목부조직(2차목부에 해당)에 죽은 세포(예: 도관, 가도관, 섬유세포)를 많이 만들어 몸을 지탱하고, 일부 살아 있는 세포(예: 유세포)에서만 호흡하면서 에너지를 효율적으로 절약한다. 결국 고목의 가지가 죽고 잎의 양이 줄어 광합성을 적게 하더라도 자기 몸을 지탱할 수 있게 된다.

다섯 번째, 수목은 오랜 세월을 살아가기 위해 여러 가지 저항성을 가지고 있다. 특히 간헐적으로 나타나는 한발이나 추위, 산불, 태풍 등에 대한 저항성과 병균과 곤충의 피해에 대한 저항성을 가지고 있으며, 경우에 따라서는 많은 적설에 견딜 수 있도록 곧추선 원추형의 수관(樹冠, crown)을 지니기도 한다. 예를 들어 세쿼이아는 2천 년을 살면서 수피가 최고 70cm까지 두꺼워져, 경쟁하는 주변 나무들이 산불에 타 죽는 상황에서도 견딜 수 있다.

5. 수목생리학: 뜻과 응용

수목생리학(樹木生理學, tree physiology)은 수목이 어떻게 자라는지 연구하는 학문으로, 수목 내에서 일어나는 갖가지 현상과 생장의 기본 원리를 설명해 준다. 수목은 햇빛과 온도 등 환경 변화에 맞춰 살아가기 위한 적절한 생리적 반응을 나타내는데, 기본적으로는 초본식물과 동일하지만 세부적으로는 다른 반응과 전략을 가지는 경우가 많다. 또한 수목 재배법에 따라 생장반응이 다르게 나타나는데, 이러한 다양한 반응의 원인을 이해하는 데 수목생리학이 도움을 준다.

수목은 생명을 가진 생명체이므로, 동물과 마찬가지로 태어날 때 이미 유전적 소질에 의해 생장량과 나무의 모양이 결정되어 있다. 그러나 동물과는 달리 수목은 환경의 영향을 크게 받기 때문에 적절한 환경에서는 수십 미터의 거목으로 자라지만, 분재와 같이 제한된 환경에서는 거목의

1/100 크기보다 작은 왜성(矮性)나무로 그치고 만다. 이러한 나무의 유전적 소질과 외부 환경요인과의 상호작용은 내적인 생리적 과정(physiological process)을 거쳐 생장(生長, growth)이라는 눈으로 볼 수 있는 최종 형태로 나타난다. 수목생리학은 이러한 내적인 생리적 현상을 설명해 주는 학문이라고 할 수 있다.

수목을 가꾸는 방법을 연구하는 응용학문인 조림학(silviculture)에서도 수목이 자라는 원리를 설명해 주는 수목생리학을 먼저 이해함으로써, 수목을 가꾸는 최선의 방법과 빨리 자라게 하는 처리법을 과학적으로 찾아낼 수 있다. 따라서 수목생리학은 임업에서는 조림학의 기초가 되는 학문이라 할 수 있으며, 조경수관리학(arboriculture)과 과수원예학(pomology)에서는 조경수와 과수의 생장과 결실을 조절하는 방법에 수목의 생장원리를 응용할 수 있다.

과수와 조경수를 오랜 세월 동안 관리해 온 사람들은 환경을 바꿔주거나 어떤 처리를 할 때 수목이 나타내는 반응과 결과를 오랜 경험을 통해서 알고 있지만, 어떤 원리에 의해 그런 결과가 나타나는지에 대해서는 잘 모르는 경우가 많다. 원리를 모르고 어떤 기술을 응용한다면 독자적으로 새로운 기술을 개발하기가 매우 어렵다. 따라서 수목생리학은 수목을 다루는 기술자들에게 "왜 그런 결과가 나타나는가?"에 대한 해답을 줌으로써 생각하는 영농, 그리고 발전할 수 있는 과학적인 영농기술의 기초를 마련해 주며, 새로운 기술을 개발하는 데 기초 지식이 될 수 있다.

최근 나무와 숲에 대한 국민적 관심이 높아지면서 새로운 산림문화가 싹트고 있는데, 숲해설가, 산림치유지도사, 자연환경해설사 등이 수목생리 이론을 응용하고 있다. 또한 최근에 도입된 수목진료제도에서 나무의사와 수목치료기술자를 양성하고 있는데, 수목생리학이 기초 필수 과목으로 지정됨으로써 응용범위를 넓혀가고 있다.

6. 수목 분류에 관한 용어 정리

수목생리학에서 자주 사용하는 용어 중에서 혼동을 막기 위해 수목 분류에 관한 몇 가지 명칭을 정리해 본다. 종자식물(種子植物, seed plants)은 생식기관의 모양에 따라서 두 가지로 분류한다. 나자식물(裸子植物, gymnosperms)은 종자를 담고 있는 배주(胚珠, 밑씨, ovule)가 노출되어 있는 식물을 말한다. 피자식물(被子植物, angiosperms)은 종자가 자방(子房, 씨방, ovary) 속에 감추어져 있는 식물을 말하는데, 종자에서 유래한 자엽(子葉, cotyledon)의 수에 따라 단자엽식물(외떡잎식물)과 쌍자엽식물(쌍떡잎식물)로 나눈다. 단자엽식물(單子葉植物, monocotyledons)은 거의 초본식물이며, 목본식물로는 대나무류와 청미래덩굴류가 여기에 속한다. 쌍자엽식물(雙子葉植物, dicotyledons)에는 목본식물이 많다.

나자식물은 주로 침엽형 잎을 가지고 있어 침엽수(針葉樹, needle-leaved trees)라고 부르지만, 은행나무와 같이 넓은 잎을 가진 것도 있다. 나자식물의 목재는 비중이 가볍기 때문에 softwood(침엽수재)라고도 부르며, 피자식물의 목재는 무거워서 hardwood(활엽수재)라고 하지만 오동나무와 포플러 같이 가벼운 것도 있다. 상록수(常綠樹, evergreen tree)와 낙엽수(落葉樹, deciduous tree)의 개념은 나자식물과 피자식물을 대신하여 쓸 수 없다. 나자식물 중에서도 낙우송, 잎갈나무, 메타세쿼이아와 같이 낙엽이 지는 것이 있으며, 피자식물 중에서도 상록성인 것이 많다. 따라서 이와 같은 용어들을 섞어서 사용할 때에는 주의해야 하지만, 일반적으로 나자식물류를 침엽수로, 그리고 피자식물류를 활엽수(闊葉樹, broad-leaved trees)로 부르는 관행을 이 책에서도 일부 채택하려고 한다. 그리고 나자식물과 구과식물(毬果植物, conifers)을 같은 뜻으로 쓰는 경우가 있는데, 이것은 구과식물이 아닌 은행목과 주목목에 속하는 수목이 몇 안 되고 대신 구과목의 종류가 많기 때문이므로, 이것도 인정해야 할 것이다. 〈표 1-1〉에 목본식물에 관한 분류용어 간의 관계를 요약하였다.

〈표 1-1〉 한국에서 자라는 목본식물 분류용어 간의 관계

식물학적 분류		잎의 모양에 의한 분류	목재의 성질에 의한 분류	낙엽성
나자식물 (gymnosperms)	은행목(Ginkgoales) 주목목(Taxales) 구과목(Coniferales)	침엽수 (needle-leaved trees)	침엽수재 (softwood)	상록수 (evergreen tree)
피자식물 (angiosperms)	쌍자엽식물 (dicotyledons) 단자엽식물* (monocotyledons)	활엽수 (broad-leaved trees)	활엽수재 (hardwood)	낙엽수 (deciduous tree)

*단자엽식물은 대나무류와 청미래덩굴류가 목본식물이고, 나머지는 초본식물이다.

〈표 1-2〉 국내 소나무속(*Pinus*) 분류와 아속의 특징

분류(아속)	엽속 내 잎의 수	잎의 유관속 수	엽초의 성질	잎이 부착되었던 자리의 특성	목재의 성질	수종 예
소나무류 hard pine (Diploxylon)	2개 혹은 3개	2개	잎이 질 때까지 남아 있음 (숙존성)	도드라짐	비중이 높아 굳고, 춘재에서 추재의 전이가 급함	소나무, 곰솔, 리기다소나무, 테다소나무, 방크스소나무
잣나무류 soft pine (Haploxylon)	3개 혹은 5개	1개	첫해 여름 탈락함 (탈락성)	밋밋함	비중이 낮아 연하고, 춘재에서 추재의 전이가 점진적임	잣나무, 섬잣나무, 스트로브잣나무, 백송

또한 국내 숲에서 가장 흔하게 발견되는 소나무류와 참나무류의 분류에 대해 수목생리학에서 자주 언급되므로 여기에 기술하고자 한다. 소나무류는 소나무속(*Pinus*)에 속하는 수종들을 의미하며, 영국의 큐 왕립식물원(Royal Botanic Gardens Kew)에 의하면 세계적으로 126종이 알려져 있다. 소나무속 내에서 아속(sub-genus)의 분류는 잎의 유관속 수를 기준으로 한다(〈표 1-2〉 참조). 잎에 유관속이 2개 있는 것을 소나무류(hard pine)라 부르며, 유관속이 하나 있는 것을 잣나무류(soft pine)라 부른다.

참나무류는 참나무속(*Quercus*)을 의미하는데, 세계적으로 600여 종이 있다. 낙엽성과 상록성으로 구분하기도 하지만, 종자가 당년에 익는 갈참나

〈표 1-3〉 국내 참나무속(*Quercus*) 분류와 아속의 특징

분류(아속)	영어명	종자 성숙 특성	잎과 목재의 특성과 수종 예	
			낙엽성, 환공재	상록성, 방사공재
갈참나무류 (Leucobalanus)	white oak (수피에 흰 무늬 있음)	개화 당년에 익음	갈참나무, 졸참나무, 신갈나무, 떡갈나무, 물참나무	종가시나무, 가시나무, 개가시나무
상수리나무류 (Erythrobalanus)	black oak (수피가 검은색)	개화 다음 해에 익음	상수리나무, 굴참나무, 정릉참나무	붉가시나무, 참가시나무

무류(white oak)와 다음 해에 익는 상수리나무류(black oak)의 아속으로 나눈다(〈표 1-3〉 참조). 갈참나무류는 수피에 흰 무늬가 있어 영어권에서 white oak로 불리며, 상수리나무류는 수피가 검은색이어서 black oak로 불린다. 아속 내에서는 교잡이 자연적으로 이루어져 다양한 잡종이 존재한다.

2

수목의 구조

수목의 생장과 생리는 수목의 형태 및 구조와 연관되어 있다. 수목의 형태와 구조에 관한 지식은 수목의 생장을 조절하는 생리적·화학적 과정을 이해하는 데 필수적이다. 예를 들면 잎의 형태에 대한 지식은 광합성 기작, 증산 효율, 내건성을 이해하는 데 중요하고, 수간의 구조에 대한 지식은 나이테의 생장, 수액 이동, 탄수화물 운반 과정을 이해하는 데 크게 도움이 되며, 뿌리의 구조는 수분과 무기양분의 흡수 기작을 이해하는 데 필요하다. 이와 같이 수목의 구조를 이해해야 이에 관련된 생리적 대사 과정을 해석할 수 있다.

수목의 구조는 몸체를 키우는 데 기여하는 영양구조(잎, 줄기, 뿌리)와 다음 세대를 번식시키는 데 기여하는 생식구조(꽃, 종자, 열매)의 두 종류로 구분된다. 2장에서는 잎, 줄기, 뿌리, 꽃의 구조에 대하여 설명하며, 열매의 구조는 12장에서, 종자의 구조는 13장에서 별도로 설명한다.

1. 구조와 기능의 연관성

한 생물의 기능은 그 구조에 의해 결정되기 때문에, 생물의 형태와 구조에 대한 지식은 그 기능과 생리를 이해하는 데 필수적인 전제조건이다. 먼저 동물의 세계에서 새의 예를 들면, 빠른 속도로 날아다니는 제비는 가벼운 몸체와 유선형 몸매를 가지고 있지만, 날아다닐 수 없는 펭귄은 육중한 체구를 가지고 있으며 추위에 견딜 수 있도록 두꺼운 피하지방을 축적하고 있다. 따라서 새의 모양을 보면 그 새의 비상 능력을 짐작할 수 있다.

식물의 세계에서도 잎의 구조와 형태가 다양하여, 환경의 변화에 따라 다양한 기능을 나타내고 있다. 즉 기온이 높고 강우량이 많은 열대지방의 식물은 잎의 세포 간격이 넓고 왁스층이 얇은 잎을 가진 반면에, 건조한 지방의 식물은 증산작용을 억제하기 위해 세포 간격이 좁고 왁스층이 두꺼운 경엽(硬葉)을 가지며, 추운 지방의 가문비나무는 짤막하고 표피층이 두꺼운 바늘 형태의 잎을 가지고 있다.

이러한 식물의 구조적인 차이는 오랜 세월 동안 식물이 환경에 적응하기 위해 진화하는 과정에서 필연적으로 생겨난 결과로, 식물학자는 수목의 구조를 이해함으로써 그 나무의 생리와 기능을 짐작할 수 있다. 의과대학에서 인체의 구조에 대한 지식을 먼저 충분히 습득함으로써 다음에 인체 생리를 이해할 수 있게 되는 것과 같은 원리로, 수목의 생리적 현상을 이해하기 위해서는 수목의 구조에 대한 지식을 먼저 습득하는 것이 필요하다.

2. 수목의 기본 구조: 세포, 조직, 기관

모든 생물(生物, organism)은 세포로 구성되어 있다. 세포(細胞, cell)는 생물의 가장 작은 구성 단위로 모든 생물의 구조적·기능적·생물학적 기본 단위에 해당한다. 즉 세포는 생물체라는 건축물을 만드는 벽돌 조각이라고 할 수 있다. 식물의 세포 중에서 특기할 만한 세포는 유세포다. 유세포(柔細胞, parenchyma)는 원형질(原形質, protoplasm)을 가지고 있는 살아 있는 어린 세포로 광합성, 호흡, 물질 운반과 분비 등 중요한 생리적 기능을 수행함으로써 대사의 핵심적 역할을 담당한다(〈그림 2-30〉 참조).

유세포는 세포의 신장, 분열, 분화 과정을 통해서 다른 종류의 세포로 발전할 수 있는 기본적인 세포이기도 하다. 목본식물은 나이테를 구성하는 2차목부와 같은 죽은 조직을 많이 가지고 있기 때문에 초본식물과 비교하여 유세포의 비율이 매우 낮다. 살아 있는 세포의 비율이 낮다는 것은 몸체가 큰 수목에서 물질 분배를 효율적으로 수행하며 호흡을 적게 한다는 뜻이기도 하다.

세포가 모여서 조직을 이루는데, 조직(組織, tissue)은 독특한 기능을 수행하는 유사한 세포들의 모임이다. 표피조직은 어린 수목의 맨 바깥 표면을 구성하는 세포들의 모임이며, 코르크 조직은 후에 표피조직을 대신하여 표면을 보호하는 역할을 한다. 목부는 수분의 이동을 담당하고, 사부는 탄수화물의 이동을 담당하며, 물질 이동을 담당하는 조직을 통도조직(通導組織, vascular tissue)이라고 부른다. 〈표 2-1〉에 수목에서 발견되는 기본 조직을 형태별로 분류하였으며, 〈표 2-2〉에 기본 조직을 기능별로 분류하였다.

기관(器官, organ)은 비슷한 기능을 수행하는 조직들의 모임이다. 그중

〈표 2-1〉 목본식물 기본 조직의 형태별 분류

형태별 조직 분류	영어명	기능	관련 조직 또는 세포
표피조직	epidermis	어린 식물의 표면 보호, 수분 증발 억제	표피층, 털, 기공, 각피층, 뿌리털
코르크 조직(주피)	periderm	표피조직을 대신하여 표면 보호, 수분 증발 억제, 내화	코르크층, 코르크형성층, 코르크피층, 수피, 피목
유조직	parenchyma	원형질을 가지고 살아 있으면서 신장, 세포분열, 광합성, 호흡, 양분 저장, 저수, 통기, 상처 치유, 부정아와 부정근 생성 등 가장 왕성한 대사작용 담당	생장점, 분열조직, 형성층, 수선조직, 엽육조직, 동화조직, 저장조직, 저수조직, 통기조직 등의 유세포
후각조직	collenchyma	어린 목본식물의 표면 가까이에서 지탱 역할을 하는 특수한 형태의 살아 있는 유세포	엽병, 엽맥, 줄기
후벽조직	sclerenchyma	목본식물의 지탱 역할 담당, 세포벽이 두껍고 원형질이 없는 죽은 세포	섬유세포, 참나무류 종피, 호두껍질
목부조직	xylem	수분 통도 및 지탱	도관, 가도관, 수선, 목부섬유, 춘재, 추재
사부조직	phloem	탄수화물 이동, 지탱, 코르크형성층의 기원. 사부섬유를 제외하고 살아 있는 세포로 구성	사관세포, 사세포, 반세포, 알부민세포, 사부섬유
분비조직	secretory tissue	점액, 유액, 고무질, 수지 등 분비	수지도, 선모, 밀선

〈표 2-2〉 목본식물 기본 조직의 기능별 분류

기능별 조직 분류	기능	세포의 예	조직의 예
분열조직	세포분열을 통해서 세포의 수를 증가시킴	유세포	배, 눈, 생장점, 뿌리정단분열조직, 형성층, 수선, 유조직
보호조직	건조, 물리적 상처, 병해충의 침입을 방지함	유세포, 후각세포, 후벽세포	표피, 하피, 각피, 종피, 수피, 코르크 조직, 근관
지지조직	딱딱한 세포벽을 가져 몸을 지탱함	섬유세포, 후각세포, 후벽세포	2차목부, 피층, 엽맥, 엽병, 후각조직, 후벽조직, 수피
통도조직	수분, 무기양분, 탄수화물의 장거리 이동	도관, 가도관, 사관세포, 사세포	1차목부, 1차사부, 유관속, 유관속초, 2차목부, 2차사부
동화조직	탄소동화작용(광합성)	유세포	책상조직, 해면조직, 엽육조직, 피층, 코르크피층
저장조직	전분, 지방, 단백질 등 저장	유세포	유조직, 피층, 수선조직, 배유
통기조직	외부와의 가스교환	유세포, 공변세포, 부세포	기공, 피목
분비조직	수지, 검, 수액, 유액 등을 분비함	표피세포, 상피세포, 섬모	수지도, 표피, 밀선, 배수조직, 유액분비조직

〈표 2-3〉 수목의 기본 구조: 6개 기관과 관련된 조직 명칭

<table>
<tr><th></th><th>기본 구조</th><th>기관명</th><th>고유조직</th><th>특수조직</th><th>공통조직</th></tr>
<tr><td rowspan="6">수목
(종자식물)</td><td rowspan="3">영양구조
(생장을 위한 구조)</td><td>잎</td><td>표피, 기공, 엽육조직, 책상조직, 해면조직, 엽맥, 엽병, 탁엽</td><td>후각조직</td><td rowspan="6">표피조직
유관속(초)
(1차)목부
(1차)사부
분비조직</td></tr>
<tr><td>줄기</td><td>눈, 피목, 가시</td><td rowspan="2">형성층, 코르크 조직, 코르크형성층, 수피, 2차목부, 2차사부</td></tr>
<tr><td>뿌리</td><td>근관, 내피, 내초</td></tr>
<tr><td rowspan="3">생식구조
(번식을 위한 구조)</td><td>꽃</td><td>암술, 수술, 씨방, 꽃잎, 꽃받침, 화분, 배주, 씨방</td><td rowspan="3">후각조직
후벽조직</td></tr>
<tr><td>종자</td><td>종피, 배, 배유, 유근, 유아, 유경, 주공, 배병</td></tr>
<tr><td>열매</td><td>과피, 과육, 실편, 제</td></tr>
</table>

한 예로 잎은 광합성을 수행하는 독특한 기능을 가진 기관이다. 기관이 모여 생물의 개체(個體, individual)를 이룬다. 육상 생태계에서 자라는 수목은 대부분 종자를 생산하는 종자식물이며, 환경에 적응하기 위해 오랜 세월

동안 진화를 통해 전문화된 6개의 기관으로 이루어진 구조를 가지고 있다. 즉 잎(leaf), 줄기(stem), 뿌리(root)의 영양구조와, 꽃(flower), 종자(seed), 열매(fruit)의 생식구조가 그것이다(〈표 2-3〉 참조).

3. 잎

잎(leaf)은 주로 유세포(parenchyma)로 구성되어 있으며, 식물에서 광합성 작용을 통해 탄수화물을 제조하는 공장에 해당하는 가장 중요한 기관이다. 줄기나 열매도 초기에는 엽록체를 가지고 광합성을 할 수 있으나, 그 양은 잎의 광합성량보다 훨씬 적기 때문에 광합성 기관으로서는 별로 중요하지 않다. 또한 잎은 산소와 이산화탄소를 교환하는 장소로서 중요한 역할을 하며, 부수적으로 증산작용도 한다. 목본식물의 잎은 그 모양이 다양하여 경우에 따라서는 잎의 모양만으로도 수종을 구별할 수 있다.

1) 피자식물의 잎

피자식물(被子植物, angiosperm)의 잎은 햇빛을 많이 받을 수 있도록 넓게 발달한 엽신(葉身, 잎몸, leaf blade)과 엽신을 지탱하는 엽병(葉柄, 잎자루, petiole)으로 구성되어 있다(〈그림 2-1〉 참조). 엽신은 햇빛을 직접 받는 위쪽의 상표피(上表皮, upper epidermis)와 아래쪽의 하표피(下表皮, lower epidermis)로 둘러싸여 있으며, 표피 표면에는 각피(角皮, cuticle)가 있어서 증산작용을 억제한다(〈그림 2-2〉 참조). 양쪽 표피세포의 안쪽을 통틀어 엽육조직(葉肉組織, mesophyll)이라고 하는데, 엽록체를 많이 함유하고 있다.

엽육조직은 두 가지로 이루어져 있는데, 상표피 바로 밑에 수직 방향으로 길게 자란 책상조직(柵狀組織, palisade mesophyll)이 촘촘히 규칙적으로 배열되어 햇빛을 최대한으로 받을 수 있게 해준다. 책상조직의 아래쪽에는 둥근 모양의 해면조직(海綿組織, spongy mesophyll)이 세포 간격을 두고 불규칙하게 흩어져 있어 이산화탄소의 확산을 용이하게 한다. 일반적으로 위쪽에 있는 책상조직에 더 많은 엽록체가 있으며, 이로 인해 잎의 앞면이 뒷면보다 더 짙은 녹색을 띤다.

온대지방에서 충분한 강우량이 있는 적습지(mesophytic habitat)에서 자라는 중생식물(mesophyte)에 속하는 수목의 잎은 책상조직이 주로 위쪽에 존재하고 해면조직이 아래쪽에 존재함으로써, 잎의 앞뒤 구별이 뚜렷한 양면엽(兩面葉, bifacial leaf)을 가지고 있다. 반면 유칼리와 같이 건조지(xerophytic habitat)에서 자라는 수목의 잎은 책상조직이 양쪽에 있어서 앞뒤 구별이 불분명한 등면엽(等面葉, unifacial leaf)을 가지고 있다.

엽육조직의 한복판에는 탄수화물, 수분, 무기양분 등을 운반하는 엽맥(葉脈, leaf vein)이 있는데, 상표피 쪽에 수분을 이동시키는 1차목부(一次木部, primary xylem)가 있고, 하표피 쪽에 탄수화물을 이동시키는 1차사부(一次篩部, primary phloem)가 있다. 엽맥은 엽신에 골고루 분포하며, 후각조직(collenchyma)으로 보강하여 기계적인 지탱 역할도 겸하고 있다. 피자식물의 잎은 주로 그물같이 퍼진 망상맥(網狀脈, reticulate venation)을 가지고 있으나, 층층나무나 팽나무와 같이 평행맥(平行脈, parallel venation)을 가진 경우도 있다(〈그림 2-1〉 참조).

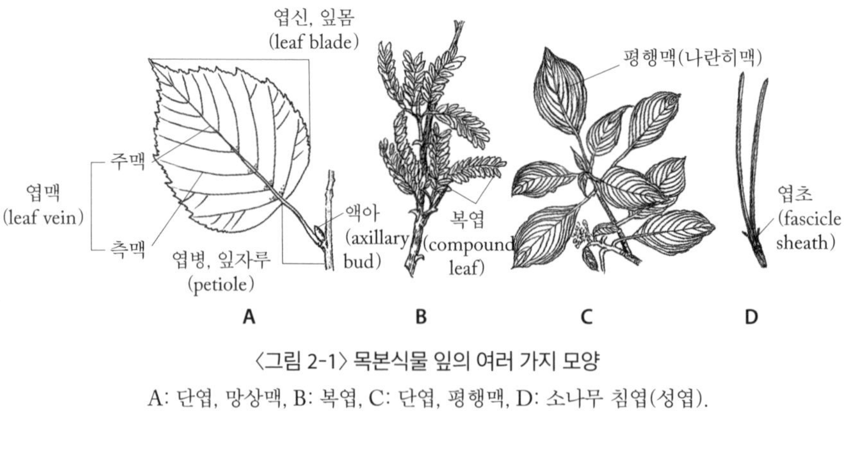

〈그림 2-1〉 목본식물 잎의 여러 가지 모양

A: 단엽, 망상맥, B: 복엽, C: 단엽, 평행맥, D: 소나무 침엽(성엽).

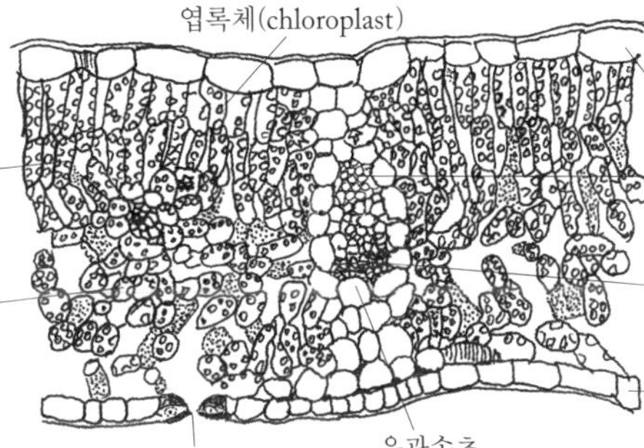

〈그림 2-2〉 온대지방 적습지에서 자라는 전형적인 피자식물 잎의 횡단면(배나무)(Esau, 1965)

2) 나자식물의 잎

나자식물(裸子植物, gymnosperm)은 은행목, 주목목, 구과목으로 분류하는데, 이 중에서 은행목은 활엽수와 같이 넓은 잎을 가지고 있으며, 주목목과 구과목은 바늘 같은 잎을 가진 침엽수이다. 특히 경제적으로 중요한 수목은 구과목(毬果目, conifers: 솔방울을 가진 목본식물)에 많이 속해 있으며, 이들의 잎이 침엽형이기 때문에 나자식물의 잎은 피자식물에 비해 변이가 적은 편이고 환경 변화에 대해 반응이 적게 나타난다. 대부분의 나자식물의 잎은 상록성(常綠性, evergreen)이지만, 은행나무, 잎갈나무, 낙우송, 메타세쿼이아와 같이 낙엽성(落葉性, deciduous)인 것도 간혹 있다.

나자식물의 엽육조직은 은행나무, 주목, 전나무, 미송과 같이 책상조직과 해면조직으로 분화되어 있는 경우도 있으나, 소나무류와 같이 분화되어 있지 않은 경우도 있다(〈그림 2-3A〉 참조). 소나무류의 표피조직은 표피(表皮, epidermis)와 하피(下皮, hypodermis)로 되어 있는데, 모두 두꺼운 세포벽을 가지고 있어서 효율적으로 증산작용을 억제할 수 있다. 표피조직 밑에는 원형의 수지도(樹脂導, resin duct)가 있어 수지(resin)를 분비한다. 엽육조직 안쪽에는 치밀한 단일 세포층으로 된 내피(內皮, endodermis)가 있으며,

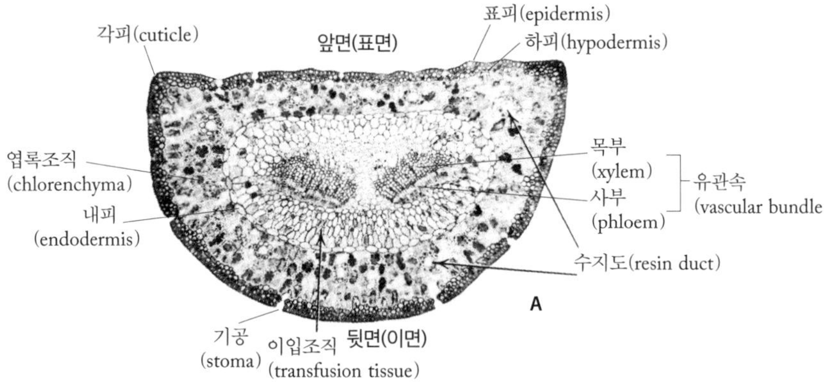

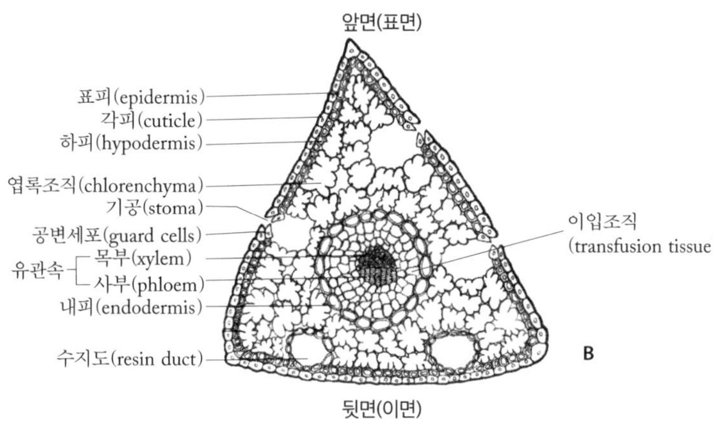

〈그림 2-3〉 소나무속 잎의 횡단면

A: 소나무류(Esau, 1965), B: 잣나무류(Kozlowski, 1971).

내피 안쪽에는 이입조직(移入組織, transfusion tissue)이 있고, 유관속(vascular bundle)이 한 개(잣나무류) 또는 두 개(소나무류) 존재한다.

3) 기공

기공(氣孔, stoma)은 표피조직 중에서 두 개의 특수한 공변세포(孔邊細胞, guard cell)에 의해 만들어진 구멍이라고 할 수 있다. 공변세포의 세포벽은

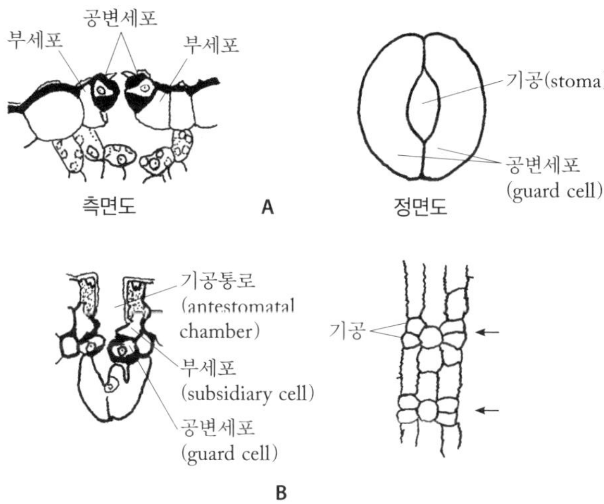

〈그림 2-4〉 피자식물(A)과 나자식물(B)의 기공 비교(Kramer와 Kozlowski, 1979)
A: 복사나무, B: 소나무류(*Pinus merkusii*).

안쪽과 바깥쪽의 두께가 서로 달라서 팽창할 때 공변세포 사이에 간격이 생겨 틈이 벌어지면서 구멍이 만들어진다. 공변세포를 둘러싸고 있는 부세포(副細胞, subsidiary cell)는 협력하여 공변세포의 삼투압을 조절함으로써 기공의 개폐에 관여한다(〈그림 2-4〉 참조).

기공은 잎이 대기와 직접 가스교환을 하는 곳으로 생리학적으로 중요한 역할을 하고 있다. 즉 기공은 광합성을 하기 위해 이산화탄소를 흡수하는 장소이면서, 산소를 밖으로 방출시키고 동시에 수분을 잃어버리는 증산작용(transpiration)을 함께 수행하는 곳이다. 기공의 크기, 모양, 분포 밀도는 수목에 따라 많은 차이가 있다. 대부분의 피자식물의 경우 기공은 잎의 뒷면에 해당하는 하표피에만 분포한다. 포플러와 같이 양면에 모두 존재하는 경우도 있으나, 뒷면에 있는 기공의 수가 앞면보다 훨씬 더 많다. 예를 들어 양버들은 뒷면에 1mm^{2}당 200개 정도의 기공이 있으며, 앞면에는 60개 정도 있다.

일반적으로 수목의 기공 수는 은행나무의 경우 1mm^{2}당 103개, 세로티나벚나무의 경우 306개, 그리고 미국붉나무의 경우 634개로 큰 차이가 있다. 그러나 기공의 분포밀도가 높은 수종은 기공의 크기가 작고 밀도가 낮은 수종은 기공의 크기가 크기 때문에 서로 보완적인 상태에 있다고 할 수 있다. 예를 들어 은행나무는 지름이 가장 큰 56.3μm의 기공을 가지고 있으나 밀도가 1mm^{2}당 103개로서 가장 낮으며, 미국붉나무는 기공의 지름이 19.4μm로서 작은 편이나 분포밀도는 가장 높은 1mm^{2}당 634개이다(〈표 2-4〉 참조). 건조한 토양에서 잘 자라는 아까시나무는 기공의 크기도 작고 밀도도 낮은 편이다.

나자식물의 기공은 공변세포가 부세포보다 안쪽에 위치함으로써 깊숙

〈표 2-4〉 목본식물의 기공 크기와 분포밀도(Davies 등, 1974a)

학명	나무명	기공 크기(길이) (μm)	분포밀도(기공 수) (개/mm^2)
Acer saccharinum	은단풍	17.3	419
Robinia pseudoacacia	아까시나무	17.6	282
Acer saccharum	설탕단풍	19.3	463
Rhus typhina	미국붉나무	19.4	634
Catalpa bignonioides	꽃개오동	23.2	329
Malus sp.	사과나무속	23.8	220
Fraxinus americana	미국물푸레나무	24.8	257
Juglans nigra	흑호두나무	25.7	342
Salix fragilis	버드나무속	25.5	215
Ulmus americana	미국느릅나무	26.3	440
Tilia americana	미국피나무	27.2	279
Quercus rubra	루브라참나무	26.7	532
Vitis vinifera	포도	29.7	121
Prunus serotina	세로티나벚나무	30.5	306
Populus deltoides	미루나무	30.4	163
Gleditsia triacanthos	미국주엽나무	36.1	156
Crataegus sp.	산사나무속	37.4	221
Betula nigra	흑자작나무	39.4	281
Ginkgo biloba	은행나무	56.3	103

이 가라앉아 있다. 특히 소나무류는 표피세포 자체도 두꺼운 세포벽을 가지고 있고, 하피층이 추가로 존재하며(〈그림 2-3〉 참조), 표피세포 바깥에 두꺼운 왁스층을 형성하고, 가라앉은 기공의 입구를 왁스층이 에워싸고 있어서 증산작용을 효율적으로 억제할 수 있다(〈그림 2-4B〉 참조).

4. 줄기: 수간

수목의 독특한 특징은 굵은 줄기 혹은 수간(樹幹, stem, trunk)에서 찾아볼 수 있다(〈그림 2-5〉 참조). 수간은 교목의 경우 하나로 만들어지거나 관목의 경

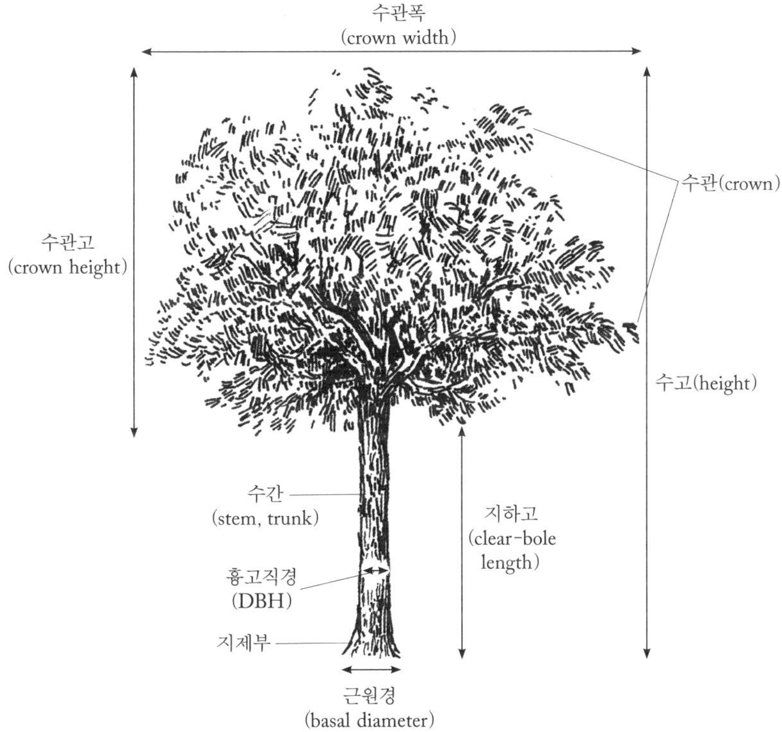

〈그림 2-5〉 수목(교목)의 기본형과 명칭

우 여러 개로 갈라지며, 우리가 목재(wood)로 이용하는 부분이다. 수간은 잎과 가지로 이루어져 있는 윗부분의 수관(樹冠, crown)을 지탱하고, 뿌리에서 흡수한 수분과 무기양분을 위쪽으로 이동시키며, 탄수화물을 주로 아래 방향으로 운반하거나 저장하는 역할을 한다.

1) 눈

눈(芽, bud)은 아직 자라지 않은 어린 가지라고 할 수 있으며, 줄기의 한 구성성분이다. 눈은 세포분열을 수행할 준비가 되어 있어 정단분열조직(apical meristem)에 해당하며, 위치와 함유조직, 활동상태, 형성시기에 따라서 분류한다. 정아(頂芽, 끝눈, terminal bud)는 가지 끝의 한복판에 자리 잡고 있는 눈을 의미하며 주지(主枝, main shoot)를 만든다. 측아(側芽, 곁눈, lateral bud)는 정아의 측면에 비스듬히 발달하며, 주로 측지(側枝, 곁가지, lateral branch)를 만들어낸다(〈그림 2-6〉 참조).

액아(腋芽, 겨드랑이눈, axillary bud)는 대와 잎 사이의 겨드랑이에 위치한 비교적 작은 눈을 의미하며, 주로 새로운 잎을 만들어낸다. 잠아(潛芽, 숨은눈, dormant bud)는 눈 중에서 자라지 않고 계속 휴면상태로 남아 있는 눈을 의미하는데, 처음에는 대와 잎 사이의 엽액(葉腋, 잎겨드랑이, leaf axil)에 만들어졌다가 줄기가 굵어지면 수피 바로 밑까지 계속해서 따라오다가 죽으면 흔적으로 아흔(芽痕, bud trace)을 남긴다(〈그림 2-7〉 참조). 가지치기 후에 생기는 새 가지, 나무를 베어낸 그루터기(벌근(伐根))에서 나오는 줄기맹아(幹萌芽, stump sprout), 피자식물의 도장지(epicormic shoot)와 나자식물의 맹아지는 모두 잠아에서 유래한 것이다.

부정아(不定芽, adventitious bud)는 일반적으로 눈이 만들어지는 곳(줄기 끝이나 엽액)에서 유래하지 않고 수목의 오래된 부위나 뿌리에서 불규칙하게 형성되는 것을 의미하는데, 상처를 입은 유상조직(癒傷組織, callus)이나 상처를 받은 형성층 근처에서 새로 만들어진다. 포플러와 오동나무의 뿌리에서 나오는 근맹아(根萌芽, 뿌리움, root sprout, root sucker)는 부정아에서 생

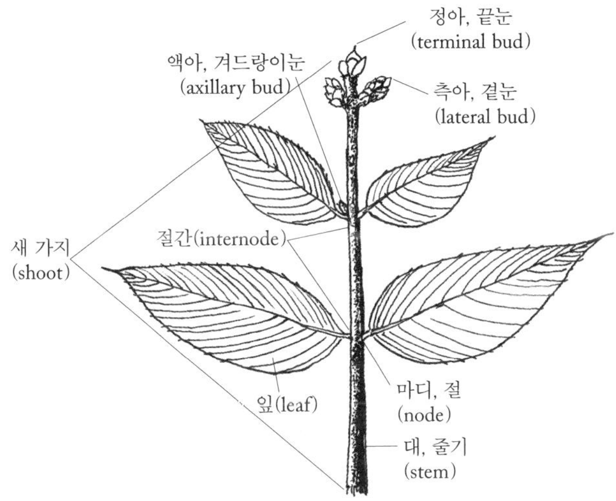

〈그림 2-6〉 새 가지(shoot)의 특징과 명칭

〈그림 2-7〉 맹아력이 강한 에키나타소나무(*Pinus echinata*)의 잠아가 남긴 아흔 형태

50년간 자라면서 중간에 죽은 9개의 잠아가 9개의 아흔을 검은색으로 남겼다. 살아 있는 잠아는 수피 밑까지 매년 자라나오지만, 이 사진에서 보이지 않는다(Kramer와 Kozlowski, 1979).

거난 것이다. 부정아는 즉시 생긴 것이기 때문에 아흔이 없다. 엽아(葉芽, 잎눈, leaf bud)는 잎을 만드는 눈이며, 화아(花芽, 꽃눈, floral bud)는 꽃을, 혼합

〈표 2-5〉 수목의 눈 분류

분류 기준	눈의 명칭	뜻과 해설
함유된 조직	엽아	잎과 대의 원기를 가진 눈
	화아	꽃의 원기를 가진 눈
	혼합아	잎, 대, 꽃의 원기를 함께 가진 눈
가지에서 눈의 위치	정아	가지 끝의 중앙에 있는 눈. 자라서 주지가 됨.
	측아	가지의 정아 아래쪽 측면에 있는 눈. 자라서 측지가 됨.
	액아	대와 잎 사이의 엽액(겨드랑이)에 생긴 눈. 가을에 동아로 되거나 후에 잠아로 남아 있음.
눈의 형성 시기	잠아	액아가 수피 밑에 처음부터 숨어 있는 눈. 나이테가 추가될 적마다 수피 밑까지 매년 자라나옴. 나중에 맹아지, 도장지, 혹은 주맹아지로 튀어나옴.
	부정아	일반적으로 눈이 생기지 않는 곳에서 유상조직으로 조직배양 혹은 뿌리 삽목(근삽) 시 형성되는 눈
	동아	여름·가을에 만들어진 후 겨울철 월동하며 이듬해 봄 싹이 나는 눈
	하아	가지가 봄 생장을 마치고 여름에 만드는 눈
수목 전체에서 위치	줄기맹아	지상부와 그루터기에 잠아의 형태로 숨어 있다가 튀어나오는 눈
	근맹아	지하부 뿌리와 뿌리 삽목 시 형성되는 부정아의 일종인 눈

아(混合芽, 섞인 눈, mixed bud)는 잎, 꽃, 가지를 함께 만드는 눈이다.

2) 형성층

(1) 형태

형성층(形成層, cambium)은 나무의 줄기와 뿌리의 지름을 굵게 만들어 주는 조직으로, 수피 바로 안쪽에 원통형으로 모든 가지와 굵은 뿌리를 둘러싸고 있으며, 몇 개의 세포층으로만 이루어져 있어 그 두께가 아주 얇다(〈그림 2-8〉 참조). 수목에서 세포분열을 왕성하게 하는 분열조직(meristem)은 위치에 따라서 두 가지로 나누는데, 새로운 잎과 가지 그리고 뿌리를 만드는 분열조직은 식물의 가지와 뿌리의 끝부분(선단)에 수직(종축) 방향으로 있다고 하여 정단분열조직(頂端分裂組織, apical meristem)이라 하며, 형성층과 같이 직경을 증가시키는 분열조직은 수평 방향(측면)에 있다고 하여 측생분열

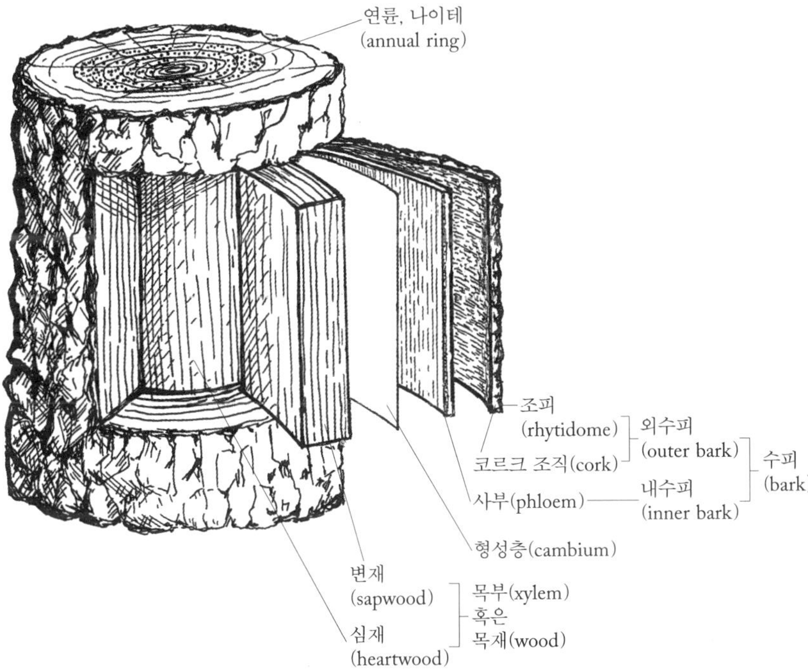

〈그림 2-8〉 수간의 기본 구조

내수피는 외수피 안쪽에 있으며, 사부 조직으로 구성되어 있다.

조직(側生分裂組織, lateral meristem)이라고 한다. 나무가 살아 있는 한 분열조직은 생육기간 동안 거의 쉬지 않고 세포분열을 계속한다.

형성층은 봄에 일찍 세포분열을 개시하여 자신보다 바깥으로는 2차사부(secondary phloem)를 만들고, 안쪽으로는 2차목부(secondary xylem)를 만든다. 형성층이 생산하는 2차사부와 2차목부의 명칭은 목본식물의 경우 잎에 있는 1차사부, 1차목부와 구별할 수 있게 한다. 직경이 굵어지더라도 형성층의 위치는 항상 마지막 생산된 목부와 사부 사이에 남게 된다. 줄기가 외부의 충격으로 껍질이 벗겨질 때 형성층이 노출되면서 나무껍질에 붙어서 함께 떨어져 나가고 매끈매끈한 흰 부분이 노출되는데, 이것이 마지막으로 생산된 목부조직이다.

(2) 유관속형성층의 완성

목본 쌍자엽식물과 나자식물도 종자에서 발아한 직후와 봄에 새 가지가 만들어지는 초기에는 초본식물(〈그림 1-1A〉 참조)과 마찬가지로 어린줄기에 원통형의 연속된 형성층을 갖추고 있지 않다. 발아한 직후 소나무류 어린줄기의 횡단면을 보면, 1차생장만을 하고 있어 유관속(維管束, vascular bundle)은 서로 떨어져 있으면서 한복판의 수(pith)를 중심으로 원형으로 배열되어 있다(〈그림 2-9A〉 참조). 이때에는 전형성층(前形成層, procambium)이 유관속 안에만 자리 잡고 있으며, 후에 유관속내형성층(維管束內形成層, intrafascicular cambium)으로 바뀐다.

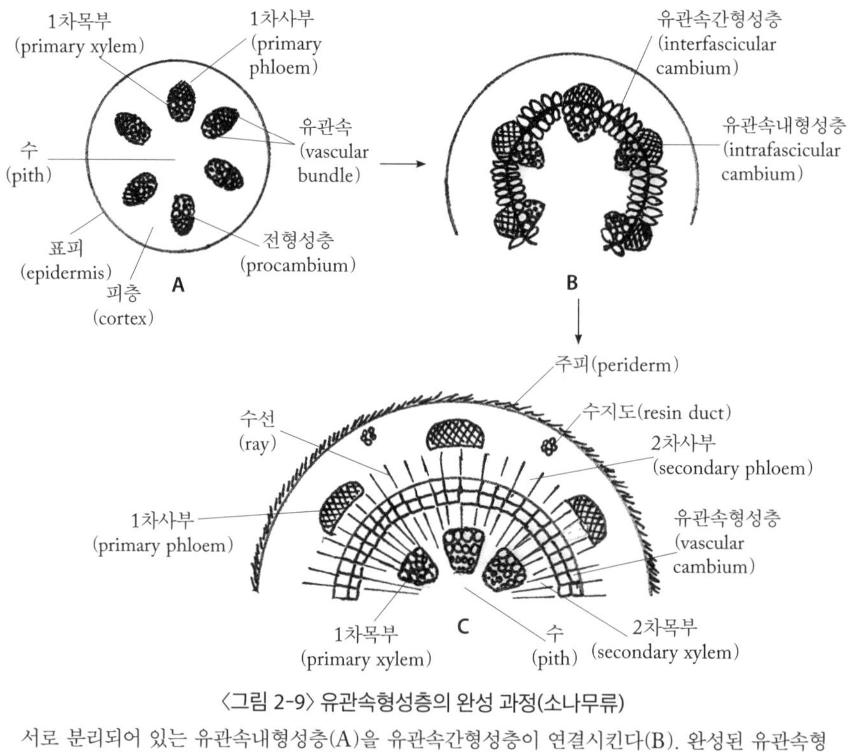

〈그림 2-9〉 유관속형성층의 완성 과정(소나무류)

서로 분리되어 있는 유관속내형성층(A)을 유관속간형성층이 연결시킨다(B). 완성된 유관속형성층이 2차목부와 2차사부를 생산함으로써 1차사부와 1차목부가 서로 분리된 것에 유의해야 한다(C). A는 초본식물 중 쌍자엽식물(특히 개자리, Medicago)의 줄기와 같은 모양이다.

이 단계에는 유관속과 유관속 사이에는 아직 형성층이 없는데, 그 사이에 있는 피층세포가 분열을 시작하여 유관속간형성층(維管束間形成層, interfascicular cambium)을 만들면서 양쪽에서 다리를 놓듯이 두 유관속을 연결하여 원형의 유관속형성층(維管束形成層, vascular cambium)을 갖추게 된다. 피나무의 경우에는 종자에서 발아하는 초기부터 유관속내형성층이 크게 자리 잡고 있어서 유관속간형성층의 발달 없이도 곧 원형의 형성층을 갖추게 된다.

3) 연륜(나이테)

온대지방에서 자라는 목본식물은 줄기의 횡단면상에 둥근 테를 형성하게 되는데, 이것은 봄에 형성된 목부인 춘재(春材, springwood)와 여름에 형성된 목부인 추재(秋材, summerwood) 간의 해부학적 구조가 다르기 때문에 나타난다. 1년에 대개 한 개의 테를 만들기 때문에 이로써 나무의 나이를 알 수 있어 연륜(年輪, 나이테, annual ring)이라 부른다. 봄철에 만들어진 춘재는 세포의 지름이 크고 세포벽이 얇은 반면, 여름과 가을에 걸쳐 만들어진 추재는 세포의 지름이 작고 세포벽이 두꺼워 추재와 춘재 사이에 뚜렷한 경계선이 만들어진다.

열대지방에서 자라는 나무는 연중 생장을 계속하는 경우에는 연륜이 없으나, 고무나무와 같이 일정한 주기로 새순이 나오거나 건기(乾期, dry season)가 뚜렷하게 있는 경우에는 연륜이 생긴다. 온대지방에서 추재는 한여름에 수간의 밑부분부터 형성되기 시작해 위쪽으로 올라가면서 진행되어, 나무 꼭대기에서는 제일 늦게 추재가 만들어진다(〈그림 14-13〉 참조).

피자식물의 목부조직은 횡단면상으로 본 도관의 크기와 배열에 따라 크게 세 가지로 나눈다. 춘재 도관의 지름이 추재 도관의 지름보다 훨씬 더 커서, 지름이 큰 도관이 춘재에만 집중적으로 환상으로 배열하는 경우를 환공재(環孔材, ring-porous wood)라 하며, 낙엽성 참나무류, 물푸레나무, 느티나무, 느릅나무, 팽나무, 회화나무, 아까시나무, 이팝나무, 밤나무 등에서

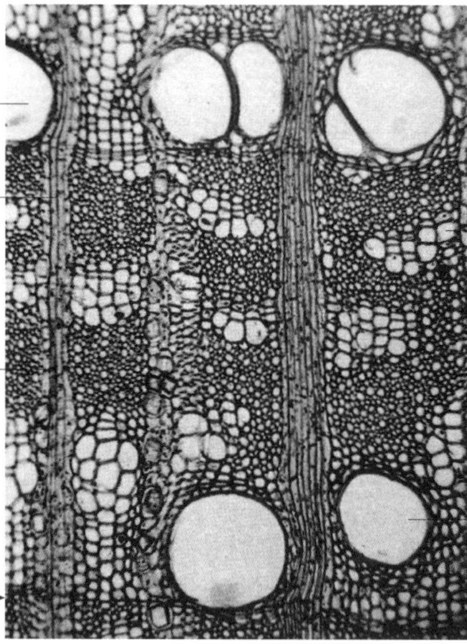
봄 도관
(vessel)
수선
(ray)
목부섬유
(xylem fiber)
나이테
(annual ring)
나이테
여름(형성) 도관
봄(형성) 도관

A

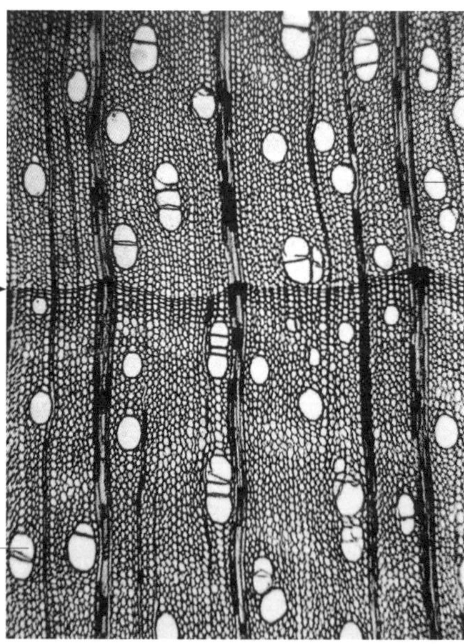
나이테
도관
(vessel)
수선(유세포)
(ray parenchuma)

B

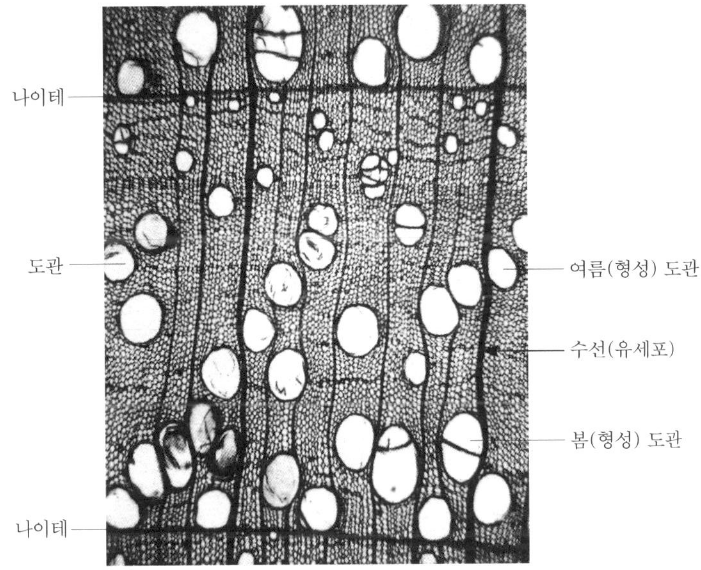

C

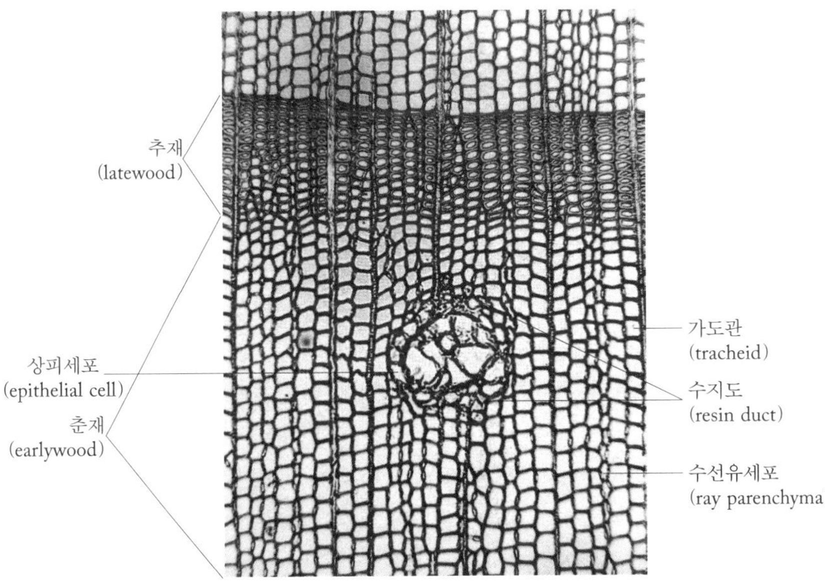

D

〈그림 2-10〉 피자식물(A~C)과 나자식물(D) 목부조직의 횡단면상에서 본 해부학적 특성 비교 (이필우, 1994)

A: 느티나무 환공재, B: 단풍나무 산공재, C: 가래나무 반환공재, D: 소나무 나자식물 가도관재.

발견된다(〈그림 2-10A〉 참조). 낙엽성 참나무류의 춘재 도관의 경우에는 지름이 0.5mm가량 되어 육안으로도 보일 정도로 구멍이 뚫려 있으며, 도관의 지름이 크기 때문에 수분이동 속도가 다른 어느 수종보다도 빠르다.

춘재 도관의 지름이 추재 도관의 지름과 같아서, 같은 크기의 도관이 연륜 전체에 골고루 산재해 있는 경우를 산공재(散孔材, diffuse-porous wood)라고 하며, 단풍나무, 벚나무, 플라타너스, 자작나무, 포플러, 칠엽수, 목련, 상록성 참나무류에서 발견된다(〈그림 2-10B〉 참조)(상록성 참나무류의 도관은 방사 방향으로 배열되는 경향이 있어 산공재 대신 방사공재로 불리기도 한다). 크기가 컸던 봄의 도관이 여름으로 갈수록 점진적으로 작아져 환공재와 산공재의 중간 형태에 해당하는 경우를 반환공재(半環孔材, semiring-porous wood)라고 부르며, 가래나무, 호두나무, 중국굴피나무 등에서 발견된다(〈그림 2-10C〉 참조). 나자식물은 도관이 없고 가도관으로만 되어 있어 이와 같은 분류를 하지 않는다(〈그림 2-10D〉 참조).

4) 목재의 구조

목재(木材, wood)는 형성층에 의해 안쪽으로 만들어진 2차목부를 의미하며, 형성층을 제외한 수피 안쪽에 있는 모든 조직을 말한다(〈그림 2-11〉 참조). 형성층이 세포분열을 통해 만드는 세포는 대부분 종축 방향(longitudinal direction), 즉 나무의 키가 자라는 방향인 수직 방향(섬유 방향)으로 길게 자라는 세포들로, 나자식물과 피자식물에 따라 구성성분이 다르다.

피자식물의 경우 종축 방향으로 배열하고 있는 세포는 도관(vessel), 가도관(tracheid), 목부섬유(wood fiber), 종축유세포(縱軸柔細胞, axial parenchyma)이다(〈표 2-6〉 참조). 도관, 가도관, 목부섬유는 모두 2차벽(secondary wall; 1차 세포벽이 완성된 후 생긴 두꺼운 세포벽)을 가지고 있는 성숙세포인데, 세포 내용물, 즉 원형질을 가지고 있지 않아 죽은 세포이며 중앙(내강, lumen)이 비어 있다. 도관은 긴 파이프와 같이 격막이 없이 위아래가 뚫려서 5~10cm 가량 연속하여 연결되어 있어 수분이동이 원활하다(〈그림 2-12E〉 참조). 목

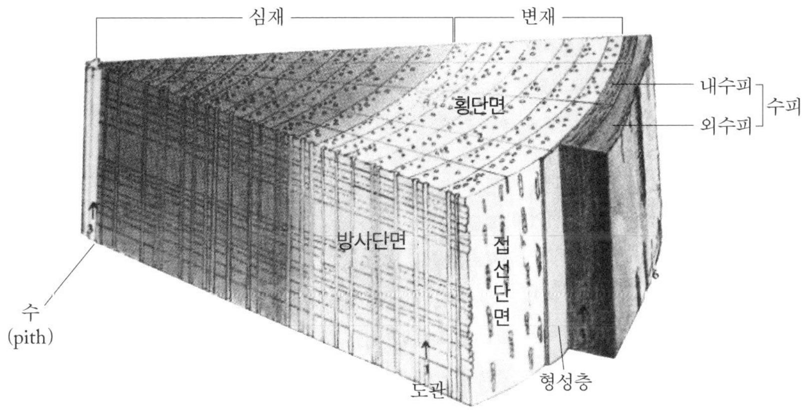

〈그림 2-11〉 목재의 기본 구조와 단면 명칭(산지보전협회, 2006)

〈표 2-6〉 피자식물과 나자식물 목재(2차목부)의 구성성분

피자식물		나자식물	
종축 방향	수평 방향	종축 방향	수평 방향
도관 가도관 목부섬유 종축유세포	수선유세포	가도관 종축유세포 수지도세포	수선가도관 수선유세포 수지도세포

부섬유는 2차 세포벽이 두꺼워서 목부를 딱딱하게 만들어 지탱 역할을 강화하며, 단단한 참나무의 경우 목재비중을 높여준다(〈그림 2-10A〉 참조).

나자식물의 경우에는 종축 방향으로 배열하는 세포는 90% 이상이 가도관이며, 이 때문에 횡단면상의 구조가 비교적 단순하다(〈그림 2-10D〉 참조). 그 밖에 수선유세포와 수지도를 만드는 상피세포(上皮細胞, epithelial cell)가 있다(〈그림 2-13〉 참조). 가도관(tracheid)은 폭이 20~30μm, 길이가 2~3mm로 길이가 폭보다 100배 정도 더 긴 세포이며, 피자식물의 도관 역할을 대신하는 수분통도 세포이지만, 가도관끼리의 상하 연결부위가 수분 이동에 비효율적이다. 즉 연결부위에는 두 세포의 세포벽이 그대로 남아 있고, 단지 세포 측면에 막공(膜孔, pit)이라고 하는 아주 미세한 구멍이 있

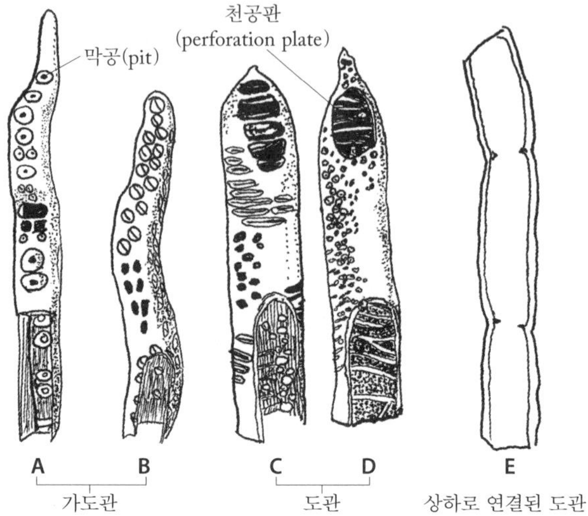

〈그림 2-12〉 가도관(A~B)과 도관(C~E)의 모양

가도관은 세포벽에 뚫려 있는 작은 막공을 통해 물이 어렵게 올라가고, 도관은 천공판을 통해 물이 쉽게 올라간다.

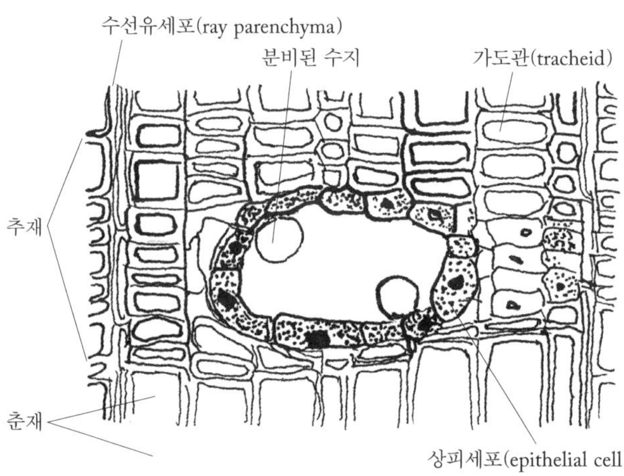

〈그림 2-13〉 소나무류 2차 목부조직의 횡단면상의 수지도

수지도를 형성하는 상피세포와 수선유세포는 살아 있는 세포이며, 가도관은 죽은 세포이다.

는 곳(〈그림 2-12A〉 참조)에만 2차 세포벽이 없다. 수분이동은 이 막공의 얇은 막공격막(膜孔隔膜, pit membrane, 〈그림 2-14〉 참조)을 통해서만 가능하므로 수분이동 속도가 아주 느리다. 특히 심재에 있는 가도관의 막공은 얇은 막공격막이 한쪽으로 치우쳐, 막의 중앙에 위치한 볼록한 원절(圓節, torus)에 의해 막공폐쇄(膜孔閉鎖, pit aspiration)가 일어나므로 수분이동이 거의 불가능하게 된다(〈그림 2-14〉와 〈그림 2-15〉 참조).

피자식물이나 나자식물 모두 수간에서 중앙을 향한 수평 방향으로의 물질이동은 수선(髓線, ray)을 통해 이루어진다. 수선조직은 수간의 횡단면에서 방사 방향으로 중앙부(수(髓), pith)를 향해 뻗어 있으며, 살아 있는 세포인 유세포(parenchyma)로 이루어져 있다. 수선세포는 나자식물, 버드나무, 포플러, 밤나무처럼 한 줄로 배열하거나(단열수선, uniseriate ray), 단풍나무,

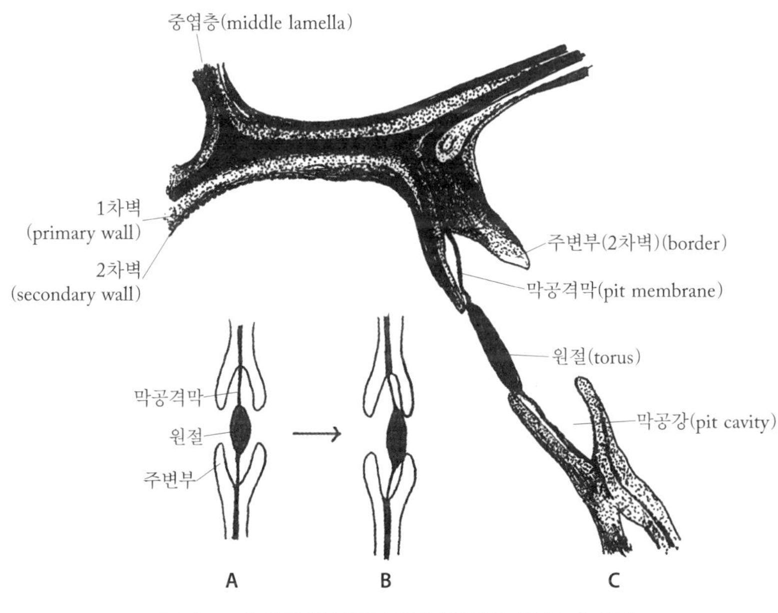

〈그림 2-14〉 가도관의 막공 모양(A)과 막공폐쇄(B, C) 형태

A: 정상적인 중연막공, B: 막공폐쇄, C: 막공폐쇄(원절이 왼쪽으로 치우쳐 물의 흐름을 막음).

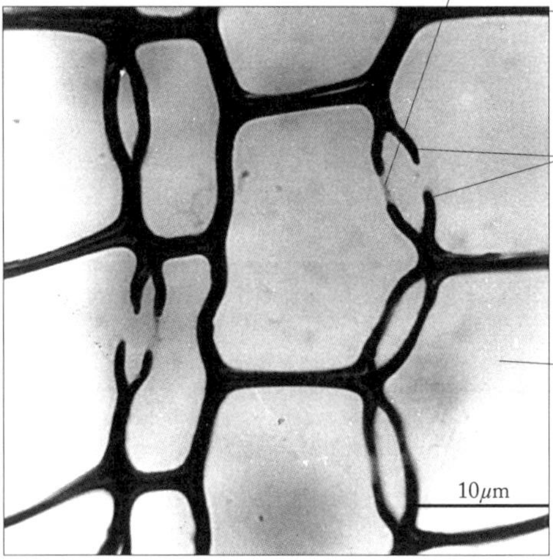

〈그림 2-15〉 소나무 가도관 막공의 횡단면상 모양(막대기=10μm)(서울대 이필우 교수 제공)
원절이 한쪽으로 치우쳐 있어 막공폐쇄가 일어난 상태이다.

벚나무, 자작나무, 느릅나무처럼 5줄 미만, 느티나무, 팽나무처럼 10줄 미만, 참나무류, 버즘나무처럼 20~40줄 미만으로 배열하기도 한다(복열수선, multiseriate ray). 수선은 탄수화물을 저장하기도 하고, 곰팡이의 침투에 대비해 방어벽을 만들기도 하며, 필요할 때에는 세포분열을 재개할 수 있는 능력을 가지고 있다(〈그림 2-10〉 참조).

5) 수피

수피(樹皮, bark)는 수간의 형성층 바깥쪽에 있는 모든 조직을 통틀어 일컫는데, 몇 년 자란 수목의 경우 (2차) 사부로 이루어지는 내수피(內樹皮, inner bark)와, 코르크 조직과 조피로 이루어진 외수피(外樹皮, outer bark)로 구성되어 있다(〈그림 2-8〉 참조). 사부(phloem)는 광합성으로 만들어진 탄수화물을 이동시키는 중요한 역할을 하며, 코르크 조직과 조피는 수분의 손실을 막고, 외부로부터의 충격이나 병원균의 침입을 막아준다. 그러나 수피도 외

〈그림 2-16〉 느티나무(A)와 벚나무(B)의 줄기 표면에 생기는 피목 모습

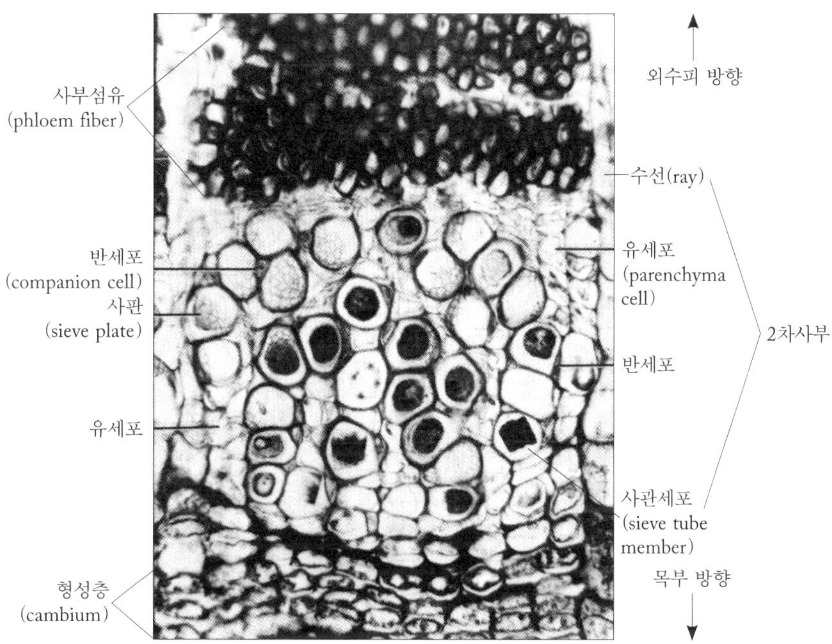

〈그림 2-17〉 횡단면에서 본 아까시나무 2차사부의 모양과 구성세포(Kramer와 Kozlowski, 1979)

부와의 공기유통을 원활하게 하기 위하여 피목(皮目, lenticel)을 만드는데, 마치 세포가 엉성하게 배열된 것 같은 작은 상처 모양을 하고 있다(〈그림

2-16〉 참조).

2차생장을 시작하지 않은 어린줄기의 경우, 원통형의 형성층이 만들어지기 이전에는 맨 바깥쪽 부위에 표피(epidermis)가 존재하고, 그 밑에 피층(cortex)이 있으며, 전형성층(procambium)에 의해 만들어진 1차사부(primary phloem)가 탄수화물의 이동을 담당하다가(〈그림 2-9A〉 참조), 형성층이 만들어지면 2차사부(secondary phloem)가 생산되어 탄수화물의 이동을 담당하게 된다(〈그림 2-9C〉 참조). 2차사부를 구성하는 세포에는 피자식물의 경우 사관세포(sieve tube member), 반세포(伴細胞, companion cell), 사부유세포, 사부섬유(phloem fiber)가 있으며(〈그림 2-17〉 참조), 나자식물의 경우에는 사관세포 대신 사세포(sieve cell), 그리고 반세포 대신 알부민세포(albuminous cell)가 있다(〈표 6-5〉 참조).

6) 주피(코르크 조직)

주피(周皮, periderm)는 코르크 조직이라고도 부르는데, 조피 바로 안쪽에 위치하며, 2차사부보다 바깥쪽에 있다. 첫해에 형성층의 활동으로 지름이 굵어지기 시작하면 표피조직은 벗겨져 없어진다. 이때 표피조직이 벗겨지기 전에 피층에서 원통형의 주피가 먼저 만들어진다(〈그림 2-18〉, 〈그림 3-11〉 참조). 주피는 일련의 세포층으로 되어 있는데, 그중에서 제일 먼저 만들어

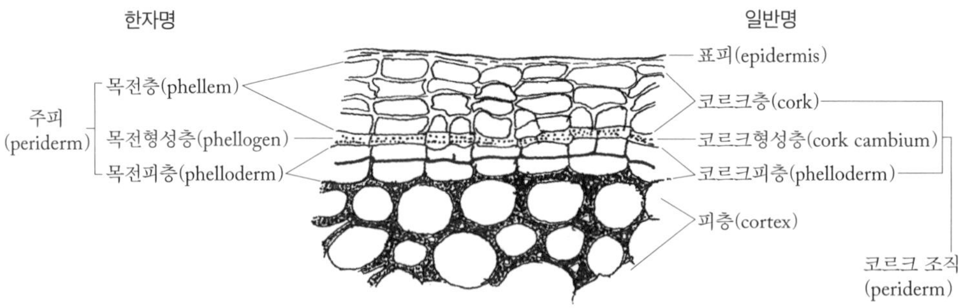

〈그림 2-18〉 주피(코르크 조직)의 초기 형성 시 모양(Esau, 1977)

〈그림 2-19〉 수피의 다양한 모양

A: 얇은 자작나무 수피, B: 매끄러운 모과나무 수피의 매년 벗겨지는 모습, C: 비늘형의 느티나무 수피, D: 평생 벗겨지지 않으면서 깊게 패인 굴참나무 수피.

지는 것은 코르크형성층(cork cambium 혹은 phellogen)이다. 코르크형성층은 세포분열을 시작하여 바깥쪽으로 코르크층을 만들어서 표피를 대신하여 보호 기능을 담당케 하고, 안쪽으로는 코르크피층(phelloderm, 목전피층(木栓皮層))을 만든다. 코르크피층은 엽록체를 가지고 있어 녹색을 띠는 경우가 많으며, 전분을 저장하기도 한다. 수목의 직경생장은 대부분 유관속형성층이 2차목부를 만들어 이루어지지만, 코르크형성층도 측생분열조직(lateral meristem)의 하나로서 직경생장에 어느 정도 기여한다.

수종에 따라서 독특한 모양의 수피를 가지는 것은, 처음 생긴 주피의 위치, 추후에 생기는 주피의 형태, 사부세포의 구성과 배열 상태에 따라서 수피의 모양이 다르기 때문이다. 흰자작나무와 너도밤나무, 모과나무, 버즙나무, 배롱나무의 경우, 얕은 위치에 처음 생긴 주피가 남아 있으면서 얇은 코르크층을 만들면서 매년 벗겨지기 때문에 매끄러운 수피(smooth bark)를 가지게 된다. 비늘형으로 벗겨지는 수피(scaly bark)는 처음 만든 주피 밑에 여러 층의 새로운 주피가 만들어져 평생 지속되면서 조각으로 된 수피가 벗겨지며, 소나무류와 느티나무에서 볼 수 있다. 깊게 패인 수피(furrowed bark)를 가진 수종은 코르크 조직에 무수히 많은 사부섬유가 서로 엉켜서 바깥쪽의 코르크가 벗겨지지 않고 그대로 남아 있기 때문에 평생 깊게 패인 수피를 가지게 되며, 버드나무, 포플러, 참나무, 느릅나무, 물푸레나무에서 발견된다. 이 중에서 부드러운 수피를 가진 느릅나무는 코르크의 양이 많기 때문이며, 딱딱한 수피를 가진 참나무는 섬유가 많기 때문이다.

7) 수간 횡단면상에서 조직의 배열순서

앞에서 열거한 대로 목본식물의 수간 구조는 초본식물과 다른 여러 가지 조직을 가지고 있으며, 안쪽에서 바깥쪽으로 일정한 순서로 조직들이 배열

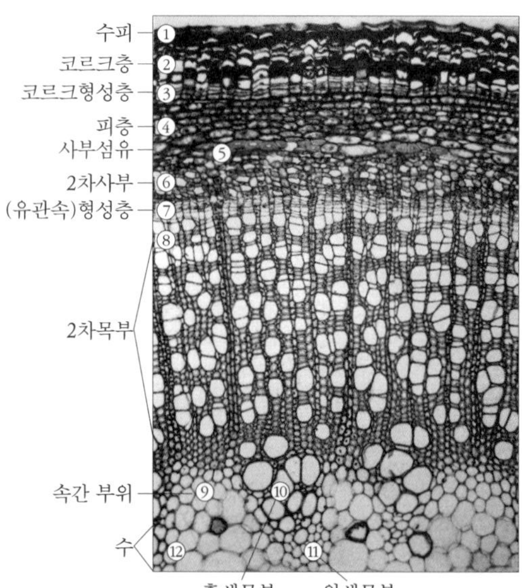

〈그림 2-20〉 딱총나무 줄기의 횡단면상에서 보이는 여러 조직의 배열순서(Esau, 1965)

맨 바깥쪽에 수피(①)가 있고 맨 안쪽에 원생목부(⑪)가 있다. 생장 첫 해이기 때문에 아직 나이테가 발달되어 있지 않다. ① 벗겨지는 수피, ② 코르크층, ③ 코르크형성층, ④ 후각세포가 있는 피층, ⑤ 사부섬유(인피섬유), ⑥ 2차사부, ⑦ 유관속형성층, ⑧ 2차목부, ⑨ 속간 부위, ⑩ 후생목부(metaxylem), ⑪ 원생목부(protoxylem), ⑫ 수.

〈표 2-7〉 수간 횡단면상에 나타나는 조직의 명칭과 특징

<table>
<tr><th>횡단면상 위치</th><th>조직 명칭</th><th colspan="2">통합 명칭</th><th>두께</th><th>특징과 기능</th></tr>
<tr><td>한복판</td><td>수</td><td colspan="2" rowspan="3">목부(목재)</td><td>1cm 내외</td><td>종자에서 발아 직후와 줄기 형성 초기에 만들어진 조직이며, 더 이상 만들어지지 않고 기능이 정지됨.</td></tr>
<tr><td rowspan="3">중간 부위</td><td>심재</td><td>직경에 따라 증가</td><td>죽은 조직으로서 여러 가지 물질이 축적되어 짙은 색을 띰. 나이테를 형성하며 지탱 역할을 함.</td></tr>
<tr><td>변재</td><td>직경에 따라 증가</td><td>일부 살아 있으며 옅은 색을 띰. 뿌리로부터 위쪽 수관으로 물을 운반함. 나이테를 형성함.</td></tr>
<tr><td>형성층</td><td colspan="2">형성층</td><td>0.1mm 내외</td><td>수목의 일생 동안 쉼 없이 목부와 사부를 생산하는 분열조직임.</td></tr>
<tr><td rowspan="3">맨 바깥쪽</td><td>사부</td><td>내수피</td><td rowspan="3">수피</td><td>0.2mm 내외</td><td>잎에서 만든 설탕을 밑으로 뿌리까지 운반함. 1년 동안만 제 기능을 수행함.</td></tr>
<tr><td>코르크 조직(주피)</td><td rowspan="2">외수피</td><td>나이에 따라 증가</td><td>코르크형성층을 가지고 있어 자체적으로 코르크를 만들어 수피를 두껍게 함.</td></tr>
<tr><td>조피</td><td>1cm 내외</td><td>맨 외곽의 죽어 있는 딱딱한 조직임.</td></tr>
</table>

한다. 맨 안쪽에 어릴 때 제일 먼저 만들어진 수(髓, pith)가 있고, 2차목부(나이테로 구성됨)에 해당하는 심재와 그다음으로 변재, 유관속형성층, 내수피에 해당하는 2차사부와 코르크 조직, 그리고 외수피의 순서대로 배열한다(〈표 2-7〉, 〈그림 2-20〉 참조).

5. 뿌리

수목의 줄기(shoot)는 지상부에 노출되어 있어 크기, 생장량, 생장속도, 수종 간의 차이를 쉽게 식별할 수 있으나, 뿌리(root)는 지하부에 감추어져 있기 때문에 식물 분류의 기준으로 사용되지 못한다. 그러나 뿌리의 모양, 분포, 생장양식 등은 수종에 따라 매우 다양하며 독특한 특징을 가지고 있다. 뿌리의 모양이나 발달은 토양 환경의 변화에 따라서 크게 변화하기 때문에

줄기처럼 체계적인 연구가 되어 있지 않다. 육상식물의 경우 뿌리는 한곳에 식물을 고정시키는 역할을 하고, 지상부를 지탱하며, 토양으로부터 수분과 무기양분을 흡수하고, 탄수화물을 저장하는 역할을 한다.

1) 근계의 분류

근계(根系, root system)는 유묘 시절에는 수종에 따라서 유전적으로 형태가 독특하며 그 특징이 두드러지게 나타나는데, 일반적으로 종자에서 유래하여 밑으로 깊숙이 빠른 속도로 자라 내려가는 직근(直根, tap root)과 옆 방향으로 넓게 퍼지는 측근(側根, lateral root)으로 나눈다(〈그림 2-21〉 참조). 수목의 근계는 토양 표면에서 주로 수평 방향으로 뿌리가 뻗는 수평근(horizontal root), 옆으로 퍼지면서 수직 방향으로 뻗는 수직근(vertical root, sinker root), 수평·수직·경사 방향으로 골고루 뻗는 심장근(heart root), 주로 수평 방향으로 뻗으면서 새로운 곳으로 뿌리를 확장하여 굵게 자라는 개척근(pioneer root)으로 나눌 수 있다. 그러나 나무가 나이를 먹으면 환경 조건의 영향을 더 많이 받기 때문에 뿌리 고유의 모양이 점점 모호해진다. 일반적으로 배수가 잘 되고 건조한 토양에서는 주로 직근의 발달이 깊게 이루어지는 반면, 습기가 많거나 배수가 잘 안 되는 토양에서는 직근 대신 측근이 얕게 퍼지는 경향이 있다(〈그림 9-2〉 참조).

소나무류의 경우에는 장근(長根, long root)과 단근(短根, short root)의 구별이 뚜렷하다. 장근은 빨리 뻗어나가면서 새로운 근계를 개척하며 형성층에 의해 직경이 굵어지면서 주근(主根, main root)을 이루어 오래도록 살아남는 반면에, 단근은 뻗어나가는 장근에서 기원하여 여러 번 갈라지면서 가늘어지고 천천히 자라는데, 형성층이 없어 직경생장을 하지 않으며, 1년 혹은 2년간 살다가 죽어버린다. 그렇지만 단근은 실제로 수분과 양분 흡수를 담당하고, 토양 곰팡이와 균근(菌根, mycorrhizae)을 형성하는 세근(細根, fine root)이 된다. 장근은 크게 개척근과 모근으로 나눈다. 개척근(開拓根, pioneer root)은 늦은 봄과 여름에 뿌리가 가장 왕성하게 자랄 때 나타나 그 수는 적

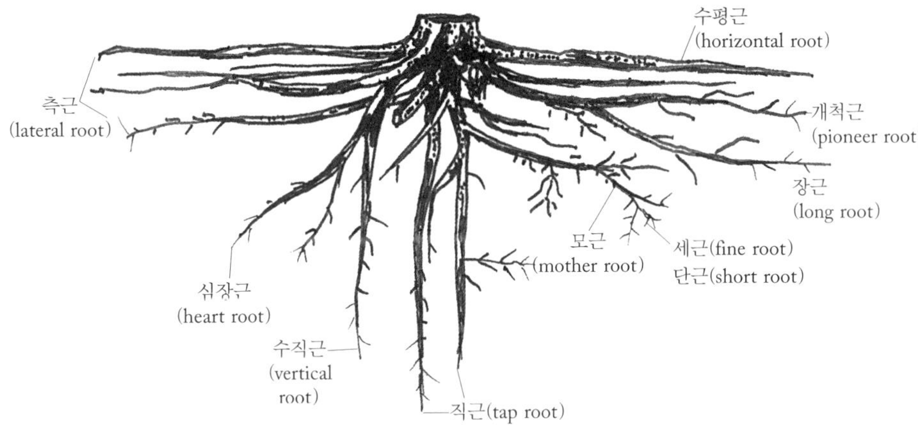

〈그림 2-21〉 수목 근계의 명칭

지만 새로운 근계를 빠른 속도로 개척한 후 지름이 굵어지는 뿌리이며, 모근(母根, mother root)은 가지를 많이 쳐서 넓은 면적을 확보하는데 개척근보다 직경이 작고 길이가 짧다(〈그림 2-21〉 참조).

2) 어린뿌리의 분열조직

어린뿌리의 정단분열조직(apical meristem)은 끝부분에 있다. 〈그림 2-22〉와 같이 맨 앞에 근관이 있고, 세포분열 구역, 세포신장 구역, 세포분화 구역, 뿌리털 구역이 연속적으로 존재한다. 세포분열이 일어나는 곳은 끝부분이지만 근관에 의해 보호되고 있으며, 분열된 세포는 종축 방향(longitudinal direction)으로 세포신장을 도모하여 뿌리를 앞으로 전진시킨다. 세포가 신장하면서 곧이어 사부와 목부의 세포가 분화하고 뿌리털(근모(根毛), root hair)이 나타나기 시작하는 곳은 유관속조직의 분화가 완성된 곳이다. 근관(根冠, 뿌리골무, root cap)은 분열조직을 보호하는 기능 외에 중력의 방향을 감지하여 굴지성을 유도하며, 탄수화물로 만든 무씨겔(mucigel)을 분비하여 토양 입자를 뚫고 지나가는 데 윤활제 역할을 한다. 무씨겔은 탄수화물의 일종으로 토양 미생물에 에너지를 제공하여 그 주변에는 토양 미생물이 많

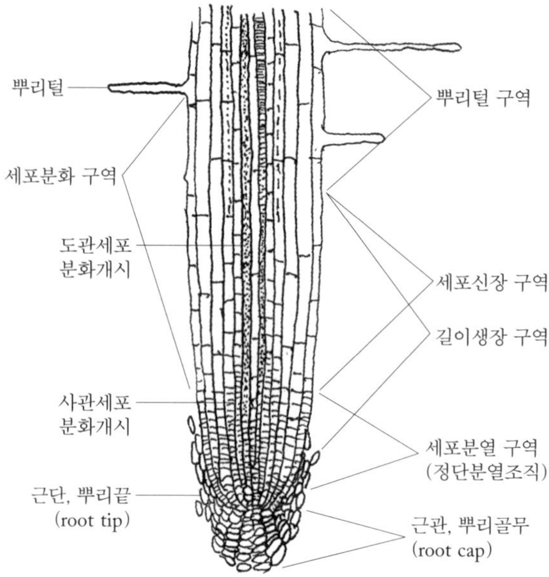

〈그림 2-22〉 종단면에서 본 어린뿌리의 분열조직(Salisbury와 Ross, 1992)

이 서식하고 있다.

3) 성숙한 세근의 모양

뿌리는 형성층에 의해 2차생장을 시작하기 전에 뿌리털과 표피를 비롯하여 피층, 내피, 유관속조직 등을 모두 갖추게 된다(〈그림 2-23〉 참조). 표피는 비교적 치밀하게 배열된 맨 바깥쪽의 세포층이며, 뿌리털은 표피세포가 길게 밖으로 자라서 형성된다. 피층(皮層, cortex)은 여러 층에 걸쳐 유세포가 비교적 여유 있게 세포간극을 가지고 배열한, 둥근 모양을 가진 세포층이다. 내피는 횡단면상에서 방사단면의 세포벽이 이웃하고 있는 내피세포와 치밀하게 서로 맞닿아 있어, 수분과 무기양분의 이동을 효율적으로 차단할 수 있도록 배열되어 있는 것이 특징이다. 방사단면의 세포벽에는 카스파리대(Casparian strip)라고 하는 수베린(suberin)을 함유한 물질이 들어 있다. 내

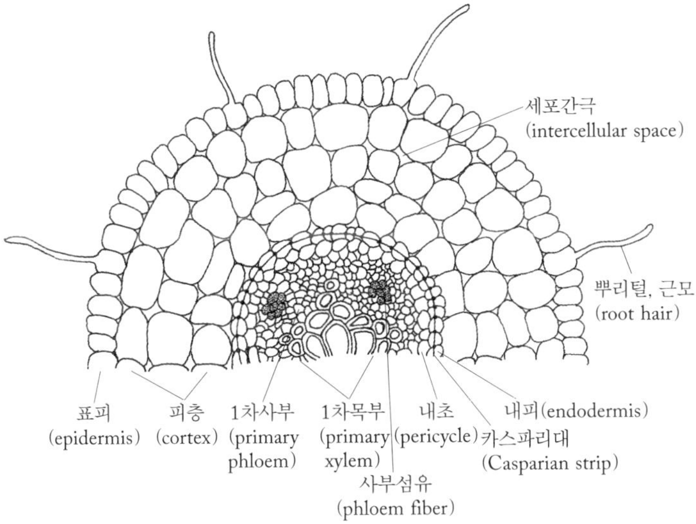

〈그림 2-23〉 성숙한 세근의 횡단면상에서의 형태

피 안쪽에는 내초(內鞘, pericycle)가 한 층 또는 두세 층으로 배열하며, 그 안쪽에는 목부와 사부를 함유한 유관속조직이 있다.

6. 꽃

꽃(flower)은 현화식물(顯花植物, flowering plant)에서 생식생장을 하는 구조이며, 그 주요 기능은 정자와 난자가 만날 수 있는 곳과 기작을 마련해 주는 것이다. 피자식물과 나자식물의 생식기관은 서로 다르게 생겼기 때문에 별도로 기술한다.

1) 피자식물

피자식물(被子植物, angiosperms)은 배주(胚珠, 밑씨, ovule)가 자방(子房, 씨방, ovary) 안에 감추어져 있는 식물로, 그 꽃은 꽃턱(화탁(花托), receptacle)에 부

착된 네 가지 구조, 즉 꽃받침(악편(萼片), sepal), 꽃잎(화판(花瓣), petal), 수술(웅예(雄蘂), stamen), 암술(심피(心皮), carpel)을 기본으로 가지고 있다(〈그림 2-24〉 참조). 이 네 가지 구조를 모두 가지고 있으면 완전화(完全花, complete flower)라고 하며, 대표적인 예로 장미과에 속하는 벚나무의 꽃을 들 수 있다. 네 가지 구조 중 한 가지라도 없으면 불완전화(不完全花, incomplete flower)라고 하며, 대표적인 예로 포플러류를 들 수 있다. 꼬리화서(미상화서(尾狀花序), ament, catkin)를 가진 수목 중에서 포플러류와 가래나무류는 꽃잎이 없으며, 버드나무류는 꽃잎과 꽃받침이 없다. 꼬리화서는 수꽃의 꽃대가 길면서 부드러워 밑으로 처지는 화서로(〈그림 2-25〉 참조), 꽃잎이 없고 포로 싸인 단성화이고, 버드나무과, 참나무과, 자작나무과에서 볼 수 있으며, 중요한 목재를 생산한다.

목본 피자식물이 단성화(單性花, monosexual flower, 암술과 수술 중에서 한 가지만 가진 꽃)를 가진 경우에는 대부분 일가화(一家花, monoecious)로 암꽃과 수꽃이 한 그루 내에 달리는데, 대표적인 예로는 참나무과(참나무류, 밤나무류), 가래나무과, 자작나무과(자작나무류와 오리나무류)를 들 수 있다. 반면에 버드나무나 포플러류는 암꽃과 수꽃이 각각 다른 그루에 달리는 이가화(二家花, dioecious)이다. 드물게 나타나는 꽃 중에는 잡성화(雜性花,

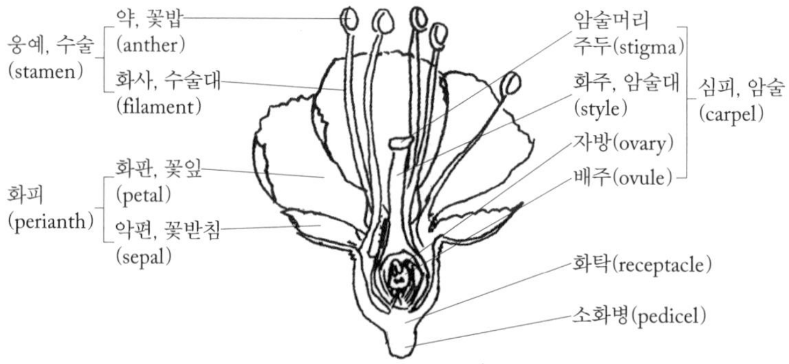

〈그림 2-24〉 피자식물의 전형적인 꽃 모양(완전화의 경우)

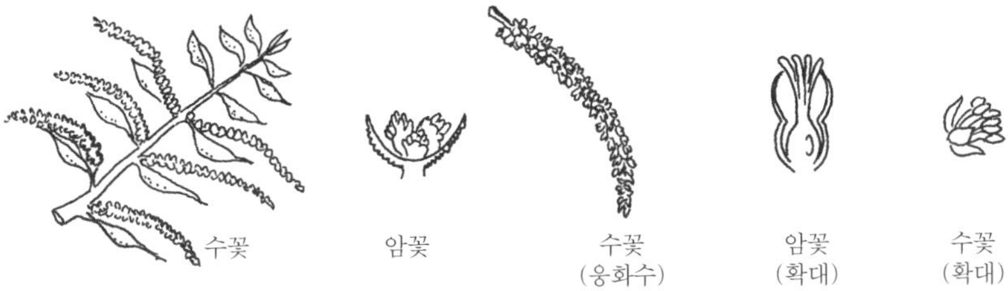

〈그림 2-25〉 꼬리화서의 암꽃과 수꽃 모양(밤나무의 경우)

〈그림 2-26〉 상수리나무 잎이 나오면서 수꽃과 함께 개화한 암꽃의 모양
길게 늘어진 수꽃(사진에서 보이지 않음)은 같은 가지의 아래쪽에 위치한다.
(서울홍릉수목원(2020. 4. 14), 최명섭 박사 제공)

polygamous)가 있는데, 이것은 양성화(兩性花, bisexual flower, hermaphrodite; 암술과 수술이 한 꽃에 있는 경우)와 단성화가 한 그루에 달리는 경우로 물푸레나무와 단풍나무에서 볼 수 있다. 〈표 2-8〉은 목본 피자식물 꽃의 분류를 요약한 것이다.

어떤 꽃은 꿀(nectar)을 분비하는 밀선(蜜線, nectary)을 가지고 있는데, 밀선은 무궁화와 같이 화피의 밑부분, 아까시나무와 같이 자방의 밑부분 혹은 수술 사이에 위치하며, 꿀은 표피세포를 뚫거나 선모 끝에서 혹은 특

<표 2-8> 목본 피자식물 꽃의 네 가지 기본 구조에 따른 분류

명칭	영어명	특징	수종 예
완전화	complete flower	꽃받침, 꽃잎, 암술, 수술을 모두 가짐.	벚나무, 자귀나무
불완전화	incomplete flower	위의 네 가지 중 한 가지 이상 결여	버드나무류, 자작나무류
양성화	bisexual flower	암술과 수술을 한 꽃에 가짐.	벚나무, 자귀나무
단성화	monosexual flower	암술과 수술 중 한 가지만 가짐.	버드나무류, 자작나무류
잡성화	polygamous	양성화와 단성화가 한 그루에 달림.	물푸레나무, 단풍나무
1가화	monoecious	암꽃과 수꽃이 한 그루에 달림.	참나무류, 오리나무류
2가화	dioecious	암꽃과 수꽃이 각각 다른 그루에 달림.	버드나무류, 포플러류

수한 기공을 통해서 분비된다.

2) 나자식물

나자식물의 생식기관은 피자식물에서 볼 수 있는 꽃의 기본 구조인 꽃잎, 꽃받침, 수술, 암술을 가지고 있지 않기 때문에 식물학에서 말하는 진정한 꽃이 아니다. 그러나 유한생장을 하며 생식세포를 만들어 내는 기관으로서 종자를 생산하여 꽃의 기능을 가지고 있기 때문에, 임학에서는 넓은 의미에서 꽃의 범주에 넣고 있다.

나자식물(裸子植物, gymnosperms)은 단어의 뜻에서 나타나듯 배주(胚珠, ovule)가 노출되어 대포자엽(大胞子葉, megasporophyll) 혹은 실편(實片, ovulate scale)의 표면에 부착되어 있는 식물을 의미하며, 배주가 자방(子房, ovary) 안에 감추어져 있는 피자식물(被子植物, angiosperms)과 분류학적으로 다른 강(class)에 속한다. 나자식물의 꽃은 양성화(암수가 한 꽃에 모여 있는 것)가 없으며 모두 1가화 혹은 2가화인데, 소철류와 은행나무는 대표적인 2가화이며, 주목과 향나무는 개체에 따라서 2가화 혹은 1가화이다. 구과목(毬果目, Coniferales; 솔방울을 맺는 수목)에 속하는 소나무과, 낙우송과, 측백나무과는 1가화로 암꽃과 수꽃이 한 그루에 달린다. 구과목의 수꽃은 화분구과(pollen

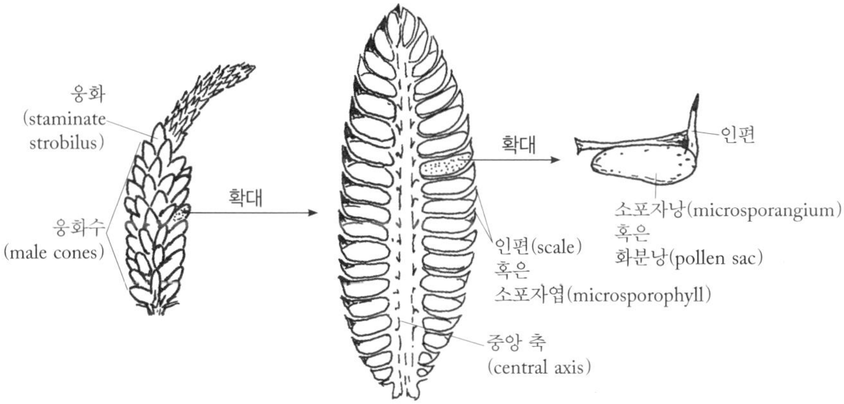

〈그림 2-27〉 소나무 수꽃의 모양

A: 웅화수, B: 웅화 확대, C: 소포자낭(화분낭) 확대.

〈그림 2-28〉 소나무의 암꽃(A)과 수꽃(B)

암꽃은 가지 끝에, 수꽃은 가지 아래쪽에 달린다.

cone, staminate strobilus)라고 하며, 암꽃은 종자구과(seed cone, ovulate strobilus)라고 부른다. 일반적으로 '솔방울' 혹은 '구과(毬果)'라고 할 때에는 암꽃

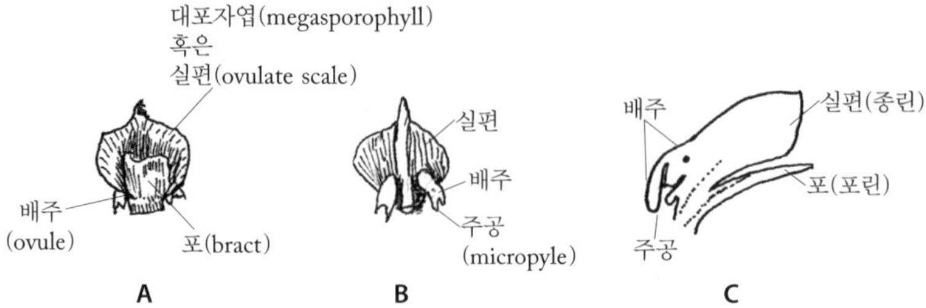

〈그림 2-29〉 소나무속(*Pinus*) 암꽃의 개화 시 모양

A: 밑에서 본 실편의 모습, B: 위에서 본 실편에 부착된 배주 2개가 노출된 모습, C: 실편의 종단면.

을 의미한다.

수꽃은 여러 개가 모여서 웅화수(雄花穗, male cones)를 이루며(〈그림 2-27A〉), 성숙하면 노란색, 자주색 혹은 붉은색을 띠는데, 중앙 축에 나선상으로 배열한 각 인편(鱗片, scale)(〈그림 2-27B〉)의 뒷면에 2개씩의 소포자낭(microsporangium) 혹은 화분낭(花粉囊, pollen sac)이 달리며(〈그림 2-27C〉), 안에서 화분(花粉, pollen)이 성숙한다. 암꽃(〈그림 2-28A〉)은 보통 찬란한 색을 띠는데, 수꽃과 마찬가지로 중앙 축에 나선상으로 배열한 포(苞, bract)에 실편이 부착되어 있고(〈그림 2-29A〉 참조), 실편의 앞면 안쪽에 2개씩의 배주를 달고 있다(〈그림 2-29B〉). 배주의 안쪽 끝, 즉 중앙 축 근처에는 화분이 들어갈 수 있는 구멍, 즉 주공(珠孔, micropyle)이 있고, 주공 입구에는 수분액(受粉液, pollination drop)을 분비하여 화분의 부착을 돕는다(〈그림 2-29C〉와 〈그림 12-7〉 참조).

7. 유세포: 왕성한 대사의 중심체

키가 수십 미터에 달하는 거대한 나무는 살아 있다고 하더라도 세포학적으로 보면 살아 있는 부분이 매우 적다. 거대한 나무는 효율적으로(적은 에너지로) 살아가기 위하여 꼭 필요한 부분, 즉 왕성한 대사작용을 해야 하는 곳에만 살아 있는 세포가 있고, 나머지 대부분은 세포내용물(원형질)이 없는, 죽어 있는 세포로 구성되어 있다. 죽어 있는 세포가 집단으로 모여 있는 곳은 수간과 굵은 가지 중에서 목부조직(도관, 가도관, 섬유)과 그 밖에 수피의 바깥부분(조피)이며, 죽은 세포들은 주로 지탱 역할을 한다.

수목에서 살아 있는 부분은 유세포(柔細胞, parenchyma cell)로 구성되어 있으며, 유세포는 원형질(原形質, protoplasm, 살아 있는 세포에서 핵과 세포질로 구성되어 있는 세포내용물)을 가지고 있으면서 식물의 생명현상이라고 할 수 있는 세포분열, 광합성, 호흡, (수분을 제외한) 물질이동과 분비, 생합성, 무기염의 흡수, 증산작용 등의 대사작용을 담당하고 있다. 유세포가 집중적으로 모여 있는 부분은 잎, 눈, 꽃, 열매, 형성층, 세근, 뿌리 끝 등이며, 유세포가 모여 형성된 유조직에는 〈표 2-1〉 중에서 표피조직, 엽육조직, 사부조직, 수선조직, 분비조직 등이 있다.

유세포 내에는 보통 살아 있는 세포에서 발견되는 여러 가지 세포소기관(細胞小器官, organelles)이 존재한다. 〈그림 2-30〉에 노르웨이소나무(*Pinus resinosa*)의 목부 수선조직 유세포의 세부구조를 표시했는데, 중앙에 핵(核, nucleus)이 있고, 엽록체가 다수 있으며, 미토콘드리아(mitochondria), 미소체(微小體, microbody), 소포체(小胞體, endoplasmic reticulum), 액포(液胞, vacuole) 등이 있다. 이 그림에서는 세포가 어려서 액포가 비교적 작으나, 시간이 지나면 액포가 서로 연합하여 중앙에 커다란 액포막(液胞膜, tonoplast)을 만들면서 자리 잡게 된다. 유세포 내의 원형질은 이웃하고 있는 유세포의 원형질과 작은 구멍을 통하여 서로 연결되어 있는데, 이 연결망을 원형질연락사(原形質連絡絲, plasmodesmata)라고 한다. 세포와 세포 간의 연락과 전달은

이 원형질연락사를 통하여 가능하며, 이렇게 원형질이 서로 연결됨으로써 심플라스트(symplast) 체계(원형질을 통한 전달체계)를 이루고 있다.

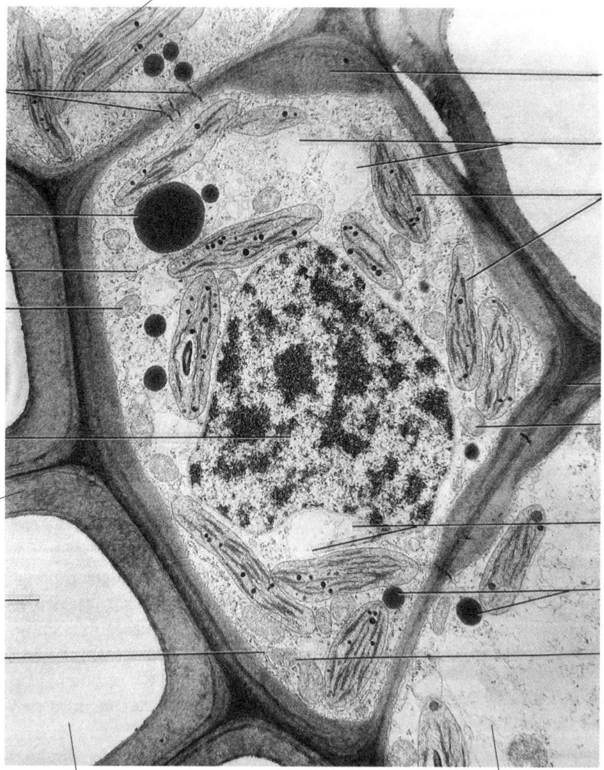

〈그림 2-30〉 노르웨이소나무(*Pinus resinosa*) 목부 수선조직 유세포의 전자현미경 사진상의 세부 구조(Kramer와 Kozlowski, 1979)

원형질로 꽉 차 있는 살아 있는 세포(유세포)의 전형적인 모습을 보여주고 있다. 목재를 딱딱하게 만드는 가도관(T)의 두꺼운 2차 세포벽에 유의할 것. 이 사진은 어린 가지의 수선 유세포를 보여주고 있으며, 엽록체가 살아 있어 광합성을 수행할 수 있다.

3

수목의 생장

생장(生長, growth)이란 일반적으로 생물의 크기가 커지거나 무거워지는 것을 의미하는데, 세포의 수가 늘어나는 세포분열(cell division), 세포의 크기가 커지는 세포신장(cell elongation), 그리고 세포가 전문화되고 구조가 복잡해지는 세포분화(cell differentiation)에 의하여 이루어진다. 식물의 생장은 크게 두 가지로 나누는데, 줄기, 형성층, 뿌리가 자라 개체의 크기가 커지는 생장을 영양생장(營養生長, vegetative growth)이라고 하며, 꽃이 피어 종자를 맺거나 무성번식으로 다음 세대를 만들기 위한 생장을 생식생장(生殖生長, reproductive growth)이라고 한다.

수목에서 키(樹高)나 지름이 커지는 것은 분열조직에 의해 이루어지는데, 분열조직(分裂組織, meristem)은 줄기와 뿌리의 끝부분과 형성층에 위치해 있다. 분열조직이 집중적으로 모여 있는 곳을 예전에는 생장점(生長點, growing point)이라고 불렀지만, 위치를 정확하게 나타내기 어려운 애매한 표현이라서 현재 서양권에서는 잘 사용하지 않는다.

수목에는 두 가지 분열조직이 수직 방향(생장축과 같은 방향)과 수평 방향으로 존재한다. 지상부를 키우는 눈과 지하부를 키우는 뿌리 끝부분(근단)은 생장축(growing axis)과 같은 방향인 수직 방향 혹은 종축 방향으로 배열하여 정단분열조직(頂端分裂組織, apical meristem)이라고 하며, 직경을 키우는 형성층은 수평 방향 혹은 횡축 방향으로 배열하여 측생분열조직(側生分裂組織, lateral meristem)이라고 부른다.

수목의 여러 부위는 자라는 속도와 자라는 시기가 각각 다르다. 온대지방에서는 특히 생육기간이 정해져 있기 때문에 계절적으로 생장의 차이가 뚜렷하며, 자라는 부위에 있어서도 뿌리는 생육기간 동안에 거의 쉬지 않고 왕성하게 자라는 반면, 줄기(새 가지, shoot)는 봄에 일찍 가장 왕성하게 자라고 이후 활동이 감소하는 경향이 있다.

1. 수고(키)생장

수고생장(樹高生長, height growth)은 줄기 끝에 있는 눈이 자라서 나무의 키가 커지는 현상을 말한다. 눈(bud)은 정단분열조직으로 세포분열, 신장, 분화를 통해서 잎과 대를 만들어 줄기를 위로 자라게 한다. 줄기(shoot)는 대(stem)와 잎(leaf)으로 이루어져 있으며, 절(節, node)과 절간(節間, internode)의 구별이 있다. 절은 잎이 붙어 있거나 가지가 돋아나온 곳을 의미하며, 절간은 절과 절 사이의 밋밋한 부분을 뜻한다(〈그림 2-6〉 참조).

1) 잎의 생장

식물이 처음으로 갖게 되는 잎은 자엽(子葉, 떡잎, cotyledon)인데, 자엽은 종자 내에 있는 배(胚, 씨눈, embryo)가 자란 것이다. 밤나무나 참나무의 경우와 같이 자엽에 탄수화물을 저장하는 경우도 있다.

인편(鱗片, cataphyll, bud scale)은 눈이 형성될 때 제일 먼저 만들어지며, 주로 눈을 보호하는 역할을 하면서 양분을 저장하기도 한다. 인편의 해부학적 구조는 진정한 잎보다 분화가 적게 이루어져 유관속조직과 책상조직의 발달이 미약하고, 기공의 빈도도 낮다.

잎은 줄기 끝의 정단분열조직에서 만들어지는데, 잎의 아랫부분이 먼저 만들어지고, 다음에 엽신(葉身, 잎몸, leaf blade)이 분화되면서 엽병(葉柄, 잎자루, petiole)이 중간에 생긴다. 잎의 신장은 처음에는 끝부분에서 이루어지지만 곧 중단되고, 잎의 가장자리와 중간에 위치한 분열조직에서 세포분열을 통하여 고유의 모양을 갖추게 된다. 잎이 자라는 기간은 사과나무, 자작나무, 포플러의 경우에는 보통 15일가량 되며, 포도나무는 40일가량, 상록성인 귤은 130일가량 된다.

소나무류의 잎은 자엽 이외에 두 가지 다른 형태를 가지고 있다. 종자가 발아하면 자엽(떡잎)이 지상부로 나오게 되는데, 배에서 유래한 유아(幼芽, plumule)로부터 제일 처음 만들어지는 잎은 바늘 형태를 가진 1차엽

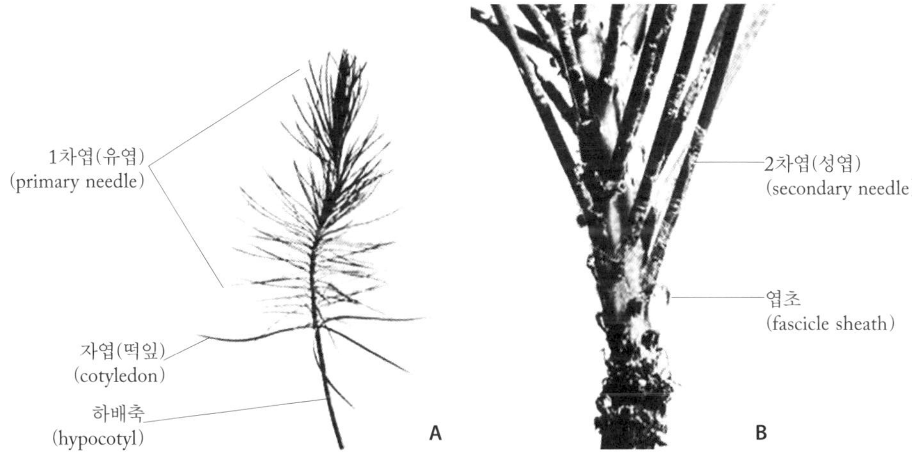

〈그림 3-1〉 소나무류 잎의 종류(Kramer와 Kozlowski, 1979)

A: 어린 묘목의 줄기는 종자의 하배축(hypocotyl)에 해당한다. 발아한 직후 어린 묘목에는 1차엽(유엽)만 있고, 2차엽(성엽)이 없다. B: 2차엽(성엽)의 모습. 엽초로 싸인 잎의 기부에 생장점이 있어 잎이 길게 자란다.

(primary needle, 유엽에 해당)이며, 첫해에 기간이 경과하면 수종 고유의 잎 모양을 갖춘 2차엽(secondary needle, 성엽에 해당)이 만들어진다. 소나무속의 경우 2차엽은 다발로 모여서 엽속(葉束, fascicle)의 형태를 갖춘다(〈그림 3-1〉 참조). 소나무속의 2차엽이 신장할 때 분열조직은 잎의 기부에 위치하는데, 이는 생장점에 해당하며, 기부는 엽초(葉稍, fascicle sheath, 〈그림 2-1〉 참조)로 둘러싸여 있다. 침엽수 잎이 자라는 기간은 활엽수보다 더 긴 것이 특징이다. 잣나무의 경우 줄기생장은 2개월 이내에 끝나지만 잎의 신장은 3개월 이상 걸리며, 잎이 매우 긴 대왕소나무와 생장기간이 짧은 고산성 전나무의 경우에는 2년에 걸쳐서 잎이 자라기도 한다.

2) 수고생장형(줄기생장형)

수고생장의 형태는 정아(頂芽)의 역할, 줄기의 형태, 그리고 생장주기에 따라서 몇 가지로 분류할 수 있다. 수종에 따라 키가 빨리 자라거나 천천히 자라기도 하며, 봄에만 자라기도 하고 가을 늦게까지 자라기도 하는 차이가 있는데, 이것은 줄기생장형(shoot growth type)이 다르기 때문에 나타나는 현상이며, 유전적으로 고정되어 있다.

(1) 유한생장과 무한생장

정아(頂芽)가 주지(主枝)의 한복판에 자리 잡고 있어 줄기의 생장을 조절하면서 제한하고 있을 때 유한생장(有限生長, determinate growth, 혹은 단축분지, monopodial branching)을 한다고 한다. 소나무류, 가문비나무류, 주목, 참나무류 등의 줄기가 여기에 속한다. 유한생장을 하는 수종은 한 가지당 1년에 한 번 혹은 두세 번 정아가 차례대로 형성되면서 키가 자란다.

반면에 동아(冬芽, winter bud)에서 유래한 줄기가 봄에 자란 다음 정아를 형성하지 않은 상태에서 가을 늦게까지 자라다가 추위로 끝부분이 죽으면 맨 위에 있는 측아가 정아 역할을 하여 이듬해 봄 다시 줄기가 자랄 때 무한생장(無限生長, indeterminate growth, 혹은 가축분지, sympodial branching)을 한다고 한다. 정아가 꽃이거나 가지 끝이 흔히 죽는 자작나무, 서어나무, 버드나무, 버즘나무, 아까시나무, 피나무, 느릅나무 등이 여기에 속한다.

(2) 고정생장과 자유생장

어떤 수종은 당년에 자랄 모든 줄기의 원기(原基, primordia)가 전년도에 형성된 동아 속에 미리 모두 형성되어 있다가 봄에 동아가 개엽(開葉, flushing)하여 봄에만 키가 크는데, 이런 경우 고정생장(固定生長, fixed growth)을 한다고 한다. 소나무, 잣나무, 가문비나무, 솔송나무, 너도밤나무, 참나무류, 동백나무 등이 여기에 속한다. 고정생장을 하는 수종은 전년도에 미리 형성된 기형성 줄기(preformed shoot)를 당년 봄에 신장시키기만 하기 때문에 봄 일찍 줄기생장을 끝마치게 되고 여름 이후에 키가 자라지 않아 수고생장량이 적다. 잣나무, 전나무, 가문비나무와 같이 가지가 윤생을 하는 수종은 고정생장으로 인하여 1년에 한 마디씩 자라기 때문에 마디 수를 세어 나무의

〈그림 3-2〉 고정생장을 하는 수종의 줄기생장 모습

A: 잣나무(1년에 한 마디씩 자람. 마디 수를 세어 나이를 추정할 수 있다), B: 4년생 동백나무 가지(1년에 한 개씩 생긴 마디 흔적이 4개 보임. 화살표로 표시. 이식한 동백나무로서 활착이 진행되고 건강이 좋아지면서 4년지의 잎보다 1년지의 잎이 더 커졌다).

나이를 추정할 수 있을 뿐만 아니라, 마디의 길이로 당년의 기상조건이나 건강상태를 추정할 수 있다(〈그림 3-2A〉 참조).

반면에 자유생장(自由生長, free growth)은 동아 속에 미리 만들어져 있던 원기는 봄에 자라서 춘엽(春葉, early leaves)이 되고, 곧이어 새로 만들어진 원기가 여름 내내 하엽(夏葉, late leaves)을 생산함으로써 형태가 다른 두 종류의 잎을 가진 이엽지(異葉枝, heterophyllous shoot)를 만든다(〈그림 3-3〉 참조). 자유생장을 하는 수종은 가을까지 수고생장이 이루어지는 것이 특징이며, 이로 인해 수고생장량이 고정생장 수종보다 많다(〈그림 3-4〉 참조). 예를 들면 종자에서부터 자란 2년생 양버들의 키가 5.5m에 달하는 경우가 있다. 여기에 속하는 수종은 은행나무, 주목, 일본잎갈나무, 메타세쿼이아, 느티나무, 포플러, 버즘나무, 자작나무, 벚나무, 단풍나무, 과수, 사철나무, 쥐똥나무, 회양목, 개나리, 진달래, 영산홍 등이다.

소나무류 중에는 테다소나무나 대왕소나무(大王松, *Pinus palustris*)와 같

〈그림 3-3〉 자유생장을 하는 수목의 춘엽(짙은 색)과 하엽(옅은 색)의 형태

A: 느티나무, B: 아까시나무.

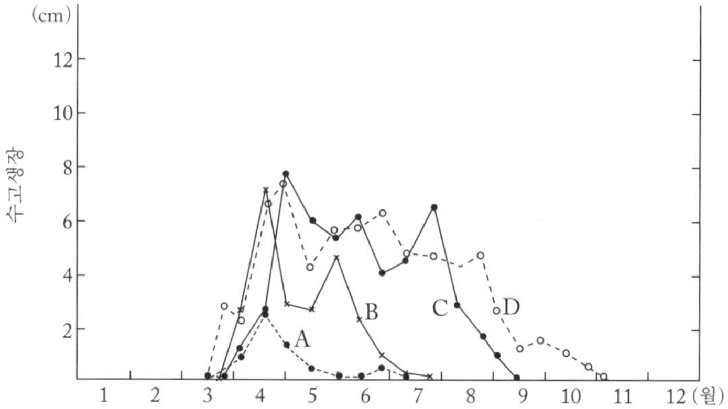

〈그림 3-4〉 고정생장(A, B)과 자유생장(C, D)을 하는 수종의 수고생장기간 비교 (Kramer와 Kozlowski, 1960)

A: 스트로브잣나무, B: 루브라참나무, C: 백합나무, D: 테다소나무.

이 자유생장을 하는 것도 있다. 이들 소나무는 미국의 따뜻한 남부지역에서 자라는 남부소나무(southern pine)로서, 정아를 당년에 새로 형성하면서 1년에 2회 이상 최고 6회까지 새 줄기(마디)가 나오기 때문에 수고생장량이 많다. 이러한 자유생장을 하는 줄기를 재발성 개엽지(recurrently flushing shoot)라고 한다.

수고생장형은 절대적인 개념이 아니다. 고정생장을 하는 수종도 어린 묘목 시절에는 자유생장을 보이는 경우가 있는데, 가문비나무와 동백나무가 그러한 예이다. 소나무는 고정생장을 하지만 여름철 비가 많이 올 때 이미 만들어 놓은 겨울눈이 싹 트면서 자유생장을 하기도 한다. 반면 자유생장을 하는 수종도 노령기에 들거나 스트레스를 받으면 고정생장에 그치는 경우가 많다. 예를 들면 은행나무나 포플러류는 어릴 때 자유생장을 하는 가지가 대부분이지만, 노령기에는 거의 고정생장을 한다. 자유생장을 하는 벚나무를 이식하면 스트레스를 받아서 수년간 고정생장에 그치는 경우가 많다. 느티나무는 자유생장을 하지만, 종자가 달린 가지는 잎이 제대로 자라지 못해 왜소엽(矮小葉, dwarf leaf)의 형태를 유지하면서 그 가지의 생장이 가을까지 정지되고 결국 고정생장에 그친다.

어떤 수종이 고정생장을 하느냐 자유생장을 하느냐에 따라 수고생장이 계절적인 기상조건의 영향을 받는 정도가 다르게 나타난다. 즉 고정생장을 하는 잣나무와 같은 수종은 당년에 자랄 모든 줄기의 원기(原基)가 전년도 가을에 동아 속에 미리 만들어지기 때문에, 동아가 형성될 때 수분부족으로 광합성이 저조하면 작은 눈이 만들어지면서 이로 인해 당년의 수고생장이 적어진다. 반면에 자유생장을 하는 포플러 같은 수종은 전년도의 기상조건으로 인해 작은 동아가 만들어진다 하더라도 당년 봄의 초기 수고생장만 영향을 받고, 여름에 지속되는 수고생장은 전년도 기상조건과는 무관하며, 오히려 당년 여름의 기상조건의 영향을 더 많이 받게 된다(〈그림 10-16〉 참조).

(3) 장지와 단지

은행나무, 잎갈나무, 벚나무, 자작나무, 단풍나무, 백합나무, 풍향수, 너도밤나무는 두 종류의 가지를 가지고 있는데, 장지(長枝, long shoot)는 잎과 잎 사이의 마디가 길어 잎이 서로 떨어져 있으며, 단지(短枝, short shoot, 침엽수는 dwarf shoot, 활엽수는 spur shoot)는 잎과 잎 사이의 절간이 거의 없어 잎

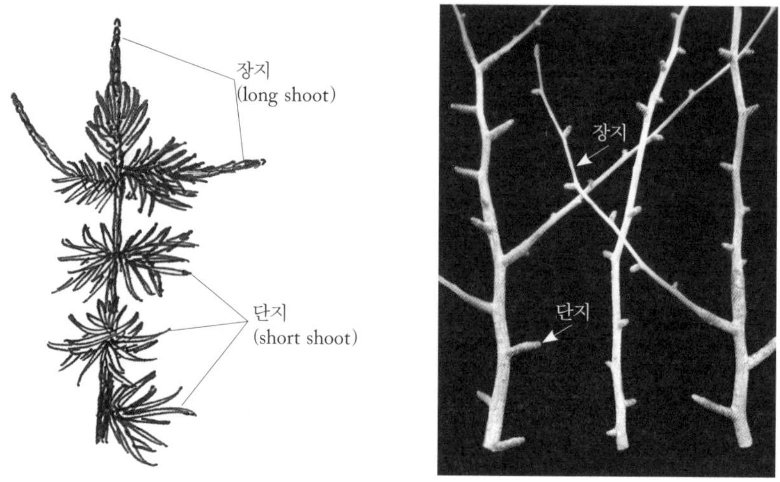

A　　B

〈그림 3-5〉 잎갈나무(A)와 은행나무(B)의 장지와 단지

이 서로 총생한다. 소나무류의 경우에 잎이 다발을 이루고 있는 엽속(葉束, fascicle)은 단지에 해당하고, 엽속이 붙어 있는 가지는 장지에 해당한다고 할 수 있다. 은행나무나 잎갈나무에서 일부 가지가 고정생장을 할 경우, 단지는 동아에서 유래한 춘엽만을 가지고 있으면서 마디의 길이가 2mm보다 짧으며, 단지가 다시 생장을 시작하면 하엽을 만들면서 자유생장을 함으로써 장지로 바뀐다(〈그림 3-5〉 참조). 자유생장을 하는 수종이 노령기에 달해 생장이 줄어드는 이유는 대부분의 가지가 고정생장으로 바뀌면서 단지가 되기 때문이다.

(4) 비정상지

제 위치나 제 계절에서 벗어난 줄기를 비정상지(非正常枝, abnormal shoot)라고 하는데, 그늘에 있던 잠아가 햇빛에 갑자기 노출되어 빠른 속도로 줄기로 자랄 경우 도장지(徒長枝, epicormic shoot 혹은 water sprout)라고 한다. 도장지는 침엽수보다 활엽수에 더 많이 나타나며, 수종이나 연령, 임분의 상태에 따라 큰 차이가 있다. 예를 들면 참나무류는 도장지를 많이 만드는 경향이 있는 반면, 물푸레나무류는 적게 만든다.

같은 수종 내에서도 유목이나 작은 나무가 성숙목이나 큰 나무보다, 그리고 임분 내에서는 피압목이 우세목보다 도장지를 더 많이 만든다. 간벌을 한 경우에는 강한 간벌을 받은 임분의 나무가 약한 간벌을 받은 임분의 나무보다 도장지를 많이 생산하며, 숲의 가장자리인 임연부(林緣部, forest edge)에 위치한 나무에서 더 많은 도장지를 볼 수 있다.

수종에 따라서는 다음 해에 자라야 할 눈이 당년도에 미리 자라는 경우가 있다. 참나무, 오리나무, 소나무류에서 한여름에 비가 많이 오면 가끔 이런 현상이 나타난다. 정아가 8월 초 자라면 라마지(lammas shoot, 8월 1일, 유럽에서 밀의 첫 수확을 기념하는 날)라고 한다. 노르웨이소나무와 방크스소나무의 경우 정아 대신 측아가 한꺼번에 서너 개씩 자라 올라와 측아도장지(側芽徒長枝, proleptic shoot)가 생겨서 줄기가 갈라짐으로써 나무의 모양을 나쁘게 만든다(〈그림 3-6〉 참조).

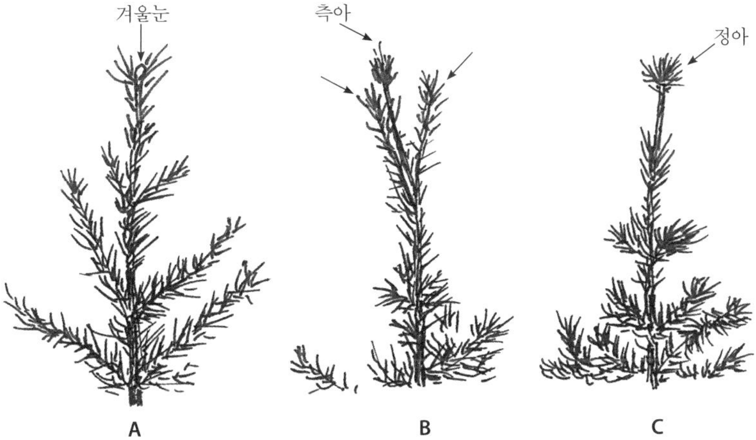

〈그림 3-6〉 방크스소나무(*Pinus banksiana*)의 비정상지

A: 한여름에 정아가 자라지 않고 있는 정상지. 겨울눈이 보인다. B: 3개의 측아가 자라 올라온 비정상적인 측아도장지. C: 8월 초 정아가 자라 올라온 비정상적인 라마지.

3) 수관형 및 정아우세

대부분의 나자식물은 정아지(頂芽枝, terminal leader) 혹은 주지(主枝, main shoot)가 측지보다 빨리 자람으로써 원추형(圓錐形, excurrent form)의 수관형(樹冠形, crown form)을 유지하게 된다(〈그림 3-7〉 참조). 이것은 정아가 옥신(auxin) 계통의 식물호르몬을 생산하여 측아의 생장을 억제하기 때문에 나타나며, 이러한 현상을 정아우세(頂芽優勢, apical dominance) 현상이라고 한다. 이 현상은 목본식물뿐만 아니라 초본식물에서도 흔히 관찰되며, 식물이 주로 종축(수직) 방향으로 한 개의 줄기를 유지하면서 위로 자라게 하는 데 큰 역할을 한다.

대부분의 피자식물은 어릴 때에는 정아우세가 나타나서 원추형의 수형을 유지하지만, 곧 정아우세 현상이 없어지고 측지의 발달이 왕성해져 넓은 수관을 가진 구형(球形, decurrent form)의 수관형을 만든다. 가장 대표적인 예는 참나무와 느릅나무에서 찾아볼 수 있다. 그러나 구형의 수관형을 가진 수종도 임분 내에서 밀식되어 자랄 때에는 원주형(圓柱形, columnar form) 비슷하게 자란다. 양버들은 혼자 자랄 때에도 빗자루처럼 가지가 위

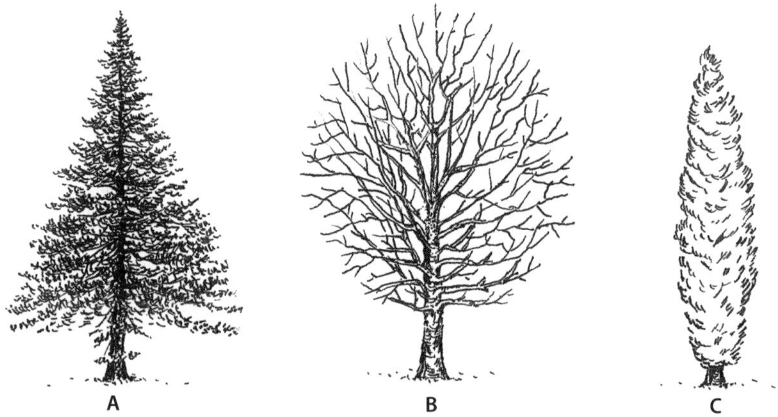

〈그림 3-7〉 수목(교목의 경우)의 기본 수관형

A: 원추형, B: 구형, C: 원주형.

로 서서 전형적인 원주형을 보인다. 이러한 세 가지 기본 수관형 이외에 땅바닥에서 옆으로 자라는 포복형(葡匐形, prostrate form 혹은 procumbent form)과 가지가 밑으로 처지는 수양형(垂楊形, drooping form)이 있다.

2. 직경생장

유관속형성층은 수간, 가지, 뿌리 부분의 목부와 사부 사이에 위치하고 있다. 수목의 직경이 굵어지는 것은 형성층의 활동에 의한 직경생장(直徑生長, cambial growth 혹은 diameter growth)으로 이루어진다. 사부 바깥쪽에 위치하고 있는 코르크형성층도 비대생장(肥大生長, thickening growth)에 기여하지만, 직경생장은 주로 유관속형성층이 안쪽으로 생산한 2차 목부조직에 의해 이루어진다. 유관속형성층과 코르크형성층을 합쳐서 측생분열조직(lateral meristem)이라고 한다.

1) 형성층의 세포분열

형성층(形成層, cambium)은 원칙적으로 수간의 횡단면상에서 접선 방향으로 원통형으로 배열한 얇은 한 층의 두께밖에 안 되는 분열세포군을 의미한다. 그러나 실제로 현미경으로 관찰하더라도 얇은 한 층의 분열세포군을 찾아내기는 거의 불가능하기 때문에, 형성층 구역(cambial zone)에 접선 방향으로 배열하고 있는 여러 층의 시원세포(始原細胞, mother cell)까지 포함하여 형성층으로 부르고 있다(〈그림 3-8〉 참조).

형성층에서는 두 종류의 세포분열이 일어난다. 병층분열(竝層分裂, periclinal division)은 목부나 사부의 시원세포를 추가로 만들기 위하여 횡단면상에서 볼 때 접선 방향(tangential direction)으로 세포벽을 만드는 세포분열을 의미한다. 수층분열(垂層分裂, anticlinal division)은 나무의 직경이 굵어짐으로 인해 형성층 자체의 세포 수가 모자랄 때, 형성층의 세포 수를 증가시키

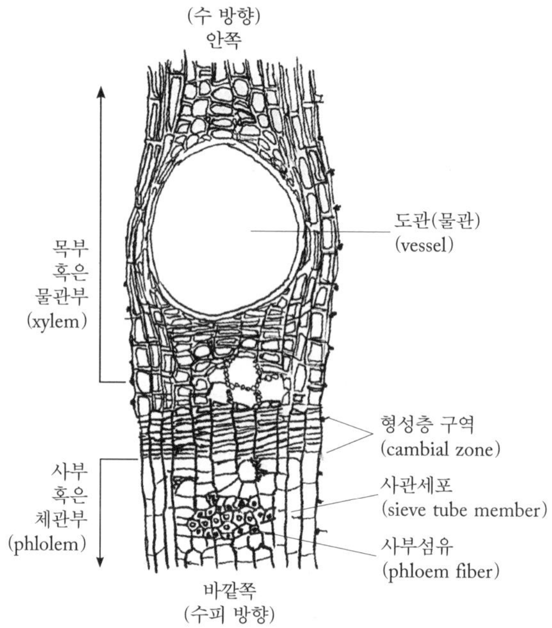

〈그림 3-8〉 피자식물 형성층 구역의 모양(Esau, 1977)
세포분열을 하는 형성층은 여러 층의 시원세포로 구성되어 있으며, 이를 형성층 구역이라 한다.

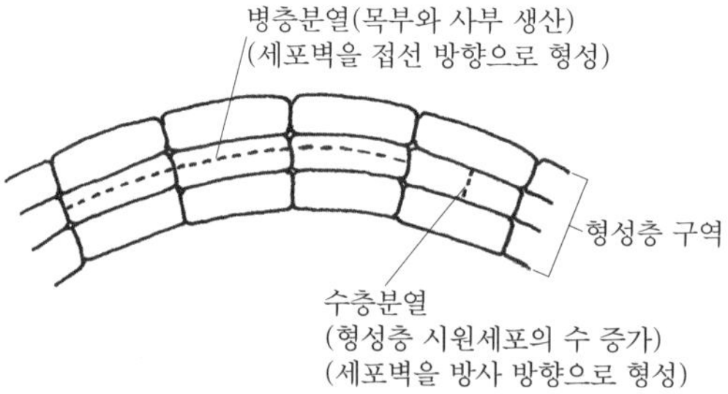

〈그림 3-9〉 형성층의 두 가지 세포분열 방식(병층분열, 수층분열)

기 위하여 방사 방향(放射方向, radial direction)으로 세포벽을 만드는 세포분열을 뜻한다(〈그림 3-9〉 참조).

2) 목부와 사부의 생산

형성층은 세포분열을 통하여 2차목부와 2차사부를 생산하는데, 형성층보다 바깥쪽으로 사부를 추가시키고 안쪽으로 목부를 추가시키면서 형성층 자신은 계속 분열조직으로 남게 된다(〈그림 3-10〉 참조). 따라서 형성층 세포는 자기 자신이 둘로 갈라질 때 접선 방향으로 새로운 세포벽을 만드는 병층분열에 의하여 목부와 사부를 만들게 된다. 생리적으로 체내 식물호르몬 중 옥신(auxin)의 함량이 높고 지베렐린(gibberellin)의 농도가 낮으면 목부를 생산하고, 그 반대일 때에는 사부를 생산하는 것으로 알려져 있다.

형성층이 생산하는 목부조직과 사부조직의 비율은 일정하지 않으나, 어느 수종이건 어떤 환경에서나 목부의 생산량이 사부보다 많다(〈그림 3-11〉 참조). 수종에 따라서 차이가 있으나, 전나무의 경우 목부와 사부의 비율이 14:1로 생산된 것이 관찰되었으며, 미송의 경우 1년에 100개의 가도관과 11개 정도의 사부세포가 생산된다. 목부 생산량은 사부 생산보다 환경 변화에 더 예민한 반응을 보이는 경향이 있다. 예를 들어 생장에 불리한 환경이 되면 목부의 생산량이 줄어들어 그 비율이 작아진다. 서양측백나무의 경우, 나무의 활력이 감소하면 그 비율이 15:1에서 2:1까지 줄어든다.

온대지방에서는 봄에 형성층이 세포분열을 재개할 때 사부조직이 목부조직보다 먼저 만들어진다. 환공재의 경우 사부는 목부와 비슷한 시기 또

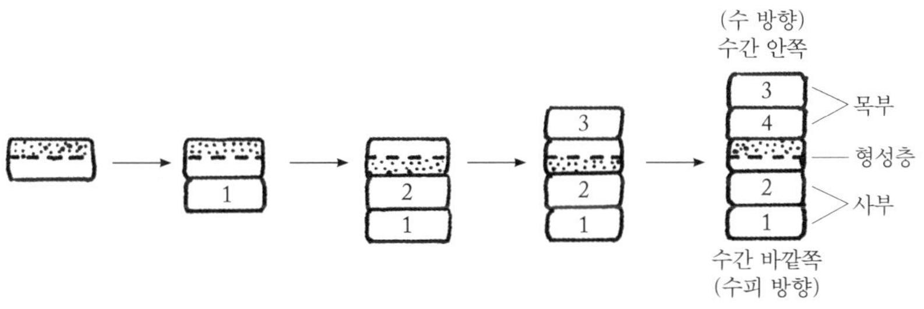

〈그림 3-10〉 병층분열에 의한 형성층의 목부와 사부 생산방식

봄철 사부가 목부보다 먼저 만들어진다. 숫자는 세포가 만들어지는 순서이다. 점박이 세포는 계속 형성층으로 남아 있게 된다.

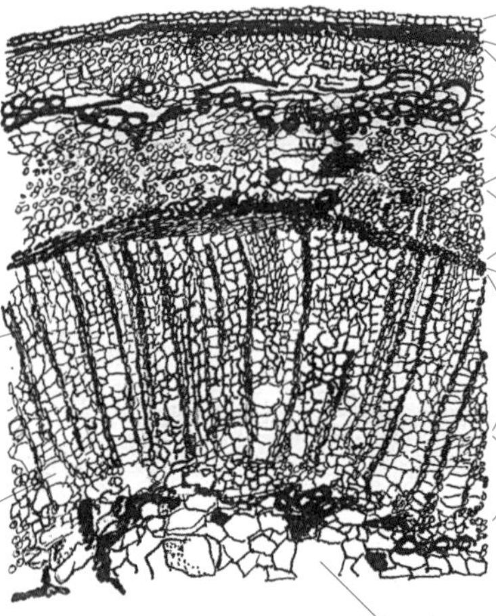

〈그림 3-11〉 미국피나무 1년생 줄기의 횡단면상에서 본 목부와 사부의 생산량 비교와 주피의 생성 위치(Young, 1982)

피나무는 어린줄기에서도 초기부터 원통형에 가까운 형성층을 가지고 있기 때문에 〈그림 2-9C〉 소나무류의 완성된 형성층과는 형태적으로 차이가 있다.

는 약간 먼저 생산되는데, 예를 들어 아까시나무의 사부는 목부보다 일주일 정도 먼저 만들어지기 시작한다. 산공재나 침엽수재는 사부를 만드는 시기가 훨씬 더 앞선다. 즉 배나무의 경우 사부 생산이 8주 정도 앞서며, 방크스소나무와 스트로브잣나무는 6주 정도 앞선다.

3) 세포분화

형성층에서 안쪽으로 추가된 세포는 목부조직이 되는데, 다음 네 가지 세포, 즉 도관, 가도관, (목부)섬유, 유세포 중 하나로 분화(分化, differentiation)된다. 도관, 가도관, (목부)섬유는 2차벽을 가지게 되며, 원형질을 잃어버린 죽은 세포로 된다. 도관의 경우 양쪽 끝에 천공판이 생겨서 수분의 이동을 용이하게 만든다. 수선(ray)조직을 만드는 유세포는 분화 과정에서 모양이 별로 변하지 않으며, 세포내용물인 원형질을 그대로 가지고 살아 있는 세포로 남는다.

각 세포의 분화는 수주에 걸쳐 일어나는데, 2차 세포벽이 형성되는 기간은 라디아타소나무의 경우 봄에 3~4주 정도 걸리며, 가을에는 8~10주 정도 소요된다. 분화 과정에서 세포의 크기는 방사 방향, 접선 방향, 그리고 종축 방향으로 확장되는데, 활엽수의 섬유는 길이 방향인 종축 방향으로 최고 500%가량 확장되며, 침엽수의 가도관은 20%가량 확장된다. 그렇지만 침엽수의 가도관은 본래 길이가 길기 때문에 성숙한 후에도 활엽수의 섬유보다 더 길게 2~4mm 정도로 된다. 따라서 침엽수 펄프(예: 가문비나무)로 만든 종이의 섬유장이 활엽수 펄프의 섬유장보다 길어서 더 질긴 고급 종이로 취급된다.

4) 형성층의 계절적 활동

형성층의 활동(세포분열)은 환경의 영향을 많이 받는다. 한발이 계속될 때에는 대개 형성층의 활동이 둔화되어 세포분열이 거의 정지된다. 형성층의 계절적 활동은 상록수의 경우 낙엽수보다 더 오래 지속되며, 임분 내에서 우세목이 피압목보다 더 오래 일어난다. 형성층의 활동은 일반적으로 봄에 줄기생장이 시작될 때 함께 시작하여 여름에 줄기생장이 정지한 다음에도 더 지속되는 경향이 있다(〈그림 3-14〉 참조).

형성층의 활동은 식물호르몬인 옥신(auxin)에 의해 좌우된다. 이른 봄에 눈에서 만들어진 옥신 계통의 식물호르몬이 밑으로 이동하면서 형성층을 자극하여 세포분열을 유도하기 때문에, 형성층의 활동은 나무 꼭대기와 눈 바로 아래의 줄기에서 제일 먼저 시작된다. 그 여파는 밑으로 전달되어 나무 밑동 부분에서 제일 늦게 시작된다. 가을이 되어 잎에서 옥신 생산이 줄어들기 시작하면 밑으로 공급되는 옥신의 양이 감소하여 제일 먼저 나무 밑동 부근에서 형성층의 분열이 중단되며 그 여파가 점점 위로 전달되기 때문에, 나무 꼭대기 부근에서는 제일 늦게까지 형성층의 활동이 지속된다. 이러한 옥신의 영향은 추재를 형성하기 시작하는 기작과 동일하다. 즉 늦은 여름에 추재를 만들기 시작하는 시기는 잎에서 옥신의 생산량이 줄어드는 시기와 일치하며, 나무 밑동에서부터 추재 생산이 시작되어 그 여파가 위로 전달된다(〈그림 14-13〉 참조).

5) 심재와 변재

줄기의 횡단면상에서 형성층 안쪽에 인접해 있으면서 비교적 옅은 색을 가진 부분을 변재(邊材, sapwood)라고 하는데(〈그림 3-12〉 참조), 변재는 형성층이 비교적 최근에 생산한 목부조직으로 수분이 많고 살아 있는 유세포가 있는 부분이며, 뿌리로부터 수분을 위쪽으로 이동시키는 중요한 역할을 하는 것과 동시에 탄수화물을 저장하기도 한다. 변재의 두께는 수종에 따라 다른데, 아까시나무와 같이 최근 2~3년 전에 생산된 목부만이 변재인 경우(〈그림 1-1D〉 참조)와, 벚나무와 같이 10년 전에 생산된 목부가 변재로 남아 있는 경우가 있다. 또한 버드나무, 포플러, 피나무처럼 구별이 어려운 경우도 있다.

줄기의 횡단면상에서 변재의 안쪽 한복판에 위치하면서 짙게 착색된 부분이 있는데, 이것을 심재(心材, heartwood)라고 한다(〈그림 3-12〉 참조). 심재는 형성층이 오래전에 생산한 목부조직으로, 시간이 경과함에 따라 세포가 죽어버리고 대신 여러 물질이 축적되어 짙은 색깔을 나타낸다. 심재는 죽어 있는 조직이므로 생리적 기능이 없으며 단지 나무를 기계적으로 지탱해 주는 역할을 하므로, 고목의 경우 심재가 썩어 없어지더라도 나무가 살아갈 수 있다. 심재를 만들기 시작하는 시기는 수종에 따라 다르지만, 유칼리는 5년부터, 소나무류는 15~20년부터, 너도밤나무는 80년부터이다.

세월이 지나면서 변재가 심재로 변신하는 과정에서 나타나는 변화에는 여러 가지가 있다. 먼저, 수선조직의 세포와 종축 방향 유세포가 서서히 죽어가면서 대사, 효소활동과 전분의 함량이 줄어든다. 또한 여러 가지 화학물질(착색물질, 기름, 검, 송진, 타닌, 폴리페놀, 유기산의 염 등)이 심재세포의 내강(內腔, lumen)과 세포벽에 축적되어 짙은 색을 띠게 되며, 더불어 가도관의

〈그림 3-12〉 35년생 일본잎갈나무 줄기 횡단면에서 본 변재 (가장자리 옅은 색)와 심재(한복판의 짙은 색)

형성층과 2차사부는 수피 맨 안쪽에 있지만 아주 얇아서 이 사진에서 보이지 않는다. 형성층(화살표)은 마지막 나이테(2차목부의 끝부분)와 붙어 있고, 2차사부는 형성층과 인접하여 바깥쪽에 있다.

막공이 막혀 막공폐쇄(膜孔閉鎖, pit aspiration)가 진행되고, 도관이 전충체(塡充體, tylose)로 막혀서 수분이동 기능을 상실하며 수분 함량도 감소한다. 예를 들면 변재의 수분 함량은 소나무류의 경우 건중량의 90~120% 정도인데, 심재의 수분 함량은 30~40%로 감소한다. 대신 목재의 밀도, 강도, 내구성은 증가한다.

3. 뿌리생장

수목의 근계(根系, root system)는 종자 내 배의 유근(幼根, radicle)이 발아하여 직근(直根, tap root)이 되면서 발달하기 시작하여 측근(側根, lateral root)이 생기고, 다시 갈라지면서 세근(細根, 가는 뿌리, fine root)이 형성된다. 즉 주근(主

根)이 갈라져서 측근을 만들고, 재차 갈라지면서 엄청난 수의 세근을 만들어낸다. 예를 들어 성숙한 루브룸참나무는 최소한 5억 개 이상의 살아 있는 가는 뿌리를 가지고 있으며, 사과나무 유묘의 경우 1년에 총 230m의 뿌리가 자라면서 일곱 번 이상 갈라져 뿌리 수는 약 40,000개에 달한다.

뿌리털(根毛, root hair)은 뿌리의 표면적을 확대시켜 무기염과 수분의 흡수에 크게 기여하는데, 표피세포가 변형되어 길게 자란 형태로서 뿌리 끝에 신장생장을 하는 부분 바로 뒤에 위치한다. 토양 중에 수분이 과다하게 많을 때보다 약간 부족할 때 뿌리털의 발달이 더 왕성하게 이루어지며, 소나무류나 참나무류처럼 외생균근을 형성하는 수종들은 뿌리털을 형성하지 않는다.

1) 측근의 생성

측근은 주근의 내피 안쪽에 있는 내초(內鞘, pericycle)세포가 분열하여 만들어진다(〈그림 2-23〉 참조). 내초는 수종에 따라서 한 층 혹은 서너 층으로 된

〈그림 3-13〉 소나무 뿌리에서 측근이 만들어지는 모습(사진: Kramer와 Kozlowski, 1979)
측근은 내초세포가 분열하여 피층을 뚫고 밖으로 튀어나온다. A: 종단면, B: 횡단면.

세포군으로, 세포분열 능력이 왕성하여 병층분열을 시작하면서 접선 방향으로 세포벽을 새로 추가하여 새로운 세포를 만들면서 불룩 튀어나오기 시작한다. 후에 수층분열을 일으켜 방사 방향으로 세포벽을 추가하여 세포의 수를 증가시키면서 내피와 피층을 뚫고 주근 밖으로 튀어나와 측근이 된다(〈그림 3-13〉 참조).

측근이 자라나올 때 주근의 내피와 피층을 돌파하는 과정에서 주근 여러 곳에 상처를 만들게 되는데, 이러한 상처를 통하여 토양 중의 무기염이 어느 정도 집단유동(bulk flow)으로 뿌리 안으로 들어올 수 있다. 이때 외부로부터 병원균이 침입하게 되며, 경우에 따라서는 질소를 고정하는 박테리아가 서식하기도 한다.

2) 뿌리의 계절적 활동

온대지방에서 뿌리의 신장은 한 나무 내에서 관찰할 때 이른 봄에 줄기의 신장보다 먼저 시작하며, 가을에 줄기보다 더 늦게까지 지속된다. 특히 뿌리의 활동은 줄기의 생장이 정지하는 시기에 관계없이 가을까지 지속되는 것이 일반적이다. 줄기가 고정생장을 하는 수종의 경우 수고생장은 이른 여름에 일찍 정지하지만, 뿌리의 생장은 가을까지 계속되어 줄기보다 훨씬 더 긴 기간 동안 자란다. 〈그림 3-14〉에서 스트로브잣나무(고정생장)의 경우 봄에 뿌리생장은 줄기보다 2주 정도 먼저 4월 초순에 시작하여 11월 초까지 계속된 반면, 수고생장은 8월 중순에 완전히 정지했다. 참나무류, 유럽소나무, 독일가문비나무는 고정생장을 하기 때문에 수고생장이 6월 또는 7월에 정지하지만, 뿌리생장은 참나무의 경우 9월에, 구주소나무의 경우 11월에 정지했다(〈그림 3-15〉 참조).

〈그림 3-14〉에서 봄철 뿌리의 생장이 겨울눈이 트기 2~3주 전에 시작된다는 사실은 봄철 나무를 옮겨심는 시기를 결정하는 데 도움이 된다. 봄철 뿌리의 발달이 시작되기 전에 나무를 이식(移植)하는 것이 이상적이므로, 수종과 지역(위도에 해당)에 관계없이 겨울눈이 트기 2~3주 전에 이식하

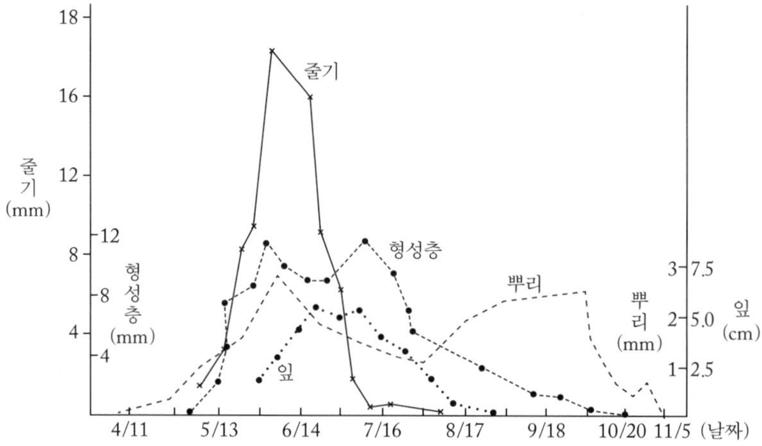

〈그림 3-14〉 미국 뉴햄프셔 지방 10년생 스트로브잣나무(*Pinus strobus*)의 줄기, 잎, 형성층, 뿌리의 생장기간 비교(Young, 1982)

스트로브잣나무는 고정생장을 하기 때문에 7월 이후에는 줄기가 자라지 않는다.

는 것이 가장 바람직하다.

줄기가 자유생장을 하는 포플러, 아까시나무, 자작나무, 잎갈나무의 경우 수고생장은 9월까지 지속되었으며, 뿌리는 잎갈나무의 경우 10월에, 자작나무의 경우 12월에 생장을 정지했다. 뿌리의 생장이 줄기의 생장 정지 시기와 관계없이 가을 늦게까지 계속되는 이유는, 줄기가 신장생장을 정지한다 하더라도 잎이 붙어 있는 한 광합성이 계속되어 탄수화물이 뿌리로 이동하여 뿌리가 자라기 때문이다.

계절에 따른 뿌리의 생장을 보면, 온대지방에서 뿌리는 봄에 줄기생장이 시작되기 전에 자라기 시작하여 왕성하게 자라다가, 여름에 생장속도가 감소하다가 가을에 다시 생장이 왕성해지며, 겨울에 토양온도가 낮아지면 생장을 정지한다. 뿌리가 생장하고 있는 계절이라도 한 나무 내에서 모든 뿌리가 동시에 생장하는 것이 아니며, 일부 뿌리가 자라고 있는 동안에 다른 부위의 뿌리는 전혀 자라지 않기도 한다. 일반적으로 뿌리의 생장은 지상부에 있는 줄기의 생장과 무관하게 시작되고 정지한다고 할 수 있다. 따

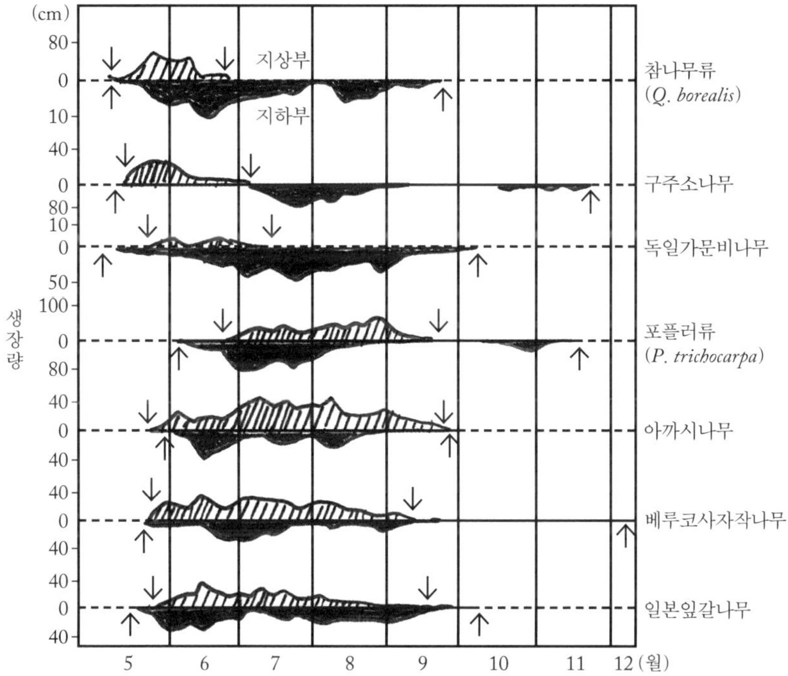

〈그림 3-15〉 7개 수종의 지상부와 지하부 생육기간 비교(Lyr와 Hoffmann, 1967)

라서 겨울철 지상부가 낮은 기온으로 생장을 정지하고 있을 때 뿌리를 따뜻하게 해주면 가열된 부위만 뿌리가 독자적으로 자라는 것을 관찰할 수 있다.

3) 뿌리의 신장속도

뿌리가 신장하는 속도는 수종에 따라, 혹은 계절에 따라 많이 다르다. 연중 가장 왕성하게 뿌리가 자랄 때 뿌리의 신장속도는 하루에 1mm에서부터 수 센티미터까지 다양하다. 미국 남부소나무의 뿌리는 가장 왕성할 때 조림지에서 하루에 2~3cm가량 자라며, 아까시나무와 포플러의 일부 뿌리는 5월 중에 하루에 5cm까지 자란다. 사과나무와 벚나무의 장근(長根)은 일주일에 4~8cm가량 자라는 것이 보통이다.

온도가 내려가면 뿌리의 신장속도는 급속히 낮아지는데, 테다소나무 묘목의 경우 온실 내에서 토양의 온도가 25℃일 때 하루에 5mm 자라지만, 온도가 5℃로 내려가면 0.2mm밖에 자라지 않는다. 무고소나무의 경우 계절적인 신장속도의 차이가 뚜렷해서 여름에는 하루 동안에 6.5mm가량 자라는 데 비해, 가을에는 2.9mm로 감소한다.

4) 뿌리의 수명

목본식물의 근계는 비교적 오랫동안 살면서 직경이 굵어지는 장근(長根, long root) 혹은 다년생근(perennial root)과, 짧은 기간 동안만 살아 있는 단근(短根, short root) 혹은 세근(細根, fine root)으로 구별할 수 있다. 건강한 나무의 경우에도 세근은 비교적 단기간 동안만 살아 있는데, 예를 들어 사과나무의 세근은 여름철 왕성하게 자랄 때 약 일주일 동안만 생존한다. 반면 독일가문비나무의 세근은 3~4년 정도 살아남지만, 많은 수종들의 세근은 1년 정도 산다. 커피나무나 귤과 같이 1년 이상 생존하는 것도 있다. 온대지방에서 세근이 죽는 시기는 주로 추운 겨울철이며, 영국호두나무의 세근은 월동하는 동안 90%가량이 죽는다.

뿌리털(근모)은 뿌리 끝에 있는 정단분열조직 바로 뒤쪽에서부터 자라는데, 뿌리털의 수명은 세근의 수명보다도 더 짧아서 수 시간 혹은 수 주일 살아남는 것이 보통이다. 균근을 형성하는 소나무류의 뿌리에는 일반적으로 뿌리털이 발달하지 않는다.

5) 뿌리의 형성층

종자에서 유래한 어린 긴 뿌리는 시간이 지나면 직경이 굵어지면서 2차생장(secondary growth)으로 들어가는데, 직경이 굵어지는 원리는 줄기(수간)가 굵어지는 원리와 거의 같다. 즉 뿌리에도 형성층이 생기며 코르크 조직이 생겨서 뿌리를 보호하게 된다. 형성층에 의한 2차생장은 첫해 혹은 둘째 해에 시작된다. 〈그림 3-16〉에 뿌리의 형성층이 만들어지는 과정을 단계별로 표시했다.

어린뿌리는 내초 안쪽에 1차목부가 십자(十字)형 혹은 일자(一字)형으로 배열하고 있는데(〈그림 3-16〉의 경우는 십자형임), 1차목부와 1차사부 사이에 있는 유세포가 세포분열을 시작하여 형성층을 만들기 시작한다(〈그림

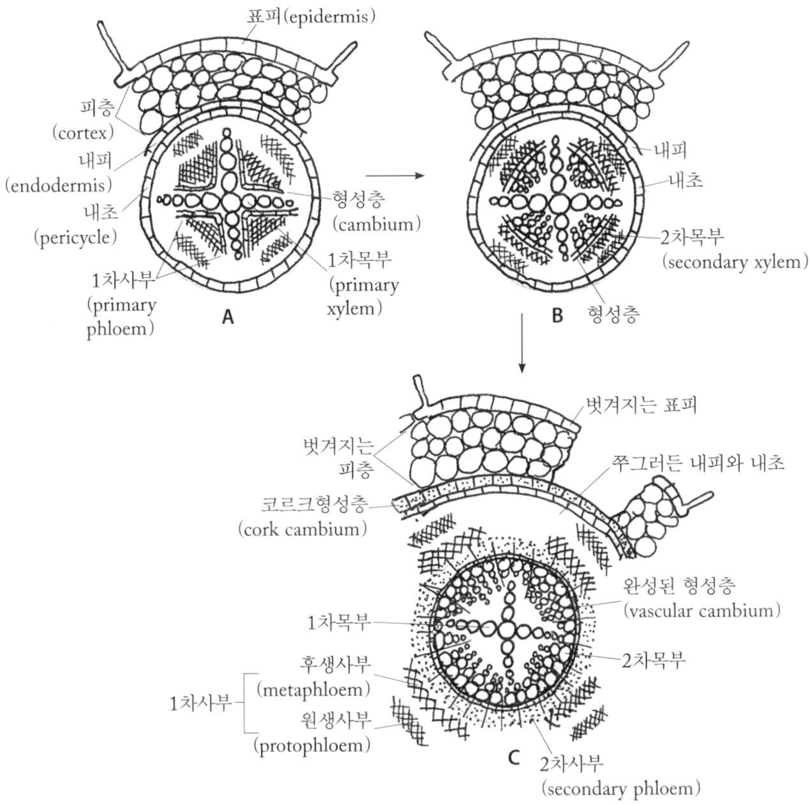

〈그림 3-16〉 어린뿌리가 형성층과 코르크형성층을 만들면서 다년생 굵은 뿌리로 바뀌는 과정

A: 어린뿌리에서 1차목부와 1차사부 사이에 ㄱ자 모양의 형성층이 새롭게 만들어진다. B: 형성층이 자신보다 안쪽으로 2차목부를 만들어 형성층이 직선으로 펴지게 된다. C: B에서 단절되어 있는 네 개의 형성층이 서로 연결되어 원통형의 형성층이 완성되며, 내초가 바깥쪽으로 코르크형성층을 새로 만들어 오래된 피층이 벗겨져 없어진다.

3-16A〉). 세포분열로 형성층 안쪽으로 2차목부가 축적되면, 부피가 늘어나서 안쪽으로 휘어 있던 형성층이 펴지기 시작하면서 1차사부를 밖으로 밀어낸다.

서로 격리되어 있던 형성층(〈그림 3-16B〉)은 시간이 경과하면서 원형으로 연결되어 연속적인 유관속형성층으로 변한다(〈그림 3-16C〉). 형성층이 바깥쪽으로 2차사부를, 그리고 안쪽으로 2차목부를 추가하므로 직경이 굵어지는 원리는 줄기의 직경생장과 동일하다. 이때 내초(內鞘, pericycle)의 세포가 분열을 시작하여 코르크형성층(cork cambium, 주피라고도 부름)을 만들어 뿌리 표면을 보호하며, 어린뿌리의 피층에 해당하는 조직은 찢어져 없어진다(〈그림 3-16C〉). 이로써 어린뿌리는 다년생 굵은 뿌리로 자랄 수 있는 형태를 갖추게 된다.

뿌리형성층은 봄에 토양온도가 상승하면 온도가 높은 겉흙 가까이에 있는 뿌리에서부터 시작하여 목부조직을 만들며, 후에 토양 깊숙이 있는 뿌리까지 파급되는데, 그 전달속도가 줄기에서 형성층의 활동이 밑으로 활성화되는 속도보다 훨씬 느리다. 귤의 경우 4월에 줄기에서 형성층의 활동이 시작되면 뿌리에 전달되는 데 2주가량 걸리지만, 뿌리 내에서 측근에 전달되는 데에는 3개월 정도 걸린다. 뿌리형성층에 의한 목부조직의 생산량은 토양 근처에 있는 뿌리에서 가장 많고, 토양 깊숙이 내려갈수록 그리고 뿌리 끝으로 갈수록 적어져 초살도(梢殺度, tapering)가 급속히 증가하여 뿌리가 가늘어진다.

뿌리형성층의 활동은 줄기형성층에 비하면 훨씬 불규칙하다고 할 수 있다. 즉 직경생장은 뿌리의 위치에 따라서 불규칙하고, 뿌리의 중심부에서 동심원을 그리면서 굵어지는 것이 아니라 한쪽으로 치우쳐서 자라는 것이 수평 방향으로 자라는 측근에서 흔히 관찰되며, 위연륜(僞年輪, false annual ring)과 복연륜(複年輪, double annual ring)이 자주 나타난다. 뿌리의 코르크형성층은 내초에서 기원하여 만들어진다(〈그림 3-16C〉 참조).

6) 뿌리의 분포

수목의 직근(tap root)은 종자에서 제일 먼저 유래한 유근(幼根, radicle)에서 만들어진다. 유근은 2차생장을 하여 굵게 자라서 주근(원뿌리, main root)이 되어 밑동 바로 아랫부분에서 물리적인 지탱을 담당하며, 측근(lateral root)이 옆으로 퍼져서 지지력을 향상시킨다.

수목 뿌리의 분포는 수종에 따라 독특한 형태를 가지고 있어서, 소나무와 같이 심근성을 나타내거나 잎갈나무와 같이 중간형, 그리고 밤나무와 같이 천근성을 나타낸다.

뿌리의 분포는 환경의 변화에 따라 크게 달라지는데, 특히 뿌리의 수직적 분포는 토성(土性, soil texture)의 영향을 많이 받는다. 즉 점토가 많은 토양에서는 뿌리의 침투가 불량하지만, 사양토에서는 통기성이 좋아서 근계가 더 깊게 발달한다(〈그림 9-2〉 참조). 호주의 건조한 지역 모래 토양에서 자라는 유칼리(*Eucalyptus marginata*)의 경우에는 지하 15m까지 내려가 수분을 흡수한다. 사과나무도 통기성이 좋을 때에는 뿌리가 지하 10m까지도 내려간다. 건조한 지역에서 자라는 수목일수록 S/R율(지상부/지하부)이 작아 상대적으로 근계가 많이 발달한다. 미국 유타주 사막에서 자라는 관목은 지하부가 지상부보다 9배 정도 더 무거운 반면(〈그림 11-1〉 참조), 온대지방의 사과나무나 소나무 종류는 지상부가 지하부보다 5배 정도 더 크다.

뿌리는 수평 방향으로도 넓게 퍼지는데, 어린나무가 제자리에서 오랫동안 자랄 경우 수관폭보다 더 넓게 퍼지며, 토성에 따라 크게 달라진다. 과수의 경우 모래 토양에서는 뿌리가 수관폭보다 3배까지 넓게 퍼지며, 양토의 경우 2배까지, 그리고 점토의 경우는 1.5배가량 퍼진다. 굵은 뿌리가 수직 방향과 수평 방향으로 개척근(pioneer root)을 뻗어 생각보다 넓게 퍼지는 것에 비해, 세근의 수직적 분포는 극히 제한되어 있다. 즉 수분과 양분을 주로 흡수하는 세근은 표토(表土, surface soil)에 집중적으로 모여 있는데, 그 이유는 표토는 통기성이 좋아 뿌리 호흡에 유리하고, 무기양분 함량이 높으며, 적은 강우량에서도 곧 수분을 이용할 수 있기 때문이다. 참나무와 소나무 숲의 경우 표토 20cm 내에 전체 세근의 90%가 존재할 만큼 세근은 표토에 집중되어 있다.

7) 뿌리의 생장 방향

새로 신장하는 주근(원뿌리)은 중력에 예민한 반응을 보여서 햇빛과 반대 방향인 땅속으로 수직 방향으로 자라는 굴지성(屈地性, geotropism)을 나타낸다. 측근도 주근으로부터의 거리와 분지의 정도에 따라 차이는 있지만 굴지성을 나타내며, 줄기에서 정아지가 측지의 발달에 영향을 주듯이 주근이 측근의 신장 방향에 영향을 미친다. 어린 묘목에서 수직 방향으로 자라는 직근을 제거하면 사선 방향으로 자라던 측근이 흔히 수직 방향으로 자라는 것을 보면 알 수 있다. 나무가 자라면서 주근이 계속해서 갈라지고 복잡한 구조를 갖게 되면 주근의 영향은 점점 적어지고 중력에 대한 반응도 둔화된다. 대신 토양의 수분 함량과 온도에 따라서 뿌리의 신장 방향이 달라진다. 발아하는 묘목의 주근은 굴지성을 강하게 나타내 밑으로 자라 내려가지만, 지표면에서 수분을 공급하면 주근이 수분이 있는 토양 표면으로 거꾸로 자라 올라가기도 한다.

기계적인 힘도 뿌리의 생장 방향과 뿌리의 모양에 영향을 준다. 토양 속에 뿌리가 관통할 수 없는 장애물이 있으면 주근과 측근 모두가 본래의 진행 방향을 바꾸어 장애물을 돌아서 자란다.

4. 생장측정과 생장분석

임업(林業, forestry)에서는 생산성을 높이기 위해서 수목 생장량을 근거로 하여 생장이 얼마나 효율적으로 빨리 이루어지는지를 분석한다. 수목 생장량은 보통 단위 면적당 연간 생장량을 의미하며, 나무의 총 부피 혹은 무게로 표시한다. 수목생리학에서는 좀 더 구체적인 생장측정(生長測定, growth measurement) 방법을 사용한다. 예를 들면 수목이 환경 변화에 어떻게 반응을 보이는지 이해하기 위해서 잎, 가지, 줄기, 뿌리로 나누어 생장량을 분석하게 된다.

1) 상대생장률

수목생장은 장기간에 걸쳐 진행되기 때문에 예전부터 은행에서 이자를 계산할 때 사용하는 복리(複利, compound interest) 원리에 맞추어 계산하는 관행이 있다. 큰 나무는 작은 나무보다 더 빠른 속도로 목재를 축적하기 때문이다. 즉 초기에 수목의 크기(혹은 무게)에 따라서 단위 시간당 생장량을 계산하는 것이다. 상대생장률(相對生長率, relative growth rate, RGR)은 수목의 단위 무게당 단위 시간당 건중량의 증가량을 의미하며, 보통 1주일당 1그램(g)당 증가한 무게(g)로 표시한다.

상대생장률은 수목이 가지고 있는 유전적 생장속도를 나타내는데, 속성수는 천천히 자라는 장기수보다 상대생장률이 높다.

상대생장률(RGR) = $lnW_2 - lnW_1 / t_2 - t_1$

(단 ln은 자연대수, W_2는 측정 말기의 건중량, W_1은 측정 초기의 건중량, t_2는 말기 측정일, t_1은 초기 측정일)

2) 대비성장량

대비성장(對比成長, allometric growth)은 1932년 줄리안 헉슬리(Julian Huxley)에 의해 개발된 이론으로, 수목 두 부위 간의 상대적인 건중량 증가를 서로 비교할 수 있게 한다. 수목은 자라면서 고유의 유전적 특성, 환경 변화, 시간 경과에 따라서 여러 부위 간 건중량을 분배하는 양식이 변화한다. 대비성장량은 이런 변화를 추적할 수 있게 하며, 줄기와 뿌리 간의 건중량 분배를 측정하고자 할 경우 다음 공식을 사용한다.

$$\log(\text{지상부 무게}) = \alpha + \beta\log(\text{지하부 무게})$$

알파(α)와 베타(β) 계수(coefficient)는 시간이 경과하면서 지상부와 지하부의 무게를 반복 측정하여 직선상관관계로 계산할 수 있다. α는 어떤 수종이 유전적으로 뿌리에 투자하는 고유의 능력(뿌리를 많이 키우는 소질)을 보여주며, β는 대비성장계수(對比成長係數, allometric coefficient)라고 하며 지상부와 지하부의 상대생장률(RGR)의 비율에 해당한다. 이 공식은 식물이 뿌리를 얼마나 성장시켜야 줄기가 증가하는지 보여주는 수식에 해당한다. 즉 뿌리가 잘 뻗어 수분과 양분을 흡수한 만큼 줄기가 자랄 수 있다는 상관관계를 보여주며, 이 능력은 수종이나 환경의 변화에 따라서 그리고 시간이 경과하면서 변화한다. 시간이 경과하면서 β가 변화하면 어린 묘목에서 지상부와 지하부 간의 물질배분의 순위가 변화한다는 것을 의미하며, 환경 변화(시비, 간벌, 가지치기, 병충해 등)가 β에 미치는 영향을 이해할 수 있게 된다.

이와 같은 분석을 통해 참나무류 묘목은 과습지에서 자랄 경우 적습지와 건조지에서 자라는 경우보다 산소부족으로 뿌리발달이 둔화되지만, 나이를 먹으면서 그런 경향이 없어진다는 것을 알 수 있다. 유칼리 묘목의 경우 질소비료를 시비하면 줄기에 비해 뿌리발달이 둔화되는 것을 관찰할 수 있는데, 수목이 뿌리발달의 필요성을 인지하지 못해서 보인 반응이라고 해석할 수 있다.

3) 순동화율

여러 작물의 생장과 생산성의 차이를 설명해 주는 요인을 구명하려고 할 때 식물의 생장에 관여하는 요소를 분석한다. 건중량 생산은 기본적으로 잎 생산량과 순광합성량(총광합성에서 호흡량을 제외한 것)에 의해서 결정된다. 순동화율(純同化率, net assimilation rate, NAR)은 다음과 같이 단위 엽면적당(m^2) 단위 시간당(1일, d) 건중량(g) 생산량으로 표시한다. 이 계산에서 엽면적률(葉面積率, leaf area ratio, LAR)은 수목의 총건중량에 대한 총엽면적

비율이다.

순동화율(NAR, $g/m^2/d$) = 상대생장률(RGR, g/g/d)/ 엽면적률(LAR, m^2/g)
혹은 상대생장률(RGR) = NAR(순동화율) × LAR(엽면적률)

위 공식은 생장이 빠르거나 느린 수목이 어떤 생장 특성을 가지고 있는지 분석할 수 있게 한다. 상대생장률(RGR)은 수목이 가지고 있는 유전적 생산효율에 해당하는 특성이다. 이 유전적 생산효율(상대생장률, RGR에 해당)이 광합성량(순동화율, NAR에 해당) 때문인지, 잎의 생산량(엽면적률, LAR에 해당) 때문인지, 아니면 양쪽 모두 인지를 찾아내 분석할 수 있게 한다. 예를 들면 속성수인 백합나무 묘목은 참나무에 비하여 더 많은 잎을 생산하여 높은 생장속도를 유지하며, 순동화율에서는 차이가 없다. 이와 같이 생장에 관여하는 요소를 찾아내 요인을 분석하는 것을 생장분석(生長分析, growth analysis)이라고 한다.

5. 낙엽 현상과 잎의 수명

수목은 아무 때나 잎, 가지, 꽃, 열매를 떨어뜨리고 뿌리도 떨어져 나간다. 이런 낙엽, 낙지, 낙화, 낙과는 해당 수목 자체, 주위 수목, 주위 환경에 큰 영향을 미친다. 자연적인 탈락(脫落, natural shedding)은 토양에 유기물을 제공하고, 건조 피해를 막으며, 병든 조직을 제거하고, 수목 내 양분과 수분 경쟁을 감소시키기도 한다.

수목은 가을에 낙엽(落葉, leaf abscission)이 질 것을 미리 대비하기 위하여, 어린잎에서부터 엽병 밑부분에 이층(離層, 떨켜, abscission layer)을 사전에 형성하고 있다. 이층의 세포는 다른 부위에 비해 세포가 작고 세포벽이 얇아서 쉽게 이탈할 수 있는 구조를 가지고 있다. 가을이 되면 잎자루(엽병)

끝의 분리층(分離層, separation layer)이 떨어져 나가 낙엽이 지고, 남아 있는 가지 표면에 수베린(suberin), 검(gum) 등이 분비되는 수베린화, 리그닌화, 그리고 코르크로 보호하는 코르크화가 진행되어 보호층(保護層, protection layer)을 형성하면서 탈리현상(脫離現象, abscission)을 마무리한다(〈그림 3-17〉 참조).

대부분의 수종은 가을에 낙엽이 지지만, 일부 수종에서는 마른 잎의 낙엽이 지연되는(marcescent) 경우가 있다. 참나무류와 단풍나무류에서 볼 수 있는데, 잎은 말라 죽었지만 이층이 제대로 발달하지 않아서 낙엽이 지연되며, 이듬해 봄에 비로소 물리적인 힘으로 낙엽이 진다.

수목에서 잎의 수명은 매우 다양하다. 낙엽수의 경우 봄에 생산된 잎은 가을에 낙엽이 지지만, 어린나무와 건강한 나무의 잎은 가을 늦게까지 낙엽이 지연되며, 건강하지 못한 나무(예: 이식한 나무) 혹은 양분이 부족한 나무는 가을에 일찍 낙엽이 진다. 사철나무는 상록수이지만, 봄에 나온 잎은 가을 전에 떨어지고, 가을에 생긴 잎은 이듬해 새싹이 나온 다음에 탈락하

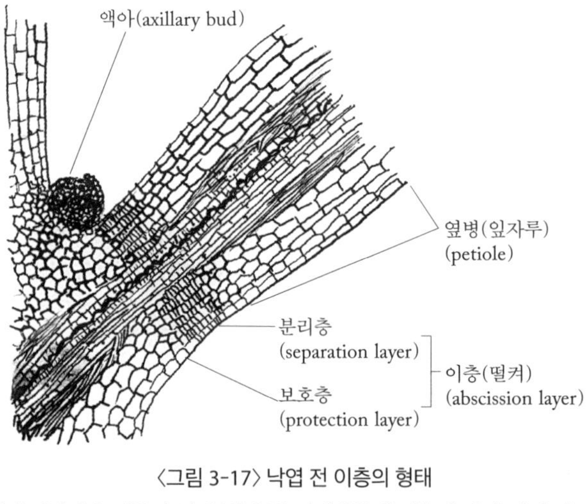

〈그림 3-17〉 낙엽 전 이층의 형태

어린잎이 자라나올 때부터 엽병(잎자루) 아랫부분에 이층이 이미 자리 잡고 있다.

여, 노엽에서 유엽으로의 양분순환이 매우 빠른 편이다.

상록수 잎의 수명은 매우 다양하다. 더운 지방에서 자랄수록 잎의 수명이 짧고, 추운 지방이나 고산지대로 갈수록 잎의 수명이 길어진다. 〈표 3-1〉에 수종별 잎의 자연수명을 나타냈다. 수명이 가장 긴 잎은 미국 네바다주 고산지대(해발 3,500m)에서 5,000년 동안 살아가는 롱가에바잣나무(*Pinus longaeva*)이며, 최고 45년까지 견딘다.

〈표 3-1〉 상록수 잎의 자연수명(Ewers와 Schmid, 1981; 이경준, 2015)

수종명	수명(년)	수종명	수명(년)
대왕소나무	2	스트로브잣나무	2~3
방크스소나무	2~3	스위스잣나무(고산성)	20
리기다소나무	2~3	잣나무	4~5
노르웨이소나무	3~5	동백나무	3~4
테다소나무	2~5	국내 전나무류	4~6 (외국 7~10)
(한국)소나무	3~4	국내 가문비나무류	4~6 (외국 7~13)
롱가에바잣나무(고산성)	10~45	국내 주목류	5~6

4

햇빛과 광합성

태양(太陽, sun)은 지구상에서 생명체가 살아갈 수 있도록 에너지를 공급하는 근원이다. 그중에서도 녹색식물은 햇빛이 있어야만 광합성을 할 수 있기 때문에 햇빛은 수목의 생장에 절대적으로 필요하다. 광합성 외에도 햇빛이 식물에 주는 영향은 매우 많다. 즉 햇빛은 종자의 발아, 잎의 모양과 배열, 줄기의 생장과 굵기, 줄기와 뿌리의 비율 등 수목의 형태를 결정하고, 눈의 휴면과 휴면 타파, 개화, 낙엽시기, 증산작용 등 생리적인 현상에 큰 영향을 끼친다. 또한 태양복사량은 위도, 해발고, 계절, 낮과 밤에 따라 변화하여 생태학적으로 식물분포를 결정하며, 공기와 토양의 온도, 강우, 바람 등 환경요인에도 영향을 끼침으로써 수목생장에 영향을 주는 여러 환경요인 중에서 가장 중요하다고 할 수 있다.

1. 태양광선의 생리적 효과

태양광선(太陽光線, solar radiation)은 파장이 다른 여러 가지 전자기파(electromagnetic wave)로 구성되어 있으며(〈그림 4-1〉 참조), 햇빛(light)은 태양광선 중에서 인간의 눈에 보이는 가시광선(可視光線, visible light, VL) 부분을 일컫는다. 가시광선은 파장이 대개 340~760nm로, 식물도 광합성을 효율적으로 수행할 수 있는 파장에 해당하여 광합성 유효복사(photosynthetically active radiation, PAR)라고도 부른다. 기시광선보다 파장이 짧은 자외선(紫外線, ultraviolet light, UV)은 대기권을 통과하면서 오존층에서 대부분 흡수되며, 파장이 더 긴 적외선(赤外線, infrared light, IR)은 이산화탄소와 수분에 흡수된다. 따라서 〈그림 4-2〉와 같이 대기권을 통과한 태양광선은 가시광선이 주종을 이루며, 녹색식물은 인간의 눈과 마찬가지로 파장 340~760nm인 가시광선 부근의 광선을 이용하여 광합성을 한다.

특히 파장 660~730nm의 적색광선은 식물의 형태와 생리에 독특한 역할을 한다. 태양에너지가 식물에 끼치는 생리적 영향은 광에너지에 따라서 고에너지 광 효과와 저에너지 광 효과의 두 부분으로 나눈다. 고에너지(high energy) 광 효과는 광도가 1,000lx 이상에서 나타나 광합성을 가능하게 한

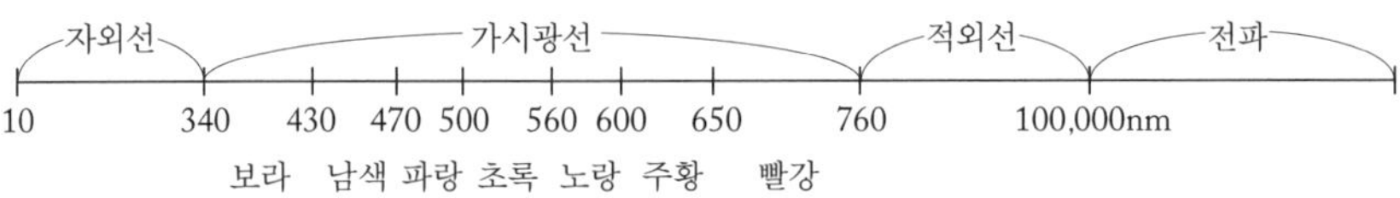

〈그림 4-1〉 태양복사 에너지의 스펙트럼

파장의 단위: nm, 1μm = 1,000nm. 문헌에 따라서 가시광선의 파장은 약간 차이가 있다.

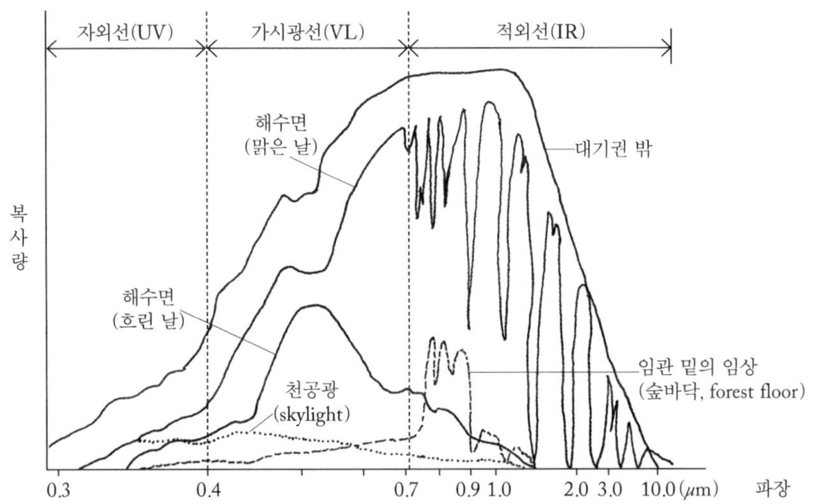

〈그림 4-2〉 대기권과 숲을 통과한 태양광선의 광도와 파장의 변화(Kimmins, 1987)

숲을 통과한 햇빛이 숲의 바닥(임상)에 도착할 때에는 원적색광(0.7~0.9μm)이 많아진다.

다. 저에너지(low energy) 광 효과는 광도가 100lx 이하에서도 생리적 효과를 나타내는데, 광주기나 굴광성 등 저에너지 효과를 예로 들 수 있다.

햇빛의 생리적 효과를 언급할 때에는 다음과 같이 햇빛의 세 가지 성질로 나누어 다룬다. 첫째, 태양의 광질(光質, light quality)이다. 빽빽하게 나무가 자라고 있는 산림의 경우, 햇빛이 임관(林冠, canopy)을 통과하여 임상(林床, forest floor)에 도달할 때 파장의 구성성분, 즉 광질이 변화한다(〈그림 4-2〉 참조). 예를 들면 단풍나무 활엽수림 밑의 임상에는 파장이 긴 원적색광이 주종을 이루고 있으며, 소나무 침엽수림 밑의 임상에는 가시광선의 스펙트럼이 골고루 분포한다.

둘째, 광도(光度, light intensity)이다. 광도는 광합성 속도에 큰 영향을 끼치기 때문에 식물로 하여금 광도에 따라서 적응하도록 유도한다. 한 나무 내에서 볼 때 햇빛에 항상 노출되어 있는 양엽과 항상 그늘 속에 있는 음엽의 형태가 다르게 분화한다. 수종 간에는 그늘에서도 자랄 수 있는 음수와 그늘에서는 살 수 없는 양수로 진화하는 것을 예로 들 수 있다. 그 밖에 광도가 감소하면 수목의 줄기에 비해서 뿌리의 생장량이 상대적으로 감소한다.

셋째, 일장(日長, day length) 또는 광주기(光週期, photoperiod)이다. 낮과 밤의 상대적인 길이의 변화는 식물, 특히 초본식물의 개화에 중요한 영향을 끼친다. 그러나 산림에서 자라는 많은 수목들의 경우 꽃눈의 원기 형성 시기는 일장에 의해서 결정되지만, 실제로 무궁화를 제외하면 개화시기를 일장으로 바꿀 수 없다. 광주기는 대신 눈의 생장 개시 및 휴면에 더 중요한 영향을 끼친다.

2. 광주기

광주기(光週期, photoperiod)는 낮과 밤의 상대적인 길이를 의미하는데, 온대 지방에서 자라는 목본식물은 낮의 길이가 바뀌는 것을 통하여 계절의 변화를 감지한다. 광주기에 따라 수목의 줄기생장, 직경생장, 낙엽시기, 휴면진입 및 타파, 내한성, 종자발아 등이 결정되며, 많은 종류의 수목이 계절의 변화에 따라서 점차적으로 생리적으로 준비하는 시기가 일치하게 됨으로써 동시에 개화하고 동시에 휴면에 들어가게 된다.

1) 개화

광주기가 수목의 개화(開化, flowering)에 끼치는 영향은 12장 4절 '개화생리'에서 독립적으로 다루고자 한다.

2) 줄기생장

온대지방에서 단일(短日, short day)조건은 많은 수목의 경우 줄기의 생장을 정지시키고 동아의 형성을 촉진하며, 장일(長日, long day)조건은 휴면을 지연시키거나 억제한다. 따라서 광주기는 줄기생장의 양상과 눈의 휴면진입 시기를 결정하며, 다가오는 추운 겨울을 알려주는 가장 확실한 지표가 된다. 아까시나무와 단풍나무는 늦여름에 일장이 짧아지면 줄기생장을 정지하고 동아를 형성한다. 그러나 미리 일장을 15시간 정도로 길게 해주고 온도를 올려주면 줄기생장은 겨울 내내 계속될 수 있다.

고정생장을 하는 수목은 낮 시간이 긴 여름 일찍 줄기생장이 중단되는 것이 일반적인데, 이러한 수종의 줄기생장 정지는 일장이 짧아지는 것에 의해 결정되는 것 같지 않다. 반면에 자유생장을 하는 수종은 가을까지 줄기생장을 계속하기 때문에 단일조건에 의해 생장이 정지된다고 할 수 있다. 유한생장(정아에 의하여 줄기생장이 조절되는 경우)을 하는 수목을 단일조건에 두면 휴면상태의 정아를 형성하지만, 무한생장(정아를 형성하지 않는 경우)을 하는 수목은 단일조건에서 줄기의 끝이 죽어버리면서 생장을 정지한다.

3) 휴면타파

광주기가 수목의 눈의 휴면(休眠, dormancy)을 제거하는 효과는 수종에 따라 그리고 휴면의 정도에 따라 다르다. 구주소나무와 참나무류는 여름 일찍 동아를 형성하는 고정생장을 하는데, 여름에 형성된 눈의 휴면은 장일처리나 연속광으로 없앨 수 있다. 그러나 이들 수종의 동아가 한겨울 휴면상태에 있을 때에는 장일처리로 휴면이 타파되지 않으며, 일정 기간 저온처리(chilling)만이 효과가 있다.

4) 낙엽

어떤 수종의 낙엽(落葉, leaf abscission)은 광주기에 의해 결정되고, 또 어떤 수종은 광주기보다는 온도에 더 예민하게 반응을 보인다. 예를 들면 백합나무는 장일조건에서는 잎이 붙어 있고, 단일조건에서는 낙엽이 진다. 아까시나무와 자작나무는 단일조건에서도 온도가 내려가지 않으면 잎이 붙어 있다.

5) 직경생장

수목의 직경생장은 광주기의 영향을 받는다. 많은 수목의 경우 직경생장은 줄기가 자라고 있는 동안에 이루어지고, 줄기생장이 정지하면 곧 직경생장이 중단된다.

이러한 관계는 자라고 있는 줄기가 식물호르몬을 생산하여 밑으로 내려보냄으로써 형성층의 세포분열을 촉진한다고 알려져 있기 때문이다. 따라서 위와 같은 경우에 광주기는 줄기생장과 직경생장에 함께 영향을 주게 된다. 고정생장을 하는 수목의 경우 줄기생장은 여름에 일찍 정지하지만 직경생장은 더 늦게까지 계속되는 경향이 있으며, 이러한 경우에도 광주기가 직경생장에 영향을 준다. 즉 구주소나무의 경우 15시간의 일장이 10시간의 일장보다 직경생장을 더 촉진하며, 가을에 장일처리를 함으로써 직경생장을 가을까지 연장시킬 수 있다. 아까시나무도 구주소나무와 같이 장일처리로 가을에 형성층의 활동을 재개시킬 수 있다.

6) 지역품종

북반구의 고위도에서는 생육기간이 짧은 반면, 여름에 일장이 길다. 이러한 곳에서 자라는 수목은 일장이 짧아지기 시작하면 즉시 생장을 정지함으로 첫서리의 피해를 미리 방지하려고 하며, 봄에는 늦서리의 피해를 막기 위하여 일장이 길어질 때까지 기다린 후 늦게 싹이 트는 습성을 가진 광주기 지역품종(地域品種, geographical race) 혹은 생태형(生態型, ecotype)에 해당한다. 따라서 고위도에 자라는 지역품종을 남쪽의 저위도 지방으로 옮겨서 심으면, 여름에는 낮의 길이가 저위도 지방이 고위도 지방보다 짧기 때문에 일찍 생장을 정지하여 생장이 불량해진다. 반대로 남쪽 산지를 북쪽에 심으면, 일장이 길어서 가을 늦게까지 자라다가 첫서리 피해를 입을 수 있다(〈그림 4-3〉 참조).

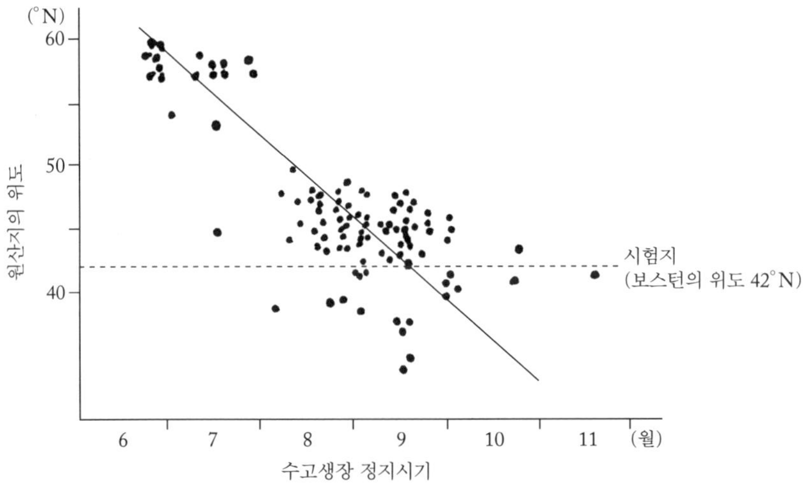

〈그림 4-3〉 *Populus trichocarpa*(포플러류)의 광주기 지역품종의
가을철 수고생장 정지시기 변이(Pauley, 1958)

여러 지역의 품종을 보스턴 지역(북위 42°)에 식재했을 때의 반응을 나타냈다.

3. 굴광성

굴광성(屈光性, phototropism)은 식물이 햇빛이 있는 방향을 향하여 자라는 현상을 말하며, 이로 인해 빠른 시간 내에 더 많은 햇빛을 받을 수 있다. 산림에서 한 나무가 죽어서 공간이 생기면 주변의 나무들이 빈 공간 쪽으로 자라오며, 숲의 가장자리인 임연부에 위치한 나무는 햇빛이 많이 있는 바깥쪽으로 빨리 자란다. 그 밖에 종자가 땅속에서 싹이 날 때 지상 위로 올라오는 현상도 식물이 햇빛이 있는 방향으로 자라는 굴광성 때문이다.

식물의 굴광성 현상은 19세기에 진화론을 제창한 다윈(Charles Darwin)이 관찰한 바 있으며, 1923년 벤트(Frits Warmolt Went)가 귀리의 자엽초(coleoptile)를 이용한 실험에서 햇빛을 한쪽에서 쬐어주면 옥신(auxin)이 햇빛의 반대 방향으로 이동하여 세포의 신장을 촉진시킴으로써 자엽초가 햇빛 쪽으로 구부러진다는 것을 구명했다(〈그림 4-4〉 참조). 굴광성을 가장 효율적으로 나타내는 햇빛의 파장은 청색과 보라색을 띠는 450nm 부근과 자외선 중 370nm 부근이다. 그리고 굴광성에 관련하는 색소를 포토트로핀

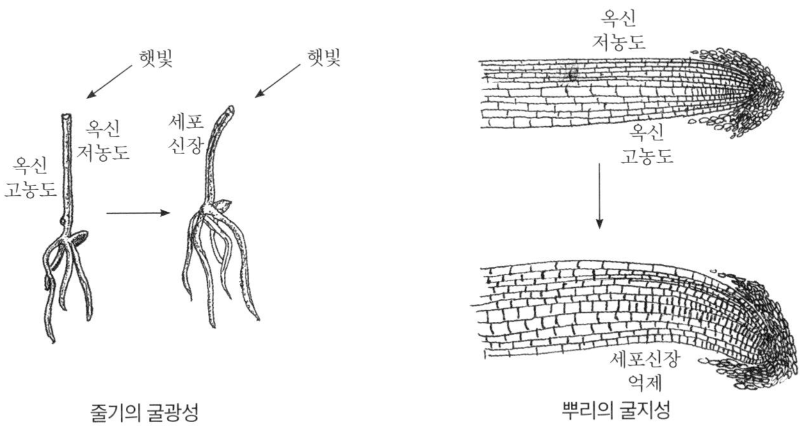

〈그림 4-4〉 광선에 대한 줄기의 반응(굴광성)과 뿌리의 반응(굴지성)

줄기 혹은 뿌리의 옥신이 재분배되어 농도가 달라진다.

(phototropin)이라 부르는데, 플라보프로테인(flavoprotein)의 일종이다.

4. 굴지성

굴지성(屈地性, geotropism 혹은 positive gravitropism)은 중력이 작용하는 방향으로 식물이 자라는 것을 의미하는데, 주로 뿌리가 땅속으로 자라는 원리를 설명해 준다. 소나무의 종자를 파종하면 먼저 나오는 유근은 햇빛에서 먼 방향인 땅속으로 자라 들어가서 주근이 된다. 주근은 뿌리 중에서 가장 강력하게 굴지성을 나타내기 때문에 수직 방향으로 자라 내려가서 토양 깊숙이 있는 수분을 흡수하며, 2차근은 비교적 수평 방향으로 자라서 측근이 되고, 3차근은 굴지성을 거의 나타내지 않고 각도를 가지면서 여러 방향으로 자라서 토양 속에 골고루 퍼진다. 나무의 수간과 꽃은 굴지성의 정반대, 즉 반굴지성(反屈地性, negative gravitropism)을 나타내서 똑바로 위로 자라며, 가지와 엽병은 비교적 수평 방향으로 자라서 햇빛을 많이 받을 수 있도록 배열한다.

수평 방향으로 자라던 뿌리가 굴지성에 의해 밑으로 구부러지는 것은, 옥신이 뿌리 아래쪽으로 이동하여 세포의 신장을 억제함으로써 위쪽 세포가 더 빨리 신장하기 때문이다(〈그림 4-4〉 참조).

5. 광수용체

식물의 생장에 영향을 주는 환경요인 중에서 햇빛이 가장 중요하다고 할 수 있으며, 햇빛에 의해서 식물의 생장이 조절되는 현상을 광형태형성(光形態形成, photomorphogenesis)이라고 한다. 이 경우 식물체 내에서 햇빛을 감지하는 역할을 담당하는 화합물, 세포 혹은 기관을 광수용체(光收容體, photoreceptor)라고 한다. 광수용체 화합물 중에는 피토크롬, 포토트로핀, 크립토크롬 세 종류의 단백질이 알려져 있는데, 이들을 색소단백질(chromoprotein)이라고 부른다. 색소단백질은 두 부분으로 구성되어 있는데, 햇빛을 흡수하는 부분을 발색단(發色團, chromophore), 나머지 촉매 역할을 하는 단백질 부분을 아포단백질(apoprotein)이라고 한다.

1) 피토크롬

식물체 내에서 광질에 반응을 나타내는 광수용체 중의 하나는 피토크롬(phytochrome)이다. 피토크롬은 종자 발아에서부터 개화까지 식물생장의 전 과정에 관여하며, 적색광과 원적색광에 반응을 보인다. 분자량이 각각 120,000Da(Dalton) 정도 되는 2개의 동일한 폴리펩티드(polypeptide)로 구성되어 있으며, 피롤(pyrrole)이 4개 모여서 이루어진 발색단(發色團, chromophore)을 가지고 있다.

피토크롬은 암흑 속에서 기른 식물체 내에 가장 많은 양이 들어 있으며, 햇빛을 받으면 합성이 일부 금지되거나 파괴된다. 피토크롬은 식물체 내 대부분의 기관에 존재하는데, 뿌리를 포함하여 눈과 같은 생장점 근처에 가장 많이 있다. 세포 내에서는 세포질과 핵 속에 존재하지만, 세포소기관(organelle)이나 원형질막, 액포 내에는 존재하지 않는다. 박테리아에서도 피토크롬이 발견되어 이 색소가 원시생물에서 기원했다고 믿어진다.

피토크롬은 비교적 낮은 광도(가시광선의 1/100 광도에서 1분 노출)에서도 예민하게 반응을 나타내는데, 어떤 파장의 빛을 받느냐에 따라 두 가지 다른 형태로 존재한다. 즉 적색광(red light, 파장 660nm)을 비추면 P_r 형태에서 P_{fr} 형태로 바뀌며, 원적색광(far-red light, 파장 730nm)을 비추면 다시 P_r 형태로 바뀌는데, 이것은 단백질에 부착되어 있는 발색단의 피롤 분자배열이 햇빛을 받음으로써 변화하기 때문에 나타나는 현상이다(〈그림 4-5〉 참조). 소나무류의 경우에는 이 두 가지 흡광 정점이 적색광 부분에서 656nm, 원적색광 부분에서 714nm로 다른 식물과 약간 차이가 있다. 햇빛 아래에서

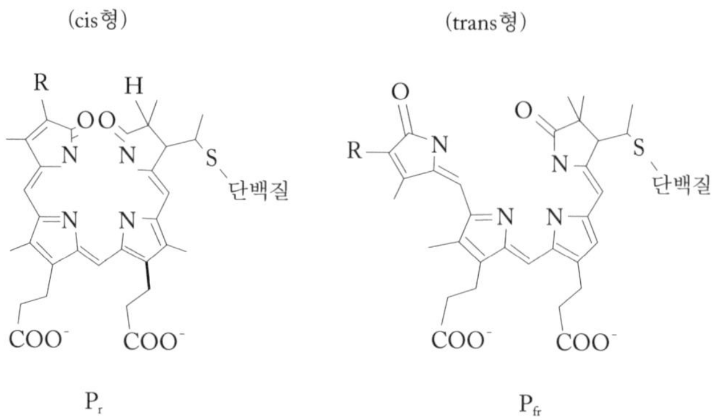

〈그림 4-5〉 피토크롬 발색단의 분자구조와 빛에 의한 변화

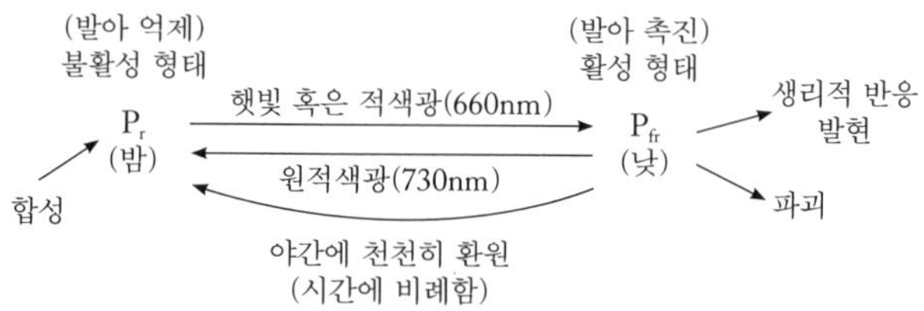

〈그림 4-6〉 피토크롬 색소의 햇빛(적색광에 해당)과 원적색광에 대한 반응과 야간에 나타나는 반응

광색소는 두 가지 중에서 한 형태로만 존재하는 것이 아니며, 적색광을 비추면 전체 광색소의 80%가 P_{fr}로 존재하고, 원적색광을 비추면 99%가 P_r 형태로 존재한다.

P_{fr}은 생리적으로 활성을 띠는 형태로서 여러 가지 광주기 현상, 줄기생장, 종자휴면, 광형태 변화 등을 야기한다(〈그림 4-7〉 참조). 암흑 속에서 P_{fr}은 P_r로 천천히 시간에 비례해 환원되거나 파괴된다. 특히 P_{fr}은 식물이 시간을 측정할 수 있는 장치(예: 모래시계)라고 생각하면 된다. 암흑 속에서 P_{fr}이 P_r로 환원되는 양은 정확하게 시간에 비례하며, 식물은 P_{fr}과 P_r의 상대적 비례로써 밤의 길이를 측정한다. 특히 단일성 식물의 경우(예: 도꼬마리) 밤의 길이를 10분 이내의 오차로 정확히 측정하여 가을이 다가오는 것을

〈그림 4-7〉 광주기 처리에 따른 미송(*Pseudotsuga menziesii*)의 수고생장 반응(Downs, 1962)

미송은 12시간의 광주기 처리(A)를 받으면 수고생장이 정지되며, 12시간의 광주기 처리와 함께 밤 시간을 중단시키면(B) 20시간 장일처리(C)와 비슷한 생장을 보인다.

A: 낮 12시간, B: 낮 12시간+한밤중 1시간, C: 낮 20시간.

감지해 꽃을 피운다.

피토크롬은 종자의 발아에서 절대적인 역할을 한다. 〈표 13-3〉에서 볼 수 있듯이 버지니아소나무 종자에 적색광을 비추면 발아가 되지만, 맨 마지막으로 원적색광을 비추면 발아가 억제된다. 이런 현상은 숲 바닥에 떨어져 있는 종자가 숲이 우거져 있을 때 상층 임관에서 적색광을 차단하여 숲 바닥에 원적색광이 많을 때 발아를 하지 않고 기다리다가, 산불이 나거나 임관이 파괴되어 적색광이 많이 들어올 때 싹이 트는 것을 설명할 수 있다.

2) 포토트로핀

앞에서 기술한 대로, 낮과 밤의 길이를 감지하는 피토크롬은 적색광에 반응을 보인다. 반면 식물의 굴광성과 굴지성은 청색광에 의해서 유도된다는 사실이 19세기 후반부터 알려져 있었다. 이와 같이 식물의 청색광에 반응을 보이는 광수용체를 포토트로핀(phototropin)이라고 부른다. 포토트로핀은 청색광(400~450nm)과 자외선 A(320~400nm)를 흡수하는 플라보프로테인(flavoprotein)의 일종으로, 햇빛을 감지하여 줄기의 굴광성과 뿌리의 굴지성을 조절하는 주요 광수용체로 알려져 있다. 잎에 많이 존재하며, 피토크롬, 크립토크롬과 함께 식물이 햇빛에 반응을 보이면서 생장의 변화를 가져오는 중요한 역할을 한다.

그 밖에 포토트로핀의 여러 가지 기능이 알려져 있는데, 잎의 확장과 어린 식물의 생장을 조절하며, 크립토크롬이 작동하기 전에 먼저 줄기생장을 유도한다. 식물이 햇빛을 받으면 기공을 열기 위한 일련의 화학반응이 시작되는데, 햇빛을 감지하여 유도하는 중요한 역할을 하며, 햇빛이 강하게 비출 때 엽록체가 방향을 전환(chloroplast movement)하는 데도 관여한다.

3) 크립토크롬

크립토크롬(cryptochrome)은 포토트로핀과 함께 청색광과 자외선을 흡수하여 굴광성에 관여하는 광수용체이다. 식물과 동물에 모두 존재하며, 플라보프로테인의 일종인 것은 포토트로핀과 흡사하다. 피토크롬과 포토트로핀이 인산화효소(kinase)의 일종인 데 반하여, 크립토크롬은 인산화효소가 아니다.

주요 기능은 자귀나무와 같이 24시간 주기로 야간에 잎이 접히는 일주기 현상(日週期現象) 혹은 생체리듬(circadian rhythm)을 조절하고, 종자와 유묘의 생장을 조절하는 것이다. 철새의 경우 자기장을 감지하여 이동경로를 찾아내는 역할도 한다. 식물의 경우 2개의 유전자 Cry1과 Cry2가 알려져 있다. 이 중에서 Cry1이 생체리듬을 조절하고, Cry2는 청색광에 의한 자엽과 잎의 신장을 조절하는 것으로 알려져 있다.

6. 광합성

광합성(光合成, photosynthesis)은 녹색식물이 태양에너지를 이용하여 자신이 필요로 하는 에너지를 만드는 과정이다. 이때 엽록체 속에 있는 엽록소가 태양에너지를 모아서 원동력을 제공해 주면, 공기 중의 이산화탄소(CO_2)와 물을 원료로 하여 탄수화물을 만들어낸다. 광합성은 햇빛 아래에서 식물이 탄수화물을 합성한다는 의미에서 붙여진 이름이며, 유럽에서는 탄소동화작용(炭素同化作用, carbon assimilation)이라고도 부른다.

광합성은 녹색식물이 에너지를 만들 수 있게 함으로써, 지구 생태계에서 먹이연쇄를 통하여 모든 생물이 에너지를 얻을 수 있도록 해주는 중요한 역할을 한다. 지하에서 캐내는 석탄도 오랜 세월 전에 식물이 광합성으로 만들어 놓은 물질이며, 석유도 궁극적으로는 광합성에 의해 만들어졌다고 할 수 있다. 육지에서 식물이 생산하는 물질 중 2/3가량은 산림에서 만들어지므로 수목의 광합성이 육상 생태계에서 차지하는 비중은 매우 크다고 할 수 있다.

1) 광합성 색소

(1) 엽록소

광합성 과정에는 여러 가지 색소가 관여하는데, 그중에서 가장 핵심적인 색소는 엽록소(잎파랑치)이다. 엽록소(葉綠素, chlorophyll)는 엽록체라고 하는 작은 크기의 소기관(organelle)에 들어 있는 색소로, 지구상에서 가장 흔한 색소 중 하나이다. 엽록소는 〈그림 4-10〉에서 볼 수 있듯이 가시광선 중에서 녹색을 반사하기 때문에 녹색으로 보인다.

엽록체(葉綠體, chloroplast)는 박테리아보다 약간 더 큰 크기로 지름이 약 5μm(1μm는 1/1000mm), 두께가 2~3μm가량 되며, 투과성 막으로 둘러싸여 있다(〈그림 4-8〉 참조). 엽록체의 구조는 엽록소를 함유하고 있는 부분인

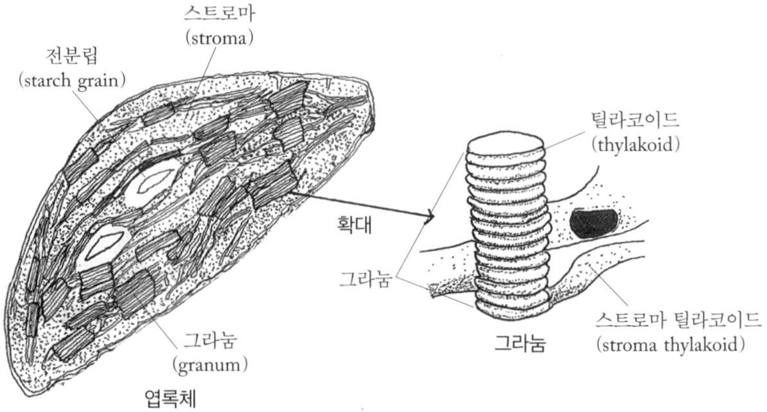

〈그림 4-8〉 엽록체의 모습(Salisbury와 Ross, 1992)

엽록소를 함유하고 있는 그라눔(granum)과 엽록소가 없는 스트로마(stroma)로 나뉜다.

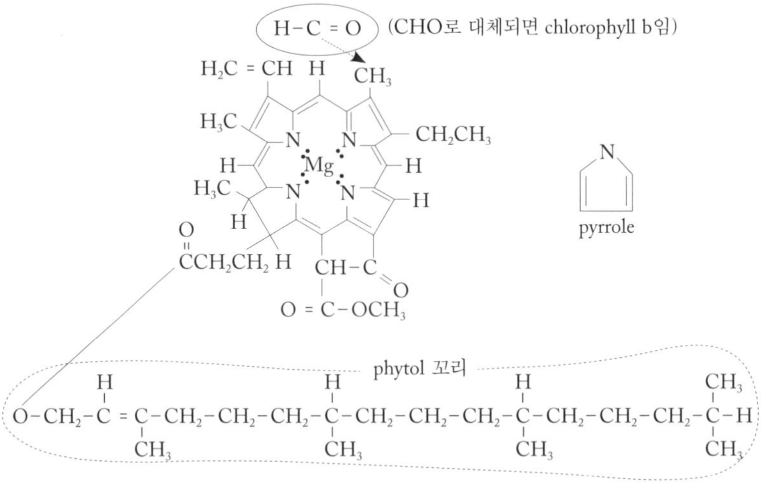

〈그림 4-9〉 엽록소(chlorophyll a)의 화학적 구조

엽록소 b는 엽록소 a의 메틸(-CH_3) 그룹이 알데히드(-CHO) 그룹으로 대체된 구조이다.

그라눔(granum)과 엽록소가 없는 부분인 스트로마(stroma)로 구분되어 있는데, 각각 명반응과 암반응을 담당하고 있다. 엽록체는 주로 녹색 잎의 엽육세포에 들어 있으나, 어린 가지의 수피와 어린 과일에도 들어 있다.

지금까지 알려진 엽록소에는 여러 가지가 있으나, 식물의 경우에는 엽록소 a(청록색)와 엽록소 b(황록색)가 주종을 이루고 있다. 엽록소는 피롤(pyrrole)이 4개 모여서 고리를 만들며, 고리의 한복판에 마그네슘(Mg) 분자가 있고, 네 번째 피롤 분자에 긴 꼬리 모양의 피톨(phytol)이 부착되어 있어서 엽록소 전체로 볼 때 비극성 화합물(유기물의 경우 산소원자 수가 극히 적고 탄소와 수소로 이루어져 있는 화합물)이기 때문에 물에는 잘 녹지 않으며, 에테르(ether)에 잘 녹는 지질(lipid) 화합물이다(〈그림 4-9〉 참조). 단풍나무 잎이 봄에 붉은색을 띠는 것은 엽록체의 녹색보다 액포에 있는 붉은 색소인 안토시아닌(anthocyanin)의 색깔이 더 두드러지게 보이기 때문이다.

(2) 흡수 스펙트럼과 작용 스펙트럼

엽록소는 인간의 눈과 마찬가지로 태양광선 중에서 가시광선 부근의 햇빛을 주로 흡수하는데, 가시광선 중에서도 적색 부근과 청색 부근의 빛을 흡

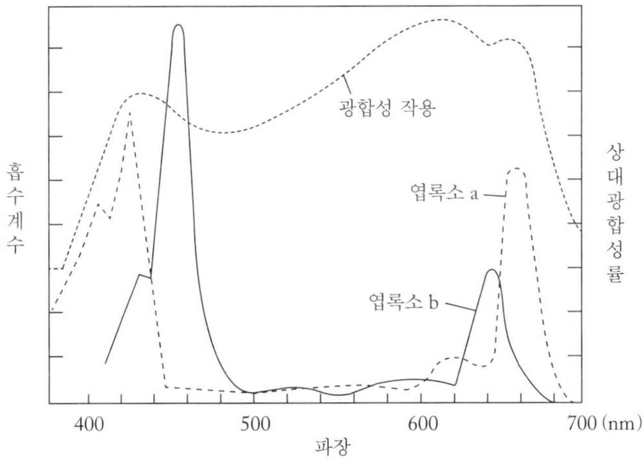

〈그림 4-10〉 엽록소의 흡수 스펙트럼과 식물의 광합성 작용 스펙트럼 비교(McCree, 1972)

엽록소 a는 450nm와 660nm에서 흡수 피크가 나타나고, 엽록소 b는 470nm와 640nm에서 피크를 보이는 색소이다.

수하고 녹색 부근을 반사하기 때문에 녹색으로 보인다. 엽록소가 흡수하는 가시광선 부근의 흡수 스펙트럼(absorption spectrum)은 엽록소 a와 엽록소 b가 서로 약간 다르지만, 녹색 부근의 빛을 흡수하지 않고 반사하는 것은 흡사하다(〈그림 4-10〉 참조). 그런데 녹색식물에 파장이 다른 빛을 각각 조사하여 파장에 따른 광합성 작용 효율을 조사해 보면, 적색광과 청색광뿐만 아니라 녹색광을 비춰도 광합성을 효율적으로 하여 광합성 작용 스펙트럼(action spectrum)이 엽록소의 흡수 스펙트럼과 상당히 다르다는 것을 알 수 있다(〈그림 4-10〉 참조). 따라서 엽록소 이외에 녹색광을 효율적으로 흡수하여 광합성에 기여하는 색소가 존재함을 알 수 있다.

(3) 카로티노이드

카로티노이드(carotenoid)는 이소프렌(isoprene, C_5H_8)이 여러 개 모여서 이루어진 이소프레노이드(isoprenoid) 화합물의 한 종류로(8장 3절 참조), 식물에서 노란색, 오렌지색, 적색 등을 나타내는 색소이다(〈그림 8-5〉 참조).

광합성 작용에서 카로티노이드의 가장 중요한 기능은 엽록소를 보조하여 햇빛을 흡수함으로써 광합성 보조색소(補助色素, accessory pigment) 역할을 하는 것이다. 카로티노이드의 두 번째 중요한 기능은 광도가 높을 경우 광산화 작용(photooxidation)에 의한 엽록소의 파괴를 방지하는 것이다.

〈그림 4-10〉의 광합성 작용 스펙트럼은 작물을 대상으로 조사한 것이지만, 활엽수의 잎도 이와 비슷한 피크(peak)를 가지고 있다. 그러나 나자식물의 경우 청색광에서 광합성 효율이 약간 떨어지는데, 이것은 침엽의 큐티클층이 청색을 많이 반사하거나, 청색광을 흡수하여 엽록소에 전달하지 않는 카로티노이드를 함유하는 경우가 있기 때문이다. 특히 짙은 청색의 침엽을 가진 은청가문비나무(*Picea pungens*, Glauca Group)는 청색과 보라색에서 광합성 효율이 낮다.

2) 광합성 기작

광합성에서 식물이 생리적 작용을 일으키는 기본 원리, 즉 기작(機作, mechanism)은 엽록체가 햇빛에너지를 모아 이산화탄소와 물을 원료(기질, substrate)로 하여 여러 효소의 작용으로 탄수화물을 만드는 것인데, 광합성은 다음 두 단계로 나뉜다. 첫 단계는 햇빛이 있어야 이루어지는 명반응으로 다음 단계에 필요한 에너지를 생산하는 단계이며, 두 번째 단계는 암반응으로서 첫 단계에서 만들어진 에너지를 이용하여 이산화탄소를 환원시켜 탄수화물을 합성하는 단계이다.

광합성의 두 단계를 요약하면 〈그림 4-11〉과 같다. 이 그림에서 굵은 화살표는 태양에너지의 이동 및 저장 경로를 나타내며, 태양에너지가 궁극적으로 탄수화물(C_{n+1})에 저장된다.

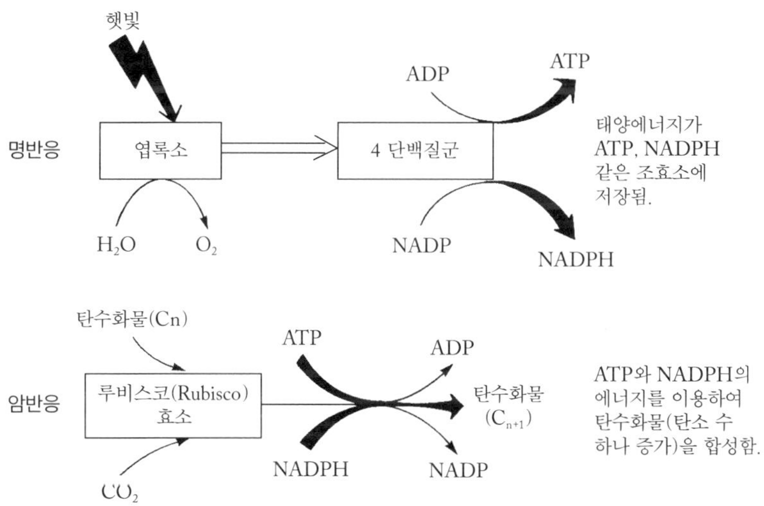

〈그림 4-11〉 광합성의 명반응과 암반응의 주요 생산물

태양이 가지고 있는 전자기파 에너지가 궁극적으로 탄수화물(C_{n+1})에 화학에너지로 저장된다.

(1) 명반응

명반응(明反應, light reaction)은 광합성의 첫 단계로 햇빛이 있을 때에만 엽록체의 그라눔(granum) 부분에서 진행된다. 엽록소는 햇빛에너지를 한군데로 모으고, 네 가지 단백질군이 순서대로 작용하여 물분자(H_2O)를 분해하여 산소(O_2)를 발생시키며, NADP를 환원하여 NADPH를 만들고 ATP를 생산한다. 따라서 태양에너지는 명반응을 거치면서 NADPH와 ATP에 저장된다.

ATP와 NADPH는 많은 에너지를 가지고 있는 조효소(助酵素, co-enzyme)로, 다른 화학반응을 일으킬 수 있는 원동력이 된다. ATP는 일반적으로 고등생물의 호흡작용 과정에서 탄수화물을 분해하여 생기는 물질로 힘의 원동력이 되는 화합물인데, 식물은 탄수화물 합성(암반응에서 진행됨)에 필요한 에너지를 명반응에서 ATP의 형태로 만들어낸다.

(2) 전자전달계

명반응에서 약 250개의 엽록소가 태양에너지를 한곳에 모아 물분자(H_2O)를 분해하는 것을 광분해(光分解, photolysis)라고 하며, 이때 물분자가 분해되어 산소(O_2)가 나오고, 방출된 전자(e-)는 여러 물질을 거쳐 최종적으로 NADP에 전달되는데(어떤 물질이 전자를 받아들이면 그 물질은 화학반응에서 환원되었다고 함), 이러한 과정을 전자전달계(電子傳達系, electron transport chain, ETC)라고 한다(〈그림 4-12〉 참조).

전자가 물분자에서 출발하여 NADP까지 전달되는 과정은 햇빛에너지 없이는 일어날 수 없으며, 이 과정에서 ATP와 NADPH가 생산되는 것은 양수발전기에 비유할 수 있다. 양수발전기란 평소에 전기가 남는 야간에 물을 낮은 곳에서 높은 곳으로 양수기로 끌어올려 저장했다가, 다시 밑으로 떨어뜨리면서 낙차를 이용해 전기를 생산하는 발전기를 말한다. 〈그림 4-12〉에서 산화-환원 전위차(redox potential)가 높은 곳(양수값)에서 낮은 곳(음수값)으로 전자가 흐르는 것은 엽록소가 태양에너지를 모으

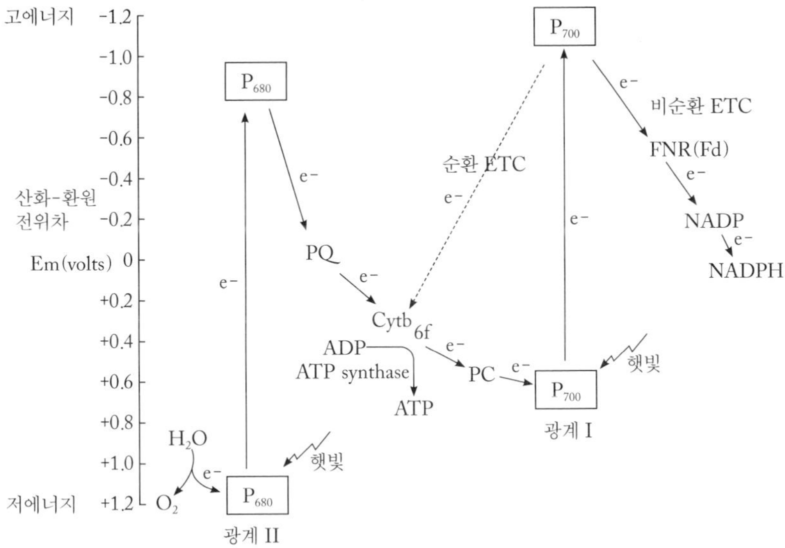

〈그림 4-12〉 광합성의 명반응에서 일어나는 전자전달계(ETC) 약도(Pallardy, 2008)

물(H_2O)에서 출발한 전자(e-)가 NADP까지 전송되는 전자전달계의 과정이다. 엽록소 P_{680}에서 물이 광분해되어 산소(O_2)가 발생하고 함께 생긴 전자(e-)가 plastoquinone(PQ)을 거쳐서 cytochrome b_{6f}에서 ATP(담당효소: ATP synthase)를 생산하는 과정을 광계 II(photosystem II)라고 하며, plastocyanin(PC)과 엽록소 P_{700}(변형된 엽록소a에 해당함)에서 ferredoxin(담당효소: ferredoxin-NADP reductase, FNR)을 거쳐 NADP까지 전자가 전달되어 NADPH를 생산하는 과정을 광계 I(photosystem I)이라고 한다. 실선은 비순환 전자전달계이며, 점선은 순환 전자전달계를 의미한다.

기 때문에 가능해지며, 이는 양수발전기에서 물을 억지로 끌어올리는 과정에 비유할 수 있다. 이때 전자를 받아들이는 두 화합물 플라스토퀴논(plastoquinone, 광계 II에 해당)과 플라스토시아닌(plastocyanin, 광계 I에 해당)은 쉽게 환원(reduction)되지 않는 물질이지만, 엽록소와 베타카로틴(β-carotene)이 모아준 햇빛의 힘에 의해 억지로 환원된다. 환원된 플라스토퀴논과 플라스토시아닌은 다른 물질을 대신 환원시키려는 힘이 아주 크기 때문에 그 힘을 이용하여 최종적으로 ATP와 NADPH를 생산하게 되는데, 이 과정은 낙차를 이용하여 발전이 되는 것과 비슷한 원리라고 할 수 있다.

(3) 암반응

암반응(暗反應, dark reaction)은 이산화탄소(CO_2)를 이용하여 탄수화물을 합성하는 과정인데, 엽록체 내에서 엽록소가 없는 스트로마(stroma)에서 햇빛이 없어도 반응이 일어날 수 있기 때문에 암반응이라고 한다. 그러나 암반응이 밤중에 일어난다는 말은 아니며, 명반응에서 만들어진 ATP와 NADPH가 있을 경우에만 가능하기 때문에 광합성의 두 번째 단계에 해당한다.

암반응에서 탄수화물 합성은 CO_2를 환원시키면서 기존의 다른 탄수화물 속에 집어넣어 탄소의 수를 하나 더 증가시키는 것으로 시작된다. 이때 CO_2 분자는 NADPH로부터 수소이온(H^+)을 받아들이기 때문에 환원되며, CO_2를 환원시키는 힘은 NADPH의 강력한 환원력에서 비롯된다.

거슬러 올라가면 NADPH는 태양에너지에 의해 환원된 것이기 때문에 CO_2를 환원시키는 힘은 궁극적으로 태양에너지이다. 따라서 광합성 과정은 환원(還元) 과정(reduction)이며, 탄수화물을 산화(酸化, oxidation)시키는 호흡작용과 비교하면 정반대 현상이다. 실제로 광합성 작용에서 탄소의 이동 과정은 호흡작용의 탄소이동의 역반응에 해당하는 경우가 몇 군데 있다.

$$CO_2 + H_2O \rightarrow C(H_2O) + O_2$$

3) 암반응에 따른 분류

광합성을 하는 녹색식물은 암반응에서 CO_2를 고정하는 양식에 따라 크게 세 가지, 즉 C-3, C-4, CAM 식물로 분류한다.

C-3 식물: C_5 화합물 + CO_2 → 2분자의 C_3 화합물 (마치 5+1=2×3)

C-4, CAM 식물: C_3 화합물 + CO_2 → C_4 화합물 (마치 3+1=4)

(1) C-3 식물군

녹조류를 포함하여 지구상 대부분 녹색식물은 C-3 식물군에 속한다. C-3

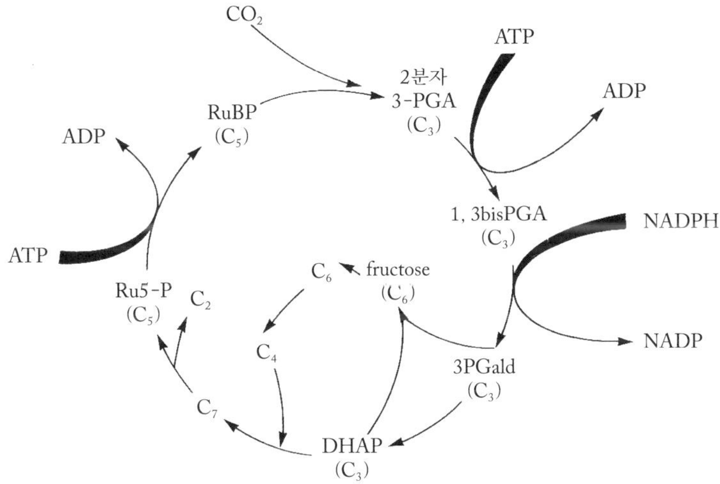

〈그림 4-13〉 C-3 식물군의 CO_2 고정 과정(캘빈 회로, Calvin Cycle)

식물군은 공기 중의 CO_2를 5탄당(탄소를 5개 가지고 있는 당류)인 리불로스 2인산(ribulose 1, 5-bisphosphate, 약칭 RuBP)이 고정하며, 이때 관계하는 효소는 리불로스 2인산 카르복실화 효소(ribulose bisphosphate(RuBP) carboxylase/oxygenase)로서 약칭하여 '루비스코(Rubisco)'라고 부르는데, 지구상에서 가장 흔한 단백질이라고 할 수 있다.

녹색식물의 잎에 들어 있는 총단백질의 1/8~1/4가량이 루비스코 효소이기 때문에 초식동물(인간도 포함)의 영양섭취에 중요한 영향을 미친다. RuBP(탄소 5개)는 CO_2 분자를 하나 흡수하여 탄소가 6개로 증가하지만, 곧 둘로 갈라져서 3개의 탄소를 가진 3-phosphoglyceric acid(3-PGA)를 두 분자 생산한다. C-3 식물군이라는 명칭은 CO_2를 흡수하여 제일 먼저 만들어진 화합물의 탄소 수가 3개이기 때문에 붙여진 이름이다.

3-PGA는 캘빈 회로(Calvin cycle, Calvin은 이 업적으로 1961년도 화학부문 노벨상을 수상했음)라는 일련의 순환적인 화학반응을 거쳐 탄소를 재분배하면서 RuBP를 다시 생산한다(〈그림 4-13〉 참조). 명반응에서 생산한 ATP 에

너지는 3-PGA에 인산기를 하나 더 붙여주는 데 소모되며, 여기서 생긴 화합물은 명반응에서 생산한 NADPH의 에너지에 의해 환원되면서 캘빈 회로의 다음 단계로 연결된다. 광합성 과정이 전체적으로 환원반응이라고 하는 것은 여기에 기초를 두고 있다.

(2) C-4 식물군

몇몇 식물의 경우에는 3개의 탄소를 가진 포스포에놀피루브산(phosphoenol pyruvate, 약칭 PEP)이 CO_2를 고정하여 4개의 탄소를 가진 옥살로아세트산(oxaloacetic acid, OAA)을 주로 엽육세포에서 만든다. C-4 식물이란 명칭은 광합성에 의해 처음 만들어진 화합물이 4개의 탄소를 가지기 때문에 붙여진 이름이다. 만들어진 OAA는 말산(malic acid)으로 바뀌면서 결국은 C-3 식물군과 비슷한 경로를 다시 밟게 된다.

C-4 식물군에 속하는 식물의 잎은 독특한 해부학적 구조를 가지고 있다. 즉 C-4 식물군은 유관속초 세포(vascular bundle sheath cell)(〈그림 2-2〉 참조)가 특별히 발달해 있는 것이 특징인데, 이 세포 내에 크기가 큰 엽록체가 다수 있지만 그라눔(granum)은 거의 없다. 반면에 엽육세포(mesophyll cell)에는 그라눔이 있는 엽록체가 있어서 광합성 작용이 서로 다르다는 것을 암시하고 있다. 즉 엽육세포에서는 PEP가 CO_2를 고정하여 OAA를 만드는데, PEP 카르복실화 효소(carboxylase)가 이 반응을 담당한다. OAA는 곧 말산으로 바뀐다.

생산된 말산은 원형질 연락사를 통하여 인접해 있는 유관속초 세포로 이동되어, 이곳에서 CO_2가 다시 방출되면 RuBP가 CO_2를 흡수하여 3-PGA로 된다. 따라서 C-4 식물군의 경우에는 엽육세포에서는 고유한 C-4 경로를 거쳐서 CO_2를 고정하고, 유관속초 세포에서는 C-3 식물군과 동일한 방법으로 CO_2를 다시 고정한다고 할 수 있다(〈그림 4-14〉 참조). C-4 식물군의 잎은 총단백질량의 10~15% 정도가 PEP를 OAA로 전환시키는 효소인 PEP 카르복실화 효소이다.

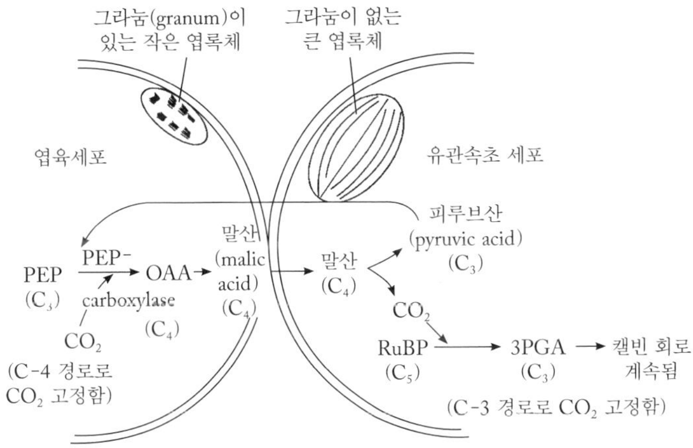

〈그림 4-14〉 C-4 식물군의 CO_2 고정 과정

〈표 4-1〉 C-3 식물과 C-4 식물의 특징 비교

구분	C-3 식물	C-4 식물
광합성 최초 생산물질	3탄당	4탄당
담당 효소명	Rubisco(ribulose bisphosphate carboxylase/oxygenase)	PEP carboxylase
유관속초 존재	있거나 없다	반드시 있다
광합성 최적온도	20~25℃	30~35℃
광포화점	낮다	높다
CO_2 보상점	높다	낮다
광호흡량	많다(광합성량의 25~40%)	적다(광합성량의 5~10%)
순광합성량	적다	많다
생장속도	보통이다	빠르다
식물 예	대부분의 식물	옥수수, 사탕수수
분포지역	온대, 열대, 한대	열대

지금까지 알려진 C-4 식물군에 속하는 식물은 대부분 단자엽식물로, 그중에서 열대성 초본류라고 할 수 있는 사탕수수, 옥수수, 수수는 광합성 속도가 매우 빠르며, 광합성 효율이 높다. 남반구에서 자라는 목초 중에

C-4 식물군이 많은데, 피자식물 중에서 19개 과에 약 1,000개 이상의 종이 여기에 속한다. 대부분의 목본식물은 C-3 식물군에 속하는데, 하와이에서 자라는 대극속의 몇몇 목본식물이 C-4 식물이다.

지구상에 285,000종의 종자식물이 있다고 할 때, C-4 식물군에 속하는 식물은 전체의 0.4%밖에 안 되지만, 사탕수수와 옥수수는 중요한 식량 자원이 되기 때문에 C-4 식물에 대한 관심이 크다. 또 하나 더 중요한 이유는, C-4 식물군은 광도가 높고 기온이 30~35℃로 높을 때(즉 열대지방의 기후조건) C-3 식물군보다 광합성을 더 빨리 해서 건중량 생산이 아주 높다는 것이다. 이러한 특성은 온대지방에서 자라는 많은 농작물의 광합성량을 높여보려는 과학자들에게 큰 관심거리가 되고 있다.

(3) CAM 식물군

사막지대에서 자라는 다육식물(多肉植物, succulent)은 독특한 광합성 방식을 가지고 있다. CO_2를 고정하는 과정은 C-4 식물군과 거의 동일하나, 낮과 밤에 따라 양상이 달라진다. 즉 밤에 기공을 열고 CO_2를 흡수한 다음, PEP가 CO_2를 고정하여 OAA를 만들고, 이것이 말산(malic acid)으로 바뀐 후 액포에 저장된다. 낮에는 기공을 닫은 상태에서 말산이 다시 OAA로 바뀌고 OAA가 분해되어 CO_2가 방출되면 RuBP가 CO_2를 다시 고정하는 과정을 거친다. 따라서 CAM 식물군도 C-4 식물군과 마찬가지로 C-4 경로와 C-3 경로를 모두 거쳐 광합성을 완성한다(〈그림 4-15〉 참조).

CAM(Crassulacean Acid Metabolism) 식물군에 속하는 식물들은 주로 사막지방에 자라는 다육식물이거나 염분지대에서 자라는 식물들이다. 특히 돌나물과(Crassulaceae)에 속하는 식물은 세포 내에 큰 액포(液胞, vacuole)를 가지고 있으며, 액포 속에 산성을 띤 유기산인 말산을 많이 축적하고 있어 삼투압이 높다. 선인장 종류는 뜨거운 낮에 광합성을 하기 위하여 기공을 열면 증산작용에 의해 수분을 많이 잃어버리기 때문에, 낮에는 기공을 닫은 상태에서 광합성을 하고, 밤에는 기공을 열어 CO_2를 흡수·저장한다. 이러한

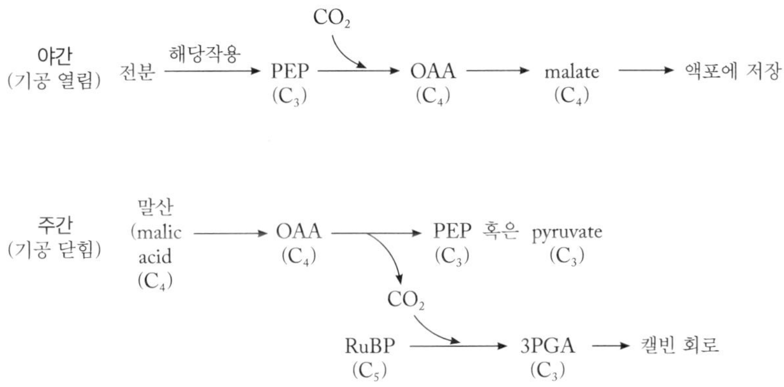

〈그림 4-15〉 CAM 식물군의 CO_2 고정 과정

생리는 건조한 사막에서 살아가기 위하여 진화한 결과라고 할 수 있다. 그러나 우기가 오면 낮에 기공을 열고 C-3 식물과 마찬가지로 광합성을 한다.

CAM 경로로 광합성을 하는 식물에는 돌나물과 외에도 선인장과, 난초과, 나리과, 대극과 등 26개 과에 속하는 식물이 있으며, 나자식물로서는 *Welwitschia* 속에 한 종이 알려져 있다. 울릉도에 있는 섬기린초가 돌나물과의 다년생 초본이지만, CAM 식물인지는 아직 알려지지 않았다.

4) ^{13}C 탄소동위원소 선호도

정상적인 공기 중에는 $^{12}CO_2$와 동위원소(同位元素, isotope)인 $^{13}CO_2$가 함께 존재하며, 그 비율이 98.9:1.1이다. $^{13}CO_2$는 기공과 엽육조직 안으로 들어갈 때 $^{12}CO_2$보다 더 천천히 흡수되며, C-3 식물의 루비스코(Rubisco) 효소는 $^{12}CO_2$를 선호하는 경향이 있다. 따라서 C-3 식물에서는 $^{12}CO_2$를 더 많이 고정하기 때문에 $^{12}CO_2/^{13}CO_2$의 비율이 높아진다. 반면 C-4 식물은 $^{13}CO_2$에 대한 차별이 적은 편이어서 그 비율이 낮아진다. 이런 원리를 이용해 탄수화물 중 동위원소 ^{13}C의 함유량을 질량분석기로 조사하면 어떤 식물이 C-3 식물인지 혹은 C-4 식물인지 찾아낼 수 있다.

국제적으로 유통되는 설탕은 대부분 열대지방에서 생산되는 사탕수수에서 정제한 것이다. 사탕수수가 C-4 식물이기 때문에 이런 원리를 이용하면 벌꿀의 진위 여부를 질량분석기로 가려낼 수 있다. 온대지방에서 진정한 벌꿀은 C-3 식물에서 꿀벌들이 채집한 설탕인 반면, 가짜 꿀은 사탕수수의 설탕으로 제조하므로 벌꿀에서 그 비율이 달라지기 때문이다.

5) 광호흡

광호흡(光呼吸, photorespiration)은 잎에서 광조건하에서만 일어나는 호흡작용을 의미하는데, 엽록체에서 광합성으로 고정한 탄수화물의 일부가 산소를 소모하면서 다시 분해되어 미토콘드리아(mitochondria)에서 CO_2로 방출되는 과정이다. 광호흡은 엽록체와 미토콘드리아뿐만 아니라 퍼옥시솜(peroxisome)도 함께 관여하여 일어난다. 산소를 소모하는 것은 야간에 이루어지는 식물의 호흡작용과 흡사하지만, 광호흡은 잎에서 햇빛이 있을 때에만 일어나며, 광합성으로 초기에 고정된 물질의 일부가 분해되는 것이 야간 호흡작용과 다르다.

C-3 식물의 경우 광합성으로 고정한 CO_2의 20~40%가량이 다시 광호흡으로 방출되며, 낮에 일어나는 광호흡은 야간에 일어나는 호흡보다 2~3배 정도 더 빠른 속도로 진전된다. C-3 식물의 광호흡은 산소의 농도를 줄여주면 감소시킬 수 있다. 광호흡을 일으키는 효소는 C-3 식물에서 CO_2를 처음 고정하는 똑같은 RuBP 카르복실라아제(carboxylase)이다. 이 효소는 O_2보다 CO_2에 대하여 친화력이 훨씬 더 강하지만 CO_2와 O_2를 동시에 기질(substrate)로 이용해 화학반응을 일으킬 수 있기 때문에, 주변에 21% 농도로 존재하는 O_2가 0.04%로 존재하는 CO_2만큼 반응을 잘 일으켜 결국 광호흡이 커진다(〈그림 4-16〉 참조).

C-3 식물에 속하는 수목에서 낮의 광호흡량은 밤의 호흡량보다 더 많다. 이는 낮에 온도와 광도가 증가할 때 광호흡량도 크게 증가하기 때문이다. 특히 햇빛으로 잎의 온도가 올라가면 광호흡이 증가한다.

반면에 C-4 식물은 광호흡량이 아주 적기 때문에 결과적으로 광합성

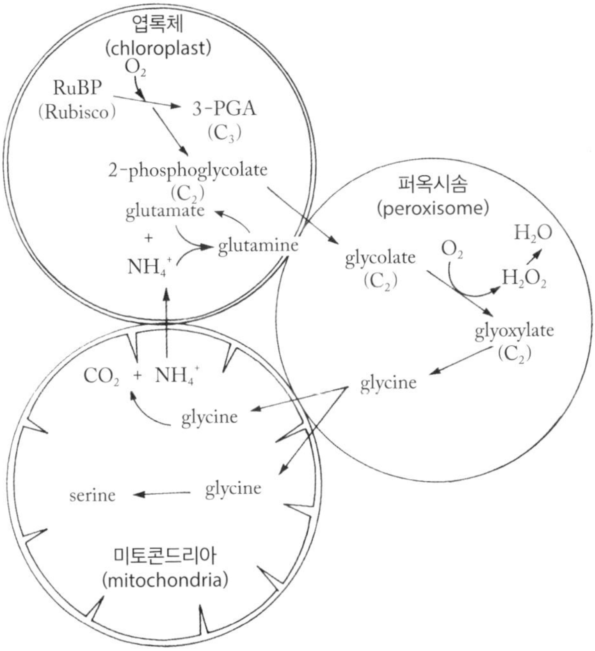

〈그림 4-16〉 광호흡과 광호흡 질소순환

광호흡 질소순환은 7장 2절을 참조한다.

속도가 C-3 식물보다 매우 빠르게 된다. 그 이유는 앞에서 설명한 것과 같이 C-4 식물의 RuBP 카르복실라아제(carboxylase)는 유관속초 세포에 국한되어 있는데, 이 세포 내에는 말산(malic acid)에서 방출되는 CO_2로 인해 CO_2의 농도가 높게 유지되어 O_2가 제대로 경쟁하지 못함으로써 광호흡이 적어지기 때문이다.

식물이 소모적인 광호흡을 많이 하는 이유에 대해서는 여러 가지 해석이 있다. 가장 설득력이 있는 것은 광호흡이 햇빛의 고광도로부터 광합성 구조를 보호하고, 광호흡이 질소순환 및 질소동화작용과 연관되어 있어 이에 기여하며, 세포의 산화-환원 항상성 유지를 도모함으로써 안전장치 역할을 한다는 해석이다.

7. 광합성에 영향을 주는 요인

1) 광도

(1) 광보상점과 광포화점

햇빛이 있어야 광합성이 이루어지므로 광도(光度)는 광합성에 직접적인 영향을 끼친다. 암흑 상태에서 식물은 호흡작용만 함으로써 CO_2를 방출하며, 서서히 광도가 증가하면 광합성을 시작하면서 CO_2를 흡수하기 시작한다. 어떤 광도에 도달하면 호흡작용으로 방출되는 CO_2의 양과 광합성으로 흡수하는 CO_2의 양이 일치하게 되는데, 이때의 광도를 광보상점(光補償點, light compensation point)이라고 한다(〈그림 4-17〉 참조). 광도가 광보상점 이상 되어야 식물이 살아갈 수 있다.

그러나 광보상점은 수종에 따라서 다르고, 한 개체 내에서도 잎의 종류(양엽, 음엽 등)나 온도에 따라 다르지만, 대개 양엽의 경우 전광(全光, full sunlight)의 약 1.5%인 2,000lx(럭스) 정도 된다(참고: 1lx = 1lumen/m^2). 특히

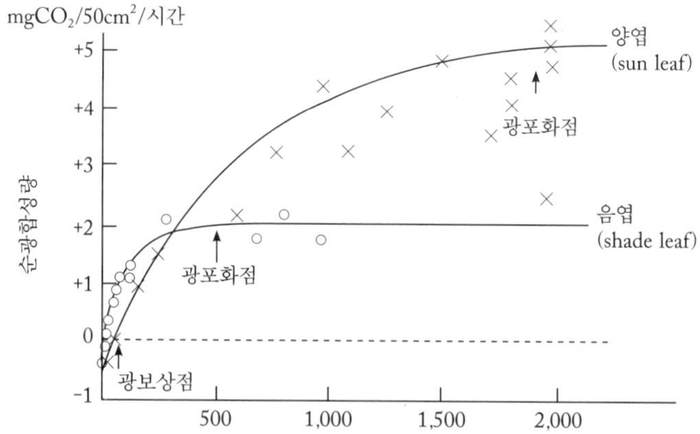

〈그림 4-17〉 광량에 따른 유럽너도밤나무 양엽과 음엽의 광합성 반응, 광보상점, 광포화점 비교 (Lichtenthaler 등, 1981)

〈표 4-2〉 여러 수종 묘목의 광보상점 비교(Burns, 1923)

(단위: 전광에 대한 %)

구분	수종명	광보상점	구분	수종명	광보상점
양수	폰데로사소나무	30.6	음수	엥겔만가문비나무	10.6
	구주소나무	28.7		스트로브잣나무	10.4
중성수	서양측백나무	18.6		독일가문비나무	8.7
	잎갈나무	17.6		솔송나무	8.4
	미송	13.6		너도밤나무	7.5
	참나무류	13.6		설탕단풍	3.4

주: 잎갈나무는 일반적으로 양수로 분류되지만 이 표에서는 어린나무이기 때문에 중성수와 비슷한 수치를 보이고 있다.

양수와 음수 간에는 광보상점에 큰 차이가 있어서 양수인 소나무류는 음수인 단풍나무류보다 약 9배 높은 광도에서 광보상점에 도달한다(〈표 4-2〉 참조). 소나무류는 다른 나무의 그늘 아래서는 살 수 없지만 단풍나무류는 그늘에서 살 수 있는 이유가 여기에 있다.

광보상점 이상으로 광도가 증가하면 광도가 증가하는 만큼 광합성량이 비례적으로 증가하다가, 어느 지점에 오면 광도가 증가해도 더 이상 광합성량이 증가하지 않는 포화상태의 광도에 도달하는데, 이때의 광도를 광포화점(光飽和點, light saturation point)이라고 한다(〈그림 4-17〉 참조). 광포화점은 수종과 잎의 종류에 따라서 다르지만, 일반적으로 개개의 잎이나 작은 묘목은 전광의 25~50% 정도에서 광포화점에 도달한다.

맑은 날의 전광(全光, full sunlight)의 광도를 120,000~150,000lx라고 가정할 때, 사과나무 잎은 21,000~43,000lx에서 광포화점에 도달하며, 배나무 잎은 53,000lx에서 광포화점에 도달한다. 소나무 전체를 기준으로 하면 광포화점은 80,000lx 이상 된다.

(2) 양엽과 음엽

나무가 크게 자라면 잎들이 그늘을 만들어서 다른 잎의 광합성에 영향을 주기 때문에, 개개의 잎을 상대로 한 광포화점을 나무 전체에 적용할 수 없

〈그림 4-18〉 미국담쟁이덩굴에서 양엽(우측)와 음엽(좌측)의 형태적 차이
양엽은 작고 두꺼우며, 음엽은 더 크고 얇다. 엽록소 함량은 수종에 따라서 양엽이 많거나 적기도 하다(사진: Costello 등. 2003. Abiotic disorders of landscape plants. Univ. California)

다. 즉 개개의 잎이 전광의 25~50% 수준에서 광포화점에 도달한다 하더라도, 나무 전체로 보면 광포화점이 높아지거나 혹은 전광에서도 포화점에 도달하지 못하게 된다.

고립목을 놓고 보면 수관의 여러 부위에 따라 광도가 다르게 마련이다. 햇빛을 가장 잘 받는 남쪽의 양지쪽에 위치한 잎은 양엽으로서 광합성에 유리한 반면, 수관 깊숙이 그늘 속에 있는 잎은 음엽으로서 항상 햇빛이 부족하다. 양엽(陽葉, sun leaf)은 높은 광도에서 광합성을 효율적으로 하도록 적응한 잎으로서 광포화점이 높고(〈그림 4-17〉 참조), 책상조직이 빽빽하게 배열되어 있으며, 증산작용을 억제하기 위하여 각피층(cuticle층)과 잎의 두께가 두껍다. 음엽(陰葉, shade leaf)은 낮은 광도에서도 광합성을 효율적으로 하기 위하여 잎이 양엽보다 더 넓으며, 엽록소 함량이 예외가 있지만 단위 건중량당 더 많고, 단위 엽면적당 더 적으며, 광보상점과 광포화점이 낮으며, 책상조직이 엉성하게 발달하고, 각피층과 잎의 두께가 얇다(〈그림 4-18〉 참조). 따라서 한 나무 내에 양엽과 음엽을 함께 가짐으로써, 나무는 전천후로 광합성을 효율적으로 높게 할 수 있으며, 이로써 경쟁력을 갖게 된다.

야외에서 자란 수목과 온실에서 자란 수목은 햇빛에 대한 광합성 반응이 서로 다르다. 같은 수종끼리 비교할 때 야외에서 자란 개체가 온실에서 자란 개체보다 높은 광도에서 더 많은 광합성을 수행한다. 포플러의 경우 그 차이가 1.6배에서 2.1배까지 벌어진다. 주원인은 야외에서 자란 개체의 잎은 두껍고 온실에서 자란 개체의 잎은 얇아서 야외 잎이 단위 엽면적당 더 많은 광합성 조직을 가지고 있기 때문이며, 또한 양엽과 음엽의 형태적 및 생리적 차이에 의해서 설명할 수 있다.

(3) 양수와 음수

수목은 숲에서 햇빛을 대상으로 서로 경쟁하면서 자라는데, 어떤 수종은 그늘에서 제대로 자라지 못하는 반면, 또 어떤 수종은 그늘에서도 잘 자라는 성질을 가지고 있다. 그늘에서 자라지 못하는 수종을 양수(陽樹, shade intolerant tree)라 하고, 그늘에서도 자랄 수 있는 수종을 음수(陰樹, shade

〈표 4-3〉 여러 수종의 내음성

분류	극음수	음수	중성수	양수	극양수
기준	전광의 1~3%	전광의 3~10%	전광의 10~30%	전광의 30~60%	전광의 60% 이상
수종	개비자나무, 굴거리나무, 금송, 나한백, 백량금, 사철나무, 식나무, 자금우, 주목, 호랑가시나무, 황칠나무, 회양목	가문비나무, 너도밤나무, 녹나무, 단풍나무, 비자나무, 서어나무, 솔송나무, 송악, 전나무, 칠엽수, 함박꽃나무	개나리, 느릅나무, 동백나무, 때죽나무, 마가목, 목련, 물푸레나무, 산사나무, 산딸나무, 산초나무, 생강나무, 수국, 잣나무, 은단풍, 참나무류, 철쭉, 편백, 탱자나무, 피나무, 화백, 회화나무	가죽나무, 개잎갈나무, 과수류, 낙우송, 느티나무, 등, 메타세쿼이아, 모감주나무, 무궁화, 라일락, 밤나무, 배롱나무, 백합나무, 버즘나무, 벚나무, 삼나무, 산수유, 소나무, 아까시나무, 오동나무, 오리나무, 은행나무, 이팝나무, 자귀나무, 주엽나무, 쥐똥나무, 측백나무, 층층나무, 향나무	대왕소나무, 두릅나무, 버드나무, 방크스소나무, 붉나무, 연필향나무, 예덕나무, 잎갈나무, 자작나무, 포플러

注: 분류기준은 생존에 필요한 광도를 전광에 대한 %로 표시하며, 학자에 따라서 약간 차이가 있다. 전광(全光, full sunlight)은 햇빛이 최대로 비칠 때를 말한다.

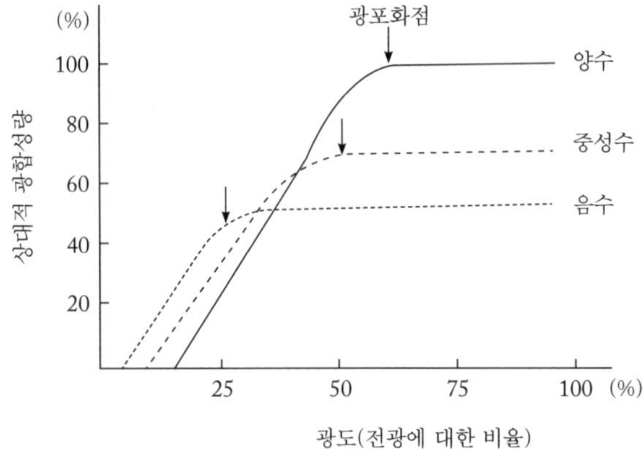

〈그림 4-19〉 광도에 따른 양수, 중성수, 음수의 광합성량 비교

〈표 4-4〉 양수와 중성수의 광도 변화에 따른 수고, 줄기 및 뿌리 생장, 지상부/지하부 비율 변화 (Kimmins, 2004)

구분	수종명	광 조건	수고생장량 (cm)	생중량(g)		지상부/지하부
				줄기	뿌리	
양수	방크스소나무 *(Pinus banksiana)*	전광	112	52.7	30.0	1.8
		부분 그늘	99	32.1	17.2	1.9
		완전 그늘	40	2.7	1.0	2.7
	잎갈나무류 *(Larix laricina)*	전광	158	31.8	29.8	1.1
		부분 그늘	170*	27.9	20.5	1.9
		완전 그늘	64	4.0	2.5	1.6
	흑자작나무 *(Betula nigra)*	전광	41	-	-	3.6
		부분 그늘	52*	-	-	8.3
		완전 그늘	26	-	-	13.4
중성수	참나무류 *(Quercus lyrata)*	전광	59	21.1	44.1	0.48
		완전그늘	66	20.1	38.7	0.52

*어린 묘목이기 때문에 잎갈나무와 흑자작나무가 수고생장에서 중성수의 특징을 보이고 있다.

tolerant tree)라고 한다. 양수와 음수는 햇빛을 좋아하는 정도에 따라 구분하는 것이 아니라, 그늘에서 견딜 수 있는 내음성(耐陰性, shade tolerance)의 정도에 따라 구분한다. 음수도 어릴 때에만 그늘을 선호하며, 유묘시기를 지

〈표 4-5〉 양수와 음수, 그리고 양엽과 음엽의 광합성량 및 호흡량 비교(Loach, 1967)

(단위: $mgCO_2/dm^2$/시간)

생리적 특성	음수		양수	
	양엽	음엽	양엽	음엽
최대 광합성량	7.0	6.4	18.0	12.2
그늘(2,700lx)에서의 광합성량	0.9	2.0	0.3	1.4
암흑 호흡량	1.2	1.0	2.5	3.2

나면 햇빛에서 더 잘 자란다. 따라서 국내에서 자라는 모든 수목은 성목이 되면 햇빛을 좋아한다고 할 수 있다(〈표 4-3〉 참조). 과수류는 일반적으로 양수로 구분하지만, 무화과나무와 감나무는 사과나무와 밤나무에 비해 내음성이 약간 있다.

생리학적으로 볼 때 양수는 음수보다 광포화점이 높다(〈그림 4-19〉 참조). 따라서 광도가 높은 환경에서는 양수가 햇빛을 효율적으로 이용하여 광합성을 더 많이 함으로써 음수보다 생장속도가 빠르지만, 낮은 광도에서는 음수보다 광합성량이 저조하다(〈표 4-4〉 참조). 반대로 음수는 광포화점이 낮기 때문에 높은 광도에서는 광합성 효율이 양수보다 낮지만, 낮은 광도에서는 광합성을 효율적으로 하는 것과 동시에 광보상점이 낮고 호흡량도 적기 때문에 그늘에서 경쟁력이 양수보다 높다(〈표 4-5〉 참조).

(4) 광반

광반(光斑, sunfleck)은 우거진 숲에서 숲틈(gap, opening) 사이로 잠깐 들어오는 햇빛을 의미한다. 광반은 우거진 열대림에서는 2분 이내로 짧지만, 간벌을 한 침엽수림에서는 한 시간 이상도 지속된다. 하층 식생으로 자라는 식물들은 총광합성량의 60%까지도 광반에 의존하는 경우가 많다.

광반이 들어오기 직전에 잎이 낮은 광도의 햇빛에 노출되었을 때보다 높은 광도에 노출되었을 때 광반의 효과는 더 크게 나타나 더 빨리 광반에 반응을 나타내면서 더 많은 CO_2를 흡수한다. 이런 현상은 직전에 높은 광도에서 광합성 유도로 인한 이월(移越, carryover)효과 때문이다. 이것은 높은 광도의 햇빛에 노출되었을 때 CO_2를 붙잡는 5탄당 RuBP가 축적되어 있어 후에 들어오는 광반을 더 효율적으로 빠른 속도로 이용할 수 있게 한다.

그늘에 적응한 나무는 광반에 재빨리 적응하는데, 이는 낮은 광도에서도 기공을 열고 이월효과를 오래 지속할 수 있기 때문이다. 내음성이 있는 수종(단풍나무, 물푸레나무)의 기공은 광반이 들어올 때 내음성이 없는 수종보다 더 빨리 기공을 열어 짧은 시간에 광합성을 하는 능력을 가지고 있다. 그러나 광반이 5~10분 이상 지속되어야 기공이 충분히 열린다고 알려져 있다. 사시나무의 경우 상층 임관의 잎이 바람에 쉬지 않고 떨면 더 많은 광반이 아래 하층 임관으로 들어와서 아래 잎이 광반을 더 많이 이용할 수 있게 된다.

2) 기후요인

(1) 온도

광합성의 두 단계 중 명반응은 태양의 전자기파 에너지를 받아들이는 단계이기 때문에 온도의 영향을 적게 받지만, 암반응은 효소에 의한 생화학적 CO_2 고정 과정이기 때문에 온도의 영향을 받는다. 명반응의 경우 광계 I은 낮은 온도에 노출될 때 아스코르브산 페록시다아제(ascorbate peroxidase) 효소의 도움으로 광계 II보다 적게 영향을 받는 것으로 알려져 있다. 목본식물의 광합성은 약간의 예외가 있지만 0℃ 정도에서 40℃까지의 범위에서 일어난다고 할 수 있다.

온대지방에서 자라는 목본식물은 대개 15~25℃ 사이에서 최대의 광합성을 수행하는데, 임관 위에 위치한 양엽은 25℃가 최적온도(optimum temperature)이며, 그늘 속의 음엽은 20℃가 최적온도이다. 그러나 20℃에서 30℃로 온도를 높이더라도 광합성량에는 큰 차이가 없다. 이 온도 범위에서는 공기 중의 CO_2 농도가 0.04%(400ppm)로 낮아서 CO_2가 광합성 제한

요소로 작용하기 때문이다.

고산성 수목은 -6℃에서 광합성이 가능하고 최적온도가 15℃에 가까운데, 엥겔만가문비나무의 경우 잎의 온도를 높이기 위해 침엽이 빽빽이 모여 있어 광합성률을 36%까지 증가시킨다. 열대식물의 경우 30~35℃에서 최대치를 볼 수 있고, 사막의 관목은 30℃에서 볼 수 있다.

고산지대에서 자라는 지역품종(地域品種, geographical race)은 그 지역의 온도변화에 적응한 특수품종이라고 할 수 있다. 따라서 고산지대로 갈수록 광합성 최적온도가 내려간다. 발삼전나무의 경우 고산지대로 갈수록 광합성의 최적온도가 내려가는데, 해발고가 100m 증가할수록 최적온도가 약 0.9℃씩 내려간다(〈그림 4-20〉 참조). 고산성인 스위스잣나무(*Pinus cembra*)의 경우에는 10~15℃에서 광합성이 가장 왕성하고, 온도가 더 상승하면 광합성이 감소하며, 35℃에서는 호흡량이 더 많아져서 CO_2가 밖으로 나온다(〈그림 5-8〉 참조). 기온이 높아질 때 광합성 효율이 떨어지는 현상은 광합성 자체가 감소하면서 암흑 호흡량뿐만 아니라 광호흡도 증가하기 때문에 나타난다. 〈그림 4-21〉에 종자산지의 해발고 증가에 따른 광합성 최적온도의

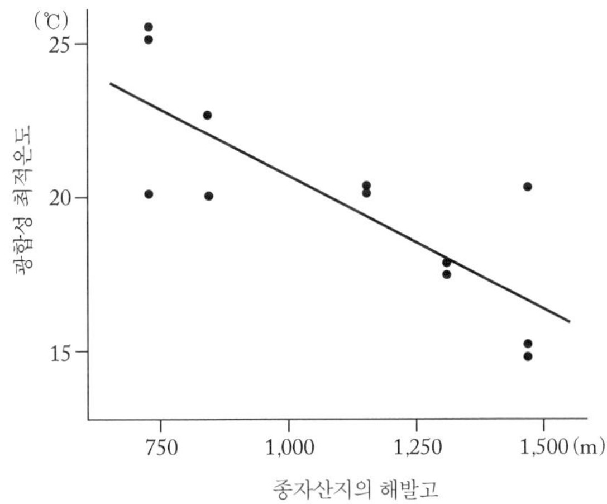

〈그림 4-20〉 발삼전나무(*Abies balsamea*)의 해발고 증가에 따른 광합성 최적온도의 변화 (Fryer와 Ledig, 1972)

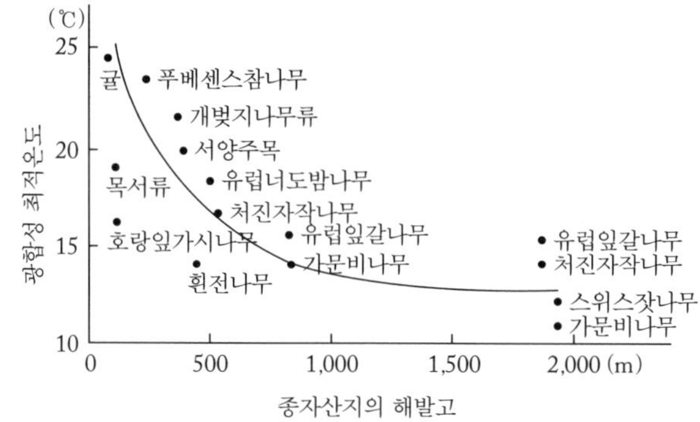

〈그림 4-21〉 여러 수종의 종자산지 해발고 증가에 따른 광합성 최적온도의 변화 (Pisek 등, 1969)

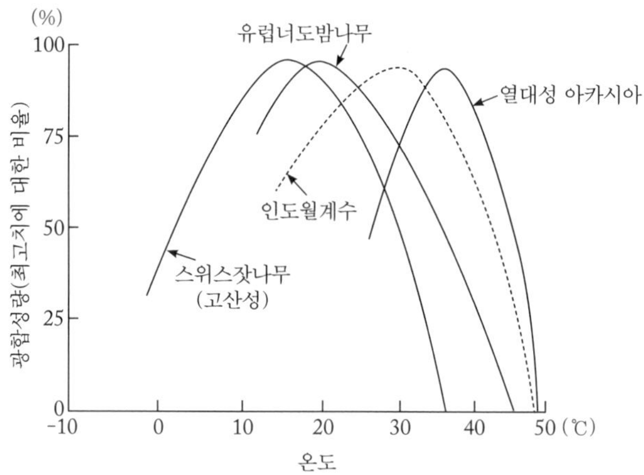

〈그림 4-22〉 여러 가지 온대(스위스잣나무, 유럽너도밤나무) 및 열대(인도월계수, 열대성 아카시아) 수종에서 온도가 광합성에 미치는 영향(Kozlowski 등, 1991)

변화를 표시하였다.

식물이 고온에 노출되면 엽록체가 제 기능을 상실한다. 틸라코이드(thylakoid) 막, 루비스코(Rubisco), 루비스코 활성화효소(Rubisco activase)의 불활성화, 수용성 잎 단백질의 감소가 일어나서 광합성이 제대로 진행되지 못한다. 식물은 고온에 대항하여 열충격단백질(heat shock protein)을 합성하

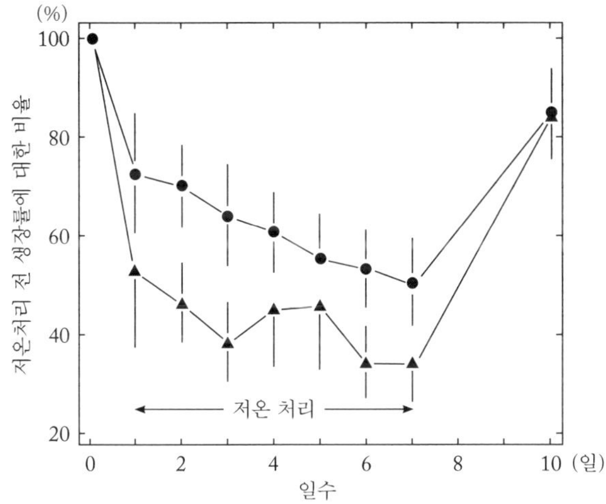

〈그림 4-23〉 엥겔만가문비나무(*Picea engelmannii*)의 뿌리를 0.7℃에 7일 동안 노출시키는 기간과 그 이후 3일 동안 순광합성(원형 점)과 기공 전도도(삼각 점)의 변화(DeLucia, 1986)

지만, 고온 피해는 금방 회복되지 않는 경향이 있다. 영국담쟁이덩굴의 경우 44℃에 30분간 노출시키면 광합성이 1/2로 줄어들며, 20℃에서 회복하는 데 일주일이 소요된다.

토양온도도 광합성에 큰 영향을 미친다. 고산성 수종인 엥겔만가문비나무의 경우 뿌리를 0.7℃에서 7일 동안 노출시킬 때 노출기간에 비례하여 광합성이 50%까지 감소하는 것을 관찰할 수 있다(〈그림 4-23〉 참조).

(2) 수분부족

수분부족(水分不足, water deficit, water stress)은 광합성에 큰 영향을 끼치는데, 엽면적을 감소시키고, 기공을 폐쇄시키며, 심하면 원형질 분리를 일으킬 수도 있다. 온대지방에서 자라는 중생식물은 약간의 수분부족으로도 광합성이 감소된다. 테다소나무 묘목의 경우, 수분 퍼텐셜이 -0.4MPa(-4bar)이 되면 광합성이 감소하기 시작하고, -1.1MPa(-11bar)에서는 거의 중단상태에 들어가며, 포도나무도 비슷한 경향을 나타낸다.

수분부족으로 광합성이 감소할 경우 토양의 건조 정도와 잎의 건조 정도 중에서 어느 쪽의 영향을 더 받는가에 대한 논란이 오랫동안 진행되었다. 최근의 연구 결과는 토양의 건조가 더 영향을 주는 것으로 해석하고 있다. 즉 수분부족으로 인한 광합성의 감소는 잎의 수분퍼텐셜보다 토양의 수분상태에 의해 더 영향을 받는 것으로 보인다. 이러한 해석은 토양 수분이 부족해질 경우 이를 뿌리가 먼저 감지(root sensing)하면서 식물호르몬 아브시스산(abscisic acid, ABA)을 생산하여 지상부로 올려보내 기공의 폐쇄를 유도하는 것에 기초를 두고 있다. 실제로 흑호두나무의 경우 토양의 수분이 부족할 때 목부 수액에 아브시스산의 농도가 증가하면서 잎의 기공이 닫히는데, 이때 잎은 아직 수분부족 상태에 놓여 있지 않았다.

성목(成木)이 되면 수고가 커질수록 흡수기관인 뿌리와 증산기관인 잎의 거리가 멀어져 수분이동의 지연현상으로 수분퍼텐셜이 더 낮아지는 경

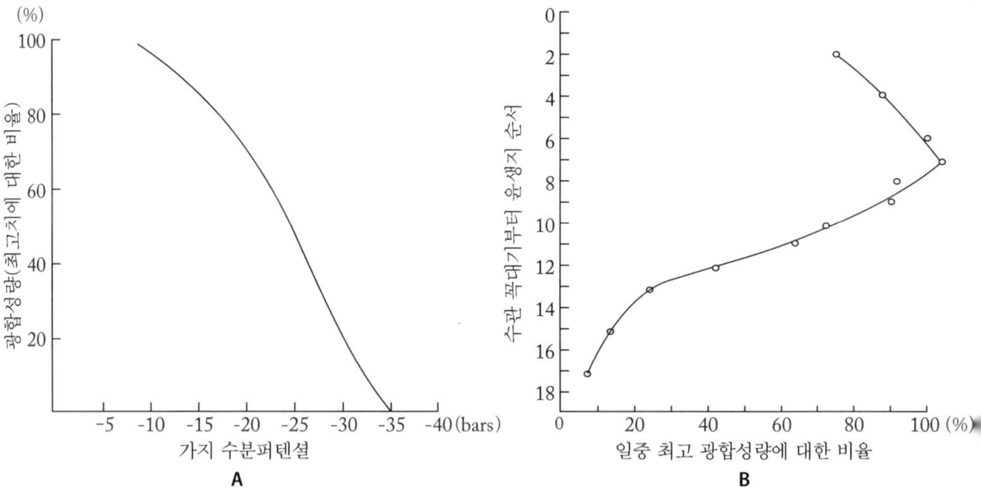

〈그림 4-24〉 수분부족 정도(수분퍼텐셜 감소)가 미송의 광합성에 미치는 영향(A)과 숲속 38년생 미송의 윤생지 순서별 광합성량 비교(B)

B에서 수관 꼭대기에서 일곱 번째 윤생지(7년 전 생성)의 광합성이 가장 활발한 것은 햇빛과 수분이 동시에 가장 적절하기 때문이다. (참고: 1MPa=10bars) A: Brix(1972), B: Woodman(1971).

향이 있으며, 미송(美松)의 경우는 줄기의 수분퍼텐셜이 -1.0MPa일 때 광합성이 감소하기 시작하며, -3.0MPa에서는 최고치의 20% 정도로 광합성이 감소한다(〈그림 4-24A〉 참조). 숲속 38년생 미송의 경우 윤생지(輪生枝, whorled branch) 순서별로 광합성량을 비교했을 때 수관 꼭대기에서 일곱 번째 윤생지의 광합성이 가장 활발한 것은, 그 위쪽 가지들은 강한 햇빛에 노출되어 수분부족이 심하고, 더 아래쪽 가지들은 햇빛 부족으로 광합성이 감소하게 되기 때문이다(〈그림 4-24B〉 참조).

사막에서 자라는 수목은 한발에 대한 저항성이 크기 때문에 -2.5MPa에서 쉽게 광합성을 수행하며, -5.5MPa에서도 어느 정도 가능하다. 그러나 중생수목은 한번 심한 한발에 노출되면 잎이 외형상 수분을 회복하더라도 광합성률이 회복되는 데 수일 혹은 수 주일 걸리거나 옛날 수준으로 회복되지 않는 경우도 많다. 이것은 한발로 인해 엽록체, 기공, 혹은 뿌리 끝 부근에 영구적인 손상을 입었기 때문이다.

(3) 수분과다(침수)

수분과다(水分過多, excessive water) 혹은 침수(沈水, flooding)는 토양 내 산소 공급을 차단하여 토양이 산소부족(hypoxia) 상태에 놓이게 한다. 침수는 뿌리호흡을 방해하기 때문에 이로 인해서 즉시 광합성이 감소한다. 미송은 침수가 시작되면 하루 혹은 이튿날부터 기공이 닫히기 시작해 광합성이 감소한다. 카카오의 잎은 침수가 되면 2시간 후부터 기공을 닫기 시작하는 등 매우 예민한 반응을 보인다. 짧은 기간 동안 침수가 되더라도 닫힌 기공은 천천히 열리며 광합성도 서서히 증가하기 시작해 침수의 영향이 오랫동안 지속된다. 페칸의 경우 8일간 침수를 시키면 기공이 다시 열리지만, 15일간 침수를 시키면 기공이 다시 열리지 않는다.

침수에 예민한 수종과 저항성이 있는 수종들은 침수기간 동안 광합성이 감소하는 정도와 기공의 반응에 차이가 크다. 예민한 수종인 백자작나무는 2주간의 침수기간 내내 기공이 닫혀 있는 반면, 저항수종인 낙우송과 버드나무는 침수 초기에 기공을 닫지만 곧 기공이 다시 열려 회복이 가능하다. 특히 낙우송의 경우 2주간의 침수기간 동안에 초기에는 광합성이 감소하지만, 곧 침수 전의 92% 수준까지 광합성이 회복될 수 있다. 그러나 장기간 침수가 지속되면 광합성은 거의 중단된다. 광합성 효소, 엽록소 함량, 엽면적이 모두 감소하며, 조기낙엽으로 나무가 죽기도 한다.

수목원에서 홍수(침수) 피해를 조사한 자료에 의하면, 일반적으로 5일 이상 침수가 지속되면 나무에 피해를 주는 것으로 알려져 있다. 10일 이상 지속되면 대부분의 큰 나무가 죽는다. 위에서 언급한 화분에 심겨진 묘목을 대상으로 한 침수시험에서 나무가 2주간 살아 있었던 것을 보면, 수목원에서 큰 나무가 홍수 10일 만에 대부분 죽은 것과는 차이가 있음을 알 수 있다. 이는 홍수가 발생하면 진흙이 밀려와 쌓여서 뿌리호흡을 급속히 악화시키면서 자연배수가 지연되기 때문으로 해석된다.

(4) 일일 혹은 계절적 요인

① 일변화

맑고 따뜻한 날 하루 중 광합성률의 주기적 변화는 광도, 온도, 수분 관계를 함께 생각해야 한다. 해가 뜨면 수목은 광합성을 시작하는데, 수분 관계가 하루 중 가장 유리함에도 불구하고 낮은 광도와 온도로 인해 광합성량이 적다. 오전 12시가 가까워질 때 수목은 하루 중 가장 왕성하게 광합성을 하는데, 이것은 위의 세 가지 조건이 가장 적합한 시기이기 때문이다. 오전 동안 수목이 수분을 어느 정도 잃어버리면 일시적인 수분부족 현상으로 기공을 닫게 되며 일중침체(日中沈滯, midday drop) 현상이 나타나다가, 수분상태가 회복되면 오후 늦게 다시 회복세를 보인다(〈그림 4-25〉 참조).

② 계절적 변화

광합성의 계절적 변화는 수종에 따라 큰 차이가 있다. 특히 침엽수와 활엽수는 근본적으로 그 양상이 다른데, 활엽수의 경우에는 어떤 종류의 줄기

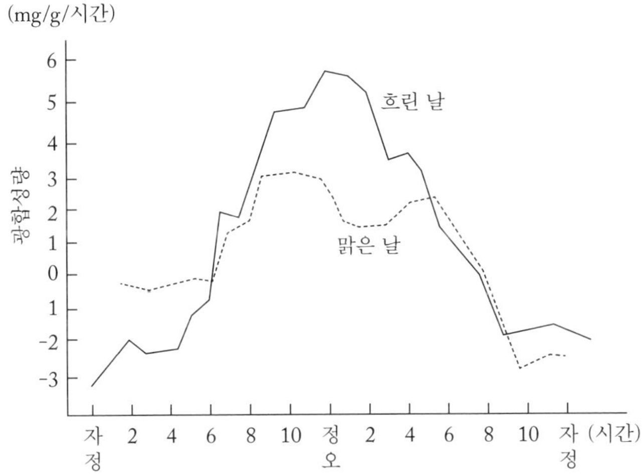

〈그림 4-25〉 하루 중 귀족전나무(*Abies procera*)의 광합성량 변화(Hodges, 1967)

생장형을 가지고 있느냐에 따라 크게 달라진다. 즉 고정생장(봄철에만 새로운 줄기를 생산하는 생장)을 하는 수종은 봄에 빠른 속도로 줄기가 자라 엽면적이 최대치에 달하기 때문에 광합성량도 초여름에 최대치에 도달한다. 반면 자유생장(새로운 줄기가 당년 여름에도 계속해서 생산되는 생장)을 하는 수종은 새로운 잎이 여름 내내 형성되기 때문에 광합성량 최대치가 여름 늦게 나타난다(〈그림 4-26〉 참조).

따라서 활엽수의 광합성량은 계절적으로 변화하는 엽면적량과 밀접하게 연관되어 있으며, 가을에 잎이 변색되면 급속히 줄어든다. 그러나 질소를 고정하는 오리나무류는 다른 수종보다 가을 늦게까지 광합성을 한다. 가을에 늦게까지 잎이 달려 있는 어린 개체, 수종이나 품종은 가을 늦게까지 광합성을 한다. 반면에 침엽수는 대부분 상록성이므로 연중 광합성을 하는데, 광합성의 계절적인 변화를 보면 봄에 점진적으로 증가하다가 새로운 잎이 성숙하는 7~8월경 최대치를 나타내고, 가을에 점진적으로 감소한다. 따라서 침엽수는 활엽수보다 완만한 계절적 변화를 보인다.

침엽수(특히 소나무류)는 추운 온대지방과 따뜻한 온대 혹은 열대지방에

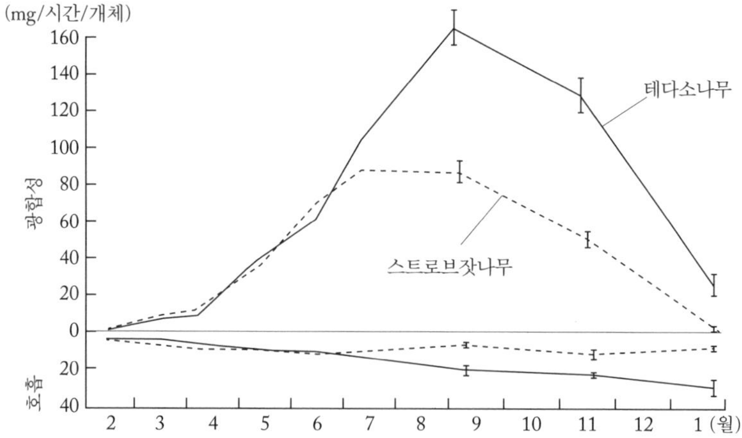

〈그림 4-26〉 스트로브잣나무(고정생장)와 테다소나무(자유생장)의 월별 광합성량 비교 (Mc Gregor와 Kramer, 1963)

서도 자라는데, 일반적으로 겨울철 기온이 빙점 전후까지 내려가도 광합성을 한다. 예를 들면 독일가문비나무는 낮 기온이 -5℃로 내려갈 때까지 광합성을 계속하지만. -10℃에서는 중지한다. 겨울철 기온이 일시적으로 상승하더라도 토양온도가 낮아서 광합성이 당분간 안 되는 경우가 많다. 그러나 봄철에 해토(解土)가 되면 광합성이 증가한다.

월동하는 기간에도 침엽수는 결과적으로 생중량이 증가하게 되는데, 추운 지방일수록 그 증가량이 적고, 남쪽으로 갈수록 증가량이 커진다. 예를 들면 미국 대륙의 북서쪽 태평양 연안에서 자라는 미송은 따뜻한 겨울 기후로 인해 연중 생장의 1/4가량이 겨울철에 이루어진다고 하며, 남부소나무인 대왕소나무는 연중 계속 자란다.

3) 이산화탄소(carbon dioxide, CO_2)

천 년 전부터 1850년대까지 대기 중의 CO_2 농도는 약 280ppm으로 일정하게 유지되고 있었으나, 그 후 계속 증가하여 현재 대기권의 CO_2 농도는 약 400ppm(μmolCO_2/mol)이며, 매년 약 2ppm씩 증가하고 있다. 이러한

CO_2의 증가 추세는 당분간 계속될 것으로 예측되며, 이로 인해 지구 생태계 전체, 특히 산림에 큰 변화를 줄 것으로 예상된다.

일반적으로 대부분의 녹색식물(특히 C-3 식물)은 대기 중의 CO_2 농도가 증가하면 광합성량이 증가한다. 이로 미루어 보아 평소에 광량과 온도가 적합할 때 광합성에 제한요소가 되는 것은 CO_2라는 것을 알 수 있다. 그 이유는 공기 중의 CO_2는 산소(21%)나 질소(78%)에 비해 농도가 훨씬 낮으며, CO_2가 엽록체 속으로 흡수되기 위해서는 우선 기공을 통하여 잎 안으로 들어가 엽육조직의 세포벽과 세포막을 통과한 후 세포질에 탄산이온(HCO_3^-)의 형태로 녹아야 하는데, 이러한 과정에 대하여 물리적인 저항이 있기 때문이다.

한편 광합성에서 제한요소가 되는 것이 햇빛인가, 아니면 CO_2인가에 대한 대답은 양쪽 모두라고 할 수 있다. 나무가 숲을 이루고 있을 경우 그늘 속에서 자라는 음엽은 항상 햇빛이 부족한 편이며, 반대로 햇빛을 잘 받는 양엽은 대신 CO_2가 부족하다고 할 수 있다. 특히 숲속에서 바람이 적은 날, CO_2가 잘 이동하지 않아 광합성을 왕성하게 하는 대낮에서 CO_2 농도가 1/4가량 감소하기도 한다.

작물의 경우 CO_2의 농도를 1,000ppm까지 상승시켜 생장량을 2배까지 촉진시킨 사례가 있다. 그러나 상업적인 측면에서 볼 때 CO_2 농도를 조작하여 가져올 수 있는 최대의 이득은 CO_2를 현재 수준보다 2배 상승시켜 평균 33%의 증수를 얻을 수 있다는 것이다. 목본식물의 경우 온실에서 묘목을 대상으로 하여 실험하였을 때 테다소나무에서 500ppm의 CO_2에 32주간 노출시켜 건중량이 59% 증가한 예가 있고(〈표 4-6〉 참조), 미국흰참나무의 경우 690ppm의 CO_2에 40주간 노출시켜 건중량이 85% 증가한 사례가 있다. 그러나 일반적으로 600ppm 이상에서는 건중량 생산이 증가하지 않고 오히려 감소한다. 결론적으로, CO_2 농도가 증가하면 수분이용 효율(水分利用效率, water use efficiency, 단위 수분이용량에 대한 건중 생산량)이 증가하는데, 풍향수(楓香樹, *Liquidamber*)의 경우에도 같은 결과를 보인다.

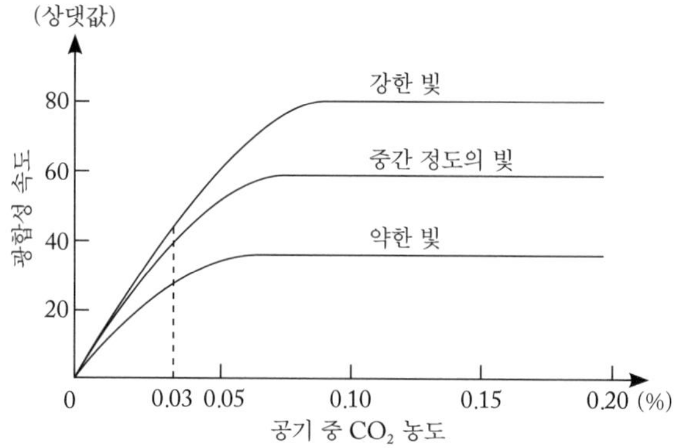

〈그림 4-27〉 CO_2 증가에 따른 광량별 광합성량의 상대적 변화(이경준 등, 2020)

〈표 4-6〉 CO_2 농도 증가에 따른 파종 32주 후 테다소나무의 생장반응(Sionit 등, 1985)

CO_2 농도 (ppm)	줄기 건중량 (g)	잎 건중량 (g)	뿌리 건중량 (g)	총 건중량 (g)	뿌리/줄기
350	0.4	1.4	2.1	3.9	1.2
500	1.0	2.3	2.9	6.2	0.9
650	0.8	2.1	3.2	6.1	1.1

4) 무기영양

무기양분이 부족하거나 양분 간 불균형이 있으면 광합성이 감소한다. 그러나 잎의 각종 무기양분의 농도는 광합성을 감소시키지 않는 범위 내에서도 변화의 폭이 상당히 넓은 편이다. 양분이 결핍된 잎에 황화현상을 보이면 광합성이 뚜렷이 감소하지만, 황화현상이 눈에 보이지 않을 때에도 광합성은 감소할 수 있다.

양분 결핍으로 광합성이 감소하는 이유는 복잡하게 얽혀 있지만, 엽록소 합성, 광합성 전자전달 능력, 탄소동화 효소, 기공의 열림이 모두 감소하면서 호흡량이 증가하기 때문이다. 장기적으로는 엽면적이 감소하여 광합성량이 줄어든다.

무기양분 중에서 질소(N) 결핍이 다른 양분 결핍보다 광합성을 더 많이 감소시킨다. 장기간 질소가 부족하면 잎의 생장이 저조해지면서 광합성 산물(光合成產物, photosynthate)이 줄어든다. 질소가 부족한 테다소나무 유묘에 질소를 시비하여 엽면적이 50% 증가한 예가 있다. 질소를 시비하면 잎의 수, 크기, 수명, 계절적 광합성 기간을 늘려서 탄수화물 생산량이 증가한다. 구체적으로 말하면 잎의 책상조직 형성을 촉진하여 단위 엽면적당 광합성량을 증가시킨다. 실제로 과수, 활엽수, 침엽수 잎의 질소 함량과 광합성량과의 상관관계가 존재하는 경우가 많다. 그러나 토양에 수분부족이 심각하면 질소비료의 효과가 제대로 나타나지 않는다.

질소 이외에 인(P)도 광합성과 밀접한 관계가 있다. 제프리소나무의 경우 광합성량은 잎의 인 함량과 상관관계가 있음을 관찰할 수 있다. 그러나 인이 단독으로 영향을 미치는 것이 아니며, 질소비료를 함께 줄 때 인의 효과가 나타나기도 한다.

그 밖에 칼륨(K)도 광합성에 관련된다. 칼륨이 부족하면 광합성에서 에너지 전달이 방해를 받으면서 호흡량이 증가하여 결과적으로 광합성이 감소한다. 칼륨은 기공의 개폐에 직접적으로 관여하기 때문에 칼륨 결핍은 기공전도도를 낮추어 광합성을 감소시킨다.

5) 잎의 나이

잎의 나이는 광합성에 큰 영향을 미친다. 어린잎이 생겨난 이후 성숙하면서 나이에 따라서 광합성량이 변화한다. 단위 엽면적에 근거하여 비교할 때 저광도와 고광도 모두에서 성숙잎이 어린잎보다 광합성을 더 많이 한다. 이는 성숙잎은 세포당 더 많은 엽록체 수, 두꺼운 잎, 두꺼운 책상조직, 높은 탄소동화율, 높은 루비스코(Rubisco) 효소의 활동을 가지고 있기 때문이다. 일반적으로 어린잎은 음엽의 특성을 가지고 있다고 할 수 있다. 어린잎의 광합성량은 매우 낮으며, 잎이 완전히 자랐을 때 최고치에 달하고, 이후 잎이 노쇠하면서 감소한다. 미루나무의 경우 어린잎이 성숙잎의 1/20 크기가 될 때 비로소 광합성량이 호흡량보다 많아져서 CO_2를 흡수하기 시

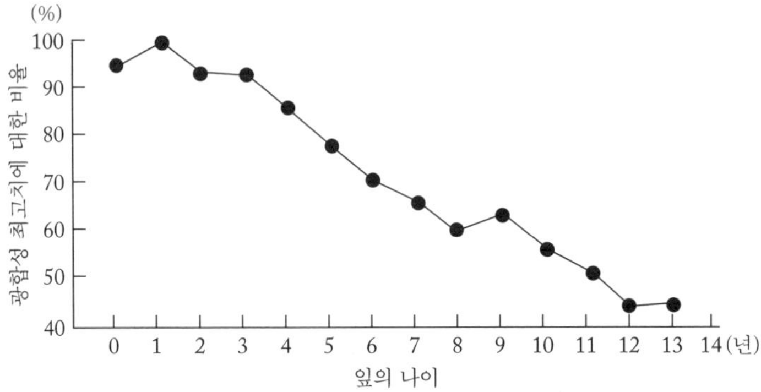

〈그림 4-28〉 미국 검은가문비나무(*Picea mariana*) 잎의 연령에 따른 광합성량 변화 (Hom과 Oechel, 1983)

작한다.

생장이 빠른 포플러의 경우 잎이 연중 새로 만들어지는 자유생장을 하기 때문에, 잎이 성숙한 시점에 최고의 광합성을 보이다가 곧 노쇠 과정에 들어가면서 광합성이 줄어든다. 반면 봄에만 새순을 만드는 설탕단풍과 너도밤나무는 어린잎이 6월에 성숙하면 광합성을 최고로 하기 시작하며, 9월까지 높은 광합성 능력을 유지한다.

침엽수의 잎은 1년 이상 생존하기 때문에 당년에 낙엽이 지는 활엽수와 다른 양상을 보인다. 소나무 잎은 첫해 잎이 완전히 자랄 때 광합성량이 최고치에 달하고, 이후 매년 조금씩 감소한다. 미국 검은가문비나무는 잎의 수명이 13년까지도 지속되는데, 1년이 경과하면 최고의 광합성을 보이며 4년까지 높은 수준을 보이다가, 매년 점진적으로 감소하여 13년생일 때에도 최고치의 40% 정도 광합성을 한다(〈그림 4-28〉 참조).

6) 수종과 품종

목본식물의 광합성률은 변이가 매우 크며, 여러 가지 외적인 요인과 수목 자체의 요인에 의해 영향을 받는다. 수목 자체의 생물학적 요인 중에서 수종 간 차이와 품종 간 차이는 물론이고, 실험목 상태에 따라서도 광합성량이 크게 달라진다. 특히 광합성 측정은 대개 실험실 내에서 이루어지는데, 실험목의 온실 내 적응상태, 영양상태, 묘목의 크기에 따라 큰 변이를 나타낸다. 따라서 여러 논문에 발표된 결과를 비교할 때에는 각별히 주의해야 한다.

수목의 광합성 능력은 수종 간, 같은 종 내에서는 품종 간, 그리고 산지 간에도 큰 차이를 보인다. 가장 광합성이 높은 수종은 기름야자(oil palm)이며, 과수 중에서는 승도(nectarine)가 가장 높고 사과, 복숭아, 살구나무 순으로 줄어든다. 사과나무가 배나무보다 광합성을 많이 하며, 이들 두 나무는 단위 엽면적당 광합성량이 귤보다 3배 정도 많다. 이러한 차이는 대사작용이나 잎의 구조와 연관되는 경우가 많으며, 이 밖에 수관의 모양, 엽면적, 줄기의 계절적 활동(줄기생장형), 생육기간 등과 관계가 있다.

산림수목 중에서 광합성 능력이 큰 것은 피자식물 중에서 포플러와 유칼리를 들 수 있고, 나자식물로는 미송, 잎갈나무, 메타세쿼이아 등을 들 수 있다. 침엽수 중에서 단위 엽면적당 광합성량을 비교하면 미송이 잣나무보다, 그리고 잣나무는 독일가문비나무보다 더 많다.

이렇게 수종 간에 나타나는 광합성 능력은 대개 생장이 빠른 수종일수록 크며, 생장이 느린 수종일수록 작다. 같은 종 내에서도 품종 간 광합성률에 유전적인 차이가 존재한다. 예를 들면 포플러 클론(clone, 영양계) 간에는 광합성, 광호흡, 그리고 암호흡량에 큰 차이가 존재하며, 특히 흑양절(Aigeiros; 미루나무, 양버들)의 클론은 타카마하카절(Tacamahaca절; 당버들, 황철나무, 물황철나무)의 클론보다 광합성률이 낮고, 대신 광보상점이 높다. 그러나 전자는 주로 평지나 물가에서, 후자는 더 높은 고지대에서 자라기 때문에, 후자가 전자보다 더 빨리 자란다고 해석하기는 어렵다.

품종 간의 광합성 능력에 차이가 있는 것은 다음과 같은 해부학적 또는 생리학적인 차이로 설명할 수 있다.

① 단위 엽면적당 기공수: 까치밥나무의 경우 2배체가 4배체보다 단위

엽면적당 기공수가 45%가량 더 많아서 광합성률이 높다.

② 개체당 엽량: 구주소나무의 경우 서부독일산이 터키산보다 엽량이 많기 때문에 광합성률이 높다. 테다소나무의 경우 플로리다산이 조지아산보다 광합성이 높은데, 단위 엽면적당 광합성량보다 총엽량이 많기 때문이다.

③ 생육기간: 산지 간에 봄에 동아가 발아하는 시기와 낙엽 지는 시기가 다르다.

④ 광합성률의 계절적 변화: 구주소나무의 경우 고산형은 봄부터 여름까지 광합성률이 저지대형보다 높으나 그 이후에 낮아지며, 저지대형은 반대로 여름에 낮고 가을에 높아진다.

그러나 품종 간의 광합성 능력의 차이는 실제 측정된 생장량과 상관관계가 적은 것으로 보인다. 즉 단위 엽면적당 광합성량이 높은 개체가 더 빠른 속도로 자랄 것이라는 이론은 실제로 잘 적용되지 않는다. 테다소나무의 18개 가계를 대상으로 조사했을 때, 가장 빨리 자라는 가계는 광합성률이 가장 높았지만, 18개 전체 가계의 경향은 오히려 반대였다. 따라서 임목육종에서 생장이 우수한 가계를 조기 선발하기 위한 방편으로써 광합성률을 사용하는 것은 적당하지 않다고 할 수 있다. 이와 같이 광합성률과 생장률과의 상관관계가 적게 나타나는 이유는, 광합성률은 연중 두세 번에 걸쳐서 잠깐 측정하지만, 생장률은 전체 생육기간 동안 광합성률뿐만 아니라 엽면적, 광합성 기간, 낙엽 시기, 잎의 수명, 기타 여러 가지 요인의 복합적인 영향을 받기 때문이다.

5

호흡

지구상의 생물은 크게 미생물, 동물, 식물로 나눌 수 있으며, 모두 세포로 구성되어 있다. 살아 있는 모든 생물은 호흡을 하는데, 그 호흡 과정을 생화학적으로 분석하면 공통점이 있다. 진화론(進化論, evolutionary theory)은 지구상에 처음으로 단세포의 세균(細菌, bacteria)이 태어났으며, 이후 세균이 진화하여 다세포를 가진 다양한 생물들로 발전했다고 설명한다. 그런데 지구상에 살고 있는 모든 생물이 세균과 똑같은 방법으로 유기물에서 에너지를 얻는 호흡(呼吸, respiration)을 한다는 사실이 밝혀지면서 세균이 모든 생물의 궁극적인 조상에 해당한다는 주장이 받아들여지고 있다. 따라서 미생물학, 동물학, 식물학에서 다루는 호흡작용은 모두 비슷한 기작에 의해서 설명되며, 수목의 호흡은 세균이나 동물의 호흡과 근본적으로 같다고 할 수 있다.

1. 에너지의 역할

생물은 에너지(energy)가 계속 공급되어야 살아서 제 기능을 발휘할 수 있다. 살아 있다고 하는 것은 새로운 세포를 만들거나 혹은 기존의 구조를 유지할 수 있는 상태를 의미하며, 이때 에너지를 필요로 한다. 생물은 짧은 기간 동안에는 저장되어 있는 에너지를 이용하여 살아갈 수 있으나, 결국은 외부로부터 에너지를 얻어야 한다. 녹색식물은 광합성을 함으로써 탄수화물을 직접 합성하여 에너지로 사용하며, 동물은 녹색식물이 만들어 놓은 에너지를 먹이로 섭취한다. 4장 '햇빛과 광합성'에서는 식물이 에너지의 근원이 되는 탄수화물을 합성하는 원리에 대하여 기술했으며, 5장 '호흡'에서는 탄수화물로부터 에너지를 발생시키는 방식과 일시적으로 저장하는 방법에 대하여 논하고자 한다.

식물의 생명현상을 유지하는 데 에너지가 담당하는 역할은 ① 세포의 분열, 신장, 분화, ② 무기양분의 흡수, ③ 탄수화물의 이동, 저장, ④ 대사물질의 합성, 분해 및 분비, ⑤ 주기적 운동과 기공의 개폐, ⑥ 세포질 유동 등이다.

에너지 이용 측면에서 동물과 식물의 차이점은 식물은 근육운동, 체온유지, 음식물 소화, 이동을 위해 에너지를 소모하지 않는다는 사실이다. 식물의 경우 근육을 가지고 있지 않지만, 세포 내 각종 세포소기관에 해당하는 엽록체, 색소체, 미토콘드리아, 격막형성체(phragmoplast)의 움직임은 미오신(myosin)이라고 하는 운동단백질(motor protein)에 의해서 이루어지며, 이런 움직임은 동물과 흡사하고 에너지를 소모한다.

2. 호흡과 에너지 생산

호흡작용은 원형질을 가진 살아 있는 세포 내에서 미토콘드리아(mitochondria)라는 작은 세포소기관(細胞小器官, organelle)에서 일어난다. 호흡(呼吸, respiration)이란 에너지를 가지고 있는 물질인 기질(基質, substrate)을 산화시키면서 에너지를 발생시키는 과정을 의미한다. 이때 발생한 에너지는 농축된 화학에너지 형태(예: ATP)로 변형되어 잠시 저장되었다가 에너지(ATP)를 필요로 하는 대사 과정에 이용된다.

모든 유기물은 에너지를 가지고 있지만, 그중에서도 호흡에서 가장 효율적으로 쓰일 수 있는 기본 물질은 6탄당인 포도당(glucose)이며, 포도당이 완전히 산화되면 6개의 이산화탄소(CO_2) 분자로 분해된다. 포도당에서 유래한 전자와 수소는 산소(O_2)를 환원시켜 6분자의 물(H_2O)로 만든다. 즉 호흡은 다음과 같이 표현할 수 있다.

$C_6H_{12}O_6$	+	$6O_2$	→	$6CO_2$	+	$6H_2O$	+	686kcal	→	ATP 생산
산화대상 물질		환원대상 물질		산화된 물질		환원된 물질		(에너지 방출)		

이러한 반응은 포도당에 저장되어 있는 에너지가 ATP의 형태로 변형되어 일시적으로 저장되는 과정이다. 이때 생긴 ATP는 광합성의 명반응에서 생기는 ATP와 같은 형태의 조효소로서 높은 에너지를 가진 화합물이다. 이 ATP는 후에 에너지를 요구하는 여러 가지 대사 과정에 에너지를 공급해 주는 수단이 된다.

3. 호흡작용의 기작

호흡작용의 기작(機作, mechanism)은 일련의 생화학적 산화-환원 반응으로 설명할 수 있다. 기질이 되는 물질(주로 탄수화물)은 산화되어 CO_2가 되며, 흡수된 산소(O_2)는 환원되어 물(H_2O)이 된다. 앞에서 설명한 포도당의 분해는 한 단계의 화학반응으로 이루어지는 것이 아니며, 여러 가지 효소가 관련되어 여러 단계로 진행된다. 광합성의 암반응과 같이 탄소의 수가 변화하는데, 근본적으로 호흡작용은 광합성(환원 과정)의 역반응에 해당하는 산화(oxidation) 과정이라고 할 수 있다. 즉 포도당의 6개의 탄소가 단계적으로 줄어서 최종적으로 6개의 CO_2가 된다. 〈그림 5-1〉은 탄소의 재분배 과정과 ATP의 생산 과정을 알기 쉽게 나타낸 것이다.

호흡작용은 보통 세 단계로 구분하는데, 첫 단계인 해당작용(解糖作用, glycolysis)은 포도당(glucose)이 C_3 화합물인 피루빈산(pyruvate)으로 분해되는 과정이며, 세포기질(cytosol)에서 일어난다. 해당작용은 산소를 요구하지 않는 단계이기 때문에 고등식물뿐 아니라 효모균이 발효에 의해 알코올(al-

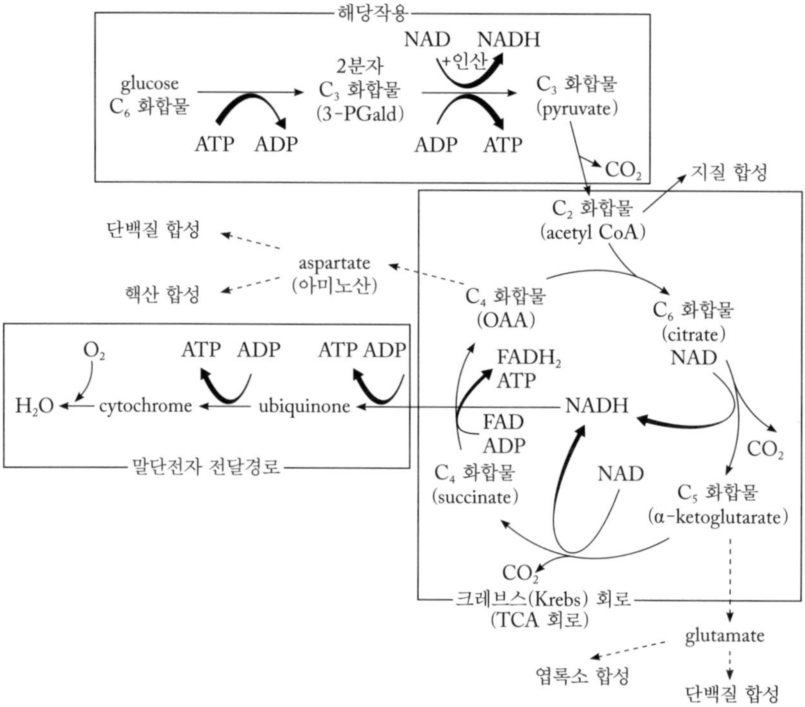

〈그림 5-1〉 호흡작용의 기본 반응

cohol)을 생산할 때에도 일어나는 반응인데, 에너지(ATP) 생산효율이 비교적 낮다. 두 번째 단계인 크레브스 회로(Krebs cycle, TCA 회로)는 C_2 화합물인 아세틸 CoA가 C_4 화합물과 반응하면서 CO_2를 발생시키고 NADH를 생산하는 단계이며, 이 과정을 TCA(tricarboxylic acid) 회로 혹은 CAC(citric acid cycle)라고도 부른다. 세 번째 단계인 전자전달계(電子傳達系, electron transport chain)는 NADH로 전달된 전자(e^-)와 수소(H^+)가 최종적으로 산소(O_2)에 전달되어 물(H_2O)로 환원되면서 추가로 효율적으로 ATP를 생산하는 과정이다. 이때 산소가 소모되기 때문에 호기성 호흡(好氣性呼吸, aerobic respiration)이라고도 한다. 마지막 두 단계는 미토콘드리아에서 일어난다.

호흡작용에서 일어나는 탄소의 재배열을 쉽게 표현하면 다음과 같다.

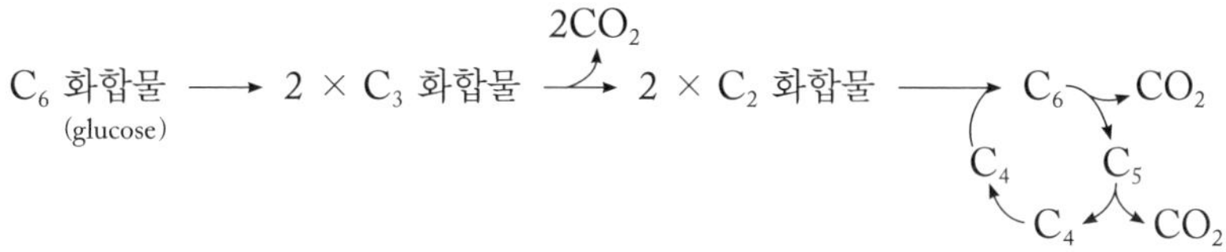

4. 수목의 호흡

호흡(respiration)은 저장되어 있는 탄수화물을 소모하고 수목의 건중량을 감소시키지만, 여러 가지 대사작용에 필요한 에너지를 생산하는 과정이므로 꼭 필요하다. 수목의 호흡량은 임분의 종류, 수목의 크기, 나이, 부위, 계절, 생장속도, 생리적 상태, 그리고 환경요인에 따라 다른데, 그중에서도 온도에 따라 큰 차이가 있다. 이것은 광합성량이 수목의 생리적 상태와 환경요인에 따라 크게 변화하는 것에 비교할 수 있다. 일반적으로 수목의 호흡량을 단위 건중량을 기준으로 하여 표시하면 미생물이나 초본식물보다 적게 나타나는데, 이는 목본식물에는 호흡을 하지 않는 죽어 있는 지지조직이 많기 때문이다.

1) 산림의 종류

수목이 숲을 이루고 있을 때 숲 전체의 호흡량은 일반적으로 숲의 성숙 정도와 위도에 따라서 다르게 나타난다. 즉 어린 숲일 경우 왕성한 대사로 인하여 단위 건중량당 호흡량이 증가하는데, 이것은 성숙한 숲에 비하여 엽량이 많고 살아 있는 조직이 많기 때문이다. 그러나 전체 광합성량에 대한 호흡량의 비율은 반대 현상을 나타낸다. 즉 어린 임분에서는 전체 광합성량의 1/3 정도가 호흡작용으로 이용되고, 참나무·소나무 혼효림에서는 약 50% 정도가 이용되며, 극단적으로 노숙한 450년생 임분의 경우에는 광합성량의 90%까지도 호흡작용으로 없어진다(〈표 5-1〉 참조). 열대우림의 경우에는 65~70% 정도가 호흡작용으로 없어지는데, 야간의 높은 온도와 복층

〈표 5-1〉 여러 임분의 광합성량에 대한 호흡량 비율(Odum, 1971; Grier와 Logan, 1977)

산림의 종류	호흡량/ 광합성량×100	산림의 종류	호흡량/ 광합성량×100
8년생 사과나무	33	열대우림	65
구주소나무 조림지(영국)	39	열대우림(푸에르토리코)	71
85년생 너도밤나무(덴마크)	50	450년생 미송 (미국 오리건주)	93
참나무-소나무 혼효림(뉴욕)	55	참고: 옥수수밭 (미국 오하이오주)	23
14년생 테다소나무	58		

림에 의한 그늘 형성으로 광합성량에 비해 호흡량이 상대적으로 많다. 〈표 5-1〉에서 옥수수밭(23%)과 8년생 사과나무 과수원(33%)의 호흡량 비율이 낮은 것은 생산성을 높이기 위해서 관수, 시비, 제초, 적절한 간격 식재 등 생육환경을 개선하여 광합성을 최대로 유지하면서 호흡작용을 최소로 억제시킨 결과이다.

2) 임분의 밀도와 그늘

밀식된 임분에서 수목이 자라는 속도가 느려지는 이유는 상호 그늘로 광합성이 감소하면서 호흡량은 밀식되지 않은 임분보다 증가하기 때문이다. 똑같은 단면적 합계(basal area)를 가진 밀식된 임분과 밀식되지 않은 임분을 서로 비교할 경우, 밀식된 임분은 개체수가 더 많으면서 작은 직경을 가지고 있기 때문에 호흡작용을 하는 형성층과 잔가지의 표면적이 더 많아 호흡량이 많아진다. 따라서 밀식된 임분은 저조한 광합성과 많은 호흡으로 인해 생장량이 감소하게 된다. 밀식된 임분은 적기에 간벌을 해야 하며, 밑쪽의 죽어가는 가지를 제거하는 가지치기(pruning)도 도움이 된다.

밀식된 임분의 하층에서 햇빛을 제대로 받지 못하는 밑가지는 광합성량은 적지만 호흡량을 그대로 유지하고 있기 때문에, 수간(trunk)의 직경생장에 기여할 만큼 탄수화물을 공급하지 못하거나 오히려 탄수화물을 빼앗아갈 수 있다. 그러나 음수의 경우에는 양수에 비하여 그늘에서 호흡작용을 경제적으로 수행한다고 할 수 있다. 〈표 4-5〉와 같이 음수는 양수에 비해 최대 광합성량이 적지만, 호흡량도 낮은 수준을 유지함으로써 효율적으로 그늘에서 살아갈 수 있다. 이러한 낮은 호흡량은 그늘에서 자라는 식물의 일반적인 생존전략이라고 할 수 있다.

3) 수목의 나이

여러 녹색식물의 일반적인 호흡량은 광합성량의 30~40%에 해당한다. 수목의 경우에도 8년생 사과나무의 경우 광합성량의 1/3가량이 호흡으로 사용되며(〈표 5-1〉 참조), 14년생 테다소나무의 경우에는 58%가 호흡으로 사용된다.

유럽너도밤나무림의 경우 수령이 증가함에 따라 호흡량의 비율이 변화하는데, 10년생 임분에서는 광합성량의 45%가량이 호흡으로 이용되고, 25년생에서는 40%로 감소하다가, 다시 증가하여 85년생 임분에서는 50%가 된다(〈그림 5-2〉 참조). 이렇게 수목의 나이가 증가할수록 호흡량 비율이 늘어나는 것은 전체 조직에 대한 비광합성 조직의 비율이 증가하기 때문이

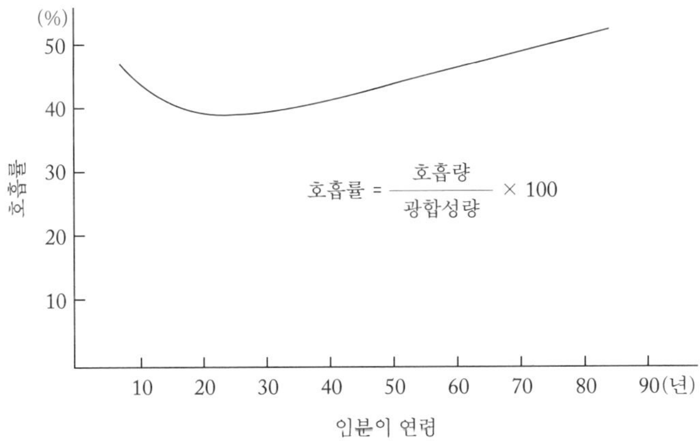

〈그림 5-2〉 유럽너도밤나무림의 연령에 따른 호흡량 변화(Moller 등, 1954)

다. 즉 나이가 오래될수록 광합성을 할 수 없는 줄기와 뿌리의 체적이 증가하여 호흡량이 증가하는 반면, 엽량은 상대적으로 적게 증가하거나 감소하여 결국 호흡량 비율이 증가하게 된다. 테다소나무의 경우 10년생 수목은 지상부 전체 조직 중량의 50%가 잎이지만, 50년생은 잎의 비율이 17%로 감소한다.

4) 수목의 부위

수목의 호흡량은 부위에 따라 생리적인 활동상태가 다르기 때문에 크게 차이가 난다. 호흡은 원형질을 가지고 있는 살아 있는 세포, 즉 유세포(柔細胞, parenchyma cell)가 모여 있는 부위에서 높게 일어나며, 죽은 세포로 된 부위에서는 호흡이 거의 일어나지 않는다.

(1) 지상부

수목의 여러 부위 중에서 잎의 호흡활동이 가장 왕성하다(〈그림 5-3〉 참조). 잎은 수목의 전체 중량 중에서 적은 부분을 차지하지만, 다른 부위에 비해 살아 있는 유세포가 많기 때문이다. 잎의 호흡량은 어린 테다소나무림의 경우 수목 전체 호흡량의 32%를 차지하며, 60년생 너도밤나무의 경우 50%, 열대우림의 경우에는 60%를 차지한다. 귤의 경우 대낮에 잎의 호흡량은 광합성량의 15~20%에 해당한다. 이런 속도로 24시간 호흡을 한다면 광합성량의 30~40%를 호흡으로 소모할 수 있지만, 야간에는 온도가 내려가기 때문에 실제 호흡량은 상당히 줄어든다. 잎의 호흡량은 잎이 완전히 자란 직후 가장 왕성하며, 시간이 지남에 따라 점점 감소하여 가을에 생장을 정지하거나 낙엽 직전에는 최소로 줄어든다. 이러한 변화는 광합성량의 변화와 유사하다. 양엽은 광도가 높을 때 음엽보다 광합성을 더 많이 하는 만큼 호흡량도 음엽보다 더 많다.

눈(芽, bud)의 호흡은 계절적으로 변동이 심하다. 즉 휴면기간 동안에는 최저수준을 유지하다가, 봄철의 개엽 시기에는 급격히 호흡량이 증가하면

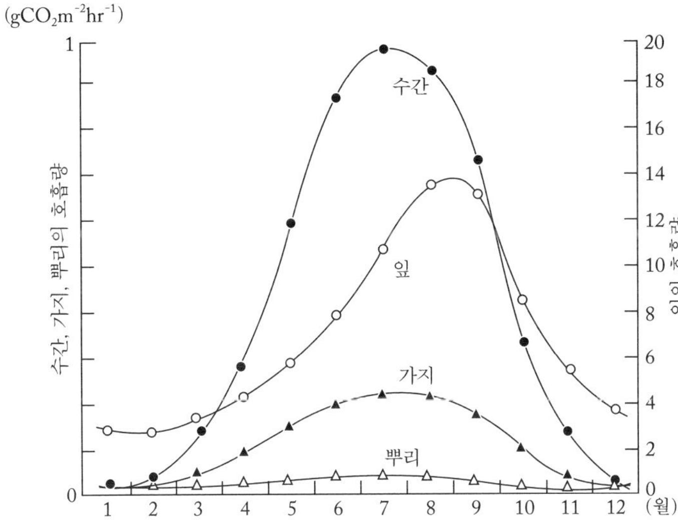

〈그림 5-3〉 테다소나무의 부위별 계절별 호흡량 변화(Kinerson, 1975)
잎의 호흡량이 매우 많아 오른쪽 눈금(20배 더 큼)을 참조한다.

서 새순이 자라고, 가을에 생장을 정지할 때까지 왕성하게 유지된다. 눈을 싸서 보호하고 있는 아린(芽鱗, bud scale)은 산소를 차단하여 겨울철 눈의 호흡을 억제하는 효과도 가지고 있다.

굵은 가지나 수간의 호흡은 수피와 형성층 주변 조직에서 주로 일어난다. 새로 만들어진 사부와 몇 년 이내에 만들어진 변재 부위의 목부조직이 생리적으로 활동을 하고 있어 이들이 호흡의 대부분을 차지한다. 방사조직에는 살아 있는 유세포가 있으나 그 수가 적기 때문에 호흡에 기여하는 양이 적으며, 심재 부위의 세포는 대부분 죽어 있기 때문에 호흡량이 거의 없다. 형성층의 조직은 외부와 직접 접촉하지 않기 때문에 산소의 공급이 부족하여 혐기성 호흡이 일어나는 경향이 있다.

수피 중에서 맨 바깥쪽에 있는 조피(粗皮, outer bark, rhytidome)는 죽어 있는 조직이지만 기스교환을 촉진시키기 위하여 피목(皮目, lenticel)을 가지고 있다. 피목은 조피조직 중에서 엉성하게 세포가 모여 있어서 CO_2와 O_2

가 드나들기 편리하도록 되어 있는 개구(開口)라고 할 수 있으며, 수종 고유의 모양과 색깔을 가지고 있다(〈그림 2-19〉 참조).

(2) 지하부

뿌리는 공기 중에 노출되어 있지 않지만 왕성하게 산소호흡을 한다. 뿌리는 호흡을 하기 위해 산소공급이 양호한 겉흙(표토)을 따라서 수관폭 밖으로 넓게 자란다(〈그림 5-4〉 참조). 특히 세근은 살아 있는 유세포로 구성되어 있으면서 세포분열을 왕성하게 하고 무기염을 흡수하는 데 ATP를 소모하기 때문에 호흡량이 많다. 뿌리의 호흡량은 보통 나무 전체 호흡량의 8%가량 된다.

세근은 호흡을 많이 하기 때문에 산소의 공급이 양호한 지표면 근처에 모여 있는 경향이 있으며, 세근의 90% 정도가 표토 20cm 깊이 이내에 모여 있고, 굵은 뿌리만 깊숙이 뻗는다. 실제로 소나무림과 자작나무림에서

〈그림 5-4〉 16년생 사과나무의 뿌리 모습(Rogers와 Head, 1969)
호흡을 위해 산소공급이 잘되는 표토를 따라 수관폭 밖으로 넓게 퍼지며 깊이 내려가지 않는다.

총 뿌리호흡의 95%가 세근에서 이루어진다고 한다. 특히 균근(菌根)을 형성하고 있는 뿌리는 호흡을 많이 한다. 균근은 수목 전체 뿌리의 5% 정도의 세근에서만 형성되지만, 실제 균근 뿌리의 호흡량은 뿌리 전체 호흡량의 25%를 차지하고 있다. 폰데로사소나무 묘목의 경우 균근을 형성한 뿌리는 균근을 형성하지 않은 뿌리의 2배의 호흡을 한다.

자라고 있는 나무 위에 흙으로 두껍게 복토(覆土)를 하는 것은 뿌리의 산소공급을 막기 때문에 나무에 크게 해로우며, 어떠한 경우에도 해서는 안 된다. 부득이한 경우에는 자갈이나 왕모래와 같이 굵은 입자로 된 흙을 사용해야 한다.

수목이 침수 혹은 과습상태에 있을 때에는 뿌리호흡에 큰 지장을 가져오는데, 과습상태에서 견디는 능력은 수종에 따라 큰 차이가 있다. 낙우송이나 버드나무 같은 수종은 과습 토양에서 잘 견디는데, 그 이유는 줄기에서 뿌리로 산소를 확산시키는 능력이 크거나 혹은 뿌리가 혐기성 호흡(anaerobic respiration)에 잘 견디기 때문이다. 특히 낙우송은 침수상태에서도 잘 자라는데, 물에 잠긴 뿌리로부터 물 바깥쪽으로 호흡근(呼吸根, knee root)을

〈그림 5-5〉 늪지대에서 자라는 낙우송의 호흡근 형성

내보내서 뿌리의 호흡을 돕는다(〈그림 5-5〉 참조).

열대지방에서 자라는 수목은 판근(板根, buttress)을 토양 밖으로 튀어나오게 하여 호흡을 돕는다. 뿌리가 장기간 물속에 침수되어 있을 때에는 뿌리에서 메탄가스와 에틸렌(ethylene) 가스가 발생하여 지상부로 이동해 잎의 황화현상을 유발하거나 상편생장(上偏生長, epinasty)으로 잎이 아래로 휘어 말려들어간다(〈그림 14-11〉 참조).

(3) 열매(과실)와 종자

열매는 호흡을 왕성하게 하는데, 열매의 종류와 성숙 정도에 따라 그 호흡량이 변한다. 온대활엽수림의 경우 열매 생산에 소요되는 탄수화물의 16~21%가 열매의 호흡으로 이용된다. 과실의 호흡은 결실 직후에 가장 높으며, 그 후 과실이 자람에 따라 급격히 저하되어 과실이 익으면서 최소치를 나타내다가, 완전히 성숙하기 직전에 다시 호흡량이 일시적으로 증가한다(〈그림 5-6〉 참조). 이러한 현상을 호흡급증(呼吸急增, climacteric)이라고 하는데, 사과, 복숭아, 자두, 바나나 등에서 나타나며, 나무에 달려 있는 상태에서 혹은 수확 후에 나타난다. 반면 포도나 귤에서는 이러한 현상을 볼 수 없다.

수확 후 과실의 생리와 호흡량에 대해서는 과실의 장기 저장 측면에서 많은 연구가 이루어져 왔다. 과실을 장기적으로 저장하기 위해서는 호흡량을 최소한으로 줄이는 것이 바람직하며, 우선적으로 낮은 온도에 저장함으로써 호흡량을 줄일 수 있다. 동시에 공기 중 산소 함량을 2~3%로 낮추고 대신 CO_2 함량을 5%가량 높임으로써 호흡을 억제시킬 수 있으며, 자체적으로 발생하는 에틸렌에 의한 피해도 줄일 수 있다.

종자의 호흡은 종자가 성숙하고 있는 기간에는 높지만, 일단 성숙하면 감소한다. 특히 성숙한 종자가 수분 함량이 적어지면서 휴면상태에 들어가면 호흡량은 극히 적어져, 저장하고 있는 에너지의 소모를 최소한으로 억제하여 장기간 살아남는다. 종자에 따라서는 종피가 두꺼워 산소 출입이 안 되는 경우도 있다.

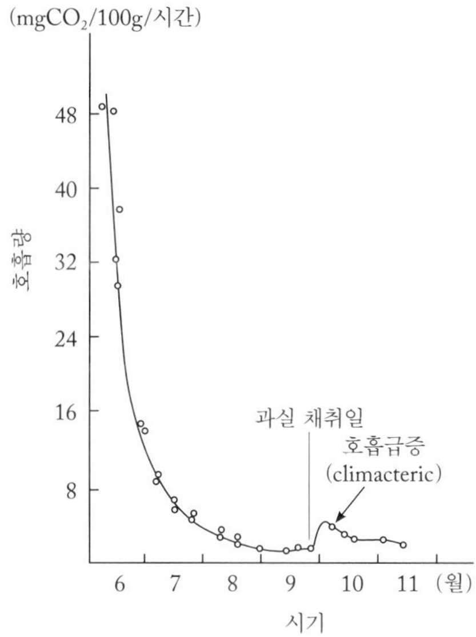

〈그림 5-6〉 사과나무 과실의 성숙 과정에서의 호흡량 변화(Krotkov, 1941)

5) 온도와 호흡

식물은 온혈동물처럼 체온을 조절할 수 있는 능력이 없기 때문에 토양온도와 기온의 변화에 따라 뿌리와 줄기의 체온이 각각 변화하며, 온도변화에 따라 호흡량이 크게 달라진다. 온도변화에 따른 호흡량의 변화는 보통 Q_{10}이라는 숫자로 나타내는데, 이것은 온도가 10℃ 상승함에 따라 나타나는 호흡량 증가율을 의미한다. 대부분의 식물은 5~25℃에서 Q_{10}의 값이 2.0~2.5이다. 즉 이 온도 구간에서는 온도가 10℃ 상승함에 따라서 호흡량이 2배 내지 2.5배 정도 증가한다는 뜻이다.

테다소나무의 경우 0~30℃ 사이에서 측정한 수간의 평균 Q_{10} 값은 2.9이다(〈그림 5-7〉 참조). 구주소나무의 경우 겨울철을 제외하면 수간의 Q_{10} 값은 2.0이다. 일본에서 편백의 경우 Q_{10} 값은 1.4~3.4로 변화가 많은데, 여름에는 낮고 겨울에는 높다. 겨울에 Q_{10} 값이 높아지는 것은 목본식물의 특징인 듯하다.

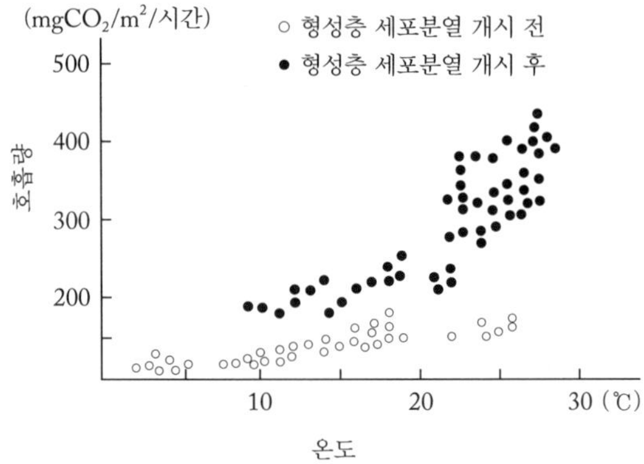

〈그림 5-7〉 테다소나무 수간의 온도변화에 따른 호흡량 변화(Kinerson, 1975)

뿌리의 Q_{10} 값은 성숙한 잎의 Q_{10} 값보다 낮다. 그러나 백자작나무, 포플러, 오리나무 묘목의 뿌리는 토양온도를 5℃에서 25℃로 상승시키면 뿌리의 호흡량이 3~5배 정도 증가하여 지상부의 변화와 큰 차이가 없음을 알 수 있다.

서늘한 지역에 적응한 수종은 서늘한 온도에서 더 효율적으로 자랄 수 있는데, 그 이유는 온도상승에 따른 광합성 증가율과 호흡 증가율이 서로 달라 온도가 상승할수록 순광합성량이 급속히 감소하기 때문이다. 예를 들면 유럽의 고산성 수종인 스위스잣나무(*Pinus cembra*)는 온도상승 시 25℃까지 총광합성량이 증가하나, 13℃ 이상에서는 호흡량이 급속히 증가하여 순광합성량은 13℃에서 최고치에 달하기 때문에, 생장에 가장 적합한 기온은 13℃이다. 25℃ 이상에서는 호흡량이 광합성량보다 더 많아 에너지 부족으로 생존할 수 없다. 한라산과 지리산의 구상나무가 지구온난화로 쇠퇴하는 이유를 이러한 호흡작용의 증가로 설명할 수 있다(〈그림 5-8〉 참조).

일반적으로 온대지방 수목의 광합성은 호흡에 비해 더 낮은 온도에서 최고치에 도달하기 때문에 수목이 생장하기 적합한 최적온도(optimum temperature)는 대개 25℃ 전후라고 할 수 있다. 따라서 어떤 수목을 약간 서늘한 기후지대로 옮겨 심으면(예를 들어 약간 고위도이거나 높은 고도로 옮기면)

생장이 더 빨라지고, 반대로 더 더운 지대로 옮기면(약간 저위도이거나 낮은 고도로 옮기면) 생장이 느려지는 것은, 전자의 경우 온도가 감소하면 호흡량이 감소하여 순광합성량을 높여주기 때문이다. 이러한 특성은 서늘한 기후를 좋아하는 한국 잣나무와 구상나무가 더운 도시에서 생장이 불량해지는 이유에 해당한다. 과수의 경우 이른 가을에 기온이 서늘해지면 광합성량은 여름 수준을 유지하면서 호흡량이 급격히 감소하여 순광합성량이 높아지므로 탄수화물이 축적되어 과일이 커지고 당도가 높아지는 예에서도 볼 수 있다.

수목은 야간에 광합성을 중단하고 호흡만 하는데, 야간온도가 주간온도보다 낮아야 수목이 정상으로 자랄 수 있으며, 이러한 현상을 온도주기(溫度週期, thermoperiodism)라고 한다. 온도주기는 온대지방이나 냉온대지방 수목의 경우에 특히 중요하게 작용하는데, 야간의 호흡작용을 최소로 억제함으로써 광합성으로 고정한 탄수화물을 생장에 최대한으로 이용할 수 있다. 야간온도는 보통 주간온도보다 5~10℃가량 낮은 것이 수목생장에 적합하며, 미송의 경우 야간온도가 10℃ 낮은 경우에 최대의 수고생장을 나타내고, 라디아타소나무도 비슷한 경향을 보인다.

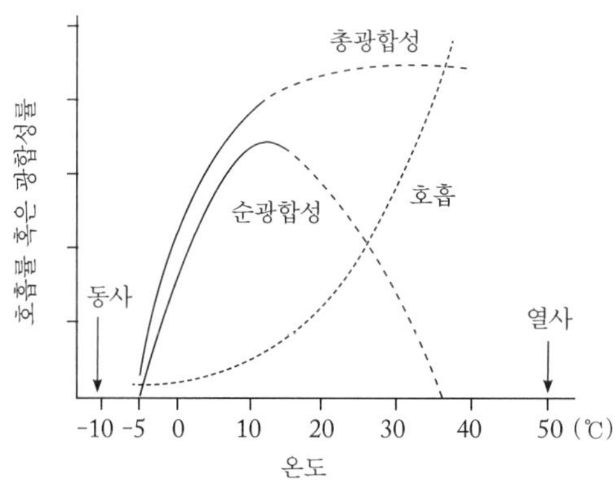

〈그림 5-8〉 고산성 스위스잣나무(*Pinus cembra*)의 온도변화에 따른 광합성과 호흡량 변화 (Kramer, 1957)

6) 특수환경에서의 호흡

(1) 공기유통이 저조한 토양

뿌리가 호흡을 하면서 없어지는 토양 속 산소는 공기 중에 있는 산소가 토양 공극을 따라서 자연적으로 확산(擴散, diffusion)하면서 채워진다. 그러나 토양이 답압(踏壓, compaction), 복토, 높은 지하수위, 불투수층, 도로포장, 침수상태로 있으면 가스교환이 제대로 되지 않아 뿌리가 호흡을 하지 못하게 된다. 답압은 토양 내 거대공극(macropore)의 크기를 작게 하고 그 수를 줄이면서 대신 미세공극(micropore)의 비율을 높인다. 이런 변화는 토양의 배수능력을 감소시키고, 공기유통을 통한 산소의 공급을 크게 감소시킨다.

토목이나 조경 과정에서 잘못 이루어지는 복토(覆土, soil fill)는 토양 속 산소부족을 초래한다. 땅 표면을 공기가 잘 통하지 않는 진흙으로 덮을 때 토양 속 산소 함량은 1%로 줄고 이산화탄소는 20%로 증가하는 반면, 인근 복토가 되지 않은 토양은 산소가 18%, 이산화탄소가 2.5%로 정상적인 수치를 보인다.

저습지에서 자라는 수목은 토양 중 산소가 부족한 상태에서 적응하는 특수한 능력을 가지고 있다. 침수상태에서 견디는 버드나무의 경우 잎의 기공을 통해 들어온 산소가 뿌리까지 전달되며, 산소가 가지와 줄기, 뿌리의 피목을 통해서도 들어온다.

(2) 대기오염과 호흡

대기오염(大氣汚染, air pollution)이 수목의 호흡에 미치는 영향은 매우 복잡하여 피해 정도에 따라 호흡이 증가하거나 혹은 감소하기도 하는데, 수종, 수목의 부위, 수목의 영양상태와 계절, 오염물질의 종류, 피해수준, 환경(햇빛, 온도, 습도)에 따라 다르게 나타난다. 특히 호흡이 증가하는 경우는 손상부위를 치료하기 위한 과정에서 나타나는 현상이다.

오존(ozone, O_3)은 매우 강한 산화력으로 조직을 파괴한다. 낮은 오존 농도에서 가시적인 피해가 없더라도 수목의 호흡은 증가한다. 소나무류 묘목은 0.05~0.15ppm(혹은 100~300μg/m^3)(25℃에서 1ppm O_3=1.96mgO_3/m^3) 오존에 노출되었을 때 잎의 호흡이 90%까지 증가한다. 반면 뿌리의 호흡은 감소하는 경향을 보이는데, 이것은 오존에 의한 지상부(잎)의 손상을 치료하기 위해 탄수화물(에너지)을 많이 사용함으로써 뿌리로 내려오는 탄수화물이 줄어들어 뿌리생장이 감소하고 호흡도 감소하기 때문인 것으로 해석된다.

아황산가스(sulfur dioxide, SO_2)도 오존과 마찬가지로 호흡을 증가시키는 경향이 있다. 가시적인 피해가 없는 SO_2 농도에서도 호흡을 증가시킨다. 구주소나무와 포플러류는 SO_2에 노출되었을 때 호흡이 증가하며, 이는 손상 부위를 복구하기 위하여 호흡이 증가하는 것으로 해석된다. 이산화질소(NO_2)도 강한 산화력을 가지고 있는데, 수목을 대상으로 한 연구는 많지 않은 편이다. 초본식물의 호흡과 광호흡은 온도가 높을수록, 그리고 NO_2 농도와 노출시간이 길수록 더 많이 감소한다.

불소(fluoride, F)는 주로 공장 주변에서 사고로 유출되는데, 낮은 농도에 노출된 수목은 호흡작용이 증가하지만, 높은 농도에서는 호흡이 감소한다. 스트로브잣나무와 테다소나무는 불소 노출 초기에는 호흡이 증가하지만, 조직이 손상을 받은 후에는 호흡이 감소한다. 1년생(당년지) 잎은 2년생 잎보다 불소에 더 예민한 반응을 보인다.

(3) 기계적 손상과 물리적 자극

수목의 잎을 만지거나 문지르거나 구부리면 호흡량이 크게 늘어난다. 이런 현상은 평소 실험용 식물을 다룰 때 조심해야 한다는 뜻으로 해석된다. 열매를 절개하거나 가지를 자르거나 나무껍질을 벗겨 상처를 만들면 호흡이 증가한다. 이런 의미에서 가지를 잘라서 하는 실험은 가지를 그대로 두고 하는 실험보다 호흡량이 높게 나올 수 있다. 상처를 입은 후 호흡이 증가하는 이유는 세포소기관(organclle)이 파괴되고, 산소가 더 많이 공급되며, 복구대사가 시작되기 때문으로 해석된다.

6

탄수화물 대사

탄수화물(carbohydrate)은 수목생리에서 특별히 중요하다. 탄수화물은 수목을 구성하는 물질 중에서 가장 큰 비중을 차지하며, 광합성으로 직접 만들어낸 화합물일 뿐 아니라, 대부분의 다른 화합물을 합성하는 출발점이 되는 화합물이고, 에너지를 저장하는 주요 물질이며, 호흡작용에서 주로 산화되는 대상 물질이기 때문이다. 이와 같이 탄수화물은 몸체를 만들고 수목의 에너지 생산과 소비 과정에서 핵심을 차지하는 화합물에 해당하므로 광합성, 호흡, 각종 물질대사에 관련된 수목생리를 이해하는 데 중요하다.

6장에서는 탄수화물의 종류, 합성, 전환, 축적, 체내 분포, 이용, 계절적 변화, 운반, 단풍과의 관계에 대하여 기술한다.

1. 탄수화물의 기능

목본식물은 건중량의 75% 이상이 탄수화물로 구성되어 있기 때문에, 탄수화물은 수목에서 가장 중요한 화합물이라고 할 수 있다. 수목에서 탄수화물은 다음과 같은 중요한 역할을 담당하고 있다.

① 세포벽의 주요 성분(섬유소)

② 에너지를 저장하는 주요 화합물(전분)

③ 지질, 단백질과 같은 다른 화합물을 합성하기 위한 기본 물질(포도당)

④ 광합성에 의해 처음 만들어지는 물질(3탄당, 4탄당)

⑤ 세포액의 삼투압을 증가시키는 용질(설탕)

⑥ 호흡 과정에서 산화되어 에너지를 발생시키는 주요 기본 물질(포도당)

⑦ 잎에서 광합성으로 만든 동화물질의 장거리 이동 수단(설탕)

이와 같이 탄수화물은 수목생리 대사에서 큰 비중을 차지하고 있는 화합물로, 광합성과 호흡을 포함하여 수목의 계절적인 생리적 변화를 간접적으로 나타내 주는 물질이다. 고등동물의 조직은 주로 단백질로 되어 있고, 에너지를 저장하는 수단은 지방질이며, 세포액의 삼투압은 주로 무기염류에 의하여 조절되는 것 등이 식물과 비교하여 다르다고 할 수 있다.

2. 탄수화물의 종류

탄수화물(炭水化物, carbohydrate)은 탄소·수소·산소로 만들어진 화합물로, 세 원소가 1:2:1의 비율, 즉 $C_nH_{2n}O_n$의 구성비를 가진 것이 특징이다. 경

〈표 6-1〉 목본식물에서 발견되는 탄수화물의 분류

단당류	종류	3탄당	4탄당	5탄당	6탄당	7탄당
	예	glyceraldehyde	erythrose	ribose, xylose, arabinose, ribulose	glucose(포도당), fructose(과당), galactose, mannose	heptulose
소당류(올리고당류)	종류	2당류	3당류	4당류	5당류	그 이상
	예	maltose(맥아당), lactose(유당), cellobiose, sucrose(설탕)	raffinose, melezitose	stachyose	verbascose	dextrine(환원당에 속함)
다당류	기본 구성 요소	glucose	xylan, araban, mannan, galactan		galacturonic acid	
	종류	starch(전분), cellulose(섬유소), callose	hemicellulose		pectin, gum, mucilage	

우에 따라서 인과 질소를 함유하고 있다. 목본식물에서 발견되는 탄수화물은 〈표 6-1〉과 같이 분류된다.

1) 단당류

단당류(單糖類, monosaccharides)는 복잡한 탄수화물을 가수분해할 때 더 이상 분해할 수 없는 상태의 기본 단위로, 알데히드기(aldehyde, $-\underset{\underset{\text{O}}{\|}}{\text{C}}-\text{H}$)나 케톤기(ketone, $-\overset{\overset{\text{O}}{\|}}{\text{C}}-$)를 하나 가지고 있다(〈그림 6-1〉 참조). 탄소의 숫자는 3부터 8까지 있으나, 가장 흔한 것은 5개를 가진 5탄당과 6개를 가진 6탄당이다. 단당류는 목본식물 내에 적은 양으로 존재하는데, 그중에서 6탄당인 포도당(葡萄糖, glucose)은 살아 있는 유세포 내에 함유되어 있으며, 과일

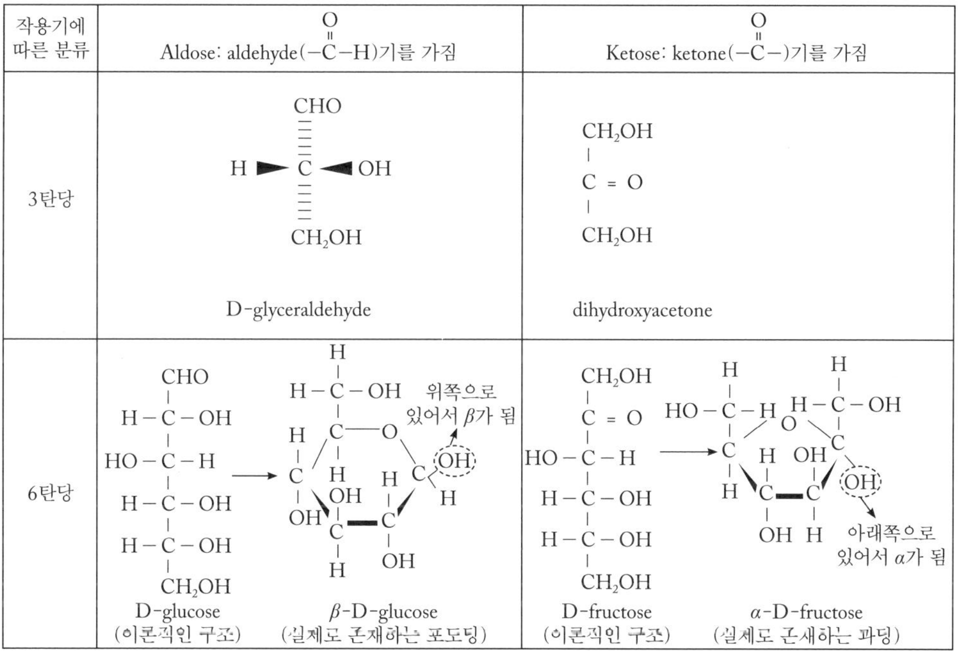

〈그림 6-1〉 몇 가지 단당류 작용기(作用基, functional group)의 화학적 구조에 따른 분류

내에 대량으로 있는 경우도 있다. 6탄당인 과당(果糖, fructose)은 과일 속에 많은데 유세포 내에 있으며, 자작나무의 경우 포도당과 더불어 목부의 수액 내에 다량으로 존재한다.

이 외에도 단당류는 조효소인 ATP, NAD 등의 구성성분이고, 핵산인 RNA, DNA의 기본 골격을 이루고 있으며, 광합성과 호흡작용에서 탄소의 이동에 직접적으로 관여한다. 또한 단당류는 물에 잘 녹고 이동이 용이하며, 환원당(還元糖, reducing sugar)으로서 다른 물질을 환원시키는 화학반응을 쉽게 일으켜 안정된 화합물은 아니다.

2) 소당류(올리고당류)

소당류(少糖類, 올리고당류, oligosaccharides)는 단당류 분자가 2개 이상 연결된 형태로, 그중에서 설탕(사탕, sucrose)은 2당류로 포도당과 과당이 결합한 형태이며 올리고당 중에서 가장 중요하다고 할 수 있는데, 살아 있는 세포 내에 널리 분포하면서 비교적 높은 농도로 존재한다. 또한 대사작용에서 중요한 위치를 차지하고, 저장 탄수화물의 역할을 하며, 사부를 통하여 이동하는 탄수화물의 주성분이다. 맥아당(麥芽糖, maltose)은 전분이 분해될 때 생기는데, 농도나 기능이 설탕만큼 높거나 중요하지 않다.

3당류인 라피노즈(raffinose), 4당류인 스타키오스(stachyose), 5당류인 버바스코스(verbascose)는 주로 사부조직에서 발견되는데, 비환원당으로서 낮은 농도로 존재한다. 라피노즈는 galactose-glucose-fructose의 연결구조를 보이며, 너도밤나무의 눈이나 어린잎에서도 발견된다. 스타키오스는 galactose-galactose-glucose-fructose의 연결구조를 보이며, 노박덩굴과 식물에서 발견된다. 또한 버바스코스는 galactose-galactose-galactose-glucose-fructose의 연결구조를 보이며, 참나무과와 뽕나무과 수목에서 발견된다(〈표 6-6〉 참조).

올리고당도 단당류와 같이 수용성이기 때문에 체내에서 이동이 쉽게 이루어지는데, dextrin, maltose, lactose, cellobiose는 환원당이지만,

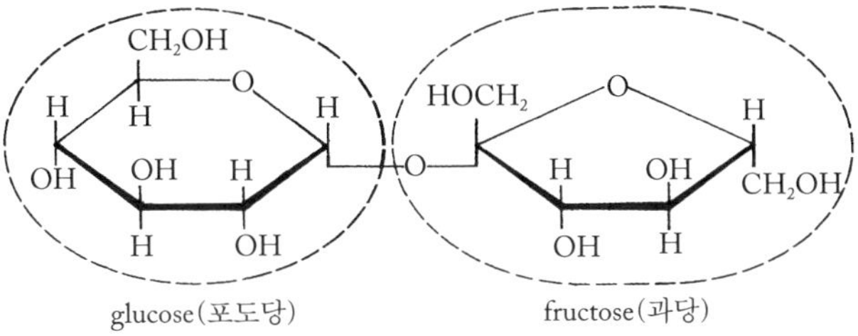

〈그림 6-2〉 설탕(sucrose)의 화학적 구조

trehalose는 비환원당이기 때문에 사부를 통해 장거리로 이동할 수 있다.

3) 다당류

다당류(多糖類, polysaccharides)는 단당류 분자가 수백 개 이상 대부분 직선으로 연결된 형태로, 물에 잘 녹지 않기 때문에 거의 이동이 되지 않는다. 그중에서 가장 흔한 것은 섬유소(纖維素, cellulose)로서 세포벽의 주성분이다(1차벽의 9~25%, 2차벽의 41~45% 차지). 셀룰로오스(cellulose)는 지구상 생물의 유기물 중에서 가장 흔한 화합물이며, 여러 초식동물의 주요한 먹이가 된다. 셀룰로오스는 이웃한 포도당 분자가 직선으로 β1-4 연결식으로 사슬 모양을 하고 있는데, 200여 개의 사슬이 모여서 미세섬유(microfibril)를 이루고, 목부조직의 경우 섬유 사이를 리그닌(lignin)이 채우면서 세포벽을 구성한다.

전분(澱粉, starch)은 목본식물에서 가장 흔한 저장 탄수화물로, 이웃한 포도당 분자 간에 직선으로 α1-4 연결식으로 사슬 모양을 하고 있어 셀룰로오스와 비교하여 공간적 배열이 달라진다. 전분은 두 가지 성분으로 이루어져 있는데, 그중 함량이 더 많은 아밀로펙틴(amylopectin)은 가지를 많이 친 사슬 모양을 하고 있으며, 점성이 아밀로오스(amylose)보다 더 크다. 아밀로오스는 포도당이 300~1,000개 정도 가지를 치지 않은 직선의 사슬 모양으로 연결되어 있다. 전분은 물에 녹지 않는 불용성 탄수화물이지만,

효소에 의해서 쉽게 포도당으로 분해된 후 다른 곳으로 운반되어 이용된다.

전분은 세포에서 세포로 이동이 안 되기 때문에 저장되는 세포 내에서 만들어지는데, 여러 층으로 전분립(澱粉粒, starch grain)을 형성하여 축적된다. 목본식물에서 전분립이 저장되는 부위는 살아 있는 유세포가 많이 모여 있는 곳으로, 잎의 유세포에 가장 많이 축적되며, 내수피(內樹皮) 사부조직의 유세포에는 가을철에 많이 축적된다. 목부조직에서는 변재 부위 중에서 살아 있는 세포, 즉 방사조직(ray parenchyma)과 종축유세포(axial parenchyma)에 저장된다.

반섬유소(半纖維素, hemicellulose)는 세포벽의 주성분으로 1차벽에서는 전체 구성성분의 25~50%로 가장 많고, 2차벽에서는 30%로 셀룰로오스 다음으로 많은 함량을 보인다. 반섬유소는 구성성분과 구조가 좀 복잡하지만, 아라반(arabans), 자일란(xylan)과 같은 5탄당, 갈락탄(galactan), 만난(mannan)과 같은 6탄당의 중합체이다.

펙틴(pectin)은 갈락투론산(galacturonic acid)의 중합체이자 세포벽의 구성성분으로, 중엽층(middle lamella, 세포와 세포의 중간 부분)에서 이웃 세포끼리 서로 분리되지 않게 하는 역할을 한다. 1차벽에서는 10~35% 정도 차지하여 주요 성분이지만, 2차벽에는 거의 존재하지 않는다.

검(gum)과 점액질(粘液質, mucilage)은 다당류의 일종이며 갈락투론산의 중합체로 단백질도 함유하고 있다. 검은 수피와 종자껍질에 주로 존재하는데, 열대지방 아카시아(*Acacia*)와 콩과식물에서 발견된다. 특히 벚나무속의 줄기가 병원균과 곤충의 피해를 받을 때 밖으로 분비된다. 점액질은 콩과식물의 콩꼬투리, 느릅나무(특히 뿌리)의 내수피, 그리고 잔뿌리 끝(뿌리골무) 주변에 분비되는 물질이다. 잔뿌리가 토양을 뚫고 들어갈 때 윤활제 역할을 한다.

3. 탄수화물의 합성과 전환

탄수화물의 합성은 광합성의 암반응으로부터 시작되는데, 엽록체 속에서 캘빈 회로(〈그림 4-13〉 참조)를 통하여 단당류가 합성되고 또 전환된다. 그러나 광합성을 하는 잎의 세포 내에는 단당류인 포도당이나 과당의 농도보다는 2당류인 설탕의 농도가 훨씬 더 높다. 이러한 사실은 캘빈 회로에서 초기에 만들어진 화합물이 즉시 다른 당류로 전환된다는 것을 의미한다.

설탕의 합성은 엽록체 내에서 이루어지지 않고 세포질에서 이루어진다. 캘빈 회로(Calvin cycle)에서 만들어진 2개의 3탄당이 〈그림 6-3〉에서와 같이 결합하여 6탄당이 된 다음, 2개의 6탄당이 다시 결합하여 2당류인 설탕이 된다. 이때 조효소인 UTP가 필요한 에너지를 공급하며, 각 단계마다 효소가 촉매 역할을 한다.

전분(澱粉, starch)은 대부분의 식물에서 가장 주요한 저장 탄수화물이며, 잎의 경우 광합성에 의해 엽록체에 직접 축적되고, 저장조직의 경우에는 색소체의 한 종류인 전분체(澱粉體, amyloplast)에 축적된다. 전분은 조효소인 ATP가 포도당과 결합해 ADPG의 형태로 1개의 포도당을 운반하여

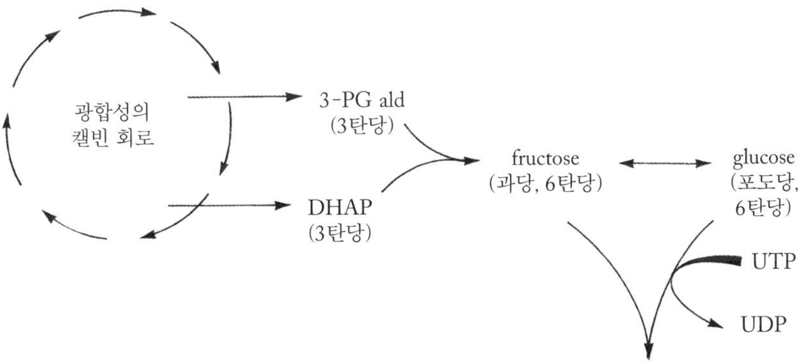

〈그림 6-3〉 설탕(sucrose)의 생합성 과정

기존의 긴 포도당 사슬(n)에 포도당을 1개 더 추가해 n+1개의 사슬을 가진 전분을 합성한다.

식물조직 속에 있는 여러 가지 탄수화물들은 다른 형태로 쉽게 전환되는데, 호흡에 필요한 화합물로 전환되거나 지방이나 단백질을 합성하기 위한 예비 화합물로도 쉽게 전환된다. 전분에서 설탕으로, 그리고 설탕에서 전분으로의 전환은 영양조직이나 생식조직에서 쉽게 이루어지는데, 자라고 있는 종자 내에서는 설탕이 주로 전분으로 전환되며, 반대로 성숙해 가는 과실 내에서는 전분이 설탕으로 전환되어 과실의 당도가 증가한다. 탄수화물의 전환은 단당류, 소당류(올리고당류), 그리고 다당류인 전분 사이에서는 쉽게 이루어지지만, 셀룰로오스(cellulose)나 펙틴(pectin)과 같이 한번 세포벽의 구성요소로 합성되어 세포벽에 부착된 탄수화물(불용성 탄수화물에 해당함)은 다시 분해되거나 다른 형태로 전환되지 않는다. 단, 병원성 곰팡이만이 이를 분해할 수 있다.

4. 탄수화물의 축적과 분포

식물체 내의 탄수화물은 광합성으로 생산된 양이 호흡이나 새로운 조직의 형성과 동화(同化, assimilation)에 소모되는 양보다 많을 때 그 잉여분만큼 축적된다. 목본식물의 경우 축적되는 탄수화물의 형태는 주로 전분이지만, 그 밖에 지질, 질소화합물, 설탕, 라피노즈(raffinose), 프룩토산(fructosan) 등이 있다. 탄수화물을 저장하는 세포는 살아 있는 유세포이며, 유세포가 분화하여 원형질을 잃어버리거나 죽으면(예: 도관, 가도관, 섬유로 분화되는 경우) 저장되어 있던 탄수화물도 회수된다.

저장되어 있는 탄수화물의 양은 수목의 부위에 따라 크게 차이가 있고, 계절에 따라 크게 다르다. 또한 온대지방의 수목과 열대지방의 수목 간에도 차이가 있으며, 상록수와 낙엽수 간에도 차이가 있다. 탄수화물의 축적을 농도로 표시하면 지하부가 지상부보다 높아서, 특히 겨울철에 뿌리가 탄수화물의 중요한 저장소 역할을 한다(〈표 6-2〉 참조).

그러나 탄수화물의 양을 농도로만 표시하면 오해를 가져올 수 있다. 탄수화물이 고농도로 존재하는 부위의 무게(부피)가 적다면 탄수화물의 총량은 얼마 안 되기 때문이다. 예를 들면 어린나무와 성숙목 모두에서 뿌리의 탄수화물 농도는 줄기보다 높지만, 나이가 들수록 지상부의 무게가 지하부보다 더 빨리 증가하기 때문에 탄수화물 총량은 지상부에서 더 많게 된다. 1년생 사과나무의 경우에는 지상부의 탄수화물 총량이 지하부와 거의 같지만, 나이가 들수록 지상부의 무게가 증가하여 3배 정도 더 커져 지상부의 탄수화물 총량이 더 많아진다(〈표 6-2〉 참조).

잎의 탄수화물은 잎이 광합성을 하는 조직이므로 일시적으로 축적되어 그 농도가 높은 편으로, 에키나타소나무(*Pinus echinata*)의 경우 16.6%에 달하는데 이것은 줄기목부의 7배에 해당하는 함량이다. 그리고 줄기, 가지, 뿌리의 경우에는 전분이 종축 방향 유세포, 방사조직 유세포와 한복판의 수(pith) 조직에 저장된다. 심재에는 살아 있는 세포가 없기 때문에 축적되

〈표 6-2〉 10월 중 18년생 사과나무 여러 부위의 탄수화물과 질소 분포(Murneek, 1942)

(단위: 건중량에 대한 %)

종류	지상부								지하부		
	잎	0~1 년생 줄기	2~3 년생 줄기	4~6 년생 줄기	7~10 년생 줄기	11~18 년생 줄기	수간	평균	1~6 년생 뿌리	7~13 년생 뿌리	평균
전분 (A)	2.80	5.87	6.08	2.85	3.60	3.96	9.00	4.63	15.93	17.63	13.14
당류 (B)	6.61	5.05	3.91	2.51	2.21	1.92	2.10	2.67	4.44	6.88	4.87
총탄수화물 (A+B)	9.41	10.92	9.99	5.36	5.81	5.88	11.10	7.29	20.37	24.51	18.01
질소	1.23	0.98	0.61	0.35	0.27	0.16	0.14	0.33	1.24	0.60	0.40
총건중량(kg)	13.43	7.13	10.93	19.88	65.48	62.93	30.75	210.5 (총계)	2.45	13.30	59.45 (총계)

어 있는 탄수화물도 없고, 변재에는 살아 있는 유세포 내에 저장된다. 수피의 경우에는 살아 있는 조직은 주로 사부조직이므로 탄수화물의 축적은 살아 있는 사부조직에서 이루어진다.

5. 탄수화물의 이용

수목의 여러 부위 중에서 광합성을 할 수 있는 곳은 잎과 녹색을 띤 어린 가지와 어린 열매뿐이므로, 기타 다른 조직이나 기관은 모두 잎에서 공급되는 탄수화물을 이용하게 된다. 테다소나무의 경우 왕성하게 자라는 1년생 가지(영어에서는 당년지에 해당함)는 연중 탄수화물을 다른 부위로 공급해 줄 수 있을 만큼 광합성량이 크다(〈그림 6-4〉 참조).

광합성으로 만들어진 탄수화물은 다음과 같이 여러 용도로 쓰인다.

① 왕성하게 세포가 분열하는 부위, 즉 가지 끝의 눈, 뿌리 끝의 분열조

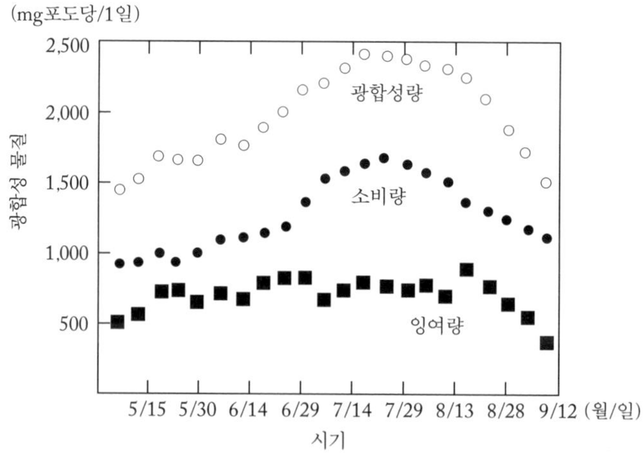

〈그림 6-4〉 테다소나무 1년생 가지(당년지)의 광합성량, 탄수화물 소비량 및 잉여량의 계절적 변화 (Chung과 Barnes, 1980)

직, 형성층, 어린 열매 등으로 이동하여 새 조직 형성에 이용된다.

② 여러 가지 대사작용에 필요한 에너지를 공급하기 위하여 호흡작용에 탄수화물이 쓰인다.

③ 전분과 같이 저장물질로 전환된다.

④ 공생을 하는 질소고정 박테리아나 균근 곰팡이에 탄수화물을 제공한다.

⑤ 설탕으로 축적되어 빙점을 낮춰 겨울에 세포가 어는 것을 방지한다.

유럽너도밤나무의 경우 광합성으로 만든 광합성 산물(photosynthate)의 45%는 호흡작용에 이용되고, 35%는 생장에 소모되며, 20%는 낙엽과 낙지로 없어진다. 사과나무의 경우에는 총탄수화물의 35%가 열매로 이동하며, 45%는 영양생장에 쓰이고, 18%는 호흡작용으로 소모되므로 산림의 수목과는 그 비율이 크게 다르다. 테다소나무의 어린 가지의 경우 잎을 포함하여 건중량의 38%가 탄수화물인데, 총탄수화물량의 87%는 세포벽의 성분인 셀룰로오스(cellulose), 헤미셀룰로오스(hemicellulose), 펙틴(pectin)과 같은 물질이며, 탄수화물의 주요한 이용수단은 세포벽 생산임을 알 수 있다(〈표 6-3〉 참조).

저장된 탄수화물은 하루를 주기로 본다면 야간의 호흡작용에 이용되며, 1년을 주기로 본다면 낙엽수의 경우 겨울철의 호흡에 이용된다. 그 밖에도 저장된 탄수화물은 이른 봄의 수목생장에 중요한 역할을 한다. 이른 봄 개엽이 시작되기 전에 뿌리가 먼저 세포분열을 시작하는데, 이때 저장된 탄수화물을 이용하며, 개엽 시 줄기와 잎의 초기생장도 저장 탄수화물에 의존한다. 또한 밑동이 잘린 벌근(伐根, stump)에서 맹아지(sprout)가 나올 때에도 근주(根株)에 저장되어 있던 탄수화물을 이용하게 된다. 따라서 활엽수를 없애기 위해 밑동을 자를 때에는 3~4월에 하지 말고, 새순이 자라면서 저장되어 있는 탄수화물을 모두 소모시킨 6월 초순경에 하면 맹아지의 생장력을 약하게 하여 더 큰 효과를 볼 수 있다.

〈표 6-3〉 테다소나무 어린 가지의 화학적 구성성분(Chung과 Barnes, 1977)

(단위: 건중량에 대한 %)

성분	백분비(%)		성분	백분비(%)	
질소화합물(소계)	8.4		지질(소계)	5.3	
아미노산		0.6	지방산과 레진산		4.0
단백질		7.6	글리세롤		0.3
핵산		0.2	비검화물		1.0
탄수화물(소계)	38.0		lignin	23.3	
환원당		1.9	유기산(소계)	3.5	
설탕		3.1	shikimic acid		1.7
cellulose		21.3	quinic acid		1.8
hemicellulose		9.8	phenol	20.0	
pectin		1.9	무기염류	1.5	

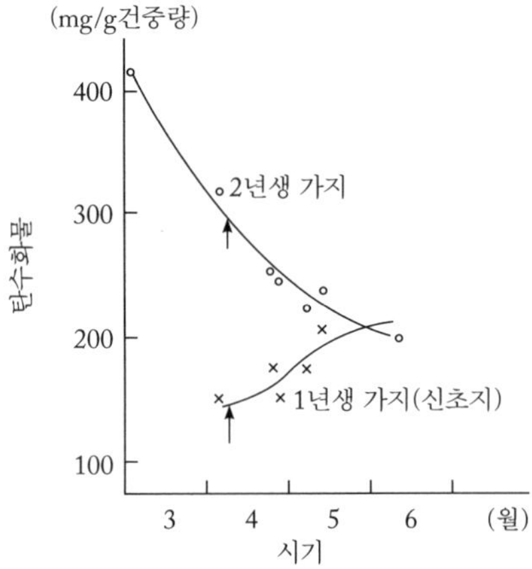

〈그림 6-5〉 봄철 미송(*Pseudotsuga menziesii*)의 2년생 가지와 1년생 가지 (신초지 혹은 영어에서 당년지)의 탄수화물 함량 변화(Krueger, 1967)

탄수화물이 2년생 가지에서 1년생 가지로 이동했음을 알 수 있다.

상록수의 경우에는 봄철에 새순이 자라나올 때 2년생 혹은 3년생 잎이 광합성을 하고 있기 때문에 합성된 탄수화물이 즉시 이동하여 새순의 생장에 이용된다. 이때 줄기에 저장되어 있던 탄수화물도 함께 이용된다. 즉 미송(*Pseudotsuga menziesii*)의 경우 봄철에 새로운 줄기가 자랄 때, 2년생 줄기의 탄수화물의 농도는 감소하면서 1년생 새로운 줄기(신초지)의 탄수화물 농도가 증가하는 것으로도 알 수 있고(〈그림 6-5〉 참조), 발삼전나무의 경우에도 새로운 줄기가 나올 때 노엽(老葉)의 무게가 감소한다.

6. 탄수화물의 계절적 변화

목본식물에서 탄수화물의 계절적 변화는 낙엽수의 경우 계절에 따라 큰 폭으로 나타나고, 상록수의 경우에는 그 변화 폭이 적다. 낙엽수는 가을철 낙엽이 질 때 줄기의 탄수화물 농도가 최고치에 도달하여 겨울철 추운 날씨에 대한 내한성을 증가시키고 호흡에 필요한 에너지로 사용되며, 봄철에는 새로운 잎과 가지의 생장을 위하여 저장되어 있는 탄수화물을 이용하므로 탄수화물 함량은 늦은 봄에 최저치에 도달한다. 그리고 새로운 잎과 가지가 나온 후 탄수화물 농도는 여름과 가을 동안 계속하여 증가한다.

이와 같이 탄수화물 농도가 늦은 봄에 최저치, 늦가을에 최고치에 도달하는 것은 온대지방 낙엽수의 일반적인 현상이다. 아까시나무의 경우 살아 있는 내수피(사부조직)의 총탄수화물과 설탕의 농도는 전형적인 낙엽수의 계절적 변화를 보이며, 겨울철에 전분의 함량은 감소하고 환원당의 함량은 증가하는데, 이것은 전분이 설탕과 환원당으로 바뀌어 가지의 내한성을 증가시키는 역할을 하기 때문이다(〈그림 6-6〉 참조). 참나무의 밑동을 자르면 맹아(sprouting)가 발생하는데, 6월 초에 제거할 경우 맹아지를 생산하는 개체의 비율이 20% 이하로 가장 적은 것은 봄부터 새순을 생산하면서 탄수화물을 모두 소진하여 맹아를 생산할 만한 에너지가 남아 있지 않기 때문이다(〈그림 6-7〉 참조).

생육기간 동안 수차례에 걸쳐 수고생장을 반복하는 재발성 개엽(recurrently flushing, 자유생장에 해당함) 수종의 경우에는 수고생장이 이루어질

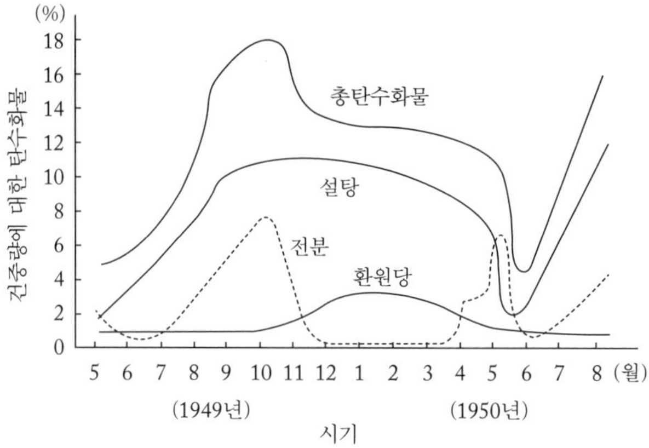

〈그림 6-6〉 아까시나무 내수피(사부조직) 탄수화물의 계절적 변화(Siminovitch 등, 1953)

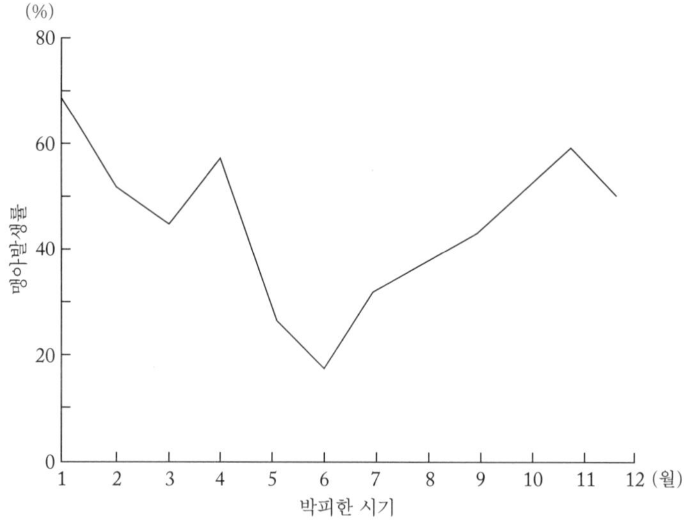

〈그림 6-7〉 미국 참나무(*Quercus marilandica*)에서 밑동을 자른 시기별 맹아지 발생률 (Clark와 Liming, 1953)

때마다 탄수화물이 감소한 다음 다시 회복된다. 귤의 경우 수간, 줄기, 성숙 잎에서 전분이 감소하면서 새 가지가 자라나오는 것을 관찰할 수 있다.

상록수의 경우 탄수화물의 계절적 변화는 낙엽수에 비하여 훨씬 적은 편이다. 무고소나무(*Pinus mugo*)의 경우 잎, 줄기, 수피, 뿌리수피의 설탕 함량을 조사하면, 연중 최고치는 1월에 관찰되어 탄수화물이 겨울까지 축적되는 것을 알 수 있다. 연중 가장 낮은 시기는 4월부터 7월까지 줄기생장이 이루어지는 기간이지만, 겨울 최고치가 여름 최저치의 2배 미만이다. 반면에 〈그림 6-6〉의 아까시나무의 경우에는 최고치와 최저치의 차이가 4배 이상 크게 나타난다.

7. 탄수화물과 가을 단풍

1) 단풍 관련 색소

가을에 날씨가 추워지면 엽록소 생산이 중단되면서 기존의 엽록소도 서서히 파괴되기 시작한다. 이로 인해 기존에 가지고 있던 노란 바탕의 카로티노이드(carotenoid)가 노출되거나 새로운 색소를 합성하기도 한다. 가을철에 다양한 단풍색(丹楓色, autumn color)을 만들어내는 색소에는 노란색을 띤 카로틴(carotene), 붉은색을 띤 안토시아닌(anthocyanin), 갈색을 띤 타닌(tannin)이 있다. 엽록소가 파괴되면서 기존의 카로티노이드가 그대로 노출되느냐, 혹은 노란색, 붉은색, 갈색 색소를 합성하느냐에 따라서 가을철의 다양한 단풍색이 만들어진다. 〈표 6-4〉에 가을 단풍색의 종류를 나열하고 수종의 예를 들었다. 가을 단풍색은 크게 네 가지로 나눌 수 있으며, 단풍색

〈표 6-4〉 단풍색의 종류, 관련 색소, 수종 예

단풍색	관련 색소	수종 예
노란색	carotenes, xanthophyll	은행나무, 생강나무, 백합나무, 물푸레나무, 히코리, 계수나무
붉은색	anthocyanin	단풍나무, 층층나무, 화살나무, 벚나무, 느티나무, 산수유, 옻나무, 감나무, 대왕참나무, 붉나무, 개옻나무, 풍향수
오렌지색	carotenes, anthocyanin	일부 단풍나무
황갈색	carotenes, tannin	너도밤나무, 참나무류, 버즘나무

은 수종 고유의 유전적 능력이지만 환경조건에 의해서 변한다.

느티나무의 단풍색은 세 종류가 함께 관찰된다. 느티나무 고유의 단풍색은 개체에 따라서 노란색 혹은 붉은색이며, 이는 유전적인 특성으로서 개체 고유의 색깔이다. 그러나 화려한 노란색 혹은 붉은색 단풍의 발현은 매년 기상조건에 따라서 변화한다. 갈색 단풍도 자주 관찰되는데, 이것은 봄에 일찍 종자가 달린 가지의 잎이 더 이상 자라지 못하고 왜소엽(矮小葉, dwarf leaf)으로 남아 있다가 가을철에 갈색으로 단풍이 들기 때문이며, 한 나무 내에서도 종자가 달린 가지만 갈색으로 단풍이 든다.

2) 단풍을 만드는 환경조건

가을철 단풍색을 만드는 데 관여하는 환경조건 중에서 온도, 햇빛, 수분이 가장 중요한 역할을 한다. 늦여름과 가을에 이러한 환경조건이 광합성을 촉진하여 탄수화물 축적에 유리하면 단풍 관련 색소를 더 많이 합성하게 된다. 영상을 유지하면서 온도가 점진적으로 하강하는 기상조건은 붉은 색소인 안토시아닌 합성을 촉진한다. 강한 햇빛도 안토시아닌 합성을 촉진하는데, 이는 강한 햇빛에 노출된 남쪽 수관의 바깥쪽 잎부터 붉은 단풍이 시작되고, 그 안쪽 그늘에 있는 잎은 단풍이 늦게 생기는 것으로 알 수 있다. 사과나무의 경우에도 햇빛을 받는 쪽의 과일이 더 먼저 붉은색으로 변한다.

가을철 지속되는 약간의 가뭄은 붉은 색소 합성에 도움이 된다. 단풍이 진행되는 시기에 날이 흐리면서 비가 자주 오면 단풍색이 제대로 발현되지 않는다. 요약하면, 맑고 건조하며 영상을 유지하는 서늘한 기후가 지속되면 예쁜 단풍을 볼 수 있다. 이런 날씨는 광합성을 최대한으로 유지하면서 호흡을 억제하는 기상조건이라고 할 수 있다. 특히 깊은 산속과 높은 해발고에서 예쁜 단풍을 볼 수 있는 것은, 야간온도를 낮게 유지하여 호흡작용을 최소한으로 억제하면서 광합성을 하여 탄수화물이 축적되기 때문이다. 안토시아닌과 크산토필(xanthophyll, 노란 색소로서 carotenoid의 일종) 같은 색소는 효소에 의해서 만들어지기 때문에, 가을철 날씨가 영하로 내려가면 효소가 손상되어 더 이상 색소를 합성할 수 없어 단풍이 중단된다.

3) 단풍이 드는 이유

나무가 예쁜 단풍을 만드는 것은 인간을 즐겁게 하기 위한 것이 아니며, 필요에 의한 생리적 대사작용이다. 일부 학자들은 단풍이 단순하게 수목의 2차대사 최종산물이라고 주장하며, 또 어떤 학자들은 복면학설(覆面學說, masking hypothesis)을 주장하며 수목이 필요로 하는 대사라고 한다. 가을에 광합성 장치가 해체되는 과정에서 안토시아닌이 청색광을 흡수하여 잎의 광산화를 방지하면서 엽록소와 단백질에 들어 있는 질소의 회수를 돕는다는 학설이다. 질소를 회수하여 사부로 운반하기 위해서 탄수화물 공급이 필요하며, 붉은 색소가 합성되면 광합성이 더 안전하게 유지된다고 한다. 층층나무의 경우 안토시아닌 합성이 진행된 잎이 그렇지 않은 잎보다 가을철 높은 광도와 낮은 온도에서 광산화 피해를 적게 받음으로써 붉은 색소 합성을 더욱 촉진시킨다. 이런 현상은 소나무나 전나무 묘목의 경우 가을철에 경화(硬化, hardening) 처리를 거쳐 잎이 적자색으로 변색하면서 추위에 대비하는 경우에도 적용된다고 해석할 수 있다.

그 밖에 붉은색으로 단풍이 든 잎은 진딧물의 피해를 적게 받는다는 주장도 있으나, 가을철에는 진딧물의 피해가 심하지 않기 때문에 신빙성이 조금 떨어진다.

8. 탄수화물의 운반

1) 관련 조직

광합성으로 만들어진 탄수화물의 운반(carbohydrate transport)은 사부(篩部, phlocm)조직을 통하여 이루어진다. 사부조직(내수피의 일부)은 섬유, 타닌, 향신료, 고무, 의약품 등으로 이용되어 상업적으로도 중요하다. 사부조직을 구성하는 세포를 사부요소(篩部要素, sieve elements)라고 하며, 사부요소는 〈표 6-5〉와 같이 피자식물과 나자식물 간 명칭과 해부학적인 구조에서 차이가 있다. 피자식물의 사관세포(篩管細胞, sieve tube member)는 지름이 20~40μm 정도, 길이가 100~500μm(0.1~0.5mm) 되는 살아 있는 세포이지만, 성숙하면 핵이 없어지며 종축 방향(수직 방향)으로 길게 자라면서 위쪽과 아래쪽에 인접한 사관세포가 서로 사판(篩板, sieve plate)으로 연결되어 있어, 탄수화물이 지름 2.0μm 내외의 사공(篩孔, sieve pore)을 통하여 효율적으로 상하 방향으로 이동할 수 있다(〈그림 2-17〉 참조).

반세포(伴細胞, companion cell)는 사관세포와 항상 인접하여 생겨나서 운명을 같이하는데, 세포질이 많고 핵을 가지고 있는 살아 있는 세포로서 탄수화물 이동에 보조 역할을 한다. 그 밖에 사부유세포(phloem parenchyma cell)가 탄수화물의 측면 이동을 도와주고, 사부섬유(phloem fiber)는 조직을 단단하게 지탱해 준다.

나자식물의 사부조직은 그 구조가 피자식물에 비해 원시적인데, 기본세포는 사세포(篩細胞, sieve cell)로서 길이가 1.4mm 정도로 사관세포보다 길며, 사판이나 사공이 없고, 이웃하는 사세포로의 탄수화물 운반은 미세한 구멍이 모여 있는 구역, 즉 사역(篩域, sieve area)을 통해 비효율적으로 이루어진다. 보조세포는 알부민세포(albuminous cell)로서 세포질이 많고 핵이 있는 것은 반세포와 비슷하다(〈표 6-5〉 참조).

사관세포를 현미경으로 관찰해 보면 사공이 칼로스(callose, β-1,3 glucan으로 만들어진 다당류)로 막혀 있는 경우가 자주 있다. 밤나무를 비롯한 온대지방 낙엽수의 경우, 가을에 휴면에 들어갈 때 칼로스가 사공을 막고 있다

〈표 6-5〉 피자식물과 나자식물의 사부조직을 구성하는 사부요소의 구성성분과 물질이동 수단

구분	기본세포	보조세포	유세포	지지세포	물질이동 수단
피자식물	사관세포	반세포	사부유세포	사부섬유	사공, 사역
나자식물	사세포	알부민세포	사부유세포	사부섬유	사역

가 봄철에 사부조직이 다시 활성화될 때 없어진다.

2) 운반물질의 성분

사부조직을 통해 운반되는 탄수화물의 성분은 수목에 따라 큰 차이가 있으나, 근본적으로 비환원당만으로 구성되어 있다는 공통점이 있다. 비환원당(非還元糖, nonreducing sugar)이란 다른 물질을 환원시킬 수 없는 당류를 의미하는데, 단당류는 모두 알데히드기(-CHO)나 케톤기(-CO)가 노출되어 있어 다른 물질을 환원시킬 수 있는 환원당이며, 사부조직에서는 발견되지 않는다. 이동하는 탄수화물이 모두 비환원당이라는 점은, 비환원당이 효소에 의해 잘 분해되지 않고 화학반응을 잘 일으키지 않기 때문에 먼 거리까지 수송이 쉽도록 하기 위한 수단이라고 할 수 있다.

사부조직에서 가장 농도가 높고 모든 수목에서 흔하게 발견되는 것은 설탕(sucrose)이며, 그다음이 올리고당(소당류)인 라피노즈(raffinose, 3당류)와 스타키오스(stachyose, 4당류)이며, 버바스코스(verbascose, 5당류)도 발견된다. 수목은 사부에 함유되어 있는 당의 종류에 따라서 세 그룹으로 나눌 수 있다. 1그룹은 설탕이 대부분이며 약간의 라피노즈가 함유된 경우로서 대부분의 수목이 여기에 속한다. 2그룹은 설탕과 함께 상당히 많은 라피노즈를 가지고 있으며, 능소화과, 노박덩굴과 수목을 예로 들 수 있다. 3그룹은 설탕과 함께 상당한 양의 당알코올(sugar alcohol)을 가지고 있으며, 만니톨(mannitol)을 많이 함유한 물푸레나무속, 소르비톨(sorbitol)을 설탕보다 더 많이 함유하고 있는 장미과(사과나무속, 벚나무속, 배나무속, 마가목속, 조팝나무속), 둘시톨(dulcitol)을 함유하고 있는 노박덩굴과 수목이 여기에 속한다. 3그룹에서는 그 밖에 갈락티톨(galactitol)과 미오이노시톨(myoinositol) 당알코올도 발견된다(〈표 6-6〉 참조).

사부수액(篩部樹液, phloem sap)에는 당류가 보통 20%가량 함유되어 있어 매우 진한 용액이라는 것을 알 수 있다. 탄수화물 이외에도 아미노산, K, Mg, Ca, Fe 등이 조금 포함되어 있어 증산작용을 별로 하지 않는 조직, 즉

〈표 6-6〉 목본식물의 사부로 운반되는 탄수화물의 종류(Zimmermann과 Zieger, 1975)

종류	단풍나무과	자작나무과	노박덩굴과	참나무과	뽕나무과	장미과
sucrose	++++	++++	+++	++++	++++	+++
raffinose	미량	++	++	미량	+	미량
stachyose	미량	++	+++	미량	++	미량
verbascose		+	미량	미량	미량	
sorbitol						++++
dulcitol			+++			
myoinositol	미량	미량	미량	+	+	미량

주: + 표시가 많을수록 함량이 많다는 것을 의미한다.

〈표 6-7〉 아까시나무 사부수액의 구성성분(Pate, 1986)

물질	농도(mg/l)*	물질	농도(mg/l)
당류(주로 설탕)	200,000	K^+	950
유기질소	425	Ca^{++}	720
무기질소	135	Mg^{++}	380

주: *mg/l는 ppm에 해당한다.

과실이나 눈에 탄수화물과 무기양분을 공급하는 주요한 수단이 된다(〈표 6-7〉 참조).

3) 설탕운반체

설탕이 잎의 엽육세포에서 유관속에 있는 사부요소까지 운반되는 방법에는 다음 두 가지가 있다. 엽육세포에서 사부요소까지 인접한 세포끼리 미세한 구멍에 해당하는 원형질연락사(plasmodesmata)를 통해 완전히 서로 연결되어 있을 경우 곧바로 세포질만을 통해 설탕이 적재(積載, loading)되는 것을 심플라스트 사부 적재(symplast phloem loading)라고 한다. 엽육세포에서 사부요소까지 원형질연락사로 연결되어 있지 않을 경우 세포벽을 통과해 설탕이 사부조직으로 적재되는 것을 아포플라스트 사부 적재(apoplast phloem loading)라고 한다.

전자(symplast)의 경우 설탕이 역류하는 것을 방지하기 위해 라피노즈와 스타키오스 같은 분자량이 큰 당으로 전환하여 적재하는데 이를 중합체 포획모델(polymer trap model)이라고 부르며, 호박에서 관찰된다. 후자(apoplast)의 경우 원형질막에 존재하는 H^+-ATPase 효소에 해당하는 설탕운반체(sucrose transporter)가 설탕 운반을 담당한다고 알려져 있다. 즉 원형질막의 바깥에 있는 세포벽 쪽으로 새어 나간 설탕을 설탕운반체가 다시 붙잡아 설탕-H^+ 공동운반체(sucrose-H^+cotransporter)의 형태로 운반시킨다는 것이며, 이는 곡류, 사탕무, 유채, 감자에서 관찰된다. 설탕운반체는 목본식물에서 아직 연구된 바가 없으나, 비슷한 기작으로 설탕의 아포플라스트 적재가 이루어질 것으로 추측된다.

4) 운반속도와 방향

역학적으로 20% 농도의 설탕물이 확산에 의해 이동하는 속도는 1시간에 55cm가량 되는데, 실제로 대부분의 식물에서 탄수화물의 최고 운반속도는 1시간에 50~150cm가량 된다. 이론적으로 목본식물의 경우 쌍자엽식물은 사판의 사공 구멍이 크기 때문에 저항이 작아 시간당 40~70cm 이동하고, 소나무류는 사역(篩域, sieve area)의 구멍이 아주 미세하기 때문에 저항이 커서 시간당 18~20cm로 계산된다. 실제로 물푸레나무로 측정하면 시간당 30~70cm 정도 이동한다. 사부조직 내에서 탄수화물이 이러한 속도로 운반되기 위해서는 0.5mm 길이의 사관세포를 2초에 통과해야 할 만큼 탄수화물의 운반속도는 빠른 편이다.

탄수화물의 운반 방향은 탄수화물을 생산하는 조직인 공급원(供給源, source)에서 탄수화물을 요구하는 조직인 수용부(受用部, sink)로 이루어진다. 공급원은 광합성을 왕성하게 하는 성숙한 잎의 엽육조직이며, 수용부는 탄수화물을 소비하는 비엽록조직으로 줄기 끝의 분열조직, 열매, 형성층, 뿌리조직 등 다양하다. 온대지방에서 침엽수의 경우 이른 봄 탄수화물의 주요 수용부는 뿌리인데, 동아가 개엽하기 전에 뿌리의 세포분열이 먼저 일어나기 때문이다. 동아에서 새순이 자라 올라올 때 주요 수용부는 줄기가 되며, 곧이어 형성층이 주요 수용부가 되고, 늦여름에 뿌리가 다시 생장을 시작하면서 형성층과 더불어 주요 수용부가 된다.

공급원과 수용부의 위치는 고정되어 있는 것이 아니며, 잎의 나이와 열매의 유무에 따라 바뀐다. 노르웨이소나무의 경우, 동아에서 새로운 잎이 자라나오는 봄에 1년생 잎(신초지 잎 혹은 영어에서 당년 잎에 해당)은 주변의 2년생, 3년생 잎으로부터 탄수화물을 공급받으므로 수용부 역할을 하지만, 8월에 1년생 잎이 완전히 성숙하면 탄수화물을 수출하기 시작하여 공급원 역할을 한다. 이러한 경향은 소나무류뿐만 아니라 잎이 2년 이상 살아남는 전나무, 가문비나무 등에도 해당된다.

활엽수의 경우도 한 줄기 내에 성숙 정도가 다른 잎들이 있고, 새로운 잎이 계속해서 자람에 따라 공급원과 수용부의 상대적 위치가 점차적으로 바뀌어 탄수화물의 이동방향이 바뀐다. 포플러의 경우 〈그림 6-8〉과 같이 3번의 어린잎은 밑에 있는 성숙엽으로부터 탄수화물을 받아들이는 수용부이지만, 자신이 성숙하면 탄수화물을 수출하는 공급원이 되고, 줄기가 충분히 자라서 잎이 여러 개 생기면 탄수화물을 아래 뿌리로 이동시킴으로써 탄수화물의 이동방향이 바뀐다.

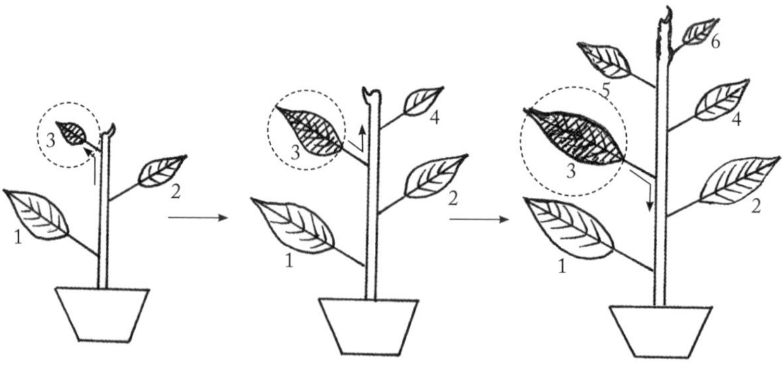

〈그림 6-8〉 줄기생장에 따른 포플러 묘목 잎의 탄수화물 이동방향 변화

수목의 여러 부위 중에서 성숙한 잎을 제외하고는 모든 부위가 탄수화물을 요구하는 수용부라고 할 수 있는데, 요구의 강약에 큰 차이가 있다. 열매가 가장 강한 수용부 역할을 하는데, 이것은 열매에서 생산하는 식물호르몬 때문이다. 형성층과 뿌리는 비교적 약한 수용부라고 할 수 있는데, 특히 숲속에서 피압된 나무가 광합성 작용이 부족할 때에는 직경생장이 현저하게 저하되고 근계발달이 빈약해져 경쟁에서 불리해지는 현상이 나타난다. 수목의 부위별 수용부로서의 상대적인 강도는 열매, 종자 ＞ 어린잎, 줄기 끝의 눈 ＞ 성숙한 잎 ＞ 형성층 ＞ 뿌리 ＞ 저장조직 순이다.

5) 운반 원리

(1) 압류설(압력유동설)

사부에서 탄수화물이 운반되는 원리에 관한 옛 학설 중에 세포질 환류설(細胞質還流說, cytoplasmic streaming)이 있는데, 성숙한 사부세포에서는 세포질이 순환하는 환류를 관찰할 수 없고 이동속도가 느리기 때문에 적절한 학설이 못 된다.

지금까지 발표된 것 중에서 1930년 독일의 뮌히(E. Münch)가 제창한 압류설(壓流說) 혹은 압력유동설(壓力流動說, pressure flow hypothesis)이 가장 유력하다. 뮌히는 실험실에서 간단하게 설탕물의 이동 원리를 설명하는 장치를 만들어 압류설을 뒷받침했는데, 이 학설은 높은 탄수화물 농도를 가진 광합성 세포 주변(공급원, source)에서 탄수화물을 소모하는 낮은 농도를 가진 곳(수용부, sink)으로 탄수화물이 운반되는 것은, 두 장소 간의 삼투압 차이에서 생기는 압력(팽압)에 의해 수동적으로 밀려가기 때문이라고 설명한다.

〈그림 6-9〉와 같이 실험실에서 반투과성 막을 이용해 실험을 설계할 수 있다. 반투과성 막(semipermeable membrane)이란 돼지 방광처럼 분자가 작은 물(용매, solution)은 통과시키고 분자가 큰 물질(용질, solute, 이 경우 설

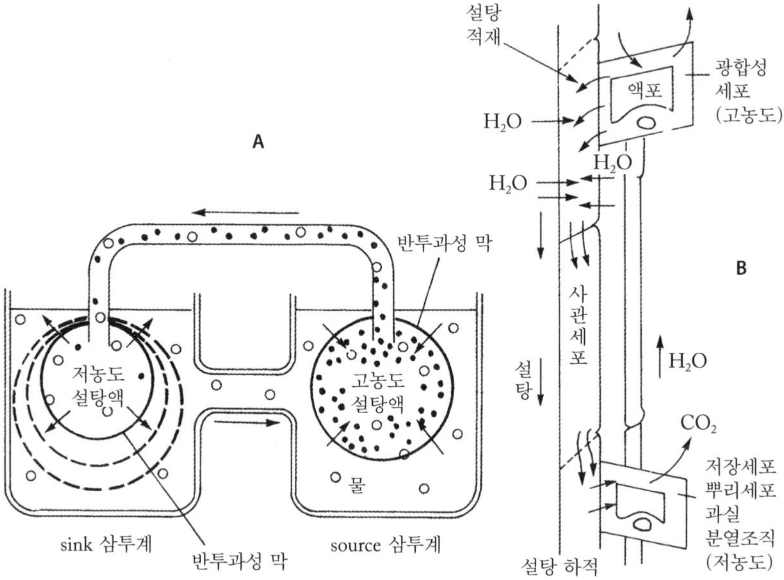

〈그림 6-9〉 뮌히(Münch)의 압류설 원리(A)와 관련된 조직(B)과의 관계

탕)은 통과시키지 않는 선택적 흡수막(selectively permeable membrane)을 의미한다. 오른쪽에 고농도의 설탕 용액을 넣고 왼쪽에 저농도의 설탕 용액을 넣으면 삼투압 차이에 의해 오른쪽 막 안으로 물이 들어간다. 이때 압력이 증가하면 그 압력을 해소하기 위해 설탕 용액이 왼쪽으로 이동하면서 왼쪽 막이 늘어나면서 왼쪽 막에서 물이 밖으로 나오게 된다.

〈그림 6-9〉에 나타낸 이동 원리를 설명하는 장치는 에너지 소모 없이 설탕 용액이 물과 함께 이동하게 되는 수동적인 현상이며, 이 원리를 살아 있는 식물에 그대로 응용하기 위해서는 사부조직이 다음 몇 가지 조건을 갖추고 있어야 한다.

① 반투과성 막(선택적 투과성 막)이 있어야 한다.

② 종축 방향으로의 이동수단이 있어야 하며, 저항이 적어야 한다.

③ 두 장소 간에 삼투압의 차이가 존재해야 하며, 압력이 있어야 한다.

④ 공급원에는 적재 기작(loading), 수용부에는 하적 기작(unloading)이 있어야 한다.

이러한 네 가지 조건은 지금까지의 연구 결과로 보아 모두 충족된다고 할 수 있는데, ①의 경우 세포막은 반투과성이라서 아무 문제가 없고, ②의 경우 사관세포의 사공(sieve pore)이 평소에 p-단백질(p-protein, slime bodies)로 막혀 있어 저항이 크다는 관찰은 조직을 채취할 때 내부압력이 순간적으로 해제되어 나타나는 현상이라는 것이 입증되었다. ③의 경우 어린 버드나무 줄기에서 1.56m의 거리 차이가 있는 두 지점을 선택하여 사부의 압력을 조사하면 위쪽이 아래쪽보다 0.11MPa 더 높은 압력퍼텐셜이 측정된다. ④의 공급원에서의 적재(積載)현상과 수용부에서의 하적(下積)현상은 뮌히의 학설에는 포함되어 있지 않았으나 최근에 보완된 사항이라고 할 수 있다. 적재는 설탕의 농도경사(구배)에 대하여 역방향(against concentration gradient)으로 이루어지며(즉 저농도의 엽육세포에서 고농도의 사관세포로), 이때 에너지를 소모한다. 온도를 낮추거나 호흡을 억제시키면 적재현상이 줄어든다. 하적현상도 설탕의 농도구배에 대하여 역방향으로 일어나는데, 이것은 수용부에 도착하는 설탕의 농도보다 주변 저장조직의 농도가 더 높은 경우가 많기 때문이다.

이러한 탄수화물의 운반 원리에 따르면, 식물은 삼투체계(滲透體系, osmotic system)를 조성해 놓고, 공급원(source)에서 설탕을 계속해서 사부조직에 적재시키고(loading), 설탕으로 인해 높아진 삼투압에 의해 수분이 사부조직 안으로 들어와 팽압이 증가하여 설탕을 밀어낸다. 대신 다른 한쪽 수용부(sink)에서 설탕을 계속해서 하적(unloading)시키면서 두 장소를 연결시켜 놓기만 하면, 탄수화물은 집단유동(集團流動, mass flow)에 의해 수동적으로 운반된다는 것이다. 따라서 목본식물은 탄수화물의 운반 자체에는 에너지를 소모하지 않고, 단지 적재와 하적 과정에서만 에너지를 소모함으로써 효율적으로 장거리까지 이동시킬 수 있는 방법을 가지고 있는 셈이다.

이러한 높은 운반 효율은 수분이동 과정(10장 3절 참조)에서도 비슷하게 적용된다.

한편 압류설을 뒷받침하는 다음 세 가지 현상이 알려져 있다. 첫째, 사부수액을 빨아먹고 있는 진딧물의 주둥이를 자르면 사부수액이 밖으로 배출되어 사부 내에 압력이 있다는 것을 알 수 있고, 둘째, 공급원에서 수용부로 가면서 사부조직의 설탕 농도가 점진적으로 감소하며, 셋째, 햇빛을 받고 있는 잎에 바이러스나 화학물질로 처리하면 이 물질이 뿌리까지 내려가지만, 그늘에 있는 잎에 똑같이 처리하면 밑으로 물질이동이 일어나지 않기 때문에 설탕이 단순히 확산에 의해서 이동하지 않는다는 것을 알 수 있다는 것이다.

(2) 압류설의 문제점

압류설은 비교적 합리적인 내용을 담고 있으나, 실제로 두 가지 면에서 문제점이 있다. 첫째는, 집단유동(mass flow)에서는 모든 물질이 같은 속도로 움직여야 하는데, 실제로 설탕, 물, 미네랄(이온)의 이동속도가 서로 다르다는 점이다. 이와 같은 현상은 아마도 탄수화물이 이동하는 과정에서 수용부까지 가기 전에 중간 지역에서 일부가 소모되기 때문일 것이다.

둘째는, 탄수화물의 운반은 양방향(兩方向, bidirectional)성을 띠고 있는데, 압류설에서는 한 방향으로만 이동할 수 있다는 점이다. 이와 같은 현상은 한 개의 사관세포 내에서는 한 방향으로만 탄수화물이 운반되지만, 다른 부위에서는 반대 방향으로 운반될 수 있기 때문에 압류설을 부인할 수 있는 근거가 되지는 못한다.

7

단백질과 질소 대사

고등동물의 몸은 많은 부분이 단백질로 구성되어 있는 반면에, 식물은 세포 하나하나마다 세포벽으로 둘러싸여 있어 세포벽의 구성요소인 섬유소(cellulose)가 건중량의 절반 정도를 차지하는 주성분이다. 따라서 식물체 내의 단백질 함량은 동물에 비해 극히 적은 편이고, 단백질을 구성하는 질소(N)의 함량도 적지만, 생리적으로 단백질은 중요한 위치를 차지한다. 식물체 내의 질소 함량은 광합성을 하는 잎에 비교적 많은데, 소나무 잎의 경우 건중량의 1.5% 내외가 질소이며, 콩과식물의 잎은 3% 내외로 높다. 반면에 목본식물의 목부는 거의 탄수화물인 셀룰로오스로 되어 있어 질소 함량이 매우 낮다.

지구 생태계에서 질소는 공기 중에 많지만, 식물이 이용할 수 있는 질소는 토양 중에 이온(ion) 형태로 물에 녹아 있어야 하고 그 양이 제한되어 있어 질소는 식물생장에 제한요소가 되는 경우가 많다. 식물의 질소요구량은 생장속도에 비례하는데, 생장이 빠른 작물일수록 많은 양의 질소를 요구하기 때문에 대개 질소비료로 보충하지만, 산림의 수목은 생장속도가 느린 만큼 적은 양의 질소를 요구한다. 산림에 질소를 시비하는 것은 경제적으로 어려운 반면, 생태계의 균형을 유지하면서 산림을 효율적으로 경영하면 숲과 수목 자체의 질소만으로도 수목의 건전한 생장과 보속생산(保續生産, sustained yield)을 유지할 수 있다.

1. 주요 질소화합물과 기능

식물체 내의 질소화합물(窒素化合物, nitrogen compound)은 다음과 같이 크게 네 그룹으로 나눌 수 있다. ① 아미노산과 단백질 그룹, ② 핵산 관련 그룹,

③ 대사 중개물질 그룹, ④ 대사의 2차산물 그룹이 그것이다.

1) 아미노산과 단백질 그룹

아미노산(amino acids)은 단백질의 구성성분으로서, 알칼리성을 띤 아미노기(-NH_2)와 산성을 띤 카르복실기(-COOH)가 같은 탄소(α탄소, 실제로는 -COOH기 다음에 있는 탄소)에 부착되어 있는 유기물을 의미한다. 대표적인 예로 알라닌(alanine)을 들 수 있다. 주요 아미노산은 20가지가 기본으로 알려져 있는데, 식물과 동물 세포에 모두 존재하며 그 밖에도 여러 가지가 존재한다.

단백질(蛋白質, protein)은 여러 개의 아미노산이 펩티드(peptide) 결합을 하고 있는 화합물이다. 펩티드 결합이란, 두 아미노산이 만나서 한쪽 아미노산의 카르복실기($-\underset{\underset{O}{\|}}{C}-OH$)와 다른 쪽 아미노산의 아미노기($-N\begin{smallmatrix}H\\H\end{smallmatrix}$)가 서로 결합하여 물분자($H_2O$)가 빠져나가고 $-\underset{\underset{O}{\|}}{C}-\underset{\underset{H}{|}}{N}-$와 같이 연결된 것을 말한다.

식물단백질은 그 크기와 모양이 다양한데, 분자량은 최소 40,000Da (Dalton, 1 Dalton은 탄소원자 C-12의 1/12 무게) 이상 되며 기능도 다양하여 원형질의 구성성분, 효소, 저장물질, 그리고 전자전달 매개체로 이용된다.

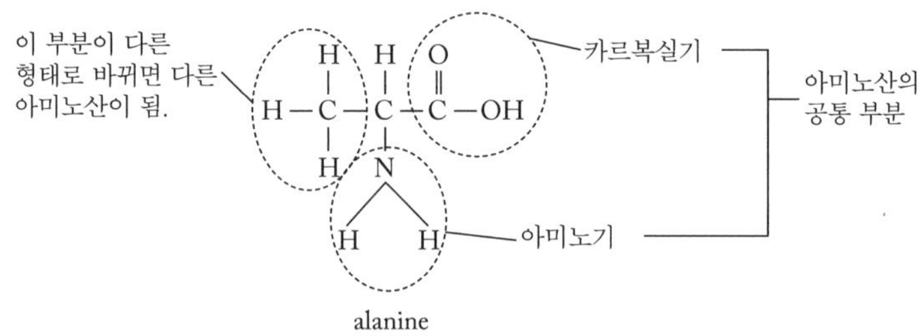

〈그림 7-1〉 아미노산 중에서 단순한 구조를 가진 알라닌(alanine)의 구조식
모든 아미노산은 아미노기(-NH_2)와 카르복실기(-COOH)가 같은 탄소(α탄소)에 붙어 있다.

① 단백질은 원형질의 구성성분으로 세포막에 존재하여 세포막의 선택적 흡수 기능에 기여하며, 엽록체에서는 엽록소와 카로티노이드(carotenoid)가 단백질에 부착되어 있어 효율적으로 광에너지를 모은다.

② 모든 효소(酵素, enzyme)는 단백질로 구성되어 있으며 크기가 다양하다. 녹색 잎에 들어 있는 단백질의 12~25%는 루비스코(Rubisco) 효소(광합성 시 CO_2를 붙잡는 역할을 하는 효소)로서 지구상에서 가장 흔한 단백질이라고 할 수 있다. 이 밖에 광합성을 수행하는 엽록체와 호흡작용을 담당하는 미토콘드리아는 많은 효소를 함유하고 있어 단백질 함량이 높다.

③ 식물체에는 저장물질로서 단백질을 가지고 있는데, 특히 종자 속에서 많이 발견되며, 분자량은 20만~40만 Da 정도 된다.

④ 전자전달 매개체 역할을 하는 단백질 시토크롬(cytochrome)은 광합성과 호흡작용에서 전자를 전달한다. 페레독신(ferredoxin)은 광합성에서 전자를 전달하며, 분자량은 11,500Da으로 비교적 크기가 작다.

2) 핵산 관련 그룹

핵산(核酸, nucleic acid)은 질소를 함유하고 있는 피리미딘(pyrimidine)과 푸린(purine), 그리고 5탄당과 인산으로 구성되어 있다. 대표적인 핵산의 예로는 RNA와 DNA를 들 수 있다. 핵산은 세포의 핵에 존재하며, 유전정보(遺傳情報, genetic information)를 가지고 있는 염색체의 중요한 화합물이다. 동물 고유의 모양과 생물의 기능은 단백질과 효소에 의해 결정되는데, 핵산은 이러한 단백질의 합성을 결정하는 물질로 염색체 내에 각 생물의 독특한 단백질 합성에 필요한 정보를 DNA(핵산의 일종) 형태로 가지고 있다가 필요할 때 필요한 만큼 단백질을 합성할 수 있도록 조절한다.

핵산과 관련된 화합물로서 뉴클레오티드(nucleotide)를 들 수 있는데, 이것은 푸린과 같은 화합물에 단당류(대개 5탄당)와 인산이 붙어서 된 화합

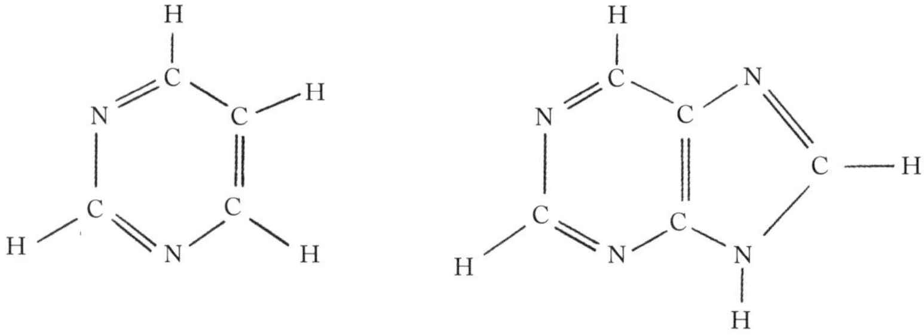

〈그림 7-2〉 핵산의 염기를 구성하는 기본 구조인 피리미딘(pyrimidine; thymine, cytosine, uracil을 만듦)과 푸린(purine; adenine과 guanine을 만듦)의 구조식

물로 핵산의 기본 단위라고 할 수 있다. 뉴클레오티드는 또한 조효소(助酵素, coenzyme; 효소의 활동을 도와주는 화합물)의 역할도 한다. 예를 들면 AMP, ADP, ATP, NAD, NADP, Coenzyme A와 같이 에너지 생산에 직접 관여하는 조효소와 티아민(thiamine, 동물에서는 비타민 B_1에 해당), 그리고 식물 호르몬인 시토키닌(cytokinin) 같은 화합물이 여기에 속한다.

3) 대사 중개물질 그룹

식물체 내에서 여러 가지 대사에 관여하는 물질 중에는 질소를 함유하고 있는 화합물이 많다. 그중에서 가장 흔한 것은 피롤(pyrrole)로서, 4개가 모여서 포르피린(porphyrin)을 형성하는데, 포르피린을 가지고 있는 화합물에는 엽록소(chlorophyll, 〈그림 4-9〉 참조), 광주기를 감지하는 피토크롬(phytochrome) 색소(〈그림 4-5〉 참조), 그리고 질소고정에서 산소공급을 원활하게 해주는 레그헤모글로빈(leghemoglobin)을 들 수 있다. 그 밖에 식물호르몬 중 옥신(auxin)의 일종인 IAA(indoleacetic acid)는 아미노산의 일종인 트립토판(tryptophan)으로부터 만들어지기 때문에 질소를 가지고 있다.

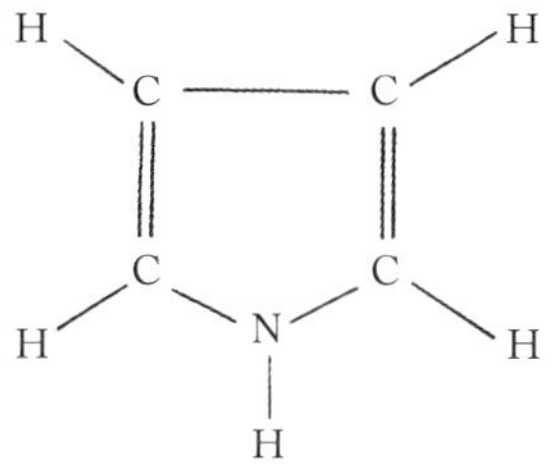

pyrrole

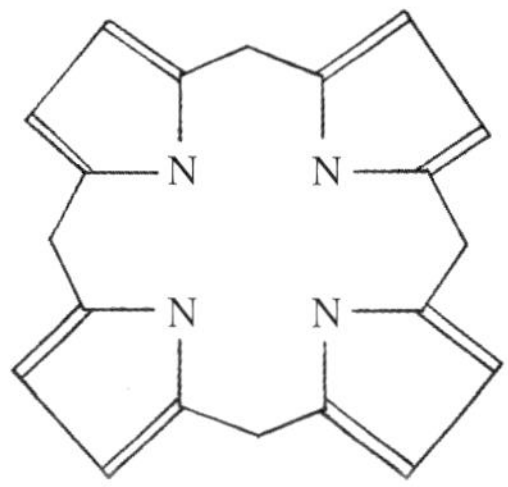

porphyrin

〈그림 7-3〉 대사 중개물질 중에서 엽록소, 피토크롬, 레그헤모글로빈, 옥신의 구성단위에 해당하는 피롤(pyrrole)과 포르피린(porphyrin)의 구조식

4) 대사의 2차산물 그룹

식물의 질소 대사 과정에서 2차산물(二次産物, secondary products)로 생산되는 것 중에 알칼로이드(alkaloid)가 있는데, 이것은 질소를 함유하고 있는 환상화합물(cyclic compounds)이다. 현재까지 4,000여 종의 식물에서 약 3,000여 가지가 알려져 있으며, 공통적으로 쓴맛을 가지고 있다. 알칼로이드는 식물성 의약품 중에서 가장 중요한 위치를 차지하고 있다. 주로 쌍자엽 초본식물에서 발견되지만 목본식물에서도 합성되며, 나자식물에서는 거의 발견되지 않는다.

알칼로이드 중에서 초본식물에서 생산되는 모르핀(morphine), 니코틴(nicotine), 아트로핀(atropine), 에페드린(ephedrine), 퀴닌(quinine) 등은 의약품이나 기호식품으로 쓰이며, 목본식물에서 생산되는 것에는 차나무의 카페인(caffeine; 커피의 주성분)이 있다. 니코틴은 담배에 함유되어 있고, 콜히친(colchicine)은 예전에 염색체를 배가시키는 실험에서 쓰였다. 푸트레신(putrescine), 스페르미딘(spermidine), 스페르민(spermine)은 폴리아민(polyamine) 계통으로 최근에는 식물호르몬으로 분류되고 있다.

알칼로이드는 잎, 수피 또는 뿌리에 주로 축적되는데, 생리적인 기능은 별로 알려져 있지 않으며, 질소 대사의 부산물로 축적되어 남아 있거나 중간산물로 존재한다고 보인다. 일부 식물에서는 초식동물이나 곤충(식엽충)

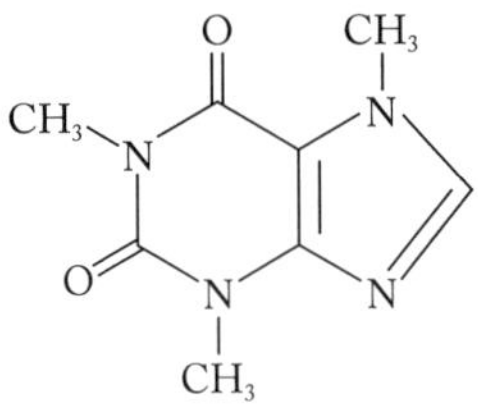

caffeine(커피)

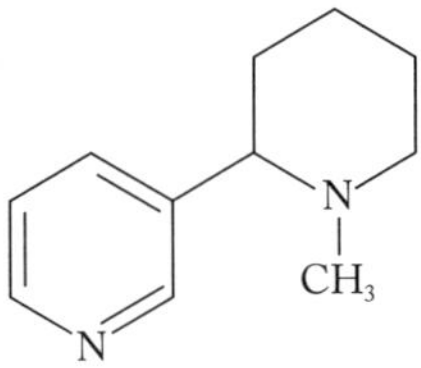

nicotine(담배)

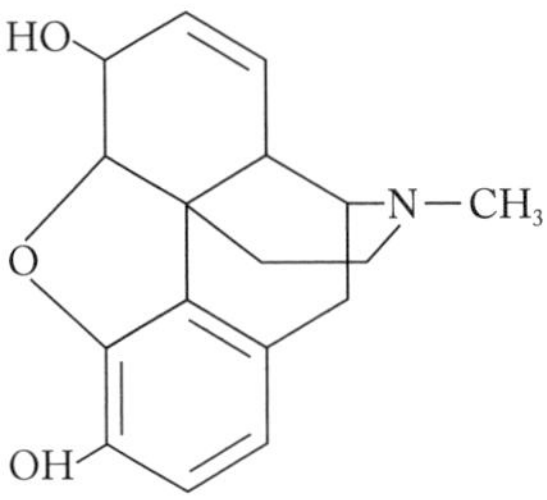

morphine(양귀비)

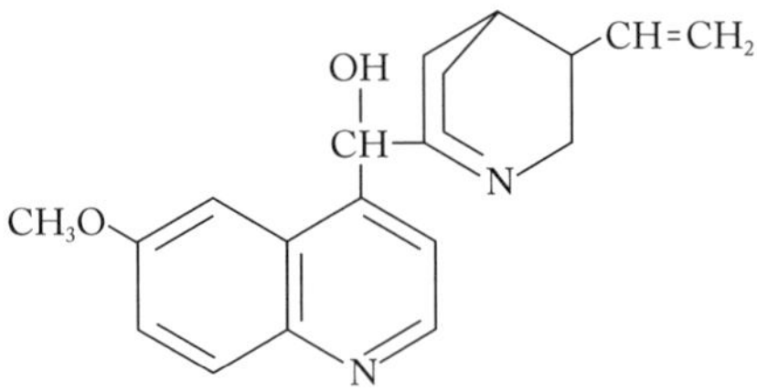

quinine(말라리아 약)

〈그림 7-4〉 식물이 생산하는 알칼로이드(alkaloid) 예

의 피해로부터 보호하는 역할도 한다.

2. 수목의 질소 대사

종속영양자에 속하는 동물은 에너지의 근원이 되는 탄수화물을 음식(飮食, diet)을 통하여 외부로부터 섭취하는데, 이때 단백질도 함께 섭취해야 한다. 그 이유는 동물은 단백질을 합성하는 데 필요한 20여 가지의 필수아미노산 중에서 몇 가지(인간의 경우 아홉 가지)를 자체적으로 합성할 수 없어 음식을 통해 섭취해야 하기 때문이다. 섭취한 단백질은 아미노산 단위로 장내에서 분해되어 자신이 필요로 하는 단백질을 합성하는 데 다시 쓰인다.

독립영양자인 녹색식물은 광합성으로 탄수화물을 합성해서 에너지원

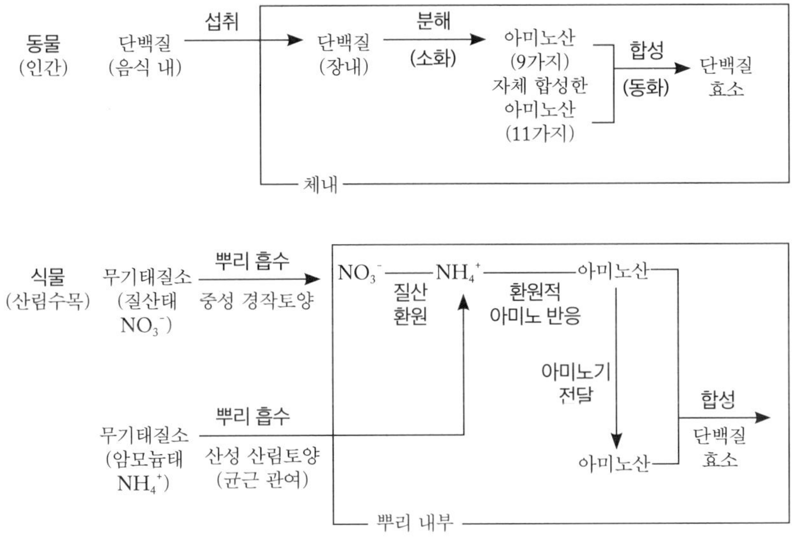

〈그림 7-5〉 동물과 식물의 질소 대사 비교

으로 사용할 뿐만 아니라, 필요한 필수아미노산을 모두 자체적으로 합성할 수 있는 능력이 있기 때문에 독립적으로 살아갈 수 있다. 그러나 식물이 아미노산을 합성하기 위해서는 토양으로부터 무기질소를 흡수해야 한다. 식물이 무기질소를 이용하여 단백질을 합성하는 질소 대사(窒素代謝, nitrogen metabolism)를 동물과 비교하여 요약하면 〈그림 7-5〉와 같다.

1) 뿌리에서 흡수되는 형태

작물과 대부분의 식물은 토양으로부터 질산태(窒酸態, nitrate, NO_3^-) 형태로 질소를 흡수한다. 경작토양에서는 암모늄태(NH_4^+) 질소비료(예: 요소, urea)를 시비하더라도 질산화 박테리아(nitrifying bacteria)에 의해 곧 NO_3^- 형태로 바뀌어 토양 용액에 녹아 있기 때문이다. 그러나 식생천이가 극상(climax)에 도달한 침엽수림이나 초원지대는 상황이 다르다. 이 지역의 토양은 토양 산성화가 심하고 분해가 잘 안 되는 타닌이나 페놀 화합물이 축적되면서 타감작용(他感作用, allelopathy)을 일으켜 질산화 박테리아의 활동이 억제되어 토양 중에 암모늄태(NH_4^+) 질소가 축적된다. 따라서 토양의 산성화가 심한 산림토양의 경우에는 수목이 균근(菌根, mycorrhizae)의 도움을 받아 NH_4^+ 형태의 질소를 직접 흡수하게 된다.

2) 질산환원

(1) 질산환원 장소

토양에서 뿌리로 흡수된 NO_3^- 형태의 질소는 아미노산 합성에 이용되기 전에 먼저 화학적으로 환원되어 NH_4^+ 형태로 바뀌어야 하는데, 질산태(nitrate, NO_3^-) 질소가 암모늄태(ammonium, NH_4^+) 질소로 환원되는 과정을 질산환원(室酸還元, nitrate reduction)이라고 한다. 질산환원은 체내에서 쉽게 이루어지지만, 탄수화물 공급이 느려지면 질산환원도 둔화된다. 이런 현상은 질산환원 속도는 광합성 속도와 보조를 맞춘다는 뜻이며, 질산환원으로 생산된 암모늄태 질소가 아미노산 합성에서 사용되기 위해서는 탄수화물과 결합해야 하므로, 광합성으로 탄수화물이 먼저 충분히 공급되어야 질산환원이 진행된다. 흡수된 NO_3^-는 뿌리에서 곧 NH_4^+로 환원되거나 NO_3^- 형태로 잎으로 이동된 후 잎에서 NH_4^+로 바뀌는데, 식물에 따라 혹은 환경에 따라 질산환원이 일어나는 장소가 다르다.

루핀(lupine)형(*Lupinus*)은 뿌리에서, 그리고 도꼬마리형(*Xanthium*)은 잎에서 질산환원 작용이 일어난다. 작물 중에서 무는 후자에 속하고, 보리와 해바라기는 뿌리와 잎에서 함께 진행된다. 그러나 토양 중에 NO_3^-가 적을 때에는 주로 뿌리에서, 그리고 시비(施肥)로 NO_3^-가 많을 때에는 주로 잎에서 진행되며, 토양의 질산환원 능력과 양지와 음지의 서식지 환경에 따라서도 변화가 있기 때문에 작물을 2개 형으로 나누는 것은 그 의미가 적어진다(Hopkins와 Huner, 2009).

목본식물 중에서 나자식물, 진달래류, 프로테아과(Proteaceae)는 전자에 속하며, 나머지 수목은 후자에 속한다. 특히 산성 토양에서 견디는 소나무류와 진달래류는 NO_3^-가 적은 토양에서 자라면서 질산환원 대사가 뿌리에서 일어난다. 전자에 속하는 수종의 줄기 수액을 조사해 보면 NO_3^-는 거의 없고, 대신 아미노산과 질소가 농축되어 있는 우레이드(ureide)가 검출되며, 소나무의 경우에는 수액 내 유기태질소의 73~88%가 시트룰린(citrulline)과 글루타민(glutamine)으로 되어 있어 전자에 속한다는 것을 알 수 있다.

(2) 질산환원 과정

질산환원 과정은 다음과 같이 두 단계로 이루어지며, 두 가지 효소가 관여한다(〈그림 7-6〉 참조). 첫 단계는 질산태(NO_3^-)가 질산 환원효소(nitrate reductase)에 의해 아질산태(NO_2^-)로 되는 과정인데, 이 반응은 세포질(cytosol) 내에서 일어나며, 관련되는 세포소기관(organelle)은 없다. 질산환원효소는 보결분자단(補缺分子團, prosthetic group; 효소에 공유결합으로 단단히 부착되어 있는 화합물)으로 몰리브덴(Mo)을 가지고 있으며, NADH로부터 〈그림 7-7〉과 같이 전자를 받아들여 NO_3^-를 NO_2^-로 환원시킨다. 이 효소는 햇빛에 의해 활력도가 높아지기 때문에 낮에는 효소의 활력이 높고 밤에는 줄어드는 일변화를 보인다.

두 번째 단계는 아질산태(NO_2^-)가 아질산 환원효소(nirite reductase)에 의해 암모늄태(NH_4^+)로 되는 과정인데, 이 반응은 루핀(lupine)형이나 목본식물은 잎으로부터 탄수화물의 공급이 있어야 뿌리세포의 색소체(色素體, plastid)에서 일어난다. 도꼬마리형은 엽록체 안에서 일어나며, 광합성으로 환원된 페레독신(ferredoxin)으로부터 전자와 수소이온을 전달받아 질소환

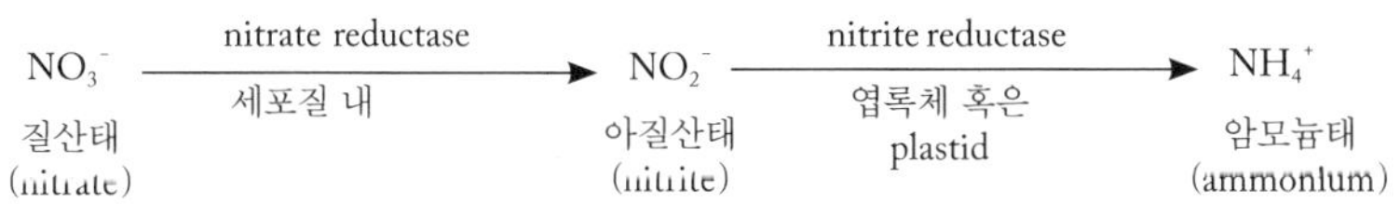

〈그림 7-6〉 질산태(NO_3^-) 질소가 암모늄태(NH_4^+) 질소로 바뀌는 질산환원 과정과 관련 효소

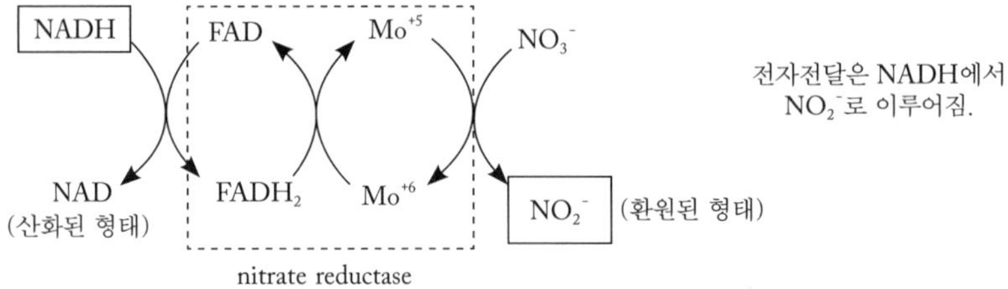

〈그림 7-7〉 질산태(NO_3^-) 질소를 아질산태(NO_2^-) 질소로 변환하는 질산환원효소 (nitrate reductase)에서 NAD, FAD, Mo의 역할과 전자전달 체계

원과 광합성이 서로 연관되어 있다는 것을 알 수 있다.

3) 암모늄의 유기물화

암모늄(NH_4^+)이 질산환원으로 생겨나든지, 토양으로부터 직접 흡수되든지, 혹은 생물학적 질소고정 작용에 의하여 생겨나든지 간에, 암모늄은 식물체 내에 축적되지 않는다. 실제로 NH_4^+는 식물의 ATP 생산을 방해하기 때문에 유독한 물질이다.

(1) 환원적 아미노 반응

생산된 암모늄은 ① 즉시 글루탐산(glutamic acid; 아미노산의 일종)과 결합하여 글루타민(glutamine)을 만들고, ② 이어서 글루타민은 α-케토글루타르산(α-ketoglutaric acid)과 결합하여 두 분자의 글루탐산을 만들어 다시 순환을 계속한다. 결과적으로 ①과 ②를 합치면 α-케토글루타르산에 NH_4^+가 부착되어 글루탐산이 생산되는 셈이며, 이러한 일련의 과정을 환원적 아미노 반응(reductive amination)이라고 한다. 〈그림 7-8〉은 암모늄의 환원적 아미노 반응을 보여준다.

(2) 아미노기 전달반응

환원적 아미노 반응에서 생긴 글루탐산은 호흡작용에서 만들어진 옥살로

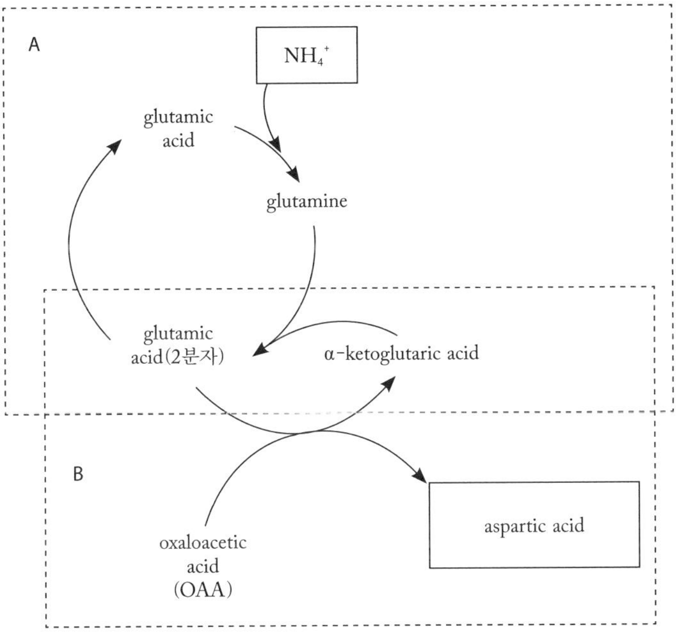

〈그림 7-8〉 암모늄(NH_4^+)의 환원적 아미노 반응(A)과 아미노기 전달 과정(B)

결과적으로 뿌리에서 흡수한 질소로부터 유래한 암모늄이 아스파르트산(aspartic acid) 합성에 사용된다.

아세트산(oxaloacetic acid, OAA)과 만나서 아미노기($-NH_2$)를 넘겨주고 자신은 α-케토글루타르산이 되며, OAA는 아스파르트산(aspartic acid; 아미노산의 일종)이 된다. 이와 같이 아미노기를 넘겨주는 반응을 아미노기 전달반응(transamination)이라고 하는데, 이 반응은 아미노산(α-amino 화합물)이 α탄소(-COOH에 인접한 탄소)에 케톤기(-CO)를 가지고 있는 α-케토산(α-keto acid)에 아미노기를 전달해 주는 것으로, 동물과 식물에서 여러 가지 아미노산을 합성하는 중요한 반응이다(〈그림 7-8〉 참조). 예를 들면, 아스파르트산이 피루브산(pyruvic acid)에 아미노기를 넘겨주면 알라닌(alanine)이 생산된다.

(3) 광호흡 질소순환

앞서 4장 6절에서 광호흡에 대해 설명했는데, 광합성 과정에서 RuBP 카르복실라아제(carboxylase: Rubisco) 효소가 O_2와 결합한 후 몇 단계를 거쳐서 CO_2를 발생시키며, 이때 NH_4^+도 동시에 발생한다(실제로는 미토콘드리아에서 글리신(glycine)이 분해되어 CO_2와 NH_4^+로 됨). 발생한 NH_4^+는 엽록체로 이동하여 즉시 글루타메이트(glutamate)가 NH_4^+를 포착하여 글루타민(glutamine)으로 만든다. 이와 같이 엽록체, 페르옥시솜(peroxisome), 미토콘드리아 3자 간에 광호흡 과정에서 생기는 NH_4^+를 방출하고 다시 고정하는 과정을 광호흡 질소순환(光呼吸窒素循環, photorespiratory nitrogen cycle)이라고 한다(〈그림 4-16〉 참조). 이 작용은 세포 내에 광호흡으로 발생하는 NH_4^+가 축적되어 독성이 나타나는 것을 방지할 수 있고, 아미노산 합성에 기여한다.

3. 질소의 체내 분포

수목 체내의 질소(窒素, nitrogen) 함량은 조직의 종류, 조직의 성숙 정도와 나이, 계절에 따라 큰 차이가 있다. 식물의 경우 질소는 동물과 같이 몸의 구성성분(예: 단백질)이 아니고 대사작용에 직접 관여하기 때문에 주로 활발하게 생장하고 있는 부위에 집중적으로 모여 있다. 즉 광합성 조직인 잎, 분열조직인 눈과 뿌리 끝, 그리고 형성층과 같이 왕성하게 세포분열을 하는 살아 있는 조직에서 질소 함량이 높고, 지지 역할을 하는 2차목부(wood)에 해당하는 수간의 중앙 부위에는 질소 함량이 극히 적다. 따라서 수목은 제한된 질소를 효율적으로 활용하기 위하여 오래된 조직에서 새로운 조직으로 재분배한다는 것을 알 수 있다.

〈표 6-2〉에 18년생 사과나무 여러 부위의 질소 함량을 연령별로 나타냈는데, 잎, 어린 가지와 어린뿌리에 질소의 농도가 높은 것을 알 수 있다.

10월 중 총질소량의 75%가 지상부에 있고, 20%는 잎 속에 존재한다. 귤의 경우에는 전체 질소의 50%가 잎에 함유되어 있기도 한다. 침엽수의 경우에도 잎에 많은 질소가 함유되어 있는데, 가문비나무의 경우 잎의 질소 함량(농도)이 1.99%가량 되어 침엽수로는 높은 편이다. 16년생 테다소나무의 경우 전체 질소 함량의 25.2%가 잎에서 발견되며, 80%가 지상부에 존재한다(〈표 7-1〉 참조).

수목의 체내 질소 함량은 부위의 나이에 따라서 점진적으로 변한다. 테다소나무의 경우 1년생 잎의 질소 함량은 나무가 나이가 들더라도 매년 신선한 잎을 만들기 때문에 변화가 없지만, 오래된 가지, 수피, 목부의 질소

〈표 7-1〉 16년생 테다소나무 조림지의 체내 질소 분포(Wells 등, 1975)

위치	수목 부위	질소(kg/ha)	전체에 대한 비율(%)
지상부	1년생 잎	55	17.1
	잎 전체	82	25.2
	살아 있는 가지	34	10.6
	죽은 가지	26	8.0
	수간(목부)	79	24.6
	수간(수피)	36	11.2
	지상부 합계	257	80.0
지하부	근계	64	19.9
총계		321	

〈표 7-2〉 테다소나무의 나이 증가에 따른 부위별 질소 함량 변화(Switzer 등, 1968)

(단위: 건중량에 대한 %)

수목의 나이(년)	1년생 잎	묵은 가지	수간 수피	수간 목부조직
4	1.00	0.41	0.42	0.16
8	0.95	0.24	0.24	0.06
18	1.08	0.23	0.23	0.06
30	1.22	0.22	0.19	0.04
56	1.16	0.21	0.17	0.03

함량은 나이가 들수록 감소한다. 이런 현상은 가지, 수피, 목부 조직은 나이가 들면서 일부 유세포가 조금씩 죽거나 이미 죽은 조직(가도관 혹은 코르크층)의 비율이 증가하기 때문에 상대적으로 질소 함량이 감소한다고 해석된다(〈표 7-2〉 참조).

수목의 잎은 질소 함량이 많기 때문에(건중량의 1.0~2.5%) 가축의 녹사료(綠飼料, forage)로 쓰이거나 단백질이 부족한 인간의 양식으로도 쓰일 수 있다. 예를 들어 포플러 잎에 함유되어 있는 질소, 탄수화물, 색소 함량은 목초인 자주개자리(alfalfa)의 함량과 거의 비슷하여 가축의 녹사료뿐만 아니라 인간의 양식으로도 쓰일 수 있다고 한다.

수간(trunk)의 질소 함량은 비교적 낮은 편이며, 특히 심재는 질소 함량이 매우 낮다. 루브라참나무(*Quercus rubra*)의 경우 심재의 질소 함량은 0.01% 정도로 적어 잎의 약 1/200에 해당하고, 변재는 0.1~0.35% 정도로 형성층에 가까울수록 질소 함량이 증가한다. 반면에 어린 수피에는 비교적 많은 질소가 함유되어 있으며, 특히 내수피(inner bark)는 살아 있는 사부조직(phloem)으로 구성되어 있어 잎과 비슷한 2.0%가량의 질소 함량을 보인다. 어린 수피는 겨울철에 야생동물의 먹이로 이용되기도 한다.

4. 질소의 계절적 변화

목본식물의 경우 조직 내 질소 함량은 가을과 겨울에 가장 높고, 저장된 질소를 이용하여 봄철에 줄기생장이 개시되면 감소하다가, 생장이 정지되면 다시 증가한다. 이러한 계절적 변화는 낙엽수나 상록수 모두에서 관찰되는 현상이다.

봄에 일찍 새로운 줄기가 자라 올라올 때에는 주로 겨울철에 목부와 사부(내수피)에 저장되어 있던 질소가 이동하여 새로운 잎과 가지를 형성하게 되며, 봄철에 토양에서 흡수하는 질소의 양은 상대적으로 적다. 연중 질소 함량이 제일 적은 시기는 봄철 줄기생장이 가장 왕성하게 이루어지는 기간이며, 그 후 생장량이 감소하거나 정지하면 다시 증가하기 시작한다. 연중 한 번 이상 줄기가 자라 올라오는 수종(자유생장의 경우)은 새로운 줄기가 자랄 때마다 질소 함량이 감소한다. 가을이 되면 잎에 있는 질소가 가지로 이동하면서 목부와 수피의 질소 함량은 점차 증가하여 한겨울에 질소 함량이 가장 많게 된다.

목부와 사부의 질소 함량의 변화를 계절적으로 보면, 목부보다는 사부(내수피 부분)의 변화가 더 심하다. 이는 저장된 질소를 공급하는 조직은 주로 사부조직이라는 것을 암시한다. 이때 사부조식은 주로 살아 있는 내수피를 의미하며, 줄기와 뿌리의 사부조직에 모두 질소를 저장한다. 질소의 계절적인 변화는 침엽수도 마찬가지인데, 테다소나무는 비교적 겨울이 온화한 남쪽지방에서 자라지만, 계절적인 질소의 변화는 다른 소나무류나 활엽수와 비교할 때 비슷한 경향을 보이며, 봄에 일찍 줄기생장을 하면서 목부와 수피에 저장되어 있던 질소를 이용하는 것도 비슷하다.

목부와 수피의 질소 저장과 이동에는 여러 가지 아미노산이 연관되어 있는데, 그중에서도 아르기닌(arginine)이 휴면기간 동안 가장 중요한 화합물로 예상되며, 봄에 목부와 사부의 아르기닌 함량은 감소한다. 질소비료를 주면 다른 질소화합물보다도 아르기닌의 함량이 가장 많이 증가하며, 정아(끝눈, terminal bud)에서도 여름철에 아미노산 중에서 아르기닌의 함량이 가장 높다. 사과나무의 경우 가을과 겨울철에 목부수액(xylem sap) 내에도 아르기닌의 함량이 높으나, 여름철에는 아스파라진(asparagine)과 아스파르트산(aspartic acid)이 주요 아미노산이다.

5. 낙엽 전 질소이동

수목의 잎에는 많은 양의 질소가 함유되어 있기 때문에, 낙엽 시 질소를 포함하여 모든 양분을 잃어버린다면 수목으로서는 양분을 비효율적으로 낭비하는 셈이 된다. 따라서 목본식물은 낙엽 전에 상당한 양의 무기양분을 줄기로 회수하는 기작을 가지고 있다. 일반적으로 목본식물의 낙엽 직전의 잎에는 N, P, K 같은 화합물은 줄어들고, 대신 Ca와 같은 화합물은 증가한다(〈표 7-3〉과 〈그림 9-8〉 참조). 수목에 따라 회수되는 질소의 양이 일정치는 않으나, 잎에 포함되어 있는 질소의 50% 내외가 회수된다고 본다. 잎에서 회수된 N, P, K는 줄기로 이동해 저장되기 때문에 줄기의 N, P, K 함량이 가을에 증가한다.

잎에서 회수된 질소는 줄기와 뿌리의 목부와 사부의 방사유조직(ray parenchyma)에 저장되며, 이때 질소 이동은 사부를 통해 이루어진다. 단풍나무, 버드나무, 포플러의 경우 내수피의 유세포에 단백질체(蛋白質體, protein body)가 가을과 겨울에 축적되고 봄에는 없어지는데, 이 단백질체는 수피의 저장단백질에 해당한다. 봄철에 저장단백질이 분해되어 아미노산, 아미드류(amides), 우레이드류(ureides) 등의 형태로 목부를 통해 새로운 잎

〈표 7-3〉 낙엽 전 잎에서 줄기로 이동하여 감소한 무기양분의 양(Oland, 1963; Parkinson, 1984: Ryan과 Bormann, 1982)
(단위: %)

수종	N	P	K	Ca	Mg
사과나무	52	27	36	+18(증가함)	0
미송	61	73			
구주소나무	69	81			
너도밤나무	72	70			
미루나무	74	66			
테다소나무	45	66			
활엽수림	51	61			
참나무림	78	63			

으로 이동한다.

6. 질소고정

대기권의 약 78%가 질소(N_2)로 구성되어 있을 만큼 질소가 흔하지만, 질소($N \equiv N$)는 극히 불활성 가스이기 때문에 동물이나 식물이 이용할 수 없다. 질소가스가 식물이 이용할 수 있는 형태로 바뀌는 과정을 질소고정(窒素固定, nitrogen fixation)이라 하며, 다음 세 가지 방법이 있다. ① 미생물에 의해 암모늄태로 환원되는 생물학적 질소고정(biological nitrogen fixation), ② 번개에 의해 대기권에서 산화되는 광화학적 질소고정(photochemical nitrogen fixation), ③ 비료공장에서 합성되는 산업적 질소고정(industrial nitrogen fixation)이 그것이다(〈표 7-4〉 참조).

생물학적 질소고정은 미생물에 의해 N_2 가스가 NH_4^+ 형태로 환원되는 과정을 의미하는데, 이는 원핵생물(原核生物, prokaryote)만이 가지고 있는 독특한 과정으로, 녹조류(algae)나 고등식물은 이 기능을 가지고 있지 않다.

광화학적 질소고정은 번개가 발생할 때 생기는 전기방전에 의해 질소가 산화되어 NO, NO_2로 된 다음, NO_3^-의 형태로 빗물에 녹아서 지표면에 떨어지는데, 평균적으로 1년에 1ha 면적당 약 4kg의 질소가 전기방전으로 추가된다.

〈표 7-4〉 세 가지 질소고정 방법(Marschner와 Rengel, 2007)

질소고정 방법	과정	생성조건	고정량 (million MT/year)
생물학적 질소고정	$N_2 + 6H^+ = 2NH_3$	nitrogenase 효소	40
광화학적 질소고정	$N_2 + O_2 = NO_2, NO_3^-$	번갯불, ultraviolet light	10
산업적 질소고정	$N_2 + 3H_2 = 2NH_3$	450℃, 1,000기압 (Haber-Bosch 공법)	90
계			140

1) 질소고정 기작

생물학적 질소고정은 불활성인 N_2 가스를 환원시키는 과정으로, 전체적인 반응은 〈그림 7-9〉와 같다.

이러한 반응은 원핵미생물(prokaryote, 예: 박테리아)에서만 발견되는 질소고정효소(nitrogenase)만이 할 수 있다. 이 효소는 Fe과 Mo을 가지고 있는 독특한 단백질이다. 에너지를 공급하는 Mg·ATP는 기주식물로부터 공급되는 탄수화물을 이용하여 호흡작용으로 생산한다. 전자전달은 탄수화물로부터 출발하여 N_2까지 이어지는데, 〈그림 7-10〉과 같이 페레독신(ferredoxin) 단백질에서 출발하여 질소고정효소가 최종적으로 전자를 N_2에

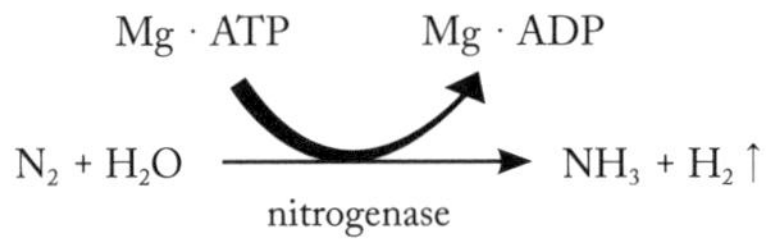

〈그림 7-9〉 생물학적 질소고정 진행 단계

질소가스를 암모니아로 변환하는 질소고정효소(nitrogenase)는 ATP로부터 에너지를 공급받는다.

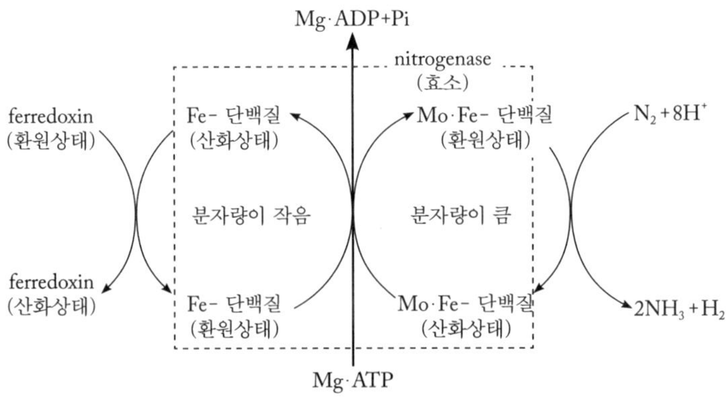

〈그림 7-10〉 질소고정 과정에서의 전자전달체계(Hopkins와 Huner, 2009)

Fe- 단백질과 Mo·Fe- 단백질이 질소고정효소(nitrogenase)에 해당하며, 전자전달 반응은 왼쪽에서 오른쪽으로 진행된다.

전달한다. 질소고정세포가 호흡을 하기 위해서는 산소가 필요하지만, $N_2 \rightarrow NH_3$ 과정은 환원 과정이기 때문에 산소가 있으면 안 된다. 따라서 산소의 적절한 공급과 차단은 질소고정 과정에서 미생물이 해결해야 하는 가장 어려운 문제이며, 콩과식물의 경우 뿌리혹 속에 붉은색을 띤 레그헤모글로빈(leghemoglobin; heme을 함유하고 있는 붉은색 단백질)이 산소의 공급을 알맞게 조절해 준다. 레그헤모글로빈은 동물 혈액의 헤모글로빈(hemoglobin)과 유사한 구조를 가지고 있다.

환원된 NH_3는 NH_4^+의 형태로 세포질에서 다른 화합물과 결합하여 아미노산이나 우레이드류(ureide; 질소를 많이 함유하고 있는 화합물. 예: 콩과식물의 allantoin)로 된다.

2) 관련 미생물

생물학적 질소고정을 할 수 있는 능력은 지구상에서 원핵미생물(原核微生物, prokaryotic microorganism; 진정한 세포핵을 가지고 있지 않은 생물)에만 있는데, 산림에서 질소를 고정하는 미생물은 〈표 7-5〉와 같이 세 그룹(자유생활을 하는 호기성 균과 혐기성 균, 공생을 하는 내생균)으로 나눌 수 있다. 토양 중에

〈표 7-5〉 산림 내 질소고정 미생물의 종류 및 기주와 질소고정량(Kramer와 Kozlowski, 1979; 김준호 등, 1994)

구분	미생물 종류	생활 형태	기주	산림 내 질소고정량 (kg/ha/년)
자유생활	*Azotobacter*	호기성	-	0.2~1.0
	Clostridium	혐기성	-	15~44
공생	Cyanobacteria	내생공생	지의류	3~4
	Cyanobacteria	내생공생	소철	-
	Rhizobium	내생공생	콩과식물	100~200
	Bradyrhizobium	내생공생	콩과식물(콩)	
	Frankia	내생공생	오리나무류	12~300
	Frankia	내생공생	보리수나무류	133~145 $\mu MC_2H_2/g/hr$

자유로이 사는 박테리아(free-living bacteria) 중에서 아조토박터(*Azotobacter*)는 호기성 박테리아로 산림토양이 산성인 경우가 많기 때문에 활동이 왕성하지는 않지만, 지구상에서 호흡작용을 가장 왕성하게 하는 생물이다. 대신 혐기성 박테리아인 클로스트리듐(*Clostridium*)의 활동이 산성인 산림토양에서 더 많은 것으로 알려져 있다.

질소를 고정하는 미생물 중 시아노박테리아(Cyanobacteria)는 이전에는 남조류(blue-green algae)로 알려져 있던 미생물로, 곰팡이와 함께 공생 형태인 지의류(地衣類, 바위옷, lichen)를 형성하면서 바위 표면이나 나무껍질에 부착하여 살아간다. 미국 오리건주의 노숙한 미송림(Douglas-fir)에는 *Lobaria oregana*라는 학명을 가진 지의류가 나무껍질에 많이 부착하여 살고 있는데, 1ha당 건중량이 500kg에 달할 만큼 그 양이 많다. 그 밖에 소철류(*Cycas*)와 공생하면서 질소를 고정하는 것도 시아노박테리아인데, 지의류와 소철류의 시아노박테리아는 기주세포 안에서 공생하는 내생공생(內生共生, endosymbiosis)의 예이다.

목본식물과 직접 공생하는 미생물 중에서 리조비움(*Rhizobium*)은 콩과식물(Leguminosae)과 공생하며, 프랑키아(*Frankia*)는 균사를 내면서 자라는 방선균(放線菌, actinomycetes)으로 곰팡이와 박테리아의 특징을 함께 가지고 있으며, 오리나무류와 보리수나무와 공생하면서 질소를 고정한다. 리조비움과 프랑키아는 기주식물 세포 안으로 들어가서 공생하기 때문에 내생공생이라고 하며, 고유 모양이 변형되어 박테로이드(bacteroid) 형태로 존재한다.

3) 산림 내 질소고정 식물

산림 내에서 질소를 고정하는 식물은 콩과식물과 비콩과식물로 나뉘는데, 콩과식물(legume)은 지구상에 500속 15,000종 정도 존재하며, 그중에서 목본 콩과식물은 주로 열대지방과 아열대지방에 분포한다. 한국의 경우 목본 콩과식물은 16속 41종이 분포하고 있는데, 그중에서 가장 흔하게 발견되는

싸리류(*Lespedeza*속), 칡(*Pueraria*속), 아까시나무(*Robinia*속)의 질소고정이 산림에서 가장 중요하다.

비콩과식물(non-legume) 중에서 프랑키아(*Frankia*)에 의해 질소를 고정하는 식물은 세계적으로 8과 24속에 속하는 약 140종 이상이 있는데, 대부분 목본식물이다. 그중에서 척박한 열대지방에서 자라는 카수아리나(*Casuarina*)는 산림토양의 개량에 큰 몫을 하는 목본식물이며, 온대지방에서는 오리나무류(*Alnus*)와 보리수나무류(*Elaeagnus*)가 중요하며 질소고정량이 많다. 오리나무는 훼손된 숲에 초기에 나타나서 토양을 개량한다.

그 밖에 갈매나무과, 소귀나무(*Myrica*), 담자리꽃나무(*Dryas*)가 질소를 고정한다고 알려져 있으나, 국내에서는 아직 확인되지 않은 듯하다. 장미과(Rosaceae)의 딸기속(*Rubus*)에는 소관목이 있는데, 그중에서 세계적으로 *Rubus ellipticus*에서만 혹이 발견되고 나머지 종에서는 아직 발견되지 않았다. 미국의 척박한 땅에서 자라면서 균근을 형성하는 콘토르타소나무(*Pinus contorta*) 뿌리가 예외적으로 질소를 고정하는 것으로 알려져 있으며, 이를 뿌리혹균근(tuberculate mycorrhiza)이라고 부른다.

4) 산림 내 질소고정량

산림에서 고정되는 (생물학적) 질소고정량은 수목의 구성과 토양에 따라 큰 차이가 있으나, 일반적으로 경작토양보다 적은 것으로 알려져 있다. 〈표 7-5〉에서 볼 수 있듯이, 자유생활을 하는 박테리아 중 아조토박터(*Azotobacter*)는 산림토양에서 고정량이 적지만, 클로스트리듐(*Clostridium*)은 많다. 지의류에 의한 고정량은 미국 오리건주의 경우 노숙한 미송림에서 연간 3~4kgN 정도 된다. 오리나무림의 경우에는 북미주에서 연간 평균 40~84kgN이 관찰되며, 루브라오리나무(*Alnus rubra*)의 경우에는 오리건주에서 1ha당 연간 325kgN까지 관찰된 예가 있다. 일반적으로 오리나무류는 시생천이의 초기에 침입하여 토양의 질소 함량을 증가시키는 데 크게 기여한다.

산림토양에서 자유생활 박테리아에 의한 질소고정량이 적은 경우는 주로 조부식(粗腐植, mor humus)으로 된 토양에서 관찰되는데, 산림토양의 pH가 3.8~4.5로 박테리아가 싫어하는 산성토양이거나 질소고정에 불리한 호기성 토양이거나, C/N율이 25 : 1로 높기 때문이다. 핀란드에서 침엽수 한 대림의 낙엽층에서 이루어지는 질소고정량도 1ha당 연간 0.5~1.0kgN으로서 낮은 수치를 나타낸다.

반면에 클로스트리듐은 혐기성 박테리아로 아조토박터보다 산성토양에서 잘 견디며, 산림토양에서 비교적 많은 양의 질소를 고정한다고 추정된다. 예를 들면 설탕단풍(*Acer saccharum*) 숲에서 관찰된 연간 1ha당 4.4kg의 질소고정량은 정부식(精腐植, mull humus) 때문에 클로스트리듐의 활동이 왕성했던 것으로 해석되며, 미송림의 경우 연간 15~18kgN과 포플러림의 경우 연간 33kgN의 질소고정량도 같은 이유로 해석된다. 미국 동북부 지방의 55년생 활엽수림의 질소고정량은 1ha당 연간 14kg으로 알려져 있다.

7. 산림 내 질소순환

1) 유기질 질소의 분해

산림 생태계 내의 질소는 공기 중의 질소 기체에서 기원하는데, 〈그림 7-12〉와 같이 공기 중의 질소 기체가 물리적 혹은 생물학적 과정을 거쳐 형태가 변화하면서 대기, 식물, 토양을 거쳐 순환하는 과정을 질소순환(窒素循環, nitrogen cycle)이라고 한다. 이 중에서 토양 속에서 일어나는 질소의 변화를 요약하면 〈그림 7-11〉과 같다.

낙엽이나 죽은 가지 혹은 동물의 배설물이나 시체 속에 함유되어 있는 단백질과 아미노산 등 유기질 질소(organic nitrogen)는 토양에 서식하는 사물기생성(saprophytic) 박테리아나 곰팡이에 의해 분해되어 암모늄(NH_4^+)으로 되는데, 이 과정을 암모늄화 작용(ammonification)이라고 한다. 이렇게 해

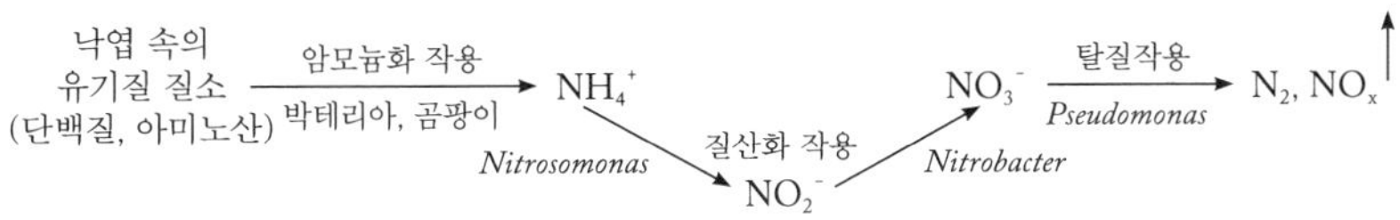

〈그림 7-11〉 토양 내 단백질이 분해되어 질소가스로 대기권으로 돌아가는 과정

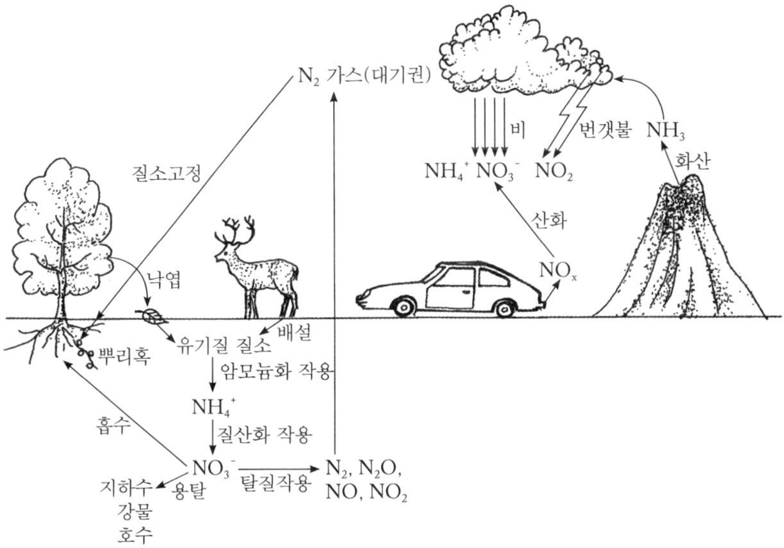

〈그림 7-12〉 산림 생태계 내의 질소순환

서 생긴 NH_4^+는 NO_3^-(질산태이온)로 산화되는데, 이 과정을 질산화 작용(窒酸化作用, nitrification)이라고 한다. 질산화 작용은 다음 두 단계로 이루어진다. 첫 단계는 NH_4^+가 아질산이온(NO_2^-)으로 되는 데 니트로소모나스(*Nitrosomonas*) 박테리아가 관여하며, 두 번째 단계는 NO_2^-가 NO_3^-로 되는 데 니트로박터(*Nitrobacter*) 박테리아가 담당한다(〈그림 7-11〉 참조). 질산화 작용을 담당하는 박테리아는 경작토양과 같은 중성토양에서는 활동이 왕성하다. 요소(urea, NH_2CONH_2) 비료를 시비하면 박테리아에 의한 질산화 작용이 쉽게 진행되어 작물이 NO_3^- 형태로 질소를 흡수한다. 식물뿌리가

흡수하지 못한 NO_3^-는 물에 쉽게 녹아서 유실된다.

산림토양의 경우에는 질산화 작용이 거의 일어나지 않기 때문에 질소가 NH_4^+ 형태로 존재하며, 수목뿌리는 NH_4^+ 형태로 질소를 흡수하게 된다. 질산화 작용이 억제되는 이유는, 첫째로 낙엽의 계속적인 분해로 발생하는 부식산(腐植酸, humic acid)이 산림토양을 산성화시키는 경향이 있어 산림토양의 pH는 보통 5.0~5.5(국내의 경우)로 유지되어 박테리아의 활동을 억제하며, 둘째로 식생천이가 진전되어 극상에 가까울수록 타닌, 페놀화합물과 같은 타감물질(他感物質, allelopathic chemicals; 한 생물이 생산한 물질이 다른 생물의 생장에 영향을 주는 화합물)이 축적되어 질산화 박테리아의 활동을 억제하기 때문이다.

특히 침엽수림의 경우에는 토양 pH가 더 낮고 위도가 높을수록, 그리고 해발고가 높은 산림일수록 질산화 작용이 억제되는 경향이 있다. 그러나 산림토양에서 질산화 작용이 억제된다 하더라도 수목의 뿌리는 균근(菌根, mycorrhiza)의 도움으로 암모늄태(NH_4^+) 질소를 직접 흡수할 수 있으며, NH_4^+는 토양의 양이온 치환능력에 의해 음전기를 띤 토양 입자에 부착되어 보존되기 때문에 경작지의 NO_3^-와 반대로 잘 유실되지 않는 장점이 있다.

질산태(NO_3^-) 질소는 토양이 혐기성으로 산소공급이 안 될 때 환원되어 N_2 가스 혹은 NOx 화합물(NO, NO_2, N_2O)로 되어 대기권으로 다시 돌아가는데, 이러한 과정을 탈질작용(脫窒作用, denitrification)이라고 한다. 오랫동안 침수된(waterlogged) 토양이나 산소공급이 안 되는 답압토양(compacted soil)에서 슈도모나스(*Pseudomonas*) 박테리아에 의해 발생한다.

2) 산림의 질소요구량

농작물은 생장이 빠른 만큼 많은 양의 질소를 요구한다. 예를 들어 콩은 연간 ha당 300kg의 질소를 요구하며, 옥수수와 자주개자리(alfalfa)도 175~200kg을 흡수한다. 산림수목은 생장이 농작물보다 느린 만큼 적은 양의 질소를 요구하며, 실제로 산림토양에 매년 시비하는 것은 경제적으로

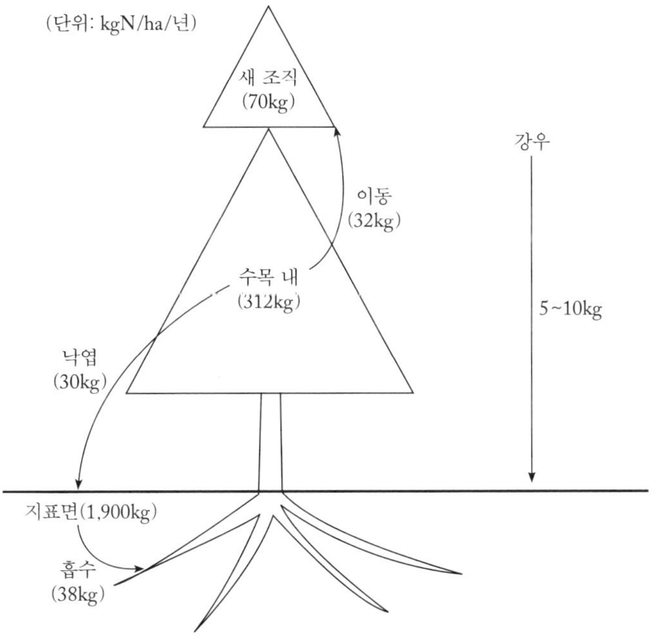

〈그림 7-13〉 20년생 테다소나무림의 질소순환(Switzer 등, 1968)

쉽지 않다. 산림에서 연간 필요로 하는 질소요구량(nitrogen requirement)은 산림의 종류와 생장속도에 따라 다르지만, 유럽활엽수림의 경우 연간 1ha당 30~60kg의 질소를 필요로 한다. 미국 동북부 지방 55년생 활엽수림의 경우 연간 120kg의 질소를 생장에 소모하지만, 80kg은 토양에서 흡수하고, 나머지 40kg은 수목 내에서 저장된 질소를 재분배하여 성숙조직에서부터 조달한다. 20년생 테다소나무의 경우 연간 70kg의 질소를 생장에 소모하지만, 그중에서 38kg은 토양에서 흡수하고, 32kg은 수목 자체의 질소를 재분배하여 이동시킨다(Switzer 등, 1968; 〈그림 7-13〉 참조).

3) 아까시나무의 질소고정과 황화현상

아까시나무는 19세기 말 미국에서 처음 도입되어 1970년대까지 한반도에 대량으로 식재된 대표적인 외래수종이다. 왕성한 생장력, 맹아력, 질소고정 능력으로 척박한 땅에서도 잘 자라서 사방(砂防)공사와 연료림 조성에 활용했다. 또한 우수한 목재를 생산하고, 고급 꿀을 대량으로 공급하며, 황폐한 토양을 비옥하게 만든다. 1960년대와 1970년대에 전국적으로 아까시나무를 식재하여 황폐한 산림을 단기간에 녹화하는 데 크게 기여했다고 평가되고 있다.

경기도의 건강하던 아까시나무 숲에서 2000년 6월 말 잎의 황화(黃化) 현상이 최초로 관찰되었다. 2005년에는 전국으로 퍼져 심한 황화현상과 조기낙엽을 보였는데, 수관의 상부 가지가 말라 죽으면서 큰 나무가 쓰러지기도 했다. 당시 산림쇠퇴 현상이라는 견해도 있었으나, 성숙잎이 노랗게 변하는 현상은 전형적인 질소결핍증이었다.

질소결핍을 유도한 것은 아까시잎혹파리(*Obolodiplosis robiniae*)로 판단된다. 이 해충은 2000년 한반도에 처음으로 나타나 경기도를 시작으로 전국으로 퍼졌는데, 잎의 황화현상이 전국으로 퍼진 시기 및 장소와 일치했다. 이 해충은 1년에 5회 발생하며 암컷이 한 번에 70~120개의 알을 낳기 때문에 급속히 퍼진다. 성충은 어린잎에 산란하고, 애벌레는 반드시 어린잎에서만 서식한다. 이로 인해 어린잎이 광합성을 하지 못해 생장이 위축되고 흰가루병이 함께 오면서 새 가지가 지속적으로 죽어버린다.

아까시나무는 새 가지가 자유생장을 하면서 연중 새잎을 만들어내는 속성수(速成樹)다. 새잎이 나오면 곧 광합성을 하여 탄수화물을 합성한다. 만들어진 탄수화물의 일부는 뿌리로 내려가 뿌리혹에서 살고 있는 근류균(根瘤菌, 뿌리혹박테리아)이 질소를 고정하도록 도와준다. 새순이 지속적으로 죽어 광합성을 제대로 하지 못하면 탄수화물이 뿌리로 내려가지 못해 근류균은 죽게 된다. 질소고정을 하지 못하면 나무는 질소가 절대적으로 부족하게 되며, 결국 성숙잎에서 질소가 빠져나가 성숙잎이 황화현상을 일으킨 것으로 해석된다.

최근 이 해충의 수가 천적의 출현으로 줄어들면서 황화현상도 사라졌다. 이런 일련의 과정으로 아까시나무 잎의 황화현상이 산림쇠퇴가 아니라 잎혹파리 피해로 인해 야기되었다고 판단할 수 있다.

8

지질 대사

수목의 세포를 구성하는 화합물 중 가장 함량이 높은 것은 탄수화물이며, 주요 대사에서 핵심 역할을 하는 것은 질소를 함유한 단백질이다. 지질(lipid)은 탄수화물이나 단백질과는 달리 친수성이 적어 물에 잘 녹지 않는 특성이 있으며, 세포벽의 구성성분(예: 리그닌) 중 하나로 세포벽을 튼튼하게 만들고, 또한 세포막의 주요 구성성분(예: 인지질)으로 비극성을 띠면서 물질 흡수와 세포 간 물질운반 과정에서 중요한 역할을 한다. 특히 수목은 지질의 한 성분인 페놀(phenol) 화합물을 초본식물보다 월등히 많이 가지고 있어, 지질은 수목생리를 이해하는 데 중요하다.

1. 지질의 종류와 기능

지질(脂質, lipid)은 체내에서 극성(極性, polarity)을 갖지 않은 물질로, 극성을 가진 물(H-O-H, 산소와 수소 간 전자 공유 시 산소가 전자를 더 가까이 잡아당겨 산소가 -전하, 수소가 +전하를 띰)에 잘 녹지 않고, 대신 유기용매인 클로로포름(chloroform), 아세톤(acetone), 벤젠(benzene), 에테르(ether)에 잘 녹는다. 지질의 주성분은 탄소(C)와 수소(H)이며, 극성을 유발하는 산소(O) 분자를 매우 적게 가지고 있거나 또는 전혀 가지고 있지 않다.

목본식물 내에 존재하는 지질은 〈표 8-1〉과 같이 세 종류로 나눌 수 있

〈표 8-1〉 목본식물 내 지질의 종류

종류	예
지방산 및 지방산 유도체	팔미트산(palmitic acid), 단순지질(지방, 기름), 복합지질(인지질, 당지질), 납(wax), 큐틴(cutin), 수베린(suberin)
이소프레노이드(isoprenoid) 화합물	정유, 테르펜(terpene), 카로티노이드(carotenoid), 고무, 수지(resin), 스테롤(sterol)
페놀(phenol) 화합물	리그닌(lignin), 타닌(tannin), 플라보노이드(flavonoid)

다. 또한 수목 내에서의 지질의 기능은 다음과 같이 여섯 가지로 요약할 수 있다.

① 세포의 구성성분: 원형질막(plasma membrane)은 막지질(membrane lipids)을 함유하고 있는데, 인지질, 당지질, 스테롤(sterol)로 구성되어 있다. 막지질은 모든 생물체가 가지고 있는 반투과성 막의 특성을 유지하는 데 매우 중요하며, 원형질막 건중량의 20~40%를 차지한다. 막지질은 수용성 용질(예: 설탕, 칼륨이온)이 원형질막을 자유로이 통과하는 것을 억제하는 기능을 가지고 있다. 페놀 화합물인 리그닌(lignin)은 목본식물의 경우 세포벽의 주요한 구성성분(〈표 6-3〉 참조)이다.

② 저장물질: 지질은 종자나 과일의 중요한 저장물질이며, 농축된 에너지에 해당한다.

③ 보호층 형성: 납(wax), 큐틴(cutin), 수베린(suberin)은 잎, 줄기 또는 종자의 표면을 보호하는 각피(cuticle)층과 같은 피복층을 만든다.

④ 화분매개충 유인: 휘발성 지방산 유도체는 화분매개충을 유인한다.

⑤ 저항성 증진: 수지(resin)는 병원균이나 곤충에 대한 저항성을 높여주고, 페놀(phenol), 타닌(tannin), 리그닌은 곤충이 잘 소화시키지 못하는 화합물이며, 인지질은 수목의 내한성을 증가시킨다.

⑥ 2차산물의 역할: 고무, 타닌, 알칼로이드(alkaloid) 등은 대사의 2차 산물로서 기능이 아직 잘 알려져 있지 않으나, 자기방어 역할을 하는

생태학적 중요성이 있다.

2. 지방산과 지방산 유도체

1) 지방산과 단순지질

지방과 기름은 화학적으로 매우 유사한 화합물로, 세 분자의 지방산이 글리세롤(glycerol, 수산기를 3개 가진 알코올)과 3중으로 에스테르(ester)화하여 만들어진 단순지실(simple lipid)이나(〈그림 8-1〉 참조). 지방산(脂肪酸, fatty acid)은 카르복실기(-COOH)를 하나 가지고 있고, 탄소수가 12~18개 사이의 산으로 구성되어 있다(〈표 8-2〉 참조).

지방산은 크게 두 가지로 나누는데, 포화지방산(saturated fatty acid)은 이중결합이 없으며, 가장 흔한 것은 팔미트산(palmitic acid)이다. 불포화지방산(unsaturated fatty acid)은 이중결합을 하나 이상 가지고 있다. 목본식물에 존재하는 지방산은 대부분 불포화지방산이며, 올레산(oleic acid)과 리놀레산(linoleic acid)이 가장 흔하다. 지방(脂肪, fat)은 주로 포화지방산으로 구성되

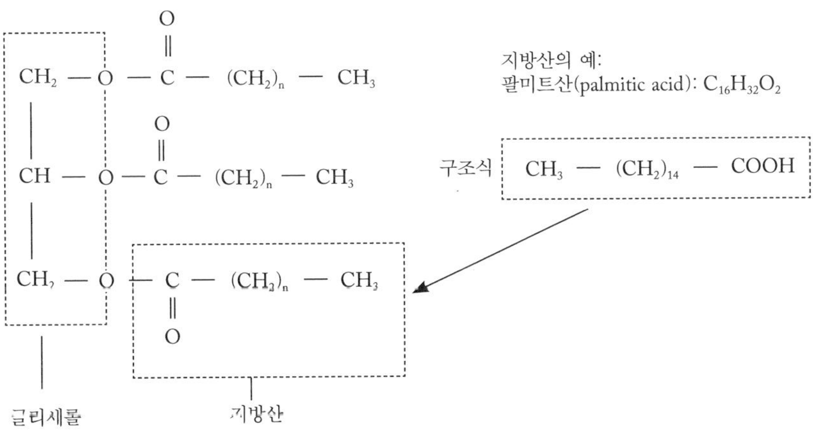

〈그림 8-1〉 단순지질(지방)의 구조

〈표 8-2〉 식물에서 흔히 발견되는 포화지방산과 불포화지방산

분류	명칭	탄소 수	이중결합 수	구조식
포화지방산	라우르산 (lauric acid)	12	0	$CH_3(CH_2)_{10}COOH$
	미리스트산 (myristic acid)	14	0	$CH_3(CH_2)_{12}COOH$
	팔미트산 (palmitic acid)	16	0	$CH_3(CH_2)_{14}COOH$
	스테아르산 (stearic acid)	18	0	$CH_3(CH_2)_{16}COOH$
불포화지방산	올레산 (oleic acid)	18	1	$CH_3(CH_2)_7CH{=}CH(CH_2)_7\text{-}COOH$
	리놀레산 (linoleic acid)	18	2	$CH_3(CH_2)_4CH{=}$ $CH\text{-}CH_2CH{=}CH(CH_2)_7\text{-}COOH$
	리놀렌산 (linolenic acid)	18	3	$CH_3CH_2CH{=}CH\text{-}CH_2CH{=}$ $CH\text{-}CH_2CH{=}CH(CH_2)_7\text{-}COOH$

어 있어 상온에서 고체로 존재하며, 기름(oil)은 주로 불포화지방산으로 구성되어 있어 상온에서 액체로 존재한다. 추운 지방에서 자라는 식물은 따뜻한 지방의 식물보다 불포화지방산, 특히 리놀레산과 리놀렌산(linolenic acid)의 함량이 많다.

2) 복합지질

세포막(cell membrane)은 원형질막(plasma membrane)이라고도 부르며, 지질의 이중막으로 구성되어 있는데(〈그림 11-4〉 참조), 지질 함량이 20~40% 정도 된다.

복합지질(compound lipid)은 단순지질에서 볼 수 있는 세 분자의 지방산 중에서 한 분자가 인산이나 당으로 대체된 형태의 지질이다. 그중에서 인산으로 대체된 것을 인지질(燐脂質, phospholipid)이라 하는데, 원형질막의 주요한 구성성분이며, 가장 흔하게 발견되는 복합지질이다. 인지질은 극성을 띤 머리 부분(polar head, 인산그룹)과 극성을 띠지 않은 꼬리 부분(non-polar

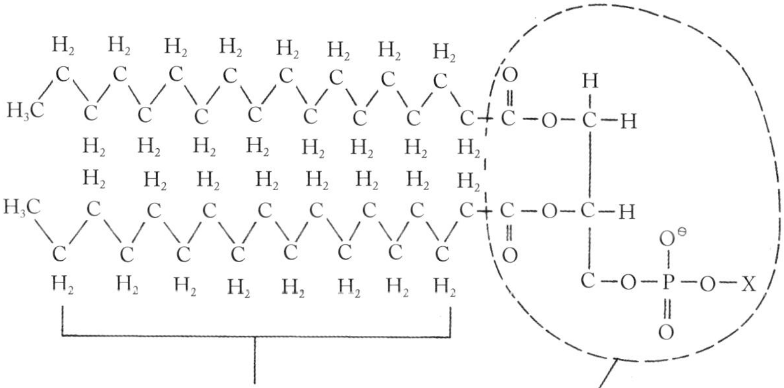

비극성(소수성)을 띤 꼬리 부분
(원형질막을 형성할 때 내부로 들어감)

극성(친수성)을 띤 머리 부분
(원형질막을 형성할 때 외부로 노출됨)

〈그림 8-2〉 인지질의 구조

tail, 2개의 지방산 그룹)으로 나뉘는데(〈그림 8-2〉 참조), 이 성질 때문에 원형질막이 독특한 반투과성 기능을 갖는다.

당지질(糖脂質, glycolipid)은 〈그림 8-2〉에서 인산 대신 당류(glucose나 galactose)로 대체된 지질로서 엽록체에서 주로 발견된다. 잎의 당지질 함량은 지질 함량의 40%를 점유할 만큼 높은 비율을 차지한다(잎의 인지질 함량은 20%로 적음). 당지질이 엽록체와 미토콘드리아에서 발견된다는 것은 이 두 가지 세포소기관(organelle)이 독자적인 DNA를 가지고 있으면서 외부에서 기원하여 식물체 내에서 살고 있음을 뒷받침하는 증거가 되기도 한다.

3) 납, 각피질, 목전질

초본식물의 경우에는 지상부에 노출된 줄기, 잎, 꽃, 열매 등 모든 기관의 표면에 방수성 각피층(角皮層, cuticle layer)이 존재한다. 각피층은 증산작용을 억제하여 식물이 마르는 것을 방지할 뿐만 아니라, 병원균의 침입을 막고 물리적 손상을 작게 해주는 보호층(保護層, protective layer)의 역할도 담당한다. 각피층은 표면에 왁스(wax)층이 있고, 밑에 각피질(角皮質, cutin)이 세

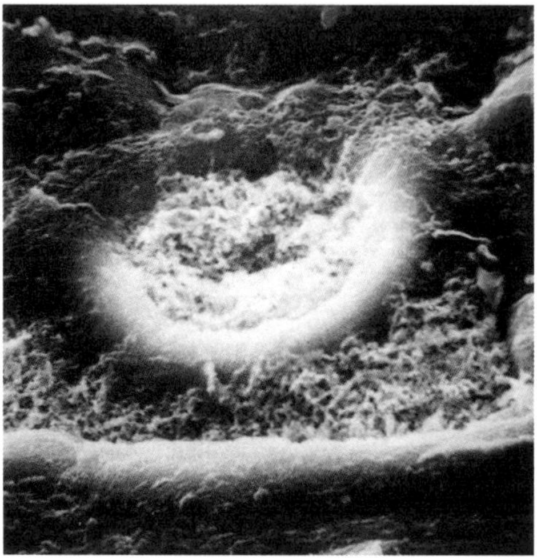

〈그림 8-3〉 노르웨이소나무의 기공 주변이 납(wax)으로 덮여 있는 모습(Davies 등, 1974b)

포벽의 구성성분인 펙틴(pectin)과 결합하여 두꺼운 층을 만든다. 각피층의 두께는 햇빛에 노출된 양엽에서 두껍게 발달하고, 그늘에 있는 음엽에서는 얇게 발달한다.

납(蠟, wax)은 긴 사슬을 가진 알코올(분자 끝에 -OH를 가짐)이 긴 사슬을 가진 지방산과 에스테르(ester)를 만들어 이루어진 화합물로, 산소 분자를 거의 가지고 있지 않기 때문에 친수성이 거의 없다. 납은 식물체 내에서도 물에 안 녹기 때문에 이동이 잘 안 되어 납이 축적되는 곳에 가까운 표피세포에서 합성되어 밖으로 분비된다. 기공의 표면이나 소나무의 내려앉은 기공 윗부분의 공간은 납으로 덮여 있어 증산작용을 억제한다(〈그림 8-3〉 참조).

각피질(角皮質, cutin)은 수산기(-OH)를 2개 이상 가진 지방산(보통 C_{16})이 다른 지방산(보통 C_{18})과 중합체(polymer)를 만들면서 페놀 화합물이 약간 첨가된 형태이다. 큐틴(cutin)은 각피층에 주로 축적되지만, 세포간극에서 노출된 세포의 표면에도 축적된다.

목전질(木栓質, suberin)은 큐틴과 비슷한 성분으로 긴 사슬을 가진 지방산(C_{18}), 긴 사슬을 가진 알코올(C_{24}~C_{32}), 그리고 페놀 화합물의 중합체인데, 큐틴보다 페놀 화합물의 함량이 많다. 수베린(suberin)은 목본식물의 경우 수피의 코르크 세포를 둘러싸고 있어 수분의 증발을 억제하며, 가지에서 가을에 낙엽이 진 후 형성되는 이층(離層)에 축적되어 상처를 보호하고, 수피가 상처를 받을 때 합성되어 상처 치유에 기여한다. 수베린은 또한 지하부 조직을 탈수와 병원균으로부터 보호하는 역할을 하는데, 수분을 효율적으로 흡수하지 못하는 수베린화(suberization)된 뿌리에 축적된다. 어린뿌리의 내피에 있는 카스파리대(Casparian strip)는 무기양분의 자유로운 이동을 억제하는데, 수베린으로 만들어져 있어 친수성이 적다.

3. 이소프레노이드 화합물

이소프레노이드(isoprenoid), 테르페노이드(terpenoid) 또는 테르펜(terpene)은 서로 비슷한 말이다. 이들은 경제적으로 중요한 화합물을 포함하고 있는데, 기본적으로 이소프렌(isoprene, C_5H_8) 단위가 2개 이상 모여서 이루어진 것이다(〈그림 8-4〉 참조). 이소프렌은 식물과 동물이 생산하는 무색의 휘발성 액체이다. 이 그룹에는 정유, 고무(rubber), 수지(樹脂, resin), 카로티노이드(carotenoid), 스테롤(sterol) 등이 포함된다. 〈표 8-3〉에 수목에서 발견되는 여러 가지 이소프레노이드를 나열하였다.

isoprene(C_5H_8)

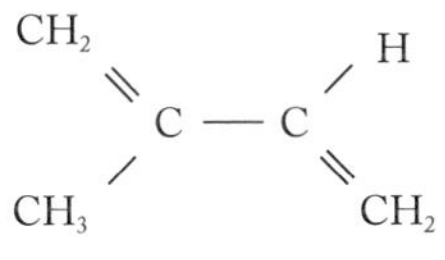

테르펜(terpene)류의 기본 단위임.

〈그림 8-4〉 이소프레노이드의 기본 구조인 isoprene(C_5H_8)의 구조

〈표 8-3〉 수목에서 발견되는 이소프레노이드 화합물의 종류

이소프렌 (isoprene) 수	명칭	분자식	예
2	모노테르펜 (monoterpenes)	$C_{10}H_{16}$	정유, α-피넨(α-pinene), 솔향, 장미향, 피톤치드(phytoncide)
3	세스키테르펜 (sesquiterpenes)	$C_{15}H_{24}$	정유, 아브시스산(abscisic acid), 수지(resin)
4	디테르펜 (diterpenes)	$C_{20}H_{32}$	정유, 수지, 지베렐린(gibberellin), 피톨(phytol)
6	트리테르펜 (triterpenes)	$C_{30}H_{48}$	수지, 라텍스(latex), 피토스테롤(phytosterol), 브라시노스테로이드(brassinosteroid), 사포닌(saponin)
8	테트라테르펜 (tetraterpenes)	$C_{40}H_{64}$	카로티노이드(carotenoid)
n	폴리테르펜 (polyterpenes)	$(C_5H_8)_n$	고무

1) 정유

정유(精油, essential oil)는 탄소수가 10~20개 되는 사슬 모양 또는 고리 모양의 테르펜(terpene)으로 식물의 모든 부위(잎, 수피, 목부)에 존재하며, 초본이나 수목의 잎, 꽃 또는 열매에서 독특한 냄새(향기)를 유발하는 휘발성(volatile) 물질이다. 특히 소나무과, 녹나무과, 운향과(초피나무, 귤)의 목본식물과 꿀풀과와 국화과의 초본식물에서 기공을 통해 밖으로 나가는데, 소나무류 숲의 고유한 향기, 풀을 베었을 때 생기는 독특한 풀 냄새, 방금 떨어진 가을 낙엽에서 나는 냄새, 백리향, 장미향, 라벤더향, 호프향도 정유의 일종이다. 귤의 경우에는 껍질에서 71가지의 휘발성 물질이 발산할 만큼 정유의 종류가 많다. 피톤치드(phytoncide)는 휘발성 정유(예: monoterpene의 일종인 α-pinene)로서 편백, 삼나무, 소나무 숲에서 발산하여 산림욕(山林浴)의 효과를 높여주는 것으로 알려져 있다.

정유는 향료(perfume)의 원료로 쓰이며, 소나무과에 속하는 나무의 잎, 목재 혹은 뿌리에서 정제한 정유는 터펜틴(turpentine)이라 하여 경제적 가치가 크다. 정유는 온대지방보다는 더운 열대지방 산림에서 더 많이 휘발

되는데, 전 세계적으로 연간 14억 톤 정도의 휘발성 테르펜이 대기를 오염시킨다고 한다. 건조한 지방에서는 관목이나 유칼리의 잎에 많은 양의 정유가 함유되어 있어 산불이 번지는 속도가 빨라지기도 한다.

정유의 생리적 기능은 충분히 밝혀지지 않았지만 몇 가지가 추측되고 있다. 첫째, 타감작용(他感作用, allelopathy)을 일으켜 경쟁이 되는 다른 식물의 생장을 억제하고, 둘째, 꽃가루받이 매개충을 유인하며(insect attractant), 셋째, 포식자(predator)의 공격을 억제하는 역할을 한다. 폰데로사소나무의 경우 리모넨(limonene)의 함량이 높고 α-피넨(α-pinene) 함량이 낮은 개체는 나무좀의 공격을 거의 받지 않는다고 한다. 그 밖에 여름철 광합성 장치의 내열성(耐熱性)을 높이고, 잎에서 활성산소의 해독작용을 돕는다는 연구 결과도 있다.

2) 카로티노이드

식물체에는 녹색 이외에 황색, 주황색, 적색, 갈색 등 다양한 색깔이 있는데, 이와 같은 색은 대부분 카로티노이드(carotenoid)에 의한 것이다. 카로티노이드는 이소프렌(isoprene) 단위가 8개 모여 이루어진 화합물로 뿌리, 줄기, 잎, 꽃, 열매 등의 색소체(色素體, chromoplast)에 존재한다. 카로티노이드는 카로틴(carotene)과 크산토필(xanthophyll) 두 가지로 나뉘는데, 카로틴은 탄화수소물로서 분자식이 $C_{40}H_{64}$이며, 그중 노란 색소인 β-카로틴(β-carotene)은 비타민 A의 전구물질로 동물에게 노란 색소를 제공해 주는 주요한 영양원 역할을 한다. 크산토필은 산소 분자를 함유하여 노란색 내지 갈색을 띠며, 가을철 노란 단풍의 주요 색깔이다. 그중 루테인(lutein)은 β-카로틴과 더불어 엽록체에 가장 많이 존재하는 카로티노이드이다(〈그림 8-5〉 참조).

카로티노이드는 암흑 속에서도 합성될 수 있기 때문에 암흑에서 자란 식물은 노란색을 띤다. 생육환경이 나빠질 경우, 즉 무기양분 결핍, 한발, 저온 등으로 생장이 불리해지면 엽록소는 곧 파괴되지만, 카로티노이드는

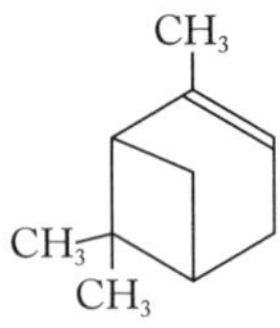

α-pinene

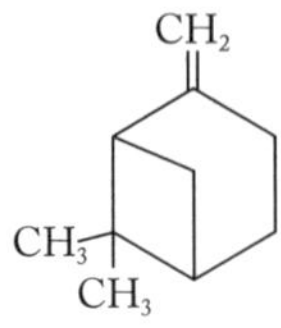

β-pinene

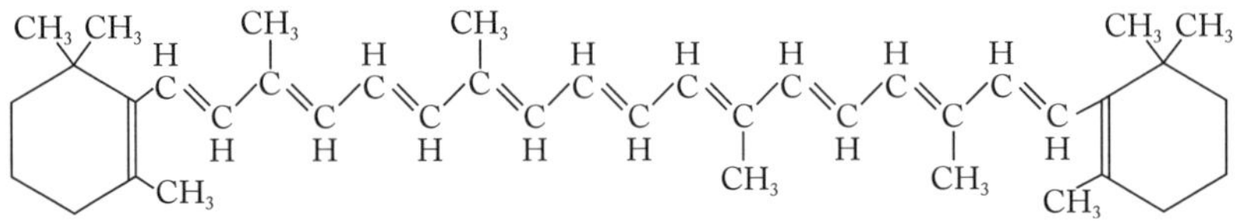

β-carotene

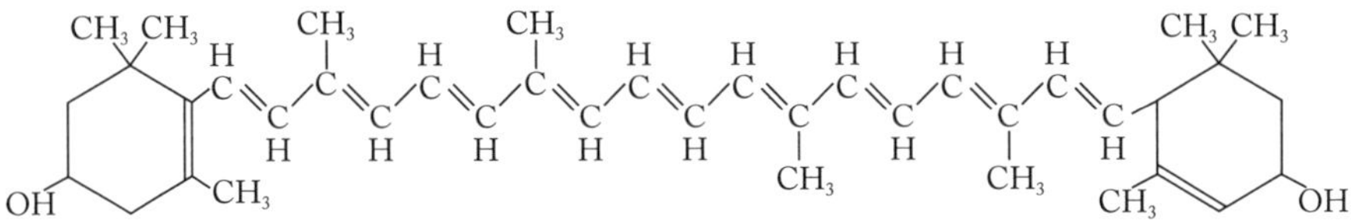

lutein(xanthophyll의 일종)

〈그림 8-5〉 정유 중 피넨(pinene)과 β-카로틴(β-carotene), 루테인(lutein)의 구조식

비교적 안정된 상태로 남아 노란 색깔을 나타낸다. 따라서 잎의 색은 엽록소에 의한 초록색에서 카로티노이드에 의한 노란색으로 바뀐다.

카로티노이드는 4장 6절 광합성에서 언급한 바와 같이 광합성의 보조색소 역할을 하여 엽록소가 햇빛에 의해 광산화되는 것을 방지한다.

3) 수지

수지(樹脂, resin)는 C_{10}~C_{30}의 탄소수를 가진 수지산(resin acid), 지방산, 납(wax), 테르펜(terpene) 등의 혼합체로서 침엽수와 열대지방의 활엽수에서 발견된다. 침엽수에서는 목재 중량의 25%까지 수지를 함유하는 경우가 있으며, 주로 소나무과, 콩과, 이우시과(二羽柿科; 열대지방의 Dipterocarps에 해당)에 속하는 수목에서 상업적으로 채취한다.

수지는 수목에서 저장에너지의 역할을 하지 않으며, 생리적 기능은 잘 알려져 있지 않지만 목재의 부패를 방지하는 기능이 있다. 수지를 많이 함유한 목재(즉 침엽수의 그루터기, 옹이, 심재)는 곰팡이에 의한 부패에 훨씬 더 강하다. 수지는 또한 나무좀의 공격에 대해 저항성을 만들어 준다. 침엽수가 나무좀의 공격을 받으면 목부의 유세포가 추가로 수지도(樹脂導, resin duct)를 만들어 수지의 분비를 촉진하여 나무좀의 피해를 적게 해준다. 뽕나무버섯균과 같은 곰팡이의 공격을 받거나 상처를 입으면 소나무류는 밑동 부근에서 다량의 수지를 분비하는 수지병(樹脂病, resinosis)을 보인다.

수지 중에서 상업적으로 가장 중요한 것은 소나무류에서 채취하는 올레오레진(oleoresin)이다. 올레오레진에는 수지산이 66%, 정유인 터펜틴(turpentine)이 25%가량 함유되어 있다. 뿌리, 줄기 목부, 내수피, 잎 등에 살아 있는 세포 중에서 수지도의 주변을 싸고 있는 상피세포(上皮細胞, epithelial cell)가 수지도 속으로 올레오레진을 분비한다(〈그림 2-13〉 참조). 올레오레진을 가장 많이 생산하는 수종은 미국 남부 소나무류인 습지소나무(*Pinus elliottii*)와 테다소나무로, 수간에 변재까지 상처를 주어 채취하고, 제초제인 파라콰트(paraquat)를 처리하면 많은 양의 올레오레진을 얻을 수 있다.

4) 고무

고무(rubber)는 500~6,000개의 이소프렌(isoprene, C_5H_8) 단위가 직선상으로 연결된 이소프레노이드 화합물로서, 이소프레노이드 중에서 가장 분자량이 크다(〈그림 8-6〉 참조). 2,000여 종의 쌍자엽식물에서 합성되며, 나자식물이나 단자엽식물에서는 생산되지 않는다. 고무는 유액(乳液, latex)에 함유되어 있으며, 유액을 생산하는 세포를 유관(乳管, laticifer)이라고 부른다.

상업적으로 중요한 고무는 열대지방의 수목에서 채취하는데, 그중 대극과에 속하는 고무나무(*Hevea brasiliensis*)가 가장 많이 재배되며, 유액의 20~60%가 고무 성분이다.

고무나무는 브라질이 원산이지만, 이제는 동남아시아에서도 재배된다. 온대지방에서 자라는 수종 중에서 상업적 가치가 있는 고무를 생산하는 것

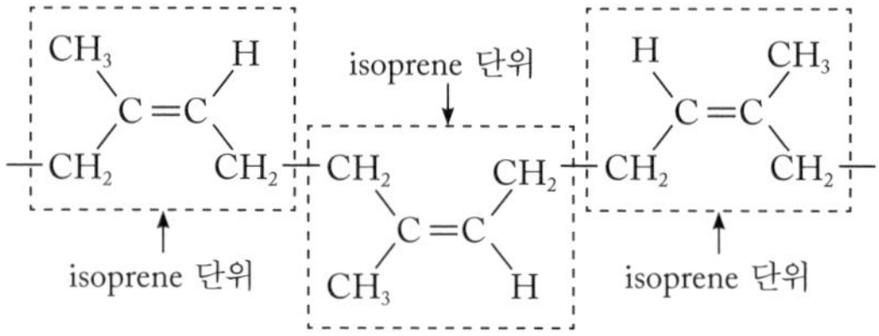

〈그림 8-6〉 고무(rubber)의 기본적인 화학적 구조
isoprene(C_5H_8) 단위가 직선으로 연결되어 있다.

은 북미에서 자라는 국화과의 구아율(guayule, *Parthenium argentatum*)뿐이다. 국내에서 일반적으로 고무나무로 알려져 있는 관엽식물은 대부분 무화과(*Ficus*)속이며, 점액성 유액(latex)을 생산하지만 단백질을 함유하고 있어 탄력이 적다. 씹는 검(chewing gum)은 멕시코 원산의 마닐카라(*Manilkara*)속 수종에서 채취한 유액을 사용했으나, 최근에는 부타디엔(butadiene)을 함유한 합성고무로 대체되었다.

고무의 기능은 잘 알려져 있지 않지만, 초식동물로부터 자기방어가 가장 신빙성 있는 설명으로 받아들여지고 있다.

5) 스테롤

스테롤(sterol 혹은 steroid)은 6개의 이소프렌(isoprene) 단위로 만들어진다. 식물에서 발견되는 스테롤을 식물스테롤(phytosterol)이라 부르며, 스티그마스테롤(stigmasterol), 시토스테롤(sitosterol), 캄페스테롤(campesterol)을 들 수 있다. 이 중에서 가장 흔한 것은 스티그마스테롤이며(〈그림 8-7〉 참조), 세포막 구성성분으로 세포막이 제구실을 하는 데 필요하다.

식물스테롤은 인간과 동물에 먹이로서 스테롤을 제공하는 중요한 역할을 하며, 식물 내에서는 막(membrane)에 존재하여 막의 안정성을 높이고, 타감물질(allelochemic)로 작용하기도 한다. 파이토엑디스테로이드(pyto-ecdysteroid, 예: pytoecdysone)는 식엽성 해충이 잎을 먹으면 자극을 받아 생산

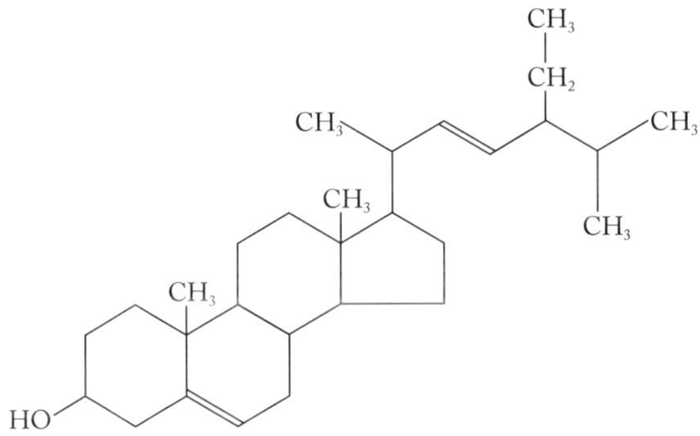

〈그림 8-7〉 식물스테롤 중 가장 흔하게 발견되는 스티그마스테롤(stigmasterol)의 구조

되어 곤충의 탈피(ecdysis)를 방해함으로써 죽이는 기능을 가지고 있다. 스테로이드의 유도체인 브라시노스테로이드(brassinosteroid)는 줄기의 생장을 촉진하여 식물호르몬으로 분류된다.

4. 페놀 화합물

페놀(phenol)은 페닐기(phenyl, C_6H_5-)에 수산기(hydroxyl group, -OH)가 붙어 있는 기본 구조이며, 페놀 화합물(phenolic compounds)은 방향족 고리(aromatic ring, )를 보유한 화합물로서 지질보다는 약간의 수용성을 가지고 있다. 페놀 화합물에는 종류가 많지만, 그중에서 리그닌(lignin), 타닌(tannin), 플라보노이드(flavonoid)가 중요한 그룹이라고 할 수 있으며, 그 밖에도 폴리페놀(polyphenols, -OH기를 2개 이상 가지고 있는 페놀류)이 심재에서 많이 추출된다. 예를 들면 유칼리의 변재와 심재에 스틸빈(stilbene)이 축적되어 목재 부패를 막는다.

목본식물에는 페놀 화합물의 함량이 초본식물보다 훨씬 더 많다. 〈표 6-3〉을 보면, 테다소나무의 어린 가지에서 발견되는 여러 가지 화학성분

가운데서 페놀 화합물(lignin과 phenol)은 건중량의 43.3%를 차지한다. 페놀 화합물은 미생물에 의해 분해가 잘 안 되기 때문에 수목의 조직이 땅속에서 분해될 때 가장 최후까지 남아 있어 타감작용(allelopathy)을 유발한다.

페놀산(phenolic acid)은 페놀에 카르복실기(-COOH)가 붙어 있는 화합물로서 여러 가지가 알려져 있는데, PHBA(para-hydroxybenzoic acid), 프로토카테추산(protocatechuic acid), 신남산(cinnamic acid), 파라쿠마르산(para-coumaric acid) 등이 있다. 페놀산은 조직 내에서 직접적인 역할을 하지 않지만, 화합물의 종류에 따라 옥신의 기능을 높이거나 낮추는 작용을 하여 식물생장에 크게 영향을 주기 때문에 식물호르몬으로 취급되기도 한다.

그러나 페놀산은 호르몬보다 100배 정도 높은 농도에서 작용하므로 호르몬(매우 낮은 농도에서 작용)으로 분류하지 않는 학자들도 있다.

1) 리그닌

리그닌(lignin)은 여러 가지 방향족 알코올(aromatic alcohol)이 복잡하게 연결된 중합체로, 분자량이 크며 대부분의 용매에 불용성이기 때문에 추출하기가 어렵다. 리그닌을 가수분해하면 주로 코니페릴 알코올(coniferyl alcohol), 시나필 알코올(sinapyl alcohol), 쿠마릴 알코올(coumaryl alcohol) 등의 방향족 알코올이 생긴다. 그중에서 코니페릴 알코올은 구과식물에 많이 포함되어 있다(〈그림 8-8〉 참조).

리그닌은 목본식물 건중량의 15~25%가량을 차지하며, 셀룰로오스(cellulose) 다음으로 지구상에서 두 번째로 흔한 유기화합물이라고 할 수

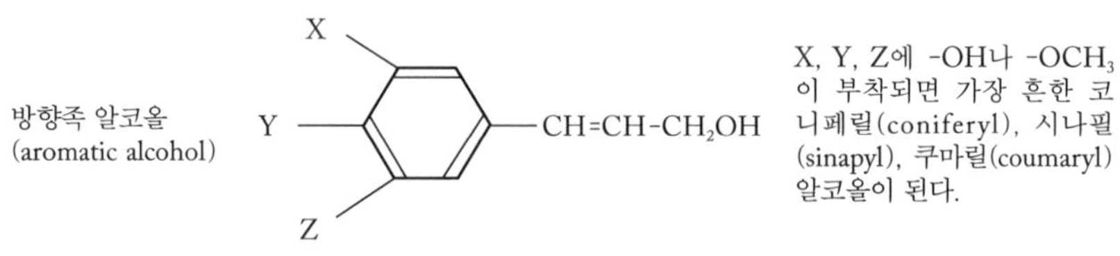

〈그림 8-8〉 리그닌의 주요 구성 성분인 방향족 알코올의 기본 구조

있다. 주로 목부조직(xylem)에서 발견되는데, 리그닌의 가장 중요한 기능은 세포벽(중엽층, 1차벽, 2차벽) 구성성분으로서 셀룰로오스의 미세섬유(microfibril) 사이를 충진시켜 압축강도를 높임으로써 셀룰로오스의 인장강도와 함께 목부의 지지능력을 크게 해주는 것이다. 이것은 목본식물의 목부조직이 먼 거리까지 수분을 이동시키는 데서 생기는 장력(tension)을 견딜 수 있도록 하는 주요한 기능이라고 할 수 있다. 대신 목재를 이용해 종이를 만들 때 리그닌을 제거하지 않으면 기계펄프로서 서급종이가 되며, 이를 제거하면 화학펄프로서 질긴 고급종이(kraft paper)가 된다.

리그닌은 또한 초식동물로부터 보호하는 역할을 한다. 리그닌은 동물이 소화할 수 없는 화합물이기 때문에, 리그닌이 많은 나무는 곤충과 초식동물이 기피하게 된다.

2) 타닌

타닌(tannin)은 폴리페놀(polyphenol)의 중합체로, 그중에서 갈로타닌(gallo-tannin)은 갈산(gallic acid, 〈그림 8-9〉 참조)과 포도당의 중합체이다. 타닌의 직접적인 생리적 기능은 잘 알려져 있지 않으나 곰팡이나 박테리아의 침입을 막아준다고 추측되며, 떫은맛으로 초식동물이 싫어하도록 유도한다(feeding deterrent). 가지와 줄기가 땅에 떨어진 후 타닌은 토양 속에서 분해되지 않고 남아 있으면서 식물의 생장을 억제하는 능력이 있어 타감물질(allelopathic agent) 역할을 한다.

갈산(gallic acid)

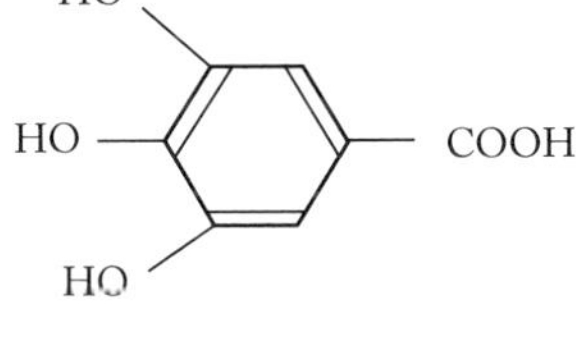

〈그림 8-9〉 갈로타닌(gallotannin)을 구성하는 갈산(gallic acid)의 화학적 구조

타닌은 참나무류와 유칼리의 수피에 다량으로 함유되어 있으며, 참나무와 감나무의 열매에도 많다. 주로 생가죽을 무두질할 때 첨가하여 가죽의 단백질과 결합시켜 미생물이 분해할 수 없도록 만드는 데 쓰인다.

3) 플라보노이드

플라보노이드(flavonoid)는 탄소를 15개 가진 화합물로서 방향족 고리(aromatic ring, )를 포함한 기본 구조를 가지고 있다(〈그림 8-10〉 참조). 이러한 기본 구조에 포도당과 같은 당류가 결합(glycoside라고 부름)하여 페놀 화합물로서는 드물게 수용성을 나타내 꽃잎에서 붉은색, 보라색, 노란색 등 화려한 색깔을 만든다. 플라보노이드는 주로 세포 내 액포(vacuole)에 존재한다.

지금까지 2,000여 가지의 플라보노이드가 알려져 있는데, 그중에서 안토시아닌(anthocyanin) 그룹은 꽃에서 붉은색, 보라색, 청색을 나타내며, 열매, 줄기, 잎, 그리고 간혹 뿌리에도 존재한다. 열매와 꽃이 붉은색을 가진 것은 대부분 안토시아닌 때문이며(주로 표피세포에 있음), 가을철 낙엽에서 볼 수 있는 붉은 단풍(autumn color)은 맑고 서늘한 날씨가 계속될 때 잎에서 안토시아닌이 합성되어 축적되기 때문에 나타난다.

플라보노이드 중에서 이소플라본(isoflavone)은 식물이 병원균의 공격을 받을 때 감염부위가 확대되는 것을 억제하기 위해서 합성하는 저분자 화합

플라보노이드
(flavonoid)

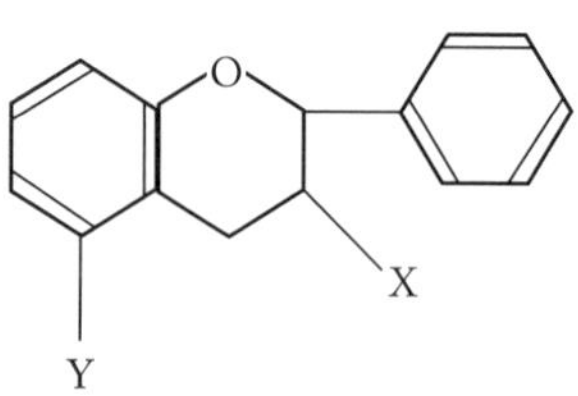

〈그림 8-10〉 플라보노이드(flavonoid)의 기본 구조

X, Y 위치에 포도당(glucose)이나 갈락토오스(galactose)가 부착되어 글리코시드(glycoside)를 만든다.

물인 파이토알렉신(phytoalexin) 역할을 한다. 일례로 나린제닌(naringenin)은 밀감과 자몽에서 쓴맛을 내는 플라보노이드의 일종으로 강한 항산화 기능을 발휘하고, 지베렐린(gibberellin)에 대한 길항작용을 보이며, 항생물질로서 의료용으로도 쓰이고 있다.

5. 수목 내 지질 분포와 변화

〈표 8-1〉에서 설명한 대로 지질에는 페놀 화합물도 포함되지만, 지질을 분석할 때 에테르(ether)로 추출하면 세포벽을 구성하는 리그닌(lignin)과 같은 페놀 화합물은 추출되지 않기 때문에 연구대상에서 제외되어 체내 지질의 분포에서는 주로 지방산으로 만들어진 지질에 대해서만 거론한다.

지질은 세포막과 원형질막의 구성성분(40% 차지)이기 때문에 살아 있는 세포(동물이건 식물이건 간에)에서는 항상 발견되며 매우 중요한 역할을 하지만, 식물의 영양조직에서는 그 함량이 아주 낮아 보통 건중량의 1% 미만이다. 수목의 지질 함량은 계절적으로 변화가 있는데, 월동기간에는 에너지를 저장하고 내한성을 높이기 위해 지질 함량이 높아지고, 여름에는 낮아진다. 일반적으로 수피의 지질 함량이 목부의 심재나 변재보다 높다. 자작나무의 수피는 얇게 벗겨지면서 지질을 많이 함유하고 있는 것으로 잘 알려져 있다.

수목의 내한성은 탄수화물(특히 설탕) 함량뿐만 아니라 인지질 함량과도 관계가 있다. 가을이 되면 인지질 함량이 증가하는데, 아까시나무와 포플러의 내한성 증가는 수피의 인지질 증가와 동시에 일어난다. 독일가문비나무의 잎에서도 인지질 함량이 증가하며, 사과나무도 줄기의 지질 함량이 증가한다.

열매와 종자의 지질 함량은 영양조직보다 훨씬 더 높다. 지질은 탄수화물이나 단백질보다 단위무게당 에너지(ATP) 생산량이 높기 때문에 작은 공간에 효율적으로 에너지를 농축하여 저장할 수 있다. 따라서 작은 종자에는 주로 지질이 많은 편이며, 큰 종자에는 탄수화물이 주성분인 경우가 많다. 예를 들면 큰 종자를 가진 밤에는 지질이 3.0% 함유되어 있는 반면에, 작은 종자인 미송에는 36%의 지질이 들어 있다. 특히 소나무류 종자에 지질이 많은데, 피니언잣나무(pinyon pine)와 한국산 잣나무 종자에는 65% 전후의 지질이 들어 있다(〈표 13-1〉 참조).

지질은 살아 있는 유세포의 세포기질(cytosol)에 저장되는데, 종자의 경우 자엽과 배유에 있으며, 세포소기관의 일종인 올레오솜(oleosome)에 저장된다. 올레오솜은 스페로솜(spherosome), 오일 보디(oil body), 오일 방울(oil droplet)이라고도 부르며, 다른 세포소기관과는 다르게 완전한 막으로 둘러싸여 있지 않고 반막(半膜, half-membrane; 전형적인 단위막의 반쪽에 해당)으로 이루어져 있다.

6. 지방의 분해와 전환

지방(fat)은 주로 에너지 저장수단이므로 에너지가 필요할 때 분해된다. 지방을 에너지가 필요한 다른 곳으로 이동시키려면, 지방은 수용성이 아니어서 이동이 곤란하므로 일단 분해되어 설탕으로 전환되어야 한다. 지방이 분해되는 과정은 탄수화물의 분해와 마찬가지로 O_2를 소모하고 ATP를 생산하는 호흡작용에 해당한다. 지방 분해의 첫 단계는 올레오솜에 있는 리파아제(lipase) 효소에 의해 지방이 글리세롤(glycerol)과 지방산으로 분해되는 과정이다.

$$\text{지방} \xrightarrow[\text{oleosome 내에서}]{\text{lipase 효소}} \text{glycerol} + 3\text{개의 지방산}$$

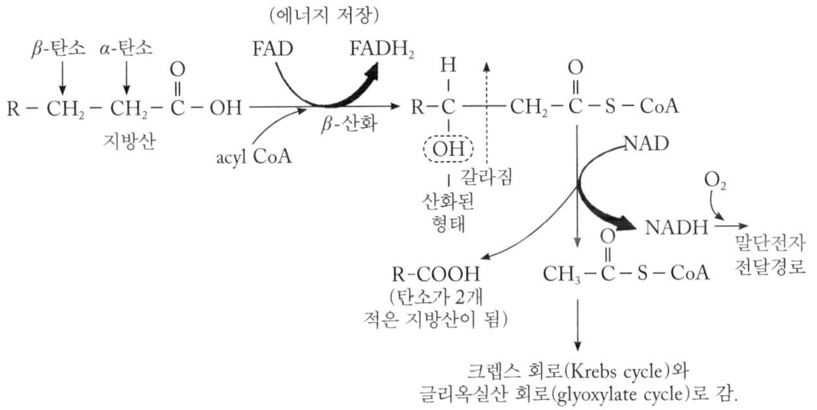

〈그림 8-11〉 지방분해 과정과 지방분해로 생긴 지방산의 β-산화 과정

이때 만들어진 지방산은 글리옥시솜(glyoxysome)으로 이동하여 β-탄소(COOH기에서 두 번째 탄소)가 산화되어 1회에 2개의 탄소가 떨어져 나가면서 분해되는데, 이것을 β-산화(β-oxidation)라 한다(〈그림 8-11〉 참조). β-산화 시 NADH가 생기는데, 이것은 말단전자 전달경로에 의해 O_2를 소모하면서 ATP를 생산한다(〈그림 5-1〉 참조).

지방의 분해에는 3개의 세포소기관, 즉 올레오솜, 글리옥시솜, 미토콘드리아가 관련된다. 글리옥시솜은 미소체(microbody)의 일종으로 지방의 분해에 관여하는 세포소기관이다. 〈그림 8-12〉에 지방의 분해 과정을 요약하였다.

지방은 분해된 후 말산염(malate) 형태로 세포기질(cytosol)로 이동되어 역해당작용(reverse glycolysis)에 의해 설탕(sucrose)으로 합성된 후, 에너지가 필요한 다른 곳으로 이동한다.

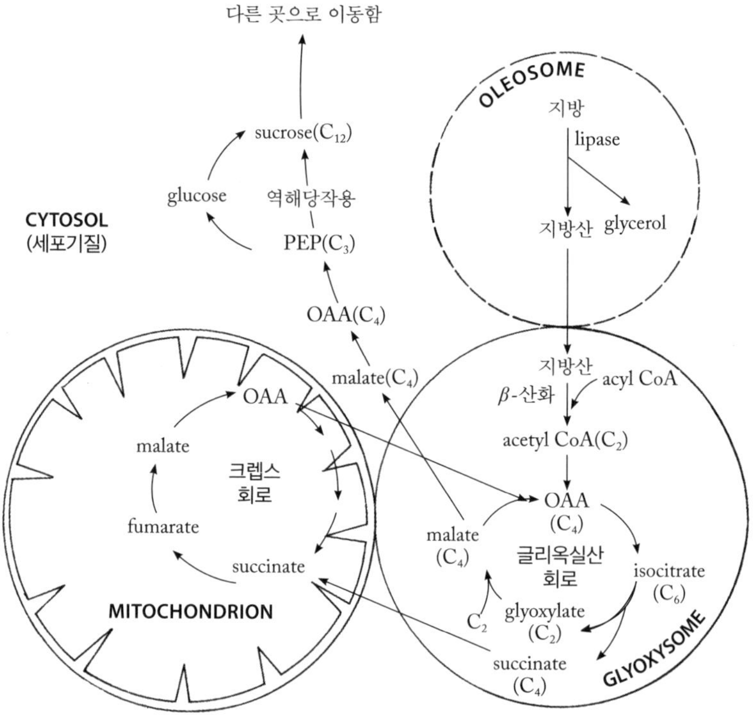

〈그림 8-12〉 지방분해에 관련된 3개 세포소기관의 상호역할 관계

이 그림에서 3개 세포소기관은 서로 다른 막의 구조를 가졌다. 올레오솜(oleosome)은 불완전한 반막(점선으로 표시), 미토콘드리아(mitochondrion)는 이중막(이중선으로 표시), 글리옥시솜(glyoxysome)은 단막(단선으로 표시)으로 되어 있다.

9

산림토양과 무기영양

수목은 지상부와 지하부의 여러 가지 대사가 서로 조화를 이루고 있다. 잎에서는 광합성을 하면서 대기 중에 있는 CO_2를 흡수하여 탄수화물로 바꿈으로써 에너지를 만들어내고, 뿌리에서는 무기양분(=무기원소, mineral element)을 흡수하여 탄수화물과 무기양분이 결합하여 새로운 조직을 만든다. 토양(土壤, soil)에서 흡수하는 무기양분의 질과 양이 적절할 때 수목의 무기영양 상태가 정상을 유지함으로써 광합성이 원활하게 이루어져 수목이 건강하게 자랄 수 있다. 토양학에 대한 기초 지식은 수목의 무기영양을 이해하는 데 큰 도움이 되며, 그 밖에 뿌리의 생리와 무기양분 흡수기작을 이해하는 데에도 필요하다.

1. 산림토양의 특징

산림토양(山林土壤, forest soil)은 여러 가지 성질에서 경작토양(agricultural soil)과 다르다. 가장 큰 차이는 경작토양은 주기적으로 갈아엎기 때문에 경운층(plough layer)이 있는 반면에, 산림토양은 경운층이 없으며 대신 낙엽층(litter layer)이 있다는 것이다. 낙엽층의 존재와 낙엽의 분해로 인하여 산림토양의 물리적·화학적·생물학적 성질은 경작토양과 크게 다르다. 따라서 일반 식물생리학에서 주로 경작토양을 대상으로 하여 연구한 결과를 그대로 산림토양에 혹은 목본식물에 적용하기 전에, 우선 산림토양의 특징을 이해하여 참고할 필요가 있다.

1) 토양 단면

〈그림 9-1〉은 산림토양의 단면(土壤斷面, soil profile)을 도해한 것이다. 산림토양에는 유기물층(有機物層, organic layer, O층)이 영구적으로 존재하며, 유기물의 분해 정도에 따라서 낙엽층(落葉層, litter layer, L층), 발효층(醱酵層, fermentation layer, F층), 그리고 부식층(腐植層, humus layer, H층)으로 구분된다. 낙엽층에는 아직 원형을 알아볼 수 있는 낙엽이 있고, 발효층에는 곰팡이의 균사가 많으며, 부식층에는 낙엽이 썩어 더 이상 분해되지 않는 검은색의 부식(humus)이 축적된다. O층인 유기물층은 임상(林床, forest floor)이라고도 한다. A층은 용탈층(溶脫層, eluviation layer)으로서, 입자가 작은 점토

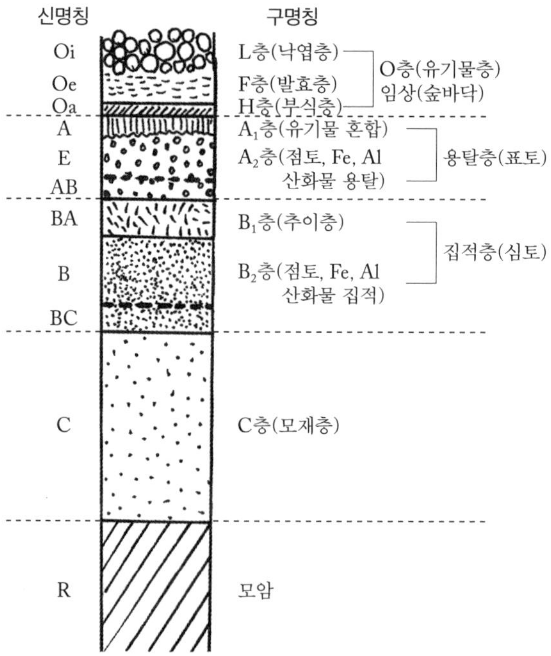

〈그림 9-1〉 전형적인 산림토양의 단면

와 철(Fe)과 알루미늄(Al)이 밑으로 용탈되는 층이며, B층은 A층에서 용탈된 물질들이 축적되는 집적층(集積層, illuviation layer)이다.

2) 토양의 물리적 성질

(1) 토성

토성(土性, soil texture)은 토양 내 진흙(점토, clay; 지름 0.002mm 이하), 미사(가는 모래, silt; 지름 0.002~0.02mm), 모래(sand; 지름 0.02~2.0mm)의 상대적인 혼합비율을 의미하는데, 산림토양에는 토성에서 고려되지 않는 지름 2.0mm 이상 되는 자갈(pebble)이 실제로 많이 포함되어 있다(토양학에서 토성은 경작토양 위주의 기준임).

모래(sand)는 입자 크기가 진흙(clay)보다 10배 혹은 100배 이상 크며, 따라서 모래와 진흙은 서로 다른 장단점을 가지고 있다. 모래는 입자가 크기 때문에 통기성이 좋고 배수가 잘 되는 반면, 보수력이 낮고 무기양분 함량이 적다. 이에 비하여 진흙은 입자가 매우 작기 때문에 모세관을 많이 만들어 보수력(保水力)이 높고 무기양분 함량이 많지만, 통기성이 나쁘고 배수가 잘 되지 않는다. 따라서 모래가 대부분이거나 혹은 진흙이 대부분인 토양은 수목생장에 불리하다. 대신 모래와 진흙이 적절하게 혼합되어 있으면 서로의 장단점을 보완하기 때문에 수목생장에 유리해진다.

식물생장에 가장 적합하다는 양토(壤土, loamy soil)는 국제토양학회에 따르면 진흙을 25~37.5% 함유한 토양을 의미하며, 이보다 진흙이 적으면(12.5~25%) 사양토(砂壤土, sandy loam)로, 이보다 진흙이 많으면(37.5~50%) 식양토(埴壤土, clay loam)로 분류한다. 진흙 대신 모래를 중심으로 표현하면 모래 함량이 50% 되는 토양은 양토에 해당되며, 사양토는 모래 함량이 60%이다.

산림토양의 물리적 성질은 여러 면에서 경작토양과 차이가 있는데, 특히 우리나라와 같이 산림이 거의 평지에 형성되지 않고 대부분 경사진 곳에 자리 잡고 있으면서 예전에 숲이 훼손되어 표토가 많이 유실된 경우에는 더욱 차이가 커진다. 즉 표토(表土, surface soil)에는 입자가 작은 점토가 여름철 집중적인 강우로 인해 유실되고 모래 혹은 자갈만이 남아 있게 된다. 따라서 한국의 산림토양은 모래가 많고 경사가 있기 때문에 통기성이 좋고 배수가 양호한 반면, 보수력이 떨어져서 봄과 가을에 흔히 볼 수 있는 건조기에 한발로 인해 나무의 생장이 불량해지는 경우가 많다.

모래가 많고 토심이 얕은 산림토양은 무기양분 함량도 적어, 소나무류나 참나무류처럼 양분을 적게 요구하면서 건조에 강한 수종만 발견되는 경향이 있다. 특히 남사면의 산림토양은 북사면보다 더 건조해지면서 소나무와 참나무류가 우점종이 된다. 반면에 미사토나 점토가 많은 토양이거나 과거에 표토가 유실되지 않았던 토양은 보수력과 양분이 많아 단풍나무, 서어나무, 물푸레나무, 전나무 등이 자랄 수 있는 환경을 만들어 준다.

(2) 토양공극과 용적비중

경작토양은 영농의 기계화로 트랙터의 무게에 의해 토양이 다져지는 경향이 있는 반면, 산림토양은 기계화의 영향을 받지 않고 있다. 이 외에도 임상에 유기물이 많고 수목뿌리가 뻗으면서 토양을 느슨하게 하는 효과 때문에 산림토양은 공극(孔隙, porosity)이 경작토양보다 많으며, 따라서 토양의 용적비중(容積比重, bulk density; 공극을 포함한 상태에서 단위부피당 무게)이 작다. 즉 산림토양은 공극률이 보통 40~60%가량 되며, 용적비중은 0.8~1.6가량 된다. 공극이 많은 산림토양은 부수적으로 통기성이 좋다. 답압이 심하고 공극이 적어질수록 용적비중이 증가하는데, 이에 비례하여 뿌리발달이 저조해진다(〈그림 9-2〉 참조).

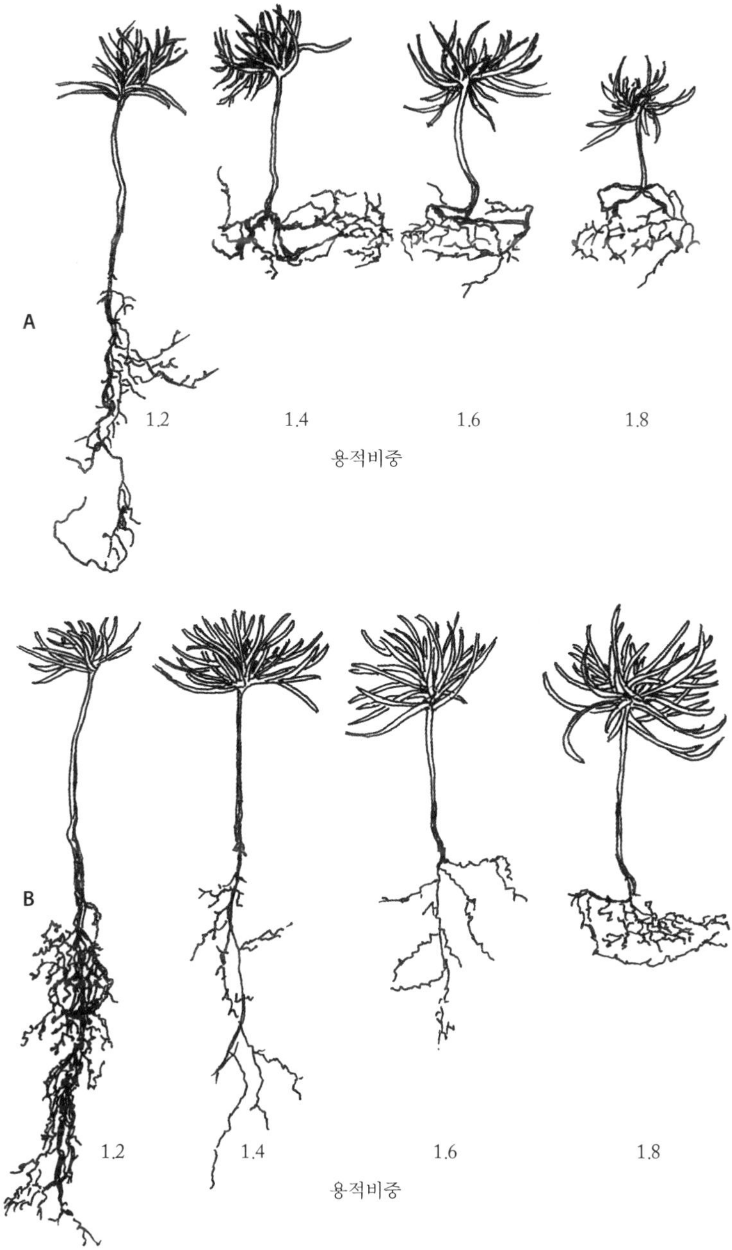

〈그림 9-2〉 토양 답압 증가(용적비중의 증가로 표시)에 따른 유럽흑송(*Pinus nigra*) 유묘 뿌리의 미사질 양토(A)와 사양토(B)에서 뿌리발달 비교(Zisa 등, 1980)

통기성이 좋은 사양토의 뿌리발달이 미사질 양토보다 양호하다.

(3) 토양수분

토양수분의 종류와 식물이 이용가능한 수분의 범위, 토성에 따른 차이 등에 관한 것은 10장 4절에서 다루기로 한다.

3) 토양의 화학적 성질

(1) 유기물

산림토양의 화학적 성질은 물리적 성질과 마찬가지로 여러 면에서 경작토양과 차이가 있는데, 표토 15cm 내 유기물(有機物, organic matter) 함량은 산림토양이 낙엽층 때문에 더 많다. 이 외에도 경작토양은 반복되는 경운과 경작으로 유기물이 쉽게 없어지며, 토양유실로 인해 유기물이 함께 없어지는 경향이 많다.

산림토양 내 유기물은 ① 토양의 입단구조를 유도하며, ② 공극과 통기성을 증가시켜 주고, ③ 토양온도의 변화를 완화시켜 주며, ④ 보수력을 증가시키고, ⑤ 무기양분에 대한 흡착능력(양이온 치환능력)을 증가시키며, ⑥ 분해되어 영양소를 공급하고, ⑦ 토양 미생물이 필요로 하는 에너지를 제공함으로써 토양의 물리적·화학적 성질을 개량해 준다.

반면에 계속적인 유기물 첨가로 인한 부정적인 측면도 있는데, 그중에서 토양을 산성화시키는 점을 첫째로 들 수 있다. 낙엽이 완전히 분해되면 부식(腐植, C/N율이 10:1 정도로 낮아짐)이 되면서 부식산(humic acid)이 생겨 토양을 산성화시키는 경향이 강하다. 두 번째 문제점은 낙엽이 분해될 때 끝까지 분해되지 않고 남는 페놀 화합물(tannin 포함)이 다른 식물이나 미생물의 생장을 억제하는 효과(타감작용, allelopathy)를 나타낼 수 있으며, 식생천이가 오래 계속된 극상림(極相林, climax forest)일수록 이 효과가 크게 발생해 조림이나 갱신에 지장을 줄 수 있다.

산림토양에는 매년 많은 양의 낙엽이 떨어진다. 미생물이 낙엽의 주성분인 섬유소(cellulose)를 분해하기 위해서는 번식과 세포분열에 필요한 단백질의 주성분인 질소를 요구하게 되는데, 산림토양에는 시비하는 경우가 적어 질소가 제한되어 있다. 따라서 산림토양의 탄질비(C/N율)는 보통 15:1~30:1을 유지하는 데 비해, 경작토양의 C/N율은 평균 8:1~15:1로 산림토양보다 낮다.

(2) 산도(pH)

토양산도(土壤酸度, soil acidity)는 토양입자 중에 음전기를 띠고 있는 점토(clay)와 부식(humus)의 표면에 수소이온(H^+)이 흡착되어 있는 양에 반비례하여 나타나는데, 무기양분 흡수에 큰 영향을 끼친다. 토양산도에 따라서 토양 미생물의 활동이 영향을 받는데, 특히 질산화 박테리아(7장 7절 참조)의 활동이 결정되며 무기양분의 유용성을 결정한다.

토양 속 무기양분 중에서 토양의 pH에 따라서 유용성(availability; 식물이 흡수할 수 있는 형태로 존재하는 상태를 뜻함)이 크게 달라지는 것에는 인(P), 칼슘(Ca), 마그네슘(Mg), 철(Fe), 붕소(B) 등이 있다. 특히 인은 토양의 pH가 5.0 이하로 내려가면 철이나 알루미늄(Al)과 결합하여 불용성 인산(insoluble phosphate)으로 바뀌므로 식물이 흡수할 수 없게 되어 인 결핍 증상을 나타낸다. 산림토양의 pH는 경작토양보다 산성화(acidification)되어 낮은 경우가 대부분이다. 경작토양의 pH는 보통 6.0~6.5 사이인 데 비해, 산림토양은 5.0~6.0 사이가 많고, 5.0 이하가 되는 예도 자주 있다(한국 산림토양의 평균 산도는 5.5). 주원인은 낙엽 분해 시 생기는 부식산(humic acid) 때문이며, 또 다른 이유는 경제성 문제로 산림에 석회질 비료를 쓰지 않기 때문이다. 따라서 산림토양에서는 인이 불용성으로 존재하는 경우가 많으며, 부족한 인을 얻기 위하여 토양 곰팡이와 균근(菌根, mycorrhizae)을 형성하여 곰팡이로 하여금 인을 대신 흡수하도록 유도한다.

(3) 양이온 치환능력

토양 중에는 양(+)이온과 음(-)이온의 형태를 가진 무기염(mineral salt)들이

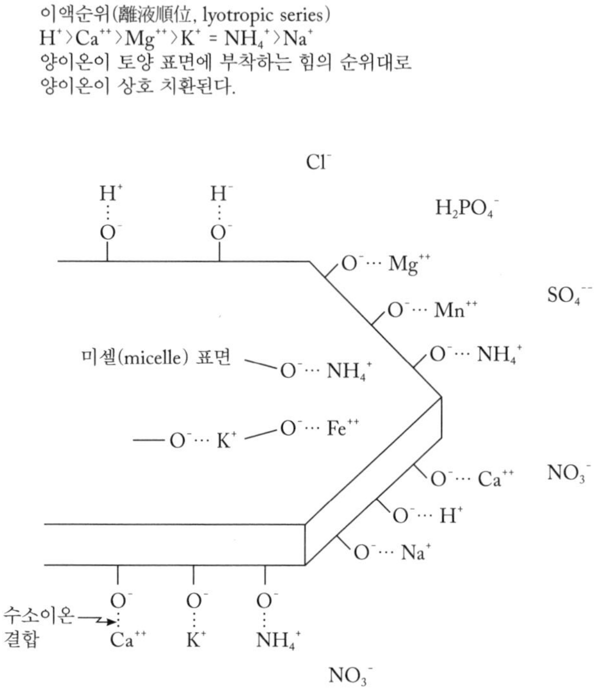

〈그림 9-3〉 점토(clay)와 부식(humus) 표면의 양이온 치환 모양

존재하는데, 그중에서 양이온 형태의 무기염은 토양의 점토와 유기물에 의해 흡착되어 저장될 수 있다. 점토입자(silicate와 알루미늄 산화물)와 콜로이드(colloid) 형태의 부식(humus의 COOH기와 phenol류의 OH기)은 그 표면이 음전기를 띠고 있기 때문에 양전기를 띤 무기염을 흡착(吸着, adsorption)하여 저장하거나 다른 양이온과 교환할 수 있다. 토양이 가지고 있는 이러한 능력을 양이온 치환능력(cation exchange capacity, CEC)이라고 하는데, 이는 토양 비옥도(肥沃度, soil fertility)의 척도가 되며, 점토와 유기물의 함량이 많을수록 그 치환능력이 커진다(〈그림 9-3〉 참조).

산림토양의 양이온 치환능력은 일반적으로 경작토양보다 낮다. 산림토양은 산성화가 많이 진전되어 양이온 무기염이 저장될 곳에 수소이온(H^{+})

이 자리 잡고 있으며, 점토 함량이 경작토양보다 적기 때문이다. 유기물의 양이온 치환능력은 점토보다 높으나, 산림토양 내 유기물 함량은 전체 토양 중에서 적은 부분을 차지하기 때문에 기여도가 점토보다 낮다. 모래는 이러한 능력을 거의 가지고 있지 않기 때문에 토양의 비옥토에 기여하지 못한다.

4) 토양의 생물학적 성질

(1) 곰팡이의 중요성

식물이 자라고 있는 토양에는 여러 생물이 서식하고 있기 때문에 토양이 살아 있다고 할 수 있으며, 이러한 토양생물에 의해 토양의 성질이 바뀐다. 특히 토양 중에 있는 유기물은 토양생물에 의해 분해되어 식물이 이용할 수 있는 광물질 형태로 바뀌며, 이런 과정을 광물질화 작용(mineralization)이라고 부른다.

산림토양과 경작토양의 생물학적 성질을 비교할 때 가장 큰 차이점은, 산림토양에는 박테리아의 수가 적고 대신 곰팡이의 종류와 수가 많다는 것이다. 산림토양은 산성화가 많이 진전되어 박테리아가 번식하기에 부적합한 반면, 곰팡이는 산성토양에 대한 내성이 강하고 유기물이 많기 때문에 사물기생균(死物寄生菌, saprophytic fungi)이 번식하여 낙엽을 주로 분해시킨다. 특히 균근(菌根)을 형성하는 균근곰팡이(mycorrhizal fungi)가 수목뿌리와 공생하기 때문에 산림에는 곰팡이의 종류가 매우 다양해진다.

(2) 질산화 박테리아의 억제

산성을 띤 산림토양에서는 박테리아의 활동이 억제되기 때문에 질산화 작용(nitrification)이 거의 일어나지 않는다(7장 7절 참조). 따라서 유기태 질소(예: 단백질과 아미노산)는 암모늄화 작용에 의하여 암모늄(NH_4^+)으로 분해된 다음, 질산화 박테리아(nitrifying bacteria)의 활동이 없기 때문에 암모늄 형태로 남아 있게 되며, 수목은 암모늄 형태로 질소를 흡수해야 한다. 이때 균근곰팡이의 역할이 중요해진다. 따라서 산림토양 용액 내에는 암모늄태 질소가 주종을 이루며, 암모늄은 토양의 양이온 치환능력에 의해 저장되다가 수목뿌리에 흡수된다.

그러나 경작토양의 경우에는 질소비료가 시비되면 질산화 박테리아에 의해 곧 질산태(NO_3^-) 질소로 바뀌는데, 토양은 음이온을 저장(흡착)할 능력이 없기 때문에(음전기를 띤 토양입자와 음이온 간의 배척작용 때문) 작물에 흡수되든가, 아니면 빗물에 씻겨 토양에서 유실된다.

〈표 9-1〉 산림토양과 경작토양의 차이점

구분		산림토양	경작토양
토양 단면	유기물층 (O층, 임상)	L층(낙엽층)	거의 없음
		F층(발효층)	
		H층(부식층)	
물리적 성질	토성	모래와 자갈이 많음(점토 유실)	미사와 점토가 많음
	보수력	낮음(모래, 경사지)	높음
	통기성	좋음(모래, 경사지 배수 양호)	보통
	토양공극	많음(죽은 수목 뿌리, 유기물)	적음(트랙터 답압)
	용적비중	작음(공극 많음)	큼
	온도(변화의 폭)	작음(임관과 낙엽층의 피복)	큼(노출됨)
화학적 성질	유기물 함량	많음	적음
	C/N율	높음(낙엽을 통한 섬유소의 계속적 공급)	낮음(시비 효과)
	타감물질	축적됨(페놀류, 타닌)	거의 없음
	pH	낮음(낙엽 분해로 부식산 축적)	중성 부근(석회 시비)
	양이온 치환능력	낮음	높음(점토 함량 많음)
	비옥도	낮음	높음(시비 효과)
	무기태 질소 형태	주로 암모늄태(NH_4^+)	주로 질산태(NO_3^-)
생물학적 성질	토양미생물(주종)	곰팡이	박테리아(일부 곰팡이)
	질산화 작용	억제됨(낮은 pH)	왕성함(중성 pH)

주: 이 표는 한국과 같이 경사지에 있으면서 과거에 표토가 심하게 유실되었던 산림토양에 적용될 수 있으며, 괄호 안은 근거를 말해준다.

다행히 산림토양의 경우에는 질소가 질산태 질소 형태로 거의 존재하지 않기 때문에 토양으로부터의 질소 유실은 산림을 파괴하지 않는 한 거의 일어나지 않으며, 이러한 현상이 산림토양에서 질소를 보존하는 데 큰 도움을 준다. 지금까지 언급했던 산림토양과 경작토양의 차이점을 〈표 9-1〉에 요약하였다.

(3) 토양 소동물

토양 동물(soil fauna) 중에는 몸이 작을수록 유기물을 분해하여 토양을 비옥하게 만드는 종류가 많은데, 가장 대표적이며 중요한 것이 지렁이류이다. 지렁이류(earthworms)는 지표면에 있는 유기물을 먹이로 이용하여 분해시킨 다음 땅속에 배설물로 내놓는데, 이 과정은 마치 농경지에서 쟁기로 땅을 갈아엎는 것과 같은 효과를 가져온다. 또한 토양 내 무기양분 순환을 촉진시킬 뿐만 아니라, 토양의 물리적 성질(유기물과 광물질의 혼합, 통기성 증진, 입단구조 형성)을 개량함으로써 토양을 비옥하게 만든다. 토양 중에 지렁이가 많으면 수분 함량이 적절하고 유기물이 많다는 증거이며, 수목생장에도 유리한 조건이 된다. 그 밖에 톡톡이(springtail), 쥐며느리(wood lice) 등도 낙엽분해에 기여한다. 땅속에 사는 응애는 유기물을 분해하기도 한다.

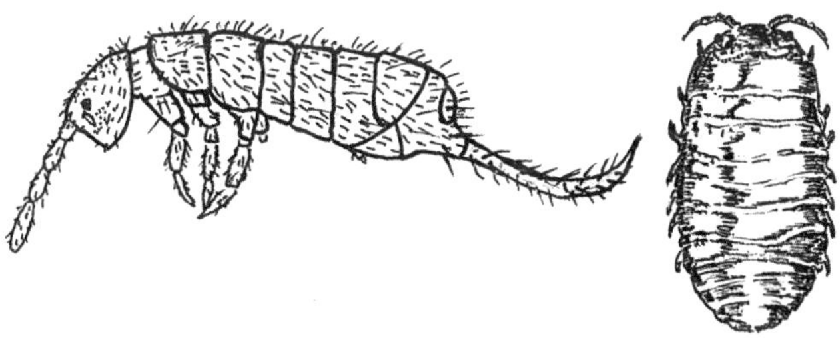

〈그림 9-4〉 토양에서 유기물(낙엽)을 분해하여 양분 순환에 크게 기여하는 토양 소동물(Ross 등, 1982)

2. 무기양분의 역할

무기양분(無機養分, mineral nutrient)은 식물체 내에서 여러 가지 기능을 가지고 있는데, 그중에서 중요한 것을 나열하면 다음과 같다.

① 식물조직의 구성성분(tissue constituents): Ca(세포벽), Mg(엽록소), N과 S(단백질), P(인지질과 핵산)

② 효소의 활성제(enzyme activator): Mg, Fe, Mo, Mn 등 대부분의 미량원소

③ 삼투압 조절제(osmotic regulator): K(특히 기공), Na(내염성 식물)

④ 완충제(buffer systems): P, 유기산 완충제(Ca, Mg, K)

⑤ 막의 투과성 조절제(regulator of membrane permeability): Ca

무기양분에 대한 관심은 주로 농업에서만 볼 수 있었고 임업 분야에서는 큰 관심을 기울이지 않았으나, 최근 들어 상황이 바뀌고 있다. 임목육종으로 인하여 빨리 자라는 품종이 육성되고 있으며, 임업에서도 단벌기에 속성재배가 유망해지고, 목재이용률 향상으로 소경재(小徑材; 작은 직경의 목재)와 더불어 나뭇가지도 산림에서 반출됨으로써 수목들이 과거보다 더 많은 양의 무기양분을 요구하거나 소모하는 경향이 발생하고 있기 때문이다. 더욱이 지가 상승과 목재가격의 상승으로 조방적인 임업 대신 집약적인 임업경영이 요구되어, 산림토양에 대한 집중적인 관리와 무기양분에 대한 효율적 이용이 필요해지고 있다.

3. 필수원소

식물체 내에서는 60여 종의 원소(금과 우라늄이 함유된 경우도 있음)가 검출되는데, 이들이 모두 식물생장에 필요한 것은 아니다. 필수원소(必須元素,

essential elements)가 되기 위해서는 첫째, 그 원소 없이는 식물이 생활사(生活史, life cycle; 자라서 꽃이 피고 건전한 종자를 결실하는 단계까지를 의미함)를 완성할 수 없어야 하며, 둘째, 그 원소가 조직의 필수적인 구성성분이어야 한다. 필수원소를 찾아내기 위해서는 식물의 뿌리를 보통 물속에서 자라게 하고, 고도로 정제된 무기화합물을 수용액으로 만들어 공급하는 수경재배(水耕栽培, hydroponic culture)법을 사용하여 거기서 검정하고자 하는 원소를 제외시킨 다음, 식물의 반응을 관찰하여 필수 여부를 판별한다.

지금까지 알려진 필수원소는 17가지인데(〈표 9-2〉 참조), 이들은 다음 두 그룹으로 나뉜다. 식물조직 내에 건중량의 0.1%(1,000ppm) 이상 함유되어 있는 대량원소(大量元素, macronutrients 혹은 major elements)와 0.1% 미만 함유되어 있는 미량원소(微量元素, micronutrients 혹은 minor elements 혹은 trace elements)가 그것이다. 〈표 9-2〉에 있는 원소 외에도 앞으로 그 수가 더 늘어날 수 있다. 예를 들어 니켈(Ni)은 1980년대 들어서 17가지 중 최종적으로 필수원소임이 증명되었다.

다음에 열거하는 원소들은 일부 식물에는 필수적이거나 생장에 도움을 주지만, 17가지 필수원소에는 들어가지 않는다. 일반적으로 화본과식물은 규소(硅素, silicon, Si)를 많이 함유하고 있는데, 벼의 경우 건중량의 16%까지 규소를 가지고 있다. 규소는 세포벽을 강화하고, 내병성과 내건성을 높여 주며, 알루미늄의 독성을 완화시켜 주고, 건강을 증진하여 생장을 촉진하므로, 단자엽식물에서 필수원소라고 할 수 있다.

나트륨(sodium, Na)은 염분이 많은 땅에서 자라는 식물에서 삼투압을 유지하는 데 필요하며, C-4 식물(광합성 방법에 의한 분류)도 나트륨이 있어야 정상적인 생장을 한다.

코발트(cobalt, Co)는 질소를 고정하는 미생물과 식물에서 필요한 필수원소이며, 동시에 동물이 필요로 하는 비타민 B_{12}의 구성성분이기도 한다.

셀레늄(selenium, Se)은 인간에게는 필수적인 원소이며, 식물에는 내병성과 초식동물의 피해를 막는 데 도움이 된다.

〈표 9-2〉 17가지 필수원소와 식물조직 내 평균 함량 및 식물이용 형태(Salisbury와 Ross, 1992)

대량원소					미량원소				
명칭	영어명	화학 기호	식물 이용 형태	조직 내 함량 (%)	명칭	영어명	화학 기호	식물 이용 형태	조직 내 함량 (ppm)
탄소	carbon	C	CO_2	45	철	iron	Fe	Fe^{++}	100
산소	oxygen	O	O_2, H_2O	45				Fe^{+++}	
수소	hydrogen	H	H_2O	6	염소	chlorine	Cl	Cl^{-}	100
질소	nitrogen	N	NO_3^{-}	1.5	망간	manganese	Mn	Mn^{++}	50
			NH_4^{+}		붕소	boron	B	$H_2BO_3^{-}$	20
칼륨	potassium	K	K^{+}	1.0	아연	zinc	Zn	Zn^{++}	20
칼슘	calcium	Ca	Ca^{++}	0.5	구리	copper	Cu	Cu^{++}	6
인	phosphorus	P	$H_2PO_4^{-}$	0.2				Cu^{+}	
			HPO_4^{--}		몰리브덴	molybdenum	Mo	MoO_4^{--}	0.1
마그네슘	magnesium	Mg	Mg^{++}	0.2	니켈	nickel	Ni	Ni^{++}	미량
황	sulfur	S	$SO4^{--}$	0.1					

주: 1% = 10,000ppm

그 밖에 요오드(iodine, 옥도)는 인간에게는 필수적이지만, 식물에는 필요하지 않다.

〈표 9-2〉에서 대량원소 중 탄소, 산소, 수소는 CO_2와 H_2O를 통하여 얻기 때문에 무기양분에 포함시키지 않는다. 그다음으로 성분이 많은 것은 질소(N), 칼륨(K), 칼슘(Ca), 인(P), 마그네슘(Mg) 다섯 가지인데, 그중에서 칼슘과 마그네슘은 극단적인 산성 토양이 아닌 이상 결핍증상이 잘 나타나지 않으며, 나머지 질소, 칼륨, 인은 농작물과 수목에서 가장 많이 요구하는 원소로서 비료의 3원소로 취급하고 있다.

4. 필수원소의 기능과 결핍

1) 일반적인 결핍증상

17가지 필수원소 중에서 어느 하나라도 모자라면 식물은 결핍증상(缺乏症狀, deficiency symptom)을 나타낸다. 그러나 산림에서 미량원소의 결핍은 철(Fe)을 제외하면 흔히 관찰되지 않는다. 눈으로 볼 수 있는 일반적인 필수원소 결핍증상은 생장둔화로 인한 왜성화, 황화현상, 백화현상, 작은 반점, 불규칙한 얼룩반점, 비틀림, 조직괴사, 조기낙엽 등이다.

왜성화는 일반적으로 볼 수 있는 무기양분의 결핍증상 중 가장 중요한 것으로, 특히 줄기 중에서 잎의 크기가 감소하며 노란색을 띠고 괴사하기도 한다. 황화현상이 나타날 때 잎이 전체적으로 황색으로 변하거나(질소, 인, 칼륨, 황), 가장자리가 변색하거나(마그네슘), 엽맥과 엽맥 사이 조직만 황색으로 되는 경우(칼륨, 철, 망간)도 있다. 소나무류의 경우에는 침엽이 서로 갈라지지 못하고 합쳐지는 경우가 생긴다. 라디아타소나무의 경우에는 아연 결핍으로 눈 근처에서 수지(resin)가 밖으로 나온다.

황화현상(黃化現象, chlorosis)은 엽록소의 합성에 이상이 생겨 발생하는데, 엽록소의 구성성분인 질소와 마그네슘 결핍뿐 아니라 칼륨, 철, 망간의 부족으로도 나타난다. 그러나 무기양분의 결핍 이외에도 수분부족 혹은 과다, 이상기온, 독극물 혹은 무기염류의 과다, 대기오염 등으로도 황화현상이 나타날 수 있다. 알칼리성 토양에서 자라는 수목에서 흔히 관찰되는 황화현상은 대개 철(Fe) 부족 때문에 일어난다. 해부학적인 변화도 무기염류의 결핍에서 나타나는데, 그중에서 칼슘부족은 테다소나무의 경우 작은 눈과 작은 잎을 만들며, 뿌리의 세포분열이 억제된다. 아연 결핍은 과수에서 잎의 분화를 둔화시켜 엽육조직의 세포간극이 줄어들게 한다.

식물에 결핍증을 유발하는 무기양분의 농도는 원소에 따라서 식물이 감내할 수 있는 범위에 차이가 있지만, 일반적으로 적정 농도(대략적인 수치는 〈표 9-2〉 참조)의 70~80%보다 적으면 결핍을 초래할 수 있다. 그러나 적정 농도가 식물마다, 그리고 빨리 자라는 농작물과 천천히 자라는 산림수목이 서로 다르기 때문에 수종의 적정 농도를 정확하게 알고 있어야 한다. 예를 들면 콩과식물 잎의 질소 함량은 보통 2.5% 이상 되지만, 소나무 잎의 질소 함량은 1.5% 전후이다.

2) 무기양분의 이동성

무기양분은 종류에 따라 이동성(移動性, mobility)이 서로 다르기 때문에 결핍증상이 먼저 나타나는 곳이 원소에 따라서 다르다. 식물체 내에서 이동이 용이하여 재분배가 쉽게 일어나는 원소는 성숙잎에서 어린잎으로 부족한 원소를 이동시키기 때문에 그 부족증상이 성숙잎에서 먼저 나타난다. 질소, 인, 칼륨, 마그네슘은 이동이 쉬운 이동성 원소(mobile elements)에 속한다. 반면에 이동이 쉽게 이루어지지 않는 부동성 원소(immobile elements)로 칼슘, 철, 붕소를 열거할 수 있는데, 그 결핍증상이 세포분열이 일어나는 곳, 즉 생장점, 열매 그리고 자라는 어린잎에서 먼저 나타난다.

그 밖에 황, 아연, 망간, 구리, 몰리브덴은 이동성이 중간 정도에 속하여 결핍증이 어린잎과 성숙잎에서 동시에 나타나기도 한다. 그러나 일부 학자들은 이들 원소(특히 망간)를 부동성 원소로 분류하기도 한다. 무기양분을 체내에서 재분배하기 위해 이동시킬 때 식물은 목부(xylem)를 이용하지 않고 사부(phloem)를 통해 이동시킨다. 따라서 어떤 원소의 이동성이란 세포 내에서의 용해도와 사부조직으로 들어갈 수 있는 용이성을 의미한다.

3) 각 원소의 기능과 결핍증

(1) 질소

질소(窒素, nitrogen, N)는 7장 단백질과 질소 대사에서 다룬 바와 같이 아미노산, 단백질, 효소, 핵산, 식물호르몬, 엽록소의 구성성분이며, 식물의 여러 가지 대사에서 핵심 역할을 한다. 또한 무기양분 중에서 가장 많은 양이 식물체 내에 함유되어 있기 때문에(〈표 9-2〉 참조) 가장 중요한 원소이다. 수목의 여러 부위 중에서 잎에 질소를 함유한 엽록소가 있고, 잎이 광합성, 호흡, 당분 저장과 이동 등 대사작용을 가장 왕성하게 하기 때문에 잎 속의 질소 함량이 가장 많아 보통 건중량의 1.0~2.5%를 차지한다.

질소는 암석(암석에는 질소가 전혀 없음)의 풍화작용으로 생기는 성분이 아니므로 일반 토양에서 부족하기 쉽고, 주로 유기물의 분해로 토양에 공급된다. 질소는 다른 원소보다 결핍증이 자주 관찰되는데, 주요 결핍증은 성숙잎에서 먼저 황화현상으로 나타난다. 이것은 질소가 쉽게 성숙잎에서 어린잎으로 이동하기 때문이다. 질소가 결핍된 식물은 지상부의 생장이 저조하여 T/R율이 적어지는 데 반해, 질소를 과다하게 시비할 때에는 잎이 짙은 녹색을 띠며 지상부가 왕성하게 자라 T/R율이 커진다. 조경수의 경우 질소를 시비하면 나무가 웃자라서 여러 가지 문제(병해충, 대기오염, 내한성, 바람에 대한 저항성 감소)를 가져오기 때문에 질소시비는 바람직하지 않다.

(2) 인

인(燐, phosphorus, P)은 체내에 건중량의 약 0.12~0.15% 함유되어 있는데, 염색체의 구성성분인 핵산과 원형질막의 구성성분인 인지질에서 발견된다. 또한 에너지를 생산하고 전달하는 과정에서 인산(phosphate)이 ATP 형태로 직접 관여하며, 광합성과 호흡작용에서 당류와 결합하여 여러 가지 대사를 주도한다. 인은 식물체 내에 유기태(예: phytic acid) 혹은 무기태(phosphate) 형태로 존재하며, 이 형태로 운반된다.

인은 질소 다음으로 부족하기 쉬운 원소로서 주로 $H_2PO_4^-$ 형태로 뿌리에서 흡수되는데, 토양 산도에 따라서 유용성이 크게 달라진다. 즉 토양 pH 5.0 이하에서는 인이 철(Fe)이나 알루미늄(Al)과 결합하고, 알칼리성 토양에서는 칼슘(Ca)과 결합하여 물에 녹지 않는 불용성 인산(不溶性燐酸, insoluble phosphate)으로 바뀌기 때문에 식물이 흡수할 수 없다. 산성 토양에 석회비료를 투여하면 불용성 인산이 수용성(유용성) 인산(soluble phosphate)

으로 바뀌어 식물이 흡수할 수 있게 된다. 따라서 토양 중 총 인의 함량은 보통 많은 편이지만, 산림토양의 경우 낮은 pH로 인하여 유용성 인의 함량은 적다.

인은 식물체 내에서 운반이 용이하기 때문에 성숙잎에서 어린잎으로 쉽게 이동하여 결핍될 경우 성숙잎에서 먼저 증세가 나타난다. 왜성화로 묘목이 자라지 않고 초기에는 뚜렷한 다른 증세가 나타나지 않지만, 소나무 잎의 경우에는 자주색을 띤다.

(3) 칼륨

칼륨(potassium, K)은 건중량의 약 1%로서 많은 양이 조직 내에 들어 있지만(〈표 9-2〉 참조), 조직의 구성성분이 아니기 때문에 유기질 형태로 존재하지 않고 대신 자유 이온(ion)의 형태로 존재한다. 칼륨은 광합성과 호흡작용에 관여하는 효소의 활성제(activator) 역할을 하며, 전분과 단백질 합성효소를 활성화한다. 또한 세포의 삼투압을 높이는 수단으로 쓰이며, 특히 기공의 삼투압을 가감하여 개폐시킨다. 칼륨은 질소와 인 다음으로 결핍되기 쉬운 원소로서 K^+의 형태로 흡수된다.

칼륨은 체내에서 이동이 용이하기 때문에 성숙잎에서 결핍증이 먼저 나타나는데(〈그림 9-5A〉 참조), 잎에 검은 반점이 생기고 잎 주변에 황화현상이 나타난다. 결핍된 식물은 서리와 더위에 약하고 병에 대한 저항성이 약해져 뿌리썩음병에 잘 걸린다.

(4) 칼슘

칼슘(calcium, Ca)은 세포벽에서 칼슘 펙테이트(calcium pectate)의 형태로 중엽층(middle lamella; 세포와 세포 사이의 조직)을 구성하는 물질로서 세포막의 정상적인 기능에 기여하며, 세포분열에 관여하고, 아밀라아제(amylase) 등의 활성제 역할을 한다. 세포질 내에 아주 낮은 농도로 존재하는데, 칼슘이 칼모듈린(calmodulin)이라는 단백질에 결합되어 다른 효소를 활성화한다.

칼슘은 체내에서 이동이 안 되기 때문에(사부로 적재가 안 됨), 결핍증은 항상 어린 조직에서 먼저 나타난다. 칼슘은 세포분열 시 중엽층을 만드는 데 필요하기 때문에 세포분열이 일어나는 정단조직, 즉 뿌리 끝, 줄기 끝, 어린잎에서 결핍증상이 나타나며, 분열조직이 기형으로 변하면서 죽는다. 과거에 북미주 동북부 지방에서 산성비(acid rain)로 산림토양이 산성화되어 가문비나무(*Picea rubens*)에서 칼슘 결핍증이 관찰되었다.

(5) 마그네슘

마그네슘(magnesium, Mg)은 엽록소의 구성성분으로, ATP와 결합하여 ATP가 제 기능을 하도록 활성화하며, 광합성, 호흡작용 그리고 핵산 합성에 관여하는 효소의 활성제 역할을 한다. 마그네슘은 체내에서 쉽게 이동이 되기 때문에 성숙잎에서 먼저 결핍증인 황화현상이 나타난다. 황화현상은 엽맥과 엽맥 사이에 있는 조직에서 먼저 시작되며, 엽맥에 인접한 엽육조직은 늦게까지 엽록소를 보유한다. 마그네슘 결핍증은 일반토양에서는 거의 볼 수 없으나, 산성비로 인하여 산림토양이 산성화된 유럽과 북미주의 산림에서 나타난 적이 있다.

(6) 황

황(黃, sulfur, S)은 시스테인(cysteine), 메티오닌(methionine)과 같은 아미노산의 구성성분이며, 티아민(thiamine, 비타민 B_1), 비오틴(biotin), 코엔자임(coenzyme) A와 같이 호흡작용에 관여하는 조효소의 구성성분이다. 결핍증상은 일반토양에서는 잘 볼 수 없으나, 체내에서 이동이 잘 안 되어 어린잎 전체(엽맥 포함)가 황화현상을 나타내고 아미노산이 축적된다. 대기오염으로 SO_2 가스가 많으면 기공으로 흡수된 후 물과 반응하여 HSO_3^-(bisulfite)가 되는데, 이것은 광합성을 방해하고 엽록소를 파괴한다.

〈그림 9-5〉 포플러의 칼륨 결핍(A)과 영산홍의 철 결핍(B)

체내 이동이 잘 되는 칼륨(K)은 초기 결핍증상이 포플러 성숙잎에서 먼저 나타나고(A), 이동이 잘 되지 않는 철(Fe)은 영산홍 어린잎에서 먼저 나타난다(B).

(7) 철

철(鐵, iron, Fe)은 체내에 0.01%(100ppm) 정도로 적게 존재하는 미량원소이지만, 광합성과 호흡작용에서 전자를 전달하는 단백질(ferredoxin, cytochrome)과 질소고정효소(nitrogenase)와 산화효소(예: catalase, peroxidase)의 구성성분이며, 엽록소를 합성하는 단백질이 철을 필요로 하므로 엽록체에 많이 존재한다. 철 결핍증상은 수목의 미량원소 중에서 가장 흔하게 나타나는데, 산성 토양에서는 철이 쉽게 흡수되어 결핍되지 않고 주로 석회암 지대의 알칼리성 토양에서 관찰된다. 철은 체내에서 이동이 잘 안 되기 때문에 어린잎에서 먼저 결핍증이 나타난다(〈그림 9-5B〉 참조). 증세는 Mg 결핍증과 흡사하게 엽맥 사이 조직에서 먼저 시작되지만, 어린잎에서 나타난다는 것이 마그네슘과 다르다.

(8) 붕소

붕소(硼素, boron, B)는 화분관의 생장 및 핵산의 합성과 반섬유소(hemicellulose)의 합성, 세포분열과 세포신장에 관여하는 것으로 알려져 있다. 결핍증은 산림에서 철과 더불어 미량원소 중에서 흔하게 나타나는 편이다. 산성과 알칼리성 토양 모두에서 결핍증이 나타나는데, 정단분열조직(줄기 끝과 뿌리 끝)이 죽고 수분 흡수력이 떨어진다. 밤나무의 경우 조기낙과 현상을 붕소시비로 어느 정도 방지할 수 있다.

(9) 망간

망간(manganese, Mn)은 엽록소의 합성에 필수적이며 효소의 활성제이다. 특히 광합성에서 물(H_2O)분자를 가르는 광분해(光分解, photolysis) 장치의 일부이다. 망간 결핍증은 자주 볼 수 없으나 알칼리성 토양에서 나타나는 경우가 있으며, 잎에 반점을 만든다. 망간은 체내에서 이동이 잘 안 된다.

(10) 아연

아연(亞鉛, zinc, Zn)은 효소의 활성제로서 트립토판(tryptophan)의 생산에 관여함으로써 부수적으로 이 아미노산으로 만들어지는 식물호르몬인 옥신(auxin) 생산에 관여한다. 따라서 결핍증상은 옥신 부족으로 인하여 절간(internode)생장이 억제되고 잎이 작아지는 것이다. 산림에서는 지금까지 오스트레일리아에서 라디아타소나무 외에 아연 결핍증이 보고된 바가 없다.

(11) 구리

구리(銅, copper, Cu)는 산화-환원 반응에 관여하는 효소의 구성성분이며, 또한 엽록체 단백질인 플라스토시아닌(plastocyanin)의 구성성분이다. 매우 적은 양만 필요하기 때문에 작물이나 산림에서 결핍증상이 관찰된 예가 극히 드물지만, 소나무의 어린줄기와 잎이 꼬이는 증상이 나타나기도 한다.

(12) 몰리브덴

몰리브덴(molybdenum, Mo)은 17가지 원소 중 체내에서 가장 적은 농도(0.1ppm 전후)로 발견되는데, 질소고정효소(nitrogenase)와 질산환원효소(nitrate reductase, $NO_3^- \rightarrow NO_2^-$)의 구성성분이며, 핵산의 구성요소인 퓨린계(adenine과 guanine) 해체와 식물호르몬인 아브시스산(abscisic acid)의 합성에 관여한다. 산림에서 결핍증상은 매우 드물게 관찰되나, 잎의 끝부분부터 황화현상과 괴사현상이 일어난다.

(13) 염소

염소(鹽素, chlorine, Cl)는 광합성에서 망간과 함께 H_2O의 광분해(photolysis)를 촉진하며, 식물호르몬인 옥신(auxin) 계통의 화합물(4-ch1oro-indoleacetic acid)의 구성성분이며, 삼투압을 높이는 데 기여한다. 염소는 천연상태에서 자라는 작물이나 수목에서 결핍증상을 찾아볼 수 없는데, 그 이유는 염소가 평소에 먼지, 빗물, 안개 등에 섞여 있다가 식물이 필요로 하는 만큼 공급되기 때문이다. 결핍증을 유도하기 위해서는 공기의 흐름을 차단한 실내에서 실험을 해야 하며, 실험자의 피부를 노출시키지 않아야 한다.

(14) 니켈

니켈(nickel, Ni)은 1980년대 들어 필수원소임이 증명되어 1950년대에 염소가 추가된 이래 17가지 원소 중에서 가장 마지막으로 추가된 것이다. 니켈은 질소 대사에서 요소(尿素, urea)를 CO_2와 NH_4^+로 분해하는 유레아제(urease) 효소의 구성성분이다. 니켈이 결핍되면 동부(cowpea)의 경우 잎에 요소가 축적되어 검은 반점으로 괴사하며, 보리의 경우 종자가 발아하지 않는다. 목본식물에서는 아직 연구된 바가 없다.

5. 토양 산도에 따른 무기양분의 유용성 변화

앞서 1절 토양의 화학적 성질에서 언급한 것처럼, 토양의 pH는 여러 가지 무기양분의 유용성(有用性, availability; 식물이 흡수할 수 있는 형태로 존재하는 상태를 뜻함)에 영향을 끼치기 때문에, 토양 내 무기양분이 아무리 많더라도 식물이 이용할 수 없는 형태, 즉 불용성 형태(insoluble form)로 존재하면 식물은 결핍증을 나타내게 된다. 〈그림 9-6〉과 같이 산성 토양인 산림토양에서 결핍현상이 나타날 수 있는 원소는 P, Ca, Mg, B 등이다. 특히 P는 토양 내 제1인산염(phosphate, H_2PO4^-) 형태로 주로 존재하는데, pH가 5.0 이하로 내려가면 Fe이나 Al과 결합하여 불용성 인산으로 바뀌기 때문에 산림토양에서 가용성 인산(加溶性燐酸, soluble phosphate)의 함량이 국내에서 20ppm 이하로 낮게 나타나는 경우가 자주 있다. 알칼리성 토양에서 결핍

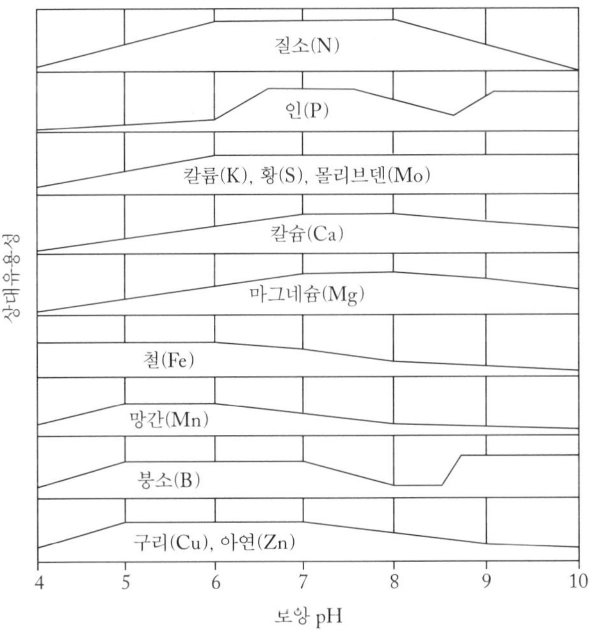

〈그림 9-6〉 토양 pH 변화에 따른 무기양분의 유용성 변화(Truog, 1947)

현상이 자주 나타나는 원소는 Fe이다.

1970년대 산성비(acid rain)로 인하여 유럽과 북미주에서 산림이 큰 피해를 입었는데, 주원인은 토양의 산성화로 평상시 나타나지 않는 무기양분의 결핍과 무기영양의 불균형 때문이었다. 독일에서 독일가문비나무(*Picea abies*)를 대상으로 연구한 바에 의하면, 고산지대에 있는 가문비나무는 평상시에 Ca과 Mg의 결핍을 볼 수 없으나, 산성비로 인해 토양 pH가 낮아지면 치환성 Al의 농도가 높아져 Ca과 Mg의 흡수를 방해하여 결핍증상을 유발한다.

알루미늄(Aluminum, Al)은 Si와 함께 점토를 구성하는 성분이기 때문에 토양 중에 대량으로 존재하지만, 식물에 필수원소는 아니다. 평상시 Al은 식물이 흡수할 수 없는 안정된 형태로 존재하지만, 토양이 산성화되면 치환성 알루미늄(exchangeable Al)으로 변해 식물이 흡수하여 체내에 축적된다. 1970년대 유럽과 북미주의 산성비에 의한 산림쇠퇴(forest decline)는 토양의 산성화로 인해 Al 독성이 나타나고, 무기양분 간의 불균형(산성비는 N를 함유하고 있기 때문에 초기에 수목의 생장을 촉진하고, 후에 Ca, Mg의 결핍을 유발함)으로 인하여 발생했다.

6. 수목 내 무기양분의 분포와 변화

1) 수목의 부위별 분포

수목 내 무기양분은 일반적으로 살아 있는 조직에서 함량이 많고, 죽어 있는 조직에서는 적다. 즉 잎은 수목의 어느 부위보다도 대사작용이 왕성하기 때문에 양분 함량(농도)이 제일 많고, 수간 중 목부조직은 대부분 죽어 있는 조직이므로 함량이 제일 적다. 〈그림 9-7〉에 몇 가지 수종의 부위별 질소와 인의 함량을 표시하였다. 작은 가지(측지)는 큰 가지(주지)보다 양분 함량이 많지만, 잎보다 적고 수간보다 많아 살아 있는 조직의 비율에 비례

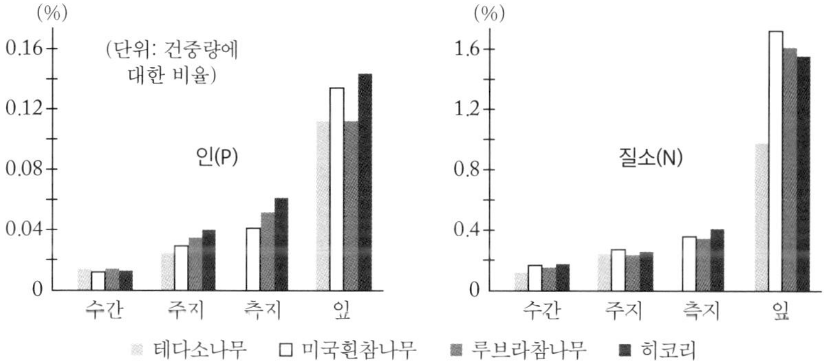

〈그림 9-7〉 몇 가지 수종의 부위별 인(P)과 질소(N) 함량(Ralston과 Prince, 1965)

〈표 9-3〉 16년생 테다소나무림의 수목 부위별 주요 무기양분 함량(Wells 등, 1975)

(단위: kg/ha)

위치	수목 부위	질소 (N)	인 (P)	칼륨 (K)	칼슘 (Ca)	마그네슘 (Mg)
지상부	1년생 잎	55	6.3	32	8	4.8
	잎 전체	82	10.3	48	17	7.9
	살아 있는 가지	34	4.5	24	28	6.1
	죽은 가지	26	1.5	4	30	3.0
	수간(목부)	79	10.7	65	74	22.7
	수간(수피)	36	4.2	24	38	6.5
	지상부 합계	257	30.9	165	187	46.2
지하부	근계	64	16.9	61	52	21.9
총계		321	47.8	226	239	68.1

하여 양분 함량이 많아짐을 알 수 있다.

수목 전체를 대상으로 하여 부위별 무기양분의 총량을 비교하면, 테다소나무의 경우 체내 총 질소의 25.5%, 인의 21.5%, 칼륨의 21.2%가 잎에 존재한다(〈표 9-3〉 참조). 이것은 잎이 수목에서 가장 대사활동이 왕성한 기관이기 때문에 질소, 인, 칼륨이 잎에 집중적으로 축적되어 있는 것으로 해석된다.

〈표 9-4〉 생장이 양호한 지역과 불량한 지역의 백합나무 잎의 무기양분 함량(Schomaker와 Rudolph, 1964) (단위: 잎의 건중량에 대한 비율)

원소	생장 양호 지역	생장 불량 지역	비고
질소(N)	1.75%	0.95%	대량원소
인(P)	0.20%	0.10%	〃
칼륨(K)	0.89%	0.67%	〃
칼슘(Ca)	3.18%	2.76%	〃
마그네슘(Mg)	0.32%	0.29%	〃
망간(Mn)	471ppm	345ppm	미량원소
철(Fe)	122ppm	87ppm	〃
구리(Cu)	10ppm	8ppm	〃
붕소(B)	72ppm	73ppm	〃
아연(Zn)	32ppm	27ppm	〃
몰리브덴(Mo)	12ppm	10ppm	〃
알루미늄(Al)	402ppm	437ppm	필수원소 아님
수고생장량	17.4m	8.1m	
직경생장량	18.7cm	10.1cm	

백합나무(*Liriodendron tulipifera*) 잎의 여러 가지 무기양분 함량을 〈표 9-4〉에 나타냈는데, 생장이 양호한 지역의 함량은 〈표 9-2〉에 나타나 있는 일반 식물의 함량과 비슷한 수치를 보인다. 그러나 생장이 불량한 지역의 양분 함량은 대부분의 필수원소에서 양호한 지역에 비하여 적게 나타났다. 그중에서도 질소와 인의 함량이 현저하게 적게 나타나 불량한 생장의 주 원인이 됨을 시사하고 있다. 이 연구 결과는 일반적으로 산림토양에서 부족한 무기양분은 질소(N)와 인(P)이라는 것을 재확인해 주고 있다.

2) 계절별 변화

수목 내 무기양분의 함량은 계절별로 큰 차이가 있다. 특히 잎은 대사작용이 왕성한 만큼 수명도 짧아 변화의 폭이 가장 크다. 〈그림 9-8〉에서 사과나무(품종 Delicious)의 꽃이 피고 난 후 잎에서의 무기양분의 변화를 보면,

N, P, K의 함량(건중량에 대한 %)은 어린잎에서 제일 많고 그 후 계속 감소하는데, 특히 가을에 접어들면서 N와 P의 함량이 급격히 감소하고, K도 감소한다. 반면에 Ca 함량은 어린잎에서 적지만 계속하여 증가하는데, 특히 낙엽 전에 급격히 증가한다. Mg 함량은 크게 변화하지 않고 계속 비슷한 수준을 보인다(〈표 7-3〉 참조).

온대지방에서는 가을이 가까워짐에 따라서 이동이 용이한 양분인 N, P, K 등의 함량은 잎에서 감소하며, Ca과 같이 이동이 용이하지 않은 원소는 증가한다. 이와 같은 현상은 낙엽 전에 양분의 재분배를 통하여 N, P, K을 수피로 회수하여 저장하고, Ca을 노폐물과 더불어 밖으로 배출시키기 위한 방법이다. 그러나 낙엽 당시에 낙엽 속에는 상당량의 양분이 함유되어 있으며(〈표 9-5〉 참조), 냉온대, 온대, 열대지방의 산림의 종류에 따라서 연간 낙엽 형태로 토양으로 되돌아가는 무기양분의 양은 상당히 차이가 있다(〈표 9-6〉 참조). 이 양분은 미생물에 의해 광물질화되어 수목뿌리에 다시 흡수된다.

이와 같이 잎에서 무기양분의 함량이 계속하여 변화한다는 사실을 감안한다면, 엽분석(葉分析, foliar analysis)으로 수목의 영양상태를 진단하고자 할 때에는 잎이 성숙한 다음 비교적 변화의 폭이 적은 7월 중에 해야 한다.

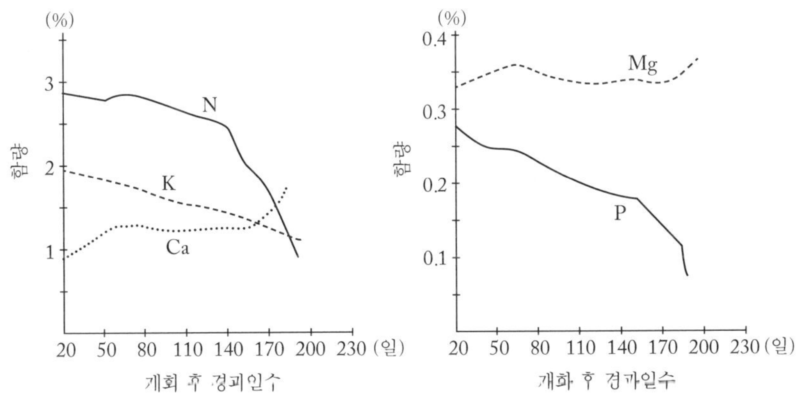

〈그림 9-8〉 사과나무 개화 후 잎의 무기양분 변화(Rogers 등, 1953)

〈표 9-5〉 여러 수종의 낙엽 당시 잎의 무기양분 함량(Lutz와 Chandler, 1946; Berg와 McClaugherty, 2020) (단위: 건중량에 대한 %)

학명	수종명	N	P	K	Ca	Mg	회분
Betula lenta	단자작나무	0.72	0.17	0.75	1.65	0.28	-
Acer saccharum	설탕단풍	0.67	0.11	0.75	1.81	0.24	-
Carya ovata	히코리류	0.91	0.16	1.18	2.09	-	9.59
Liriodendron tulipifera	백합나무	0.51	0.11	0.95	2.56	0.45	10.67
Magnolia accuminata	목련류	0.58	0.28	0.76	1.71	0.29	-
Tilia americanum	미국피나무	1.01	0.12	0.52	3.84	0.77	15.16
Abies balsamea	발삼전나무	1.25	0.09	0.12	1.12	0.16	3.08
Picea abies	독일가문비나무	1.02	0.09	0.39	1.96	0.23	-
Pinus banksiana	방크스소나무	0.58	0.04	0.16	0.61	-	4.15
Thuja occidentalis	서양측백나무	0.60	0.04	0.25	2.16	0.15	-
Tsuga canadensis	캐나다솔송나무	1.05	0.07	0.27	0.68	0.14	-
Alnus incana	물오리나무	3.07	0.14	1.56	1.23	0.23	-

〈표 9-6〉 냉온대, 온대, 열대지방에서 연간 낙엽 형태로 토양으로 되돌아가는 무기양분의 양 (Kimmins, 2004) (단위: kg/ha/yr)

구분	국가와 지역명	무기양분				
		N	P	K	Ca	Mg
구주소나무	핀란드	11	1.0	2.5	7.8	-
미송	미국 워싱턴주	13.6	0.2	2.7	11.1	-
방크스소나무	캐나다 온타리오주	16.6	-	4.8	10.4	-
참나무류	벨기에	50	2.4	21.0	110	5.6
가문비나무	구 러시아	52	2.6	12	48	7
활엽수림	미국 뉴햄프셔주	54.2	4.0	18.3	40.7	5.9
테다소나무	미국 노스캐롤라이나주	58.2	7.8	16.0	29.2	6.9
자작나무	구 러시아	66	5.0	13	54	19
너도밤나무	스웨덴	69	5.0	14.4	31.7	4.3
오리나무류	캐나다 서부해안	137	5.4	16	51	10
열대림	가나	199.5	7.3	68.4	206	44.8

7. 수종에 따른 무기양분 요구도

농업에서 육종은 보통 선발을 통하여 품종을 개량하고, 다수확종은 대개 비료를 충분히 주었을 때 반응을 보이도록 선발된 품종이다. 임업에서는 아직 시비가 보편화되어 있지 않기 때문에 천연적인 산림토양에서 나타나는 수목 무기양분의 요구도는 경쟁에 의해 결정된다. 일반적으로 산림의 수목은 농작물보다 양분 요구량이 적으며, 따라서 생장속도도 작물보다 느리다. 산림수목 간에도 양분 요구량이 서로 다른데, 활엽수는 침엽수보다 더 많은 양분을 요구하며, 침엽수 중에서도 소나무류는 가장 적은 양을 요구한다. 즉 무기양분의 요구량은 다음 순서와 같다.

농작물(비옥한 토양) 〉 활엽수 〉 침엽수 〉 소나무류(척박한 토양)

이 순서는 소나무류가 척박한 토양을 좋아한다는 뜻이 아니고, 비옥한 토양에서도 생장이 느려 활엽수와의 경쟁에서 지기 때문에 활엽수나 보통 침엽수가 자랄 수 없는 척박한 토양으로 밀려나 자란다는 것을 의미한다. 따라서 활엽수는 계곡에 가까운 비옥하고 수분이 많은 토양을 점령하고, 소나무류는 산 위로 올라가 비교적 척박하고 건조한 토양에서 자라게

〈표 9-7〉 무기양분 요구도에 따른 수목의 분류(이경준과 이승제, 2016)

무기양분 요구도	활엽수	침엽수
상 (비옥지를 선호함)	감나무, 느티나무, 단풍나무, 대추나무, 동백나무, 매화나무, 모과나무, 물푸레나무, 배롱나무, 백합나무, 벚나무, 오동나무, 이팝나무, 칠엽수, 버즘나무, 피나무, 호두나무, 회화나무	금송, 낙우송, 독일가문비나무, 삼나무, 주목, 측백나무
중	가시나무류, 버드나무류, 자귀나무, 자작나무, 포플러	가문비나무, 미송, 솔송나무, 잣나무, 전나무
하 (척박지에 적응함)	등, 보리수나무, 소귀나무, 싸리나무류, 아까시나무, 오리나무류, 참나무류, 해당화	곰솔, 노간주나무, 대왕소나무, 방크스소나무, 소나무, 향나무

된다. 그러므로 같은 양의 목재를 생산하는 데 필요한 무기양분을 비교한다면, 활엽수는 소나무보다 훨씬 더 많은 양의 양분을 필요로 하는 셈이다. 〈표 9-7〉에 무기양분 요구도에 따라 수목을 분류하였다.

8. 무기영양 상태 진단

수목의 무기영양 상태를 진단할 수 있는 방법에는 ① 가시적 결핍증(visual deficiency symptom) 관찰, ② 시비실험, ③ 토양분석(soil analysis), ④ 엽분석 등이 있는데, 이 중에서 가장 신빙성 있는 방법은 엽분석이다.

엽분석(葉分析, foliar analysis)은 잎의 채취 시기(7~8월 초가 적기), 채취 위치(가지의 중간), 잎의 연령에 따라 차이가 있으나, 〈표 9-4〉와 같이 백합나무의 경우 정상적인 생장에 필요한 무기양분의 표준 함량이 한번 설정된 후에는 쉽게, 경제적으로 그리고 비교적 신빙성 있게 수목의 영양상태를 진단할 수 있다. 특히 시비 처리 후 단기간의 엽분석을 통하여 후에 나타날 시비효과를 예측할 수 있는 방법이 개발되고 있다.

일반적으로 침엽수는 활엽수보다 척박한 땅에서도 자라며 양분 요구도가 낮은 편이기 때문에, 잎의 무기양분 함량도 활엽수보다 적은 경향이 있다. 〈표 9-8〉에 소나무과 수목의 잎에서 양분부족을 나타내는 한계농도를 표시했다. 이를 참고하여 침엽수의 무기영양 상태를 진단할 수 있다.

〈표 9-8〉 소나무과 수목의 잎에서 필수원소의 양분부족을 나타내는 한계농도(Binkley와 Fisher, 2018)

(단위: 잎 건중량당 %)

수종명	N	P	K	Ca	Mg
구주소나무	1.2~1.4	0.14~0.18	0.35~0.45	-	0.08
라디아타소나무	1.2~1.5	0.12~0.14	0.30~0.35	0.10	0.06~0.08
독일가문비나무	1.2~1.5	0.12~0.15	0.35~0.50	0.04~0.06	0.04~0.06
미국솔송나무	1.0~1.2	0.11~0.15	0.40~0.45	0.06~0.08	0.06~0.08

〈표 9-9〉 귤의 무기영양 상태를 진단할 수 있는 엽분석 지침(Embleton 등, 1975)

원소명	영양상태(%)				
	결핍상태	적정수준 이하	적정수준	적정수준 이상	과잉상태
질소(N)	〈 2.2	2.2~2.3	2.4~2.6	2.7~2.8	〉 2.8
인(P)	〈 0.09	0.09~0.11	0.12~0.16	0.17~0.29	〉 0.30
칼륨(K)	〈 0.40	0.40~0.69	0.70~1.09	1.10~2.00	〉 2.30

귤의 경우 정상적인 생장을 위한 가장 적절한 잎의 질소 함량은 건중량의 2.4~2.6%이며, 인산은 0.12~0.16%, 그리고 칼륨은 0.70~1.09%이다(〈표 9-9〉 참조). 질소의 경우 2.2%보다 적으면 결핍상태, 2.8%보다 크면 과잉상태로, 적정수준이 비교적 좁은 편이다. 〈표 9-4〉의 백합나무의 경우 생장이 양호한 지역과 불량한 지역을 서로 비교해 보면, 잎의 양분 함량은 대부분 생장이 양호한 나무에서 높고, 불량한 나무에서 낮게 나타났다. 이 경우 엽분석으로 생장불량의 원인을 구명할 수 있으며, 특히 생장불량 지역의 질소와 인의 함량이 양호 지역의 반 수준에 머물러 있어 절대적으로 결핍상태에 있음을 알 수 있다.

9. 엽면시비와 수간주사

잎을 통해 무기양분을 공급하는 것을 엽면시비(葉面施肥, foliar spray)라고 하는데, 요즘 장비가 발달하여 자주 사용하고 있다. 조경수목, 특히 이식한 나무의 건강이 급속히 나빠졌거나 확실하고 빠른 시비효과를 얻고자 할 경우 사용한다. 물에 잘 녹는 수용성 비료인 요소(尿素, urea), 황산철, 제1인산칼륨 같은 비료를 고압분무기를 사용해 살포하는데, 제대로 시행하면 좋은 결과를 가져올 수 있다.

잎과 가지 표면에 뿌려진 무기양분은 잎의 큐티클층, 기공, 털(섬모), 그리고 가지의 피목(皮目)을 통해 흡수된다. 그러나 수종에 따라서 잎과 기공의 구조와 큐티클층의 두께가 다르기 때문에 흡수 효율에서 큰 차이가 있다. 사과와 귤은 복숭아, 자두, 체리보다 흡수를 잘 하는데, 사과에서 질소를 흡수하는 속도는 체리보다 2배 이상 빠르다. 커피, 바나나, 카카오는 요소(urea)를 이용해 질소를 시비할 때 빠른 속도로 흡수된다. 여러 가지 무기양분 간에도 흡수 효율이 서로 다르다. 예를 들면 양전하(+)를 가진 양분 중에서 나트륨(Na)은 마그네슘(Mg)보다 빨리 흡수되고, 마그네슘은 칼슘(Ca)보다 빨리 흡수된다.

엽면시비한 양분의 흡수율을 높이기 위해서는 양분과 전착제의 농도가 중요하다. 양분의 농도가 진할수록 시비효과가 크지만, 너무 진하면 잎에 염류 피해가 나타난다. 바닷물은 염분 농도가 평균 3.5% 정도인데, 잎에 직접 닿을 경우 피해를 준다. 가장 적절하면서 안전한 양분(영양액)의 농도는 0.5%이며, 그 이상의 농도는 나무에 피해를 줄 수 있다. 전착제(展着劑, 계면활성제(界面活性劑), surfactant)는 0.1% 정도로 첨가하여 잎에 물방울이 잘 부착되도록 한다. 양분의 조성은 호글랜드 용액(Hoagland solution)을 참고하되, 농도를 2배(0.5%)로 높여 1리터당 질산칼슘($Ca(N0_3)_2$) 1g, 질산칼륨(KNO_3) 0.5g, 제1인산칼륨(KH_2PO_4) 0.5g, 황산마그네슘($MgS0_4$) 0.5g, 요소 2g, 전착제 0.25ml를 혼합한다. 조경수의 경우 질소보다 칼륨을 더 공급하기 위하여 호글랜드 용액의 제1인산암모늄($NH_4H_2PO_4$)을 제1인산칼륨(KH_2PO_4)으로 대체하는 것이 바람직하다.

수간주사(樹幹注射, trunk injection)는 수목뿌리가 제구실을 하지 못하고 나무가 쇠약해져 있을 때 무기양분을 체내에 직접 투여하는 방법이다. 특히 농약을 수관에 대량으로 살포하여 환경오염이 염려될 때 농약을 수간주사로 주입할 수 있으며, 그 효과가 즉시 나타난다. 수목은 최근 1~5년 사이에 만든 나이테(변재 부위)를 이용해서 수액을 위로 이동시키므로, 수간주사는 이에 맞추어 형성층으로부터 2~3cm 깊이로 뚫고 약액을 투입한다(〈그림 9-9〉 참조).

사용하는 영양액은 엽면시비 때 사용하는 호글랜드 용액을 그대로 사용하되, 수목에 맞게 약간 변형한다. 조경수의 경우 웃자라는 것을 방지하기 위해 질소를 줄이고, 대신 칼륨을 더 보강하기 위해 제1인산암모늄($NH_4H_2PO_4$)을 제1인산칼륨(KH_2PO_4)으로 대체한다. 용액의 농도는 모든 무기염을 합쳐서 엽면시비보다 낮은 0.25% 정도로 하는데, 이 농도는 본래 호글랜드 용액의 농도와 같은 수준이다.

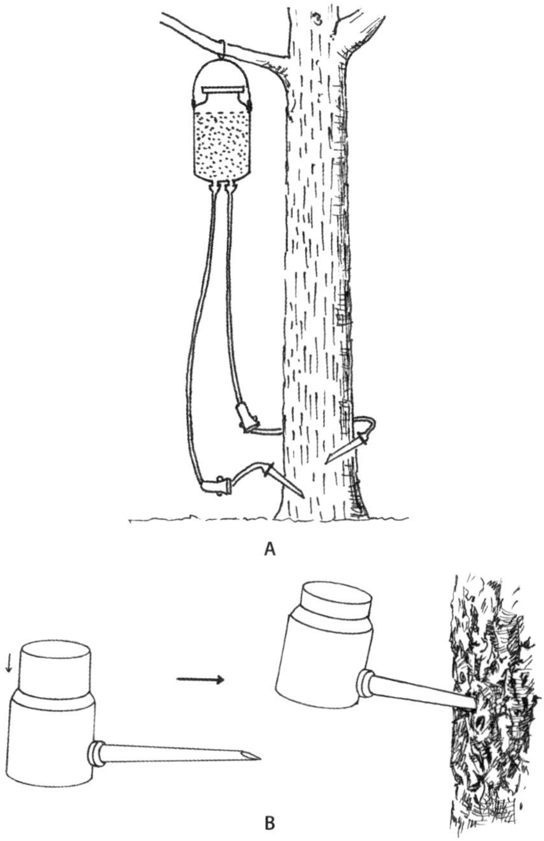

〈그림 9-9〉 수간주사 방법

A: 중력식 수간주사기, B: 압력식 수간주사기.

10

수분생리와 증산작용

지구상에서 식물이 자랄 수 있는 온도 범위 내에 있는 곳이라도 물(H_2O)이 없으면 식물이 자랄 수 없다고 할 만큼 물의 공급은 식물 생존을 결정한다. 또한 식물세포에 포함되어 있는 물질 중에서 가장 큰 비중을 차지하고 있는 것이 물이다. 물 없이는 식물이 광합성, 증산작용, 무기염의 흡수, 체내 물질 이동, 가수분해와 관련된 화학반응, 세포 속에 여러 물질을 녹이는 용매 역할 등을 수행할 수 없다. 초본식물의 경우 물이 없으면 세포의 팽압을 유지하지 못해 곧게 서 있지도 못한다. 그만큼 물(水分, water)은 바로 생명(生命, life)을 의미한다고 할 수 있다.

1. 물의 특성

지구상에 생물이 존재할 수 있는 것은 물(H_2O)이 있기 때문이라고 할 만큼 생물은 물과 밀접한 관계를 맺고 있다. 물은 다른 화합물과 비교하여 다음과 같은 독특한 성질을 가지고 있다.

① 높은 비열(比熱, specific heat; 물 1g을 1℃ 올리는 데 소요되는 열량): 1cal/g

② 높은 기화열(氣化熱, heat of vaporization; 물 1g을 액체에서 기체 상태로 변화시키는 데 소요되는 열량): 540cal/g

③ 높은 융해열(融解熱, heat of fucion; 물 1g을 고체에서 액체 상태로 바꾸는 데 소요되는 열량): 80cal/g

④ 극성(極性, polarity): 양전기와 음전기를 동시에 띠고 있다.

⑤ 자외선과 적외선 흡수: 대기권에서 진행된다.

즉 물은 높은 비열을 가짐으로써 온도의 급격한 변화를 방지하고, 높은 기화열을 가짐으로써 수증기로 바뀌는 것을 억제함과 동시에 훌륭한 냉각제(冷却劑, coolant) 역할을 하며, 높은 융해열을 가짐으로써 물이 어는 속도를 늦추어 주고, 겨울철 해양 생태계의 온도가 낮아지는 것을 막아준다.

물(H_2O)은 수소(H)와 산소(O) 간에 전자를 서로 나누어 가지는 공유결합(共有結合, covalent bond)을 하지만, 전자를 잡아당기는 힘이 산소 쪽이 수소보다 더 커서 산소 쪽은 음전기를 띠고 수소는 양전기를 띠어 극성(polarity)을 나타낸다($H^+-O^--H^+$). 이 극성 때문에 물은 훌륭한 용매(溶媒, solvent) 역할을 하여 여러 가지 물질을 용해시킨다. 또한 물은 공기 중에서 수증기 상태로 자외선을 흡수하여 생물에 대해 자외선의 피해를 막아주며, 적외선을 흡수하여 지표면의 온도상승을 완화시켜 준다.

이와 같은 물의 독특한 성질은 생물이 지구상에서 살아가는 데 유리한 환경을 제공해 주며, 지구는 이러한 물의 존재 때문에 태양계에서 유일하게 생물체가 존재하는 행성이라고 할 수 있다.

2. 물의 기능

수목의 생장에 필요한 여러 가지 물질 가운데 가장 많은 양이 필요한 것이 물이다. 육상 생태계에서 식물이 자랄 수 있는 온도가 갖춰진 지역에서 수목이 자랄 수 있는 가능성은 수분에 의해 결정된다. 대부분의 초원지대와 사막지역도 강우량과 계절적 분포가 적절하면 수목이 자랄 수 있다.

물의 중요성은 다음과 같은 기능으로 미루어 알 수 있다.

① 원형질의 구성성분: 살아 있는 세포 생중량의 80~90% 정도가 물로

구성되어 있다.

② 반응물질: 광합성과 여러 가지 생화학적 가수분해의 반응물질(reagent)이다.

③ 용매: 기체, 무기염, 기타 여러 물질의 용매 역할을 한다.

④ 운반체: 여러 대사물질을 다른 곳으로 운반시키는 운반수단이다.

⑤ 팽압: 식물세포의 팽압을 유지하는 데 필요하다.

이러한 다섯 가지 물의 기능 중에서 세포의 팽압을 유지하는 기능은 식물에서 매우 중요하다. 팽압은 세포의 확장, 기공의 개폐, 어린잎의 모양을 유지하고, 초본식물의 줄기를 지탱하는 데 필요하다.

3. 수분퍼텐셜

1) 물의 자유에너지

수목에서 수분이동과 수분생리를 이해하기 위해서는 우선 수분퍼텐셜의 개념을 알아야 한다. 자유에너지(free energy)란 어떤 물질이 일을 할 수 있는 에너지를 의미하는데, 순수한 증류수는 자유에너지가 0이지만, 증류수 안에 다른 물질이 녹아 있거나 물의 상대적인 위치가 높아지면 자유에너지는 증가한다. 따라서 물은 자유에너지가 높은 곳에서 낮은 곳으로 이동하게 된다.

수분퍼텐셜(water potential)이란 물이 이동하는 데 사용할 수 있는 에너지의 양을 뜻하며, 어떤 종류의 물이 증류수에 비교하여 단위 부피당 가지고 있는 잠재 에너지에 해당한다. 즉 수분퍼텐셜은 삼투현상, 중력, 기계적 힘, 그리고 표면장력에 의한 모세관 현상 같은 기질(matrix)효과에 의해서 물이 한 장소에서 다른 장소로 이동하는 경향을 계량화한 개념이다. 그리스 문자인 φ(psi, '사이'로 발음)로 표시하며, 국제적으로 사용하는 단위는 메

가파스칼(megapascal, MPa)이다.

$$1MPa = 10.13atms(기압) = 10^7 dyne/cm^2 = 10bars$$
$$1Pa = 1N/m^2$$

2) 삼투현상과 물의 세포 내 이동

삼투현상(滲透現象, osmosis)은 용매(solvent, 물)가 선택적 투과성 막(selectively permeable membrane, 혹은 '반투과성 막'이라고도 부름)을 통해 용질(solute, 설탕)의 농도가 높은 쪽으로 자동으로 이동하는 현상을 말한다. 선택적 투과성 막은 생물의 경우 원형질막(plasma membrane) 혹은 세포막(cell membrane)을 의미하며, 원형질막은 분자가 크고 극성을 띠고 있기 때문에 용질에 해당하는 물질(설탕, 다당류, 단백질, 이온 형태의 무기염)을 통과시키지 않고, 대신 극성을 띠지 않은 물질(지방)이나 작은 분자에 해당하는 물질(물, 산소, 이산화탄소)을 통과시킨다. 따라서 삼투현상은 선택적 투과성 막을 통한 용질의 특수한 확산(擴散, diffusion)현상이라고 할 수 있다.

삼투현상은 선택적 투과성 막을 사이에 두고 양쪽 물의 화학적 퍼텐셜(chemical potential)이 서로 다를 때 일어난다. 물에 용질이 많이 녹아 있을수록 용매인 물의 몰(mole) 분자수가 상대적으로 감소하여 물의 퍼텐셜이 감소하고, 용질이 적게 녹아 있을수록 물의 몰 분자수가 증가하여 물의 퍼텐셜이 증가한다. 따라서 삼투현상에 의한 물의 이동은 설탕(용질)이 적게 녹아 있어 물(용매)의 수분퍼텐셜이 높은 쪽에서 설탕이 많이 녹아 있어 물의 수분퍼텐셜이 낮은 쪽으로 이동하게 된다.

삼투압(滲透壓, osmotic pressure)이란 어떤 용매(식물의 경우 물)가 선택적 투과성 막을 통해서 이동하는 것을 막을 수 있는 최소한의 힘을 의미한다. 즉 어떤 용질이 녹아 있는 용액(설탕물)이 순수한 물(용매)을 흡수하는 힘을 압력으로 표시한 것이라고 할 수 있다.

3) 구성성분

수목에서 수분퍼텐셜은 삼투퍼텐셜, 압력퍼텐셜, 중력퍼센셜, 기질퍼텐셜의 네 요소로 구성된다. 삼투퍼텐셜(osmotic potential)은 주로 액포 속에 용해되어 있는 여러 가지 용질(solute)이 나타내는 삼투압에 의한 것이며, 보통 φ_s로 표시하는데 그 값은 항상 0보다 작은 음수(-)이다. 용질퍼텐셜(solute potential)이라고도 부른다.

압력퍼텐셜(pressure potential)은 세포가 수분을 흡수함으로써 원형질막이 세포벽을 향해 밀어내서 나타내는 압력(팽압)을 의미하는데, 보통 φ_p로 표시한다. 그 값은 수분을 충분히 흡수한 세포(뿌리와 잎)의 경우 +값을, 수분을 잃어버려 원형질 분리(原形質分離, plasmolysis) 상태에 있을 경우 0값을, 그리고 왕성하게 증산작용을 하고 있는 도관세포 내에서는 장력(張力, tension)하에 있기 때문에 -값을 가진다. 원형질 분리란 세포 속의 수분이 밖으로 빠져나가면서 세포벽에 밀착되어 있던 원형질이 수축하여 세포벽에서 떨어져 분리되는 현상을 뜻한다.

중력퍼텐셜(gravitational potential)은 중력(重力)에 관련된 사항이다. 물은 중력에 의해 아래로 이동하며, 물이 가질 수 있는 에너지는 물의 상대적 위치에 따라서 변한다. 중력퍼텐셜은 물의 위치가 지표면보다 높아질수록 커지며, +값을 가진다. 즉, 위쪽 줄기가 아래쪽 줄기보다 더 큰 +값을 나타낸다. 10m 올라갈 때마다 +0.1MPa 만큼 중력퍼텐셜이 커진다. 10m 미만의 키가 작은 초본과 수목에서는 무시되는 항목이며, φ_g로 표시한다.

기질(基質)퍼텐셜(matrix potential, matric potential)은 친수성을 가진 교질(膠質, colloid)상태의 단백질과 전분 입자 등의 표면에 흡착되어 있는 물분자에 의한 것인데, 평소에 수분을 이미 어느 정도 함유하고 있는 세포에서는 0에 가까운 수치를 나타내 일반적으로 식물의 수분퍼텐셜 구성성분으로서 무시되고 있다. 그러나 건조한 종자나 건조한 토양에서는 기여도가 크며, -값을 나타낸다. 보통 φ_m으로 표시한다.

이러한 네 가지 요소를 모두 합치면 세포의 수분퍼텐셜은 항상 0보다 작은 값을 가지며, 수분의 이동은 수분퍼텐셜이 높은 곳(-값이 작은 곳)에서 낮은 곳(-값이 큰 곳)으로 이루어진다.

$$\underset{(\text{세포의 수분퍼텐셜})}{\varphi} = \underset{(\text{삼투퍼텐셜})}{\varphi_s} + \underset{(\text{압력퍼텐셜})}{\varphi_p} + \underset{(\text{중력퍼텐셜})}{\varphi_g} + \underset{(\text{기질퍼텐셜})}{\varphi_m}$$

φ_s (삼투퍼텐셜): 항상 음수(-)이다.

φ_p (압력퍼텐셜): +, 0, - 모두 가능하다.

φ_g (중력퍼텐셜): 항상 양수(+)이나, 초본과 관목에서는 무시된다.

φ_m (기질퍼텐셜): 수분을 이미 가진 식물에서 거의 0에 가까워 무시된다.

4) 삼투퍼텐셜

삼투퍼텐셜(φ_s)은 삼투압에 비례하여 낮아지므로 삼투압이 높을수록 수분을

〈표 10-1〉 여러 식물 잎의 삼투퍼텐셜 측정 예(Salisbury와 Ross, 1992)

(단위: MPa)

목본식물			초본식물 및 특수식물		
학명	식물명	삼투퍼텐셜	학명	식물명	삼투퍼텐셜
Acer rubrum	참꽃단풍	-1.7	*Xanthium*	도꼬마리류	-1.2
Quercus alba	미국흰참나무	-2.0	*Helianthus annus*	해바라기	-1.9
Pinus monticola	몬티콜라 잣나무	-2.0~-2.5	*Stellaria media*	별꽃	-0.74
Populus deltoides	미루나무	-2.1	적습산림의 초본류		-0.6~-1.4
Salix babylonica	수양버들	-3.6	건조산림의 초본류		-1.1~-3.0
Citrus reticulata	귤류	-4.8	고산지대의 초본류		-0.7~-1.7
Picea pungens	은청가문비 나무	-5.2			
활엽수류와 관목류		-1.4~-2.5			
침엽수류와 진달래류		-1.6~-3.1			

흡수하려는 힘, 즉 수분퍼텐셜이 낮아진다(실제로는 – 값이 커지는 것임).

삼투퍼텐셜은 세포액의 빙점을 측정하거나 원형질 분리 혹은 압력통(pressure bomb)을 사용하여 측정할 수 있다. 대부분의 식물의 삼투퍼텐셜은 -0.4에서 -2.0MPa의 값을 나타내는데, 한 식물 내에서도 어린잎이 성숙잎보다 값이 더 낮아 수분부족으로 잎이 시들 때 성숙잎부터 시들게 된다. 키가 큰 나무는 키가 작은 초본식물보다 값이 더 낮다(〈표 10-1〉 참조). 사막지대에 사는 식물은 건조한 토양으로부터 수분을 얻기 위하여, 그리고 염생식물(鹽生植物, halophytes)은 염분이 많은 물(바닷물의 삼투퍼텐셜은 -2.4MPa)에서 수분을 얻기 위하여 더 낮은 값을 갖는다.

5) 압력퍼텐셜

압력퍼텐셜(φ_p)은 세포가 수분을 흡수함으로써 부피가 커져 원형질막이 세포벽을 향하여 밀어내는 압력, 즉 팽압(膨壓, turgor pressure)을 의미한다. 세포가 수분을 많이 흡수할수록 팽압이 커지므로 압력퍼텐셜의 값도 커진다. 삼투압은 세포 안으로 수분이 들어오도록 작용하는 힘이지만, 팽압에 비례하여 수분이 더 이상 들어오지 못하도록 저항하는 힘이 세포벽으로부터 반작용으로 생기기 때문에 팽압과 삼투압은 서로 반대 방향으로 작용한다. 초본식물의 경우 수분퍼텐셜을 MPa 단위로 표시할 때 세포의 수분퍼텐셜은 다음 식과 같다.

$\varphi = \varphi_s + \varphi_p$ (초본의 경우 φ_g와 φ_m은 0에 가까우므로 무시함)

팽윤세포: 0 = -1.8 + 1.8 (수분을 최대한으로 흡수한 팽윤세포는 수분퍼텐셜이 0)

보통 세포: -1.0 = -1.9 + 0.9 (수분이 약간 빠져나가면 용액의 농도가 진해지므로 삼투퍼텐셜은 약간 더 낮아지고, 압력퍼텐셜은 감소함)

늘어진 세포: -2.0 = -2.0 + 0 (수분이 더 빠져나가면 삼투퍼텐셜은 더 감소하고, 압력퍼텐셜은 없음)

세포 단위에서 볼 때 전형적인 중생식물(mesophyte; 수분이 알맞게 있는 곳에서 자라는 식물)은 수분퍼텐셜이 다음과 같을 때 수분 스트레스를 받게 된다.

φ_{cell} = -0.5MPa (약간의 수분 스트레스를 받음)

φ_{cell} = -0.5~-1.2MPa (제법 수분 스트레스를 받음)

φ_{cell} = -1.5MPa 이하 (심한 수분 스트레스를 받음)

6) 도관의 장력과 압력퍼텐셜

압력퍼텐셜은 일반 세포에서는 +값으로 작용하여, 수분을 많이 함유한 세포일수록 결과적으로 수분퍼텐셜을 높여주는 역할을 한다. 즉 팽윤세포는 수분퍼텐셜이 0이 되어 더 이상 수분을 흡수하지 않는다. 그러나 증산작용을 왕성하게 하고 있는 수목의 경우, 도관(혹은 가포관)을 대상으로 볼 때 압

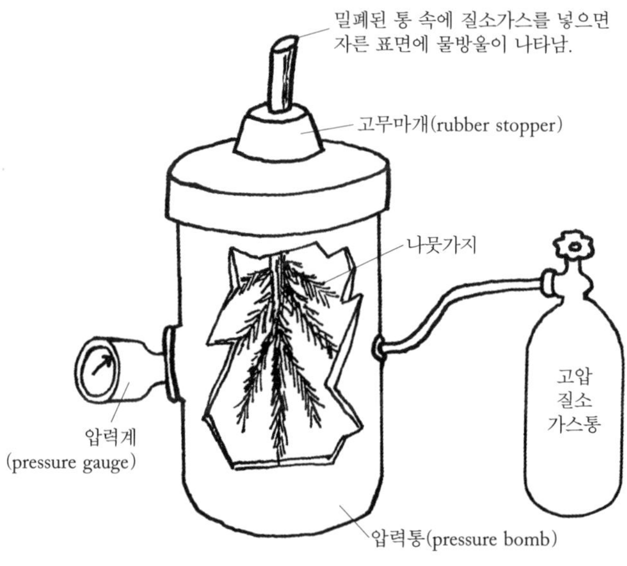

〈그림 10-1〉 압력통에 의한 수분퍼텐셜 측정법(Scholander 등, 1965)

력퍼텐셜은 도관(혹은 가도관) 내에서 오히려 -값으로 작용하여 수분퍼텐셜을 낮추는 데 기여한다.

11장 5절의 수액상승 원리에서 다시 다루게 되겠지만, 증산작용을 왕성하게 하고 있는 나무의 경우 기공과 엽육조직에서 수분을 잃어버리면 엽육세포의 삼투압과 세포벽의 수화작용(水和作用, hydration; 세포벽과 물분자 간의 부착력에 의한 것)에 의해 주위의 도관(혹은 가도관)으로부터 엽육세포로 수분이 이동하게 된다. 즉 도관 내의 물을 위쪽 잎에서 빠른 속도로 끌어올

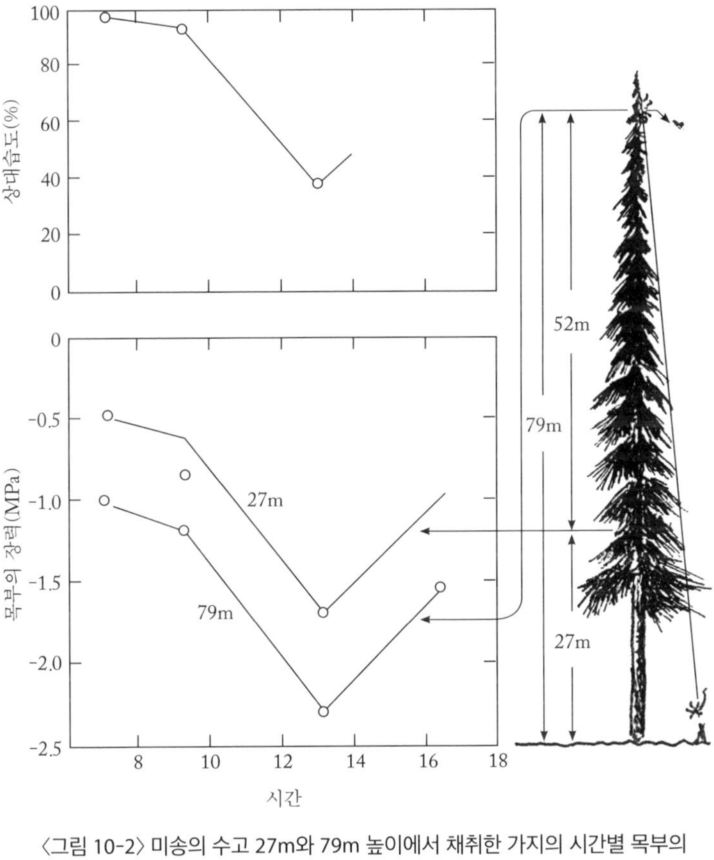

〈그림 10-2〉 미송의 수고 27m와 79m 높이에서 채취한 가지의 시간별 목부의 장력(수분퍼텐셜) 변화(Scholander 등, 1965)

림으로써 아래쪽의 도관 벽은 안쪽으로 수축하며, 도관은 팽압을 나타내는 대신 장력(張力, tension)하에 놓이게 된다. 이와 같은 장력은 오히려 압력퍼텐셜을 -값으로 만들어 결국 수목의 수분퍼텐셜을 더 낮추는 역할을 한다.

증산작용을 왕성하게 하는 나무에서 도관이 장력하에 있다면, 나뭇가지를 끊어버릴 때 도관 벽은 압력을 균일하게 하기 위해 바깥쪽으로 확장될 것이며, 끊어진 가지 표면에서 도관의 물기둥이 안쪽으로 퇴각할 것이다. 또한 외부에서 처음 장력만큼 압력을 가한다면 안쪽으로 퇴각한 물기둥이 끊어진 제자리로 다시 복귀할 것이다.

Scholander 등(1965)은 이와 같은 가설을 증명하기 위해 압력통(pressure bomb)을 〈그림 10-1〉과 같이 제작하여 밀폐된 통 속에 방금 자른 나뭇가지를 꽂고 질소가스를 투입하면서 끊어진 가지 표면에 물방울이 다시 나타나는 때의 압력을 측정하여 나뭇가지의 장력(수분퍼텐셜의 일부에 해당)을 측정하였다.

〈그림 10-2〉에 Scholander 등(1965)이 압력통을 이용하여 측정한 도관의 장력을 도해하였다. 그들은 미송(*Pseudotsuga menziesii*)의 가지를 지상 27m와 79m에서 채취하였는데, 두 지점 간의 수분퍼텐셜을 비교하면 오전 7시부터 오후까지 계속해서 79m 지점이 0.5MPa가량 더 낮았으며, 이 값은 27m 지점에서 79m 지점까지 52m 길이에 존재하는 물기둥의 하중에 의한 유체정력학적 기울기(hydrostatic gradient)인 0.503MPa와 거의 일치하는 수치였다.

7) 수분퍼텐셜의 분포와 수분이동

토양 중에 있는 물이 뿌리 속으로 흡수되고 목부를 통하여 잎까지 전달되어 기공에서 증산작용으로 대기권으로 되돌아가는 물의 이동은 식물이 토양으로부터 대기까지 연속적인 체계(토양-식물-대기권 연결, soil-plant-air continuum)를 형성함으로써 가능하다. 그러나 물이 중력의 역방향으로 올라가기 위해서는 수분퍼텐셜이 적절하게 기울기(gradient, 경사도)를 만들어 주어야 한다. 즉 토양의 수분퍼텐셜이 가장 높고, 대기권이 가장 낮으며, 식물이 중간 값을 가지면 물은 수분퍼텐셜의 기울기를 따라서 에너지의 소모 없이 이동하게 된다. 이때 물이 수십 미터 높이까지 올라가기 위해서는 도관 내의 물기둥이 끊어지지 않고 연결되어야 하는데, 물분자 간의 응집력(凝集力, cohesion)에 의하여 연결이 가능하다. 잎에서 끌어올리는 힘은 도관 내의 물을 장력하에 두어 추진력을 높여준다.

〈그림 10-3〉에 전형적인 수목 내 수분퍼텐셜의 분포를 표시하였다. 수목의 크기가 거대하지 않고, 토양용액의 수분퍼텐셜이 -0.3MPa로서 포장용수량보다 약간 낮다면, 낮에 증산작용을 함으로써 수목 내에 수분퍼텐셜은 자연적으로 그림과 같이 기울기가 형성된다. 잎에서 대기로 수분이 이동하는 증산작용은 대기의 엄청나게 낮은 수분퍼텐셜(φ=-30.1MPa, 20℃, 상대습도 80%의 경우) 때문에 빠른 속도로 진전되며, 특히 엽육세포가 수분을

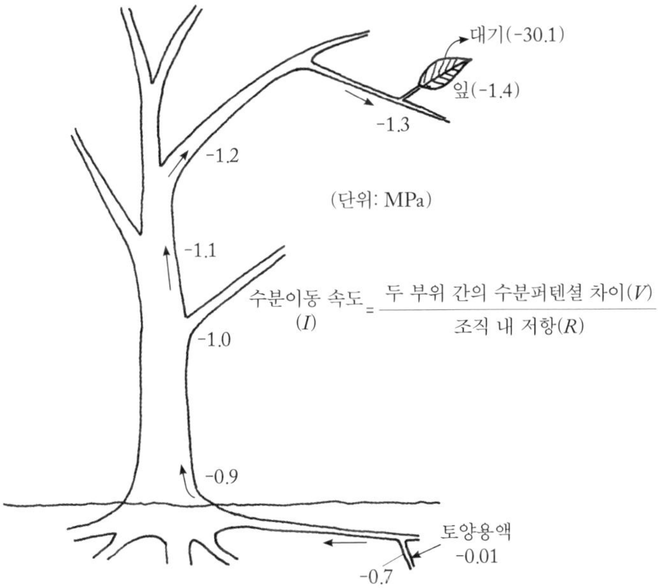

〈그림 10-3〉 토양에서 대기권까지 수분이동에 필요한 수목 내 수분퍼텐셜의 분포와 기울기 형성

잃어버릴 때 엽육세포 주변의 도관에서 엽육세포로 수분이 이동하는 이유는 엽육세포의 삼투압과 세포벽의 수화작용(水化作用) 때문이다. 이러한 세 가지 요소(대기의 낮은 수분퍼텐셜, 엽육세포의 삼투압과 세포벽의 수화작용)가 물기둥을 잡아당기는 가장 중요한 추진력을 만들어 준다.

전기가 흐르는 전류량은 옴의 법칙으로 설명할 수 있다. 옴(Ohm)의 법칙에 의하면, 두 지점 간에 전도체(conductor)를 통해서 전기가 흐르는 양(전류, current, I)은 전위차(전압, voltage, V)에 비례하고 전기저항(resistance, R)에 반비례한다. 발전소에서 전압을 높여 고압으로 송전하며, 전기저항을 최소한으로 줄이기 위해 구리 전선을 사용하는 원리이다.

옴의 법칙(Ohm's law): $I = V/R$

I: 전류의 양(A: 암페어, ampere), V: 전압(V: 볼트, volt), R: 저항(옴: ohm)

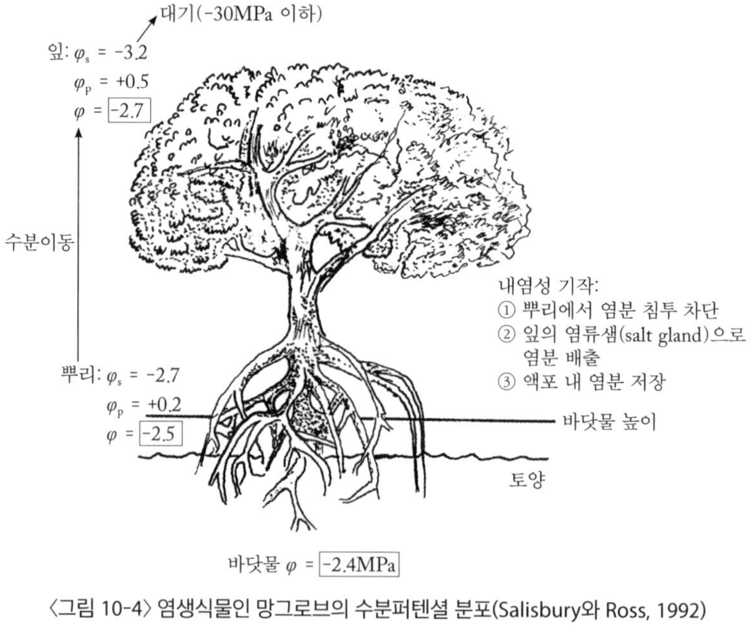

〈그림 10-4〉 염생식물인 망그로브의 수분퍼텐셜 분포(Salisbury와 Ross, 1992)

이러한 전류이동의 원리가 식물의 수분이동에도 그대로 적용된다. 〈그림 10-3〉에 도해한 것처럼 수분이동 속도(*I*에 해당)는 두 부위(뿌리와 잎) 간 수분퍼텐셜의 차이(*V*에 해당)에 비례하고, 조직(도관, 가도관) 내 저항(*R*에 해당)에 반비례한다고 해석할 수 있다. 〈그림 10-2〉에서 키가 79m 되는 미송의 나무 꼭대기까지 물이 전달되는 원리는 27m 지점과 79m 지점 사이에 0.5MPa의 수분퍼텐셜의 차이가 있기 때문이다.

망그로브(mangrove)는 열대지방의 바닷가에 자라는 염생식물(halophyte)로서 뿌리가 바닷물에 항상 잠겨 있다. 바닷물의 삼투압은 -2.4MPa 정도 되기 때문에 망그로브의 뿌리는 수분퍼텐셜이 이보다 더 낮아야 수분을 흡수할 수 있다. 〈그림 10-4〉에서 뿌리의 수분퍼텐셜은 -2.5MPa이고 잎은 -2.7MPa로서 바닷물보다 더 낮다. 따라서 물은 -2.4 → -2.5 → -2.7MPa의 방향으로 수분퍼텐셜이 높은 곳에서 낮은 곳으로 기울기를 따라 무난하게 바닷물에서 잎까지 전달된다.

4. 수분흡수

식물의 수분흡수는 대부분 뿌리를 통해 이루어지지만, 뿌리 이외의 다른 부위에서도 약간의 수분이 흡수된다. 잎의 기공과 각피층(角皮層, cuticle layer)을 통해 엽면시비한 비료가 흡수될 때 수분이 함께 흡수되며, 잎이 붙어 있던 엽흔(葉痕, leaf scar), 수피의 피목(皮目, lenticel)과 수피의 갈라진 틈으로도 약간의 수분이 흡수되지만, 그 양은 적은 편이다. 이슬(dew)이 알레포소나무(Aleppo pine)의 생존에 중요한 역할을 한다는 보고도 있으나, 일반적으로 이슬의 양이 극히 적기 때문에 기여도가 적다고 본다. 그러나 미국 세쿼이아(sequoia)의 경우 울창하고 거대한 숲을 이루고 있어 오전의 짙은 안개는 기공을 통해 나무에 상당히 많은 수분을 공급하는 것으로 알려져 있다.

1) 뿌리의 구조와 수분흡수

수목의 근계는 지름이 1mm 이하인 가느다란 세근(細根)으로부터 지름이 수 센티미터 이상이고 두꺼운 수피를 가지고 있는 굵은 뿌리까지 다양한 크기이며, 근계의 분류(2장 5절 참조)에서 본 것처럼 복잡한 형태를 이루고 있다. 어린뿌리를 통하여 수분이 흡수되기 위해서는 〈그림 2-23〉에서 볼 수 있듯이 표피와 피층을 통과하게 되는데, 이 두 층은 세포가 느슨하게 배열되어 있어 수분의 이동이 비교적 쉽게 이루어진다. 물이 내피(內皮, endodermis)까지 도달하면 내피의 방사단면과 횡단면 세포벽에 발달한 카스파리대(Casparian strip; 수베린으로 된 띠로 물의 자유로운 출입을 차단함) 때문에 물은 세포벽이나 세포간극을 더 이상 통과할 수 없고 내피의 원형질막을 통과해야 한다. 그러나 새로 형성되는 측근은 내피 안쪽에 있는 내초(內鞘, pericycle)에서 기원하며 주변 조직을 찢으면서 자라나오기 때문에 그 열린 공간을 통해 수분이나 무기염이 자유로이 이동할 수 있다.

뿌리가 나이를 먹으면 코르크 형성층이 내피 안쪽에 있는 내초에서 생기면서 표피, 뿌리털, 피층이 파괴되어 없어진다. 또한 내초에서 형성층이 생기면 내피도 없어지고 대신 목부, 사부, 그리고 코르크층(수베린 함유)이 생긴다(〈그림 3-16〉 참조). 수베린화 뿌리(suberized root)는 수분에 대한 친수성이 적은 편이지만, 수분을 흡수하는 능력을 아직도 가지고 있다. 그 증거로 조림지에 새로 심은 미송이 심을 당시 수베린화 뿌리만 가지고도 생존할 수 있으며, 여름철에 백합나무와 테다소나무의 임분에서 뿌리 표면적의 99%가 수베린화 뿌리로 구성되어 있는 것을 보면 알 수 있다.

2) 수분흡수 기작

식물이 수분을 흡수하는 기작은 앞 절에서 이야기한 대로 수분퍼텐셜의 기울기(경사)를 따라서 수분퍼텐셜이 높은 토양에서 수분퍼텐셜이 낮은 식물의 뿌리 속으로 수분이 이동하는 것이다. 여기서 기울기를 만드는 주체에 따라 식물의 수분흡수를 수동흡수와 능동흡수 두 가지로 나눈다.

수동흡수는 식물이 증산작용을 왕성하게 하고 있을 때 잎에서 증산작용으로 생기는 끌어올리는 힘에 의해 나무뿌리가 수동적으로 수분을 흡수하는 경우로, 대부분의 수분흡수는 이 방법에 의하여 일어난다. 능동흡수는 활엽수가 증산작용을 거의 하지 않는 겨울철에 뿌리의 삼투압에 의하여 수분을 능동적으로 흡수하는 경우이다.

(1) 수동흡수

물의 수동흡수(受動吸水, passive absorption)는 증산작용을 왕성하게 하고 있는 모든 식물에서 볼 수 있는 현상이다. 낮에 증산작용이 활발하게 진행되면 수분을 위에서 끌어올리는 힘에 의해 목부 도관에 장력이 생기면서 뿌리 도관에 축적되어 있는 무기염들이 수분이동과 더불어 빨려 올라간다. 따라서 뿌리의 삼투압에 의한 수분흡수력은 약해지고, 대신 증산작용에 의한 수분의 집단유동(mass flow)을 따라 뿌리는 수동적으로 수분을 흡수하는 장치로 변하게 된다. 증산작용을 하고 있는 모든 식물은 이 방법으로 필요한 모든 물을 흡수하게 되며, 식물은 이 과정에서 에너지를 소모하지 않는다.

(2) 능동흡수

물의 능동흡수(能動吸水, active absorption)는 목본식물에서 낙엽수가 증산작용을 하지 않는 겨울철에 뿌리의 삼투압에 의하여 수분을 흡수하는 경우이다. 초본식물의 경우 증산작용을 하지 않는 야간에 뿌리 내에 무기염을 축적하여 뿌리의 삼투압에 의해 토양의 수분을 흡수한다. 이로 인해 뿌리에는 근압이 생기며, 초본식물의 경우 이 근압을 해소하기 위해 일액현상(溢液現象, guttation)이 일어나고, 자작나무와 포도덩굴의 줄기에 상처를 줄 경우 수액이 밖으로 흘러나온다. 능동흡수는 목본식물에서 잎이 없는 겨울철에 증산작용을 하지 않을 때 관찰되기 때문에, 생육기간 중에 수목의 수분흡수에 별로 기여하지 않는다고 해석한다.

(3) 근압과 수간압

근압(根壓, root pressure)은 식물이 증산작용을 하지 않을 때 뿌리의 삼투압에 의해 능동적으로 수분을 흡수함으로써 나타나는 뿌리 내의 압력을 말한다. 초본식물의 경우 증산작용을 하지 않는 야간에 기온이 온화하고, 토양의 통기성이 좋으며, 토양수분이 충분히 있을 때, 뿌리가 수분을 충분히 흡수하여 근압을 나타낸다. 이 근압을 해소하기 위해 잎의 엽맥 끝부분에 있는 구멍(특수 형태의 기공), 즉 풀의 배수조직(排水組織, hydathode)을 통해 수분이 밖으로 나와서 물방울이 맺히는데, 이 과정을 일액현상(溢液現象, guttation)이라고 한다.

온대지방의 목본식물에서는 근압이 흔히 관찰되지 않으나, 몇몇 수종에서 겨울철 잎이 없는 상태에서 증산작용을 하지 않을 때 뿌리의 삼투압에 의해 수분이 흡수되면 나타난다. 가장 대표적인 것은 자작나무와 포도나무의 줄기에 상처를 주면 수액(樹液, xylem sap)이 흘러나오는 경우이다. 자작나무의 경우 미국 동북부 지방에서 낙엽이 진 후 10월과 11월에 상당한 수액이 흘러나오는데, 백자작나무(*Betula papyrifera*) 한 그루에서 겨울철에 20~100리터의 수액을 채취했다고 한다. 수액 채취는 봄철에 잎이 나오면 중단되며, 자작나무의 경우 포도당과 과당을 합친 농도는 1.5%가량 된다. 포도나무의 근압을 측정해 보면 0.5~0.6MPa로서 상당히 높은 편에 속한다.

근압은 일반적으로 0.1MPa가량으로 약한 편이며, 근압에 의한 수분의 이동은 상당히 느리게 진행된다. 근압을 가지고 있는 수종은 몇 종류 되지 않으며, 특히 나자식물에서는 지금까지 근압이 관찰된 예가 없다. 이와 같은 사실은 근압은 목본식물의 경우 겨울철에 증산작용을 하지 않을 때 나타나는 현상에 불과하며, 높은 나무에 수액이 상승하는 원리를 설명할 수 없다는 것을 뒷받침하고 있다.

수간압(樹幹壓, stem pressure)은 근압과 흡사하게 몇 나무에서 수액 채취를 가능하게 하지만, 그 원리는 근본적으로 다르다. 설탕단풍(*Acer saccharum*),

야자나무, 아가베(*Agave*)에서 수액이 나오는 현상은 수간압에 의한 것이다. 설탕단풍의 시럽(syrup)은 미국 동북부에서 중요한 산업인데, 수액(설탕 함량 2~3%) 채취는 10월부터 4월 사이에 기상조건이 맞기만 하면 계속해서 가능하다. 즉 야간온도가 영하로 내려갔다가 다음날 낮에 영상으로 따뜻해져 주야간 온도차가 10℃ 이상이면 수액 채취가 가능하다. 그러나 이와 같은 기상조건이 갖춰지지 않으면 수액 채취는 불가능하다.

수액이 밖으로 흘러나오는 양은 수간의 해부학적 특성과도 연관이 있으며, 흘러나오는 원리는 다음과 같이 설명된다. 낮에 기온이 상승하면 수간의 세포간극과 섬유세포에 축적되어 있는 공기가 팽창하여 압력이 증가하면서 수액이 상처를 통해서 밖으로 흘러나오고, 밤에 기온이 내려가 공기의 압력이 감소하면 뿌리에서 물이 상승하여 도관을 재충전시킨다 (Milburn과 O'Malley, 1984). 일반적으로 비옥한 토양과 수분이 많은 토양에서 자라는 나무와 수관 면적이 큰 나무에서 수액이 더 많이 나온다. 한국에서 고로쇠나무 수액의 성분이나 수액이 흘러나오는 원리는 미국 설탕단풍과 같다.

3) 수분흡수를 위한 토양조건

(1) 토양수분과 모세관 현상

식물뿌리가 수분을 흡수하기 위해서는 토양 속 수분 함량이 적정 수준이어야 한다. 적정 수준이란 수분이 포화상태이거나 혹은 너무 메마르지 않은 상태를 의미한다. 좀 더 정확하게 이야기하면, 토양수분의 퍼텐셜이 식물뿌리의 수분퍼텐셜보다 높아야 수분이 토양에서 뿌리로 이동할 수 있다. 〈그림 10-5〉에 토양수분의 종류와 토성과의 관계를 나타냈는데, 비가 많이 온 직후 물은 토양의 모든 공간을 차지하여 포화상태(saturation)에 놓이며, 수시간 동안 중력에 의하여 배수되는 물인 중력수(重力水, gravitational watcr)가 빠져나가면 토양은 모세관수만 가지게 된다.

모세관수(毛細管水, capillary water)란 중력에 저항하여 토양입자와 물분자 간의 부착력(adhesion)에 의해 모세관(capillary tube; 작은 토양입자 사이의 빈 공간이 연속적으로 연결되어 형성된 가느다란 관) 사이에 남아 있는, 식물이 이용할 수 있는 물이다. 모세관 현상(capillary action)을 쉽게 설명하면 붓(brush)이나 심지(wick)가 모세관을 형성하여 물이 빨려 올라오는 작용이라고 할 수 있다. 뿌리 주변의 물이 수평 혹은 수직 방향으로 뿌리로 모여드는 것은 뿌리가 심지 역할을 하여 모세관 현상을 만들어 물을 빨아들이기 때문이다. 토양이 모세관수만을 최대로 보유하고 있을 때 포장용수량(圃場容水量, field capacity)에 달해 있다고 하며, 식물이 이용할 수 있는 물을 최대한으로 보유한 상태이다. 이때 수분퍼텐셜은 −0.01MPa(-0.1bar)가량 된다.

그 후 계속적인 증발작용과 식물의 이용으로 토양수분은 감소하는데, 토양용액의 수분퍼텐셜이 감소하여 뿌리의 수분퍼텐셜과 일치하면 식물은 더 이상 수분을 흡수할 수 없게 되면서 시들기 시작한다. 이때의 토양수분 함량을 영구위조점(永久萎凋點, permanent wilting point)이라 하며, 이때 중생식물(中生植物, mesophyte)의 수분퍼텐셜은 보통 -1.5MPa(-15bar)가량 되지

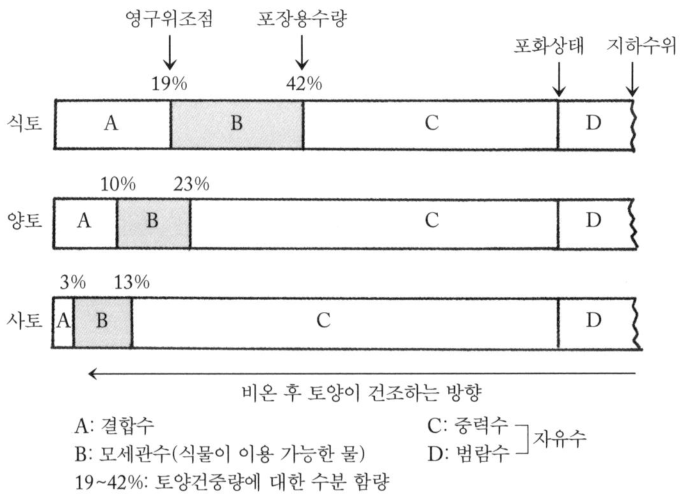

〈그림 10-5〉 토양수분의 종류와 토성에 따른 이용가능한 수분의 범위

만, 사막에서 자라는 건생식물(乾生植物, xerophyte)은 훨씬 더 낮은 값을 보인다. 이 시점에서 토양이 함유하고 있는 수분은 작은 교질입자(colloid) 주변에 존재하거나 화학적으로 결합한 물, 즉 결합수(結合水, hygroscopic water)뿐인데, 식물이 이용할 수 없는 형태이다.

식물이 이용가능한 수분은 모세관수뿐이며, 모세관수의 함량은 토성에 따라 다르다. 〈그림 10-5〉와 같이 토성(점토, 미사, 모래의 상대적인 혼합비율) 중에서 점토가 많은 식토(埴土)에서 모세관수는 토양 건중량의 19~42%를 차지하며, 모래가 많은 사토(砂土)의 경우에는 3~13%를 차지한다. 따라서 사토는 식토보다 보수력이 적지만 토양수분이 3%에 달할 때까지 식물이 수분을 흡수할 수 있는 반면, 식토는 보수력은 모래보다 높지만 19%까지밖에 식물이 이용할 수 없다.

(2) 토양용액의 농도

토양용액의 수분퍼텐셜은 물에 녹아 있는 용질의 삼투퍼텐셜(φ_s)과 토양입자와 모세관에 부착되어 있는 수분의 기질퍼텐셜(φ_m)에 의해 결정된다. 토양의 삼투퍼텐셜이 -0.3MPa보다 낮아지면, 다시 말해서 토양용액에 여러 가지 무기염이 고농도로 녹아 있을 경우, 토양 중에 수분이 많더라도 식물은 수분을 흡수할 수 없다. 일반 산림토양에서는 이러한 현상이 자주 관찰되지 않는데, 지하수를 뽑아서 관개수로 쓰는 과수원에서 간혹 관개수(灌漑水, irrigation water)에 무기염이 과다하게 녹아 있는 경우가 있으며, 해안 매립지와 강우량이 적은 건조지역에서 산림을 조성하기 위해 식재할 때 토양 중에 과다한 무기염(모세관 현상으로 염분이 상승하여 겉흙에 모여 있음)으로 인해 관수하더라도 수목이 수분을 흡수할 수 없는 경우가 있다.

(3) 토양온도

토양온도가 낮아질 경우 수목뿌리의 흡수력은 현저히 저하된다. 직접적인 이유는 물에 대한 뿌리의 투과성(permeability)이 감소하는데 이것은 원형질막에 함유되어 있는 지질의 성질이 변화하여 물을 잘 통과시키지 않기 때문이다. 간접적인 이유는 토양수분의 점성이 증가하여 토양 내에서 이동속도가 느려지기 때문이다. 이러한 두 가지 요인으로 인해 토양온도가 25℃에서 5℃로 내려가면 물의 이동에 대한 저항이 두 배로 늘어난다.

이른 봄에 기온이 급격히 상승하면 상록성 침엽수는 증산작용의 속도가 증가하여 수분을 요구하지만, 낙엽층이 두꺼운 경우 토양이 아직 동결되어 있는 상태에서 수분흡수가 불량하여 체내의 수분균형이 깨져 수목이 말라죽는 경우가 가끔 있다. 이를 동계건조(冬季乾燥, winter desiccation)라고 한다. 유럽에서는 고산지대에서 낮은 온도 때문에 수분흡수가 방해를 받아 수목한계선(樹木限界線, tree line)이 결정되는 예가 있다.

4) 원형질막을 통한 수분이동

물(H_2O)은 분자가 매우 작기 때문에 큰 분자량을 가진 섬유소(cellulose)가 엉성하게 부착되어 있는 세포벽을 통해서 쉽게 이동할 수 있다. 이러한 특성은 토양수분이 뿌리 밖에서 뿌리 안으로 들어오는 세포벽 이동(apoplastic movement)을 가능하게 한다. 그러나 수분이 세포 내 세포질 속으로 들어오기 위해서는 원형질막을 통과해야 하며, 이를 세포질 이동(symplastic movement)이라고 부른다. 원형질막은 비극성을 띠고 있는 인지질의 이중막으로 되어 있어 극성을 띠고 있는 물이 쉽게 통과하지 못한다. 이런 수분이동의 어려운 점을 해결하기 위해서 식물은 아쿠아포린(aquaporin)이라는 단백질을 원형질막에 가지고 있다. 이 단백질은 애기장대(*Arabidopsis thaliana*)에서 먼저 그 특성이 알려졌다.

아쿠아포린을 통한 수분이동은 원형질막 자체를 통한 수분이동보다 더 쉽게 이뤄지기 때문에 수분이 빠르게 원형질막을 통과하여 세포질 속으로 들어올 수 있다. 또한 아쿠아포린이 단백질 채널을 만들어 출입구의 수문장 역할을 하기 때문에 세포와 세포 간에, 그리고 세포 내에서 수분의 이동을 조절하는 기능을 담당하고 있다.

아쿠아포린은 식물세포 내 액포(vacuole)를 형성하는 액포막(tonoplast)에도 존재하는데, 이 아쿠아포린의 도움으로 수분이 액포막을 통하는 속도는 원형질막을 통과하는 속도의 두 배 정도 된다. 이런 빠른 기능은 세포 내 설탕이나 염분의 함량이 많을 때 액포가 수분을 쉽게 저장하거나 밖으로 내보내 세포의 삼투압을 조절하는 삼투조절 기능을 발휘하게 한다(Hopkins와 Huner, 2009).

5. 증산작용

증산작용(蒸散作用, transpiration)은 식물 표면으로부터 물이 수증기 형태로 방출되는 것을 의미하며, 증발(蒸發, evaporation)의 한 형태이다.

수목은 몸체가 크기 때문에 증산작용을 많이 한다. 한 그루의 고립된 성목이 하루에 200~400리터의 물을 잃어버리는데, 이는 흡수한 물의 95%에 해당한다. 큰 참나무의 경우 1년간 총 150,000리터의 물을 증산작용으로 잃어버린다고 한다. 온대지방의 경우 미국 아팔라치산맥 숲에서 연간 강우량 중 420~550mm의 물이 소실된다. 증산작용은 식물의 수분관계에서 중요한 위치를 차지하는데, 그 이유는 증산작용을 함으로써 식물 내 수분이동이 가능하며, 수액의 이동속도나 토양으로부터의 수분흡수 속도가 증산작용의 속도에 따라 결정되기 때문이다.

1) 증산작용의 기능

증산작용은 주로 기공을 통하여 이루어지는데, 기공은 광합성을 위해 공기 중에 적은 농도(약 0.04%)로 있는 CO_2 가스를 흡수하기 위해 열리며, 이때 부수적으로 수분을 잃게 된다. 따라서 식물은 증산작용을 피할 수 없는 상태이지만 증산작용을 별로 할 수 없는 상태, 즉 100%의 상대습도를 유지하는 테라리움(terrarium) 속에서도 잘 자란다.

식물은 증산작용을 함으로써 다음과 같이 최소한 두 가지 혜택을 얻을 수 있다. 첫째, 무기염의 흡수와 이동이 증산작용으로 촉진되며, 무기염은 도관을 타고 수분과 함께 위쪽으로 올라간다. 낙엽수가 봄에 아직 잎이 없어 증산작용을 거의 하지 않을 때에도 무기염은 위쪽으로 이동하는데, 식물체 내에는 사부의 용액을 목부와 연결하여 재분배시키는 순환체계가 있기 때문에 증산작용이 무기염 이동에 필수적인 것은 아니다. 그러나 식물을 온실 내 높은 습도에서 기르면 증산작용이 억제되어 칼슘과 붕소 결핍증이 종종 나타나며, 반대로 습도를 낮춰 증산작용을 과도하게 촉진시키면 체내에 무기염이 지나치게 축적되어 염류 독성을 나타내는 경우가 있는 것으로 보아, 증산작용은 무기염 이동에 도움이 된다고 할 수 있다.

둘째, 증산작용은 잎의 온도를 낮추어 준다. 한여름 사막의 오아시스에서 자라는 야자의 경우, 잎의 온도가 주변 공기의 온도보다 낮은 것은 순전히 증산작용 때문이며, 또한 물의 높은 기화열 때문에 온도가 낮아진다.

2) 기공의 개폐

기공(氣孔, stoma)의 구조에 대해서는 2장 3절에서 이미 설명하였다. 식물이 수분을 잃어버리는 것은 대부분 기공을 통하여 이루어지는데, 기공의 구멍은 잎 표면적의 1% 정도밖에 차지하지 않지만, 잎의 증산량은 자유수면(自由水面)에서의 증발량의 반 정도 될 만큼 많다. 이것은 기공의 크기, 밀도, 분포가 CO_2 기체의 가장 효율적인 확산을 도모할 수 있도록 되어 있기 때문이다.

기공의 밀도는 대개 유전적으로 결정되지만, 환경의 영향을 받기도 한다. 즉 고산지대로 갈수록 기압이 낮아져 CO_2의 농도가 줄어드는데, 기공의 밀도는 늘어나는 경향이 있다. 200년 전에 채집한 식물표본의 기공수를 최근의 식물과 비교하면 공기 중의 CO_2 농도가 280ppm에서 조사 당시 350ppm으로 늘어난 데 비하여, 기공의 밀도는 40%가량 감소하였다고 한다.

(1) 기공개폐 기작

기공은 2개의 공변세포(孔邊細胞, guard cell)에 의해 생기는 구멍으로 공변세포가 수분을 흡수하면 열리는데, 공변세포 안쪽의 세포벽(〈그림 10-6A〉, 기공의 짙은 부분, a)은 바깥쪽 세포벽(기공의 옅은 부분, b)보다 더 두꺼워 거의 늘어나지 않고, 바깥쪽의 세포벽이 더 많이 늘어나서 가운데에 구멍을 만

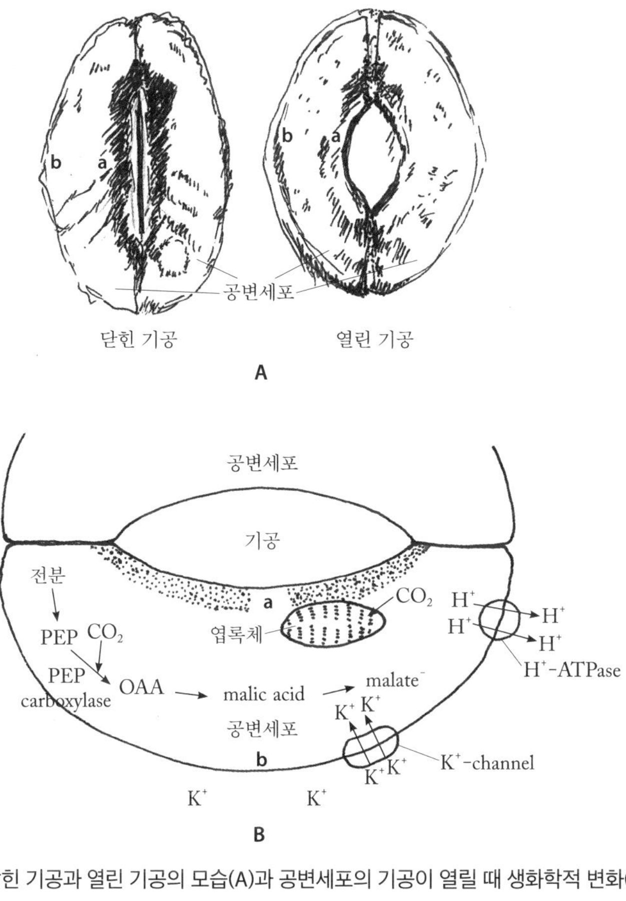

〈그림 10-6〉 닫힌 기공과 열린 기공의 모습(A)과 공변세포의 기공이 열릴 때 생화학적 변화(B)

A: 양파에서 닫힌 기공(왼쪽)과 열린 기공(오른쪽)의 모습. 왼쪽 닫힌 기공은 공변세포의 안쪽 벽(a)이 두껍고 바깥쪽 벽(b)이 얇다. 물이 들어오면 바깥쪽 벽이 더 많이 늘어나면서 오른쪽 기공처럼 가운데에 구멍이 생긴다(Shaw, 1954). B: 공변세포의 기공이 열릴 때 생화학적 변화.

든다.

공변세포가 수분을 흡수하는 것은 삼투퍼텐셜이 낮아지기 때문인데, 완두콩의 기공이 열릴 때 삼투퍼텐셜은 약 -3.5MPa로서 상당히 낮아진다. 공변세포는 〈그림 10-6B〉와 같은 생화학적 과정을 거쳐 유기산(음전기를 띰)과 칼륨이온(K^+)의 농도가 높아져 삼투퍼텐셜을 낮출 수 있다. 즉 햇빛을 받으면 공변세포막에 있는 H^+-ATPase 효소가 활성화되어 H^+를 밖으로 방출한다. 이때 전하의 불균형을 해소하기 위해 세포막에 있는 K^+-채널(운반단백질의 일종)을 통해서 칼륨이온(K^+)이 주변(예: 부세포)에서 대량으로 들어오며, 이로써 공변세포 내 K^+의 농도가 100mM에서 450mM까지 급속히 증가한다. 동시에 공변세포 내 전분(starch)이 PEP 카르복실라아제(carboxylase) 효소에 의해 분해되어 3탄당인 PEP(phosphoenol pyruvate)로 변하고, 이어서 CO_2를 흡수해 유기산인 OAA(oxaloacetic acid)로 바뀌면서 말산(malic acid)이 된다. 이 말산은 해리되어 음전기를 띤 말산염(malate)이 된다. 결국 말산염과 K^+으로 인해 삼투퍼텐셜이 낮아져 수분을 흡수할 수 있게 되어 기공이 열린다. 기공이 열리는 것은 칼륨이 대량으로 공변세포로 모여들어 가능하며, 이러한 현상을 칼륨 펌프(potassium pump)라고 한다.

기공이 닫히는 과정은 앞에서 설명한 과정의 역반응으로 일어난다. 즉 말산이 녹말로 변하고 칼륨이 빠져나가 공변세포의 삼투퍼텐셜이 높아지면 수분이 밖으로 빠져나가고 기공이 닫힌다. 수분부족으로 인해 수분 스트레스를 받아 기공이 닫히는 원리는 근본적으로 같으나, 식물호르몬인 아브시스산(abscisic acid, ABA)이 중간 역할을 한다. 즉 식물에 수분부족 현상이 계속되면 ABA가 엽육조직에서 만들어지거나, 혹은 뿌리가 스트레스를 받으면 뿌리에서 ABA가 만들어져 목부를 따라 올라와 공변세포로 이동해서 K^+을 밖으로 나가도록 유도한다.

(2) 환경변화와 기공개폐

① 햇빛

기공이 열리는 데 필요한 광도는 전광(全光)의 1/1000에서 1/30가량으로, 순광합성이 가능한 광도이면 족하다. 기공은 아침에 해가 뜰 때 1시간에 걸쳐 열리며, 저녁에는 서서히 닫힌다. 그러나 그늘에서 자라는 음수인 너도밤나무는 밝은 햇빛이 들어오면(사전에 광반에 이미 노출되었을 때) 3초 만에 기공을 열 만큼 짧은 기간의 광반(光斑, sunflecks)을 최대한으로 이용하며, 양수인 백합나무의 기공은 20초 만에 열린다.

② CO_2

CO_2 농도가 낮으면 기공이 열리며, CO_2 농도가 높으면 기공이 닫힌다. 이때 기공에 영향을 주는 CO_2 농도는 대기 중의 CO_2가 아니라, 엽육조직의 세포간극에 있는 CO_2의 농도를 의미한다. 야간이라도 CO_2가 전혀 없는 공기를 불어넣어 주면 기공이 열린다.

③ 수분퍼텐셜

잎의 수분퍼텐셜이 낮아지면 수분 스트레스가 커지며 기공이 닫히는데, CO_2 농도나 햇빛과는 관계없이 독립적으로 작용한다.

④ 온도

온도가 높아지면(30~35℃) 기공이 닫히는데, 이는 수분 스트레스가 커지거나 혹은 호흡작용이 높아짐으로써 잎 속의 CO_2 농도가 증가하여 간접적으로 나타나는 현상이다.

3) 잎의 영향

증산작용의 속도는 기본적으로 환경요인에 의해 결정되지만, 이 외에 잎의 여러 가지 특성에도 영향을 받는다.

〈표 10-2〉 침엽수와 활엽수 묘목의 엽면적과 증산량(Kramer와 Kozlowski, 1979)

구분	테다소나무	백합나무	루브라참나무
단위 엽면적당 증산량 (g/100cm²/day)	5.08	9.76	12.45
개체당 증산량(g/day)	106.70	59.10	77.00
개체당 엽면적 합계(100cm²)	21.00	6.06	6.18
수고(cm)	34.0	34.0	20.0

(1) 엽면적

엽면적(葉面積, leaf area)은 수목 개체의 총 증산량에 큰 영향을 미치는데, 총 엽면적이 클수록 증산량이 많아진다. 예를 들어 소나무류는 일반적으로 단위 엽면적당 증산량이 활엽수보다 적지만, 총 엽면적이 같은 크기의 활엽수보다 더 많기 때문에 소나무류 한 개체의 증산량은 다른 수목과 큰 차이가 없다. 〈표 10-2〉에서 테다소나무의 엽면적당 증산량은 세 수종 중에서 가장 적지만, 총 엽면적이 다른 두 종의 3배 이상 되기 때문에 결국 총 증산량은 가장 많다.

(2) 잎의 형태와 배열

잎이 크면 햇빛을 받아 온도가 올라가서 쉽게 식지 않기 때문에 증산작용이 많아진다. 따라서 커다란 단엽(單葉, simple leaf)으로 되어 있는 것보다 여러 개의 소엽으로 된 복엽(複葉, compound leaf) 형태가 증산량을 줄이는 데 도움이 된다. 여름철에는 가느다란 침엽을 가진 소나무류 잎이 활엽수보다 온도가 낮으며, 한 나무 내에서도 햇빛에 노출된 양엽은 그늘 속의 음엽보다 결각(缺刻, lobed; 깊이 패인 잎)이 심해서 온도상승을 지연시킨다. 또한 잎의 표면에 각피층이 두껍거나 털이 많으면 증산량이 줄어들고, 잎 표면에서 광선 반사가 잘 되면 잎의 온도가 잘 올라가지 않아 증산작용이 적어진다.

잎이 햇빛을 향하고 있는 각도 혹은 배열상태(orientation)에 따라 광합성량이 영향을 받지만, 증산량도 마찬가지이다. 소나무류의 침엽은 엽속

〈표 10-3〉 목본식물과 초본식물의 기공 증산량과 각피층 증산량 비교(Larcher, 1975)

(단위: $mgH_2O/100cm^2$/시간)

분류	학명	나무명	기공 증산량(A)	각피층 증산량(B)	총 증산량에 대한 각피층 증산량 비율(%)
목본 식물	*Betula pendula*	처진자작나무	780	95	12.0
	Fagus sylvatica	유럽너도밤나무	420	90	21.0
	Picea abies	독일가문비나무	480	15	3.0
	Pinus sylvestris	구주소나무	540	13	2.5
	Rhododendron ferrugineum	진달래류	600	60	10.0
초본 식물	*Coronilla varia*	?	2,000	190	9.5
	Stachys recta	석잠풀류	1,800	180	10.0
	Oxytropis pilosa	두메자운류	1,700	100	6.0

주: 단위면적은 잎의 양면을 합친 것이다.

(fascicle)에 여러 개의 잎이 모여 있기 때문에 서로 그늘을 만들어 증산량을 효율적으로 감소시킨다. 건조 피해로 잎이 일시적으로 말리거나 처지면 태양복사열을 적게 받아 증산작용이 감소한다.

침엽수는 바늘형 잎을 가지고 있어 단위 엽면적당 증산량이 〈표 10-2〉에서와 같이 활엽수보다 적다. 그 이유는 표피세포와 왁스층이 두꺼워서 기공을 닫을 때 각피층(큐티클층) 증산량이 극히 적기 때문이다. 이런 현상은 가문비나무와 소나무에서 볼 수 있다(〈표 10-3〉 참조). 이 표에서 수목의 증산량이 초본보다 적으며, 특히 가문비나무와 소나무는 각피층 증산량이 다른 수목이나 초본식물보다 월등히 적음을 알 수 있다.

(3) 잎의 해부학적 특성

잎의 구조는 환경변화에 따라 크게 변한다. 예를 들면, 한 개체 내에서 양엽(sun leaf)은 음엽(shade leaf)에 비하여 햇빛에 자주 노출되는 관계로 증산작용을 줄일 수 있도록 형태적으로 다르게 만들어졌다(〈그림 4-18〉 참조).

이러한 구조는 수종 간에도 차이가 있어, 감탕나무류나 스텔라타참나무(*Quercus stellata*)는 건조한 환경에 적응할 수 있도록 건생형 잎(xeromorphic leaf)을 가지고 있어 잎과 각피층이 두껍고 엽육세포가 치밀하게 배열한 양엽의 특징을 나타내어 증산량이 적다. 한편 백합나무나 너도밤나무류는 잎과 각피층이 얇고 엽육세포가 엉성하게 배열한 중생형 잎(mesomorphic leaf)을 가지고 있어서 음엽의 특징을 보이며 증산량이 많다(〈그림 10-7〉 참조).

기공의 밀도와 위치, 기공 주변의 왁스(wax) 존재 유무도 증산량에 많은 영향을 준다. 소나무류의 기공은 표피에서 깊숙이 가라앉아 있고(sunken stomata)(〈그림 2-4〉 참조), 기공 주변을 왁스층이 덮고 있으며(〈그림 8-3〉 참조), 표피와 하피(hypodermis)세포가 두껍기 때문에(〈그림 2-3〉 참조), 솔잎은 건생형 잎이라고 할 수 있고 증산량이 상당히 적은 편이다. 반면에 복숭아나무의 기공은 돌출되어 있고 표피세포가 얇기 때문에(〈그림 2-4〉 참조) 증산량이 많다.

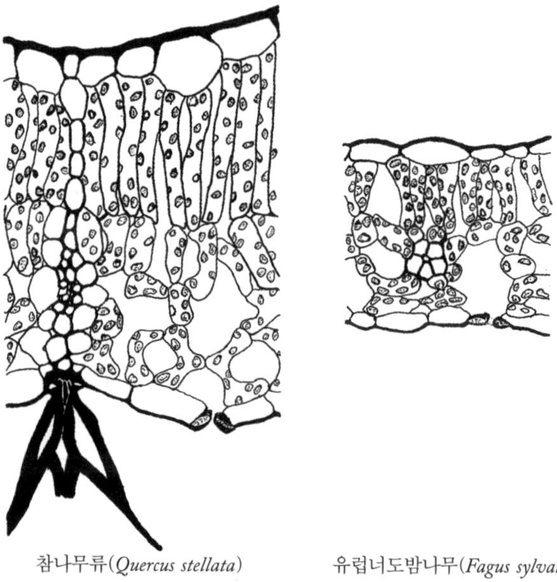

참나무류(*Quercus stellata*) 건생형 잎　　유럽너도밤나무(*Fagus sylvatica*) 중생형 잎

〈그림 10-7〉 건생형 잎과 중생형 잎의 횡단면상 차이(Kramer와 Kozlowski, 1960)

증산량에 영향을 미치는 요인 중에서 기공의 분포밀도(혹은 빈도)가 중요한 것으로 보인다. 한 실험에서 설탕단풍나무는 네군도단풍나무보다 증산량이 2배 정도 높았는데, 이는 〈표 2-4〉에 열거한 바와 같이 두 단풍나무의 기공의 크기는 거의 비슷한 반면에, 설탕단풍 기공의 분포밀도(463개/mm^2)가 네군도단풍나무 기공의 분포밀도(234개/mm^2)의 2배에 이르기 때문일 것이다.

4) 증산율과 수분이용 효율

물과 강우량은 식물생장에 많은 영향을 미친다. 농업과 임업에서 물이 부족하기 때문에 소모된 물에 대한 농업생산성을 높이는 노력이 지속되고 있다. 농업에서 물이 효율적으로 사용되었는지 가늠하는 지표에는 몇 가지가 있는데, 이 중에서 증산율(蒸散率, transpiration ratio)은 식물의 단위 건중량을 생산하는 데 소요되는 물의 양을 의미한다.

이에 반해 수분이용 효율(water use efficiency, WUE)은 수확량에 중점을 두어 단위 증발산량(evapotranspiration)에 대한 건중량 생산량을 의미한다. 그러나 식물생리학자들은 수분이용 효율을 좀 더 정확하게 생리적 반응으로 표현하기 위해서 약간 공식을 변형하여 단위 증산량에 대한 순CO_2 흡수량(순광합성량)으로 표시하고 있다. 이 세 가지 공식을 요약하면 〈표 10-4〉와 같다.

〈표 10-4〉 농업에서 물의 효율적 이용을 나타내는 공식들

구분	사용자	공식
증산율	농업인, 학자	증산율 = 소모된 물의 양(kg/ha)/건중량 생산량(kg/ha)
수분이용 효율 (WUE)	농업인, 생태학자	수분이용 효율 = 건중량 생산량(kg/ha)/증발산량(kg/ha)
	식물생리학자	수분이용 효율 = 순CO_2 흡수량(μmol/m^2/s)/증산량(mmol/m^2/s)

5) 증산량 측정방법

수목의 증산량을 측정하는 방법에는 여러 가지가 있는데, 예전에는 잎 하나 혹은 가지를 대상으로 측정하였으나, 요즘에는 나무 전체 혹은 산림군집 전체의 증산량을 추정하는 추세이다. 어느 방법을 쓰든 간에 인위적인 환경을 만들어 측정하기 때문에 장단점이 있으며, 잎 하나씩의 자료를 근거로 확대 해석하면 오차가 클 수도 있다. 기공의 개폐 정도를 측정하는 기계에는 기공저항 측정기(porometer)가 있으나, 증산량을 측정하는 것은 아니다.

(1) 중량법

중량법(重量法, gravimetric method)은 토양의 무게변화로 증산량을 추정하는 방법인데, 가장 오래 된 방법이면서도 손쉽고 비교적 정확한 결과를 얻을 수 있다. 이 방법은 수목을 일정한 크기의 용기에 담고 토양의 표면을 밀

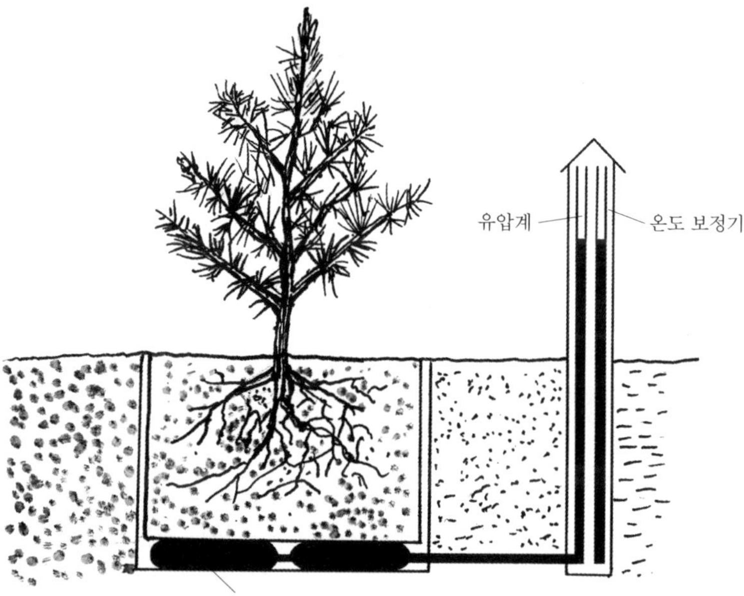

〈그림 10-8〉 중량법에 의하여 증발산량을 측정하는 증발산량계(lysimeter)의 구조

봉한 후 용기의 무게변화로 증산량을 추정한다. 용기의 크기는 작은 화분에서 증발산량계(lysimeter)까지 여러 가지를 사용할 수 있다. 증발산량계는 수목이 천연상태에 가깝도록 땅속에 커다란 용기를 묻는 것과 같으며, 유압을 이용하여 토양의 무게변화를 정확하게 측정할 수 있다(〈그림 10-8〉 참조). Fritschen 등(1973)은 무게가 29톤 되는 증발산량계를 설치하여 수고가 28m 되는 미송의 증산량을 측정한 바 있다.

중량법 중에는 더 간단하게 잎이나 가지를 절단하여 광선하에서 그 무게변화를 조사하는 방법이 있는데, 잎이나 가지를 절단한 직후부터 몇 분 안에 측정하며, 이 짧은 기간의 증산량이 잎이 잘리기 전과 흡사하다고 간주하는 것이다.

(2) 용적법

용적법(容積法, volumetric method)은 식물의 뿌리나 절단된 가지 부위를 물속에 꽂고 증산작용으로 줄어드는 물의 부피를 측정하는 방법이다. 실험실에서 간단히 뷰렛(burette)을 사용하여 물의 움직임을 기포로 볼 수 있도록 할 수 있으며, 이러한 장치를 흡수계(吸收計, potometer 혹은 transpirometer)라

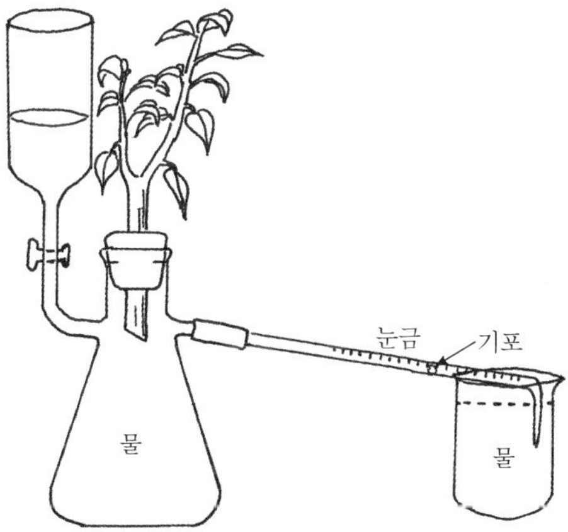

〈그림 10-9〉 용적법에 의하여 증산량을 측정하는 흡수계(potometer)의 구조

고 한다(〈그림 10-9〉 참조). 수고가 16m에 달하는 구주소나무의 밑동을 자르고 물탱크에 담가 증산량을 측정한 예가 있다.

(3) 가스교환법

가스교환법(gas exchange method)은 큐벳(cuvette)법 또는 텐트법이라고도 하며, 잎, 가지 혹은 수목 전체를 투명한 용기 속에 밀봉하고 공기 중 수증기량의 변화를 측정하는 방법이다. 이때 물론 공기의 흐름을 도모하면서 흡인된 공기와 배출된 공기의 수증기량을 비교해야 한다(〈그림 10-10〉 참조). 이 방법은 건습계(psychrometer)를 이용하여 정확하게 온도와 습도 변화를 조사하며, 동시에 광합성량을 측정할 수 있도록 설계할 수 있는 장점이 있다. 야외에서 투명한 텐트로 키가 7.2m 되는 알레포소나무(*Pinus halepensis*)를 씌워 증산작용을 측정한 예가 있다.

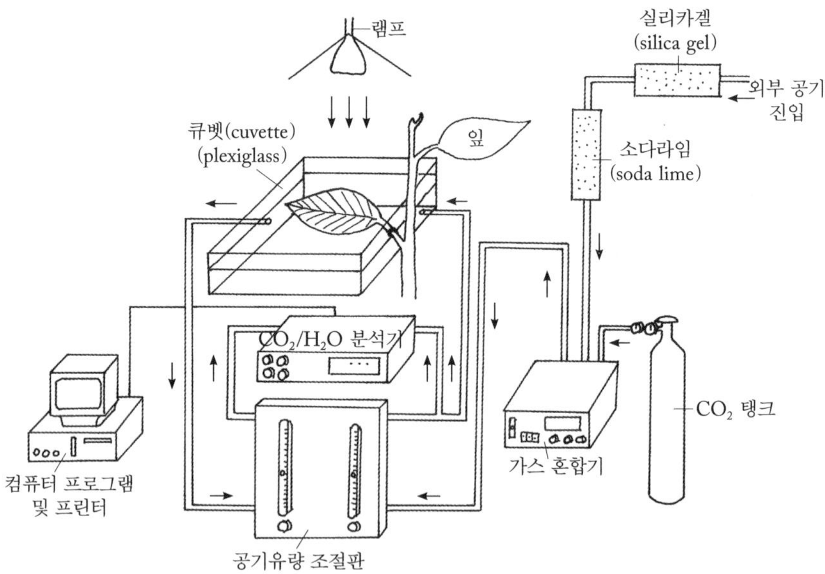

〈그림 10-10〉 가스교환법에 의해 증산작용과 광합성을 동시에 측정하는 큐벳(cuvette)의 구조

(4) 열파동법과 열손실법

열을 이용한 증산량 측정법에는 열파동법과 열손실법 두 가지가 있다. 열파동법(熱波動法, heat pulse method)은 열전달법이라고도 하는데, 수액이 이동하는 수간의 목부조직(변재 부위)에 일정한 주기(보통 10분 간격)로 열침

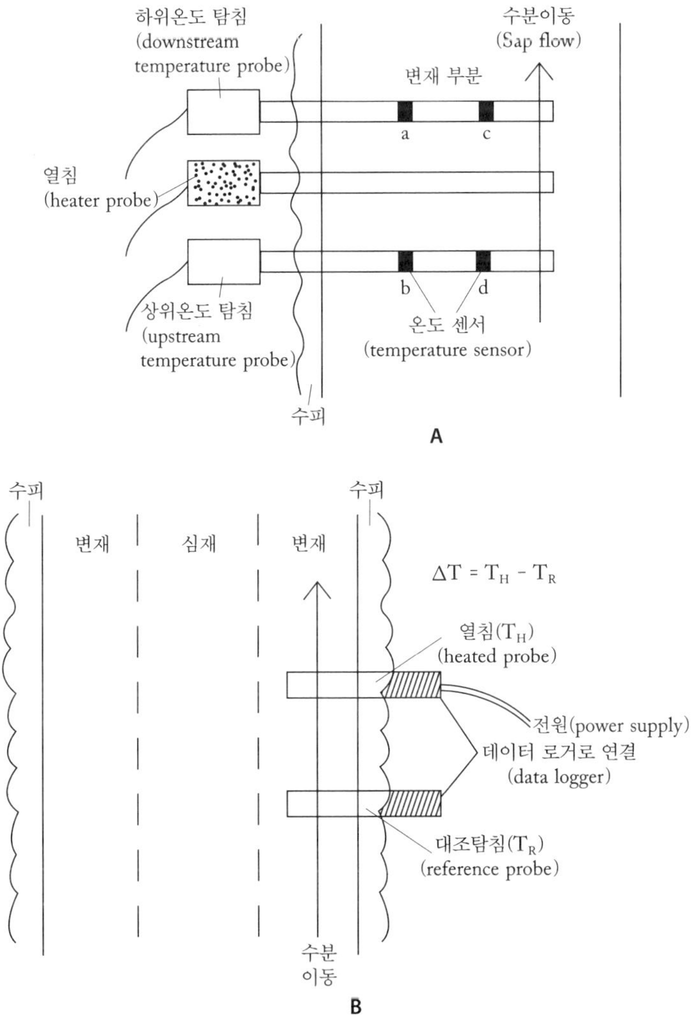

〈그림 10-11〉 열을 이용한 증산량 측정 장치인 열파동법(A)과 열손실법(B)

(heater probe)에서 열파동을 발생시키고, 열파동이 위와 아래에 있는 온도 센서에 전달되는 시간과 양을 5~10초 간격으로 측정한다(〈그림 10-11A〉 참조).

열손실법(熱損失法, 방열법, heat dissipation method)은 일정한 열을 지속적으로 발생시키면서 위 탐침의 온도를 측정하여 위로 이동하는 수액이 열을 감소시킨 정도(열 손실량)를 온도로 측정한다(〈그림 10-11B〉 참조). 두 가지 방법 모두 증산량이 증가하면 두 지점 간의 온도차가 줄어들며 증산량에 비례하여 온도가 감소한다는 것에 기초를 두고 있다.

열을 이용한 증산량 측정법은 앞서 열거한 네 가지 측정법 중에서 수목을 대상으로 할 경우 자료(data) 처리에 편리하고 장기적인 관찰이 가능하기 때문에 가장 많이 쓰이고 있다.

6) 수종 간 차이

증산작용은 중생식물(中生植物, mesophytes; 토양수분이 적절한 곳에서 자라는 식물)을 대상으로 하여 비교하더라도 수종 간에 큰 차이가 있다. 잎의 형태적 특성으로 인해 소나무류는 증산작용을 효율적으로 낮추는 구조를 가지고 있으며, 복숭아나무는 정반대이다(〈그림 2-4〉 참조).

〈표 10-5〉에 여러 수종의 증산량을 비교하였는데, 단위 생엽무게당 증산량이 가장 적은 수종은 미송이며, 가장 많은 것은 자작나무류이다. 잎의

〈표 10-5〉 여러 수종의 한여름의 단위 생엽무게당 증산량 비교(Rutter, 1968)

수종	1일 증산량 (gH_2O/g생엽)	생엽량 (kg/ha)	40~50년생 임분의 연간증산량(mmH_2O)
자작나무류	9.5	4,940	170
너도밤나무류	4.8	7,900	140
잎갈나무류	3.2	13,950	170
소나무류	1.9	12,550	86
가문비나무류	1.4	31,000	160
미송	1.3	40,000	190

단위면적당 증산량이 적다고 하여 반드시 나무 전체의 증산량이나 임분의 증산량이 적은 것은 아니다. 〈표 10-2〉에서 보여준 것같이 개체당 엽량(葉量, leaf biomass)은 수종별로 큰 차이가 있기 때문에 단위 엽면적당 증산량이 적더라도 엽량이 많은 수종은 임분당 총 증산량이 많아진다. 예를 들면, 〈표 10-5〉에서 미송은 1g 생엽당 증산량이 하루에 1.3g에 불과하지만, 엽량이 어느 수종보다도 많기 때문에 임분 내에서 총 증산량은 제일 많은 190mm를 기록하고 있다. 반면에 자작나무는 단위 엽면적당 증산량이 가장 많은 9.5g이지만, 엽량이 적은 편이어서 임분 내 총 증산량은 170mm로서 미송보다도 적게 나타났다.

일반적으로 침엽수는 단위 엽면적당 증산량이 활엽수보다 적지만 엽량이 더 많기 때문에, 개체당 증산량을 비교하면 비슷한 크기의 활엽수와 거의 같은 증산량을 보인다.

7) 일변화와 계절적 변화

증산작용은 기공이 열려 있는 낮에 주로 진행된다. 그러나 밤에도 대기는 워낙 건조하고 수분퍼텐셜이 낮기 때문에 식물 표면으로부터 수분을 빼앗아가는 것을 막을 수 없다. 식물의 기공은 야간에 완전히 닫히지 않는 경우도 있다. 다행히 야간의 증산량은 주간의 10~15% 정도로 낮은 편이다. 또한 야간의 증산작용은 뿌리가 토양에서 수분과 무기양분을 흡수하는 것을 돕는 역할을 한다.

증산작용은 무엇보다도 기온의 영향을 받기 때문에 더운 여름에 높고, 추운 겨울에는 낮다. 〈그림 10-12〉에 테다소나무와 백합나무 묘목의 계절별 증산량을 표시하였다. 겨울철 테다소나무의 증산량은 여름철의 10%가량으로 줄어든다. 그러나 겨울철 날씨가 더 추우면 여름철의 1%까지 줄어들며, 겨울철을 대비한 경화과정(硬化過程, hardening)에서도 증산량이 줄어든다.

낙엽수는 한겨울에도 증산작용을 한다. 낙엽수는 잎이 없지만 가지와

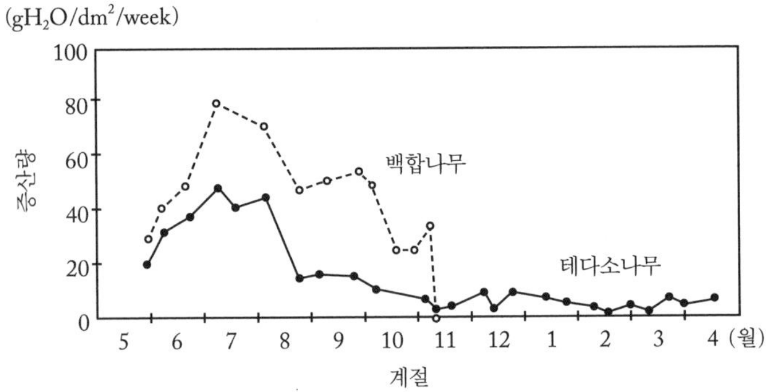

〈그림 10-12〉 침엽수(테다소나무)와 활엽수(백합나무) 묘목의 계절별 증산량
(Kramer와 Kozlowski, 1979)

〈표 10-6〉 상록수와 낙엽수 묘목의 겨울철 증산량(Kozlowski, 1943)

학명	나무명	잎의 숙존 상태	증산량(g/dm²/day)
Prunus laurocerasus	월계귀룽나무	상록수	1.65
Pinus taeda	테다소나무	상록수	0.40
Acer saccharum	설탕단풍	낙엽수	0.26
Liriodendron tulipefera	백합나무	낙엽수	0.76
Quercus alba	미국흰참나무	낙엽수	0.84

주: 증산량은 상록수의 경우 엽면적당, 낙엽수의 경우 가지와 줄기의 표면적당 증산량으로 표시했다.

줄기의 표면에 있는 피목(皮目, lenticel)에서 증산작용을 하는데, 그 양이 테다소나무 잎의 증산량보다 많음이 관찰되었다(〈표 10-6〉 참조). 따라서 낙엽성 활엽수를 가을에 이식하여 월동시킬 때 과다하게 건조한 환경에 내버려 두는 것은 바람직하지 않다는 것을 알 수 있다. 특히 요즘 한국과 같이 지구온난화로 겨울철 온도가 높고 비가 오지 않을 때에는 이식한 상록수뿐만 아니라 낙엽수를 대상으로 겨울철에도 관수할 필요가 있다.

6. 수분부족 및 수분 스트레스

수분(水分, water)은 수목의 생장에 영향을 주는 여러 가지 환경요인 중에서 가장 부족하기 쉬운 요인이라고 할 수 있다. 온도와 토양 양분이 적절한 지역이라도 강우량과 그 분포가 적절하지 못하면 산림을 이룰 수 없다. 그만큼 수분부족(水分不足, water deficit)은 수목의 생장에 관여하는 모든 생리적 현상에 영향을 주기 때문에 산림의 지리적인 분포는 수분공급과 밀접한 관계가 있다. 특히 한국과 같이 강우량이 여름철에 집중되어 봄과 가을철이 비교적 건조하며, 토양의 깊이가 낮고, 유기물 함량이 적으며, 대부분의 산림이 경사지에 있는 경우, 수목은 생육기간 동안 자주 수분부족에 노출된다.

1) 수분 스트레스

수분 스트레스(water stress)는 수목이 토양에서 흡수하는 양보다 더 많은 수분을 증산작용으로 잃어버림으로써 체내 수분의 함량이 줄고 생장량이 감소하는 현상을 의미한다. 수분 스트레스는 잎의 수분퍼텐셜이 -0.2에서 -0.3MPa부터 시작된다고 할 수 있는데, 생리적으로 볼 때 세포가 팽압을 잃어버리고 기공이 닫히며 광합성이 중단됨으로써 탄수화물 대사와 질소 대사가 비정상적으로 되어 생장이 둔화된다. 이때 전분은 당류로 가수분해되고, 단백질 합성이 감소하며, 대신 아미노산의 일종인 프롤린(proline)이 축적되는 경향이 있다.

수분 스트레스는 특히 여름철 낮에 자주 볼 수 있는데, 과도한 증산작용 때문에 일어난다. 더운 여름날 증산작용이 오전에 시작되면 온도의 상승과 더불어 증산량이 급속히 증가하며, 수목은 우선 잎과 인근의 변재 부위에서 수분을 조달하게 되지만, 수분 스트레스는 점점 밑으로 전달되어 수간까지 전달되는 데 30분(수고 2m의 미국흰참나무 묘목의 경우)에서 6시간(큰 나무의 경우)까지 걸린다. 일본잎갈나무와 가문비나무의 경우는 2~3시간가량 걸린다. 따라서 잎은 수목의 다른 부위에 비해서 훨씬 더 심한 수분 스

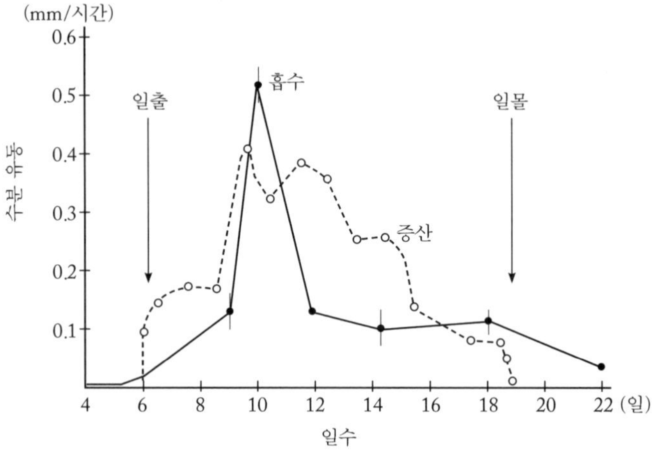

〈그림 10-13〉 36년생 구주소나무림에서 낮시간에 수분흡수가 증산보다 뒤처지는 현상 (Waring과 Schlesinger, 1985)
야간에 수분부족을 보충한다.

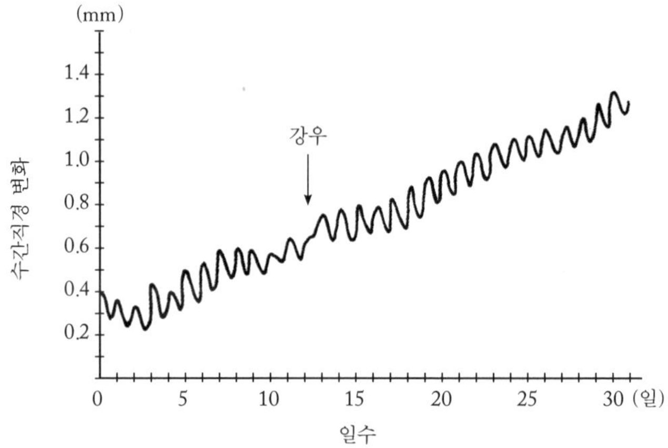

〈그림 10-14〉 소나무류(*Pinus canariensis*) 수간직경의 일변화(Holmes와 Shim, 1968)

트레스를 더 오랫동안 받게 된다. 임분의 경우에도 비슷한 경향을 나타내는데, 〈그림 10-13〉에서와 같이 36년생 구주소나무림에서 낮시간 동안의 수분흡수량은 증산량에 비해 33%가량 적으나, 야간에 부족량이 보충되어

24시간을 기준으로 하여 비교하면 거의 비슷하다.

증산작용이 아침에 시작되면 나무 위쪽에 있는 수분이 먼저 없어지고, 그다음에 아래쪽에 있는 수분이 없어지기 때문에, 수간의 직경이 위에서부터 줄어들기 시작한다. 〈그림 10-14〉에서와 같이 낮에 수간의 직경이 줄어들고 야간에 다시 회복되는 과정은 여러 수종에서 관찰된다.

2) 생리적 변화

수분이 부족하게 되면 식물에 여러 가지 부작용이 생긴다. 기공폐쇄, 광합성 감소, 잎의 형성과 (수고 및 직경) 생장 지연, 조기낙엽 등이 그것이다. 토양수분이 어느 정도 감소할 때 광합성의 감소가 시작되는지에 대해서는 정확한 답이 없다. 대상 식물에 따라서 서로 상이한 결과가 많기 때문이다. 그러나 초본식물의 경우 토양 대신 체내 수분퍼텐셜이 -0.5MPa보다 낮을 때 광합성이 감소하기 시작하는 것으로 해석할 수 있다. 수분부족이 이보다 더 심각할 때 광합성은 급속히 감소한다. 미국흰참나무의 경우 적습토양에서 1일 광합성량은 평균 5.1에서 최고 8.8μmol$CO_2/m^2/s$까지 관찰된다. 반면 수분부족이 심각하면 광합성량은 평균 1.0μmol$CO_2/m^2/s$로 크게 줄어든다. 이렇게 광합성량이 급격하게 감소하는 것은 주로 기공폐쇄로 인한 현상이며, 뿌리가 수분 스트레스를 감지하여(root sensing) 식물호르몬 아브시스산(abscisic acid)을 생산해 잎으로 보내거나 잎의 엽록체에서 자체 생산하여 기공을 닫게 하고 생장을 둔화시켜 가뭄에 대처하게 만든다.

수분부족으로 인한 영향 중에는 우선 체내 수분 함량이 적어져 팽압이 감소하며 수분퍼텐셜이 낮아지는 것을 들 수 있다. 세포의 크기가 커지기 위해서는 물리적으로 잡아당기는 세포의 팽압이 필요하다는 주장이 있는 반면, 세포의 팽창 정도를 측정하는 기준이 불분명하기 때문에 팽압의 효과를 판단할 수 없다는 주장도 있다. 그러나 팽압이 세포벽의 신장성(extensibility)에 영향을 주는 것은 확실한 듯하다.

수분부족 초기에 활성화되는 효소가 있다. α-아밀라아제(α-amylase)와 리보뉴클레아제(ribonuclease)의 활동은 증가하는데, 이런 가수분해효소가 전분과 다른 물질들을 분해하여 삼투퍼텐셜을 더 낮추어 건조에 저항하는 것으로 해석된다. 반대로 수분부족이 효소의 활동을 둔화시키기도 한다. 예를 들면 수분 스트레스를 받은 식물체 내에는 일반적으로 프롤린(proline; 아미노산의 일종)이 축적되는데, 이것은 글루탐산염(glutamate)으로부터 프롤린이 합성될 때 귀환 억제작용(feedback inhibition)이 상실되어 프롤린이 체내에서 이용되지 않기 때문에 일어나는 현상이다. 이로써 프롤린이 삼투퍼텐셜을 낮추어 주므로 건조저항에 도움이 된다.

그러나 심한 수분부족은 세포 내 여러 가지 생리적 반응을 일으켜 원형질에 치명적인 손상을 가져온다. 우선 원형질이 수축하면 용질의 농도가 높아지면서 연쇄반응이 일어난다. 막과 단백질의 형태가 훼손되며, 막단백질의 변형이 일어나 물질이 새어나가고, 막에 존재하는 효소가 제 기능을 상실한다. 또한 막의 선택적 기능이 상실되어 물질적 구획화가 파괴된다. 더불어 세포소기관의 단백질도 변형을 일으켜 활동이 둔화되거나 정지된

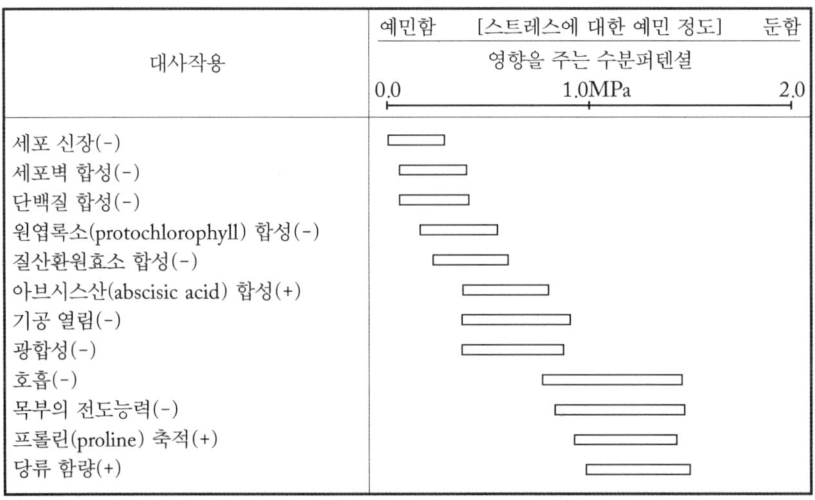

〈그림 10-15〉 수분 스트레스가 중생식물의 대사작용에 끼치는 영향(Hsiao 등, 1976)
(+)는 대사의 촉진, (-)는 대사의 억제를 의미한다.

다. 이런 현상은 세포 내 전해질 농도가 높아짐으로써 야기되는 반응이며, 다시 수분이 공급되어도 대사가 회복되지 않는다.

〈그림 10-15〉에 수분 스트레스가 중생식물의 여러 대사작용에 끼치는 영향을 나타내었는데, 가장 예민하게 반응을 보이는 것은 세포 신장, 세포벽의 합성, 그리고 단백질의 합성 등이다. 수분퍼텐셜이 -0.5MPa(-5bar)가량 될 때부터 식물은 아브시스산(abscisic acid)을 생산하기 시작하여 기공의 크기에 영향을 미치고, 따라서 광합성에 영향을 주기 시작한다.

3) 줄기 및 수고생장

수분부족은 수목의 줄기 혹은 수고생장에 큰 영향을 미친다. 그러나 그 영향은 직경생장에 미치는 영향에 비교하면 적은 편이라고 할 수 있다. 수분 스트레스를 받으면 잎의 크기가 작아지고 줄기생장이 저조하여 수목의 엽면적(leaf area)을 감소시킴으로써 증산량이 적어지면서 광합성을 할 수 있는 능력도 줄어들게 된다. 포플러의 경우 수목의 바이오매스(biomass) 생산량은 엽면적에 의하여 좌우되며, 엽면적이 수분 스트레스로 감소하는 것이 생장 저조의 출발점이 된다.

수분 스트레스는 수목의 수고생장에도 큰 영향을 주는데, 수목이 고유하게 가지고 있는 줄기생장형(shoot growth type)에 따라 반응이 다르게 나타난다(〈그림 10-16〉 참조). 줄기생장형은 3장 1절에서 설명한 바 있듯이, 고정생장(fixed growth)을 하는 수종의 경우(대표적인 예: 잣나무) 당년에 자랄 원기가 이미 동아 속에 모두 들어 있는데, 줄기생장은 봄철과 이른 여름에 국한되어 있기 때문에 이 기간 동안에 수분 스트레스를 받으면 수고생장이 감소한다. 실제로는 당년에 자랄 줄기의 원기는 전년도 늦은 여름에 동아를 형성할 때 이미 만들어졌기 때문에, 전년도 늦은 여름에 수분 스트레스가 심하면 동아 형성에 영향을 주어 그 영향이 당년 수고생장에까지 나타난다.

반면에 자유생장(free growth)을 하는 수종(대표적인 예: 포플러)은 동아에서 유래한 줄기와 당년 여름에 새로 형성된 줄기 두 종류를 가지고 있는데,

줄기생장형	고정생장		자유생장		
생장 모양	잣나무 (1년에 한 마디만 자람)		포플러 (1년에 여러 마디가 자람)		
	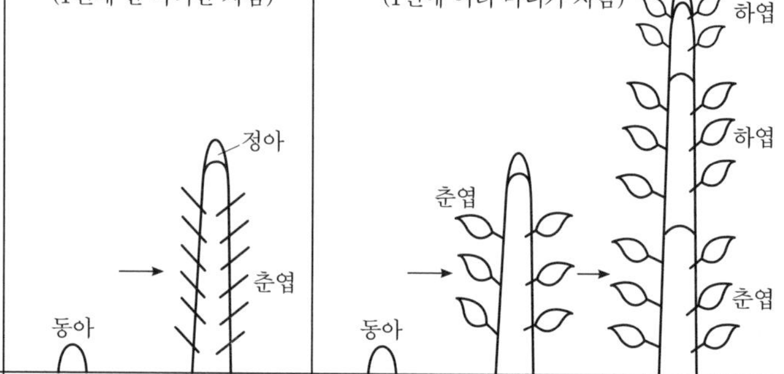				
생장 시기	전년도 늦여름	당년도 봄, 초여름	전년도 가을	당년도 봄, 초여름	당년도 여름, 가을
영향을 주는 계절별 수분 스트레스	전년도 여름	당년도 봄, 초여름	전년도 늦여름	당년도 봄, 초여름	당년도 초여름, 늦여름

〈그림 10-16〉 줄기생장형에 따른 계절별 수분 스트레스가 수고생장에 미치는 영향 비교
줄기(수고)생장형에 대한 설명은 3장 1절을 참조한다.

전년도 늦은 여름과 당년 봄의 수분 스트레스는 고정생장의 경우와 마찬가지로 동아에서 유래한 당년 봄의 수고생장에 영향을 주고, 당년 여름철에 나타나는 수분 스트레스는 그때 새로 형성되는 줄기의 생장에 영향을 끼치게 된다. 따라서 자유생장을 하는 수종은 수고생장 기간이 긴 만큼 수분 스트레스의 영향을 받는 기간도 전 생육기간에 해당된다.

4) 직경생장

수목의 직경생장(diameter growth)은 수분부족에 매우 예민한 반응을 보인다. 목부세포 수, 직경생장 지속기간, 목부와 사부 비율, 춘재에서 추재로의 이행시기 등이 수분부족에 큰 영향을 받는다. 구주소나무의 경우 수분퍼텐셜이 -0.31에서 -0.58MPa로 낮아지면 2차목부의 세포벽에 섬유소(cellulose)가 추가되는 속도가 1/3로 감소하며, 수분퍼텐셜이 -2.8MPa로

내려가면 속도가 절반으로 줄어든다.

과거 기후의 변화와 수목의 연륜(annual ring) 폭과의 관계를 연구하는 학문을 연륜기후학(年輪氣候學, dendrochronology)이라고 하는데, 기후요인 중에서도 강우량이 연륜생장에 가장 큰 영향을 주며, 연륜 폭 변이의 80%를 강우량으로 설명할 수 있다고 한다. 봄에 일단 직경생장이 시작된 후 수분부족이 계속되면 수간의 목부생산이 감소하거나 중단되며, 강우로 수분상태가 양호해지면 다시 직경생장이 회복되어 위연륜(僞年輪, false annual ring)을 만든다. 이러한 변화는 연중 1회 이상 발생하는 경우가 많아 1년 안에 복륜(複輪, multiple ring)을 만들게 된다(〈그림 10-17〉 참조).

강우량이 많은 해에는 연륜 폭이 넓어지는데, 특히 춘재의 양이 증가하며, 춘재의 구성세포가 건조한 해보다 직경이 크고 세포벽이 얇아진다. 세포의 팽압이 감소하면 목부시원세포(xylem initial)의 확장이 방해받고, 목부세포의 분화가 수분 스트레스에 의해 영향을 받는다. 수분 스트레스는 춘

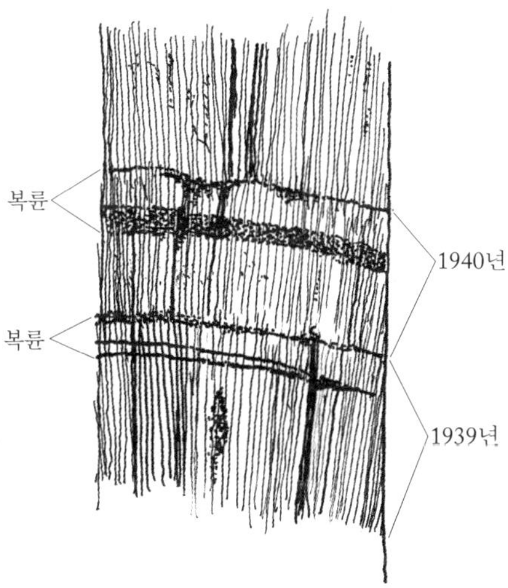

〈그림 10-17〉 1939년과 1940년에 형성된 애리조나 쿠프레수스(*Cupressus arizonica*)의 복륜 형태(Glock 등, 1960)

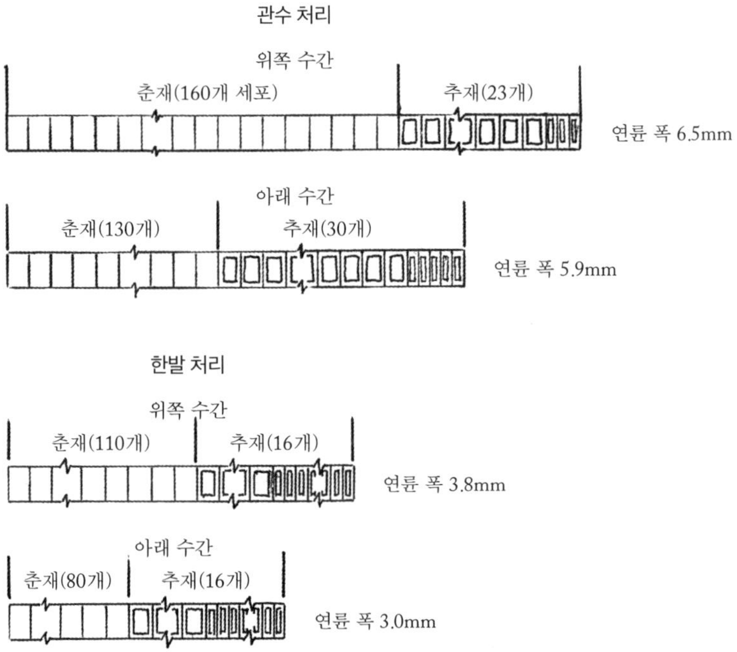

〈그림 10-18〉 노르웨이소나무(*Pinus resinosa*)의 수분 스트레스에 의한 가도관의 크기 축소와 춘재 비율 감소 현상(Zahner, 1968)

재에서 추재로 이행되는 것을 촉진하며, 반대로 관수는 이것을 연장시킨다. 〈그림 10-18〉에서 노르웨이소나무에 관수 처리를 했을 때 춘재의 연륜 폭은 6.5mm이며, 수분 스트레스 처리에서는 3.8mm였다. 수분 스트레스를 받으면 세포 하나의 크기가 작아지고 춘재의 비율이 적어진다는 것을 알 수 있다. 이 그림에서 부수적으로 알 수 있는 것은, 관수 처리에서 수간 밑동에서 추재로의 이행이 수간 위쪽보다 먼저 진행된다는 사실이다.

5) 뿌리생장

잎과 줄기에서 수분퍼텐셜이 낮아지면 수분부족 현상은 궁극적으로 뿌리까지 전달되지만, 뿌리에서는 늦게 나타난다. 뿌리는 또한 수분을 공급하는

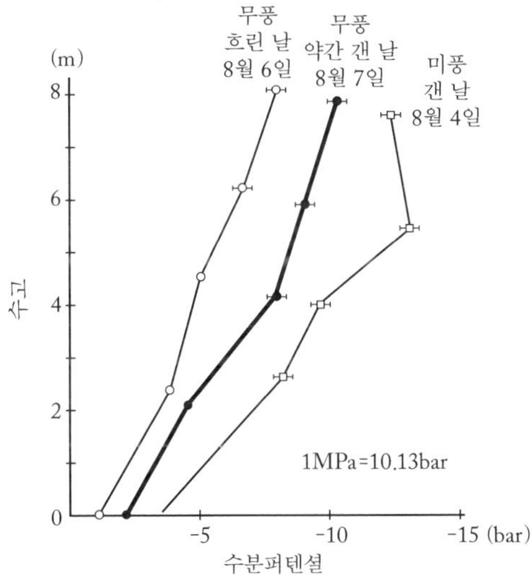

〈그림 10-19〉 시트카가문비나무(*Picea sitchensis*)의 대낮(정오) 수분퍼텐셜의 수직적 분포
(Hellkvist 등, 1974)

토양 속에 자리 잡고 있기 때문에 수분 스트레스에서 벗어날 때 제일 먼저 회복되는 기관이다. 따라서 뿌리는 수목 전체에서 수분 스트레스를 가장 늦게 받고 가장 먼저 회복하는 곳이라고 할 수 있다. 〈그림 10-19〉에서 시트카가문비나무(*Picea sitchensis*)의 경우 뿌리의 수분퍼텐셜은 수간 윗부분보다 훨씬 높아서 수분 스트레스의 정도가 낮음을 알 수 있다.

테다소나무와 구주소나무의 경우 토양 수분퍼텐셜이 -0.6~-0.7MPa로 감소하면 포장용수량에서 자라는 뿌리보다 25%가량 뿌리생장이 감소하며, 스트레스를 반복할수록 뿌리생장은 더 감소하고 줄기생장은 더 큰 감소를 나타낸다. 일반적으로 토양의 수분퍼텐셜이 -0.7MPa보다 낮으면 뿌리생장은 거의 이루어지지 않는다고 판단되며, 흑호두나무와 미국흰참나무의 경우에서도 비슷한 경향을 보인다. 수분 스트레스로 뿌리생장이 둔화되거나 정지하면 그 영향은 즉시 지상부로 전달된다. 뿌리의 생장 정지는 수분과 무기양분의 흡수를 둔화시키는 것은 말할 것도 없고, 그 밖에 더 중요한 것은 식물호르몬 관계이다. 즉 뿌리에서는 평소에 식물호르몬 시토키닌(cytokinin)이 합성되어 줄기로 이동하는데, 뿌리가 수분 스트레스를 받으면 시토키닌 합성량이 감소하면서 대신 아브시스산(abscisic acid)이 증가한다. 아브시스산은 기공의 폐쇄와 줄기생장 정지에 큰 영향을 끼치는 것으로 알려져 있다.

7. 내건성

내건성(耐乾性)은 학자에 따라서 건조저항성(drought resistance)과 건조인내성(drought tolerance)으로 구분하여 쓰기도 하며 해석이 서로 다른 경우도 있지만, 근본적으로 식물이 건조에 견디는 선천적 혹은 후천적 성질에 근거하고 있다. 내건성은 식물이 한발(旱魃, drought)에 견딜 수 있는 능력을 말하는데, 생태학적으로는 건조한 지역에서 수종 간 경쟁에서 살아남을 수 있는 기준이 되며, 조림학적으로는 토양수분이 적은 지역에 조림할 수 있는 수종을 선택하는 데 중요하다. 한발은 지역에 따라서는 연중 계속되기도 하지만, 대개는 정기적으로 혹은 불규칙하게 나타나는 기상학적인 요인이라고 할 수 있다.

1) 수종 간 차이

수목은 초본식물에 비해 근계가 비교적 깊이 발달하기 때문에 내건성이 큰 편이다. 내건성은 수종에 따라 큰 차이가 있어 수목 분포에 중요한 역할을 한다.

일반적으로 폰데로사소나무는 그란디스전나무(대체로 낮은 지역을 점유함)보다 내건성이 크며, 스텔라타참나무는 미국흰참나무보다, 그리고 잎이 짧은 에키나타소나무는 잎이 긴 테다소나무보다 내건성이 우수한 편이다. 따라서 내건성이 작은 수종은 수분이 많은 계곡 부위를 선호하고, 내건성이 큰 수종은 남향 경사지와 산 정상 부위를 차지하게 된다.

같은 종 내에서도 분포지에 따라 내건성에 차이가 있다. 예를 들어, 미송(*Pseudotsuga menziesii*)의 경우 내륙지방에서 자라는 품종이 해안가의 품종보다 수분 스트레스에 더 잘 견디며, 유칼리(*Eucalyptus viminalis*)의 경우 강우량이 적은 지역에서 자란 품종은 강우량이 많은 지역에서 자란 품종보다 내건성이 크다.

2) 내건성의 근원

식물이 가지고 있는 내건성에 대한 해석은 학자에 따라서 내건성의 근원에 대한 종류와 명칭이 서로 다른 경우가 많다. 일반적으로 목본식물의 경우 건조저항성, 건조인내성, 건조회피성 세 가지로 나눌 수 있으며, 심근성은 모든 내건성 식물의 공통사항으로 취급한다. 반면 샨츠(Shantz, 1927)는 사막에서 자라는 건생식물의 내건성을 네 가지 유형, 즉 심근성, 건조저항성, 건조인내성, 건조회피성으로 나누었다.

(1) 심근성

심근성(深根性, deep root system)은 모든 식물에 적용되는 내건성에 대한 기본적인 기작이라고 할 수 있지만, 수목의 경우 장기간의 한발을 견딜 수 있는 가장 중요한 전략에 해당된다. 깊고 넓게 근계를 개척해서 한발에 대항하는 방법으로, 특히 야자나무와 유칼리에서 볼 수 있다. 유칼리의 뿌리는 15m까지 내려가며, 이스라엘에서는 30m 깊이의 석회암 지대까지 뿌리가 내려간 예가 있다. 테다소나무의 경우 내건성이 큰 품종은 심근성 뿌리를 가지고 있으며, 미국 북서부 지방의 미송과 폰데로사소나무의 경우에도 조림한 묘목의 근계가 크게 자라서 T/R(간혹 S/R로도 표시)을 낮추어 활착에 중요한 역할을 한다.

일반적으로 루브라참나무는 심근성이기 때문에 천근성(shallow root system)인 피나무보다 건조에 강하며(〈그림 10-20〉 참조), 낙우송이나 자작나

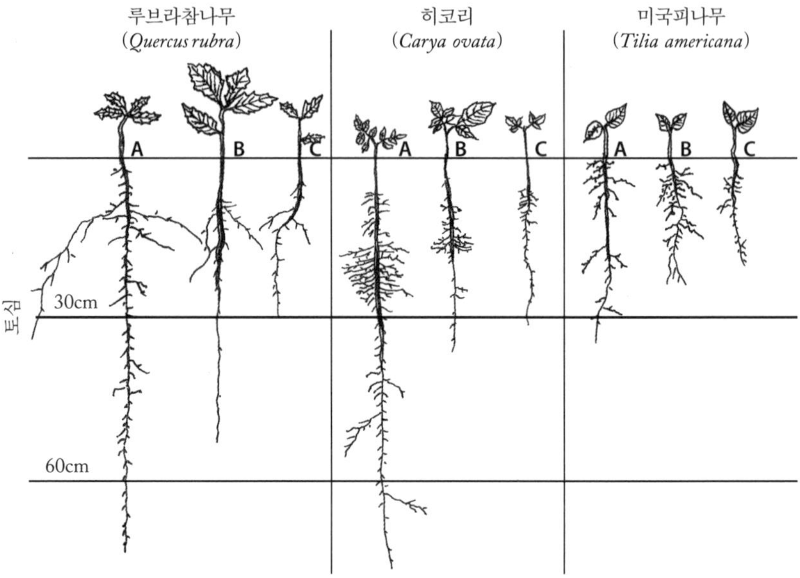

〈그림 10-20〉 초원지대(A), 참나무림(B), 우거진 피나무숲(C)에서 루브라참나무, 히코리, 미국피나무 유묘의 뿌리발달 양상(Kramer, 1983)

참나무는 세 가지 다른 환경에서 모두 뿌리가 깊이 내려가는 심근성을 보였으며, 피나무는 가장 얕게 뿌리를 뻗어 천근성을 보였다.

〈표 10-7〉 심근성과 천근성 수종의 예

구분	침엽수	활엽수
심근성	곰솔, 비자나무, 소나무, 은행나무, 전나무, 주목	가시나무류, 구실잣밤나무, 굴거리나무, 녹나무, 느티나무, 단풍나무류, 동백나무, 마가목, 모과나무, 목련류, 백합나무, 벽오동, 생달나무, 소귀나무, 수양벚나무, 참나무류, 참식나무, 칠엽수, 팽나무, 호두나무, 회화나무, 후박나무
천근성	가문비나무, 일본잎갈나무, 솔송나무, 편백, 낙우송	매실나무, 밤나무, 버드나무, 아까시나무, 자작나무, 포플러류, 푸조나무

무는 천근성이기 때문에 건조에 약하다. 루부룸단풍나무(*Acer rubrum*)는 건조한 토양에서는 심근성이 되지만 습한 토양에서는 천근성이 되어 환경에 대한 적응력이 크다고 할 수 있다. 건조한 지역일수록 심근성 수종이 생존에 유리하며, 이러한 현상은 오스트레일리아, 이스라엘, 미국 등에서 관찰된다.

(2) 건조저항성

건조저항성(乾燥抵抗性, drought resistance)은 식물이 건조에 저항하여 마르지 않으려는 구조를 가진 것을 의미한다. 대표적인 사례는 선인장과 용설란류(*Agave*)에서 볼 수 있는 저수조직을 가지고 있는 경우이지만, 그 밖의 수종에서 수간의 수분 저장, 경엽, 잎의 두꺼운 왁스층, 잦은 건조 노출 등도 해당된다.

목본식물의 경우 수간이 보유하고 있는 수분은 증산량에 비하면 적은 편에 속하지만, 당일 증산량의 일부를 충당할 수 있다. 예를 들어 큰 미송의 변재에 저장되어 있는 물은 5~10일간의 증산량에 해당하며, 구주소나무의 경우 변재의 수분이 1일 증산량의 1/3가량을 공급한다고 한다. 수고가 20m 되는 가문비나무의 경우 수관이 저장하는 물은 1일 증산량의 24%가량 되며, 9년생 사과나무는 2시간의 증산량을 저장하고 있는 셈이 된다.

건조기간이 긴 지방에서 자라는 수목은 각피층이 두껍고 기공이 폐쇄된 상태에서 증산량이 아주 낮은 경엽(硬葉, sclerophyllous leaf)을 가지고 있다. 지중해 지방의 월계수, 올리브나무, 알레포소나무(Aleppo pine), 딸기나무속(*Arbutus*, 진달래과) 등은 대표적인 경엽을 가지고 있는데, 토양 중 수분 함량이 낮으면 극히 적은 증산량을 보인다.

건조지역에서는 잎이 작아지면서 건조에 저항하는 경우도 있다. 미국 동부의 적습한 지역의 미루나무 잎은 정상적인 크기로 자라지만, 건조한 서부 내륙지방으로 가면서 잎이 점진적으로 작아진다. 이는 동부에서 서부 내륙지방(대초원)으로 가면서 강우량이 감소하여 잎이 작아져 생태경사(生態傾斜, ecological cline, ecocline)를 보이면서 내건성이 증가하는 경우이다(〈그림 10-21〉 참조).

수분이 알맞게 있는 곳에서 자라는 중생식물의 경우에는 각피층의 두께도 중요하지만, 표피 표면에 있는 왁스의 존재와 양에 따라 증산량이 달라진다. 왁스의 양은 유전적으로도 결정되지만, 일사량의 증가와 공중습도의 감소로 인하여 후천적으로 늘어난다. 특히 소나무류와 같이 표피에서

〈그림 10-21〉 수분부족에 따른 미루나무 잎의 크기 변화(Ying과 Bagley, 1976)

적습한 미국 동부지역의 미루나무 잎(오른쪽)의 크기가 건조한 서부 내륙지역(왼쪽)으로 오면서 점진적으로 작아지는 생태경사를 보인다.

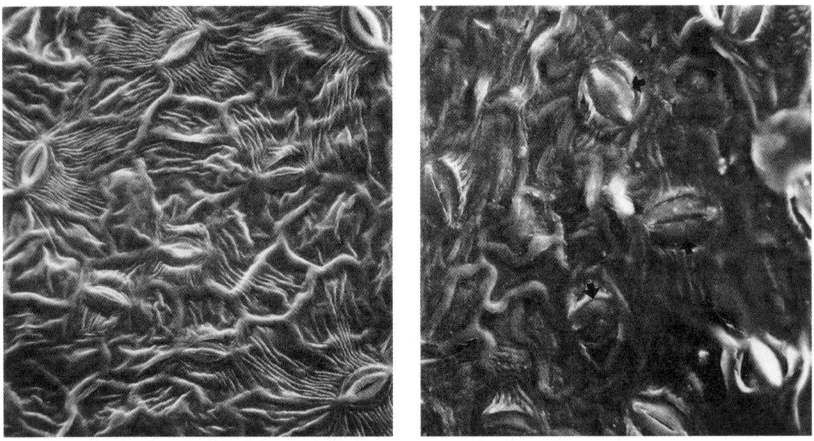

A　　B

〈그림 10-22〉 실내에서 자란 포플러 잎(A)과 야외에서 자란 잎(B)의 표면 (Pallardy와 Kozlowski, 1980)

실내 생육상(生育箱, growth chamber)에서 자란 포플러 잎(A)의 기공은 노출되어 있는 반면, 야외에서 자란 잎(B)의 표면은 완전히 왁스로 덮여 있어 경화되었음을 알 수 있다.

깊숙이 가라앉은 기공을 가진 경우 기공통로(氣孔通路, antestomatal chamber)에 있는 납(wax)은 증산량을 감소시키는 데 큰 역할을 한다(〈그림 8-3〉 참조).

건조저항성에는 식물이 수분부족에 자주 노출되면 내건성이 후천적으로 생기는 현상도 포함된다. 즉 식물이 수분이 부족한 환경에서 지속적으로 자라면 이에 적응하는 과정에서 건조저항성을 갖게 된다. 식물에 건조저항성을 만들어 주려면 수분이 부족한 환경에서 자라도록 유도해야 한다. 물론 이 경우 식물의 생장이 둔화되는 것은 어쩔 수 없는 현상이다. 거꾸로 자주 관수를 하거나 증산작용이 억제되는 비정상적인 환경에서 식물을 기르면 식물은 건조저항성을 갖지 못한다.

예를 들어 바람이 없고 상대습도가 높은 온실에서 자라거나 조직배양을 하는 과정에서 시험관 혹은 생육상(生育箱, growth chamber) 내에서 자라는 식물은 광량이 부족하고 통풍이 안 되는 상태에서 증산작용을 적게 하기 때문에 잎의 두께와 왁스층이 얇고 경화되지 않은 부드러운 잎을 갖게 된다(〈그림 10-22〉 참조). 그러나 이를 밖에 옮겨 심으면 쉽게 말라 죽는다. 이러한 현상을 방지하려면 햇빛에 점진적으로 노출시키고 관수를 제한하는 건조경화(乾燥硬化, drought hardening) 과정을 거쳐 건조에 대한 저항성을 점진적으로 갖도록 해야 한다.

(3) 건조인내성

건조인내성(乾燥忍耐性, drought tolerance)은 마른 상태에서 피해를 입지 않고 견딜 수 있는 능력을 말한다. 일반적으로 이끼류, 지의류, 고사리류, 사막의 관목 등에서 볼 수 있는 성질로, 원형질이 건조한 상태에서 견디다가 수분을 흡수하면 즉시 생리적 활동을 재개할 수 있다. 건조한 지역에서 자라는 건생식물(乾生植物, xerophyte)의 경우 오스트레일리아의 아카시아(*Acacia*), 미국 서부지방의 캘리포니아라일락(*Ceanothus*), 북부 사막지방의 크레오소트(Creosote) 관목에서 볼 수 있다.

중생식물(中生植物, mesophyte)의 경우 스텔라타(stellata)참나무는 비교적 건조한 지역에서 자라는데, 습기가 있는 곳에서 자라는 미국흰참나무나 루브라참나무에 비해 잎과 뿌리가 건조된 상태에서 견디는 힘이 더 크다. 참나무류는 일반적으로 뿌리의 건조인내성이 줄기보다 높아 줄기가 말라죽은 후에 뿌리에서 근맹아를 생산하지만, 소나무류의 경우에는 뿌리가 줄기보다도 건조인내성이 약하다고 할 수 있다.

식물이 건조인내성을 갖게 되는 생리적인 근거는 다음과 같이 세 가지 방향에서 볼 수 있다. 첫째로, 건조 과정에서 수분이 줄고 대신 용질의 양이 증가하여 삼투퍼텐셜이 더 낮아져 탈수를 방지한다고 보이는데, 미국 남부 소나무의 경우 건조에 노출된 묘목에서 관찰되며, 유칼리 묘목의 경우에는 건조에 노출됨으로써 삼투압의 조정(osmotic adjustment)이 일어난다. 둘째, 흡착수(bound water)의 역할이 내한성뿐만 아니라 내건성에서도 중요하며, 셋째, 미송 잎의 경우 세포벽의 신축성(elasticity)이 수분퍼텐셜을 낮춰주기 때문에 건조인내성을 높여준다는 보고가 있다.

(4) 건조회피성

건조회피성(乾燥回避性, drought avoidance) 혹은 건조도피성(drought escaper)은 건조기를 회피해서 생육하는 식물의 경우에 해당된다. 사막에서 자라는 초본식물은 비가 잠깐 오는 짧은 기간에 싹이 트고 개화하여 생활사를 완성하는데, 이를 단명식물(短命植物, ephemeral)이라고 부른다. 목본식물 중에서는 열대지방에서 건기가 있는 지역의 수종과 지중해성 기후를 가진 지역에서 여름철에 낙엽이 지는 수목에 해당된다고 할 수 있다.

3) 소나무의 내건성 분석

한국에서 자라는 소나무류(*Pinus*)에는 소나무, 곰솔, 백송, 리기다소나무, 잣나무, 섬잣나무, 눈잣나무 등이 있는데, 이 중에서 소나무(*Pinus densiflora*)는 다른 수종보다 건조에 잘 견디는 것으로 알려져 있다(Satoo, 1956). 산등성이, 경사가 심하고 돌이나 모래가 많은 남향의 건조한 땅, 혹은 바위 위에서 주로 자라기 때문이다.

소나무의 뛰어난 내건성은 증산작용을 억제하는 지상부의 구조와 토양 수분을 최대한으로 확보하는 뿌리의 효율적인 구조로 나누어 설명할 수 있다. 즉 수분흡수를 최대한으로 하면서 수분손실을 최소화하는 구조라고 할 수 있다.

소나무의 잎은 바늘형으로 잎의 앞면(평평한 쪽)과 뒷면(반원형 쪽)이 모두 두꺼운 왁스층으로 싸여 있다. 표피(表皮, epidermis) 밑에는 다른 수종에 거의 없는 하피(下皮, hypodermis)가 있는데, 하피는 서너 층의 세포로 되어 있어 기공을 닫을 경우 표피를 통한 수분이탈을 최소한으로 줄인다(〈그림 2-3A〉 참조). 기공은 깊숙이 숨어 있고(〈그림 2-4〉 참조) 기공 입구가 왁스로 막혀 있어, 기공이 열려 있어도 증산작용을 최소화하면서 이산화탄소를 흡수할 수 있다(〈그림 8-3〉 참조). 눈과 가지는 송진의 함량이 높아 탈수를 막으며, 수피 바깥쪽에는 방수성을 가진 두꺼운 외수피가 있어 수간으로부터의 수분이탈을 막는다(〈그림 2-8〉 참조).

소나무의 뿌리는 다른 수종보다 더 광범위하게 퍼지는 특성이 있다. 측근과 개척근이 수평 방향으로 넓게 퍼져 수관폭 밖으로 근계를 크게 확장하여 광근성(廣根性, wide-spreading root)을 보여준다. 소나무 뿌리는 본래 심근성(深根性, deep root)이라서 수직 방향으로 깊이 내려가며, 내건성에 크게 기여한다. 일본의 경우 모래 토양에서는 소나무 뿌리가 지하 6m까지 내려가기도 한다. 결국 소나무 뿌리의 총량(biomass)은 다른 수종보다 더 많아 방대한 근계를 형성하며, T/R률이 다른 소나무류보다 작다.

그 밖에 가는 뿌리의 표면은 뿌리와 공생하는 곰팡이의 일종인 균근균(菌根菌)에 의해 둘러싸여 있어 뿌리가 마르는 것을 방지한다(〈그림 11-6B〉 참조). 소나무는 뿌리털이 없는 대신 균근균의 균사가 근계 밖으로 넓게 퍼져 더 많은 수분과 양분을 대신 흡수하기 때문에 소나무가 척박한 땅에서도 생존할 수 있게 해준다(〈그림 11-6A〉 참조).

11

무기염의 흡수와 수액상승

식물은 공기 중에서 CO_2를 흡수하고 토양에서 수분과 무기양분을 흡수하면 단독으로 살아갈 수 있는 독립영양자이다. 식물은 공기 중에 낮은 농도(0.04%)로 존재하는 CO_2를 잎을 통해 흡수하며, 토양 중에 있는 필수양분은 무기염 형태로 뿌리를 통해 물과 함께 흡수한다. 토양 중의 여러 가지 무기염(mineral salts)은 극히 낮은 농도로 토양용액(soil solution) 속에 용해되어 있고, 경우에 따라서는 필요 없는 무기염이 다량으로 존재하기 때문에, 식물은 무기염을 효율적으로 흡수하기 위한 여러 가지 기작을 가지고 있다.

어린뿌리에서 무기염이 흡수되는 과정은 다음 네 단계로 나눌 수 있다. ① 무기염이 토양에서 모세관 현상으로 뿌리 표면으로 이동하고, ② 뿌리세포(피층) 내에 축적하며, ③ 중앙의 목부조직을 향해 횡적으로 이동하고, ④ 뿌리 목부에서 줄기 목부를 따라서 위로 이동하는 것이 그것이다. 이 중에서 ④ 뿌리에서 줄기로의 이동은 목부에서 수액상승과 함께 일어나는 현상이다.

1. 뿌리의 발달

식물뿌리의 발달은 기본적으로 유전적인 특성에 의해 결정되지만, 환경의 영향도 크다고 할 수 있다. 토양 중에 수분과 무기염의 함량이 적으면 식물은 근계를 많이 발달시켜 흡수를 도모한다. 일반적으로 목본식물은 총 건중량의 20% 내외가 뿌리로 되어 있지만, 수분이 부족하면 뿌리의 비율이

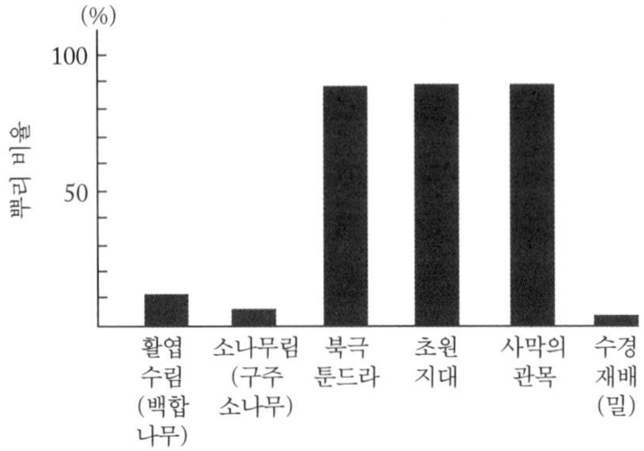

〈그림 11-1〉 몇 가지 생태계의 총 건중량에 대한 뿌리의 비율(Caldwell, 1987)
밀의 수경재배는 Bugbee와 Salisbury(1988)의 자료를 이용하였다.

증가한다.

〈그림 11-1〉에 몇 가지 생태계의 뿌리의 비율을 표시하였는데, 백합나무가 주종인 활엽수림과 구주소나무림의 경우 총 건중량에 대한 뿌리의 비율은 5~10%인데, 건조한 사막에서 자라는 관목(*Atplex*)은 90%로 증가한다. 반면에 밀을 질소 함량을 높여 수경재배하면 뿌리의 비율은 3~5%로 줄어드는 것으로 보아, 식물의 뿌리 발달은 필요에 따라 촉진되거나 감소하는 것을 알 수 있다.

뿌리의 특성은 줄기나 잎에 비해 관찰하기 힘들기 때문에 잘 알려져 있지 않은 상태이지만, 식물은 수분과 무기염을 흡수하기 위해 새로운 뿌리를 쉬지 않고 추가한다. 2장 5절에서 설명한 대로 목본식물의 근계는 비교적 복잡하게 구성되어 있지만, 지표면 가까이에서 뿌리의 표면적을 넓혀 흡수면적을 확장시킨다. 성숙한 루부룸참나무는 5억 개의 근단부(根端部, root tips)를 가지고 있을 만큼 근계가 방대하다. 뿌리는 여기에서 그치지 않고, 표피세포로부터 뿌리털(root hair)을 만들어 토양 속으로 뻗어 토양의 각 구석까지 도달함으로써 '무기염의 채광(mineral mining)'이라는 말을 붙일 만큼 철저하게 무기염을 찾아낸다.

2. 무기염의 흡수기작

토양 중에 수분 함량이 적절하고(포장용수량 근처) 무기염이 과다하게 용해되어 있지 않다면 토양용액의 수분퍼텐셜은 -0.1~-0.3MPa로 충분히 높고 뿌리의 수분퍼텐셜은 삼투압 등으로 토양용액보다 낮아서 수분퍼텐셜의 기울기를 만들어 주기 때문에, 10장 3절에서 설명한 대로 토양용액은 모세관을 따라서 뿌리 표면까지 확산(diffusion)에 의하여 쉽게 도달하게 된다. 그러나 토양의 수분 함량이 영구위조점 근처까지 갈 만큼 -1.5MPa 정도로 낮으면 수분과 무기염(mineral salt)의 확산속도는 1/1000로 줄어들기 때문에 토양용액은 뿌리로 이동할 수 없다.

1) 자유공간의 개념

무기염은 토양용액이 일단 뿌리 표면에 도달한 다음 뿌리 속으로 흡수되는 초기단계에는 뿌리 내 자유공간(自由空間, free space)을 이용하여 이동할 수 있다. 자유공간은 뿌리의 세포나 조직 중에서 무기염이나 기타 다른 용질이 확산과 집단유동(集團流動, mass flow)에 의해 자유로이 들어올 수 있는 부분을 의미한다. 뿌리의 표피조직은 살아 있는 세포로 구성되어 있고 인접한 표피세포끼리 맞닿아 있어 무기염이 자유로이 침투할 수 없는 듯이 보이지만, 실제로 세포벽은 큰 분자량을 가진 섬유(cellulose fiber)가 엉성하게 부착되어 있기 때문에 크기가 작은 물분자나 이온(무기염)이 자유로이 드나들 수 있다. 따라서 자유공간은 뿌리의 세포벽에 의하여 연결된 체계를 통해 무기염이 자유로이 들어오는 공간을 뜻하며, 자유공간의 제1단계는 내피(內皮, endodermis) 직전까지이다.

자유공간의 개념은 세포벽 이동(細胞壁移動, apoplastic movement) 개념과 같으며, 세포질 이동(細胞質移動, symplastic movement)에 대립되는 말이다. 아포플라스트(apoplast)는 식물조직 중에서 죽어 있는 부뷰, 즉 세포벽과 목부조직의 도관(가도관)세포로 이루어진 부분을 의미하며, 심플라스트

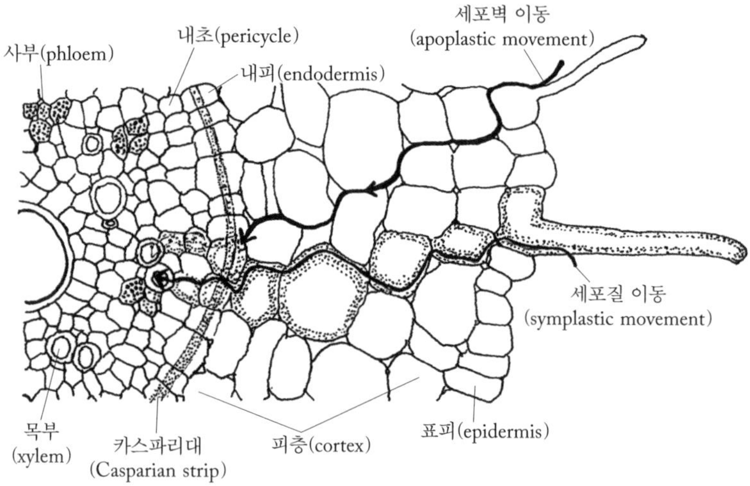

〈그림 11-2〉 가는 뿌리 횡단면상에서 볼 수 있는 무기염의 두 가지 이동방식 (세포벽 이동, 세포질 이동)에 대한 모식도(Salisbury와 Ross, 1992)

(symplast)는 세포의 살아 있는 부분, 즉 원형질(protoplast)로 구성되어 원형질연락사(plasmodesmata)로 이웃하고 있는 세포와 서로 연결되어 있는 부분을 의미한다.

〈그림 11-2〉는 무기염이 뿌리 횡단면상에서 이동하는 방법을 앞에서 설명한 두 가지 개념으로 분류하여 나타낸 것이다. 무기염은 내피까지 자유공간을 이용하여 세포벽 이동으로 도착하거나, 또는 표피나 피층에서 원형질막을 통과하여 세포질 이동으로 도착할 수 있다.

2) 카스파리대의 역할

흡수된 무기염이 내피에 도착하면 자유공간은 일단 없어진다. 내피(內皮, endodermis)세포의 방사단면 벽(radial wall)과 횡단면 벽(transverse wall)에는 수베린으로 만들어진 카스파리대(Casparian strip)가 완전히 한 바퀴 둘러쳐져 있어 세포벽을 통한 무기염의 자유로운 이동은 이곳에서 차단된다(〈그림 11-3〉 참조). 수베린(suberin, 목전질(木栓質))은 수분을 잘 통과시키지 않는

지질 성분으로 되어 있기 때문에 무기염도 함께 차단한다. 따라서 카스파리대의 기능은 내피에서 자유공간을 없앰으로써 무기염이 더 이상 자유롭게 뿌리 속으로 횡적으로 이동할 수 없도록 막아주는 것이다. 이 지점부터는 대신 무기염이 원형질막을 반드시 통과하도록 함으로써, 원형질막상에

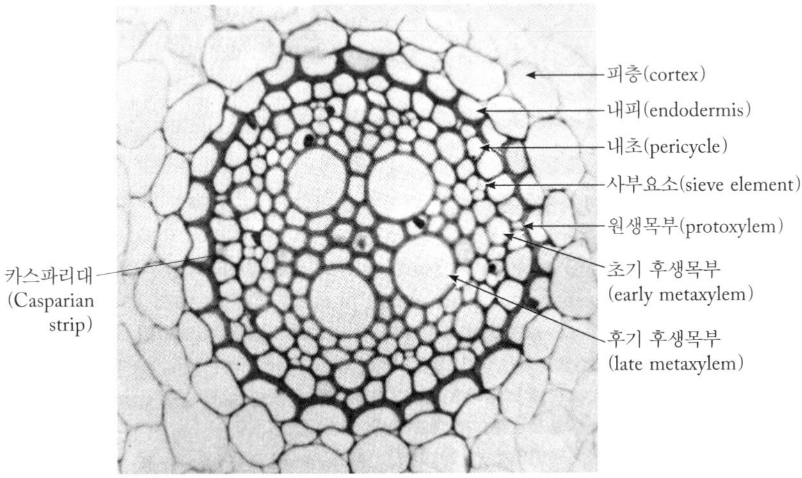

A

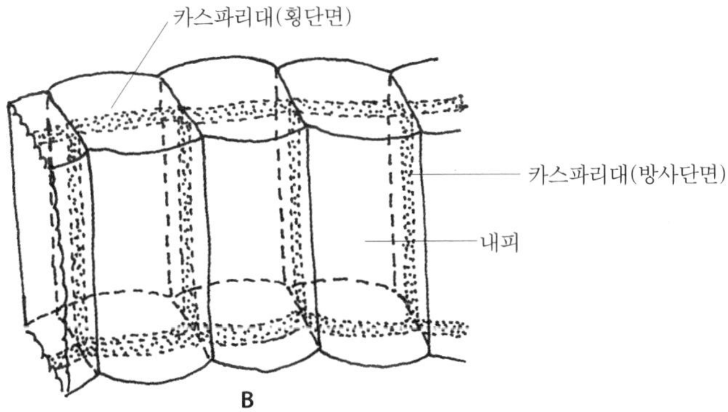

B

〈그림 11-3〉 뿌리 횡단면상에서 내피에 형성된 카스파리대가 뿌리 전체를 원형으로 완벽하게 벽을 쌓아 자유공간을 없앤 모양(A)(Esau, 1965)과 내피세포상의 카스파리대를 확대한 모양(B)

내피의 방사단면 벽과 횡단면 벽에 수베린을 축적하여 무기염의 자유로운 이동을 차단하고 있다.

서 필요로 하는 무기염을 선택적으로 흡수할 수 있게 만든다.

3) 선택적 흡수와 능동운반

뿌리 속 무기염의 농도는 토양용액의 농도보다 수십 배 혹은 수백 배 더 높으며, 세포 내 무기염의 종류는 토양용액의 종류와 크게 다르다. 그리고 뿌리의 호흡을 억제시키면 무기염의 흡수가 중단된다. 이러한 상황으로 볼 때, 뿌리의 무기염 흡수는 단순한 삼투압에 의한 현상이 아님을 짐작할 수 있다. 즉 자유공간을 이용한 무기염의 수동적 이동은 비선택적(non-selective)이고 가역적(reversible)이며, 에너지를 소모하지 않는다. 그러나 식물이 무기염을 능동적으로 흡수하는 과정은 선택적(selective)이고 비가역적(nonreversible)이며, 에너지를 소모한다. 따라서 원형질막에는 이러한 선택적 흡수(selective absorption)를 가능하게 하는 기작이 있으며, 이것을 설명하는 가장 유력한 학설은 운반체설(carrier theory)이다.

운반체(運搬體, carrier)는 원형질막에 있는 단백질로, 능동운반의 주역이라 할 수 있다. 여기서 능동운반(能動運搬, active transport)이란, ① 원형질막의 운반체에 의하여, ② 농도가 낮은 곳에서 높은 곳으로 농도 기울기에 역행하여 운반되며, ③ 대사에너지를 소모하면서, ④ 선택적으로 이루어지는 무기염의 이동을 의미한다.

4) 원형질막과 운반단백질(운반체)

원형질막(plasma membrane)은 살아 있는 세포에 있는 얇은 막으로 세포벽 바로 안쪽에 있는데, 어린뿌리 세포의 경우 도관(죽은 세포)을 제외한 모든 세포에 존재한다. 세포질 이동(symplastic movement)은 원형질막을 통과하는 것이며, 원형질막을 통과할 때 선택적 흡수를 가능하게 한다. 원형질막은 8장 2절에서 설명한 대로, 두 층의 인지질(phospholipid)로 구성되어 있어 비교적 극성을 띠지 않기 때문에 극성을 띤 이온화된 무기염이 통과하기 어렵다.

그런데 극성을 띤 이온들이 확산(diffusion)속도보다 더 빠른 속도로 원형질막을 통과하여 세포 안으로 들어오는 현상을 오래전부터 관찰할 수 있었다. 결국 학자들은 〈그림 11-4〉와 같이 원형질막에는 운반단백질(運搬蛋白質, transport protein)이 자리 잡고 있어 이온들을 빠른 속도로 운반한다고 믿게 되었다. 운반단백질은 원형질막 밖에서 특수이온(무기염)과 결합하면 단백질이 구조적으로 변화를 일으키면서 방향을 전환해 무기염이 안쪽으로 향하도록 해주며, 원형질막 안으로 들어온 무기염은 운반단백질과 분리된다. 무기염이나 기타 물질이 원형질막을 통과하기 위해서는 각 물질별로 고유한 운반단백질에 의해 운반되어야 한다고 보이며, 따라서 운반단백질은 여러 가지 종류가 있다. 이것이 선택적 흡수의 주요 내용이다.

원형질막에 있는 운반단백질은 두 가지 종류가 알려져 있다. 그중 하나가 운반체(carrier 혹은 carrier protein)로, ATP를 가수분해하여 생긴 에너지를 이용하여 원형질막을 통해 수소이온(H^+)을 펌핑(pumping)하는 ATPase 효소의 특성을 가진 것으로 추측된다. 여러 가지 운반체가 알려져 있지만, 식

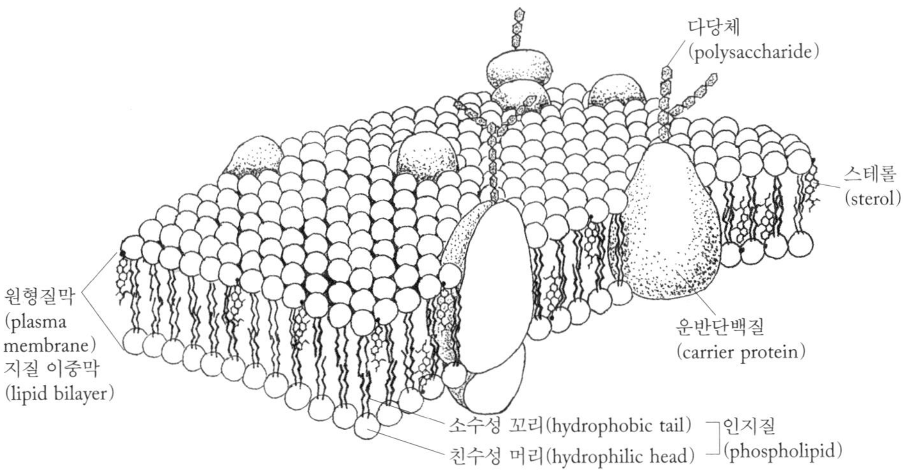

〈그림 11-4〉 원형질막의 구조와 운반단백질의 모양(유동 모자이크 모델의 경우)
(Salisbury와 Ross, 1992)

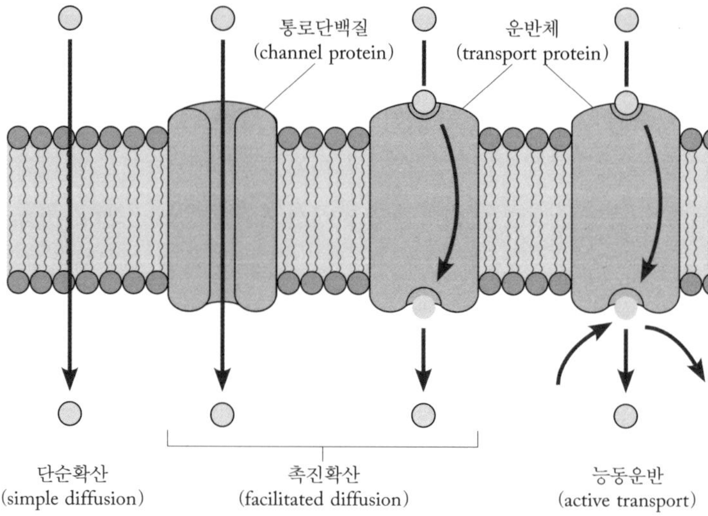

〈그림 11-5〉 두 종류의 운반단백질(운반체, 통로단백질)이 무기염을 운반하는 원리를 보여주는 모식도(Hopkins와 Huner, 2009)

물세포의 경우 현재까지 주로 설탕운반체(sucrose transporter)의 특성만 구명되어 있을 뿐이다(6장 8절 참조).

두 번째 단백질은 통로단백질(通路蛋白質, channel protein)로, 운반체보다 더 빠른 속도로 이온을 통과시키는 이온통로(ion channel)를 열어준다고 추측된다. 이온통로는 출입구(gate)의 개폐에 따라서 이온의 통과를 조절하는데, 햇빛, 호르몬, 이온의 자극에 의해서 출입구가 열린다. 지금까지 칼륨(K^+), 칼슘(Ca^{++}), 염소(Cl^-)의 이온통로가 구체적으로 알려져 있으며, 앞으로 더 많은 이온통로들이 발견될 것으로 전망된다.

3. 균근

균근(菌根, mycorrhiza)이란 식물의 어린뿌리가 토양 중에 있는 곰팡이와 공생하는 형태를 의미한다. 곰팡이는 기주식물에 무기염과 물을 대신 흡수하여 전달해 주고, 기주식물은 곰팡이에 탄수화물을 전해 줌으로써 공생(共生, symbiosis)관계를 유지한다.

균근은 고등 육상식물의 약 97%에서 발견될 만큼 흔하게 존재하며, 산림 생태계와 같이 무기양분의 함량이 낮은 토양에서는 균근의 도움으로 수목이 생존해 갈 수 있다. 고산지대와 북극의 툰드라 지역과 같이 생육환경이 좋지 않은 곳에서는 특히 균근이 중요한 역할을 한다.

균근의 기능은 여러 가지가 알려져 있는데, 가장 중요한 것은 토양 중에 있는 인산(phosphate)의 흡수를 촉진시켜 주는 것과, 산림과 같은 산성 토양에서 암모늄태(NH_4^+) 질소를 흡수할 수 있도록 해주는 것이다. 이것은 수목의 근계가 초본식물처럼 치밀하게 발달하지 않더라도 균근의 수많은

〈표 11-1〉 균근의 형태와 균사의 식물체 내 분포에 따른 분류

분류	세분류	기주	균투	하티그망	균사 모양
외생균근		목본식물	있음	있음	담자균, 자낭균 균사
내생균근	가지모양 균근 (arbuscular M)	목본식물, 초본식물 (십자화과, 명아주과 제외)	없음	없음	가지모양 (arbuscules)
	진달래 균근 (ericoid M)	진달래과(Ericaceae)	없음	없음	꼬인 철사 (hyphal coil)
	난초 균근 (orchid M)	난초과(Orchidaceae)	없음	없음	꼬인 철사
	딸기나무 균근* (arbutoid M)	딸기나무(*Arbutus*)	있음	있음	꼬인 철사
	난풀 균근 (monotropoid M)	난풀(*Monotropa*)	있음	있음	대못 균사 (fungal peg)
내외생균근		소나무류 묘목	있음	있음	세포 내외 균사

주: *딸기나무 균근(arbutoid M)은 내외생균근으로 분류되는 경우도 있다.

균사가 뿌리로부터 수 센티미터까지 뻗어 더 효율적으로 무기염과 수분을 흡수하기 때문이다.

균근은 곰팡이의 균사가 기주식물 뿌리 속에서 자라는 위치와 형태에 따라 외생균근, 내생균근, 내외생균근으로 나눈다(〈표 11-1〉 참조).

1) 외생균근

외생균근(外生菌根, ectomycorrhizae)은 총 식물과(科, family)의 10%에서 발견되며 주로 목본식물에서 발견되는 형태로, 곰팡이의 균사가 세포 안으로 들어가지 않고 기주세포의 밖에서만 머물기 때문에 '외생'이라는 말을 쓰고 있다. 균사는 뿌리 표면을 두껍게 싸서 균투(菌套, fungal mantle)를 형성하고, 뿌리 속으로 피층까지 침투하여 세포와 세포 사이의 간극에 균사에 의한 하티그망(Hartig net)을 만들며, 피층보다 더 안쪽으로 들어가지 않는다(〈그림 11-6B〉 참조). 이에 반해 병원성 곰팡이는 내피 안쪽으로 들어가 뿌리를 죽이기도 한다.

감염된 뿌리의 표피와 피층세포는 방사 방향으로 세포신장이 일어나 두꺼운 균투와 더불어 뿌리의 직경을 굵게 만든다(〈그림 11-6B〉 참조). 외생균근으로 감염된 뿌리는 감염되지 않은 뿌리와 형태적으로 다르기 때문에 육안으로(〈그림 11-7A와 B〉 참조), 혹은 해부현미경으로 쉽게 구별할 수 있다(〈그림 11-6A와 B〉 참조). 감염된 뿌리에는 뿌리털이 생기지 않고, 대신 균사가 뿌리 표면으로부터 토양 속으로 뻗어 뿌리털 역할을 대신하여 더 효율적으로 무기염을 흡수한다.

기주식물(host)의 범위는 거의 목본식물로 국한되어 있고, 〈표 11-2〉와 같이 온대지방에서는 소나무과, 버드나무과, 자작나무과, 참나무과 수목에서 흔히 발견되며, 그 밖에 피나무과에서도 일부 발견된다. 특히 소나무과의 수목은 필수적으로 외생균근을 형성하며, 천연상태에서 균근 없이 살아갈 수 없다.

외생균근을 형성하는 곰팡이는 주로 담자균(Basidiomycetes)과 자낭균

(Ascomycetes) 같은 고등버섯류이다. 우리나라에서 가장 널리 알려진 균근곰팡이는 송이버섯(*Tricholoma matsutake*)으로, 송이버섯은 소나무림(*Pinus densiflora*)에서만 발견되며(일본에서는 간혹 전나무와 가문비나무에서도 발견됨), 숲의 나이가 20~80년 정도로 가장 생활력이 왕성할 때 공생을 이룸으로써

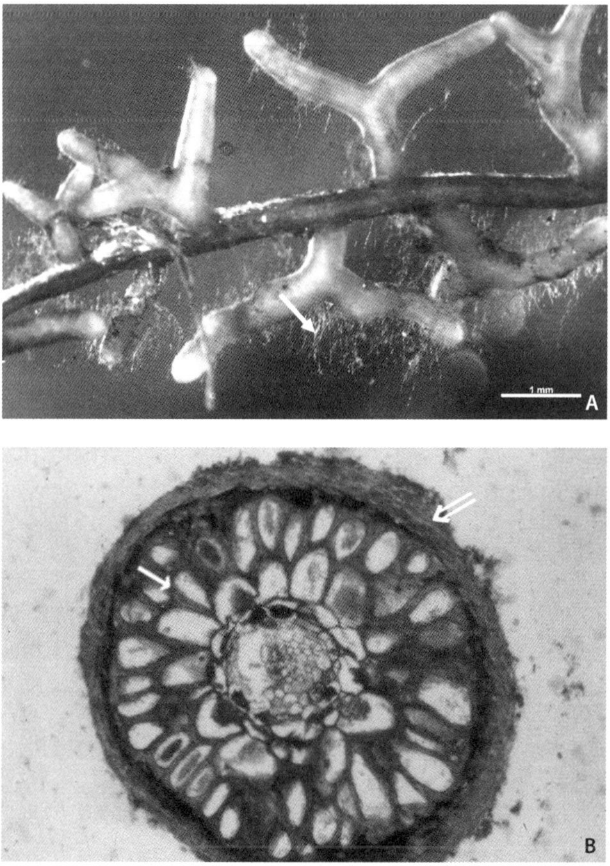

〈그림 11-6〉 소나무 뿌리가 외생균근을 형성한 모습

A: 소나무 세근의 외생균근에서 뿌리가 비대하면서 Y자로 갈라지고 가느다란 곰팡이 균사(화살표)가 많이 뻗어 있다. B: 소나무 균근 뿌리의 횡단면에서 균사(청색)가 뿌리 표면에 균투(이중화살표)를 두껍게 형성하고 뿌리 속까지 침투하여 피층의 세포간극에 하티그망(화살표)을 형성하였으나, 내피 안으로는 들어가지 않았다.

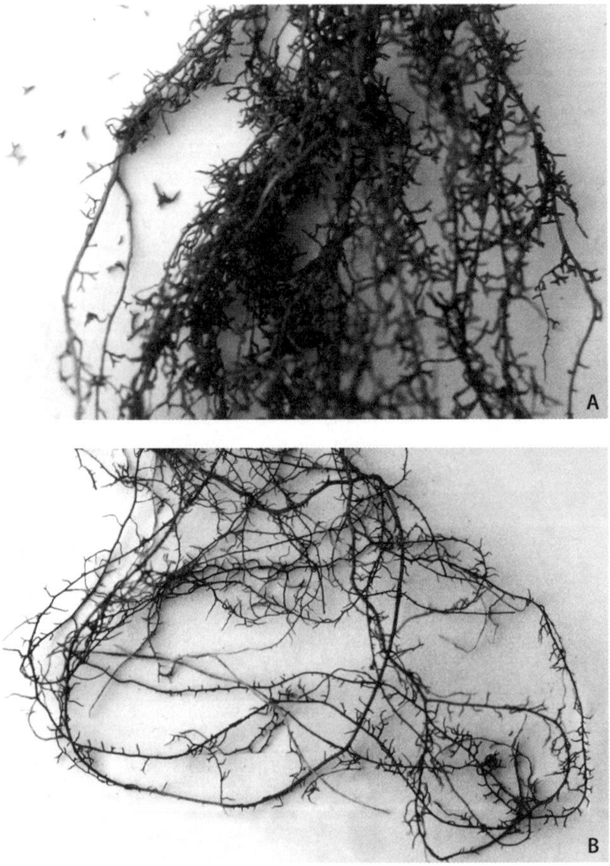

〈그림 11-7〉 외생균근을 형성한 뿌리(A)와 형성하지 않은 뿌리(B)

A: 인공배양한 균근 곰팡이 모래밭버섯(*Pisolithus tinctorius*)으로 접종한 리기테다소나무 1년생 묘목의 뿌리가 균근을 형성하여 잔뿌리가 왕성하게 발달해 있다. B: 토양훈증으로 균근 형성을 억제시킨 묘목에서 잔뿌리 형성이 안 되어 건강이 나쁜 상태이다.

기주선택성(寄主選擇性, host specificity)이 강한 경우로 분류된다. 이 밖에 〈표 11-2〉에 열거한 수목의 임상(林床, 숲바닥, forest floor)에서 직접 솟아나오는 버섯 중에는 균근버섯이 많은데, 흔한 것으로 광대버섯류(*Amanita*), 무당버섯류(*Russula*), 젖버섯류(*Lactarius*), 그물버섯류(*Boletus*), 싸리버섯류(*Ramaria*)

〈표 11-2〉 한국에서 외생균근을 형성하는 수목의 분류학적 분포와 해당 숲에서 발생하는 균근버섯의 다양성(김삼순 등, 1990)

과명	속명	대표적인 종명	숲에서 균근버섯의 다양성
소나무과	소나무속	소나무, 곰솔, 리기다소나무, 백송, 잣나무류	매우 다양
	전나무속	전나무, 구상나무, 분비나무	매우 다양
	가문비나무속	가문비나무, 종비나무, 독일가문비나무	매우 다양
	잎갈나무속	잎갈나무, 일본잎갈나무	약간 단순
	개잎갈나무속	개잎갈나무	?
	솔송나무속	솔송나무	다양
버드나무과	버드나무속	버드나무, 왕버들, 능수버들	다양
	사시나무속	사시나무, 양버들, 황철나무, 미루나무	매우 다양
자작나무과	자작나무속	자작나무, 거제수나무, 사스래나무, 박달나무	매우 다양
	오리나무속	오리나무, 물오리나무, 물갬나무	극히 단순
	서어나무속	서어나무, 까치박달, 소사나무	약간 다양
	개암나무속	개암나무, 참개암나무	약간 단순
참나무과	참나무속	상수리나무, 굴참나무, 갈참나무, 신갈나무	매우 다양
	밤나무속	밤나무, 약밤나무	다양
	너도밤나무속	너도밤나무	다양
피나무과	피나무속	피나무, 염주나무, 보리자나무	약간 단순

주: 소나무과에 속하는 수목은 균근 형성이 필수적이며, 다른 과의 수목들도 균근이 없으면 생장이 불량해진다.

와, 땅속에서만 자라는 알버섯류(*Rhizopogon*)가 있다.

2) 내생균근

내생균근(內生菌根, endomycorrhizae)은 곰팡이의 균사가 기주식물의 세포 안으로 들어가기 때문에 붙여진 이름으로, 균사가 뿌리의 피층(cortex)세포 안으로 침투하여 자란다. 그러나 균사의 생장은 피층세포에 국한되고 내피 안쪽으로 들어가지 않는데, 이러한 특징은 외생균근과 내생균근의 공통점으로 뿌리 한복판의 통도조직을 침범하지 않는 것이 일반적인 병원균과 다르다. 균사의 생장은 뿌리 밖으로 연장되어 토양 속으로 자라지만, 외생균

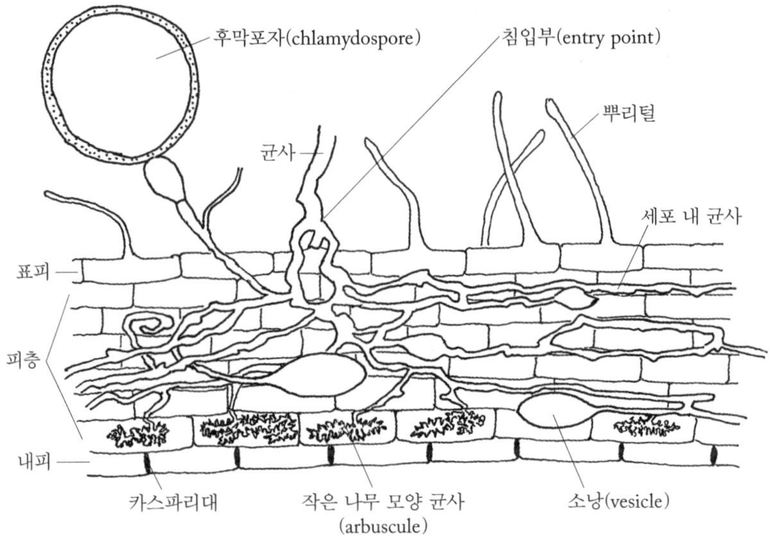

〈그림 11-8〉 가는 뿌리의 종단면상에서 표피와 피층에 형성된 작은 나무 모양 균근(AM)의 형태

근과 같은 균투를 형성하지 않으며 뿌리털이 정상적으로 발달한다. 육안으로는 감염 여부를 알 수 없다.

내생균근에는 여러 가지 종류가 있으나(〈표 11-1〉 참조), 그중에서 가장 흔하고 농업에서 중요한 것은 〈그림 11-8〉과 같이 작은 나무 모양 균사(arbuscule)를 가지고 있는 작은 나무 모양 균근(arbuscular mycorrhiza, AM)이다. AM 균근은 양분저장 역할을 하는 소낭(小囊, vesicle)을 간혹 형성하기도 하지만, 소낭을 형성하지 않는 균도 많다.

AM 균근의 기주식물의 범위는 육상 생태계에서 발견되는 대부분의 식물이라고 할 수 있는데, 초본류, 주요 작물, 쌍자엽식물, 그리고 외생균근을 형성하는 목본식물을 제외한 나머지 목본식물(모든 과수류 포함)이 AM 균근을 형성한다. 단, 십자화과(Brassicaceae)와 명아주과(Chenopodiaceae) 식물은 균근을 형성하지 않는다. 따라서 내생균근의 기주 범위는 외생균근보다 훨씬 넓으며, 특히 대부분의 작물과 과수류가 여기에 속해 농업적으로도 중요하다. 그러나 실제로는 외생균근을 형성하는 수종도 간혹 내생균근을 함께 형성하기도 한다(예: 포플러류).

관련되는 곰팡이는 하등균류인 접합자균(接合子菌, Zygomycetes)에 속하는 균으로, 글로무스(*Glomus*)와 스쿠텔로스포라(*Scutellospora*)가 가장 흔하게 발견된다. 이 균의 후막포자(chlamydospore)는 직경이 커서(40~700μm) 바람에 전파되지 못하는 것이 특징이다.

이 밖에 내생균근으로 진달래 균근(ericoid mycorrhiza)이 있는데, 진달래류(*Rhododendron*)는 세계적으로 척박한 산성 토양에서 자라는 것으로 널리 알려져 있다. 관련된 곰팡이는 자낭균(*Pezizella ericae*)이며, 질소의 광물질화 작용과 질산화 작용이 느린 산성 토양에서 낙엽을 분해할 수 있는 능력을 가지고 있어 기주식물의 생장을 돕는다.

난초 균근(orchid mycorrhiza)은 난초과 식물에서 균근을 형성한다. 난초는 생활사 중에서 일부 기간 동안 균근을 반드시 형성해야 정상적으로 자랄 수 있다. 딸기나무 균근(arbutoid mycorrhiza)은 딸기나무(*Arbutus*)에 균근을 형성하는데, 세포 내 균사와 균투와 하티그망을 가지고 있어 내외생균근으로 분류되기도 한다. 한편 난풀 균근(monotropoid mycorrhiza)은 난풀(*Monotropa*)에 균근을 형성하는데, 엽록체가 없는 퇴화된 잎을 가지고 있으며 대못 모양의 균사(fungal peg)를 형성한다.

3) 내외생균근

내외생균근(內外生菌根, ectendomycorrhizae)은 외생균근의 변칙적인 형태라고 추측되는데, 외생균근 곰팡이의 균사가 세포 안으로 침투하여 자라는 형태를 뜻하며, 소나무류의 어린 묘목에서 주로 발견된다. 어린 묘목이 균사가 세포 안으로 침투하는 것을 방어할 능력이 없어서 생기는 일시적인 현상이라고 추측되며, 흔히 관찰되는 것은 아니다. 뿌리의 외부 형태는 외생균근과 거의 같다. 〈표 11-1〉의 딸기나무 균근(arbutoid mycorrhiza)을 내외생균근으로 분류하기도 한다.

4) 균근의 역할과 혜택

균근의 여러 가지 역할과 혜택이 알려져 있는데, 그중에서 가장 중요한 것은 무기염의 흡수 촉진이다. 균근의 형성률 혹은 감염률은 토양의 비옥도가 높을수록 낮으며, 특히 토양 중에 있는 인산(phosphate)의 함량에 반비례하는데, 이것은 균근이 인산의 흡수를 촉진하여 인산의 함량이 낮을수록 기주식물이 균근균과 공생해야 할 필요성이 증가하기 때문이다. 인산 외에도 N, S, Fe, Cu의 흡수 촉진이 증명된 바 있으며, 이 밖에도 대부분의 무기염의 흡수를 촉진한다고 생각된다.

곰팡이의 균사는 유기산(organic acid)을 분비하여 토양 속 불용성 이온을 녹이거나 킬레이트(chelate)화시켜 무기염의 흡수를 촉진하는데, 킬레이트는 2개 이상의 배위자가 고리를 형성하면서 중앙에 금속이온을 붙잡고 있는 배위결합을 한 형태이다.

균근균의 균사는 뿌리를 둘러싸고 있거나 토양 중에 뻗어 토양의 건조, 낮거나 높은 pH(〈그림 11-9A〉 참조), 토양 독극물, 염분, 극단적인 토양온도에 대한 저항성을 높여주고, 뿌리 표면을 먼저 점령하여 항생제 혹은 독소를 생산함으로써 병원균에 대한 저항성을 증가시켜 준다. 이에 관한 몇 가지 예를 들 수 있다. 균사가 토양 선충에 독성이 있는 효소를 분비하기도 하며, 구주소나무의 경우 황소비단그물버섯(*Suillus bovinus*) 균사가 중금속 아연(Zn)으로부터 뿌리를 보호하는 것으로 알려져 있다. 진딧물의 공격이 있을 때 식물은 휘발성 유기물(VOC)을 생산하여 진딧물의 천적을 불러들이며, 이웃에 있는 식물이 균근의 균사로 서로 연결되어 균사를 통해 시그널을 전달함으로써 이웃 식물도 VOC를 생산하게 유도한다(Babikova 등, 2013).

균근이 생물학적 질소고정을 수행하는 예외적인 경우가 알려져 있다. 미국의 콘토르타소나무(*Pinus contorta*)는 로키산맥의 척박지를 초기에 점령했는데, 로키산맥에서 주로 발견되는 솔비단그물버섯(*Suillus tomentosus*)은 콘토르타소나무와 뿌리혹균근(tuberculate ectomycorrhiza)을 형성하면서 공기

〈그림 11-9〉 인공 산성우(pH 3.0)로 처리한 리기테다소나무 묘목의 균근 접종 효과
(고민규와 이경준, 1988)

A: 모래밭버섯 접종묘, B: 무처리 묘, C: 비단그물버섯류 접종묘. 모래밭버섯균만 접종효과를 나타냈다.

〈그림 11-10〉 양묘장에서 모래밭버섯균으로 인공 접종한 1년생 리기테다소나무 묘목(A)과 무처리 묘목(B)의 생장 비교

중의 질소를 고정하여 질소가 부족한 토양에서 기주가 생존할 수 있게 한다(Paul 등, 2007).

균근은 일반적으로 식물의 생육이 불리한 한계토양(marginal soil)에서 생태학적으로 중요한 위치를 차지하고 있다. 예를 들면, 유럽 알프스산맥 고산지대에서 자라는 스위스잣나무(*Pinus cembra*)는 광합성으로 생산한 탄수화물의 67%를 균근 곰팡이에 전달할 만큼 많은 에너지를 소모하지만, 열악한 환경에서 곰팡이의 도움으로 살아갈 수 있게 된다.

균근의 원리를 응용하면 농업과 임업의 생산성을 높일 수 있다. 실제로 균근균으로 인공 접종한 묘목의 생장이 촉진된 예는 무수히 많으며(〈그림 11-10〉 참조), 오스트레일리아와 뉴질랜드에 미국의 라디아타소나무가 처음 도입되었을 때 실패한 원인은 적절한 균근균이 없었기 때문이었다.

산림토양 내 무기염의 흡수와 관련된 균근의 역할 중에서 중요한 것은 암모늄태(NH_4^+) 질소의 흡수이다. 산림토양은 경작토양과 비교하여 산성화가 더 심하게 진전되어 있기 때문에 유기물의 광물질화 과정에서 질산화 박테리아의 활동이 억제되어(7장 7절 참조) 암모늄태 질소가 주종을 이루고 질산태 질소(NO_3^-)는 거의 존재하지 않는다. 그러나 암모늄태 질소를 흡수할 수 있는 능력을 산림 내 외생균근과 내생균근이 모두 가지고 있기 때문에 수목이 흡수하는 데 어려움이 없다.

균근의 또 다른 중요한 역할은 건조한 토양에서 수분을 흡수하는 능력이 크다는 것이다. 일반적으로 수목의 뿌리는 토양의 수분퍼텐셜이 -0.7MPa보다 낮으면 자랄 수 없는데, 균근이 형성되면 균사의 직경이 수목뿌리 직경의 1/100 정도밖에 안 되어 수분흡수 효율이 증가하며, 수분퍼텐셜이 -1.5~-2.0MPa로 낮아질 때까지 수분을 흡수할 수 있다.

4. 내피 통과 후 무기염 이동과 증산작용

앞에서 설명한 대로 무기염이 내피(內皮, endodermis)세포를 통과할 때에는 반드시 원형질막을 통과해야 하며, 이때 선택적 흡수가 이루어진다. 일단 내피를 통과한 무기염은 내초를 거쳐 중앙 부위에 있는 통도조직인 도관

(가도관)에 도착하고, 곧이어 줄기로 올라간다. 이 과정은 다시 세포벽 이동(apoplastic movement)에 해당된다(〈그림 11-2〉 참조). 특히 도관(가도관)은 원형질막뿐만 아니라 세포내용물이 없고 속이 비어 있는 죽은 세포로서 수분과 무기염의 이동속도가 빠르다. 일단 무기염이 도관에 도착하면 증산작용에 의해 위로 올라가는 증산류(蒸散流, transpiration stream)를 따라서 도관을 타고 수동적으로 올라가게 된다.

10장 5절에서 언급한 바와 같이 무기염의 이동에 증산작용이 필수적인 것은 아니지만, 증산작용으로 인하여 무기염의 이동속도가 촉진된다. 도관이나 가도관의 증산류를 타고 위로 올라가는 액체를 수액(樹液, xylem sap)이라고 하며, 무기염 외에 여러 가지 물질이 용해되어 물과 함께 이동하는 집단유동(mass flow)의 대표적인 예이다. 도관 내 무기염의 이동속도는 증산속도에 비례한다.

5. 수액상승

수액상승(樹液上昇, ascent of sap)에 대한 내용은 10장 증산작용에서 다룰 수 있는 내용이지만, 여기에서 무기염의 이동과 함께 다루고자 한다. 토양에서 흡수된 물이 뿌리로부터 거대한 나무의 잎까지 도달하기 위해서는 목부조직을 통과해야 하며, 수액상승의 원리가 설명되어야 무기염의 이동과 수분이동에 대한 설명이 마무리된다.

1) 관련 조직

뿌리에서 잎까지 수분(무기염 포함)을 이동시키는 경로는 수분이동에 대한 저항이 가장 작은 목부조직(xylem)이다. 목부조직에는 살아 있는 유세포, 죽어 있는 섬유와 도관(나자식물은 가도관)이 있는데, 이 중에서 수분이 이동하는 곳은 죽어 있는 세포인 도관(혹은 가도관)이며, 세포내용물이 없어 비어 있기 때문에 수분이동에 대한 저항이 가장 작다.

나자식물(침엽수류)의 가도관은 직경이 30μm, 길이가 최고 5mm에 이르는데, 수분이 위로 상승하기 위해서는 가도관의 작은 막공(膜孔, pits)을 통과하여 다음 가도관으로 이동해야 하기 때문에 저항이 상당히 있는 편이다. 피자식물(활엽수류)의 도관은 직경이 20~800μm 정도이며, 산공재의 도관은 직경이 작고, 환공재의 도관은 크다. 도관 길이는 산공재의 경우 수 센티미터이며, 환공재의 경우 수 미터에 이른다. 도관의 상하 끝벽은 뚫려 있어 수분이 상승할 때 자유롭게 다음 도관으로 이동할 수 있으므로 저항이 가도관보다 훨씬 적은 편이다(〈그림 2-12〉 참조).

도관의 길이는 수종에 따라서 차이가 크다. 만경류(vines)의 도관은 직경이 크고 길이가 길어 매우 효율적으로 수분을 이동시키는데, 환공재의 긴 도관은 시간이 지남에 따라 기포(氣泡, gas bubble), 전충체(塡充體, tylose;

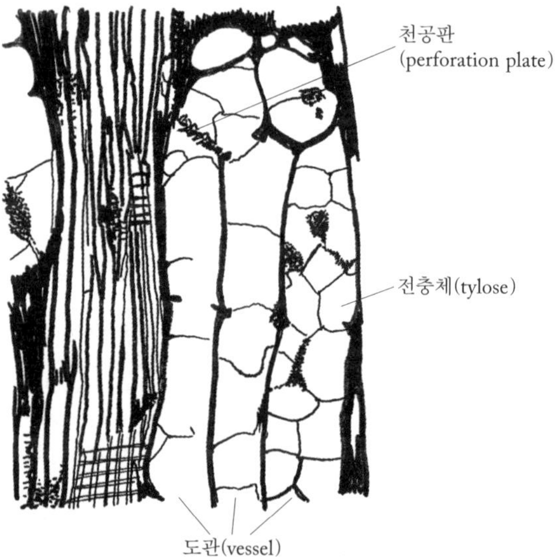

〈그림 11-11〉 호두나무(반환공재, 〈그림 2-10C〉 참조) 도관 내 전충체 형성으로 도관폐쇄가 진행되어 수분통도가 어려워진 상태

도관 주변 유세포의 원형질체가 막공을 통해 도관 안으로 들어온 형태) 등에 의해 막히는 도관폐쇄(導管閉鎖, tylosis) 현상 때문에 효율이 떨어진다(〈그림 11-11〉 참조). 오히려 도관의 직경이 작은 산공재를 가진 수종은 이러한 문제를 해결할 수 있다. 지구상에서 키가 제일 큰 나무들은 대부분 침엽수인데, 가도관은 직경이 작고 세포마다 끊어져 있어서 기포 발생을 억제함으로써 수분 상승이 정지될 가능성이 적다.

수간의 횡단면상에서 수액의 상승작용에 직접 기여하는 조직의 크기(면적)는 수종에 따라서 차이가 크다. 한복판에 있는 심재는 생리적 기능이 거의 없고, 변재 중에서도 일부만 수액이동에 기여한다. 환공재(〈그림 2-10A〉 참조)의 경우 수액이동은 최근 1년 혹은 2년에 형성된 도관에 의존하는 경우가 대부분이다. 느릅나무와 물푸레나무는 당년에 만들어진 도관을 통해 수분이 이동한다. 참나무와 밤나무도 지난 1년 혹은 2년간에 형성된 도관을 통해 수분이 이동하며, 산공재(단풍나무, 벚나무, 버즘나무, 포플러, 〈그림 2-10B〉 참조)의 경우에는 최근에 만든 1~3개의 연륜에 걸쳐 수분이 이동한다. 가도관을 가진 나자식물의 경우(〈그림 2-10D〉 참조) 수액상승에 기여하는 나이테는 최근에 만들어진 1~5개이다.

2) (목부)수액의 성분

목본식물의 수액(sap)은 엄격한 의미에서 두 가지로 나눌 수 있는데, 목부수액(木部樹液, xylem sap)은 증산류를 타고 상승하는 도관(혹은 가도관) 내의 수액을 말하며, 사부수액(篩部樹液, phloem sap)은 사부를 통한 탄수화물의 이동액을 말한다. 그러나 일반적으로 목부수액을 '수액(樹液)'이라고 하며, 무기염, 질소화합물, 탄수화물, 효소, 식물호르몬 등이 용해되어 있는 비교적 묽은 용액을 가리킨다.

(목부)수액에 질소화합물로서는 암모늄태(NH_4^+)나 질산태(NO_3^-) 질소는 거의 존재하지 않고 아미노산과 우레이드(ureide)가 검출되는데, 사과나무의 경우에는 여름철에 아스파르트산(aspartic acid)과 글루타민(glutamine)

〈표 11-3〉 물푸레나무 목부수액과 사부수액의 성분 비교(von Die와 Willemse, 1975)

(단위: mg/ml)

성분	목부수액	사부수액
건중량	1.4	220
설탕	0.128	140
칼륨(K)	0.177	2.1
마그네슘(Mg)	0.0115	0.077
나트륨(Na)	0.004	0.037
칼슘(Ca)	0.018	0.049
인(P)	0.005	0.052
산도(pH)	4.5~5.0	7.5

주: 10월 10일 기준.

이 주종을 이루고, 가을에는 아르기닌(arginine)이 증가한다. 느릅나무에서는 총 21종의 아미노산이 검출되며, 소나무류의 경우에는 유기태 질소의 73~88%가 시트룰린(citrulline)과 글루타민(glutamine)으로 되어 있다. 소나무류의 수액에서는 질산태 질소가 발견되지 않는데, 그 이유는 뿌리에서 이미 질산환원 작용(7장 2절 참조)이 일어나기 때문이다.

탄수화물의 농도는 겨울철과 이른 봄에 높은데, 주성분은 설탕, 포도당, 과당이다. 특히 설탕단풍은 설탕 함량이 보통 2~3%가량 되어 시럽을 만들 수 있다(10장 4절 참조). 자작나무의 수액은 과당과 포도당을 함유하고 있으며, 고로쇠나무 수액의 주성분은 설탕이다.

질소화합물과 탄수화물 이외에 수액에는 무기염, 식물호르몬 중에서 시토키닌(cytokinin), 지베렐린(gibberellin), 그리고 수분 스트레스를 받으면 아브시스산(abscisic acid)이 발견되며, 효소도 일부 존재한다. 〈표 11-3〉에 물푸레나무의 목부수액과 사부수액의 성분을 비교하였는데, 목부수액이 사부수액보다 훨씬 더 농도가 묽다. 그 이유는 목부수액은 토양에서 흡수한 물이 상승하면서 도관 내에서 계속하여 희석되기 때문이다. 목부수액은 산성(pH 4.5~5.0)인 데 반하여, 사부수액은 알칼리성(pH 7.5)이다.

3) 수액의 상승 속도

수액상승 속도를 알아보는 방법에는 색소나 방사성 동위원소를 투입하여 추적하는 방법이 있으나, 이들은 도관에 상처를 주기 때문에 결과에 영향을 끼칠 수 있다. 가장 효과적인 방법은 열파동법(熱波動法, heat pulse method)으로, 수피 밑의 목부조직에 열침으로 열을 가한 후 수액상승으로 인하여 인접한 온도센서에 열이 전달되는 시간과 양을 측정하는 것이다(10장 5절 참조).

〈표 11-4〉에 여러 수종의 대낮의 수액상승 속도를 나열하였다. 가도관을 가진 침엽수의 상승 속도는 1시간당 최고 1.2m 미만으로 느린 편이며, 단풍나무류를 포함한 산공재는 1~6m가량이고, 참나무류를 포함한 환공재는 보통 15~45m가량이지만 최고 60m까지도 관찰된다.

수액의 상승 속도는 일중 변화가 심하다. 증산작용을 하지 않는 야간에는 매우 느린 속도(예: 잎갈나무 1.7cm/시간)로 이동하며, 증산작용을 왕성하게 하는 낮 12시부터 3시경까지는 가장 빠른 속도로 상승한다. 〈그림 11-12〉에 산공재인 너도밤나무와 가도관을 가진 잎갈나무, 가문비나무의 일중 수액상승 속도를 비교하였다.

〈표 11-4〉 여러 수종의 대낮의 수액상승 속도(Kramer와 Kozlowski, 1979)

수종명	나무명	수액상승 속도 (m/시간)	목부조직의 구분
Acer saccharum	설탕단풍	1.5~4.5	도관(산공재)
Fagus grandifolia	미국너도밤나무	3.6~4.2	도관(산공재)
Juglans cinerea	호두나무류	3.79(최고)	도관(반환공재)
Ulmus americana	미국느릅나무	4.3~15.5	도관(환공재)
Fraxinus excelsior	구주물푸레나무	25.7(최고)	도관(환공재)
Quercus macrocarpa	밤송이참나무	27.5~60	도관(환공재)
Juniperus osteosperma	향나무류	0.25(최고)	가도관
Pinus contorta	큰도그다소나무	0.1~0.8	가도관
Larix kaempferi	일본잎갈나무	0.55(최고)	가도관

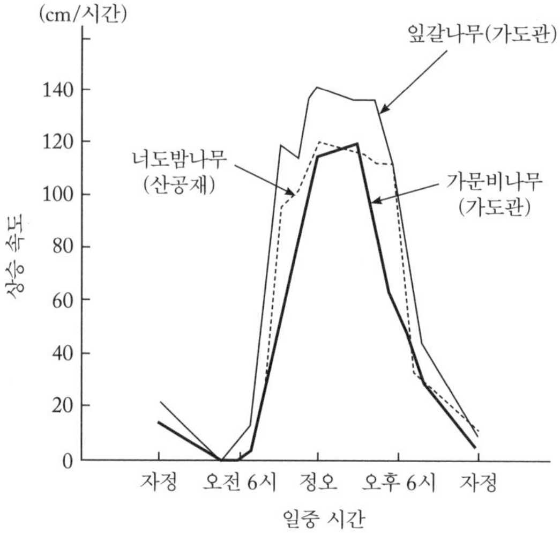

〈그림 11-12〉 너도밤나무, 잎갈나무, 가문비나무의 수액상승 속도 일중 변화(Schubert, 1939)

4) 수액의 상승 각도

활엽수의 경우 도관의 위아래가 뚫려 있어 인접한 도관끼리 파이프처럼 상하로 연결되어 있기는 하지만, 수액은 수직 방향으로 곧바로 올라가는 것은 아니다. 즉 목부조직에서 수액은 점진적으로 나선 방향(spiral)으로 돌면서 올라간다. 이러한 현상은 침엽수에서 두드러지며, 활엽수에서도 나선상목리(螺旋狀木理, spiral grain)를 가진 수종에서 관찰된다. 그러나 일반적으로 활엽수는 곧바로 올라가는 경향이 있다(예: 느티나무).

돌면서 올라가는 정도는 〈그림 11-13〉에서 노르웨이소나무의 수간에 산성 푹신(acid fuchsin) 색소를 투입했을 때, 투입 장소에서 4.8m 올라가면서 완전히 한 바퀴 회전한 것을 볼 수 있다. 층층나무의 경우에도 1m 상승함에 따라서 원 둘레의 1/4(즉 90°)을 돌아서 올라간다. 이와 같이 수액이 나선상으로 돌면서 올라가는 현상은 수분을 수관에 골고루 배분하는 역할을 하여, 수간에 살충제나 영양제를 투입할 때 약제를 골고루 분배시키는 경향이 있음을 알 수 있다.

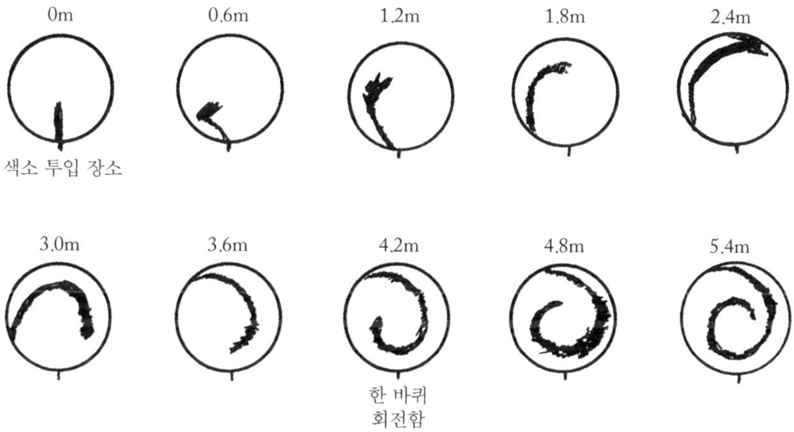

〈그림 11-13〉 노르웨이소나무에서 수액이 돌면서 올라가는 현상(Kozlowski와 Winget, 1963)
나무 밑동에 색소를 투입한 후 60cm 높이마다 수간을 수평 방향으로 절단하였다.

5) 수액의 상승 원리

10장 수분생리와 증산작용에서 기술한 대로, 뿌리에서 잎까지 중력의 역방향으로 수분이 이동하는 현상은, 잎이 증산작용으로 수분을 잃어버려 수분퍼텐셜이 낮아지면 수분퍼텐셜이 높은 뿌리에서 잎까지 수분퍼텐셜의 기울기(gradient)가 이루어져서(10장 3절 참조) 수분이 수동적으로 이동하는 것으로 설명한다. 이때 뿌리와 잎을 연결하는 도관(혹은 가도관)은 장력하에 놓인다(10장 3절 참조). 10장의 설명에서 언급하지 않은 것은 도관 내에 존재하는 수액(수분)이 이러한 장력을 견딜 수 있는가, 즉 물이 끊어지지 않고 연속적으로 상승할 수 있는가 하는 것이었다.

(1) 응집력설

응집력설(凝集力說, cohesion theory)이란 뿌리에서 잎까지 수분퍼텐셜의 기울기를 따라서 수분이 이동할 때 두 곳을 연결하는 도관 내의 수분이 장력하에 있더라도 물기둥이 끊어지지 않고 연속적으로 연결될 수 있는 것은 물분자 간의 강한 응집력 때문이라는 이론이다. 이 학설은 일찍이 19세기 말부터 대두되었는데, 물분자 간의 응집력은 상상외로 크다.

응집(凝集, cohesion)이란 같은 성분의 분자끼리 서로 잡아당기는 성질을 의미한다. 물분자끼리의 응집력은 물분자 간의 수소이온 결합(hydrogen bond)에 의해 생기며, 물의 인장강도(引張强度, tensile strength)는 수십 MPa에 해당하여 도관 내에서 관찰되는 장력(張力, tension)을 충분히 견딜 수 있다. 따라서 응집력설은 100m가 넘는 나무 꼭대기까지 에너지를 소모하지 않으면서 수액(수분)이 상승하는 현상을 설명할 수 있는 가장 타당성 있는 학설이다.

수목에서 수액이 상승하는 과정을 요약하면 다음과 같다.

① 기공에서 증산작용을 개시한다.
② 잎의 엽육세포가 수분을 잃어버린다.
③ 엽육세포의 삼투압과 수화작용에 의해 인근 도관(혹은 가도관)에서 수분이 엽육세포로 이동해 온다. 수화작용(水和作用, hydration)이란 세포벽과 물분자 간의 부착력(附着力, adhesion; 성분이 다른 분자 간에 잡아당기는 힘)에 의해 세포벽이 젖는 현상을 말한다.
④ 도관이 탈수되어 밑에 있는 물을 잡아당김으로써 물기둥이 장력하에 놓인다.
⑤ 물분자 간의 강한 응집력에 의해 도관 내 수분이 딸려 올라간다.
⑥ 응집력이 뿌리까지 전달되어 토양으로부터 뿌리 속으로 수분이 이동한다.

이와 같은 과정은 ①에서 ⑥까지 수분퍼텐셜의 기울기(gradient)를 만들며, 수분은 퍼텐셜이 가장 높은 토양에서 가장 낮은 잎까지 이동하게 된다.

(2) 응집력설의 시사점

앞서 설명한 응집력설은 수분생리에서 다음과 같은 점을 시사하고 있다. 이는 식물이 수분상승에서 수동적인 역할을 하며, 뿌리에서의 수분흡수도 수동적이라는 것을 의미한다.

① 수분(수액)상승의 궁극적인 힘은 태양에너지에 의한 증산작용에서 비롯된다.

② 물의 응집 성질은 순전히 물리적인 현상이며, 식물은 도관을 통하여 토양에서 대기까지 연속적인 환경(즉 토양-식물-대기)을 조성해 주기만 하면 된다(10장 3절 참조).

③ 물은 토양에서부터 뿌리와 잎을 통하여 대기 속으로 수분퍼텐셜의 기울기를 따라 이동한다.

④ 식물은 수동적인 역할을 하며 에너지를 소모하지 않는다.

⑤ 식물은 기공의 개폐를 통하여 증산작용을 조절할 뿐이다.

(3) 도관 내 기포 발생

도관(혹은 나자식물의 가도관)은 Scholander 등(1965)이 압력통으로 측정한 대로 증산작용을 왕성하게 할 때 최저 -8.0MPa(-80bar)까지 장력이 내려감을 증명하였다. 물기둥은 도관의 이러한 장력하에서 힘을 이기지 못하거나 혹은 외부 상처를 받을 경우 끊어질 수 있으며, 이때 기포(氣泡, gas bubble)가 발생하여 공동현상(空洞現象, cavitation)이 생긴다. 그러나 이러한 공동현상은 직경이 작은 도관이나 가도관의 경우 큰 문제 없이 다시 물로 채워져 제 기능을 발휘한다.

겨울철 수간이 얼어 있다가 녹을 경우 기포가 발생하는데, 기포 문제는 도관의 직경이 큰 환공재(예: 참나무류)의 경우 더 심각하다. 참나무류는 월동이 끝나면 새로운 잎이 나오기 전에 새로운 도관을 만들어 수액을 상승시키고 전년도의 도관을 폐기처분하는 전략(throw-away method)을 가지고 있다. 침엽수의 경우에는 기포의 직경이 작고 길이가 짧은 가도관 내에 격리되어 있기 때문에, 해빙과 더불어 작은 기포는 다시 흡수될 수 있다. 산공재를 가진 수목은 침엽수와 비슷한 방식으로 이 문제를 해결하며, 환공재인 참나무류의 경우에도 가을에 만들어진 추재의 도관은 직경이 작기 때문에 산공재와 같이 계속해서 기능을 발휘할 수 있다고 추측된다. 자작나무나 포도나무처럼 근압이 발생하는 수종은 근압을 이용하여 기포를 없애고 도관을 다시 채운다고 해석된다.

도관은 가도관과 비교할 때 형태적으로 훨씬 더 진화되어 효율적인 구조를 가지고 있으나, 도관의 직경이 환공재와 같이 너무 커지면 수분이동 효율은 높지만 공동현상이 생길 때 대처할 수 있는 능력이 떨어진다. 수목의 진화 측면에서 볼 때 침엽수가 일반적으로 더 원시적인 구조를 가지고 있다고 하지만, 100m 나무 꼭대기까지 수분을 끌어올리는 데에는 가도관이 더 효율적이라고 할 수 있으며, 키가 큰 나무가 대부분 침엽수라는 사실이 우연히 나타난 현상이 아닐 수도 있다. 따라서 가도관이 도관으로 진화하는 과정에서 도관의 크기(직경)는 수분이동 효율을 높이면서 공동현상을 교정할 수 있는 적절한 타협의 범위 내에서 진화했다고 믿어진다.

(4) 수액상승과 수고생장의 한계

현재 세계에서 가장 키가 큰 살아 있는 나무는 미국의 해안세쿼이아(*Sequoia sempervirens*)로서 116m에 이른다. 측백나무과에 속하며 잎은 깃털 모양인데, 국내 메타세쿼이아(*Metasequoia*)와는 달리 상록성이며 '(coastal) redwood'로 불린다. 이렇게 키가 큰 나무 꼭대기에서 자라는 잎의 모양이 매우 독특한데, 나무 높이에 비례하여 잎이 점진적으로 작아진다(〈그림 11-14〉 참조). 꼭대기에서는 수분부족으로 잎이 제대로 펴지거나 자라지 못해 잎의 중량과 밀도가 증가하여 매우 단단하다. 즉 세포가 너무 두껍고 간극이 없어 이산화탄소의 흡수가 어려울 정도이다. 잎의 광합성량도 나무 높이에 비례하여 감소하며, 기공이 제대로 열리는지를 측정하는 방사성 동위원소(^{13}C) 축적 비율도 나무 높이에 비례하여 매우 높게 나타나 기공이 제대로 열리지 않는 것을 확인할 수 있다(Koch 등, 2004). 이와 같은 현상은 모두 나무 꼭대기에서는 수분이 절대적으로 부족하기 때문에 생긴다.

수목은 지표면 가까이에서는 온화한 기후와 적절한 토양수분 덕분에

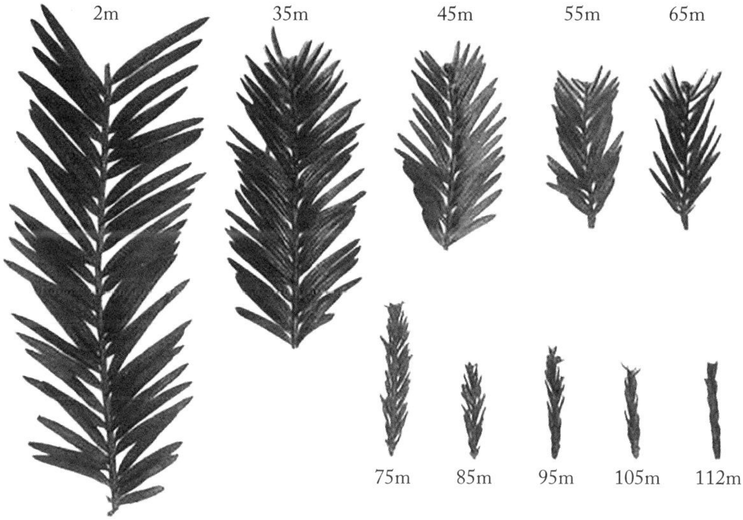

〈그림 11-14〉 미국 캘리포니아주 해안세쿼이아(*Sequoia sempervirens*)의 수고가 112m까지 달하면서 물이 상승하지 못해 잎이 점점 작아지고 광합성도 할 수 없게 된 모습(Koch 등, 2004)

잘 자라지만, 100m 이상 되는 나무 꼭대기에는 여러 가지 제한요소들이 있다. 한 예로, 강한 바람은 수관으로부터 튀어나온 가지를 말라죽게 한다. 그러나 이보다 더 중요한 것은 수분이다. 세쿼이아(*Sequoia*) 나무는 더운 여름날 하루에 수백 리터의 물을 증산작용으로 잃어버리는데, 나무 꼭대기에서는 이 물을 얻기가 쉽지 않다. 물이 100m 이상 올라가기 위해서는 중력에 역행하여 올라가야 하는데, 물분자의 이동에 대한 세포 자체의 저항(마찰)도 있기 때문에 나무 꼭대기까지 물이 도달하는 데 어려움이 발생한다.

Koch 등(2004)은 세쿼이아의 높이에 비례하여 수분퍼텐셜이 낮아지고(실제로는 음수값이 증가함), 잎의 중량과 밀도가 증가하며, 세포 내 ^{13}C의 비율이 높아지고, 광합성량이 감소하는 것을 근거로 하여 회귀곡선을 작성하였다. 이 모델에서 지구상에서 나무가 자랄 수 있는 한계는 122~130m라는 결론을 내렸다. 높은 나무 꼭대기에서는 중력과 세포의 저항에 반하여 물이 상승하는 데 한계가 있기 때문에 수분이 부족하게 되고, 이로 인하여 잎의 구조가 광합성을 제대로 할 수 없는 상태가 되기 때문이다. 즉 120m 높이에서는 수분이 절대적으로 부족한 사막과 같은 상황이 된다는 뜻이다.

과거 기록에 의하면, 캐나다 브리티시컬럼비아(British Columbia)에 키가 125m 되는 미송(美松, *Pseudotsuga menziesii*)이 있었다고 한다. 현재 세계에서 가장 큰 나무가 116m에 달하고, 400여 년 전 이탈리아의 물리학자 갈릴레오 갈릴레이는 나무가 자랄 수 있는 한계를 110m라고 예언한 바 있으며, Koch 등(2004)의 이론적 한계점이 122~130m인 것을 감안하면, 지구의 1기압하에서 수액이 상승할 수 있는 한계, 즉 나무가 자랄 수 있는 한계는 130m 정도인 것으로 판단된다.

12

유성생식과 개화생리

수목을 증식시키는 방법에는 무성생식과 유성생식이 있는데, 무성생식(無性生殖, asexual reproduction)은 수목의 품종 특성을 그대로 유지하기 위해 이루어지는 무성번식(vegetative propagation)에 의한 증식을 의미하며, 유성생식(有性生殖, sexual reproduction)은 자성배우자(female gamete)와 웅성배우자(male gamete) 간에 유전물질을 서로 교환하여 수정된 접합자(zygote)로 증식하는 것을 의미한다.

임업에서는 아직도 유성생식에 의한 종자로 번식시키는 수종이 대부분을 차지하고 있기 때문에, 유성생식에 관한 지식은 임목육종, 종자생산과 건전한 식수용 묘목 확보 측면에서 중요하다. 그러나 목본식물의 개화와 종자생산은 초본식물에 비해 불규칙하며 예측하기가 어려운 문제점이 있다. 식물분류학에서 종자식물은 꽃의 구조에 의해서 우선적으로 분류되므로 이 장에서는 나자식물과 피자식물로 구분하여 유성생식과 개화생리를 설명하고자 한다.

1. 유시성과 성숙

목본식물은 종자로부터 시작하여 생장 초기에 영양생장만을 하면서 개화하지 않는 유생기(幼生期, juvenile phase)를 반드시 거친다. 유생기가 어느 정도 지속된 후 수목이 개화할 수 있는 능력을 갖게 되면 성숙기(成熟期, mature phase 또는 adult phase)에 이르게 된다. 유생기에서 성숙기로 바뀌는 과정을 상변화(相變化, phase change)라고 한다. 유시성(幼時性, juvenility)이란 수목이 영양생장만을 하면서 어린 형태로서 개화하지 않는 상태에 있는 것을 의미하며, 성숙(成熟, maturation)이란 수목이 성장하여 개화하는 상태에 달해 있는 것을 뜻한다. 따라서 수목이 성숙했는가는 개화능력으로 판단한다.

1) 유생기간

수목의 유생기간(幼生期間, juvenile period)은 수종에 따라 혹은 환경에 따라 큰 차이가 있다. 방크스소나무와 리기다소나무는 종자로부터 보통 3년이면 개화가 시작되며, 자작나무와 구주소나무는 보통 5년 이상이 경과해야 한다. 〈표 12-1〉에 열거한 대로 목본식물 중에서 유생기간이 가장 긴 수종은 유럽너도밤나무(*Fagus sylvatica*)로 보통 30~40년 정도 된다.

목본식물의 유생기간이 길어지는 이유는, 이 기간 동안 에너지를 영양생장에만 투입함으로써 경쟁 속에서 수고생장을 도모하여 산림 내에서 햇빛을 유리하게 받을 수 있도록 하려는 생존전략 때문이라 할 수 있다. 이러한 특성은 목재생산을 주목적으로 하는 임업경영에서는 종자생산에 에너지를 낭비하지 않아도 된다는 긍정적인 측면도 있다. 그러나 유생기간은 유전적인 요인과 환경의 영향에 의해 변화한다.

〈표 12-1〉 여러 목본식물의 유생기간 비교(Kramer와 Kozlowski, 1979)

학명	나무명	유생기간(년)	학명	나무명	유생기간(년)
Betula pubescens	털자작나무	5~10	*Fraxinus excelsior*	유럽물푸레나무	15~20
Pinus sylvestris	구주소나무	5~10	*Acer pseudoplatanus*	플라타너스단풍	15~20
Citrus sinensis	당귤나무	6~7	*Picea abies*	독일가문비나무	20~25
Malus	사과나무류	7.5	*Abies alba*	흰전나무	25~30
Pyrus	배나무류	10	*Quercus robur*	유럽참나무	25~30
Larix decidua	유럽잎갈나무	10~15	*Fagus sylvatica*	유럽너도밤나무	30~40
Pseudotsuga menziesii	미송	15~20			

2) 유시성의 특징

유생기간에 있는 수목은 성숙목과 비교하여 여러 가지 형태적 혹은 생리적 차이를 나타낸다. 유시성(幼時性, juvenility)의 특징을 몇 가지 예를 들어 열거하면 다음과 같다.

① 잎의 모양: 가장 흔히 나타나는 예로서, 서양담쟁이덩굴의 유엽(幼葉, juvenile leaf)은 열편(裂片, lobed) 혹은 결각(缺刻)으로 갈라지는 경향이 있고, 성엽(成葉, adult leaf)은 둥글게 자란다. 향나무의 경우 유엽은 바늘같이 뾰족한 침엽(針葉, needle-like leaf)이며, 성엽은 비늘같은 인엽(鱗葉, scale-like leaf)이다(〈그림 12-1〉 참조). 소나무류의 경우에는 종자에서 발아한 첫해에 1차엽(primary needle)을 만드는데, 이는 유엽의 일종이다(〈그림 13-7〉 참조).

② 가시의 발달: 귤과 아까시나무의 경우 가시(thorniness)가 발달한다.

③ 엽서(葉序, phyllotaxy): 유칼리의 경우 잎이 줄기를 따라 올라가면서 배열하는 순서와 각도가 성숙하면서 변화한다.

④ 삽목(揷木, cutting)의 용이성: 삽목(꺾꽂이)이 쉽게 된다.

⑤ 곧추선 가지: 잎갈나무의 경우 가지가 왕성하게 곧추 자란다.

⑥ 낙엽의 지연성: 참나무류와 너도밤나무의 경우 가을에 죽은 잎이 늦게까지 붙어 있다.

⑦ 수간의 해부학적 특성: 활엽수의 경우 환공재의 특성이 유생기간에

〈그림 12-1〉 향나무의 바늘형 유엽(A)과 비늘형 성엽(B) 비교

는 잘 나타나지 않으며, 침엽수의 경우에는 춘재에서 추재로의 전이가 점진적으로 나타나고, 추재의 비중이 비교적 낮다.

⑧ 밋밋한 수피(smooth bark)와 덩굴성 특징을 갖기도 한다.

3) 유시성의 생리적 원인

수목이 어릴 때 꽃이 피지 않고 유시성을 보이는 원인은 여러 각도에서 볼 수 있는데, 그중에서 정단분열조직이 세포분열을 한 횟수가 적으면 유생기간으로 남아 있게 된다. 그러나 어린나무를 연속광 아래에서 기르면서 생장을 촉진시키면 유생기간을 단축할 수 있는 경우와 같이, 일정한 횟수 이상의 세포분열을 거쳐야만 개화할 수 있는 능력이 생긴다고 할 수 있다.

또 다른 관점은, 어린나무는 봄부터 가을까지 쉬지 않고 계속해서 자라는 특성이 강한데, 이러한 특성이 개화를 방해하는 것 같다. 즉 일반적으로 성숙목에서 화아(花芽)의 원기가 형성되는 시기는 한여름철로서 수고생장이 정지하고 세포분열이 일시적으로 중단되는 기간이며, 이때 정단분열조직이 영양생장에서 생식생장으로 전환하기 위한 시간적 여유를 가져야 한다는 것이다. 이러한 이론에서 실제로 어린 테다소나무 접목묘를 장일처리(長日處理)하에서 가을까지 충분히 영양생장을 하도록 조치한 다음 휴면을 늦게 유도하면(out-of-phase dormancy), 어린나무도 화아 원기를 분화시킬 수 있는 시간적 여유를 가짐으로써 개화할 수 있다.

2. 생식생장과 영양생장의 관계

생식생장(生殖生長, reproductive growth)과 영양생장(營養生長, vegetative growth)은 서로 상반되는 경우가 대부분이다. 그러나 둘 간에 정(正, +)의 관계가 나타나는 경우도 있는데, 비료를 투여할 때 영양생장과 생식생장을 동시에 촉진하는 것을 예로 들 수 있으며, 자주 관찰되는 것은 아니다. 자라고 있는 열매는 일반적으로 양분을 독점적으로 이용하는 강력한 수용부(sink)에 해당하기 때문에, 줄기와 뿌리, 형성층의 생장을 억제하는 경향이 있다. 따라서 생식생장은 영양생장을 억제한다고 할 수 있다.

생식생장이 영양생장을 억제하는 경우는 과수에서 흔히 볼 수 있는 현상이며, 사과나무의 경우 개화한 직후 모든 꽃을 제거하면 새 가지, 줄기, 뿌리의 생장이 촉진되며, 잎의 크기가 커진다. 또한 풍년에 과다하게 양분을 소모하여 격년결실(隔年結實, biennial bearing)이 생긴다.

산림수목의 경우 가장 잘 알려진 예는 자작나무이다. 백자작나무(*Betula papyrifera*)는 간혹 열매가 대풍년(birch mast)을 이루는 경우가 있는데, 이때 열매가 양분을 독점하기 때문에 영양생장이 치명적으로 영향을 받아 열매가 집중적으로 달린 수관에는 잎이 작아지거나 없어지며, 정아(頂芽)가 발달하다가 죽어버려 수관이 쇠퇴한다. 줄기생장과 직경생장도 급격히 감소하며, 그 영향은 개화하는 당년과 그다음 해까지 미친다.

미송의 경우에도 같은 경향을 나타낸다. 〈그림 12-2〉에서와 같이 1962년과 1965년은 종자가 많이 생산된 해인데, 종자를 많이 생산하는 개체는

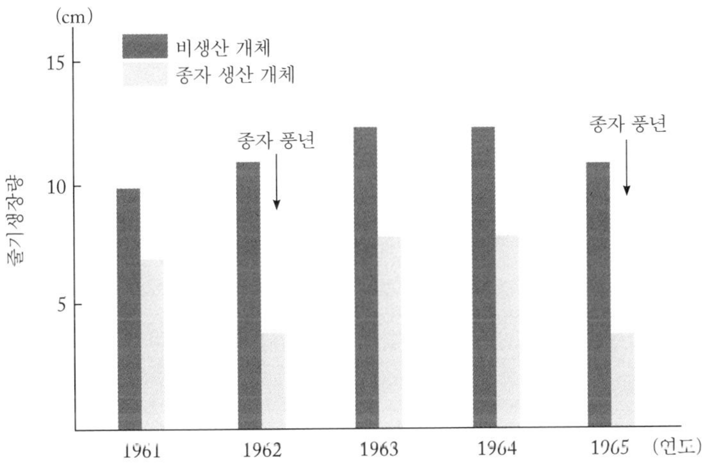

〈그림 12-2〉 미송에서 종자 생산 개체와 비생산 개체의 줄기생장량 비교(Tappeiner, 1969)

생산하지 않는 개체와 비교하여 줄기생장과 직경생장이 훨씬 더 감소하였다. 종자생산으로 직경생장이 감소하는 예는 유럽너도밤나무에서도 볼 수 있는데, 종자가 풍년인 해의 연륜 폭은 보통 때의 절반으로 줄어들며, 그 영향이 2년 후까지 나타난다.

3. 유성생식

1) 화아 원기 형성

화아(花芽, 꽃눈, floral bud)의 구조는 수목에서 다양한 형태로 볼 수 있다. 화아는 당년지 혹은 1년 이상 된 가지의 정단부에 정아(頂芽, terminal bud)로서 달리거나 엽액(葉腋, leaf axil)에 생긴다. 화아가 달리는 위치와 분화시기는 과일이나 종자 생산에 영향을 주는 전정(剪定, pruning)을 하기 전에 반드시 알아두어야 한다. 사과나무의 경우 화아는 전년도에 나온 단지(短枝, short shoot, spur)에 달리는 반면, 열대지방의 수목은 대개 당년생 가지에 부착한다.

(1) 피자식물

봄에 일찍 꽃이 피는 목본 피자식물(被子植物, angiosperm)의 경우, 화아 원기(花芽原基, floral primordium)는 전년도에 이미 형성되어 있다가 월동 후 봄에 개화한다. 화아 원기가 형성되는 시기는 수종에 따라 차이가 있으나 대개 6~8월 사이이다. 봄부터 6월까지 왕성한 영양생장을 끝내면, 일시적으로 생장이 정지하는 동안 눈의 일부가 꽃눈으로 전환하면서 가을까지 세포분열과 확장으로 화서(花序, inflorescence)를 만들며, 이 상태로 월동한 후 봄에 빠른 속도로 화서가 자라서 꽃이 핀다.

과수 중에서 화아 원기를 형성하는 시기가 빠른 수종은 포도나무로서 5월 하순경이며, 배나무는 6월 중·하순, 사과나무는 7월 상순, 그리고 복숭아나무는 8월 상순이다. 개나리는 9월 하순에 꽃눈의 원기가 생기는 예외적인 수종이다. 산림수목에서 1가화의 경우에는 대개 수꽃의 원기 형성과 발달이 암꽃보다 먼저 이루어진다. 참나무류(*Quercus alba*) 수꽃의 화아 원기는 5월 말에 최초로 형성되기 시작하며, 암꽃은 7월 말에 형성된다.

여름에 꽃이 피는 수종은 같은 해 봄이나 여름에 꽃눈의 원기가 형성되고, 늦여름에 피는 수종은 한여름에 원기가 생긴다. 찔레꽃과 장미는 각각 4월 초순과 5월 초순에 화아가 생겨 5월 중순과 6월 중순 개화한다. 금목

〈표 12-2〉 화관목의 개화기와 화아 분화기(윤국병, 1977)

수종	월																																			
	1			2			3			4			5			6			7			8			9			10			11			12		
개나리										*	*	*															♠									
금목서																						♠			*	*	*	*	*	*						
단풍철쭉													*	*	*							♠														
동백나무							*	*	*	*	*	*					♠	♠	♠	♠																
등													*	*	*	♠	♠	♠																		
만병초													*	*	*		♠																			
매실나무				*	*	*	*	*	*														♠													
명자나무										*	*	*													♠											
모란												*	*	*	*						♠															
무궁화															♠					*	*	*	*	*	*											
배롱나무																	♠					*	*	*	*	*										
백목련										*	*	*			♠																					
복사나무											*	*										♠														
산수유								*	*	*							♠																			
싸리																			♠	♠	♠	♠	*	*	*	*	*									
서향							*	*	*	*	*	*							♠																	
수국																*	*	*	*	*	*								♠							
라일락											*	*	*	*	*					♠																
왕벚나무										*	*										♠															
조팝나무											*	*	*															♠								
찔레꽃										♠	♠			*	*																					
치자나무																*	*	*			♠															

주: *는 개화시기, ♠는 화아 원기 형성시기이다.

서는 8월 초순 원기가 생기고 9월 초순 개화한다. 주요 화관목의 화아 원기 형성시기를 〈표 12-2〉에 표시하였다.

(2) 나자식물

나자식물(裸子植物, gymnosperm)의 꽃은 대개 봄철에 개화하며, 화아 원기가 전년도에 형성되는 것은 피자식물과 같다. 나자식물은 암꽃과 수꽃의 구별이 있으며 수꽃의 원기 형성이 암꽃보다 먼저 이루어지는데, 그 시기는 매우 다양하다. 솔송나무는 6월에, 가문비나무와 잎갈나무는 7월에 형성된다. 소나무류의 경우 수꽃은 6월 말에서 7월 초순에, 그리고 암꽃은 8월 말로 알려져 있다. 〈표 12-3〉에 1가화인 목본식물 암꽃과 수꽃의 화아 원기 형성시기를 비교하였다.

소나무류의 암꽃과 수꽃의 화아 원기가 발달하는 모양을 비교해 보면, 암꽃의 정단조직(頂端組織, apical dome)은 수꽃과 비교할 때 훨씬 더 크고 넓어서 둥근 형태를 하고 있는 반면에, 수꽃은 정단조직이 암꽃보다 작고 뾰족하다.

〈표 12-3〉 1가화 목본식물 암꽃과 수꽃의 화아 원기 형성시기 비교(Lee, 1979)

과	속	화아 원기 형성시기	
		수꽃	암꽃
소나무과	소나무속	6월 말 ~ 7월 초	8월 말
	솔송나무속	6월	7월
	가문비나무속	7월 말 ~ 8월	8월
	미송속	7월	7월
측백나무과	편백속	6월 중순 ~7월 초	6월 말 ~ 7월 중순
	측백나무속	6월 초	7월
낙우송과	삼나무속	6월 말 ~ 9월 말	7월 중순 ~ 9월 중순
참나무과	참나무속	5월 말	7월 말

2) 개화

다년생 식물인 목본식물은 온대지방에서 주로 봄철에 개화(開花, flowering)한다. 산림수종에서 개화시기는 수종별로 큰 차이가 있는데, 3월 중 가장 일찍 개화하는 수종에는 오리나무, 개암나무, 포플러를 들 수 있다. 잎갈나무도 중부지방에서 소나무류보다 먼저 3월 말경에 개화하며, 그다음 소나무가 5월 초순, 잣나무는 5월 중순에 개화한다. 그러나 지구온난화 현상으로 개화기가 점점 빨라지고 있다.

소나무과에 속하는 수종들은 암꽃과 수꽃의 수관에서의 위치가 서로 다른데, 암꽃은 주로 수관 상단에 달리고 수꽃은 하단에 달린다. 이렇게 암

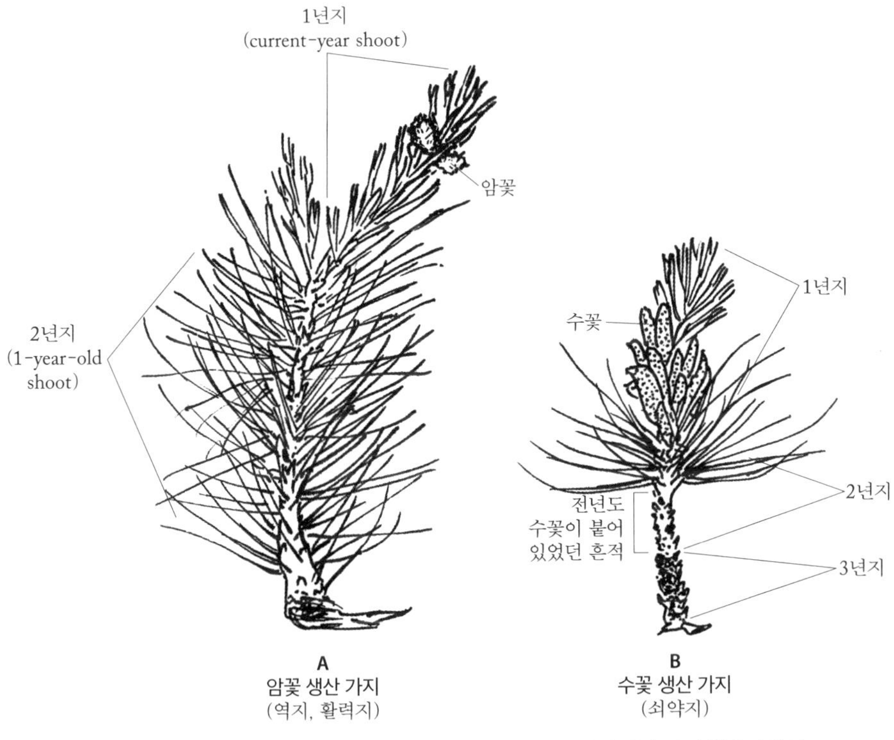

〈그림 12-3〉 리기다소나무의 암꽃 생산 가지(A)와 수꽃 생산 가지(B)의 형태적 차이
수꽃을 생산하는 가지는 수꽃이 달린 만큼 잎의 수가 감소한다.

꽃이 수관 꼭대기에 달림으로써, 즉 탄수화물을 가장 많이 공급할 수 있는 왕성한 활력지(活力枝)에 암꽃이 달림으로써 충실한 종자 생산을 도모한다(〈그림 12-3A〉 참조). 반면에 수꽃은 수관 아래쪽 활력이 약한 가지(즉 쇠약지(衰弱枝))에 달리는데, 탄수화물 공급이 적은 상태에서는 수꽃으로 분화한다. 특히 소나무의 경우 수꽃이 많이 달린 가지는 수꽃의 수만큼 엽량(엽속의 개수)이 줄어들기 때문에(잎이 될 수 있는 눈이 수꽃으로 전환된 상태), 매년 수꽃을 생산함으로써 가지의 활력이 약해진다(〈그림 12-3B〉 참조).

암꽃과 수꽃은 동시에 개화하지만, 수꽃은 화분 비산이 끝나면 곧 탈락한다. 암꽃은 수분이 되면 종자가 성숙할 때까지 나뭇가지에 붙어 있지만, 전혀 수분이 안 되면 암꽃에서도 조기낙과(早期落果) 현상이 나타난다.

3) 화분 생산

온대지방에서 주요 조림수종의 화분(花粉, pollen)은 〈표 12-4〉와 같이 크기가 10~98μm가량 되어 크기가 매우 다양하다. 수목의 화분생산량은 수종에 따라서 다른데, 충매화(蟲媒花, entomophilous flower)인 과수류, 피나무, 단풍나무, 버드나무류는 생산량이 적은 편이며, 풍매화(風媒花, anemophilous flower)인 호두나무, 자작나무, 포플러, 참나무류, 침엽수는 생산량이 많다. 풍매화는 바람에 의해 화분 비산이 이루어지므로 날개가 있는 경우(예: 소나무)가 있으며, 대량으로 화분을 생산해서 수분(受粉) 성공 확률을 높인다.

예를 들어 풍매화인 자작나무는 한 개의 꽃밥(anther)에서 10,000개의 화분을 생산하지만, 충매화인 단풍나무는 1,000개 정도밖에 안 된다. 풍매화인 호두나무의 경우 한 그루의 성숙한 나무에는 약 5,000개의 꼬리화서(catkin, 수꽃)가 있는데, 수꽃 하나당 약 100만~400만 개의 화분립(花粉粒, pollen grain)을 생산한다고 하면 총 50억~200억 개의 화분립을 생산하는 셈이 되며, 이 중에서 25%가 활력이 있는 화분이다.

〈표 12-4〉 온대지방 주요 수종의 화분 크기(Stanley와 Linskens, 1974)

수종명	나무명	길이(μm)	폭(μm)
Abies alba	흰전나무	97.8	102.9
Picea abies	독일가문비나무	85.8	80.5
Pseudotsuga menziesii	미송	84.8	81.1
Larix decidua	유럽잎갈나무	76.0	72.0
Fagus sylvatica	유럽너도밤나무	55.1	40.5
Pinus sylvestris	구주소나무	41.5	45.9
Quercus robur	유럽참나무	40.8	26.1
Tilia platyphyllos	넓은잎피나무류	40.5	40.1
Ulmus thomasii	유럽느릅나무류	33.4	32.7
Acer saccharum	설탕단풍	32.5	23.6
Alnus glutinosa	유럽오리나무	26.4	22.8
Betula pendula	처진자작나무	10.1	10.1

4) 화분 비산

화분 비산(花粉飛散, pollen dispersal)은 기상조건의 영향을 많이 받는다. 온도가 높고 건조한 낮에 집중적으로 이루어지지만, 야간에도 습도가 낮아지면 화분 비산이 일어난다. 화분 비산 기간에 비가 오거나 온도가 낮으면 화분 비산이 적어진다. 비산거리는 일반적으로 화분입자가 작을수록 더 멀어진다.

가문비나무는 화분이 많이 생산되는 해에는 산림으로부터 4~8km쯤 떨어져 있는 곳에 두께 1cm가량 화분이 쌓이는 경우가 있다. 그러나 화분의 비산거리는 산림에서 비교적 짧아 인근 나무에 떨어지는 경우가 많다. 천연림에서 자연잡종은 모수(母樹, parent trees) 근처에서 만들어지며, 따라서 서로 100m 이내에서 자라는 나무들은 수 킬로미터 이상 떨어져 있는 나무보다 유전적으로 더 가까워진다. 물푸레나무의 경우, 벌채지에서 암나무와 수나무의 거리를 90m가량 격리시키면 전체 배주(胚珠, ovule)의 1%만이 수정되지만, 60m 정도 격리시키면 배주의 15%가량이 수정된다.

화분 비산기간은 수종에 따라 차이가 있으나 총 10일 전후인데, 비산량은 정규곡선(normal curve)과 같은 분포를 보이며, 개화기 중간에 최고치를 나타낸다. 구주소나무의 경우 비산기간은 5~10일가량 되며, 개체별로는 2~3일간에 걸쳐 비산이 완료된다. 잎갈나무의 경우 비산기간은 12일가량 되지만, 5일간 집중적으로 많은 양이 비산된다(〈그림 12-4〉 참조).

잣나무, 전나무류, 가문비나무류의 경우 암꽃이 수관 상단부에 집중적으로 달리고 수꽃은 수관 하단부에 모여 있는데, 이것은 풍매화에서 타가

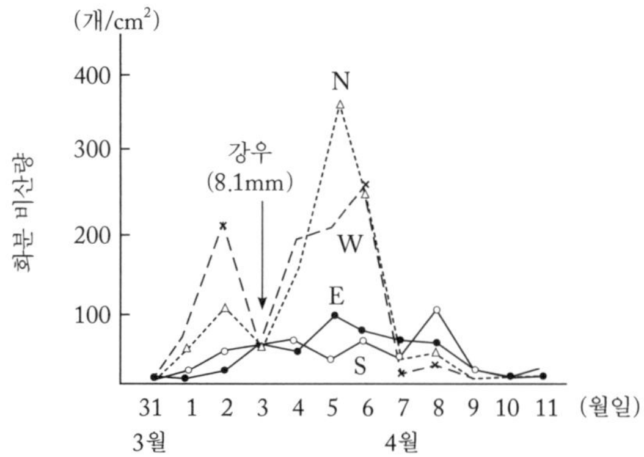

〈그림 12-4〉 일본잎갈나무 채종원에서 관찰된 화분 비산량의 일변화(이경준 등, 1984)

화분 비산량은 슬라이드 글라스 위에 바셀린을 도포하고 측정하였으며, 슬라이드 1cm²당 동서남북 방향으로 포획된 화분립 수로 나타냈다. 주풍의 방향은 북서풍이었다.

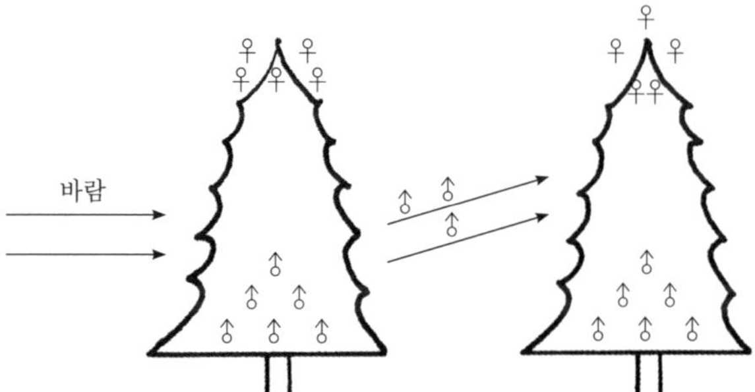

〈그림 12-5〉 잣나무에서 타가수분을 유도하기 위한 암꽃과 수꽃의 배치

화분은 바람에 의하여 옆 나무로 이동하며, 같은 나무 내에서 수직상승할 수 없다.

수분(他家受粉, cross pollination)을 도모하기 위한 수단으로 보인다. 수꽃이 상단부에 달리면 바람이 불지 않을 때 밑에 있는 암꽃을 자가수분(自家受粉, self-pollination)시키는 확률이 크기 때문이다(〈그림 12-5〉 참조).

5) 수분(受粉)

(1) 피자식물

수분(受粉, 꽃가루받이, pollination)이란 화분이 수술에서 암술머리(stigma, 주두(柱頭))로 이동하는 현상을 의미한다. 수분이 이루어질 때 주두가 감수성(感受性, receptivity)을 나타내서 화분을 받아들일 수 있는 상태여야 성공적으로 이루어진다. 이와 같이 화분이 비산할 때 주두가 감수성이 높은 상태에 있을 때 동시성(同時性, synchronization)이 있다고 하며, 1가화를 가진 수목 간에는 암꽃과 수꽃의 화기가 일치하는 것을 의미한다.

주두는 감수성을 보일 때 세포외 분비물을 분비하는데, 이 분비물에 의하여 화합성(和合性, compatibility)을 감지한다. 주두에 화합성이 있는 화분이 도착하면 화분은 곧 발아하여 화분관(花粉管, pollen tube)을 형성하면서 자란다. 화분관은 효소를 분비하여 화주(花柱, style)의 중엽층(middle lamella)에 있는 펙틴(pectin) 물질을 녹이면서 밑으로 자방(子房, ovary)을 향해 자라 내려간다.

(2) 나자식물

나자식물에서 암꽃이 감수성을 보이는 감수기간(感受期間, receptive period)은 잎갈나무의 경우 1일, 미송에서 4일, 그리고 전나무, 솔송나무, 소나무류에서 숲 전체로 보면 2주 정도 지속된다. 그러나 암꽃 하나의 감수기간은 보통 3~5일이다(〈그림 12-6〉 참조).

감수기간에는 노출된 배주(胚珠, 나자식물의 특징임) 입구에 있는 주공(珠孔, micropyle)에서 수분액(受粉液, pollination drop)을 분비하는데, 화분이 부

〈그림 12-6〉
방금 개화한 감수기간 동안의 잣나무 암꽃 모양

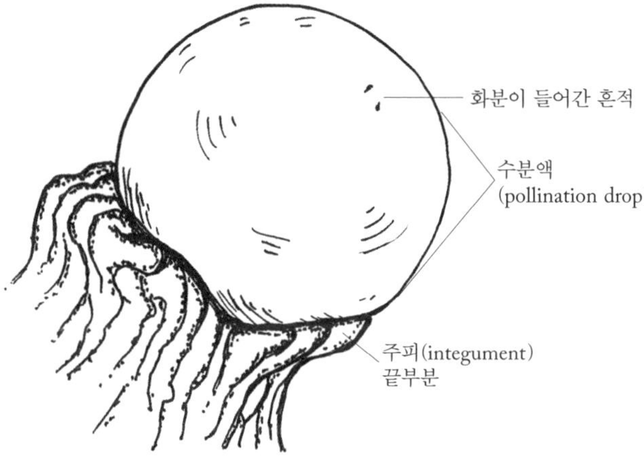

〈그림 12-7〉 나자식물(편백)에서 관찰되는 수분액의 모습(Cresti 등, 1988)

착되기 쉽게 하며, 주공 안으로 수분액이 후퇴할 때 화분이 함께 안으로 빨려들어간다. 수분액은 소나무속, 가문비나무속, 편백속, 측백나무속에서 관찰되는데, 밤에 분비되고 오후에 없어지는 경향이 있으며, 주성분은 당류이다. 전나무, 잎갈나무, 솔송나무는 수분액을 분비하지 않으며, 대신 적은 양의 세포 외 분비물을 생산한다.

(3) 최소한의 수분량

나자식물에서 암꽃이 개화한 후 계속해서 유구과(幼毬果, conelet)가 자라기 위해서는 수분이 이루어져야 한다. 수분이 이루어지지 않은 유구과는 조기낙과(早期落果, abortion) 현상을 보인다. 조기낙과를 방지할 수 있는 최소한의 화분 수는 수종에 따라 차이가 있으나, 각 배주(胚珠, 밑씨, ovule)가 최소한도 2~3개 이상의 화분을 받아들이면 살아남는다. 나자식물의 주공(珠孔, micropyle)의 크기는 별로 크지 않기 때문에 주공 안으로 들어가서 주심(珠心, nucellus)에 도착할 수 있는 화분의 수는 제한되어 있다. 구주소나무의 경우 배주당 2~3개의 화분, 라디아타소나무의 경우 7개의 화분으로 제한되어 있으며, 미송의 경우에는 배주당 최소한 22개의 화분이 주피(珠皮, integument)에 부착하고, 그중에서 최소한 3개의 화분이 주공 안으로 들어가야 최고의 종자생산량을 가져올 수 있다.

화분 비산량이 적을 경우 추가로 인공수분을 함으로써 구과의 생존율을 높일 수 있다. 〈표 12-5〉에서 잣나무 암꽃 생존율은 수분된 화분량에 비례하여 높아짐을 알 수 있다. 피자식물의 경우에는 일반적으로 주두(珠頭, 암술머리, stigma)에 필요 이상의 수분이 이루어지지만, 과실의 성숙을 위해서는 많은 화분이 필요하다. 사과의 경우에는 꽃 하나당 10개의 배주가 있

〈표 12-5〉 수분 정도에 따른 21년생 잣나무 클론 보존원(clone bank) 내의 유구과 생존율(이경준 등, 1984)

(단위: %)

수분처리	관찰일자									
	1982년								1983년	
	5/27	6/4	6/11	6/18	6/25	7/4	7/12	10/12	5/7	6/19
수분 억제(봉지 씌움)	100	95	74	74	58	32	5	5	5	0
천연수분 + 인공수분	100	95	95	95	95	95	95	95	95	90
천연수분	100	93	66	66	66	62	62	62	38	34

지만, 과실이 자라기 위해서는 최소한 50개의 화분이 필요하다. 수분량이 이보다 적으면 화분관의 생장 속도가 느려지거나 착과와 종자 성숙이 나빠진다.

6) 수정

(1) 피자식물

피자식물에서 화분관(花粉管, pollen tube)이 자라 내려가는 속도는 무척 빨라, 사과나무의 경우 24시간 이내에 배주 입구까지 도착한다. 배나무의 경우 봄철 온도가 15℃로 따뜻하면 2일가량 걸리지만, 온도가 5℃로 낮으면 12일이 걸려 암꽃의 감수기간인 7일 이내에 수정이 이루어지지 않는다. 개암나무는 수분에서 수정까지 3~4개월, 참나무류 중에서 상수리나무(black oak류)는 13개월 정도 걸린다.

화분립(花粉粒, pollen grain)은 발아하여 2개의 정핵(精核, sperm nucleus)을 만든다. 화분관이 배주에 도달하면 한 개의 정핵은 난자(卵子, egg)와 결합하여 배(胚, embryo)를 만들고, 다른 정핵은 2개의 극핵(極核, polar nucleus)과 결합하여 배유(胚乳, endosperm)를 만듦으로써 수정을 2회 하는 중복수정(重複受精, double fertilization)을 한다. 중복수정은 피자식물의 특징이며, 배는 난자(n)와 정핵(n)이 결합하여 형성되므로 염색체 수가 2n이 되고, 배유는 2개의 극핵(2n)과 정핵(n)이 결합하여 일반적으로 3n이 된다.

(2) 나자식물

나자식물의 화분도 발아하는 과정은 피자식물과 흡사하다. 화분립은 발아하여 화분관을 형성하면서 2개의 정핵을 만든다(〈그림 12-8〉 참조). 그러나 나자식물의 수정 과정을 피자식물과 비교하면 정핵이 난자와 결합하는 단일수정만 이뤄지고, 수정 과정에서 난세포의 세포소기관(organelle)이 소멸되어 웅성배우체의 세포질 유전이 이루어지는 것이 다르다.

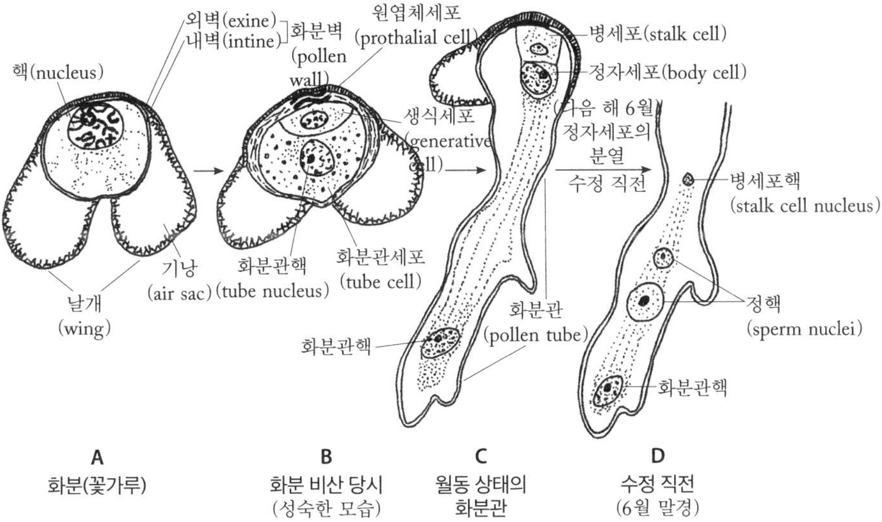

〈그림 12-8〉 소나무류(*Pinus nigra*)의 성숙한 화분 모양과 화분관의 생장(Kozlowski, 1971)

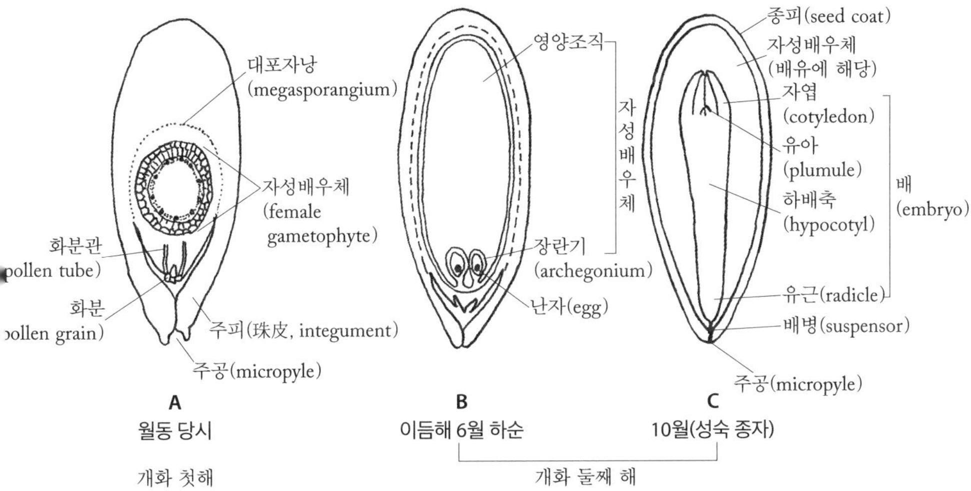

〈그림 12-9〉 소나무류(*Pinus*) 암꽃의 월동 당시(A)와 수정 당시(B) 모습과 성숙 종자(C) 비교
월동 당시 화분관(A)이 관찰되며, 수정 당시 배주(B)는 이미 거의 다 자라 있으며, 수정 후 종자(C)는 약간 더 커진다. B의 장란기는 2개 이상 형성되어 다배현상(多胚現象, polyembryony)의 원인이 된다.

주공 안으로 들어간 화분립은 발아하여 화분관을 형성하면서 주심(珠心, nucellus) 조직을 뚫고 밑으로 서서히 내려간다. 소나무류 화분관의 경우 월동 후 수정 직전에 2개의 정핵을 만드는데, 이 중에서 큰 정핵(n)이 장란기(藏卵器, archegonium) 안에 있는 난자(n)와 결합하여 2n의 배를 형성한다. 이때 자성배우체(雌性配偶體, female gametophyte)는 수정되지 않기 때문에 난자만이 수정되는 단일수정(單一受精, single fertilization)을 하게 되며, 자성배우체는 1n으로서 독자적으로 자라서 양분 저장조직(피자식물의 배유에 해당함) 역할을 한다. 〈그림 12-9〉에 소나무류 암꽃이 수분된 후 월동 당시의 모습과 수정 당시의 모습을 나타냈다.

나자식물 수정 과정에서 특이한 것은 부계 세포질 유전(父系細胞質遺傳, paternal cytoplasmic inheritance) 현상이다. 정핵이 난자를 수정시키면 난세포 내의 세포소기관이 소멸되며, 대신 화분관에서 배출된 웅성배우체(male gamete) 세포질 내의 세포소기관, 즉 색소체(plastid)와 미토콘드리아 등이 분열하여 대체한다. 이렇게 새로 생긴 세포질을 신세포질(新細胞質, neocytoplasm)이라고 하며 소나무속, 잎갈나무속, 미송 등에서 관찰된다. 삼나무의 색소체 돌연변이에 의한 엽색 변이와 잎갈나무의 엽록체 DNA도

〈표 12-6〉 수종별 수분 후 수정 및 종자 성숙까지 소요되는 기간(Kramer와 Kozlowski, 1979; Lee, 1979)

수종	개화시기	수분~수정 소요기간	수분~종자 성숙 소요기간
회양목	4월 초	?	3개월
배나무, 사과나무	4월	1~2일	5개월
개암나무	3월	3~4개월	6개월
갈참나무(white oak류)	5월	5주	5개월
상수리나무(black oak류)	5월	13개월	17개월
가문비나무	5월	3~5일	5개월
미송	4월	3주	5개월
개잎갈나무	10월	9개월	12개월
소나무, 잣나무	5월	13개월	16~17개월

부계 유전현상을 보인다.

수분이 이루어지고 난 후 수정되기까지 소요되는 기간은 수종에 따라서 매우 다양한데, 가문비나무는 수일이 소요되며, 미송은 3주 정도, 개잎갈나무는 9개월, 그리고 소나무속은 13개월 정도이다(〈표 12-6〉 참조).

7) 배의 발달

수분이 이루어지고 난 후 화분관이 발아하면 자방(피자식물의 경우) 혹은 배주(나자식물의 경우)는 일단 계속해서 생존할 수 있는 조건이 된다. 〈표 12-6〉에서 볼 수 있듯이, 수종에 따라서 차이가 있으나 수분 후 일정한 기간이 지나면 수정이 이루어지지만, 이에 앞서 배유(胚乳, endosperm)가 먼저 발달하기 시작하는데, 배유는 성숙하면서 탄수화물, 지방, 단백질, 그리고 식물호르몬을 축적하면서 자라게 된다. 배(胚, embryo)는 배유가 어느 정도 자란 다음 비로소 자라기 시작하면서 배유로부터 양분을 공급받게 된다. 배의 발달 과정에서 나자식물과 피자식물의 차이점은, 나자식물은 분열다배현상(뒤에서 설명)이 흔하게 관찰된다는 것이다.

(1) 나자식물

나자식물의 배 발달 과정은 세 단계로 나눌 수 있다. 전배(前胚, proembryo) 단계는 배가 핵분열을 시작하여 세포벽을 형성하지 않고 다핵상태(free nuclear phase)로 되는 단계이다(〈그림 12-10B~G〉 참조). 둘째 단계인 초기배(初期胚, early embryo)는 한 층의 세포가 길게 자라면서 배병으로 되고, 끝에 있는 배세포층(embryonal cell tier)이 분열하여 4개의 배로 발달하는 과정(〈그림 12-10H〉 참조)으로, 이 과정은 다배현상(多胚現象, polyembryony)을 초래한다. 셋째 단계인 후기배(後期胚, late embryo)는 배가 더 발달하여 줄기-뿌리의 축을 형성하면서 자엽을 만드는 단계이다(〈그림 12-10I〉 참조).

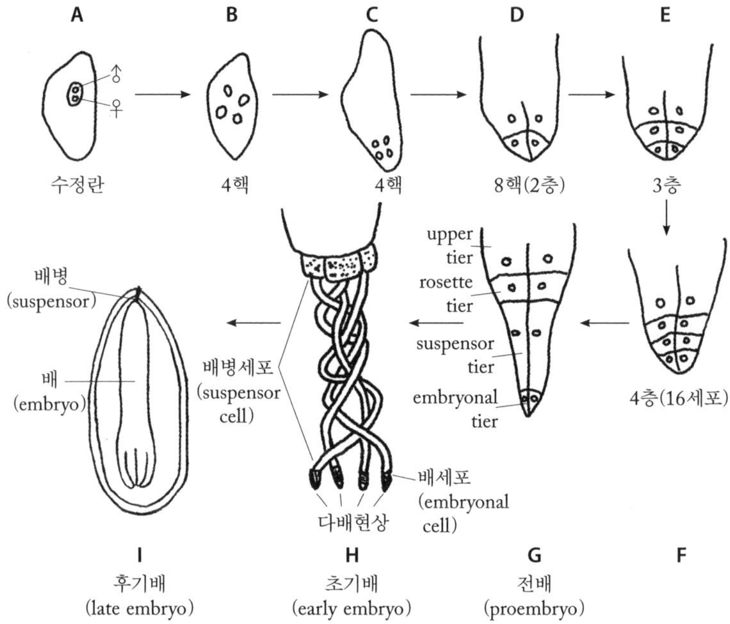

〈그림 12-10〉 전나무의 배(胚) 발달 과정과 다배현상(Haupt, 1953)

초기배 형성의 H 단계에서 여러 개의 배가 동시에 형성될 수 있는 가능성을 갖고 있어 다배현상의 근원이 되지만, 대개 한 개의 배만 끝까지 자란다.

(2) 다배현상

피자식물의 경우, 다배현상(多胚現象, polyembryony)은 한 개의 배낭에 2개 이상의 배가 형성되는 경우를 의미한다. 나자식물의 다배현상은 소나무과(Pinaceae)에서 흔히 관찰되는 현상으로 두 가지 원인이 있다. 그중 단순다배현상(simple polyembryony)은 배주 안에 2개 이상의 장란기(藏卵器, archegonium)가 보통 존재하는데(〈그림 12-9〉 참조) 각각의 장란기 난자가 수정되어 여러 개의 배로 발달하는 경우를 의미하며, 분열다배현상(cleavage polyembryony)은 한 개의 수정된 접합자가 여러 개의 배세포로 분열하면서 여러 개의 배가 되는 현상이다(〈그림 12-10H〉 참조).

다배현상은 배의 초기 발달 과정에서 흔히 관찰되지만, 나중에는 결국

한 개의 배가 끝까지 자라서 단일배로 되기 때문에 종자 하나에는 대개 한 개의 배가 들어 있게 된다.

(3) 단위결과

단위결과(單爲結果, parthenocarpy)는 종자 없이 열매가 성숙하는 경우를 말한다. 일반적으로 수정이 이루어져야 열매가 성숙하는데, 간혹 수정 없이 그리고 종자 발달 없이 열매가 성숙하기도 한다. 단위결과는 피자식물 중 일반 과수에서 흔히 관찰되며, 단풍나무, 느릅나무, 물푸레나무, 자작나무, 백합나무에서도 관찰된다.

나자식물에서도 단위결과 현상이 관찰되는데, 비립종자(非粒種子, empty seed)만 들어 있는 상태에서 솔방울이 완전히 성숙하는 경우이다. 전나무속, 잎갈나무속, 가문비나무속, 향나무속, 주목속, 측백나무속에서 자주 관찰되는데, 소나무속에서는 거의 관찰되지 않는다. 일반적으로 소나무속 수종은 수분이 되지 않아 모든 배주의 발육이 중단(aborted)되면 솔방울이 더 이상 자라지 않는다.

무수정생식(apomixis)은 수정 없이 종자가 맺는 것을 의미한다. 미국에서 귤과 산사나무에서 관찰되었지만, 산림수목에서는 아직 확인된 예가 없다. 유전적으로 모수(母樹)와 동일한 개체가 태어나기 때문에 육종학자에게 좋은 연구자료가 된다.

8) 종자와 열매의 성숙

피자식물의 경우 참나무류 중에서 화이트오크(white oak, 예: 갈참나무)는 개화 당년에 종자가 성숙하는데, 개화부터 종자 성숙까지 약 5개월이 소요된다. 미국흰참나무는 수분에서 수정까지 약 5~6주 정도 걸리며, 배의 발달은 수분 후 9~10주 후부터 관찰된다. 열매는 9월 중·하순에 성숙하는데, 5개월 동안의 자연낙과율은 95% 이상이었으며, 수분 직후 낙과율이 가장 높았다. 참나무류 중에서 블랙오크(black oak, 예: 상수리나무와 굴참나무)는 2년에

〈표 12-7〉 노르웨이소나무(*Pinus resinosa*)의 구과 발달 과정(Dickmann과 Kozlowski, 1969)

기간	발달 단계	세부 사항
6월 초	개화 및 수분	5월 말부터 구과가 보이기 시작함
6월 중순~7월 말	구과 생장 및 화분 발아	구과 길이가 10~12mm까지 자람 (구과생장 정지), 인편이 닫힘
6월 하순~가을	난모세포 형성	자성배우체 상태에서 정지함 화분관은 늦여름부터 생장을 정지함
겨울~이른 봄	월동	
4~6월 중순	난모세포 발달 재개, 구과 생장 재개	장란기 및 난세포 형성
6월 중순	화분관 생장 정지, 수정	구과 생장이 진행 중
7월 초순	구과 생장 정지	최종 크기에 이름
6월 중순~9월 초순	배 발달	종자 성숙

주: 미국 위스콘신주.

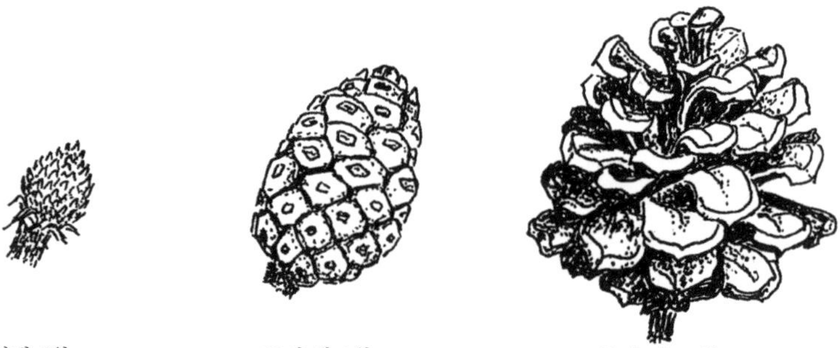

〈그림 12-11〉 2년에 걸쳐 성숙하는 소나무 구과(솔방울)의 발달 단계

〈그림 12-12〉 구과분석으로 판단할 수 있는 소나무 배주의 조기고사 현상(이경준 등, 1984)

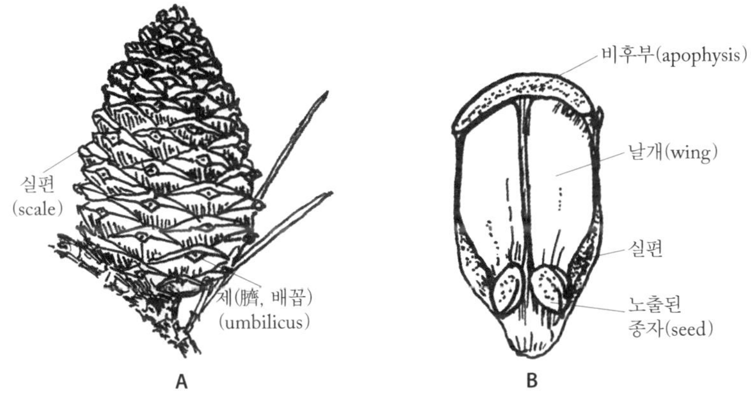

〈그림 12-13〉 소나무의 성숙한 구과(A)와 실편(B)의 모양

걸쳐 종자가 성숙한다.

나자식물의 경우 소나무속(*Pinus*)의 구과 발달 과정을 자세히 살펴보면 〈표 12-7〉과 같다. 소나무속의 종자는 2년에 걸쳐 성숙하며(〈그림 12-11〉 참조), 소나무과의 그 밖의 속(전나무류, 가문비나무류, 솔송나무류, 잎갈나무류 등)의 수목은 종자가 당년에 익는다.

배주의 조기고사(早期枯死, abortion) 정도는 구과분석(毬果分析, cone analysis)으로 파악할 수 있는데, 이는 채종원에서 종자생산 효율을 계산할 수 있는 방법이 되며, 화분 비산 정도, 구과 해충의 피해 정도를 알 수 있다. 소나무에서 첫해에 고사한 배주의 경우 날개 크기가 성숙 종자의 날개 크기보다 약간 작고, 종자는 전혀 달려 있지 않으며, 그 이듬해에 고사한 배주의 경우 날개 크기는 성숙 종자만큼 크고, 종자 크기는 성숙 종자의 1/3가량 된다(〈그림 12-12〉 참조). 〈그림 12-13〉에 2년에 걸쳐서 성숙한 소나무 구과의 모양을 나타냈다. 각 실편에 2개의 종자가 맺히는데, 소나무 종자는 날개를 가지고 있으며, 잣나무의 종자는 날개가 없다.

9) 유성생식 소요기간에 따른 수목 분류

수목은 다년생 식물이기 때문에 개화생리가 1년생 식물과 비교하여 복잡한 편이다. 온대지방 수목에서 화아 원기가 형성되는 시기부터 종자가 성숙할 때까지 소요되는 기간은 1년부터 4년까지 다양하며, 1년형·2년형·3년형·4년형으로 분류할 수 있다. 꽃이 여름에 피는 수종은 대개 당년에 모든 생식생장을 마무리하여 1년형이며, 봄에 일찍 혹은 가을에 피는 수목은 대개 2년형 혹은 3년형이다(〈표 12-8〉 참조).

〈표 12-8〉 온대지방 목본식물의 화아 원기 형성, 개화, 수정 및 종자 성숙 소요기간에 따른 분류 (이경준, 2015)

소요기간	수종	화아 원기 형성시기	개화 개시 시기	개화-수정 소요기간	개화-종자 성숙 소요기간
1년형	장미	5월	6월		3개월
	배롱나무	6월	7월		3개월
	무궁화	5월 하순	7월 초순	1~2일	3개월
2년형	회양목		3월		3개월
	배나무	6월 중~하순	4월	2일	5개월
	갈참나무, 신갈나무 (white oak)		4월	5주	5개월
	보리장나무, 비파나무, 상동나무, 팔손이	8~9월(?)	10~11월		6~7개월
	까마귀쪽나무	8~9월(?)	10월		12개월
	가문비나무	7월 말~8월	5월	3~5일	5개월
	개잎갈나무		10월		12개월
	연필향나무, 서양향나무(*J.occidentalis*)		4월		5개월
3년형	소나무류	수 7월, 암 8월	5월	13개월	17개월
	상수리나무, 굴참나무 (black oak)	수 6월, 암 7월	5월	13개월	17개월
	향나무(*J.chinensis*)		4월		17개월
4년형	두송(*J.communis*)		4월		17개월 혹은 29개월

4. 개화생리

수목의 개화생리(開花生理, flowering physiology)에 관한 연구는 초본식물에 비해 훨씬 뒤떨어져 있다고 할 수 있는데, 이는 수목을 대상으로 하여 연구하는 데 다음과 같은 몇 가지 문제점이 있기 때문이다.

① 유생기간: 수목은 유생기간(幼生期間, juvenile period)이 있어서 이 기간에는 개화 촉진을 시도해도 쉽게 개화하지 않으며, 이 기간이 보통 5년 이상, 길게는 30~40년이나 된다(12장 1절 참조).

② 크기: 수목은 크기가 커서 실험대상으로 하기가 쉽지 않으며, 특히 환경을 인위적으로 조정하고자 할 때 어려움이 있다.

③ 유성생식 기간: 수목의 유성생식 기간은 온대지방에서 보통 2년 혹은 3년에 걸쳐 화아의 원기 형성, 개화, 종자 성숙이 이루어지기 때문에 환경의 영향을 많이 받는다.

④ 광주기 반응: 대부분의 수목은 광주기에 대하여 반응을 나타내지 않는다.

⑤ 순계의 육성: 수목은 대부분 타가수분을 하기 때문에 순계(純系, pure line)의 육성이 어려워 균일한 시험재료를 확보하기가 힘들다.

따라서 초본식물에 적용되는 개화생리에 관한 이론이 목본식물에서 그대로 적용되는 경우도 있으나 그렇지 않은 경우가 더 많아, 독자적 연구가 필요하다.

1) 주기성

수목은 유생기간을 지나서 개화한다 하더라도 불규칙 결실(不規則結實, irregular bearing)을 나타낸다. 사과나무의 경우 격년결실(隔年結實, biennial bearing, alternate bearing)이 뚜렷하여 2년에 한 번씩 풍작을 이룬다. 산림수목의 경우에도 주기성(週期性, periodicity)을 보여 불규칙하게 개화가 이루어진다. 소나무류 중에서 방크스소나무는 매년 구과를 생산하지만, 구주소나무와 노르웨이소나무는 3~7년 주기로 많은 구과가 달린다. 피자식물 중에서는 설탕단풍이 비교적 규칙적으로 종자를 생산하고, 흑호두나무와 백합나무는 불규칙하며, 너도밤나무는 평균 7년마다 한 번씩 풍작이 온다. 나자식물 중에서 잎갈나무는 5~7년마다 풍년이 든다.

불규칙한 결실의 원인은 주로 화아의 원기가 제대로 형성되지 않기 때문이다. 그러나 화아의 원기가 형성되더라도 정상적으로 발달하지 못하면 개화량이 적어지며, 주원인은 탄수화물 부족이다. 과수의 경우 풍년이 들면 자라고 있는 열매가 탄수화물을 고갈시키기 때문에 수간, 가지, 뿌리의 탄수화물 함량이 낮아지며, 이로 인해 풍년에 형성된 화아는 제대로 발달하지 못하여 다음 해에 흉년을 초래한다. 흉년이 든 해는 거꾸로 탄수화물이 축적되어 화아의 발달을 도모함으로써 다음 해에 풍년을 가져온다. 자작나무의 경우에도 열매의 과다한 양분 소비로 인해 풍년이 온 해에는 화아 형성이 금지된다.

불규칙 결실의 또 다른 원인은 식물호르몬과 관계 있다. 성장하는 사과나무 과실의 종자는 지베렐린(gibberellin)을 생산하여 화아 원기가 형성되는 것을 억제하지만, 종자가 커지기 전에 적과하면 종자 억제 효과를 예방할 수 있다. 올리브나무에서도 과실 내의 종자를 죽이면 같은 효과를 얻을 수 있으며, 옥신 처리하면 화아의 발달을 억제한다.

2) 유전적 개화능력

환경조건이 같은 상황에서 개체 간에 생장능력이 다른 것처럼 개화능력에도 유전적 차이가 있다. 습지소나무(*Pinus elliottii*)의 경우 채종원에 있는 여러 클론들 간에는 유전적 개화능력(inherent fruitfulness)이 현저하게 다르게 나타나서 다량 개화 개체는 소량 개화 개체보다 15배 이상 구과 생산량이 많다. 따라서 클론 채종원(clonal seed orchard)을 조성할 때 선발목의 유전적 개화능력을 미리 고려해야 종자 생산량을 높일 수 있으며, 우수한 생장력과 수형만을 기준으로 하여 선발한다면 종자 생산이 거의 불가능할 수도 있다.

개체 간에 존재하는 유전적인 개화능력의 차이를 생리적으로 설명하기는 쉽지 않다. 그러나 앞서 2절에서 설명한 바와 같이, 영양생장과 생식생장은 서로 경쟁관계에 있거나 혹은 상반되는 경우가 많기 때문에 왕성한 영양생장을 보이는 개체는 생식생장을 억제하게 됨으로써 개화능력을 감소시킨다고 할 수 있다. 습지소나무의 경우 구과를 많이 생산하는 개체는 화아 원기 형성기간에 아미노산 대사와 정아로의 탄수화물 이동이 느려지는 것으로 미루어 보아, 구과를 많이 생산하는 개체는 화아 원기 형성기간 동안에 일시적인 생장 정지 능력이 있는 것으로 추측된다.

3) 성 결정

임업에서 중요한 위치를 차지하고 있는 많은 피자식물과 모든 나자식물은 양성화(암수가 한 꽃에 모여 있는 것)가 아니라 1가화 혹은 2가화이기 때문에 성 결정(性決定, sexuality) 문제가 대두된다.

〈그림 12-14〉 수꽃만 개화한 반송(盤松)

어떤 환경 스트레스에 의해서 수꽃만 핀 것으로 해석된다.

소나무과에 속하는 수목에서 암꽃과 수꽃은 수관(樹冠, crown)에서 서로 다른 위치에 자리 잡고 있는데, 일반적으로 수관 상부의 활력이 큰 가지(활력지)에는 암꽃이 달리고, 수관 하부의 활력이 작은 가지(쇠약지)에는 수꽃이 달리는 경향이 크다(〈그림 12-3〉 참조). 수관 상부에 있는 가지는 햇빛을 많이 받기 때문에 암꽃의 생산은 높은 광합성에 의하여 촉진될 것으로 추측된다. 임분 내에서 햇빛을 많이 받는 개체는 암꽃을 생산하고, 그늘에 있는 개체는 수꽃을 생산하며, 인공적으로 그늘을 만들어 주면 수꽃의 생산이 증가하는 것으로 알 수 있다. 그러나 실제로 암꽃과 탄수화물과의 상관관계를 입증해 주는 연구결과는 아직 없다. 그 밖에 수관 상부에서 일어나는 수분, 무기영양 혹은 식물호르몬 등이 관련이 있다고 믿어진다.

한편 수목의 성 결정에는 식물호르몬이 관련된다고 추측된다. 소나무류에서 옥신(auxin)을 많이 생산하는 수관 상부의 활력지에 암꽃이 달리는 것으로 미루어볼 때, 그리고 측백나무에서 활력지의 위에서 아래로 내려가

A. 남복송　　B. 여복송

〈그림 12-15〉 반송에서 자주 관찰되는 성전환

A: 가지 밑쪽에서 수꽃이 암꽃으로 성전환한 남복송(앞표지 사진 참조). B: 가지 위쪽에서 잎이 암꽃으로 성전환한 여복송.

면서 옥신의 농도 감소가 일어나고 암꽃에서 수꽃으로 전환되는 것으로 보아, 암꽃은 높은 옥신 함량에 의하여 촉진된다고 할 수 있다.

반송의 경우 성전환이 자주 관찰되며, 유전적 특성으로서 매년 반복된다. 수꽃이 달리는 1년생 가지 밑쪽에서 많은 수꽃이 암꽃으로 성전환한 것을 남복송(男福松)(〈그림 12-15A〉 참조)이라고 하며, 가지 위쪽에 잎이 달리는 곳에 암꽃이 대량으로 달리는 것을 여복송(女福松)이라고 한다(〈그림 12-15B〉 참조).

4) 영양상태

무기영양 상태는 소나무속의 성을 결정하는 데 큰 영향을 줄 것으로 예상된다. 토양이 척박하거나 수목의 무기영양 상태가 악화되어 결핍증상을 나타낼 정도가 되면 수꽃이 생기며, 질소비료를 시비하면 수꽃에서 암꽃으로 성전환이 일어난다. 따라서 암꽃은 무기영양 상태, 특히 질소와 관련된 영양상태가 양호할 때 촉진되며, 수꽃은 영양상태가 악화될 때 촉진된다는 것을 알 수 있다.

토양의 비옥도가 증가하면 구주소나무나 대왕소나무에서 종자생산량이 증가한다. 비료를 사용하면 과수원과 임업 채종원에서 개화 촉진이 이루어지는데, 질소비료의 효과가 눈에 띄게 나타난다. 인이나 칼륨을 단독으로 사용하면 효과가 없지만, 질소비료와 함께 사용하면 개화가 촉진된다. 그러나 질소비료의 개화촉진 효과는 시비 시기에 따라 다르게 나타난다. 즉 화아 원기 형성시기(한여름)에 맞추어 시비가 이루어지면 개화촉진 효과가 가장 크게 나타나며, 봄철에 시비하면 영양생장만을 촉진하는 경우가 많다.

소나무과의 경우 가장 확실하게 종자생산량을 증가시키는 방법은 간벌(間伐, thinning)이며, 간벌로 인하여 수목의 전반적인 광합성과 무기영양 상태가 양호해짐으로써 가능하다고 파악된다. 노르웨이소나무(*Pinus resinosa*)의 경우 간벌의 강도가 높을수록 종자를 생산하는 개체의 비율이 증가한다.

5) 기후

목본식물의 개화는 화아 원기 형성에서 개화, 그리고 종자 성숙까지 2년 혹은 3년에 걸쳐 이루어지기 때문에, 이 기간 동안에 기후의 영향을 많이 받는다. 한 지역에 있는 나무들의 종자 풍흉이 동시에 같은 반응을 보이면서 주기성을 나타내는 점으로 미루어 보아, 기후는 수목의 개화에 절대적인 영향을 끼친다고 할 수 있다.

여러 가지 기후인자 중에서 수목의 개화에 영향을 크게 미치는 것은 태양복사량과 강우량이다. 고립목으로 혼자 자라거나(〈그림 12-16〉 참조) 햇빛을 많이 받으면(〈그림 12-17〉 참조) 광합성을 많이 수행하여 에너지(탄수화물)를 저장하면서 꽃눈을 많이 생성할 수 있다. 개화가 많이 이루어지기 위해서는 전년도 생육기간 동안에 ① 태양복사량이 많고, ② 봄부터 이른 여름까지 강우량이 풍부하며, ③ 한여름에는 온도가 높으면서 강우량이 적어야 한다(Lee, 1979). 이러한 조건에서는 봄부터 이른 여름까지 왕성한 영양생장이 이루어진 다음, 화아 원기가 형성되는 한여름에 수분 스트레스를 유도함으로써 영양생장을 억제하고 생식생장으로 전환하게 되는 것으로 해석된다.

너도밤나무의 경우 덥고 건조한 여름이 지나면 다음 해에 종자 풍년이 드는 것을 관찰할 수 있다. 미송의 경우 여름 한발이 암꽃의 생산을 촉진시키며, 화아 원기 형성기간(즉 여름철)에 수분 스트레스를 인공적으로 가하면 작은 나무에서도 개화가 촉진된다. 한발은 귤과 열대지방의 이우시과 수목(*Shorea*)에서도 개화를 촉진한다. 반면 생육기간 동안 인공적으로 채종원에 관수하면 개화량이 줄어든다. 테다소나무 채종원의 경우 4월부터 9월까지 계속하여 관수하면 암꽃의 생산이 증가하지 않는 반면, 4월부터 6월까지 관수하고 7월부터 9월까지 관수하지 않을 경우 암꽃의 생산이 촉진되었으며, 이러한 경향은 습지소나무(*Pinus elliottii*)에서도 관찰되었다.

〈그림 12-16〉 고립목으로 자라는 백목련이 햇빛을 충분히 받아 많은 꽃눈이 생긴 모습

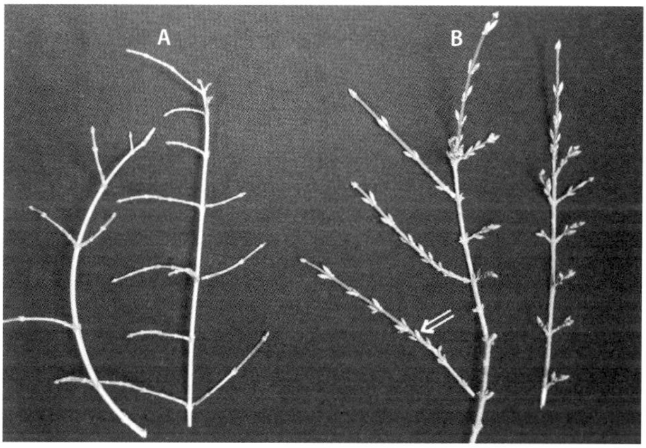

〈그림 12-17〉 양지와 음지에서 자란 개나리의 꽃눈 비교

음지에서 자란 개나리(A)는 꽃눈을 거의 만들지 못한 반면, 양지에서 자란 개나리(B)는 꽃눈(화살표)을 많이 만들었다.

6) 광주기

초본식물은 일반적으로 광주기(光週期, photoperiod)에 반응을 나타내지만, 목본식물은 반응을 나타내지 않는다. 지속적으로 밤시간을 중단시키면 아테뉴아타소나무(*Pinus attenuata*)와 글라우카가문비나무(*Picea glauca*)에서 개화가 억제되며, 노르웨이소나무의 경우에는 8시간, 16시간, 24시간의 광주기에서 개화가 억제되고 대신 16시간과 24시간 처리에서 줄기가 길게 자란다. 그러나 광주기에 반응을 나타내는 경우도 간혹 있다. 테다소나무의 묘목을 장일조건에서 여름 늦게까지 생장시켜 휴면을 늦추면 개화가 촉진된다.

무궁화는 장일성 식물로 알려져 있어 장일처리에서 지속적으로 꽃이 피며, 진달래는 단일조건에서 화아 분화가 촉진된다. 목본식물에서 예외적으로 광주기에 반응을 나타내는 경우로 측백나무과에 속하는 나무들을 들 수 있다. 측백나무(*Thuja plicata*)와 애리조나쿠프레수스(*Cupressus arizonica*)는 장일처리를 했을 때에만 지베렐린(gibberellin)에 의해 개화가 촉진된다.

7) 식물호르몬

개화현상에 식물호르몬(plant hormones)이 관여하는 것은 틀림없지만, 이에 대한 지식은 아직 미흡하다. 초본식물에서 개화를 촉진하는 식물호르몬으로 1936년 체일라칸(Mikhail Chailakhyan)이 꽃눈형성 호르몬 혹은 플로리겐(florigen)을 처음 제안하였다. 접목을 통해서 이 물질이 다른 부위나 다른 식물로 전달되므로 그 존재를 인정하고 있으며, 그 실체가 알려져 관련 단백질을 추출하고 유전자 발현 과정이 일부 밝혀진 상태이다.

애기장대의 경우 잎의 사부 유세포에 있는 피토크롬(phytochrome) 색소가 단일처리를 감지하면 CO(CONSTANS) 유전자가 발현되어 개화 유전자(flowering locus T, FT) 단백질의 전사가 일어나고, 이 단백질 혹은 mRNA가 줄기 정단분열조직으로 보내져 꽃눈을 만든다고 알려져 있다(Hopkins와 Huner, 2009).

옥신(auxin)은 수목의 정아에서 생산되어 가지의 활력과 성 결정에 중요한 역할을 하지만, 그 밖의 개화에 관련된 다른 역할은 잘 알려져 있지 않다. 항옥신제이며 생장억제제인 클로르메쿼트(Chlormequat), Alar, TIBA(triiodobenzoic acid) 등이 영양생장을 정지시키고 목본 피자식물에서 개화를 촉진시킨 예가 있다. 그러나 옥신을 직접 수목에 처리했을 때에는 대개 개화에 영향을 끼치지 않는다.

지베렐린(gibberellin, GA)은 2년생 초본식물에서 춘화처리(春化處理, vernalization)를 대신하거나 장일성 식물의 경우 장일처리를 대신하는 기능이 알려져 있으나, 단일성 식물에서는 개화촉진 효과가 나타나지 않는다. 목본피자식물에서 지베렐린 처리는 개화를 억제한다. 그러나 나자식물의 경우 지베렐린 처리는 개화에 긍정적으로 작용하며, 많은 수종에서 개화 촉진이 가능하다. 한편 지베렐린산(gibberellic acid, GA_3)은 측백나무과와 낙우송과에 속하는 수목의 개화를 촉진시키며, GA_4와 GA_7은 소나무과의 많은 수종에서 개화를 촉진시킨다. 특히 종자가 잘 달리지 않는 잎갈나무 채종원에서 개화를 촉진한 바 있다.

목본식물의 개화에서 시토키닌(cytokinins)의 역할은 적은 것으로 판단된다. 예외적으로 과수 중 사과나무와 광귤에서 시토키닌이 뿌리에서 생산되어 목부조직을 통해 잎으로 운반되어 개화를 촉진한다고 알려져 있다. 나자식물의 경우 미송에서 개화하는 개체의 줄기 내 시토키닌 함량은 개화하지 않는 개체보다 높아서 개화에 관련된다고 추측된다.

8) 스트레스

지금까지 목본식물의 개화를 촉진시킨다고 알려진 여러 가지 처리는, 시비 처리와 식물호르몬 처리를 제외하면 모두 화아 원기 형성기간에 생리적 스트레스(physiological stress)를 초래한다는 공통점을 가지고 있다. 환경요인 중에서는 한발(旱魃, drought)을 유도하거나 덥고 건조한 여름 기후가 개화를 촉진한다. 그 밖에 접목, 가지치기, 단근, 이식 등과 같은 처리나 나무에 피해를 주는 제엽(除葉), 나무 벌채로 인한 뿌리 손상, 저온에 의한 피해, 박피 처리로도 개화가 촉진되는데, 이러한 처리는 수목에 자극(shock) 혹은 스트레스를 유발한다. 또한 처리 혹은 피해의 정도에 비례하여 개화량이 증가한 사례로 보아, 생리적 스트레스를 가하는 정도에 따라 수목이 비례적으로 개화반응을 나타낸다고 할 수 있다.

이와 같은 사실로 볼 때, 수목의 개화생리는 성숙목이 정상상태에서 생물학적 리듬(biological rhythm)을 주기적으로 나타내기도 하지만, 내적·생리적인 균형이 외부 자극에 의해 파괴될 때 영양학적인 균형(nutritional balance)이 교란되면서 생존하기 위한 전략으로 꽃과 종자를 생산하게 된다고 해석할 수 있다(Lee, 1979). 소나무의 경우 영양상태 혹은 가뭄 등 환경이 불리해지면 솔방울이 대량으로 달리는 것을 자주 관찰할 수 있다. 이런 원리를 세대를 단축하기 위한 임목육종에서 활용할 수 있다.

9) 무궁화의 개화 촉진

목본식물은 대부분 광주기(光週期, photoperiod)에 반응을 보이지 않는다. 그러나 일장(日長) 변화로 개화를 촉진할 수 있는 경우가 있다. 무궁화(*Hibiscus syriacus*)는 장일성(長日性) 식물로, 한국의 경우 일장이 늘어나는 5월 말 꽃눈에 원기가 생기기 시작하여 7월부터 개화하는데, 일장이 길어지면 개화가 지속되고 일장이 짧아지면 개화가 중단되기 때문에 자연적으로 9월 말 혹은 10월 초순 개화가 끝난다.

이와 같이 일장에 영향을 받는 성질을 이용해 무궁화 개화시기를 인위적으로 조정할 수 있다. 한겨울(예: 2월)에 무궁화 꽃을 보고 싶다면, 야외에서 11월 한 달 정도 춘화처리(春化處理, vernalization; 낮은 온도에 노출시켜 꽃눈에 있는 개화억제 호르몬을 제거하는 것)를 한 다음 12월경 온실에 넣어 온도를 높이고 일장을 길게 해주면 약 70일 후 꽃을 볼 수 있다. 봄 또는 늦은 봄에 꽃을 보고자 할 경우에도 이와 같은 요령으로 개화를 원하는 시기보다 약 70일 앞당겨 온실에서 온도를 높이고 일장을 길게 하면 된다. 가을 늦게까지 꽃을 보고자 할 경우에는 꽃이 피고 있는 8월부터 계속 일장을 연장시키고 온도를 높게 유지하면 꽃눈이 계속해서 생기면서 10월 이후에도 개화가 지속된다.

13

종자생리

종자(種子, seed)는 고등식물에서 새로운 세대를 탄생시키는 매개체의 역할을 하며, 포자(胞子, spore)를 생산하는 하등식물과 비교하여 더 효율적인 방법으로 다음 세대를 생존시킬 수 있는 수단이다.

인간의 중요한 식량은 종자에서 비롯되며, 목본식물 중에서도 종자가 식량자원이 되는 수종이 있다. 목본식물의 번식은 아직도 대부분 종자로 이루어지며, 특히 목재 생산에서 중요한 역할을 하는 나자식물은 대부분 종자로만 대량으로 번식시킬 수 있다.

1. 종자의 구조

종자(種子, seed)는 배주(胚珠, 밑씨, ovule)가 수정된 후 성숙하여 만들어진 구조로서 배, 저장물질, 그리고 종피의 세 가지 요소를 갖추고 있다.

1) 배

〈그림 13-1〉과 같이 배(胚, embryo)는 식물의 축소형으로서 한 개 이상의 자엽(子葉, 떡잎, cotyledon), 유아(幼芽, plumule), 하배축(下胚軸, hypocotyl; 자엽의 아랫부분), 그리고 유근(幼根, radicle)으로 구성되어 있다. 배의 크기는 수

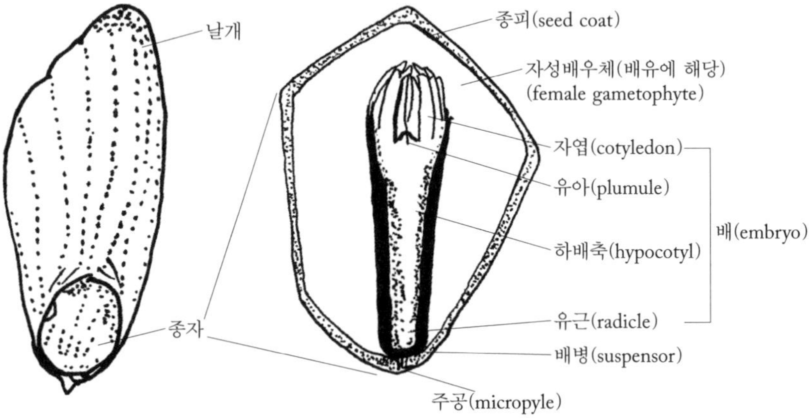

〈그림 13-1〉 소나무류 성숙 종자의 모양

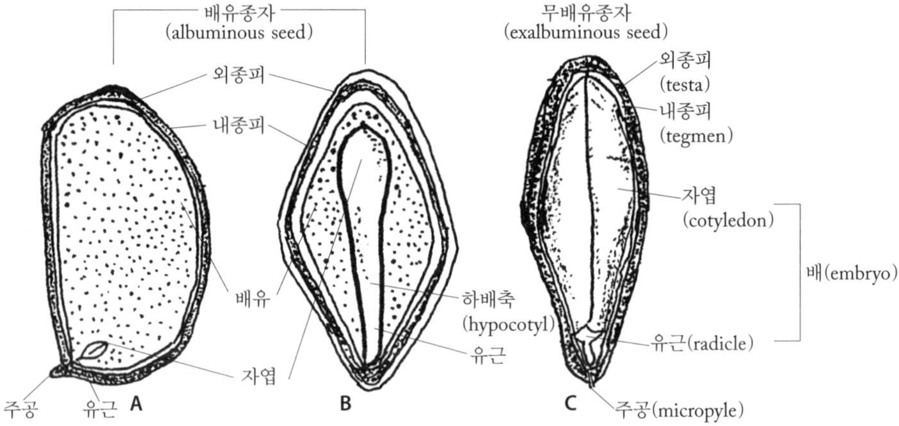

〈그림 13-2〉 수목 종자의 여러 형태

A: 두릅나무속(작은 배), B: 솔송나무속(큰 배), C: 채진목속(무배유).

종에 따라 다른데, 두릅나무와 같이 종자(〈그림 13-2A〉 참조) 내에서 극히 작은 부분을 차지하기도 하고, 콩과식물과 같이 자엽이 종자의 대부분을 차지하는 경우에는 배의 크기가 종자의 크기와 거의 비슷하다.

자엽의 수는 수종에 따라 다른데, 단자엽식물(單子葉植物, monocotyledon)인 대나무류와 야자나무류는 한 개의 자엽을 가지고 있으며, 쌍자엽식물(雙子葉植物, dicotyledon)인 단풍나무와 같은 목본식물은 2개의 자엽을, 그리고 나자식물은 2개 이상 18개까지 자엽을 가지고 있다.

2) 저장물질

저장물질은 자엽 내에 포함되어 있거나 혹은 배의 주변 조직에 있다. 자엽이 저장물질을 가지고 있는 경우에는 배유(배젖)가 없으며, 이러한 종자를 무배유종자(無胚乳種子, exalbuminous seed)라고 하는데, 너도밤나무와 아까시나무를 예로 들 수 있다(〈그림 13-2C〉 참조). 배의 주변 조직에 저장물질을 가지고 있는 경우 피자식물에서는 배유(胚乳, endosperm)에 저장하며, 이러한 종자를 배유종자(胚乳種子, albuminous seed)라 한다(〈그림 13-2A, B〉 참조). 피자식물의 배유는 중복수정에 의해 만들어진 3n의 염색체를 가지고 있다. 나자식물의 경우 저장물질은 자성배우체(female gametophyte)에 포함되어 있으며, 반수체인 1n의 염색체를 갖는다.

종자에 저장되어 있는 에너지 물질은 탄수화물, 지방, 단백질 형태로 존재하는데, 세 가지의 비율은 수종에 따라 다르다(〈표 13-1〉 참조). 밤나무, 참나무류는 탄수화물이 가장 많은 비율을 차지하고, 소나무류(대왕소나무)

〈표 13-1〉 수종별 종자 내 탄수화물, 지방, 단백질 함량(Kramer와 Kozlowski, 1979)

(단위: 기건 종자의 %)

수종	탄수화물	지방	단백질
은단풍	62.0	4.0	27.5
미국칠엽수	68.0	5.0	7.0
밤나무	42.0	3.0	4.0
미국흰참나무	58.4	6.8	7.4
스트로브잣나무	4.8	35.4	30.2
대왕소나무	4.5	31.7	35.2
잣나무(한국)	10.2	61.2	18.6
호두나무	14.3	64.3	14.3

는 단백질과 지방의 함량이 높다. 한국산 잣나무 종자에는 64.2%의 지방(단백질은 18.6%)이 들어 있고, 개암나무 종자에도 65%의 지방이 들어 있다.

이 밖에 종자 내에는 아미노산, 무기염, 인산화합물(인지질, 핵단백질), 핵산, 유기산, 식물호르몬 등이 다양하게 포함되어 있어 곧바로 생장을 시작할 수 있는 준비가 되어 있는 셈이다.

3) 종피

종피(種皮, seed coat)는 종자가 건조와 물리적인 손상, 그리고 미생물이나 곤충으로부터 피해를 막아주는 보호벽 역할을 한다. 비교적 딱딱하고 두꺼운 외종피(外種皮, testa)와 얇은 막의 형태를 가진 내종피(內種皮, tegmen)로 되어 있는 것이 보통이지만, 예외적인 것도 존재한다.

2. 종자휴면

종자휴면(種子休眠, seed dormancy)이란 성숙한 종자가 발아하기에 적합한 환경에서도 발아하지 못하는 상태에 있는 것을 의미한다. 이러한 종자휴면은 식물이 살아가는 데 필요한 하나의 생존전략으로 해석되며, 다음과 같이 몇 가지 이점이 있다.

온대지방에서는 가을에 성숙한 종자가 저온처리를 거쳐 발아함으로써, 겨울이 지난 다음 봄에만 발아하도록 되어 있다. 어떤 종자는 토양 속에서 수년간 휴면상태에 머물면서 천천히 나누어 발아함으로써 적합한 환경이 되기를 기다린다. 사막에 사는 일부 식물은 휴면상태에 있다가 비가 오면 억제제가 씻겨나가 우기에 맞추어 싹이 튼다.

종자휴면은 같은 속에 속하는 종 사이에서도 다르게 나타나는 경우가 많다.

1) 휴면의 원인

종자가 휴면상태에 있는 원인은 대개 다음 세 가지로 요약할 수 있다. 배휴면, 종피휴면 그리고 생리적 휴면이 그것이다. 어떤 목본식물의 종자가 휴면상태에 있을 때 그 원인을 이해함으로써 휴면을 없앨 수 있는 방법을 찾을 수 있다.

배휴면(胚休眠, embryo dormancy)은 종자를 채취한 당시에 배가 아직 성숙하지 않은 미숙배(未熟胚, immature embryo) 상태에 있기 때문에 발아가 안 되는 경우이다. 이러한 배휴면은 물푸레나무, 덜꿩나무속, 은행나무에서 볼 수 있으며, 후숙(後熟, after-ripening)으로 극복할 수 있다.

종피휴면(種皮休眠, seed coat dormancy)은 종피로 인하여 휴면상태에 있는 것을 의미하는데, 종피가 발아에 필요한 가스교환이나 수분흡수를 억제하는 경우와, 종피가 견고하여 물리적 장애(mechanical barrier)가 되어 배가 발아할 수 없는 경우가 있다. 전자의 경우에는 콩과식물에 속하는 목본에서 볼 수 있는데, 특히 아까시나무는 종피에 지방질이 많아 수분이나 가스가 통과할 수 없는 상태일 때가 많다. 후자의 경우에는 잣나무와 같이 종피가 딱딱하고 두꺼워 배가 자랄 수 없는 상태를 의미한다. 잣나무는 실제로 두꺼운 종피로 인해 산소출입이 차단되기도 한다.

생리적 휴면(生理的 休眠, physiological dormancy)은 배 혹은 배 주변의 조직이 생장억제제를 분비하여 발아를 억제하는 경우와, 생장촉진제가 부족하여 생리적으로 발아할 수 있는 여건을 만들어 주지 못하는 경우를 의미한다. 전자는 생장억제제인 아브시스산(abscisic acid)이 배, 배유, 주심(珠心, nucellus), 외종피 혹은 과피(果皮, pericarp)에서 생산되어 배의 발육을 억제하는 경우로서 단풍나무, 물푸레나무, 소나무류, 사과나무 등에서 볼 수 있다. 후자는 개암나무와 같이 생장촉진제인 지베렐린(gibberellin)이 부족해 배유의 양분을 이용할 수 없는 상태이거나, 노르웨이단풍처럼 시토키닌(cytokinin) 같은 물질이 부족하기 때문이라고 추정되는 경우도 있으며, 이때 m-RNA와 단백질 합성과 관련되는 것으로 추측된다.

앞서 종자휴면의 세 가지 원인을 하나씩 설명하였으나, 실제로 자연상태에서는 둘 이상의 원인이 중복되어 나타나는 중복휴면(重複休眠, double dormancy)이 많이 관찰된다. 이러한 예는 향나무, 주목, 피나무, 층층나무, 소나무류, 개암나무, 보리수나무 등에서 관찰되는데, 가장 잘 알려진 예로는 구주물푸레나무를 들 수 있다. 〈표 13-2〉에서 볼 수 있듯이, 구주물푸레나무는 배휴면, 종피휴면, 그리고 생리적 휴면을 모두 가지고 있으며, 일반적으로 종자 채취 후 2년이 지나야 발아한다. 즉 종자 채취 시 배는 형태적으로 성숙한 듯하지만 크기가 2배가량 더 자라야 발아할 수 있으며, 종피는 산소의 통과를 방해하기 때문에 썩어야 하고, 끝으로 저온처리(chilling)가 이루어져야 생장억제제가 제거된다.

휴면의 종류 중 종자가 모체에서 성숙하여 분리된 후에 없던 휴면이 새로 생기거나, 이미 가지고 있던 휴면의 정도가 더 심해지는 경우를 2차휴면(二次休眠, secondary dormancy)이라고 한다. 이것은 산소부족, 수분과다, 고온노출 등과 같이 발아에 부적합한 환경에 놓일 경우에 발생하며, 2차휴면을 제거하기가 더 어렵다.

〈표 13-2〉 구주물푸레나무(*Fraxinus excelsior*) 종자의 중복휴면의 원인(Villiers, 1975)

계절	여름	겨울	여름	겨울	봄
진전 단계	종자 생산	배 생장 배유 변화 종피 부패		배의 저온처리	발아
휴면의 종류	휴면 개시 (←→)				
	배휴면 (←	→)			
	종피휴면 (←		→)		
	생리적 휴면 (←			→)	

2) 휴면타파

종자휴면의 원인이 되는 요인을 제거하면 휴면타파(休眠打破, breaking of dormancy)가 가능하며, 다음과 같이 몇 가지 방법이 있다.

(1) 후숙

종자의 배휴면이나 종피휴면의 정도가 가벼울 경우에 종자를 건조한 상태에서 일정 기간 보관(dry storage)하면 휴면상태를 제거할 수 있으며, 이러한 처리를 후숙(後熟, after-ripening)처리라고 한다. 후숙된 종자는 전에 가지고 있던 까다로운 발아조건(즉 낮은 온도 혹은 높은 온도 요구)이 없어진다.

후숙처리는 미성숙 배가 더 성숙하도록 유도하거나 종피의 장력을 바꾸거나 가스에 대한 투과성을 증가시킨다.

(2) 저온처리

종자를 젖은 상태로 겨울철 땅속 낮은 온도에서 보관하는 것을 노천매장(露天埋藏)이라고 하며, 저온처리(低溫處理, chilling) 혹은 층적(層積, stratification)이라고도 한다. 이러한 처리는 종자가 가지고 있는 배휴면, 종피휴면, 생리적 휴면을 동시에 제거할 수 있는 방법으로, 설탕단풍의 경우 층적을 통하여 시토키닌(cytokinin)의 함량이 증가한다.

저온처리 방법은 젖은 종자를 보통 1~5℃에서 공기유통이 되도록 1~6개월간 저장하면 된다. 노천매장은 〈그림 13-3〉과 같이 습기 있는 모래, 톱밥 혹은 이탄(泥炭, peatmoss)을 종자와 섞어 땅속에 묻어둔 상태로 월동시키는 재래적인 방법이며, 층적은 서양에서 습사(濕砂, 젖은 모래)와 종자를 한 층씩 교대로 쌓아 묻어두는 방법을 일컫는다. 일반적으로 장미과, 호두나무과, 소나무과에 속하는 수종들은 노천매장으로 휴면을 제거할 수 있다.

노천매장 기간은 수종에 따라, 그리고 종피의 두께에 따라 다르지만, 소나무류의 경우 최소한 30일 정도이며 60일이면 적당하다. 테다소나무 종자의 경우 60일까지 노천매장한 기간에 비례하여 발아속도가 촉진된다(〈그

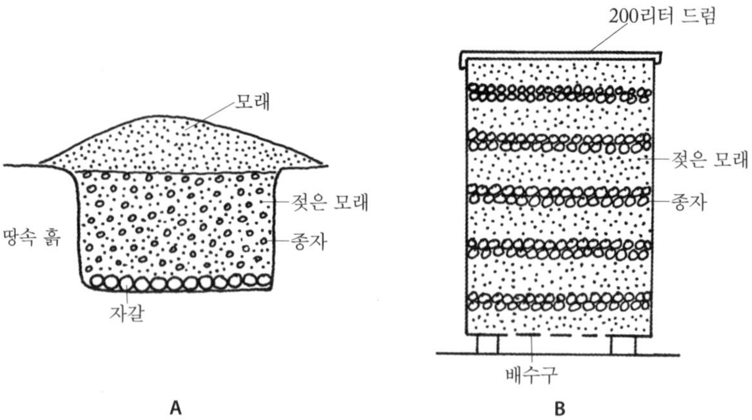

〈그림 13-3〉 종자의 휴면타파를 위한 노천매장(A)과 층적(B) 방법

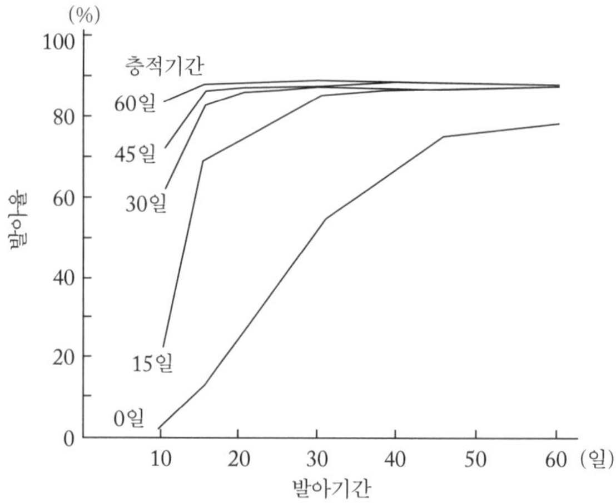

〈그림 13-4〉 테다소나무 종자의 층적기간(0~60일)에 따른 발아촉진 효과(Anonymous, 1974)

림 13-4〉 참조).

구주물푸레나무와 같이 미숙배를 가진 경우에는 실온층적(室溫層積, warm stratification)을 먼저 거치고 나중에 저온층적(低溫層積, cold stratification)을 하는 것이 더 효과적인데, 이는 실온층적 기간에 미숙배가 더 자라

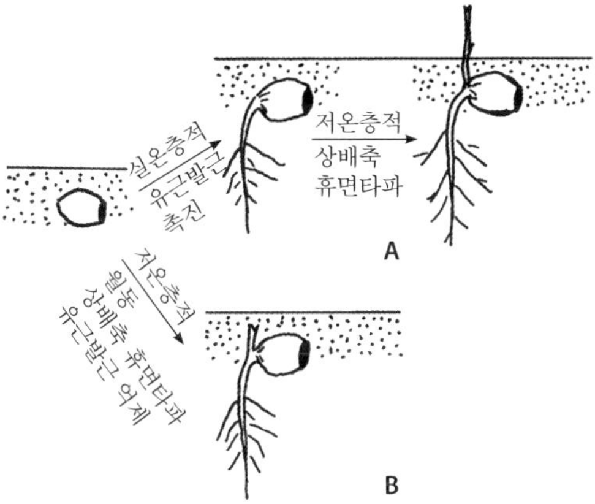

〈그림 13-5〉 실온층적(A)과 저온층적(B)에 의한 상수리나무 종자의 발아촉진
A는 당년에 발아가 완료되며, B는 월동 후 뿌리와 새순이 동시에 나온다.

기 때문이다. 상수리나무는 가을에 종자가 떨어진 직후에 유근(幼根, radicle)이 먼저 나오고 상배축(上胚軸, epicotyl; 발아 시 자엽 대신 지상부로 나오는 조직)은 휴면상태에서 월동하는 수종인데, 〈그림 13-5A〉와 같이 실온층적을 먼저 하여 유근의 발달을 유도하고, 그다음 저온층적을 하여 상배축의 휴면을 타파시키면 같은 해에 발아를 완료시킬 수 있다. 〈그림 13-5B〉와 같이 가을에 종자를 채취하여 곧 저온층적을 하여 이듬해 봄에 뿌리와 줄기를 동시에 유도할 수도 있다.

이렇게 종자가 저온에 노출되어야 휴면이 타파되는 이유는, 여름이나 가을에 생산된 종자가 겨울이 오기 전에 미리 발아하는 것을 방지하고 이듬해 봄에 발아하기 위한 적응방식 혹은 안전장치라고 해석된다.

(3) 열탕처리

콩과식물의 씨앗은 뜨거운 물(75~100℃)에 잠깐 담그는 열탕처리(熱湯處理, hot soaking)로 종피를 부드럽게 하여 공기의 유통을 원활하게 할 수 있다. 열탕처리 후에는 점진적으로 낮은 온도의 물에서 12~24시간 정도 추가로 처리해야 하는데, 수종에 따라서 시간과 온도를 달리해야 하기 때문에 경험이 필요하다. 아까시나무의 경우 종피가 왁스층으로 덮여 있는데, 끓는 물에 순간적으로 3초간 담근 후 즉시 찬물에 넣으면 종피가 부드러워져 모든 종자를 동시에 발아시킬 수 있으며, 발아율이 95% 이상 된다.

(4) 약품처리

식물호르몬 중에서 지베렐린(gibberellin) 처리로 실험실에서 휴면을 타파한 경우가 있으나, 실제 응용은 어려운 편이다. 배휴면이 경미할 경우 1% 과산화수소(H_2O_2) 용액에 48시간 동안 미송 종자를 처리하여 발아를 촉진시킬 수 있다. 조직배양에서 과산화수소를 사용하여 종자 표면을 소독하면서 발아를 촉진하는 방법이 자주 사용되고 있다. 쉬나무의 경우 식기세척용 중성세제로 잠깐 문질러 지방 성분을 제거해도 효과가 있다.

(5) 상처 유도

종피휴면이 있는 수종 중에서 아까시나무와 피나무 종자는 진한 황산(concentrated sulfuric acid)으로 처리하여 종피를 부드럽게 하면 발아가 촉진된다. 이와 같이 종피에 상처를 주는 처리를 종피파상법(種皮破傷法, mechanical scarification)이라 한다. 진한 황산은 보통 15~60분 정도 처리하며, 잔류 황산을 세척한다. 그 밖에 종피에 기계적 상처를 만드는 경우도 있다. 줄칼, 사포(sand paper), 전기침을 사용하거나, 많은 양의 종자를 처리할 때에는 콘크리트 믹서를 사용하여 종피에 기계적인 상처를 만들어 준다.

(6) 추파

휴면종자를 사전처리 없이 그대로 가을에 파종하는 방법, 즉 추파법(秋播法, fall sowing)이 사용되고 있다. 잣나무의 경우 가을에 종자를 뿌림으로써 천연적인 온도변화에 의해 자연적으로 휴면타파가 되는데, 주의할 점은 토양 표면을 멀칭(mulching)하여 천연적인 종자 유실을 막고, 새나 설치류의 피해를 막을 수 있도록 표면에 기피제(忌避劑, repellent)를 도포해야 한다.

3. 종자의 발아

종자 발아(種子發芽, seed germination)는 종자 내의 배가 생장을 재개하여 종피를 뚫고 나와 어린 식물, 즉 종묘(種苗, seedling)로 자라는 과정을 의미한다. 발아는 배의 유근(幼根, radicle)이 먼저 주공(珠孔, micropyle)을 통하여 종자 밖으로 나오면서 길게 자라 필요한 수분과 무기영양소를 흡수하고 정착(anchorage)하는 기반을 마련하며, 곧이어 자엽 혹은 유엽이 토양 밖으로 자라나와 광합성을 할 수 있는 기관을 형성한다. 이 과정까지 도달하기 위해서 배의 세포분열과 세포신장이 거듭되며, 여기에 필요한 에너지는 종자 내에 저장되어 있는 조직(배유 혹은 자엽 자체)으로부터 공급받게 된다.

1) 발아 방식

목본식물의 종자 발아는 발아할 때 자엽의 위치에 따라 두 가지 방식으로 진행된다. 흔히 볼 수 있는 방식은 〈그림 13-6B〉에서와 같이 지상자엽형 발아(地上子葉型發芽, epigeous germination)로서, 발아할 때 배의 하배축(下胚軸, hypocotyl)이 길게 자라면서 자엽을 지상 밖으로 밀어내는 방식이다. 자엽이 지상에서 펴지면 곧 유아(幼芽, plumule)가 자라서 본엽(本葉, foliage leaf)을 형성하는데, 종자가 작은 경우 대부분 이 방식으로 발아한다. 이와 같은 발아는 단풍나무, 물푸레나무, 아까시나무, 그리고 대부분의 나자식물에서 볼 수 있다.

소나무속의 종자 발아 방식은 〈그림 13-7〉에서와 같이 전형적인 지상자엽형 발아이며, 자엽이 형성된 후 처음 생긴 1차엽(primary needle)은 바늘 모양의 낱개로 된 잎으로서 유엽의 형태를 나타내며, 시간이 경과하면 엽속(葉束, needle fascicle)에 들어 있는 고유의 2차엽(secondary needle)을 생산

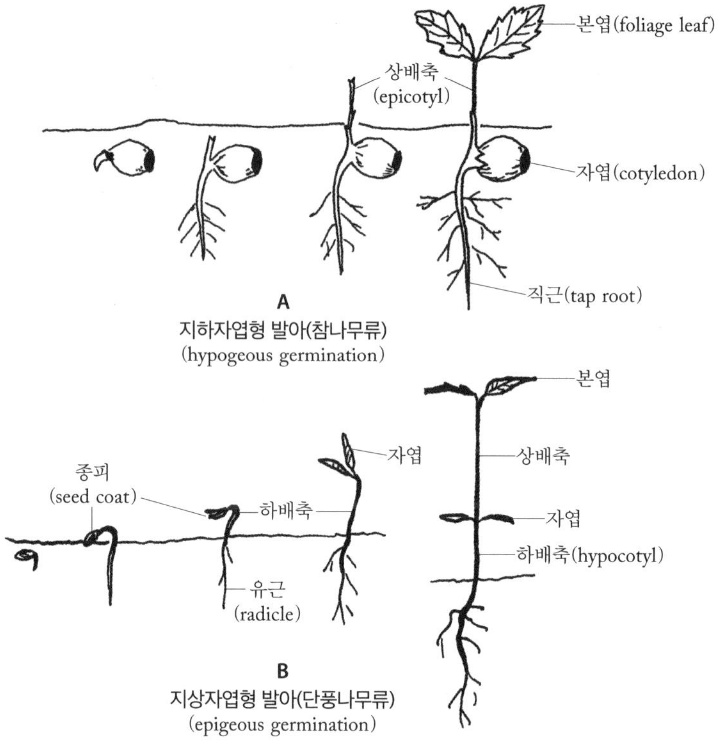

〈그림 13-6〉 목본식물의 두 가지 종자 발아 방식

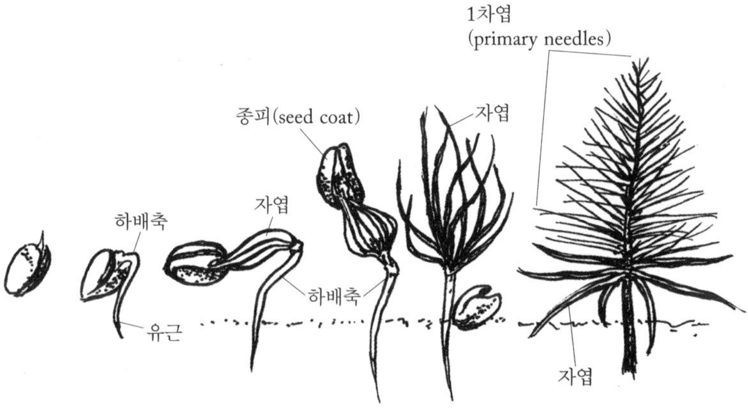

〈그림 13-7〉 소나무속의 종자 발아 방식(지상자엽형)

자엽이 나온 후 처음 나오는 잎은 1차엽(유엽)으로 하나씩 흩어져 바늘같이 가는 잎이며, 후에 엽속(needle fascicle)에 싸여 있는 2차엽(성엽)이 나온다.

하는데, 이것은 성엽(adult leaf)의 형태를 보인다.

또 하나의 방식은 지하자엽형 발아(地下子葉型發芽, hypogeous germination)로, 자엽은 지하에 남아 있고 상배축(上胚軸, epicotyl)이 지상으로 자라 올라와서 본엽을 형성한다(〈그림 13-6A〉 참조). 이러한 방식의 발아는 목본식물의 경우 주로 종자의 크기가 큰 대립(大粒) 종자를 가진 참나무류, 밤나무, 호두나무, 개암나무류에서 볼 수 있다.

2) 발아생리

종자가 발아하는 단계를 생리적으로 살펴보면 수분흡수 → 식물호르몬 생산 → 효소 생산 → 저장물질의 분해와 이동 → 세포분열과 확장 → 기관분화의 순서로 구분할 수 있다.

(1) 수분흡수

수분흡수는 종자 발아의 첫 단계이며, 건조한 종자 내 원형질에 수화작용이 일어나면서 여러 소기관이 수분을 흡수하고 여러 가지 대사가 시작된다. 수분흡수로 종피는 부드러워지고 배가 늘어나서 종피를 파열시키게 된다. 설탕잣나무(*Pinus lambertiana*) 종자를 90일간 층적할 경우 종자로 보면 건중량의 약 50%에 해당하는 수분을 흡수하지만, 배는 125%가량의 수분을 흡수한 셈이 된다.

(2) 호흡

건조한 종자는 거의 호흡을 하지 않지만, 종자가 수분을 흡수하면 흡수한 수분량에 비례하여 산소호흡량이 증가한다. 호흡을 통하여 주요 에너지 저장물질인 전분, 당류, 지방산을 분해하여 ATP를 생산하고, 이 ATP는 새로운 세포의 구성물질을 합성하는 데 필요한 효소를 생산한다. 폰데로사소나무는 18일간의 발아기간 동안 아데노신 포스페이트(adenosine phosphate; ATP의 전구물질, precursor)의 양이 20배 정도 증가한다.

(3) 효소와 핵산

종자가 수분을 흡수하면 지베렐린(gibberellin)이 생산되어 효소 생산을 촉진한다. 전분을 함유한 종자의 경우에는 아밀라아제(amylase, 전분분해효소)의 합성이 일어나고, 지방 함량이 높은 종자는 리파아제(lipase, 지방분해효소)를 합성한다. 생산된 지베렐린은 배에서 핵산을 생산하도록 유도하며, 핵산은 효소 생산을 유도한다. 휴면을 타파하는 저온처리나 지베렐린 처리는 핵산 합성을 촉진하는 반면에, 휴면을 유도하는 아브시스산(abscisic acid)은 핵산의 합성을 억제한다.

이러한 지베렐린의 역할은 곡류(cereal)에서는 확실히 알려져 있으나, 쌍자엽식물이나 나자식물에서는 지베렐린 처리로 전분이나 지방의 분해가 촉진되지 않고 대신 시토키닌(cytokinin)이 지방의 분해를 촉진한다.

(4) 저장 양분의 이용

종자의 발아 초기에는 종자의 크기(무게)가 발아 속도에 영향을 주는데, 종자 내 축적해 놓은 에너지원인 탄수화물, 지질, 단백질을 분해하여 이용하기 때문이다. 이들 저장물질을 분해하는 가수분해효소의 활동이 왕성해지며, 분해된 물질은 배의 분열조직으로 이동하는데, 따라서 저장물질을 함유하고 있는 조직(배유 혹은 자엽)의 무게는 급속히 감소한다.

미송(*Pseudotsuga menziesii*) 배유의 불용성 전분은 아밀라아제와 포스포릴라아제(phosphorylase)에 의해 수용성 당류로 전환되어 배로 이동되며(〈그림 13-8C〉 참조), 불용성 지질은 리파아제에 의해 글리세롤(glycerol)과 지방산으로 분해되어 일부는 세포소기관과 막의 성분이 되는 인지질과 당지질의 합성에 쓰이고, 대부분의 지방산은 당류로 바뀐다. 미송 배유의 건중량의 48%, 배의 55%가 지질로 구성되어 있는데, 발아 과정에서 배유의 지질 함량은 급속히 감소하며(〈그림 13-8B〉 참조), 14일의 발아기간 동안 배의 무게는 600% 증가하고 배유의 무게는 70% 감소했다. 저장단백질은 분해효소에 의해 아미노산으로 분해된 후, 배의 분열조직에서 펩티다아제(peptidase)

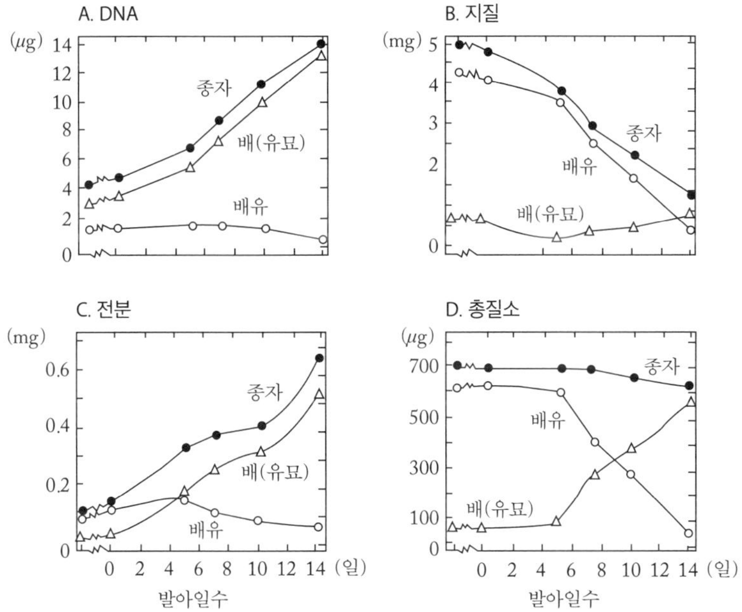

〈그림 13-8〉 미송의 종자 발아일수에 따른 부위별 화학성분의 변화(Ching, 1966)

에 의해 새로운 단백질로 합성되며, 배의 DNA 함량 증가(〈그림 13-8A〉 참조)와 더불어 나타났다(〈그림 13-8D〉 참조).

3) 환경요인

휴면상태에 있지 않은 성숙한 종자는 환경이 적합하면 발아한다. 발아에 영향을 미치는 환경요인에는 여러 가지가 있는데, 그중에서 광선, 산소, 수분, 온도가 가장 중요하다고 할 수 있다.

(1) 광선

① 광도

대부분의 수목 종자는 광선의 존재에 관계없이 발아하지만, 광선으로 인해 종자의 발아가 촉진되는 경우도 흔히 관찰된다. 광선을 요구하는 수종도 매우 낮은 광도에서 발아하므로 광도의 영향은 적다고 할 수 있다. 즉 가문비나무 종자는 0.08lx, 자작나무는 1lx, 소나무류는 5lx에서 발아하며, 몇몇 수종은 100lx까지 요구하지만, 이러한 광도는 광보상점(光補償點; 식물이 생존할 수 있는 최소한의 광도) 이하에 해당하기 때문에 자엽의 광합성을 촉진하지 못한다. 대신 광주기와 파장은 발아에 큰 영향을 주는 경우가 있다.

② 광주기

광선에 의해 발아가 촉진되는 경우 연속광, 장일처리, 단일처리의 효과는 수종에 따라 차이가 있다. 예를 들어 미송의 종자는 연속광이나 16시간 처리에서 발아가 잘 되지만 8시간 처리에서는 잘 안 되는 반면에, 솔송나무는 8~12시간 광주기가 가장 효과가 크다. 이 밖에 방크스소나무는 연속광에서 발아가 더 잘 되기도 하고, 암흑 속에서도 광선이 있을 때와 같이 잘 되기도 한다.

③ 파장

초본식물과 목본식물 중에는 광선의 파장에 예민한 반응을 나타내는 것이 있다. 목본식물에서는 자작나무류, 오리나무류, 물푸레나무류, 느릅나무류, 전나무류, 가문비나무류, 소나무류 등에서 알려져 있다.

수목의 종자가 빛의 파장에 대해 반응을 나타내는 것은 피토크롬(phytochrome) 색소가 존재하기 때문이다. 피토크롬의 특징에 대해서는 4장 5절에서 이미 설명한 바 있다. 피토크롬은 두 가지 형태, 즉 P_r형(소나무의 경우 656nm에서 흡수 피크 형성)과 P_{fr}형(소나무의 경우 714nm에서 흡수 피크 형성)으로 존재하는 단백질이다. 종자가 천연광이나 적색광(660nm)을 받으면 활성이 있는 P_{fr}형으로 바뀌어 발아가 촉진되지만, 원적색광(730nm)을 받으면 불활성의 P_r형으로 바뀌어 발아가 억제된다. 수목의 종자에 적색광과 원적색광을 교대로 비추어 줄 경우 마지막으로 비추어 준 빛에 의해 발아가 촉진되거나 억제된다. 버지니아소나무의 경우 피토크롬에 의한 종자 발아 결

〈표 13-3〉 적색광(R, 660nm)과 원적색광(FR, 730nm)으로 조사(照射)한 순서에 따른 버지니아소나무의 종자 발아율 변화(Toole 등, 1961)

조사한 빛의 순서	발아율(%)
암흑	4
R	92
R + FR	4
R + FR +R	94
R + FR + R + FR	3
R + FR + R + FR + R	93

주: 원적색광을 마지막으로 조사하면 발아가 억제된다.

과가 〈표 13-3〉에 나타나 있다. 마지막 조사한 빛이 원적색광이면 앞에 조사된 적색광의 효과는 무시되어 발아가 억제된다. 이러한 빛의 효과는 종자가 5℃에서 수분을 20일간 흡수한 경우에 1일간 흡수한 종자보다 더 빨리 나타난다.

(2) 산소

종자 발아의 초기 단계에는 호흡작용이 왕성하게 일어나기 때문에 산소공급은 종자 발아에서 매우 중요한 조건이 된다. 산소는 호흡작용에서 전자를 받아들이는 전자수용체(電子受容體, electron acceptor) 역할을 하기 때문이다. 종자를 실험실에서 물에 침적시킬 때 수 시간 이내에서는 발아 촉진이 되지만, 더 긴 시간 동안 침적할 때에는 산소부족 현상이 나타나지 않도록 흐르는 물을 이용하든가 산소를 공급해 주어야 한다.

낙우송과 같이 저습지에서 자라는 수종은 산소부족에 대하여 저항성이 있고 종자도 30일가량의 비교적 장기간 동안 침수에 견디며, 미루나무나 버드나무류는 침수상태에서 발아한다. 그러나 산 위에서 자라는 미국느릅나무나 양버즘나무는 침수상태에서 발아할 수 없다. 저습지 수종이라도 침수상태에서 초기에 발아할 수 있으나, 지속적인 산소부족에서는 더 이상 발아하지 않는다.

(3) 수분(水分)

종자의 발아는 종자가 수분을 흡수함으로써 시작된다고 할 만큼 수분흡수는 가장 기본적인 조건이라고 할 수 있다. 대개 종자가 중량의 2~3배의 수분을 흡수하면 호흡량이 증가하기 시작한다. 수목 종자가 침적상태에서 수분을 흡수하는 속도는 종피의 두께와 종피에 지방질과 같은 불투수성 물질이 있는지 없는지에 따라 다른데, 소나무류는 2~3일, 참나무류는 6일 정도면 최소한의 수분을 흡수할 수 있지만, 딱딱한 종피를 가진 주목은 18일이 소요된다.

토양 속에 있는 종자는 불투수성 종피를 가지지 않을 경우 토양수분이 포장용수량에 가까울 때 발아에 필요한 수분을 충분히 흡수할 수 있다. 그러나 토양 내 수분 함량이 감소할수록 수분흡수가 곤란해져서 발아율이 감소한다. 귤 종자를 31일간 토양 내에 두었을 때 토양의 수분퍼텐셜이 0일 때 88%의 발아율을, -0.23MPa(-2.3bar)일 때 23%, 그리고 -0.47MPa일 때 3%의 발아율을 보였다. 편백의 경우에는 토양의 수분퍼텐셜이 0.1MPa 감소함에 따라 발아율이 6%씩 감소하며, 소나무의 경우에는 2.5%씩 감소한다.

(4) 온도

종자의 휴면을 타파하기 위해서는 저온처리가 필요하지만, 휴면이 타파된 종자는 온도가 적절히 높아야 발아가 촉진된다. 종자 발아는 세포분열에 의해 이루어지며, 세포분열이 가능한 온도는 식물의 임계온도와 관련이 있다. 임계온도(臨界溫度, cardinal temperature)는 식물이 생육할 수 있는 최저온도와 최고온도 사이의 온도범위를 말하며, 식물이 생육할 수 있는 가장 적절한 최적온도(最適溫度, optimum temperature)가 중간에 있다. 수목 종자 발아의 임계온도는 수종에 따라 큰 차이가 있으며, 최적온도는 한 수종 내에서도 종자 산지(産地, seed source)에 따라 다르다.

종자 발아의 최저온도는 고산성인 귀족전나무(*Abies procera*)의 경우 1℃

정도 되며, 최고온도는 리기다소나무의 경우에 58℃에 달한다. 일반적으로 고산성 수종은 낮은 온도에서도 발아하며, 특히 고산성 전나무류와 솔송나무는 눈 속에서도 발아한다. 대체적으로 많은 수종들이 비교적 넓은 온도 폭에서 발아한다. 예를 들어 방크스소나무의 경우 15℃, 21℃, 27℃에서 모두 발아율이 비슷하며, 엥겔만가문비나무(*Picea engelmannii*)의 경우 16℃와 25℃에서 총 발아본수가 비슷하다.

대부분 수목의 종자는 주야간에 일정한 온도를 유지하는 것보다 온도의 변화를 줄 때 더 높은 발아율을 보인다. 이와 같이 낮과 밤의 온도변화를 선호할 때 온도주기(溫度週期, thermoperiodism)를 나타낸다고 한다. 실제로 봄철에 야외에서 발아하는 수목의 종자는 천연적으로 온도주기에 노출되어 이에 적응하고 있기 때문이다. 인공적인 환경에서 발아시험을 할 때 8시간의 주간온도를 30℃, 16시간의 야간온도를 20℃로 하는 경우가 가장 많으며, 수종에 따라서는 약간 낮은 온도에서 이루어진다. 이러한 표준발아 온도는 국가에 따라서 약간 다르게 규정하고 있다(〈표 13-4〉 참조).

4) 숲속에서의 발아 환경

앞에서 설명한 환경요인은 주로 실험실에서 관찰된 수목 종자의 환경생리에 관한 것이다. 천연상태 산림 내에서 수목 종자의 발아현상은 여러 가지 요인이 함께 작용하기 때문에 좀 더 복잡하다고 할 수 있다.

(1) 산불

산불은 종자의 발아를 촉진한다. 구과식물 중에는 솔방울이 생산되더라도 나무에 그대로 달려 있으면서 산불이 지나갈 때까지 열리지 않는 수종이 있다. 이러한 솔방울을 폐쇄성 구과(閉鎖性毬果. serotinous cone)라고 하며, 방크스소나무(*Pinus banksiana*), 리기다소나무, 콘토르타소나무(*Pinus contorta*), 검은가문비나무(*Picea mariana*), 사전트쿠프레수스(*Cupressus sargentii*) 등에서 볼 수 있다. 그러나 미국 동부지역 리기다소나무의 경우 산불이 나지 않는

〈그림 13-9〉 미국산 방크스소나무(*Pinus banksiana*)의 폐쇄성 구과

산불이 나거나 숲에 직사광선이 들어와 땅바닥의 솔방울이 데워질 때까지 수년간 솔방울이 벌어지지 않는다.

곳에 적응한 지역품종은 폐쇄성 구과의 특징을 가지고 있지 않다. 방크스소나무의 구과가 370℃에서 60초간 노출되어도 종자는 살아 있으며, 불로 인하여 솔방울의 송진이 제거되면 솔방울이 열리면서 종자가 비산한다. 산불이 지나간 후의 임상(林床, forest floor)은 광량 증가, 낙엽층 제거, 광물질 토양 노출, 무기염 증가, 병균 제거, 그리고 토양 내 발아억제물질 제거 등 발아에 유리한 조건이 되어 후계림이 형성된다.

이 밖에 산불 자체가 종피에 자극을 주는 경우(scarification의 일종)도 미국 캘리포니아 지방과 오스트레일리아의 자귀나무(*Albizia*)에서 관찰된다. 산불이 임관(林冠, canopy)을 파괴하면 임관이 차단하던 적색광이 많아져 발아가 촉진된다.

(2) 물리적 발아 촉진

산림 내에서 주간과 야간의 온도차는 종피의 물리적 장벽을 순화시키는 데 도움이 된다. 이러한 현상을 이용하여 종자를 가을에 파종하는 추파(秋播)가 가능하다. 이 외에도 종자가 야생동물(새와 포유류)의 소화기관을 통과하면서 종피가 부드러워지며, 또한 장거리 전파도 가능해진다.

한편 토양미생물은 종피 표면에 서식하여 종피를 부드럽게 하며, 집중호우는 종자가 이동할 때 종자 표면에 상처를 입혀서, 그리고 이동 후 습기가 많은 낮은 지역으로 이동시켜서 발아를 유리하게 한다.

(3) 타감작용(화학적 발아 억제)

타감작용(他感作用, allelopathy)은 한 생물이 다른 생물에 영향을 끼치는 물질을 생산하는 현상을 의미한다. 이때 생산된 물질을 타감물질(他感物質, allelochems)이라고 한다. 곰팡이가 생산하는 항생제(抗生劑, antibiotics)가 대표적인 타감물질이다. 목본식물도 다양한 타감물질을 생산하는데, 그중에서 가장 흔한 것은 페놀(phenol)류 화합물과 타닌(tannin)이다. 낙엽이 썩으면서 장기적으로 이 두 물질이 낙엽층에 축적되어 다른 종자의 발아를 방해함으로써 화학적 발아억제 작용을 한다.

가장 먼저 알려진 타감물질은 페놀의 일종인 주글론(juglone)으로 5-hydroxy-1-4-naphthoquinone의 구조를 가지고 있으며, 호두나무의 잎, 가지, 뿌리에서 용탈되어 주변에 있는 다른 식물의 종자 발아를 억제한다. 소나무림에서는 타닌과 ρ-쿠마르산(ρ-coumaric acid)이 생산되며, 마가목

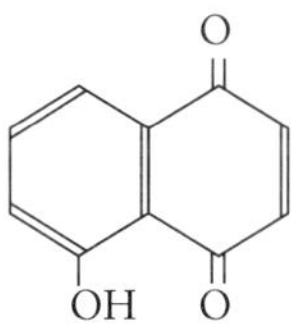

A. 주글론(juglone)

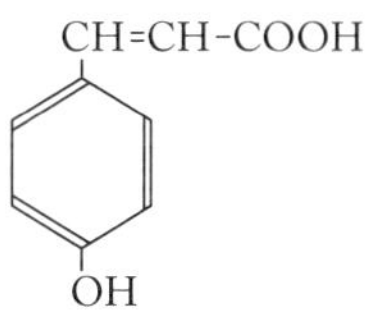

B. ρ-쿠마르산(ρ-coumaric acid)

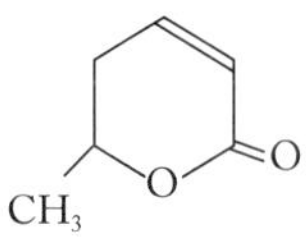

C. 파라소르브산(parasorbic acid)
(lactone의 일종)

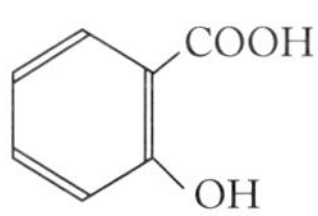

D. 살리실산(salicylic acid)

〈그림 13-10〉 산림토양에서 발견되는 페놀류 타감물질 예

류에서는 파라소르브산(parasorbic acid), 참나무숲에서는 살리실산(salicylic acid)이 생산된다(〈그림 13-10〉 참조). 이 밖에 버즘나무, 포플러, 아까시나무 숲에서도 생산되는데, 산림의 천이가 진전될수록 타감물질이 토양에 축적되는 경향이 있다. 살리실산은 최근에 식물호르몬으로 분류되고 있어 체내에서 독특한 긍정적인 생리적 기능을 나타내는데, 땅속에서는 타감물질로서 종자 발아에 부정적인 영향을 준다.

(4) 임상의 광질 효과

숲이 울폐되어 있을 경우 임관(林冠, canopy)은 광선을 차단하는데, 특히 대부분의 적색광과 청색광을 차단하기 때문에 임상(林床, 숲바닥)에 도달하는 광선은 주로 원적색광(far-red light)이 많고 적색광은 적다(〈그림 4-2〉 참조). 종자 발아 시 광선을 요구하는 수종이거나 요구하지 않는 수종이거나 간에 대개 원적색광에 의하여 발아가 억제된다. 따라서 울폐된 임상에 떨어진 종자는 피토크롬(phytochrome) 색소가 대부분(90% 이상) 불활성인 P_r의 형태로 존재하기 때문에 직사광선이 비추지 않는 동안 발아가 안 된다(〈그림 13-11〉 참조).

결국 이러한 종자들은 산불이 나거나 벌채로 임관이 소개될 때까지 발아하지 못한다. 특히 상록수림 밑에 있는 종자가 이러한 현상을 나타내며, 낙엽수림의 경우에는 봄에 새잎이 나오기 전에 발아조건이 갖추어지면 어느 정도 극복할 수 있다. 이와 같은 현상은 식생천이에서 초기에 나타나는

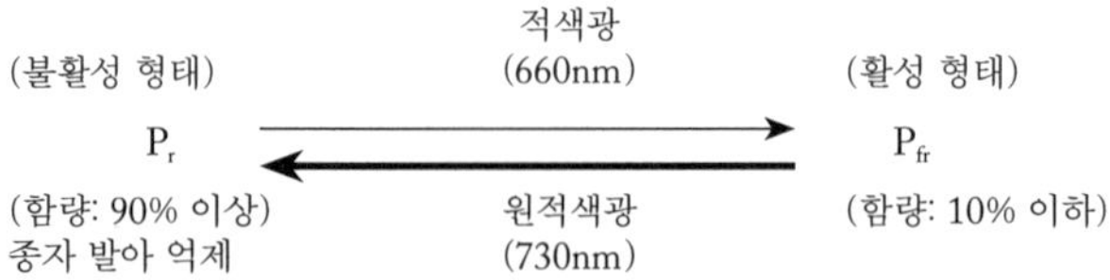

〈그림 13-11〉 원적색광이 대부분인 울폐된 임관 밑 임상(숲바닥)에서의 종자 내 피토크롬의 구조
대부분 불활성 형태(P_r)이다.

개척종인 양수의 경우에 뚜렷하게 나타나며, 주로 그늘진 곳에서 자라는 음수는 원적색광에 의해 발아가 억제되는 현상이 적게 나타난다.

광선에 의해 종자 발아가 촉진되는 식물의 종자가 땅속에 묻힐 경우에는 발아하지 않다가 수년에 걸쳐서 나누어 토양 밖으로 노출될 때 발아함으로써 성공적으로 자랄 수 있다. 반대로 광선에 의해 발아가 억제되는 식물은, 종자가 토양이나 유기물에 충분히 덮일 때까지 발아하지 않음으로써 건조한 지역에서 수분을 충분히 흡수할 수 있는 환경이 되기를 기다린다.

4. 종자의 수명과 저장

종자의 천연적인 수명(壽命, longevity)은 수종에 따라 다양하다. 은단풍나무, 버드나무, 포플러류는 수명이 고작 일주일밖에 안 되며, 수분 함량이 많은 느릅나무류, 참나무류, 자작나무류, 주목류도 수명이 수개월 이내로 짧다. 보통 소나무류는 1~2년 정도 수명이 지속되며, 폐쇄성 구과를 가진 리기다소나무, 방크스소나무의 경우는 수년간 지속된다. 반면 콩과식물 등에서 자귀나무류는 10년 이상 수명이 지속된다. 일반적으로 종피가 얇거나, 저장물질이 적거나, 수분 함량이 많은 전분질 종자는 수명이 짧으며, 종피에 지방질을 함유한 콩과식물의 종자는 수명이 긴 편이다.

천연상태에서 수명은 종자의 활력과 밀접한 관계가 있다. 휴면상태에 있건 그렇지 않은 상태에 있건 간에, 살아 있는 종자는 세포내용물을 보유할 수 있는 능력이 있다. 이것은 원형질막이 제구실을 하고 있어 세포내용물이 밖으로 누출되는 것을 막기 때문이며, 항생제를 생산해 병균의 침입을 막음으로써 오래도록 수명을 유지할 수 있다. 죽은 종자는 이와 같은 능력을 상실하게 되어 병균에 대한 저항력이 없어진다.

종자를 인공적으로 적절하게 저장(貯藏, storage)하면 천연수명이 10배 이상도 연장시킬 수 있다. 예를 들어 천연적으로 비산된 가문비나무속과

소나무속 종자는 1년 혹은 최고 2년까지 야외에서 생존하지만, 적절한 환경조건(적절한 온도와 습도)에서는 10년 이상 저장할 수 있다.

종자 저장 시 가장 유의해야 할 것은 종자의 수분 함량이다. 종자의 수명을 오래 유지하려면 종자의 수분 함량을 낮춰야 하며, 대부분의 수종은 5~12% 범위가 가장 적당하다. 소나무류 종자의 수분을 5~10% 범위로 낮추고 밀폐된 용기에 넣어 -15℃에서 저장하면 10년 이상 저장할 수 있다.

느릅나무 종자는 천연상태에서 수주일 정도 수명이 지속되지만, 종자의 수분 함량을 3%로 낮추고 -4℃에서 저장하면 15년간 활력이 높은 종자로 유지할 수 있다. 참나무류의 종자는 수분이 많기 때문에 보통 한 번 월동하면 수명이 끝나지만, 밀폐된 폴리에틸렌 봉지 내에서 4℃에서 2년 반 동안 저장할 수 있다.

5. 종자시험

종자시험(種子試驗, seed testing)은 종자의 활력과 품질을 조사하기 위한 시험을 의미하며, 발아율, 종자의 순도, 잡초의 유무, 수분 함량, 중량 등을 조사하고, 발아능력과 종자의 활력을 검사한다. 이 중에서 발아율과 발아능력은 농업에서 파종량과 균일한 발아를 결정하는 요인이 되기 때문에 중요하다.

1) 발아시험

발아시험(發芽試驗, germination test)은 발아능력을 조사하기 위하여 종자를 직접 발아시키는 시험이다. 발아능력(發芽能力, germination capacity)은 환경이 적절할 때 종자가 발아하여 식물체로 발전할 수 있는 능력을 의미하며, 환경요인에 따라 크게 달라지기 때문에 시험을 엄격한 조건에서 실시해야 한다. 국제종자시험연합회(International Seed Testing Association, ISTA)에서는 국제적으로 시험결과를 비교하고 정보를 교환하기 위해 통일된 방법으로

〈표 13-4〉 국제종자시험연합회(ISTA)가 권장하는 표준발아시험 조건과 변형된 조건

구분	표준 조건(종자휴면이 없을 경우)		변형 조건(종자휴면이 있을 경우)	
	주간	야간	주간	야간
발아 전처리	없음		① 콩과식물: 종자에 상처 유도 ② 3℃에서 30~60일간 저온처리 ③ 위의 저온처리 후 상온처리 (13~24℃에서 최고 7개월 이내)	
온도	30℃	20℃	24℃	10℃
광도	750~1,500lx	-		
일장	8시간	16시간		
발아기간	30일		60일	

주: Schopmeyer(1974)에서 요약하였다.

발아시험을 하도록 규정하고 있다. 이 방법은 가장 이상적인 조건에서 발아시켜 가장 높은 발아율(發芽率, germination rate)을 얻도록 하기 위한 것이다.

ISTA에서 권장하는 방법은 주간에 30℃에서 8시간, 야간에 20℃에서 16시간 동안 발아시키는데, 전체 수목 종수의 70%가량에 적용할 수 있다. 주간의 광도는 750~1,500lx가량 유지하며, 발아기간은 보통 30일이다. 이러한 조건은 종자에 따라서 약간 다른데, 온도를 낮추거나 종자휴면이 있을 경우 발아 전처리(發芽前處理, pregermination treatment)를 한다. 즉 종자의 휴면 정도가 알려져 있지 않은 경우 저온처리를 위하여 3℃에서 30~60일가량 하는 전처리를 병행한다. 〈표 13-4〉에 표준발아시험 조건과 종자휴면이 있을 때 사용하는 변형된 조건을 요약하였다.

2) 활력시험

발아시험은 가장 확실하게 종자의 발아능력을 알 수 있는 방법이지만 시간이 많이 걸리는 단점이 있다. 그 대신 종자가 살아 있는지의 여부를 조사하는 종자활력시험(種子活力試驗, seed viability test)이 몇 가지 있는데, 그중에서 국제적으로 공인된 방법은 테트라졸륨 시험과 배 추출 시험이다. 그러나 이러한 방법은 발아시험 시설이 없거나 종자가 휴면상태에 있을 때, 또

는 기존의 발아시험으로 발아가 안 될 때 대신하여 사용하는 방법이라고 할 수 있다.

(1) 테트라졸륨 시험

테트라졸륨 시험(tetrazolium test)은 종자 내 호흡작용에 관여하는 산화효소가 살아 있는지의 여부를 시약의 발색 반응으로 검사하는 방법이다. 색깔이 없는 2, 3, 4-triphenyltetrazolium chloride는 종자 내 호흡에서 중추역할을 하는 대표적인 효소인 데히드로게나아제(dehydrogenase; 산화효소에 해당함)에 의해 붉은색의 포마잔(formazan)으로 바뀌며, 이때 살아 있는 조직은 핑크색으로 염색된다. 배 전체가 핑크색으로 변하고 배유가 어느 정도 이상 염색되면 활력이 있다고 간주한다.

AOSA(Association of Official Seed Analysts, 1970)에서 정한 시험 과정을 요약하면 다음과 같다.

① 물에 종자 침적: 18~20시간

② 종피에 상처 유도: 칼로 주공 쪽을 약간 잘라낸다.

③ 1% 테트라졸륨 용액에 종자 침적: pH 6.5~7.0, 30℃, 48시간

④ 종자가 핑크색으로 염색된 정도를 검사한다.

이 방법은 단기간 내에 실시할 수 있는 장점이 있는 반면에, 어떤 종자는 염색이 잘 안 되고 염색 정도를 해석하는 데 어려움이 있으며 비정상 발아를 찾아낼 수 없는 단점이 있다. 그러나 ISTA는 17속의 모든 종, 소나무속의 9종, 낙우송 등에서 이 방법을 인정하고 있으며, 그 밖에 물푸레나무속, 사과나무속, 벚나무속, 배나무속에서도 이 방법을 사용한다. 특히 휴면상태에 있거나 기존의 방법으로 발아시험을 할 수 없을 때에는 이 방법이 유용하게 쓰인다.

(2) 배 추출 시험

배 추출 시험(胚抽出試驗, embryo excision test)은 종자에서 배를 추출하여 배양하면서 변화를 관찰하는 것이다. 상처 없이 추출한 배를 유리그릇 속 젖은 여과지 위에 놓고, 광선 아래 18~20℃의 온도에서 10~14일간 배양한다. 살아 있는 배는 흰색으로 원형을 유지하거나 자라거나 혹은 녹색으로 변하는 반면에, 죽은 배는 어두운 색으로 변하거나 곰팡이가 자란다.

이 시험은 매자나무와 소나무속 몇 종에서 권장되며, 단풍나무, 물푸레나무, 사과나무에서 인정된다.

(3) 기타 방법

기타 방법으로 널리 쓰이는 것으로 X선 투시에 의해 배와 배유의 모양을 사진으로 관찰하는 X선 사진법(X-ray photography)이 있다. 이 방법은 특히 충실종자(filled seed), 비립종자(empty seed), 그리고 손상종자(damaged seed)를 감별해 내는 데 편리하다(〈그림 13-12〉 참조). 종자 그대로의 X선 사진은 명암이 흐리기 때문에 영상을 뚜렷하게 해주는 대조법(對照法, contrast

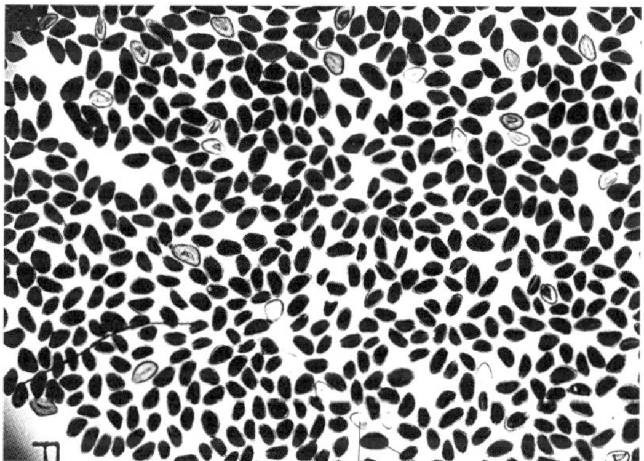

〈그림 13-12〉 X선 사진법에 의한 리기다소나무의 종자활력 검정(임목육종연구소 원종과 제공)
검게 보이는 종자는 충실종자, 투명하게 보이는 종자는 비립종자이다.

technique)을 활용한다. 종자를 중금속인 염화바륨(barium chloride, $BaCl_2$) 용액에 침전시키면 염화바륨은 죽은 종자 속으로 침투하여 X선상에 불투명하게 나타나기 때문에 살아 있는 종자와 대조가 잘 된다.

이 밖에 인디고카민(indigo carmin), 셀레늄(selenium), 텔루륨(tellurium)에 의한 염색법은 테트라졸륨 시험이 개발되기 전에 이용된 방법들로 신빙성이 적다.

14

식물호르몬

식물호르몬(plant hormone)은 식물생장물질(植物生長物質, plant growth substances)이라고도 하는데, 신호전달물질로서 식물의 생장, 분화, 발달 과정을 조절한다. 배 발생부터 기관의 크기 조절, 생식 생장, 병균 방어, 스트레스 인내까지 많은 생리적 현상에 영향을 끼치는 화합물이며, 동물에서의 호르몬과 비슷한 개념이다. 동물과는 달리 생산하는 장소 혹은 기관이 별도로 분화되어 있지 않은 것이 다른 점이라고 할 수 있다.

신경계통이 없는 식물이 균형 있게 유기적으로 자라기 위해서 부위 간 혹은 세포 간 협동이 필요하며, 이런 협동과 부위 간 연락체계를 담당하는 화합물(신호전달물질)이 식물호르몬이다. 식물호르몬이 만들어지는 곳은 주로 빠른 속도로 세포분열을 하면서 자라는 정단분열조직(눈, 뿌리 끝)과 잎이다.

1. 정의

식물호르몬(plant hormone)은 ① 유기물(organic compound)로서, ② 한 곳에서 생산되어, ③ 다른 곳으로 이동하며, ④ 이동한 곳에서 생리적 반응을 나타내고, ⑤ 아주 낮은 농도에서 작용하는 화합물을 말한다.

식물호르몬은 매우 낮은 농도에서 생리적 작용을 나타내는 것이 다른 유기물과 대조적이다. 즉 식물 생장에 필요한 당류, 아미노산, 유기산 등은 보통 1~50mM의 농도로 존재하지만, 식물호르몬은 보통 1μM 단위로 존재하며, 이 농도는 비타민보다도 더 낮은 농도이다.

'호르몬(hormone)'이라는 말은 동물생리학에서 화학적 전령(化學的傳令, chemical messenger)의 뜻으로 쓰이는데, 그 개념을 그대로 식물생리학에 도입하는 데에는 문제점이 있다. 즉 호르몬의 특성 중 하나는 다른 곳으로 이동하여 작용한다는 것인데, 에틸렌(ethylene)은 생산된 곳에서도 생리적 작용을 나타내기 때문에 식물에서 적용이 안 된다. 따라서 식물호르몬 대신 식물생장물질(plant growth substances)이라는 말을 사용하자고 주장하는 학자도 있다. 반면에 식물생장조절제(植物生長調節劑, plant growth regulators)라는 용어는 인공적으로 합성된 물질 중에서 호르몬과 유사한 작용을 나타내는 화합물에 국한하여 사용하고 있다. 한편 '피토호르몬(phytohormone)'을 식물호르몬의 뜻으로 쓰기도 한다.

2. 역할

식물의 생장은 내적으로 세포의 분열, 확대 그리고 분화를 통해 조직과 기관을 형성함으로써 이루어지는데, 외부로부터 에너지와 물질을 흡수해야 하기 때문에 끊임없이 외부 환경의 영향을 받고 있다. 따라서 식물은 효율적으로 생장하기 위하여 외적 자극과 내적 반응을 유기적으로 연결하는 수단이 있어야 한다.

이를 위하여 첫째, 식물 각 부위 간의 내적 연락체계를 확립하고 있어야 한다. 다세포로 구성된 고등식물은 각 세포마다 필요할 때 독립적으로 자라 하나의 식물체로 성장할 수 있는 전형성능(全形成能, totipotency)을 가지고 있으며, 이에 필요한 유전정보를 보유하고 있다. 그러나 식물의 각 세포는 이러한 전형성능을 나타내지 않고 위치에 따라서 독특한 형태와 기능으로 이웃한 세포와 협력하여 식물 전체로서의 특징을 나타낸다. 이와 같이 다세포 식물에서, 특히 수목과 같은 거대한 크기의 식물은 각 부위 간의 연락(連絡, communication)을 통해 협력이 이루어진다.

둘째, 외부 자극을 감지할 수 있는 체계가 있어야 한다. 여러 가지 환경 요인의 변화는 식물의 내적·생리적인 변화를 유발하여 생장에 영향을 끼치는데, 식물은 이러한 외적 자극을 감지하여 전달하는 체계를 갖추고 있다.

식물호르몬은 이러한 두 가지 생리적 현상, 즉 외부의 자극을 감지하고 이 자극을 내적으로 각 부위에 연락하여 공통적인 대응책(반응)을 마련하기 위한 수단으로서, 또는 이러한 정보를 전달하는 매개체 혹은 전령(傳令, messenger)의 역할을 한다.

3. 작용

식물호르몬의 작용(作用, action)은 다음과 같이 호르몬에 민감한 세포 내 원형질막, 액포막, 세포액, 핵에서 단계별로 진행된다. 식물호르몬이 어떤 수준 이상으로 존재하면 그 호르몬(1차 전달자, primary messenger)은 신호(signal)로 작용하여 그 신호에 반응을 보이는 수용단백질(受容蛋白質, receptor protein)이 호르몬과 결합(binding)함으로써 신호를 감지(recognition)하게 된다. 호르몬과 결합한 수용단백질은 분자의 공간배열(configuration)이 변하여 활성화(activation)되면서 호르몬의 신호를 다른 물질(2차 전달자, secondary messenger)에 전달(transduction)하고 증폭(amplification)시킨다. 증폭된 물질은 DNA를 자극해 필요한 효소를 생산하며, 생산된 효소는 특수한 화학반응을 주도하여 새로운 물질을 합성함으로써 식물호르몬의 작용이 마무리된다.

호르몬(신호)의 전달과 증폭 과정은 몇 단계를 거쳐 나타나는데, 호르몬과 결합하여 활성화된 수용단백질(원형질막에 부착되어 있음)이 인근에 있는 포스포리파아제(phospholipase, PLC)를 활성화시키고, PLC는 원형질막 지질에 해당하는 PIP_2를 분해하여 IP_3과 디아실글리세롤(diacylglycerol, DAG)

을 만든다. IP_3은 원형질막에서 방출되어 액포막(tonoplast)에 있는 Ca 수용체(calcium receptor)와 결합(활성화)하여 액포에 있는 Ca^{++}을 칼슘 채널(calcium channnel)을 통해 세포질로 펌프질해서 내보낸다.

한편 원형질막에 부착된 DAG는 단백질 인산화효소(protein kinase C, PKC; 다른 효소에 ATP를 부착시켜서 활성화시키는 효소)를 활성화시키는데, PKC는 Ca^{++}에 의해서도 활성화된다. 결국 여러 가지 효소가 PKC에 의해서 인산화된다. Ca^{++}는 칼모듈린(calmodulin, CaM; Ca^{++}와 결합하는 수용단백질)과 결합함으로써 칼모듈린이 여러 효소를 활성화시킨다. 이 중에서 칼모듈린에 의해서 NAD kinase가 활성화되어 DNA 결합단백질을 활성화시킴으로써 mRNA 전사(transcription)가 진행되고, 결국 유전자가 발현되어 각종 효소를 생산하게 된다. 〈그림 14-1〉에 원형질막과 액포막에서 일어나는 식물호르몬에 의한 신호전달과 증폭 과정에 관한 모형을 나타냈다.

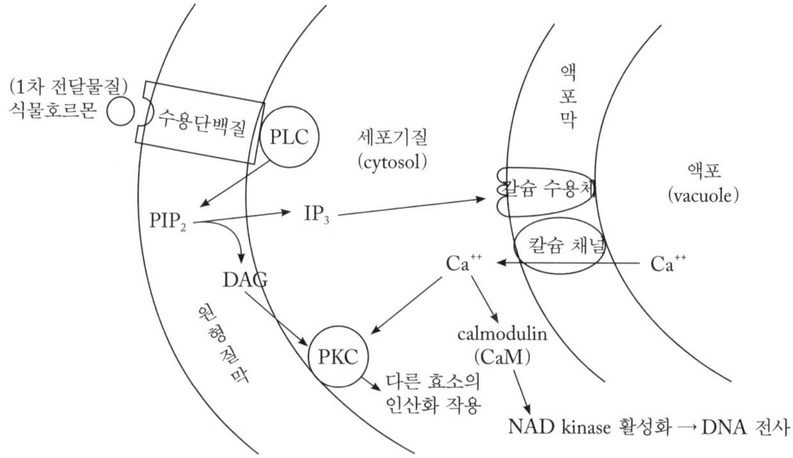

〈그림 14-1〉 원형질막에 도착한 식물호르몬의 신호전달과 증폭작용 모형
(Salisbury와 Ross, 1992; Hopkins와 Huner, 2009 변형)

PLC: phospholipase C, PIP_2: phosphatidyl-inositol-4-5-bisphosphate, IP_3: inositol-1-4-5-triphosphate, PKC: protein kinase C, DAG: diacylglycerol.

4. 종류

식물호르몬에 대한 개념은 19세기 말에 다윈(Charles R. Darwin)이 자엽초가 굴광성을 나타내는 것은 어떤 물질이 이동하기 때문이라고 기술한 데서 비롯되었으며, 이로 인하여 옥신(auxin)이 처음 발견되었다. 이후 벼의 키다리병을 연구하면서 지베렐린(gibberellin)이 밝혀지고, 담배의 조직배양에서 시토키닌(cytokinin)이 발견되었다. 이 세 가지 호르몬은 식물의 생장을 촉진하는 경향이 있어서 생장촉진제(生長促進劑, growth promoter)라고 한다.

그 후 수목의 휴면과 잎의 낙엽현상에 관한 연구에서 아브시스산(abscisic acid)이 추출되었고, 과일의 성숙과 관련된 연구에서 에틸렌(ethylene)이 발견되었다. 이 두 가지 호르몬은 식물의 생장을 억제하는 경향이 있어서 생장억제제(生長抑制劑, growth inhibitors)라고 한다.

위의 다섯 가지가 주요 식물호르몬이며, 그 밖에 브라시노스테로이드(brassinosteroid), 폴리아민(polyamine), 살리실산(salicylic acid), 스트리고락톤(strigolactone), 자스모네이트(jasmonate)가 최근 식물호르몬으로 분류되었다.

5. 옥신

식물호르몬 중에서 제일 먼저 알려진 것이 옥신(auxin)인데, 1926년 웬트(Frits W. Went)가 귀리의 자엽초가 굴광성을 나타내는 현상을 연구하면서 옥신을 처음 발견했다. 1934년 곰팡이에서 옥신의 화학적 구조가 indole-3-acetic acid(IAA)로 판명되고, 1946년 고등식물에서 추출되었다.

1) 종류

옥신은 귀리의 자엽초나 완두콩의 상배축을 늘어나게 할 수 있는 화합물을 총칭하며, 천연적으로 존재하는 화합물과 합성된 화합물을 모두 일컫

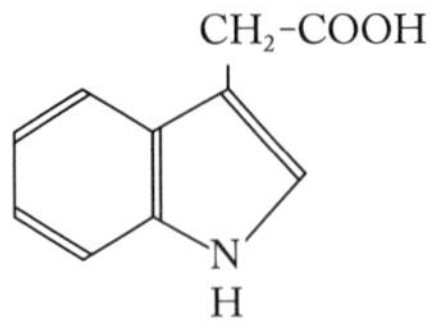

indole-3-acetic acid
(IAA)

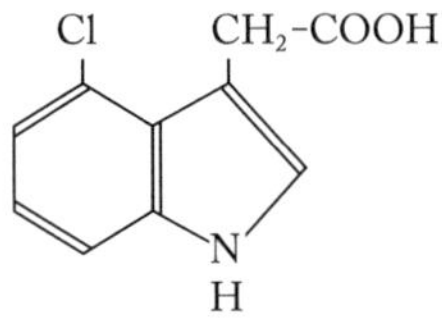

4-chloroindole acetic acid
(4-chloro IAA)

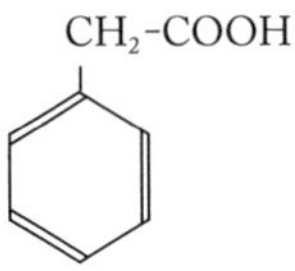

phenylacetic acid
(PAA)

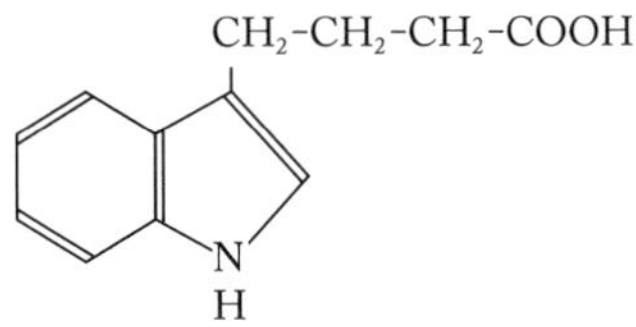

indole butyric acid
(IBA)

〈그림 14-2〉 천연적으로 발견되는 옥신의 화학적 구조
(주: IBA는 최근 식물 체내에서 천연적으로도 발견되지만, 합성옥신으로도 분류된다.)

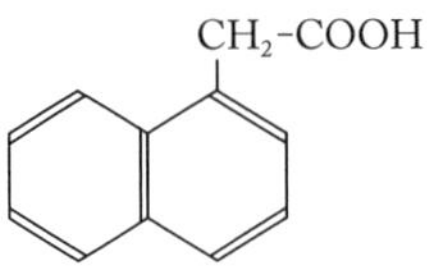

a-naphthalene acetic acid
(NAA)

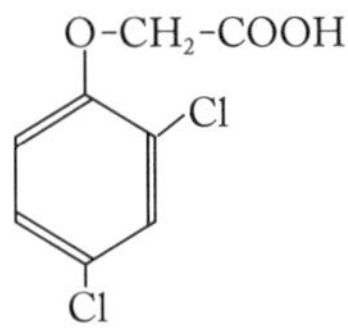

2,4-dichlorophenoxy acetic acid
(2,4-D)

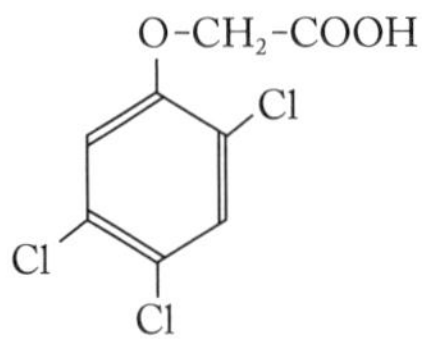

2,4,5-trichlorophenoxy acetic acid
(2,4,5-T)

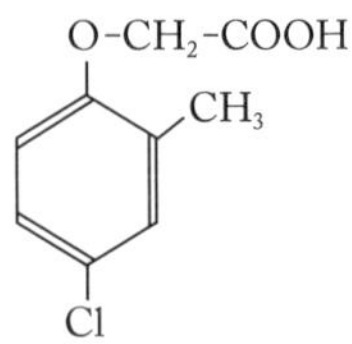

2-methyl-4-chlorophenoxy acetic acid
(MCPA)

〈그림 14-3〉 합성옥신의 화학적 구조

는다. 천연적으로 발견되는 옥신 중에서 가장 흔한 것은 IAA이며, 여기에 IBA, 4-chloro-IAA, PAA까지 네 가지가 주요 옥신이다(〈그림 14-2〉 참조). indole-3-ethanol, indole-3-acetaldehyde는 IAA의 전구물질(前驅物質, precursor)로 존재한다. IAA는 벤젠(benzene) 링과 파이롤(pyrrole) 링이 서로 붙어 있으면서 아세트산(acetic acid)이 가지를 치고 있는 구조이며, 옥신 중에서 가장 먼저 발견되어 지금까지 가장 많이 연구된 호르몬이다.

인공적으로 합성된 화합물 중에서 IAA와 같은 생리적 작용을 가진 화합물을 합성옥신(synthetic auxin)이라고 하며, IAN, NAA, 2,4-D, 2,4,5-T, MCPA 등을 들 수 있다(〈그림 14-3〉 참조). 이러한 물질들은 천연적으로 존재하지 않기 때문에 호르몬이라고 할 수 없으며, 대신 식물생장조절제(plant growth regulators)라고 칭한다.

2) 생합성

옥신 중에서 IAA의 화학적 구조는 아미노산인 트립토판(tryptophan)과 흡사하며, 이로부터 체내에서 인돌아세트알데히드(indoleacetaldehyde)를 거쳐 〈그림 14-4〉와 같이 생합성(生合成, biosynthesis)된다. IAA의 생합성은 어린 조직에서 주로 일어나는데, 줄기 끝의 분열조직, 자라고 있는 잎과 열매에서 생산되며, 이러한 조직에 IAA의 함량이 가장 높다.

IAA는 적은 농도에서도 생리적 작용을 나타내기 때문에 식물은 IAA 농도를 조절하는 기작을 가지고 있는데, 그중에서 IAA의 농도를 낮추고자 할 때 다른 화합물과 결합시켜 불활성의 결합옥신(bound auxin)을 만든다. 즉 아스파르트산(aspartic acid), 이노시톨(inositol) 또는 포도당(glucose)과 결합시켜 IAA-glucose 같은 결합옥신을 만듦으로써 IAA가 활성을 잃어버린 상태로 저장되어 있다가 필요할 때 다시 IAA를 생산한다. IAA를 제거하고자 할 때에는 산화효소인 IAA oxidase가 IAA를 산화시키는데, 이 효소는 보통 체내에 존재하는 페록시다아제(peroxidase) 같은 형태를 가진 동위효소(同位酵素, isozymes)이다. 예를 들면, 자작나무의 경우 20개의 페

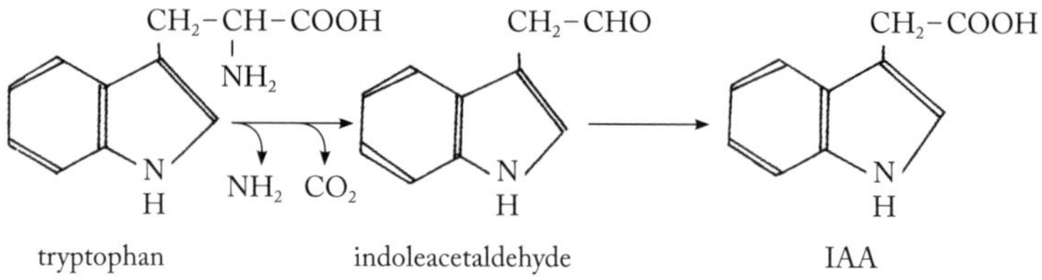

〈그림 14-4〉 옥신의 일종인 IAA의 생합성 경로

록시다아제 동위효소(리그닌을 합성할 때 관여하는 효소)가 있는데, 모두 IAA oxidase 작용을 보인다. 인공적으로 합성된 옥신은 이러한 산화효소에 의해 파괴되지 않기 때문에, 투여할 경우 체내에 더 오랫동안 남아 있게 되어 조직배양에서 효과적으로 쓰인다.

3) 운반

체내에서 옥신의 운반은 다른 물질의 운반에 비해 독특하게 다른 점이 많다. 옥신 이동은 목부나 사부를 통하여 이루어지지 않고, 대신 유관속 조직에 인접해 있는 유세포(parenchyma)를 통해 이루어진다. 옥신의 체내 운반은 사부조직의 탄수화물 운반과 비교하여 다음 세 가지 점이 다르다.

첫째, 옥신 운반은 매우 느리게 진행되어 1시간에 0.5~2cm 정도 움직인다. 그러나 이 속도는 단순한 확산속도보다 10배 정도 빠른 속도이다.

둘째, 옥신의 운반은 극성(極性, polarity)을 띤다. 줄기에서는 항상 구기적(求基的, basipetal) 방향으로 운반되며, 뿌리에서는 구정적(求頂的, acropetal) 방향으로 운반된다. 구기적 방향은 나무의 밑동(base)을 향한 방향을 의미하며, 구정적 방향은 나무의 분열조직(줄기 혹은 뿌리)이 있는 끝부분을 향한 방향을 의미하는데, 옥신은 뿌리에서는 아래 방향으로만 움직인다(〈그림 14-5〉 참조). 삽목 시 줄기를 거꾸로 꽂더라도 옥신의 이동은 구기적으로 극성을 보여서 위쪽으로 이동하기 때문에 발근이 어려워진다.

셋째, 옥신 운반은 에너지를 소모하는 과정이다. ATP의 생산을 억제하

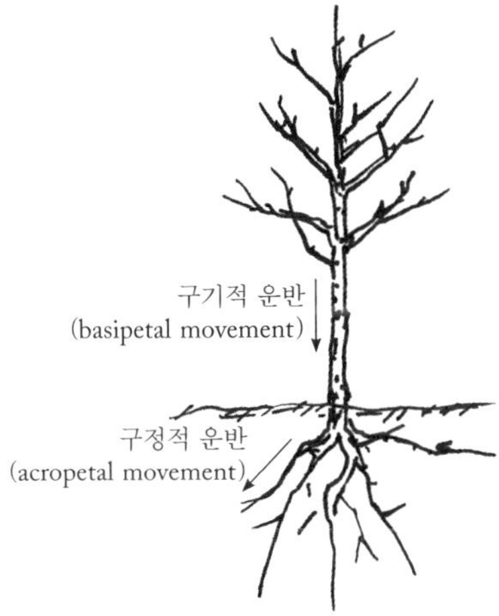

〈그림 14-5〉 극성을 나타내는 옥신 운반 방향

줄기에서는 구기적 운반, 뿌리에서는 구정적 운반 현상을 나타낸다. 결국 옥신은 아래 방향으로만 움직인다.

는 약제를 처리하면 옥신 운반이 중단된다.

이와 같은 특성으로 미루어 보아 옥신의 운반은 세포막에 있는 수용단백질(受容蛋白質, receptor protein)에 의하여 이루어지며, 수소이온(H^+)을 세포로부터 밀어내면서 세포벽의 pH를 낮추어 IAA를 함께 운반시키는 화학침투설(化學浸透說, chemiosmotic model)이 유력하다. IAA와 화학적 구조가 비슷한 인공합성제인 2,3,5-triiodobenzoic acid(TIBA)와 α-naphthylphthalamic acid(NPA)는 IAA 운반체의 결합 자리(binding site)를 선점하여 운반체의 기능을 저지하는 항옥신제(antiauxin)로 알려져 있으며, 운반체의 존재를 입증하고 있다.

천연적으로 존재하는 물질 중에는 플라보노이드(flavonoid)의 일종인 퀘르세틴(quercetin)과 캠페롤(kaempferol) 등이 옥신 운반체에 영향을 끼침으로써, 목본식물에서 봄철에 옥신이 아래 방향으로 이동하여 형성층의 활동(세포분열)을 개시하는 것을 조절하는 역할을 한다.

4) 생리적 효과

옥신의 생리적 효과는 여러 가지가 알려져 있는데, 그중에서 가장 중요한 것은 세포의 크기를 늘리는 세포신장(細胞伸長, cell elongation)이다. 이 외에 세포분열, 유관속조직 분화, 뿌리생장, 정아우세, 굴광성, 굴지성 등의 기능도 있다. 그중에서 굴광성과 굴지성을 4장에서 설명하였으며(〈그림 4-4〉 참조), 목본식물의 개화생리에 관한 효과는 12장에서 성 결정과 옥신의 효과에서 언급하였다. 한편 잎에서 생산된 옥신은 낙엽(leaf abscission)을 지연시키며, 봄에 형성층 세포분열의 시작을 유도한다.

(1) 뿌리생장

옥신은 뿌리에서도 줄기와 비슷한 농도로 존재하는데, 매우 낮은 농도(10^{-7}~10^{-13}M)의 옥신을 처리하면 뿌리의 신장(伸張, elongation)을 촉진한다. 즉 소나무류나 가문비나무류 같은 침엽수의 파종묘에 낮은 농도의 NAA를 처리하면 측근의 발달이 현저하게 촉진된다. 그러나 10^{-6}M 이상의 높은 농도의 옥신을 뿌리에 처리하면 에틸렌(ethylene)이 생산되어 뿌리의 신장을 억제한다.

줄기에서 생산된 옥신은 뿌리로 운반되어 뿌리의 원기 형성(initiation)을 촉진한다. 줄기의 어린잎이나 눈은 옥신을 다량으로 생산하는데, 어린잎이나 눈을 제거하면 측근 형성이 억제되며, 제거한 자리에 옥신을 처리하면 측근 형성이 회복된다. 외부에서 처리한 옥신은 뿌리의 형성과 뿌리의 초기 발달을 촉진하지만 뿌리의 계속적인 신장을 억제하기 때문에, 옥신은 두 가지 다른 방향으로 뿌리의 생장에 영향을 끼친다고 할 수 있다.

옥신은 줄기에서 부정근(不定根, adventitious root; 뿌리 이외의 기관에서 형성된 뿌리)의 발달을 촉진한다. 사과나무, 버드나무, 포플러류는 줄기에 부정근의 원기를 가지고 있지만, 휴면상태에 있다가 옥신의 자극을 받아 부정근으로 발달한다. 수목을 무성생식(無性生殖, asexual reproduction)의 일종인 줄기삽목으로 번식하고자 할 때 옥신을 이용하는 것은 이러한 원리에 입각한 것이며, 체내에서 잘 분해되지 않는 합성옥신인 NAA나 IBA를 주로 사용한다.

(2) 정아우세

대부분의 수목에서 정아는 측아나 액아의 생장을 억제 혹은 둔화함으로써 정아우세(頂芽優勢, apical dominance)를 나타낸다. 이로써 수목은 수고생장을 촉진할 수 있게 되며, 측지가 옆으로 더디게 자라게 함으로써 상호 간에 그늘을 적게 만들어 광합성 효율을 높일 수 있다.

정아우세 현상은 정아가 생산한 옥신이 측아의 생장을 억제하거나 둔화시키기 때문에 일어나는 현상이다. 정아를 제거하면 측아가 곧 생장을 시작하지만, 정아를 제거한 자리에 대신 옥신을 처리하면 측아의 생장이 계속하여 억제되는 것으로 보아, 옥신이 정아우세를 가능케 한다고 해석된다. 이 외에 정아가 옥신을 생산함으로써 양분이 주로 정아 쪽으로 이동하도록 유도하여 양분을 독점하기 때문에 측아의 발달이 둔화된다고 해석하기도 한다.

(3) 제초제 효과

옥신은 낮은 농도에서는 세포의 신장을 촉진하지만, 높은 농도로 처리하면 식물의 대사작용을 혼란시켜 잎이 뒤틀리거나 종양을 형성시키며, 더 높은 농도에서는 식물을 죽게 한다. 옥신의 이러한 성질을 이용하여 제초제(除草劑, herbicide) 혹은 살목제(殺木劑, silvicide)로 사용할 수 있다.

〈그림 14-3〉의 합성옥신 중에서 2,4-D, 2,4,5-T, MCPA와 피클로람(picloram)은 식생을 죽일 뿐만 아니라, 적절한 농도로 처리하면 풀이나 곡류 같은 단자엽식물에는 피해가 없고 잎이 넓은 쌍자엽식물을 죽이는 선택성 제초제(selective herbicide) 역할을 한다. 특히 2,4,5-T는 잡초와 목본식물에 더 효과가 크지만, 여기에 불순물로 섞여 있는 독극물인 다이옥신(dioxin) 때문에 인체에 피해를 준다. 침엽수는 쌍자엽식물에 비해 2,4,5-T

에 대한 저항성이 특히 늦여름에 크기 때문에 침엽수 조림지에서 잡목을 제거하는 데 쓰인다.

6. 지베렐린

지베렐린(gibberellin)은 1930년대 일본에서 벼의 줄기가 길게 자라서 쓰러지는 키다리병을 일으키는 곰팡이 *Gibberella fujikuroi*에서 처음 추출되었으며, 줄기생장 촉진, 종자 발아, 잎 크기 확대, 화분 성숙, 개화, 열매 발달에서 중요한 역할을 한다.

1) 종류

지베렐린은 'gibbane'(〈그림 14-6〉 참조)의 구조를 가진 화합물을 총칭하며, 현재 총 135종이 알려져 있으나 그 수는 매년 늘어나고 있다. 구조적으로는 디테르펜(diterpene)의 일종이지만(〈표 8-3〉 참조), 포도당과 결합한 상태로도 존재한다. 탄소 수는 20개가 기본이지만, 19개를 가진 지베렐린이 70%를 차지한다. 모든 지베렐린은 산성을 띠기 때문에 지베렐린산(gibberellic acid, GA)이라 부르지만 주로 GA_3을 의미한다. 지베렐린은 고등식물, 이끼류, 녹조류, 곰팡이, 박테리아에서도 추출된다.

그러나 135종의 지베렐린이 모두 체내에서 활성을 띠는 것은 아니며, 대부분 GA의 선구물질(先驅物質, precursor)로 존재하고, 일부만이 수용체

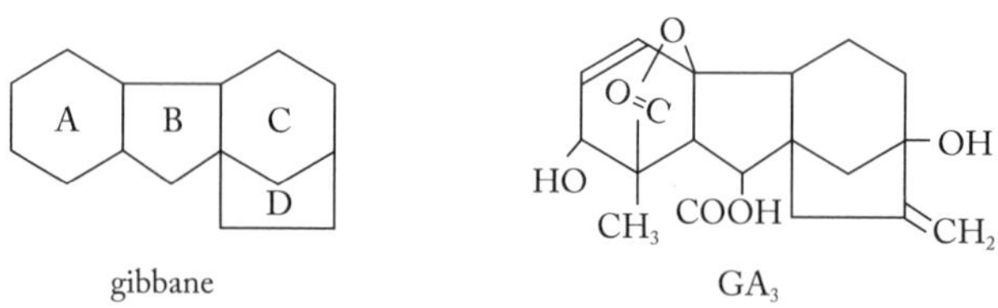

gibbane　　　　GA_3

〈그림 14-6〉 지베렐린의 기본 구조인 gibbane과 GA_3의 구조

(受容體, receptor)와 결합하여 활성을 가지게 된다. 예를 들어, 미송의 경우 GA_4는 개화를 촉진할 수 있는 활성물질인데, 활성이 적은 GA_{34}로 쉽게 전환된다.

2) 생합성과 운반

GA는 기본적으로 세 곳, 즉 종자와 열매, 어린잎, 그리고 뿌리 끝에서 생산된다. 미성숙 종자에 높은 농도로 존재하며, 종자에서 많이 생산된다. 다른 식물 부위에서도 GA가 생산되지만, 그 농도가 낮아서 종자만큼 정확하게 확인하기가 쉽지 않다. 주로 어린잎에서 GA가 생산되며, 목부와 사부를 통해 위아래 양 방향으로 운반된다. 뿌리 끝에서도 GA를 생산하지만, 외부에서 처리한 GA는 뿌리생장에 별 영향을 주지 않는다. GA는 뿌리와 줄기의 수액에서 검출되며, 뿌리에서 합성된 GA가 목부조직을 통해 줄기로 운반된다.

3) 생리적 효과

지베렐린은 막의 인지질 합성, RNA와 단백질 합성, 세포벽 합성과 이완, 저장물질의 가수분해, 세포신장, 분열, 분화, 굴지성, 줄기신장, 잎 확대, 화아 원기 형성, 종자 발아 등 많은 대사에 관여한다.

(1) 줄기의 신장생장

GA의 생리적 효과 중에서 가장 눈에 띄는 것은 줄기의 신장(elongation) 촉진이다. 지베렐린 합성이 안 되어 키가 작은 왜성 식물에 지베렐린을 처리하면 마디생장(internodal growth)이 촉진되어 정상적으로 키가 커진다. 대부분의 쌍자엽식물과 일부 단자엽식물에서 반응을 보이며, 특히 왜성 쌍자엽식물(예: 왜성 콩)에서 큰 효과를 볼 수 있다. 소나무과에서는 GA_3 처리에 의하여 신장생장이 촉진되지 않지만, GA_4와 GA_7로 처리할 경우에는 반응을 보인다.

옥신은 베어낸(excised) 자엽초나 줄기의 신장생장을 주로 촉진시키지만, GA는 식물체 그대로의 상태(intact)에서 세포신장과 세포분열을 촉진하는 효과를 나타내는 것이 두 호르몬 사이의 차이점이다. 옥신과 GA를 함께 사용하면 각각 사용한 것보다 더 큰 효과, 즉 상승효과(synergistic effect)를 볼 수 있다.

(2) 개화 및 결실

장일성 초본류 중에는 단일조건에서 GA 처리로 개화하는 경우가 많으며, 2년생 초본류의 경우 일정 기간의 저온처리(춘화처리, vernalization)를 거쳐야 개화하는데 GA 처리로 개화시킬 수 있다. 그러나 대부분의 단일성 식물은 장일조건에서 GA 처리로 개화가 촉진되지 않는다. GA에 의한 목본식물의 개화촉진 효과는 12장 4절에서 이미 언급하였는데, 나자식물에서 GA_3 혹은 GA_4+GA_7이 효과가 있으며, 동백나무의 경우 GA_3으로 처리하면 개화량과 개화기간이 길어진다. 그러나 일반적으로 GA 처리는 목본 쌍자엽 식물의 개화를 촉진시키지 못한다.

GA는 일부 과수에서 단위결과(單爲結果, parthenocarpy)를 유도하는데, 특히 복숭아와 사과에 옥신은 효과가 없지만 GA는 효과를 보인다. GA는 또한 종자의 휴면타파에서 광선의 요구를 대신하는 경우도 있다.

(3) 휴면과 종자

GA는 옥신의 경우와 마찬가지로 봄철에 목본식물의 어린잎에서 생산되어 휴면(休眠, dormancy)상태의 형성층이 세포분열을 시작하도록 유도한다. GA는 또한 뿌리에서도 생산되는데, 봄철에 휴면상태에 있는 미송의 뿌리에서 생산된 GA가 목부수액을 따라서 줄기로 운반되어 형성층의 생장이 시작되도록 자극한다.

종자가 수분을 흡수하면 GA가 생산되어 효소의 생산을 촉진하고 아밀라아제(amylase) 같은 효소가 저장물질인 전분을 분해하여 발아하게 된다.

이러한 GA의 역할은 곡류(cereal)에서 확실히 알려져 있으나, 쌍자엽식물이나 나자식물에서는 GA 처리로 종자에서 전분이나 지방의 분해가 촉진되지 않는다. 휴면상태에 있는 종자가 GA 처리로 발아하는 경우가 초본류에서는 알려져 있으나, 목본식물에서는 실험실에서 휴면을 타파한 경우를 제외하고는 실제 응용성이 적다.

(4) 상업적 이용

최근 과수에서 GA의 여러 가지 상업적 응용이 알려지고 있는데, 감귤과 월귤(*Vaccinium*)에서 착과를 촉진시키고, 포도나무와 사과나무에서 과실의 크기와 품질을 향상시키며, 바나나와 귤에서 노쇠와 과실 성숙을 지연시키는 데 사용된다. 이때 사용하는 GA는 GA_4 단독이거나 GA_4와 GA_7의 혼합물이다.

상업적으로 개발된 생장억제제(growth retardant) 중에서 줄기의 생장을 억제하는 물질은 GA의 생합성을 방해함으로써 효과를 나타내며, 항지베렐린제(antigibberellins)로 불린다. 예를 들어 포스폰-D(phosphon-D), Amo-1618, CCC(Cycocel), 파크로부트라졸(pacrobutrazol)을 원예식물에 처리하면 줄기의 생장이 억제되어 왜성을 나타내는데 꽃은 정상으로 핀다. 이러한 식물에 GA_3을 처리하면 정상 식물로 돌아온다.

7. 시토키닌

시토키닌(cytokinin)은 1950년대 담배의 유상조직(癒傷組織, callus) 배양 연구에서 세포분열을 촉진하는 물질을 찾아내는 과정에서 밝혀진 식물호르몬의 일종으로, 주로 식물의 세포분열을 촉진하고 잎의 노쇠를 지연시키는 물질이다.

1) 종류

시토키닌은 담배의 수(pith) 조직을 옥신과 함께 적절한 배지(培地, medium)에서 배양할 때 세포분열(cytokinesis)을 촉진하는 아데닌(adenine)의 치환체를 총칭한다.

천연적으로 발견되는 시토키닌에는 옥수수 종자에서 추출된 제아틴(zeatin), 디하이드로제아틴(dihydrozeatin), 제아틴 리보시드(zeatin riboside), 아이소펜테닐 아데닌(isopentenyl adenine)이 있다. 합성된 시토키닌에는 벤

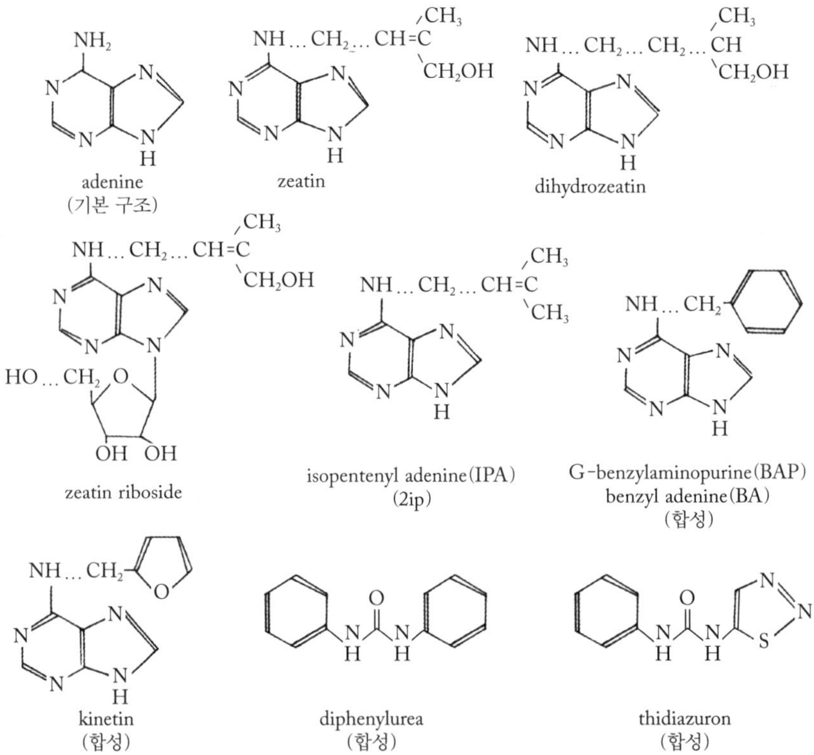

〈그림 14-7〉 시토키닌의 기본 구조인 아데닌(adenine)과 천연적으로 존재하거나 합성된 시토키닌의 화학적 구조

아데닌형 중에서 키네틴과 BA는 합성된 것이며, 나머지는 천연적으로 존재한다. 그 밖에 합성된 페닐우레아형인 diphenylurea와 thidiazuron이 있다.

질아데닌(benzyladenine, BA)과 키네틴(kinetin)이 있는데, 키네틴은 시토키닌 중에서 제일 먼저 알려졌으며 1950년대 담배 수(pith) 조직 배양에 사용되었던 물질이다. 시토키닌은 두 종류로 분류된다. 앞에서 언급한 시토키닌들은 모두 아데닌형 시토키닌으로 분류되며, 디페닐우레아(diphenylurea)와 티디아주론(thidiazuron, TDZ)은 페닐우레아형 시토키닌으로 분류된다.

2) 생합성과 운반

시토키닌은 고등식물뿐만 아니라 이끼류, 녹조류, 곰팡이와 박테리아에서도 발견되는데, 병원성 박테리아와 곰팡이에서는 기주식물의 발병에 관련되는 생리적 작용을 일으키며, 식물과 공생하는 근류균과 균근균의 경우에는 기주식물의 생장촉진을 유도한다.

고등식물에서 시토키닌이 합성되는 주된 장소는 뿌리 끝이다. 이 밖에 시토키닌이 높은 농도로 존재하는 곳은 식물의 어린 기관(종자, 열매, 잎)이며, 여기에서도 생합성된다. 뿌리 끝에서 생산된 시토키닌은 목부조직을 통해 줄기로 운반되어 잎, 종자, 열매에 축적되는데, 목부는 시토키닌의 유일한 운반수단이다. 포도나무 수액에서는 다섯 가지의 시토키닌이 발견된다. 사부조직에서도 시토키닌이 발견되지만, 사부를 통한 시토키닌의 이동은 극히 제한되어 있는 듯하다. 잎, 종자, 열매가 시토키닌을 생산한다고 하더라도 다른 곳으로의 이동은 거의 일어나지 않는다고 알려져 있다.

3) 생리적 효과

시토키닌의 기능은 조직배양에서 세포분열 촉진이 가장 대표적이며, 그 밖에 줄기와 뿌리 분화, 측아의 발달, 잎의 확대 생장, 엽록체 발달, 낙엽 지연을 들 수 있다.

(1) 세포분열과 기관 형성

시토키닌은 눈과 열매 같은 왕성한 분열조직에 주로 존재하며, 이로써 세포분열(cell division)을 조절 혹은 촉진한다는 것을 알 수 있다. 시토키닌은 세포신장에도 관여하여 잎을 크게 자라게 한다. 은행나무, 버드나무, 레몬의 어린잎은 시토키닌의 함량이 낮지만 성숙하면서 함량이 높아진다. 성숙한 은행나무 잎에서 제아틴(zeatin), 라이보실제아틴(ribosylzeatin), 그리고 그 유도체가 발견되었다.

식물의 조직을 무균상태(axenic)의 영양배지(nutrient medium)에서 기르는 것을 조직배양(組織培養, tissue culture)이라고 하는데, 담배나 콩의 수(pith) 조직을 옥신이 첨가된 배지에서 조직배양하면 분화되지 않은 유세포의 덩어리가 생기는데, 이것을 유상조직(癒傷組織, callus) 혹은 유합(癒合)조직이라고 한다. 이때 시토키닌을 첨가하면 세포분열(cytokinesis)이 촉진되는데, 세포의 생장량은 시토키닌의 양에 비례하여 증가하기 때문에 시토키닌의 생물검정(生物檢定, bioassay) 방법으로 사용할 수 있다. 시토키닌의 생리적 효과 중에서 가장 특징적인 것은 이렇게 세포분열을 촉진하는 것이다.

유상조직을 배양할 때 시토키닌과 옥신의 비율은 유상조직의 분화에 큰 영향을 끼친다. 이 비율이 높으면(시토키닌 함량이 높으면) 유상조직이 줄기로 분화하여 눈, 대, 잎을 형성하며, 이 비율이 낮으면(옥신 함량이 높으면) 뿌리를 형성한다. 따라서 두 호르몬의 비율을 차례대로 적절히 조절하면 유상조직에서 줄기와 뿌리를 가진 완전한 식물체를 만들어 내는 기관발생(器官發生, organogenesis)을 유도할 수 있다. 이렇게 작은 시험관에서 새로운 식물을 대량으로 만들어 내는 것을 미세번식(微細繁殖, micropropagation)이라고 한다. 이 과정에서 시토키닌을 추가하여 유상조직에서 배 발생(embryogenesis)을 유도하여 배의 모양을 닮은 배양체(胚樣體, embryoid)를 만들어 완전한 식물체로 기를 수 있다.

(2) 노쇠 지연

성숙한 잎을 식물에서 떼어내면 무기양분과 수분을 공급하더라도 곧 쇠퇴하게 되는데, 이때 부정근(不定根, adventitious root)이 생기면 잎 속의 시토키닌 함량이 증가하면서 잎의 노쇠(老衰, senescence)가 지연된다.

일반적으로 시토키닌은 뿌리에서 생산되어 목부조직을 따라 줄기로 운반되며, 설탕단풍의 경우 봄철에 뿌리의 생장이 재개되면 눈의 시토키닌 함량이 증가하는데, 이것은 눈에서 생산된 것이 아니라 뿌리에서 운반된 것이라고 믿어진다. 뿌리가 생육에 불리한 환경에서는 목부의 시토키닌 함량이 감소하며, 이로 인해 줄기의 생장이 영향을 받는다. 특히 한발이 계속되거나 뿌리가 침수상태로 장기간 방치되면 뿌리로부터 시토키닌의 공급이 감소하여 노엽이 먼저 낙엽현상을 보인다.

시토키닌이 잎의 노쇠를 방지하고 낙엽을 지연시키는 것은 시토키닌이 주변으로부터 양분을 모아들이면서 유지하는 능력이 있기 때문이다. 즉 어린잎은 성숙잎보다 시토키닌 함량이 더 많기 때문에 성숙잎에서 양분을 빼앗아 올 수 있으며, 사부조직의 탄수화물 운반 과정에서 어린잎이 강력한 수용부(sink) 역할을 하기 때문이다. 녹병(rust)을 일으키는 곰팡이 중에는 잎을 감염시키면서 시토키닌을 생산하여 감염 부위만 엽록소를 계속 유지하도록 함으로써 녹색 반점(green-islands)을 만들기도 한다(〈그림 14-8〉 참조).

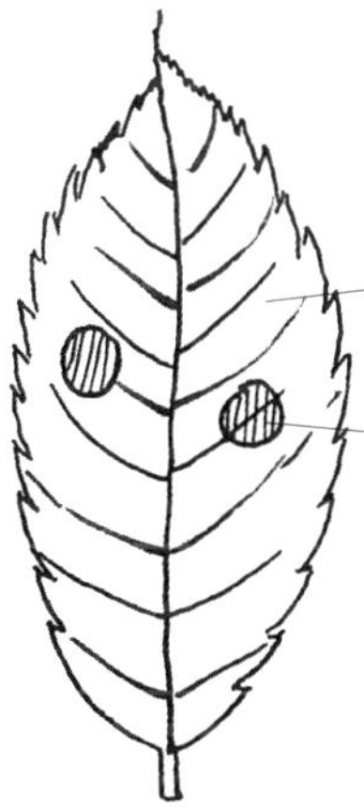

〈그림 14-8〉 녹병균이 생산한 시토키닌이 엽록체의 노쇠를 지연시킴으로써 만들어진 녹색 반점

시토키닌은 액포막(液胞膜, tonoplast)의 기능을 활성화하여 액포 내의 프로테아제(protease) 효소가 세포질로 스며들어 오는 것을 억제한다. 시토키닌의 공급이 중단되면 액포막이 제 기능을 발휘하지 못하여 프로테아제가 세포질로 이동하여 엽록체와 미토콘드리아의 단백질과 지방산을 가수분해하여 노쇠가 진행된다.

(3) 기타 효과

시토키닌의 효과는 이 외에도 여러 가지가 알려져 있는데, 사과나무와 살구나무에서 액아에 처리하면 정아우세 현상이 소멸되고 측지가 발달한다. 정아우세 현상은 옥신 단독으로 나타나는 것이 아니며, 옥신과 시토키닌의 길항작용에 의해서 결정된다. 정아에서 옥신이 많이 생산되면 정아우세가 유지되고, 시토키닌이 더 많이 생산되거나 시토키닌을 발라주면 정아우세가 없어진다. 곰팡이나 박테리아 감염에 의해서 측아가 대량으로 발생하는 다아현상(多芽現象, witch's broom)은 미생물의 시토키닌 생산으로 인해 정아우세가 없어져서 발생한다.

이 밖에 종자에 지방을 많이 함유하고 있는 지상자엽형 쌍떡잎 초본식물에서 종자 발아 시 시토키닌을 처리하면 떡잎의 발달이 촉진되는 예가 있는데, 이것은 세포분열과 세포신장을 동시에 촉진시키기 때문이다. 또한 피자식물의 종자를 암흑에서 발아시킬 때 시토키닌을 처리하면 엽록체 발달과 엽록소 합성을 촉진한다.

식물이 한발, 장기간 침수, 산성토양, 염분토양, 고온에 노출되면 뿌리의 시토키닌 함량이 줄어들고 관수를 하면 늘어나는 것으로 보아, 시토키닌은 환경변화에 예민한 반응을 보여 식물생장을 조절한다고 해석할 수 있다.

8. 아브시스산

아브시스산(abscisic acid, ABA)은 단풍나무와 목화에서 동시에 발견되었다. 영국의 웨어링(P. F. Wareing)은 노르웨이단풍의 잎에서 줄기의 신장을 억제하는 물질을 추출하여 도르민(dormin)이라고 명명하였고, 미국의 애디콧(F. T. Addicott)은 목화의 잎에서 낙엽을 촉진하는 물질을 아브시신(abscisin)이라고 명명하였는데, 이 두 가지 물질은 동일한 화합물로서 후에 아브시스산(abscisic acid)으로 부르기로 하였다.

1) 생합성과 운반

ABA는 15개의 탄소를 가진 세스키테르펜(sesquiterpene)의 일종으로(〈표 8-3〉, 〈그림 14-9〉 참조), 생합성 초기 단계는 지베렐린(gibberellin), 스테롤(sterol), 카로티노이드(carotenoid)와 비슷하게 시작하지만, 40개의 탄소를 가진 카로티노이드가 부분적으로 갈라져서 만들어진다고 알려져 있다.

ABA는 식물의 온몸에서 만들어지는데, 가장 높은 농도로 발견되는 곳은 잎, 눈, 열매, 종자이다. 색소체(色素體, plastid)를 가지고 있는 식물의 여러 기관에서 합성되는데, 잎에서는 엽록체, 열매에서는 유색체(有色體, chromoplast), 뿌리와 종자의 배에서는 백색체(白色體, leucoplast)와 전색소체(前色素體, proplastid)가 해당된다. ABA의 식물체 내 운반은 목부와 사부를 통하여 장거리까지 이루어지며, 또한 유관속조직 밖에 있는 유세포를 통해서도 가능한데, 유세포를 통해 이동할 때에는 극성을 띠지 않는다. 따라서 ABA

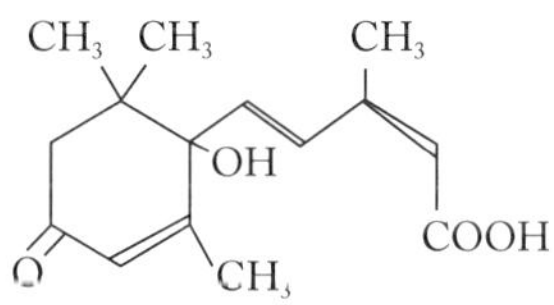

〈그림 14-9〉 아브시스산(ABA)의 화학적 구조

의 체내이동은 지베렐린과 흡사하다고 할 수 있다.

2) 생리적 효과

ABA의 가장 일반적인 생리적 효과는 생장 정지를 유도하는 것이다. 이러한 측면에서 ABA를 생장억제제(生長抑制劑, growth inhibitor)로 분류하며, 옥신(auxin), 지베렐린(gibberellin), 시토키닌(cytokinin) 같은 생장촉진제와 구별한다.

ABA에 대한 식물의 반응은 빠른 반응과 느린 반응이 있다. 빠른 반응은 즉시 나타나는 기공폐쇄를 예로 들 수 있고, 느린 반응은 수 시간 이후 나타나는 경우로 핵산과 단백질 합성에 영향을 미쳐 종자의 휴면을 유도한다.

(1) 휴면 유도

ABA는 목본식물에서 눈과 종자의 휴면과 관련이 있다. ABA는 노르웨이단풍에서 늦여름 일장이 짧아질 때 생장을 정지하면서 잎과 눈에서 그 농도가 높아져 아휴면(芽休眠, bud dormancy)을 유도하며, 휴면상태에 있지 않은 눈에 ABA를 처리하면 휴면상태로 들어간다. 따라서 ABA는 눈의 휴면을 유도하는 호르몬이라고 할 수 있다.

ABA는 종자휴면을 유도하는 역할도 한다. 13장 2절에서 언급한 대로, 배나 배유, 또는 주변 조직이 ABA를 생산하여 종자가 생리적 휴면상태에 남아 있도록 유도한다. 종자에 ABA를 처리하면 종자 발아가 억제되며, 휴면상태의 종자에 저온처리를 하거나 광선을 노출시켜 휴면을 타파시키면 ABA 함량이 감소한다.

(2) 탈리현상 촉진

ABA는 잎, 꽃, 열매의 탈리현상(脫離現象, abscission)을 촉진하는 효과가 있다. 그러나 그 효과는 간접적이라고 파악된다. 즉 외부에서 처리한 ABA가 탈리현상을 일으키는 효과는 외부에서 처리한 에틸렌(ethylene)보다 훨씬 적으며, ABA는 세포의 조기노쇠 현상을 유발하여 이로 인해 에틸렌이 생산되면 에틸렌이 직접적으로 탈리현상을 유발하기 때문에 ABA는 간접적으로 탈리작용을 유도한다고 할 수 있다.

(3) 스트레스 감지

ABA는 식물이 외부 환경으로부터 받는 스트레스를 감지하는 역할을 하여 스트레스 호르몬(stress hormone)에 해당된다. 식물이 수분 스트레스를 받으면 잎의 ABA 함량이 급격히 증가하여 기공폐쇄(氣孔閉鎖, stomatal closure)가 일어나는데, 그 효과는 ABA가 없어질 때까지 2~3일간 계속된다.

최근에는 면역학적 검정(immunoassay)을 통하여 한 개의 공변세포 내에 있는 ABA의 양을 펨토그램(femtogram, 10^{-15}g) 단위까지 정량할 수 있는데, 수분 스트레스를 받으면 공변세포의 ABA 양이 20배까지 증가하며, 뿌리에서 합성된 ABA가 목부를 통하여 잎으로 운반된 후 기공을 폐쇄시킨다. 뿌리 중에서도 표토 가까이 있는 뿌리 끝에서 먼저 수분 스트레스를 감지하여 ABA를 생산함으로써 잎으로 신호를 보낸다. 이런 원리를 이용하여 이식(移植, transplanting) 직전에 방크스소나무 묘목 뿌리를 ABA 용액에 담그면 기공폐쇄가 빨리 이루어져 탈수가 방지되고 내건성과 활착률이 증가한다. 수분 스트레스 이외에 저온, 고온, 침수, 과다한 토양 염분, 무기양분 부족 등의 스트레스를 받으면 ABA의 양이 증가하여 생장이 정지된다.

(4) 모체 내의 종자발아 억제

태생(胎生, vivipary) 종자는 모체 내에서 발아하는 예외적인 종자로서 맹그로브와 나한송을 예로 들 수 있다. 그러나 일반적으로 종자는 모체 내에서 수분이 충분하고 배가 성숙한 상태에서도 발아하지 않는 성질이 있다. 이런 성질은 종자가 성숙하는 동안 ABA의 함량이 증가하여 배의 발아를 억제하기 때문에 나타나며, ABA를 합성할 수 없는 돌연변이체는 모체에서 조기발아(早期發芽, precocious germination)한다. ABA는 종자의 성숙 단계로부터 발아 단계로 전환하는 것을 조절하는 역할을 한다.

9. 에틸렌

성분을 모르는 어떤 기체가 과실의 성숙(fruit ripening)을 촉진한다는 사실은 오래전부터 알려져 왔다. 20세기에 들어와서 과실의 성숙과 저장에 영향을 주는 기체가 에틸렌(ethylene)이라는 것이 밝혀졌으며, 에틸렌은 상편생장(上偏生長, epinasty)과 탈리현상 등을 유발하기 때문에 식물호르몬으로 인정받고 있다.

1) 생합성과 운반

에틸렌(ethylene, C_2H_4)은 2개의 탄소가 이중결합으로 연결된 간단한 구조($H_2C=CH_2$)를 가진 기체(gas)이다. 에틸렌의 생합성 과정을 살펴보면, 아미노산의 일종인 메티오닌(methionine)으로부터 시작하여 〈그림 14-10〉과 같이 ATP의 결합으로 S-adenosyl methionine(SAM)을 형성하면서 에틸렌을 발생시킨다. 식물에 옥신을 처리하면 에틸렌의 생산이 수백 배 이상 촉진되는데, 이는 옥신이 ACC synthase 효소(〈그림 14-10〉 참조)의 생산을 촉진하기 때문이다.

에틸렌은 종자식물의 모든 살아 있는 조직에서 생산된다. 유묘의 경우에는 줄기 끝에서 주로 생산되고, 잎과 꽃에서는 노쇠하기 전까지 생산하며, 뿌리는 비교적 적은 양의 에틸렌을 생산한다. 호흡급증(climacteric) 과실의 경우(〈그림 5-6〉 참조)에는 에틸렌 생산량이 많은 편이다. 그 밖에 에틸렌은 식물의 조직을 문지르거나 압력을 가하거나 상처를 입을 때, 미생물과 곤충의 공격을 받을 때, 저온과 대기오염에 노출될 때, 한발 피해를 입을 때에도 생산되어 스트레스 에틸렌(stress ethylene)이라고 부른다.

에틸렌 기체는 수용성이 아니기 때문에 통도조직(목부, 사부)을 통하여

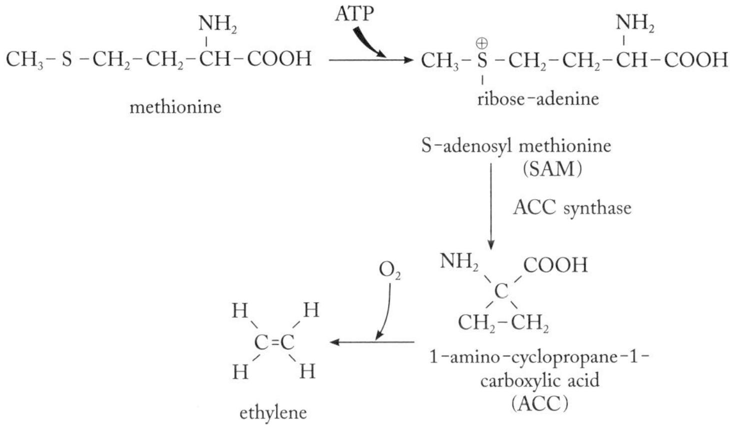

〈그림 14-10〉 에틸렌의 생합성 과정(Salisbury와 Ross, 1992)

이동하지 않으며, CO_2처럼 빠른 속도로 세포간극이나 빈 공간을 통하여 확산되어 전 조직으로 쉽게 이동한다. 에틸렌은 지질에 녹는 지용성이기 때문에 원형질막에 쉽게 부착되며, 작용기작은 다른 호르몬과 같이 수용단백질(受容蛋白質, receptor protein)에 의해 나타난다고 알려져 있다.

2) 생리적 효과

(1) 과실의 성숙 촉진

5장 4절에서 언급한 것과 같이, 과실은 성숙기의 호흡 양상에 따라 성숙 직전에 호흡량이 급격히 증가하는 호흡급증(climacteric) 과실과 비호흡급증 과실로 나누는데, 사과와 배 같은 호흡급증 과실은 성숙 전까지는 에틸렌 생산이 적다가, 호흡작용이 급격히 증가하는 호흡급증 시점에서(〈그림 5-6〉 참조) 에틸렌 생산량이 증가하면서 성숙을 촉진시킨다. 이때 호흡량이 증가하는 것은 에틸렌 생산이 증가하기 때문에 나타나는 결과이다. 비호흡급증 과실의 특징을 가진 포도와 귤에서는 에틸렌 생산량이 계속해서 적으며, 에틸렌 처리로 과실의 성숙이 촉진되지 않는다.

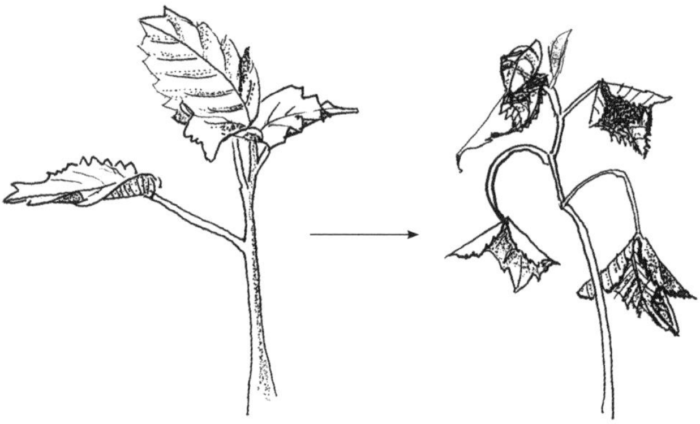

〈그림 14-11〉 에틸렌으로 인한 잎의 상편생장(epinasty)

(2) 침수된 경우의 효과

식물의 뿌리가 침수(waterlogging)되면 뿌리에서 생산된 에틸렌이 주변의 물 때문에 뿌리 밖으로 나가지 못하고 줄기로 이동하여 여러 가지 독성을 나타낸다. 침수가 장기간 지속되면 산소부족으로 인하여 에틸렌의 전구물질인 ACC가 축적되며, ACC가 줄기로 이동하여 줄기에서 산소를 공급받아 에틸렌으로 바뀌게 된다(〈그림 14-10〉 참조). 에틸렌으로 인한 독성은 잎의 황화현상, 줄기의 신장 억제와 더불어 줄기의 비대 촉진, 잎의 상편생장(上偏生長, epinasty; 엽병 위쪽이 더 빨리 자라 잎이 아래쪽으로 말려들어감)(〈그림 14-11〉 참조), 그리고 잎이 시들면서 탈리현상(脫離現象, abscission)으로 나타난다. 또한 뿌리의 신장도 억제되고, 간혹 부정근이 발생하며, 병균에 대한 저항성이 약해진다.

(3) 줄기와 뿌리의 생장 억제

에틸렌은 피자식물에서 줄기, 엽병, 뿌리의 신장생장을 억제한다. 즉 신장생장이 이루어지는 부위에서 종축 방향으로의 신장을 억제하는 반면, 비대생장을 초래하여 그 부위가 굵어진다. 에틸렌이 이렇게 줄기와 뿌리의 비대생장을 유발하는 현상은 쌍자엽식물의 종자가 땅속에서 발아할 때 도움을 준다. 발아하면서 상배축이나 하배축이 토양을 뚫고 올라올 때 갈고리(hook) 모양을 갖추는데, 갈고리는 에틸렌이 갈고리 안쪽 세포의 신장을 억제함으로써 형성된다. 이때 토양이 딱딱하면 물리적인 자극으로 인하여 에틸렌 생산이 촉진되면서 갈고리와 뿌리가 더 굵어져 안전하게 흙을 밀어올리게 된다.

(4) 개화촉진 효과

에틸렌은 대부분의 식물에서 개화를 억제하지만, 망고와 브로멜리아드(bromeliad, 바나나와 파인애플류 포함)에서 개화를 촉진한다. 파인애플 농장에서 예전에는 카바이드(calcium carbide) 가루를 살포하면 가수분해되어 에틸렌이 발생하여 개화를 촉진시켰으며, 이후 옥신 계통인 NAA를 처리하여 에틸렌 발생을 유도함으로써 개화를 촉진시켰다. 그러나 최근에는 화학약품으로써 에틸렌을 발생시키는 에테폰(ethephon; 2-ch1oroethy1phosphonic acid, $Cl-CH_2-CH_2-PO_3H_2$, Ethrel은 등록 상품명)을 사용한다.

(5) 에틸렌과 옥신의 관계

식물에 옥신을 과다하게 처리하면 에틸렌 생산이 촉진되는데, 이 경우 옥신의 처리 효과가 에틸렌 때문에 나타나는 것으로 해석된다. 실제로 옥신 처리로 생기는 잎의 상편생장, 줄기와 잎의 신장 억제, 브로멜리아드(bromeliad)의 개화촉진, 쌍자엽식물 발아 시 훅(hook) 형성 등은 옥신 처리로 생긴 에틸렌 때문이라고 할 수 있다. 이 외에 발아하는 화분이 옥신을 분비하여 주두(株頭)에서 에틸렌의 생산이 촉진되며, 이로 인하여 꽃이 노쇠하는 특수한 경우도 있다.

화분을 제외한 이와 같은 예는 처리한 옥신의 농도가 너무 높아 에틸렌 생산이 촉진될 때에만 볼 수 있으며, 옥신만이 나타내는 생장촉진 효과와 부정근의 형성 촉진 등의 효과는 에틸렌과 무관하다. 그러나 잎, 꽃, 과실의 탈리현상은 옥신, 에틸렌, 시토키닌, 아브시스산이 상호 작용을 하여 나타나기 때문에 한두 개 호르몬의 효과를 분리하여 평가할 수 없다.

10. 기타 식물호르몬

지금까지 설명한 다섯 가지 주요 식물호르몬 이외에 식물생장에 영향을 주는 식물호르몬으로 다음 다섯 가지가 추가로 인정받고 있다.

1) 브라시노스테로이드

브라시노스테로이드(brassinosteroid, BR)는 스테로이드 락톤(steroid lactone)에 해당하는 브라시놀라이드(brassinolide)의 유도체로 동물의 스테로이드와 흡사한 구조를 가지고 있다(〈그림 14-12A〉 참조). 1970년 유채의 화분에서 줄기생장과 세포분열을 촉진하는 물질로 처음 추출되었는데, 현재까지 70종 이상이 알려져 있으며, 매우 낮은 농도(10^{-9}M)에서도 기능을 발휘한다. 화분, 잎, 꽃, 줄기, 종자, 곤충이 만든 혹에서도 발견된다. 합성 장소는 어린 조직으로서 잎, 새순, 종자, 열매, 꽃눈으로 추정된다.

BR은 캄페스테롤(campesterol)로부터 생합성되는데, 옥신과 함께 작용하여 세포신장, 통도조직 분화를 촉진한다. 화분관 생장, 생식기관의 발달, 종자 발아를 촉진하고, 낙화, 낙과, 부정아 발생을 억제하는 기능은 지베렐린과 흡사하다. 기타 기능으로 식물이 곰팡이 감염, 저온, 열 쇼크, 건조, 염분, 제초제 피해 등 외부 자극을 받을 때 생기는 스트레스에 대한 저항성을 높여준다. 원예작물에서 환경에 대한 저항성을 높여 수확량과 질을 향상시키는 데 널리 응용되고 있다.

작용 기작(mechanism)은 세포벽 합성과 신장에 관여하는 유전자 발현을 유도하며, 목부세포 분화의 마지막 단계인 2차벽 형성에 관여한다. 단독으로 생장과 발달에 효과를 나타내기보다, 옥신과 함께 작용하여 상승효과를 나타내는 것으로 알려져 있다.

2) 폴리아민

폴리아민(polyamine)은 아미노기(-NH_2)를 2개 이상 가지고 있는 화합물을 총칭하며, 포유동물의 경우에는 뇌에 대량으로 존재한다. 식물의 경우 세포 내에서 흔히 발견되는데, 그중에서 푸트레신(putrescine)(〈그림 14-12B〉 참조), 스퍼미딘(spermidine), 스퍼민(spermine) 등을 예로 들 수 있다. 푸트레신은 직접 오르니틴(ornithine)으로부터 합성되며, 스퍼미딘과 스퍼민은 푸트레신으로부터 합성된다. 체내 함량이 mM 수준으로 상당히 높은 편이며, 다른 화합물과 잘 결합한다.

작용 기작은 아민류(-NH_2)이므로 푸트레신은 $NH_2(CH_2)_4NH_2$의 구조식에서 볼 수 있듯이 수용액에서 양(+)전기를 띤 작은 화합물로서, 핵산을 포함하여 음(-)전기를 띠는 큰 화합물(효소, 단백질, 인지질)과 정전기적 상호작용을 하여 막의 안정성을 높여준다.

세포분열 촉진, 절간생장, 뿌리 형성, 배 형성, 화분 형성, 열매 발달, 휴면타파, 잎의 노쇠 방지, 환경 스트레스에 대한 저항성 등의 생리적 기능을 가지고 있다. 그러나 호르몬으로서는 너무 높은 농도로 존재하며 호르몬의 기능이 확실히 증명되지 않아 이를 식물호르몬으로 분류하지 않는 학자들도 있다.

3) 살리실산

살리실산(salicylic acid, 또는 2-hydroxybenzoic acid)(〈그림 14-12C〉 참조)은 페놀산의 일종이며 아스피린(acetylsalicylic acid)과 흡사한 구조를 가지고 있다. 서양에서는 히포크라테스 시대부터 미국 인디언에 이르기까지 버드나무(흰버들, *Salix alba*) 껍질을 진통제와 해열제로 사용해 왔는데, 주성분은 살리실산이다. 정상적인 잎과 병원균에 감염된 잎에서 아미노산의 일종인 페닐알라닌(phenylalanine)으로부터 생합성된다.

살리실산의 생리적 기능은 개화 촉진과 꽃잎 노화 방지이다. 병원균(예: 담배 모자이크 바이러스, TMV)에 감염되었을 때 병원성 관련 단백질(pathogenesis-related protein, PR단백질)의 생산을 촉진하여 저항성을 온몸에 전달함으로써 전신획득 저항성(全身獲得抵抗性, systemic acquired resistance, SAR)을 유도하여 면역력을 높여준다. 반대로 살리실산의 농도가 낮으면 전신획득 저항성이 생기지 않는다. 이런 저항성으로 인해 살리실산이 휘발성물질(methyl salicylate)로 변하여 옆 식물에 전파하기도 한다.

4) 스트리고락톤

스트리고락톤(strigolactone)은 3환 락톤(tricyclic lactone)의 일종으로(〈그림 14-12D〉 참조), 식물 뿌리가 생산하는 호르몬이다. 생합성은 β-카로틴(β-carotene)과 칼락톤(carlactone)을 거쳐 만들어진다. 지금까지 다음과 같은 스트리고락톤의 세 가지 기능이 알려져 있다.

첫째, 가지모양 내생균근(AM)을 형성하는 기주 뿌리(예: 옥수수와 수수)가 스트리고락톤을 분비하면 AM 곰팡이가 기주를 인식하는 신호로 작용하여 포자 내 미토콘드리아의 수가 늘어나면서 포자 발아가 촉진되어 기주 뿌리를 성공적으로 감염시킨다. 이어서 곰팡이는 Myc factor를 분비하여 기주가 곰팡이를 인식하게 만든다. 토양 중에 인산이 부족하면 기주가 스트리고락톤을 더 많이 분비하여 더 많은 포자의 발아를 촉진한다. 즉 스트리고락톤은 기주와 공생 곰팡이 간 서로를 인식하는 정보교환 수단이라고 할 수 있다.

둘째, 식물 줄기에서 액아(겨드랑이눈)의 발달을 억제하여 곁가지(분지) 발생을 방지한다.

셋째, 기생식물(*Striga lutea*; 열당과에 속하는 초종용류의 일종)의 발아를 촉진한다. 이 기생식물은 옥수수, 벼, 수수의 뿌리에 기생하여 수확을 감소시키는데, 기주 뿌리가 분비하는 스트리고락톤을 인지하여 종자 발아가 촉진된다.

5) 재스몬산

재스몬산(jasmonic acid, JA)은 사이클로펜타논(cyclopentanone) 링을 가진 구조(〈그림 14-12E〉 참조)이며, 재스민 오일(jasmine oil)에서 재스몬산 메틸(methyl jasmonate) 형태로 처음 추출되어 구조식이 밝혀졌다. 불포화지방산의 일종인 리놀렌산(linolenic acid)(8장 2절 참조)에서 생합성된다. 피자식물과 나자식물의 줄기와 뿌리 정단부, 어린잎, 미성숙 열매에서 주로 생산되는데, 초식동물로부터 상처를 받거나 수분부족에 노출되면 함량이 증가한다.

재스몬산(JA)은 잎의 노쇠를 촉진하는데, 엽록소 파괴, 루비스코(Rubisco)

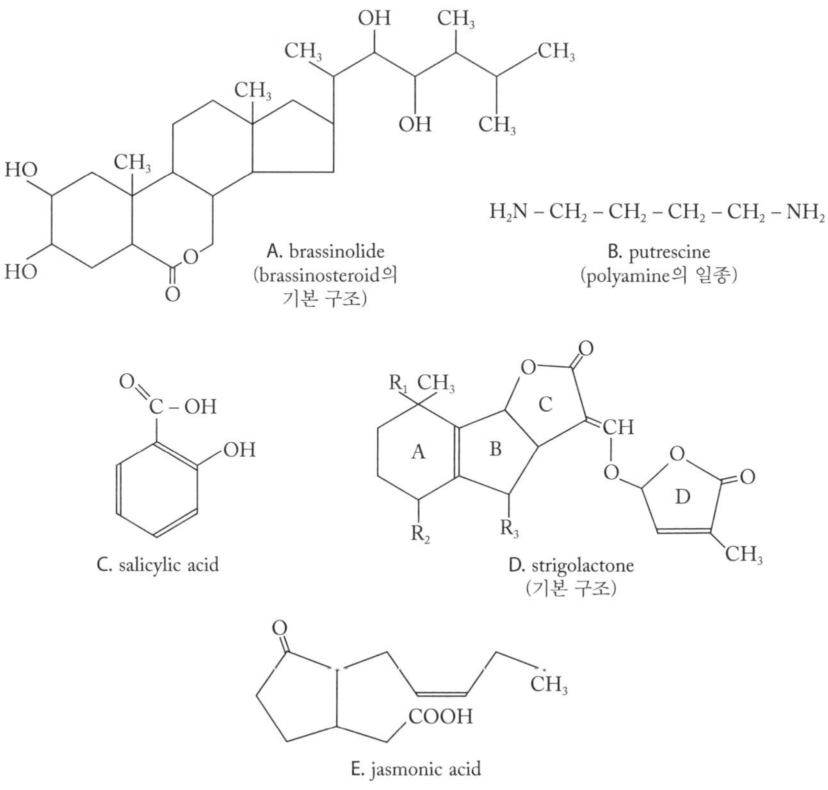

〈그림 14-12〉 브라시놀라이드(brassinolide)와 푸트레신(putrescine), 살리실산(salicylic acid), 스트리고락톤(strigolactone), 재스몬산(jasmonic acid)의 구조

효소 억제를 통한 광합성 감소, 호흡 증가, 낙엽 촉진으로 나타나며, 뿌리 생장 억제, 종자휴면 유도 등의 생리적 기능은 아브시스산과 흡사하다. 그러나 환경 스트레스(상처, 수분부족), 곤충과 병원균에 대한 저항성을 높이는 기능(전신획득 저항성 SAR 유도)을 가진 것이 독특하며, 이 경우에는 오히려 살리실산의 기능과 흡사하다. 잎이 초식동물과 곤충의 공격을 받으면 재스몬산이 대량으로 만들어지면서 휘발성 유기물(VOC)로 바뀌어 이웃 식물에 경고하는 역할도 한다. 이 경우 JA가 잎의 조기낙엽을 유도하는 것은 곤충의 먹이를 줄이려는 반응으로 해석할 수 있다.

11. 내적인 생장조절

지금까지 이루어진 식물호르몬의 생리적 작용에 관한 기초연구는 주로 초본식물을 대상으로 한 것이었기 때문에 목본식물에 대한 자료는 적은 편이지만, 수목생장에서 호르몬은 초본식물과 마찬가지로 중요하다. 여기에서는 주로 목본식물의 특성과 관련하여, 그리고 호르몬 간의 상호작용에 관하여 설명하고자 한다.

1) 줄기의 수고생장

목본식물의 줄기생장은 온대지방에서 계절적으로 차이가 있으며, 이 차이에 따라 호르몬(특히 옥신과 지베렐린)의 존재 및 관련 정도가 비슷한 양상을 보인다. 사과나무와 복숭아나무의 경우 봄에 줄기생장이 시작되면 옥신 함량이 줄기생장량에 비례하여 증가하며, 줄기생장이 느려지면 옥신 함량이 감소한다. 이로 미루어 보아 옥신은 줄기생장을 조절한다고 할 수 있다.

나자식물의 경우에는 옥신을 처리해도 줄기생장이 반응을 보이지 않는다. 그러나 독일가문비나무의 경우 줄기의 옥신 함량은 줄기의 신장속도와 상관관계가 있으며, 은행나무의 경우에도 장지(長枝, long shoot)가 발달할 때 옥신 함량이 증가하여 옥신의 역할을 부정하기는 어렵다.

지베렐린(GA)도 줄기생장에서 옥신 못지않게 중요한 역할을 한다. 자라고 있는 어린잎에서 생산된 GA는 밑의 줄기의 신장생장을 촉진하며, 어린잎을 제거하면 줄기의 생장이 정지한다. 사과나무의 경우 어린잎을 제거하면 절간생장이 정지하지만, GA_3을 처리하면 다시 회복된다. 또한 사과나무에 ABA를 처리하면 줄기생장이 억제되지만, GA_3을 처리하면 다시 회복된다. 이러한 관찰들은 GA가 줄기생장에 직접 관여함을 보여주고 있다. 한편 소나무과 수목에서 GA_4와 GA_7의 혼합물을 처리하면 줄기의 신장생장이 촉진된다. 실제로 소나무류에서 동아가 자라기 시작하면 GA 함량이 증가하며, GA의 종류에도 정성적인 변화가 생긴다.

2) 직경생장

목본식물의 수간은 형성층에 의해 직경생장(直徑生長, diameter growth)이 이루어지는데, 여러 가지 호르몬이 형성층의 생장 개시, 춘재-추재 형성, 생장 정지 등의 생리적 현상을 결정한다. 눈과 잎에서 생산되는 옥신이 가장 중요한 역할을 하지만, 눈과 잎에서 생산되는 GA와 뿌리에서 생산되는 시토키닌(cytokinin)의 상호작용에 의하여 형성층의 생장이 결정된다.

정단조직에서 생산되는 옥신이 형성층의 생장을 결정한다는 결론은 다음과 같은 관찰에서 비롯된 것이다.

① 봄철에 눈의 생장 개시와 형성층의 분열 개시 시기가 일치한다.

② 형성층의 분열 개시는 눈 바로 밑에서 시작되어 구기적(求基的, basipetal) 방향으로 밑으로 진행된다.

③ 눈을 제거하거나 제엽(除葉, defoliation)을 하거나 사부의 물질이동을 막는 박피(girdling)를 하면 형성층 생장이 중단된다.

④ 눈 혹은 잎을 제거한 후 외부에서 옥신을 처리하면 형성층 생장이 재개되면서 옥신의 양에 비례하여 형성층의 시원세포 수가 늘어난다.

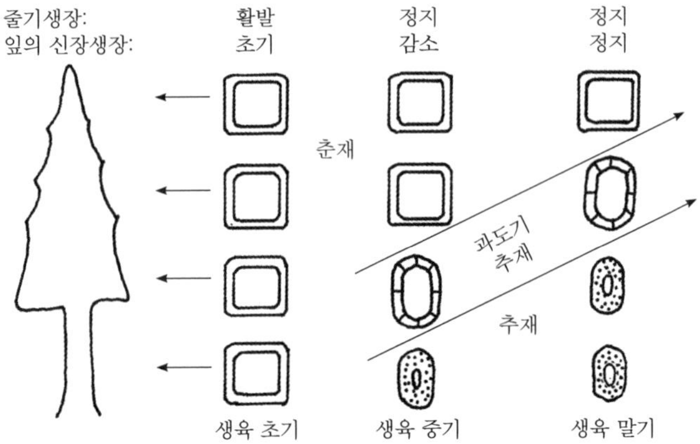

〈그림 14-13〉 노르웨이소나무(*Pinus resinosa*)의 춘재에서 추재 생산으로의 전환시기와 수간 높이에 따른 차이(Larson, 1969)

봄철 형성층의 생장 개시는 눈에서 생산된 옥신에 의해 시작되며, 어린 잎에서 GA가 생산되어 형성층의 세포분열을 자극하는데, 옥신과 GA의 작용은 상승효과가 있다. 형성층의 생장 개시는 봄에 수관 윗부분에서 시작하여 수간 아랫부분으로 점진적으로 전달되는데, 이것은 수관에서 생산된 옥신이 아래로 이동하면서 형성층에 자극을 주기 때문에 나타나는 현상이다. 봄철 줄기가 생장하는 동안에는 옥신이 생산되며, 이 기간 동안에 소나무류에서는 춘재가 만들어진다. 여름철에 줄기생장이 정지되면 옥신 생산량이 감소하면서 추재의 형성이 촉진된다. 즉 여름철에 수관으로부터 옥신의 공급이 감소하면 아래쪽으로 이동하는 옥신의 양이 감소하여 추재의 형성이 나무 밑동에서 제일 먼저 시작되어 점진적으로 위쪽으로 전파된다(〈그림 14-13〉 참조).

3) 뿌리생장

뿌리는 지상부로부터 탄수화물이 계속 공급되어야 생장할 수 있는데, 이때 식물호르몬의 공급도 동시에 이루어진다. 특히 수간에서 뿌리로 이동하는 옥신에 의해 뿌리의 형성층이 분열을 시작한다. 지상부의 잎을 제거하거나 수간의 박피, 병해충에 의해 잎이 피해를 받으면 유칼리의 경우 뿌리의 신장생장이 곧 정지하며, 사과나무의 경우에는 뿌리의 탄수화물이 부족하지 않더라도 지상부로부터 식물호르몬 공급이 감소하여 뿌리생장이 정지한다.

15

조림과 무육생리

1장 수목생리학의 뜻과 응용을 설명하는 과정에서 수목의 생장은 유전적인 소질도 중요하지만 외부 환경에 크게 영향을 받는다고 하였다. 임업에서 목재생산의 목적은 주어진 면적에서 양질의 목재를 빠른 기간 내에 최대한으로 생산하는 것이며, 이 목적을 달성하기 위하여 수목 고유의 생장능력이 최대한으로 발휘되도록 나무를 심고 가꾸는 조림학적 기술과 경영방식을 도입한다. 예를 들어 수목 고유의 생장능력은 3장에서 기술한 것과 같이 그 수목 고유의 유전적 생장속도를 나타내는 상대생장률, 뿌리발달의 정도를 나타내는 대비생장량, 광합성 능력을 나타내는 순동화율, 그리고 수분이용 효율 등의 생장분석을 통해서 찾아낼 수 있다.

이 장에서는 수목 고유의 생장능력과 생장특성에 맞는 조림학적 무육관리법에 대하여 기술하며, 그중에서 수목 간의 경쟁, 간벌, 시비, 가지치기, 자연낙지, 단근, 이식이 수목에 미치는 영향을 생리학적인 측면에서 검토해 보고자 한다.

1. 경쟁

1) 경쟁에 의한 수고생장과 직경생장

임업은 과수재배와는 달리 조림지에서 곧고 옹이 없는 목재를 생산하기 위해 초기부터 수목 간 경쟁(競爭, competition)을 유도하면서 ha당 수천 본씩 조림하지만, 수확기에는 우량한 개체만 수백 본 정도 남아 있게 된다. 조림지에서 나무 간의 경쟁은 주로 지상부에서는 광선을, 지하부에서는 수분과 무기양분을 대상으로 하여 이루어지며, 나무가 커질수록 더 넓은 공간을 요구하기 때문에 경쟁은 더 치열해진다. 나무가 커질수록 키가 작은 개체는 그늘 속에 들어가 광합성량이 감소함으로써 탄수화물 공급부족으로 형성층과 뿌리의 발달이 둔화된다. 뿌리의 발달이 둔화되면 수분과 무기양분의 흡수가 어려워져 지상부의 생장이 저조해지면서 결국 경쟁에서 탈락하거나 고사해 버린다.

우세목(優勢木, dominant tree)의 직경생장은 잎이 모여 있는 수관(樹冠, crown) 부위에서 가장 크며, 수간 밑으로 내려갈수록 감소하지만, 지상부 가까이에서는 다시 증가한다. 피압목(被壓木, suppressed tree)의 경우에는 전 수고에 걸쳐서 직경생장이 느리며, 특히 수간의 밑부분에서 직경이 거의 증가하지 않는다. 일반적으로 임분 내 수목은 경쟁으로 인하여 수고생장보다 직경생장에 더 민감한 반응을 나타낸다. 즉 경쟁으로 인하여 생장이 둔화되더라도 수고생장은 어느 정도 수준을 유지하지만, 직경생장은 급격히 감소한다. 특히 형성층 생장기간에서 차이가 난다. 테다소나무의 우세목은 가을 늦게까지 직경생장이 계속되지만, 피압목은 7월 말이 되면 직경생장이 정지한다.

2) 피토크롬의 역할

산림에서 자라는 수목은 다른 나무와의 경쟁에서 광선을 많이 받기 위해 수고생장을 우선적으로 도모하게 되는데, 이 과정에서 이웃 식물의 존재를 감지하는 수단이 잎에 있는 피토크롬(phytochrome) 색소이다. 광선이 임관(林冠, canopy)을 통과하면서 적색광이 주로 흡수되고 밑으로 내려가는 광선에는 원적색광이 많기 때문에(〈그림 4-2〉 참조), 임관 밑에서 자라는 식물은 잎의 피토크롬이 P_r(불활성) 상태로 남아 있어 이로 인하여 수고생장이 촉진되고 측지의 발달이 억제된다.

밑에서 자라 올라오는 나무는 수고생장에 더 많은 에너지를 투여함으로써 임관에 도달하려고 노력한다. 이러한 성질은 특히 미국 옐로스톤

(Yellowstone) 국립공원에서 밀도가 높은 콘토르타소나무(*Pinus contorta*) 천연 임분에서 뚜렷하게 나타나, 측지의 발달이 억제되고 아래 가지가 자연적으로 죽어서 훌륭한 목재감으로 자란다. 생장이 느린 나무는 그늘 속에 들어가기 전에 이웃에 있는 나무의 잎에서 반사되는 원적색광으로 이웃 나무의 존재를 미리 감지함으로써 정단조직의 활동을 촉진하여 위로 자라게 된다.

2. 간벌(솎아베기)

간벌(間伐, thinning)은 최종 수확 이전에 서로 경쟁하고 있는 주목(主木)의 일부를 제거하여 잔존목(殘存木)에 생육공간을 제공하기 위한 무육방법이다. 간벌을 하면 잔존목이 광선, 토양수분, 무기양분을 더 많이 이용할 수 있다. 토양수분 함량은 간벌지에서 가을까지 무간벌지보다 높은 수준을 유지하며, 간벌지에서 잎의 수분퍼텐셜이 더 높게 유지되어 생장이 양호해진다. 콘토르타소나무의 경우 간벌 후에 광선과 잎의 수분상태가 양호해져서 광합성량이 간벌 전보다 21% 증가한 예가 있다.

간벌 후에는 점진적으로 수관의 크기가 커지며 엽면적이 증가하기 때문에 더 많은 탄수화물이 수간으로 이동하여 직경생장(直徑生長, cambial growth)이 촉진된다(〈그림 15-1〉 참조). 테다소나무에서 3월에 간벌을 한 경우 9월까지의 직경생장량은 무간벌지보다 3배 이상 높게 나타나 간벌이 직경생장을 크게 증진시킴을 알 수 있으며, 토양수분도 가을까지 양호한 수준을 유지했다(〈그림 15-2〉 참조). 직경생장이 촉진됨으로써 재적생장(材積生長, volume growth)도 크게 증가하며, 추재의 비율이 높아져 재질도 우수해진다. 미송의 경우 21년생에서 간벌을 하면 15년 후 재적생장은 12배 정도 촉진되는데, 재적생장량의 증가는 간벌 시 엽면적을 감소시킨 양(간벌 강도)에 비례하여 나타난다. 그러나 일반적으로 간벌은 잔존목의 수고생장에는 큰 영향을 주지 않는다.

〈그림 15-1〉 간벌 전후 나이테 폭 변화(Kimmins, 2004)

80년 동안 그늘에서 피압되어 자란 미송의 나이테 직경이 7cm였으나, 간벌 8년 후에는 14cm로 급속히 그 폭이 넓어졌다.

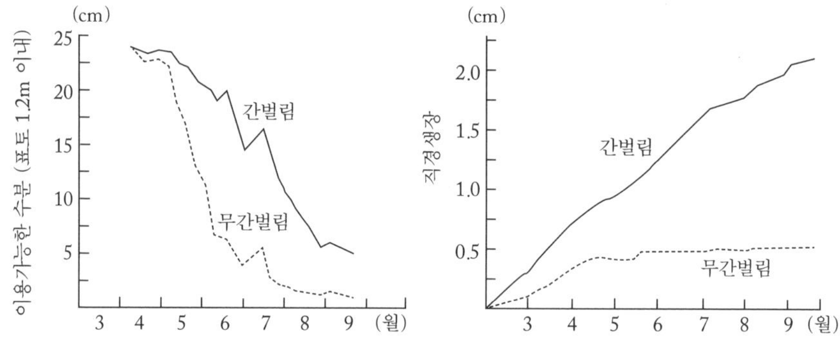

〈그림 15-2〉 간벌 후 테다소나무림의 토양수분 개량과 직경생장 촉진 효과 (Zahner와 Whitmore, 1960)

간벌은 재적생장을 증가시키는 이점이 있지만, 반면에 수간 하부와 상부 직경의 차이를 나타내는 초살도(梢殺度, tapering)를 증가시키기도 한다. 즉 간벌로 인해 광선이 증가하면 아래쪽에 있는 가지들이 광합성을 활발하게 함으로써 수간 하부(밑동 근처)의 직경생장이 촉진되어 초살도가 커진다.

따라서 초살도가 작은 원통형 목재를 생산하기 위해서는 조림 당시 식재 간격을 좁게 하여 수관폭이 작고 초살도가 작은 수간을 유도해야 한다. 이로써 자연낙지(自然落枝, natural pruning)를 유도하여 옹이가 없고 지하고(枝下高, clear bole length)가 높은 밋밋한 목재를 만들 수 있다. 조림 당시 식재 간격이 넓으면 이와 반대 현상이 나타나 재질이 나빠진다.

간벌은 적절한 시기에 적절한 강도로 해야 한다. 초기에 밀도가 너무 높아 전반적으로 수목의 생장이 저조하거나 토양이 척박한 경우에는 간벌에 대한 반응이 잘 나타나지 않는다. 이러한 느린 반응은 척박한 땅에서 자라는 소나무류, 즉 콘토르타소나무, 구주소나무, 방크스소나무, 버지니아소나무에서 자주 관찰되는데, 그 원인은 척박한 토양에서 양분흡수를 위해 광합성 물질의 많은 부분을 뿌리생장에 소모하거나 호흡작용에 이용하기 때문이다.

한편 간벌이 갑자기 너무 강하게 이루어지면 잔존목이 간벌쇼크(thinning shock)를 받게 된다. 간벌쇼크는 갑자기 광선에 노출된 잎의 황화현상, 줄기의 피소(皮燒, sunburn), 바람에 대한 저항성이 낮은 수종의 풍도현상, 생장 감소, 병해충 증가, 도장지 발생 혹은 고사현상으로 나타난다.

풍도(風倒, windthrow)현상은 강한 간벌이 늦게 이루어질 때 나타나는데, 천근성 수종에서 자주 나타나며, 풍도를 예방하기 위해서는 간벌을 일찍 점진적으로 하여 나무의 저항성을 높여야 한다. 병충해는 간벌로 인하여 흑변뿌리병과 같이 증가하는 경우도 있고, 나무좀과 같이 감소하는 경우도 있다. 도장지(徒長枝, epicormic shoot)는 강한 간벌을 한 후 활엽수림에서 나타나는데, 워터 스프라우트(water sprout)라고도 한다. 참나무류에서 많이 볼 수 있는데, 도장지의 수는 간벌의 강도에 비례하여 나타나며, 옹이가 많은 목재를 만들어 품질이 나빠진다.

3. 시비

비료(肥料, fertilizer)는 양묘 과정에서 거의 필수적으로 쓰이며, 건전한 식재묘를 생산하는 데 중요하다. 산지에 식재된 묘목의 활착은 양묘 과정에서 묘목의 활력 및 영양상태와 밀접한 관계가 있기 때문이다. 또한 식재를 전후하여 사용하는 기비(基肥, starter fertilizer)는 라디아타소나무에서 묘목의 활착과 초기생장을 촉진시킨다. 완효성 비료(緩效性 肥料, slow-release fertilizer)는 1년생 미송에서 당년의 절간생장을 촉진하며, 그 효과가 2년간 지속된다.

임분에서 시비(施肥, fertilization)효과는 다양한 환경조건 때문에 불규칙하게 나타난다. 그러나 산림토양은 대개 무기양분이 경작지에 비해 상당히 적기 때문에 제대로 사용하면 긍정적인 반응을 얻을 수 있다. 그렇지 않은 반응을 얻었다면, 충분한 양의 비료를 사용하지 않았거나 부족하지 않은 성분을 잘못 사용했기 때문이다.

미국의 경우 북서부 지방과 동남부 지방에서 비료의 효과가 두드러지게 나타난다. 북서부의 경우 화산회토에서는 질소가 종종 부족한데 질소 시비의 효과가 크며 오래 지속된다. 예를 들어 35년생 미송에 질산암모늄(NH_4NO_3) 비료를 ha당 157, 314, 471kgN을 1회 시비하였을 때 그 효과가 15년간 지속되었으며, 재적생장이 각각 51, 88, 110% 증가하였다. 시비효과는 일반적으로 간벌을 한 임분에서 더 오래 계속된다. 즉 53년생 미송림에 복합비료를 사용하고 간벌을 한 경우에 처리효과가 30년간 나타났다.

미국 동남부 지방은 온화한 날씨와 풍부한 강우량으로 인해 남부소나무(southern pine)에 속하는 테다소나무, 에키나타소나무, 습지소나무, 대왕소나무의 단벌기(短伐期, short rotation) 수확으로 펄프재 공급이 큰 비중을 차지하고 있는데, 이 지역에서 시비는 집약재배의 필수조건이다. 질소와 인의 효과가 크며, 특히 모래토양이 대부분인 플로리다 지방에서는 그 효과가 두드러지게 나타난다.

시비로 인한 생장촉진 효과는 기존 잎의 광합성 능력이 향상되거나 엽면적이 증가하여 나타난다. 24년생 미송에 시비하여 7년간 37%의 수간생장을 촉진시킨 예가 있는데, 초기에 광합성 효율이 증가하였으며, 후에는 엽면적이 증가하여 나타난 결과라고 한다. 시비는 또한 수목의 수분이용효율(water use efficiency; 단위 건중량 생산에 필요한 수분의 양)을 증가시킨다. 시비로 영양상태가 양호해지면 개화가 촉진되며, 특히 암꽃의 생산이 증가한다. 시비의 개화촉진 효과는 12장 4절에서 이미 언급하였는데, 그중에서도 질소비료가 가장 효과가 크다.

4. 가지치기

가지치기(pruning, 지타(枝打))는 수목의 일부 중에서 주로 가지를 제거하는 행위를 뜻한다. 과수와 원예 분야에서는 전정(剪定) 혹은 전지(剪枝)라고 하며, 결실 촉진, 수형 조절, 부패 방지, 상처 치유, 이병지(罹病枝) 제거, 수목 이식을 위한 처리로 이용된다. 임업에서는 수형 조절이 주목적인데, 옹이(knot)가 없고, 초살도가 작은 통직한 목재를 생산하기 위해, 그리고 수간 밑부분의 감퇴지(減退枝, weak branch) 혹은 고사지(枯死枝, dead branch)를 제거하기 위해 가지치기를 한다. 조림 후 최초의 가지치기는 맨 아래 가지가 그늘로 인해 죽기 시작할 때까지 기다리는 것이 바람직하며, 살아 있는 가지를 자르면 상처를 주기 쉽다. 실시 시기는 휴면기인 겨울철이 좋은데, 수피가 단단하여 작업이 쉽고 도장지가 발생할 가능성을 줄일 수 있다.

작업 시 바짝 자르는 원칙을 유지해야 하며, 〈그림 15-3A〉와 같이 죽어 있는 가지는 비교적 쉽게 제거할 수 있다. 살아 있는 가지를 제거할 때에는 수피가 찢어지지 않도록 세 번 단계적으로 자르는데(〈그림 15-3B〉 참조), 최종 절단은 수피융기선(樹皮隆起線, bark ridge)에서 수직선을 가상하여 융기선 각도만큼 바깥쪽으로 각도를 주어 바짝 자르되, 가지밑살(branch collar, 지륭(枝隆))은 남겨둔다. 태풍 등의 피해로 굵은 수간 자체를 절단하고

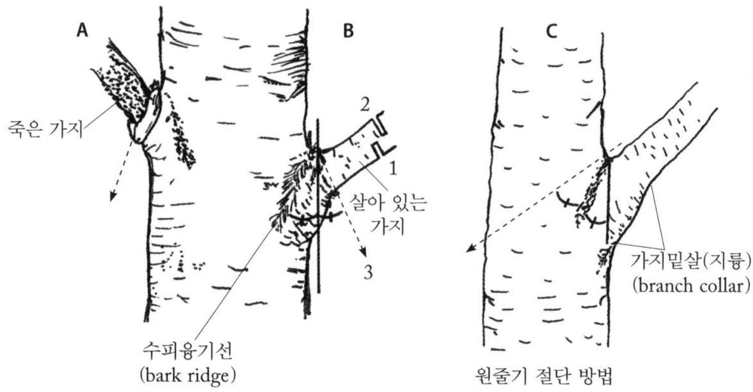

〈그림 15-3〉 가지치기 요령

A: 죽은 가지는 살아 있는 조직과 죽은 조직의 경계선을 따라서 바짝 자른다. B: 살아 있는 가지는 가지밑살을 남기고 3단계를 거쳐서 바짝 자른다. C: 원줄기를 자를 때에는 비스듬히 자른다.

자 할 때에는 비슷한 요령으로 하되, 융기선 각도만큼 안쪽으로 자르면 된다(〈그림 15-3C〉 참조).

수목은 노출되어 죽어가는 부위를 살아 있는 안쪽 조직과 분리시키는 구획화(區劃化, compartmentalization of decay in trees, CODIT) 작업을 스스로 하여 내부조직을 보호한다. 상처(傷處, wound)가 치유되는 속도와 능력은 수종에 따라, 그리고 광합성을 얼마나 많이 하느냐에 따라 큰 차이가 있으며, 나무의 활력이 클수록 빠른 속도로 진행된다. 따라서 가지치기는 늦어도 형성층의 세포분열이 왕성한 5월 이전에 해야 하며, 7월 이후에 하면 치유속도가 둔화된다. 피압목의 경우에는 수관 상부의 가지는 형성층의 활동이 왕성하여 곧 치유되지만, 밑가지는 늦게 치유된다. 고립목이나 왕성하게 자라는 나무는 위아래의 차이가 없다.

가지치기의 생리적 영향은 간벌효과의 반대 방향으로 나타난다고 할 수 있다. 즉 간벌은 잔존목에서 수간 하부의 직경생장을 촉진하여 초살도를 증가시키는 경향이 있지만, 가지치기는 밑가지를 제거함으로써 초살도를 감소시키면서 밑동이 더 서서히 굵어진다. 따라서 가지치기와 간벌은 적절한 시기에 늦지 않게 해야 하며, 재질에 큰 영향을 끼친다. 살아 있는 가지를 제거하면 총광합성 면적을 감소시키게 되지만, 나무 전체에는 영향을 주지 않는다. 밑가지는 대개 활력이 낮고 엽면적이 적은 반면에, 호흡작용을 하는 형성층 조직의 비율이 상대적으로 많아 자체적으로 생산한 탄수화물을 밖으로(나무의 다른 부분) 내보낼 능력이 없거나 혹은 다른 부위로부터 탄수화물을 받아들여야 하는 기생적 위치에 있기 때문이다. 따라서 밑가지를 제거하더라도 수간의 직경생장에 영향을 주지 않으며, 오히려 옹이를 제거하면 재질이 향상된다.

수목의 수고생장은 매년 정단 부위에서만 이루어지기 때문에 수관 상부에서 공급되는 탄수화물과 식물호르몬의 영향을 받으며, 밑가지를 제거한다 하더라도 수고생장에는 거의 영향을 주지 않는다. 이러한 현상은 실험으로도 증명할 수 있는데, 노르웨이소나무(*Pinus resinosa*)의 수관을 하부로부터 최고 70%(수관 높이에 대한 비율)까지 제거하더라도 수고생장에 영향을

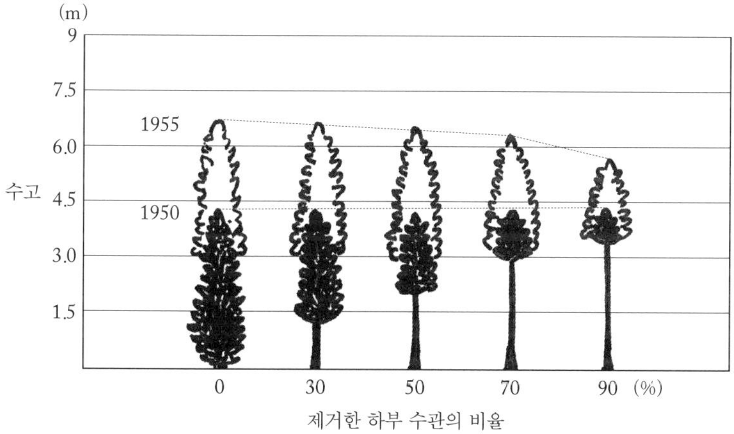

〈그림 15-4〉 노르웨이소나무(*Pinus resinosa*)의 하부 수관 제거가 수고생장에 미치는 영향 (Slabaugh, 1957)

1950년에 수관의 일부(0~90%)를 제거하고 1955년에 수고를 측정했는데, 수관의 70%를 제거해도 수고생장에 거의 영향을 미치지 않았다.

주지 않았다(〈그림 15-4〉 참조).

그러나 과도하게 가지치기를 하면 수관 밑으로 내려가면서 연륜폭 내에서 춘재에서 추재로의 전이가 갑자기 일어나며 추재의 비율이 증가한다. 이러한 현상은 수관 상부에서 공급되는 옥신의 양이 감소할 때 나타나는 일반적인 생리적 현상(〈그림 14-13〉 참조)과 흡사하다.

5. 자연낙지

자연낙지(自然落枝, natural pruning, cladoptosis)는 수간 밑쪽에 있는 측지(側枝, lateral branch)가 생리적인 탈리현상에 의해 자연적으로 고사하여 이층이 형성되지 않은 상태에서 탈락하는 것을 의미한다. 임분의 밀도가 높은 곳에서 더 빨리 진행된다.

수종에 따라서 자연낙지 능력은 큰 차이가 있는데, 일반적으로 양수(陽樹, shade intolerant tree)에서 흔히 나타나지만, 단풍나무나 물푸레나무 같은 음수에서도 볼 수 있다. 침엽수 중에서는 삼나무, 낙우송, 측백나무에서 볼 수 있으며, 활엽수 중에서는 포플러, 버드나무, 느릅나무, 벚나무류에서 관찰된다(〈표 15-1〉 참조). 참나무류와 소나무류 중에서는 수종에 따라 차이가 있어서 대왕소나무(*Pinus palustris*)는 자연낙지가 잘 되지만, 버지니아소나무는 잘 안 된다(〈그림 15-5〉 참조).

자연낙지의 과정을 살펴보면, 우선 지표면에 가까이 있는 하부 가지로부터 시작하여 위쪽으로 올라가면서 단계적으로 가지가 노쇠하여 고사하게 된다. 고사한 가지는 부후균과 곤충에 의해 추가로 부패하기 때문에 덥고 습한 지역에서 더 빨리 진행되며, 바람과 적설에 부러지게 된다. 죽은 가지를 차단하기 위해 수목은 능동적으로 대처하는데, 침엽수의 경우에는 송진을 축적시키고, 활엽수의 경우에는 도관 주변세포로부터 검(gum)을 분비하거나 전충체(塡充體, tylose)를 내보내 살아 있는 부위로부터 차단시킴으로

〈표 15-1〉 자연낙지 정도에 따른 수종 분류(Pallardy, 2008 변형)

잘 됨	잘 안 됨	수종에 따라 차이가 있음
자작나무, 포플러, 버드나무, 벚나무, 느릅나무, 물푸레나무, 단풍나무, 삼나무, 낙우송, 측백나무, 대왕소나무	흑호두나무, 팽나무, 버지니아소나무, 스트로브잣나무, 향나무, 솔송나무, 세쿼이아	참나무류, 소나무류, 가문비나무류, 잎갈나무류

A. 대왕소나무림(*Pinus palustris*)

B. 버지니아소나무림(*Pinus virginiana*)

〈그림 15-5〉 자연낙지가 잘 되는 대왕소나무림(A)과 잘 안 되는 버지니아소나무림(B) 비교

써 병원균의 침입을 방지한다.

자연낙지는 광합성을 제대로 하지 못해 도움이 되지 않는 밑가지를 제거하여 에너지를 절약하거나, 가뭄에 대한 생존반응이거나, 열대지방에서 만경류의 피해를 줄이기 위한 것이다.

6. 단근

단근(斷根, root pruning)은 근계의 일부를 절단하는 것으로, 이로 인하여 지하부와 지상부의 비율(root-shoot ratio)이 변화하기 때문에 수목에 생리적으로 큰 변화를 가져온다. 단근의 목적은 주로 이식(移植, transplanting)에 대비해 조밀한 잔뿌리의 발달을 촉진하고, 이식쇼크에 대한 저항성을 미리 기르기 위한 것이다.

국내에서는 단근의 한 수단으로 나근묘(裸根苗, bare-rooted seedling)를 묘포장 내에서 옮겨 심는 이식 혹은 상체(床替, transplanting) 작업을 1년 혹은 2년마다 정기적으로 하는데, 이 과정에서 굵은 뿌리가 잘리고 가는 뿌리가 발달함으로써 이식에 대한 저항성을 갖게 된다. 직근성 참나무 양묘의 경우 큰 효과를 볼 수 있으며, 상체 작업이 거의 필수적이다. 묘포 작업이 기계화된 경우에는 트랙터를 이용하여 묘목을 살짝 들어올리거나(wrenching), 칼날을 뿌리 밑에 넣어 밑뿌리 자르기(undercutting) 등의 작업을 하여 단근효과를 낸다.

단근의 생리적 영향은 증산작용과 광합성량의 감소를 우선적으로 생각할 수 있다. 사과나무에서 28%의 뿌리를 제거하면 하루 내에 증산량은 29%, 광합성량은 35% 감소하며, 뿌리의 59%를 제거하면 증산량은 45%, 광합성량은 47% 감소하여 단근 정도에 비례하여 반응이 바로 나타난다. 단근 초기에는 더 많은 탄수화물이 뿌리로 이동하기 때문에 줄기생장이 감소하면서 뿌리생장이 증가하며, 단근 후 점진적으로 지하부의 비율이 상대적

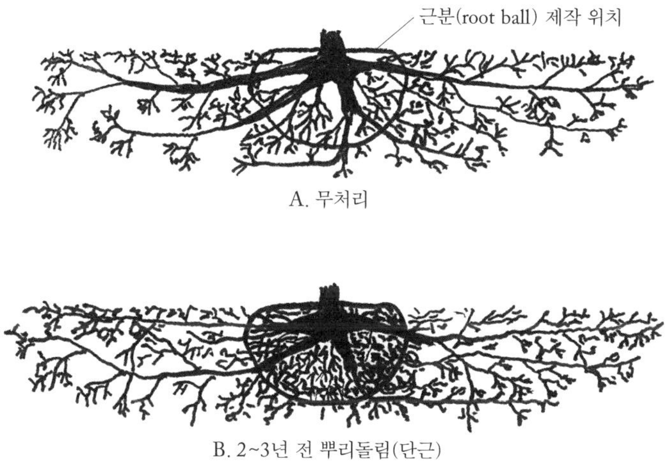

〈그림 15-6〉 무처리(A)와 수목이식 2~3년 전 뿌리돌림(B)에 의한 세근발달 효과 비교 (Watson, 1986)

으로 증가한다. 라디아타소나무 묘목에 들어올리기와 밑뿌리 자르기를 하면 단근 1개월 후에 뿌리로 이동하는 광합성 물질이 3배 증가하며, 세근 발달이 촉진되어 지하부 비율이 높아지고, 한발에 대한 저항성도 증가한다.

이식이 예상되는 녹음수(綠陰樹, shade tree)는 농장 혹은 산에서 뿌리돌림을 2~3년 전부터 함으로써 이식쇼크에 대한 저항성을 길러줄 수 있다. 뿌리가 잘린 부위에서는 새로운 가는 뿌리가 나옴으로써, 이식할 때 만드는 근분(根盆, root ball) 내에 가는 뿌리를 더 많이 확보할 수 있다(〈그림 15-6〉 참조). 엥겔만가문비나무의 경우 이식하기 5년 전에 단근처리를 함으로써 근분 내에 뿌리 표면적을 4배 증가시킬 수 있다고 한다.

단근처리 시기는 연중 봄이 가장 적절한데, 그 이유는 봄철에 뿌리발달이 가장 왕성하기 때문이다. 가을에 단근처리를 하면 광합성량이 적기 때문에 뿌리로 운반되는 탄수화물의 양이 적어 새 뿌리의 발달이 미약하다.

7. 이식

수목생리에 근거하여 수목을 이식(移植, transplanting)하는 가장 적절한 시기는 이른 봄이다. 이른 봄에 토양이 녹으면서 온도가 상승하면 뿌리가 세포분열을 하여 모근으로부터 새 뿌리가 나오기 시작한다. 이때 일평균 기온이 적산온도(積算溫度, accumulated temperature)의 기준이 되는 5℃를 넘으면 지상부의 겨울눈도 세포분열을 시작한다. 그러나 겨울눈이 분화하는 데 새 뿌리보다 시간이 더 걸린다. 결국 겨울눈이 트는 것을 최초로 감지할 수 있는 시기는 뿌리가 새로 나오는 시기보다 2~3주 정도 늦어지게 된다.

수목은 봄철에 겨울눈이 트기 2~3주 전부터 새 뿌리를 만들기 시작한다. 이 현상은 수종에 관계없이 그리고 지역에 관계없이 온대지방에서 거의 같은 경향을 보여주는 수목생리 현상이다(〈그림 3-14〉 참조). 따라서 봄철에 겨울눈이 트기 2~3주 전에 나무를 이식하는 것이 수목 건강에는 가장 좋은 방법이다. 최근 지구온난화 현상으로 봄철이 일찍 시작되므로 예전에 했던 식목일(4월 5일) 전후의 나무심기는 중부지방의 경우 3월 초순이나 중순경으로 바뀌어야 한다.

그렇다면 봄 이식과 가을 이식 중에서 어느 쪽이 더 수목생리에 적합할까? 유럽에서 나오는 문헌에는 가을 이식이 더 유리하다고 적혀 있다. 서부유럽은 대서양의 영향을 받는 해양성 기후라 겨울이 따뜻하면서 비나 눈이 자주 오고 상대습도도 높다. 즉 가을에 낙엽이 진 후 나무를 옮겨심어도 월동하는 데 큰 문제가 없다. 가을에 비료를 주면 토양으로 스며들면서 곧 흡수되어 봄철 생장에 도움을 준다고 해석할 정도이다.

한반도는 서부유럽과 달리 겨울철에는 춥고 건조한 대륙성 기후를 보인다. 동계온도가 낮고 강우량이 극히 적으며 상대습도도 매우 낮다. 이런 상황에서 가을에 옮겨심은 나무는 겨울 동안 건조 피해나 동해를 입을 수 있다. 이것이 가을 이식을 피해야 하는 이유이다.

가을 이식을 더욱 불리하게 만드는 것은 지구온난화 현상이다. 이상난동(異常暖冬, warm winter)은 강우가 동반되지 않으면 나무에 심각한 문제를 일으키는데, 특히 낙엽수보다 상록수가 더 예민한 반응을 보인다. 소나무, 잣나무, 주목은 겨울에 기온이 올라가면 증산작용을 하며(〈그림 10-12〉 참조), 이 증산작용은 토양이 건조한 상태에서도 계속된다. 겨울 내내 비가 오지 않으면 서서히 잎이 마르고, 봄이 되면 누렇게 변하면서 죽는다.

수목생리학적으로 수목 이식에 가장 부적절한 시기는 언제일까? 그 시기는 나무뿌리가 가장 왕성하게 자라는 때이다. 우리나라에서는 이 시기를 '계절의 여왕'이라고 부르는데, 중부지방에서는 아카시아 꽃이 만발하는 5월 중순이다. 기온이 섭씨 20℃ 이상 상승하여 나무들이 가장 왕성하게 자란다. 속성수인 포플러의 뿌리는 5월 중순경 하루에 5cm까지 연중 가장 왕성하게 자라며, 소나무 뿌리는 2cm 정도 자란다(3장 3절 참조). 이때 나무를 옮기기 위해 뿌리를 건드리는 것은 가장 좋지 않은 방법이다.

16

스트레스 생리

식물의 생장은 환경의 변화에 따라서 다른 반응을 보이는데, 식물이 생장하기에 가장 적절한 환경조건(optimum condition)에서 벗어날 때 식물이 보이는 반응에 대하여 연구하는 학문이 스트레스 생리학(stress physiology)이며, 환경생리학(環境生理學, environmental physiology)의 한 분야로 취급한다.

농업과 임업에서 스트레스로 인하여 농작물의 수확량이나 수목의 생장량이 영향을 받기 때문에 스트레스 생리에 관한 연구가 활발하다. 이 장에서는 수목에 영향을 주는 여러 가지 환경 스트레스 중에서 온도(고온/저온), 바람, 대기오염, 염분, 주변 생물, 토양 변경, 산림쇠퇴, 기후변화에 대하여 논하고자 한다.

1. 스트레스의 뜻과 요인

외부 환경이나 어떤 요인의 변화(독립변수)에 따라서 식물이 나타내는 반응(종속변수)을 좌표에 표시하면 용량반응 곡선(dose-response curve)이 된다. 〈그림 16-1〉과 같이 어떤 요인의 수준(용량 혹은 투여량, dose)이 증가할 때 식물의 반응이 증가하는 구간은 그 요인의 부족수준(deficient level)이며, 최대한의 반응을 나타내는 수준을 적정수준(optimum level)이라 하고, 수준이 더 증가함에도 불구하고 반응이 증가하지 않는 구간을 인내수준(tolerance

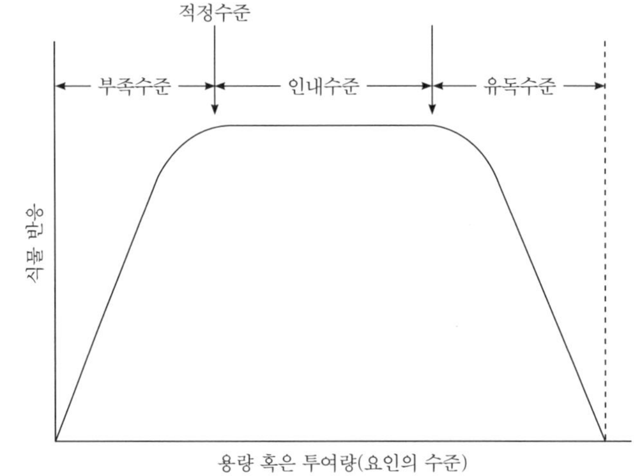

〈그림 16-1〉 환경요인 변화에 따른 식물 반응을 나타내는 용량반응 곡선(Salisbury와 Ross, 1992)
용량(투여량)은 잎의 무기양분 함량이나 광합성을 수행하는 온도로 간주할 수 있다.

〈그림 16-2〉 최소량의 법칙을 보여주는 물통

여러 개의 나뭇조각으로 만들어진 물통에 물이 고일 수 있는 높이는 부서진 가장 낮은 나뭇조각(제한요소)에 의해서 결정된다. 개개의 나뭇조각은 식물 생장에 영향을 주는 환경요인에 해당한다. 인간의 경우 햇빛이 부족한 밀림(아프리카 콩고 정글) 속에서 사는 피그미족(Pygmy)은 비타민 D 혹은 칼슘 부족으로 성인 남자의 평균 키가 150cm 이하이다.

level), 추가적인 수준 증가가 반응의 감소를 가져올 때 유독수준(toxicity level)이라 한다.

식물의 생장에 영향을 주는 환경요인에는 여러 가지가 있는데, 모든 요인이 적절한 수준에 있더라도 그중에서 어떤 한 가지 요인이 절대적으로 부족할 때(예: 부족한 햇빛, 특정 무기양분 결핍, 낮은 온도 등), 부족한 요인에 의하여 생장이 결정되는 현상을 최소량의 법칙(최소율, law of minimum)이라고 하며, 이때 부족한 요인을 제한요소(limiting factor)라고 한다(〈그림 16-2〉 참조).

물리학에서 스트레스(stress, 응력)는 어떤 물체에 외력을 가할 때 물체 내부에서 이에 저항하는 힘을 의미하지만, 생물학적 스트레스(biological stress)는 식물의 생장이나 발달을 둔화시키거나 생장에 불리하게 작용하는 환경 변화(원인)를 의미한다. 그리고 생물학적 변형(biological strain)은 스트레스에 의하여 변화되어 나타난 기능(결과)을 뜻한다.

환경이 변화하여 식물이 생장하기에 가장 적절한 상태에서 벗어남으로써 생장에 지장을 주면 식물은 스트레스를 받기 시작한다. 식물이 생장하기에 적절한 환경은 식물의 종류에 따라서 다르기 때문에 스트레스는 상대적인 개념이다. 즉 사막이나 고산지대에서 자라는 식물은 그러한 혹독한 환경에 이미 적응하면서 살아가고 있으며, 오히려 혹독하지 않은 보통 환경에서는 다른 식물과의 경쟁에서 생존할 수 없기 때문에, 그러한 식물에

〈표 16-1〉 수목에 스트레스를 일으키는 요인(혹은 인자)

요인 분류	내용
기후적 요인	고온, 저온, 바람, 한발, 홍수, 해일, 폭설, 낙뢰, 화산폭발, 산불
토양적 요인	건조, 과습, 무기양분 결핍, 극단적 산도, 중금속, 염분, 유독가스 유출
생물적 요인	병원균, 해충, 야생동물, 기생식물, 착생식물
인위적 요인	각종 오염(대기, 토양, 수질), 약제, 해빙염, 과다한 시비, 답압, 기계, 복토, 절도, 이식, 잘못된 전정, 물리적 충격
조림적 요인	밀식(경쟁), 지나친 간벌, 수확, 과도한 시비

는 사막이나 고산지대의 환경이 항상 스트레스를 준다고 할 수 없다. 스트레스를 일으키는 요인(혹은 인자)에는 여러 가지가 있는데, 〈표 16-1〉과 같이 크게 다섯 가지로 분류할 수 있으며, 이 장에서는 그중에서 일부 극단적인 요인들에 대해서만 다루고자 한다.

2. 고온 스트레스

식물이 생장하는 데 영향을 주는 여러 가지 환경요인 가운데 온도가 제한요소로 작용하는 경우가 많은데, 이것은 살아 있는 세포가 제 기능을 발휘할 수 있는 온도범위가 제한되어 있기 때문이다. 특히 효소를 포함한 단백질과 지질을 함유하고 있는 원형질막이 온도에 민감하게 반응을 나타냄으로써 식물이 생리적으로 활동할 수 있는 임계온도(臨界溫度, cardinal temperature), 즉 최고온도(maximum temperature)와 최저온도(minimum temperature) 사이의 범위가 좁아지게 된다. 온대지방에서 자라고 있는 식물의 임계온도는 보통 0~35℃ 정도이지만, 식물에 따라, 식물의 부위에 따라, 그리고 생리적 대사의 종류에 따라 차이가 있다.

생물이 견딜 수 있는 가장 높은 온도는 분화구의 유황 진흙에서 자라는 박테리아로서 110℃ 정도 된다. 그러나 고등식물의 세포가 견딜 수 있는 높은 온도의 한계선은 식물의 종, 조직의 나이, 노출기간에 따라 차이가 있으며, 대개 50~60℃ 정도 된다. 생리적으로 휴면상태에 있거나 수분이 적은 조직은 수분이 많거나 자라고 있는 조직보다 더 높은 온도에서 견딜 수 있다. 예를 들어 마른 종자는 120℃까지 견딜 수 있는 반면에, 자라고 있는 조직은 50~60℃에서 죽는다.

산림에서 부분적으로 온도가 올라가는 경우가 자주 있다. 여름에 검은 토양의 표면이 햇빛에 노출되면 65℃까지 올라가며, 이때 토양 표면 근처에 있는 남쪽의 수간이 피소(皮燒, sunburn)를 보이면서 죽는데, 대개는 형성층과 내수피의 사부조직이 괴사(壞死, lesion)한다. 또는 잎이 고온과 수분부족으로 인하여 타죽는 엽소(葉燒, leaf scorch)현상을 보이기도 한다.

일반적으로 고온에 의한 피해는 세포막 손상에서 비롯되는데, 세포막에 있는 지방질의 액화와 단백질 변성(變性, denaturation)으로 세포막이 제구실을 하지 못하고 물질이 새나온다. 잎의 경우에는 엽록체의 틸라코이드(thylakoid) 막(〈그림 4-8〉 참조)이 기능을 상실하여 광합성을 하지 못한다. 특히 명반응에서 산소를 발생시키는 광계 II가 열로 인하여 제대로 작동하지 못하게 되며, 루비스코(Rubisco) 효소와 루비스코 활성효소(activase)도 영향을 받아 암반응이 위축된다. 또한 고온과 더불어 나타나는 과다한 증산작용으로 인한 탈수현상과 이에 의한 수분 스트레스도 피해의 요인이 될 수 있다.

고온에 대한 인내(tolerance)는 식물이 고온에 노출됨으로써 생기는데, 이때 새로운 단백질이 합성된다. 고온에 의해 합성되는 단백질을 열충격단백질(熱衝擊蛋白質, heat shock protein, HSP)이라고 하며, 박테리아로부터 식물과 동물에 이르기까지 모두 비슷한 반응을 보인다. 식물을 고온(생육온도보다 5~15℃ 높은 온도)으로 처리하면 30분 이내에 열충격 단백질이 합성되며, 오랫동안 지속된다. 열에 대한 인내는 이 열충격 단백질로 인하여 생기는데, 가장 잘 알려진 예가 유비퀴틴(ubiquitin) 단백질이다.

유비퀴틴은 수목을 포함한 진핵생물(eukaryotic organism)의 세포질, 엽록체, 미토콘드리아에서 흔히 발견되는 조절단백질(regulatory protein)로 온도가 점진적으로 상승할 때 합성되는데, 온도가 별안간 상승해도 30분 내로 합성된다. 열로 인하여 손상되었거나 더 이상 필요가 없는 단백질을 찾아내 프로테아좀(proteasome; 단백질을 분해하는 효소 집단)을 도와서 단백질을 분해하고 수선하는 역할을 한다(Hopkins와 Huner, 2009). 유비퀴틴은 현재까지 주로 애기장대(*Arabidopsis*; 유채과의 풀)에서 연구되었으며, 수목에서는 아직 확인되지 않았다.

3. 저온 스트레스

식물에 스트레스를 주는 저온(低溫, low temperature)의 범위는 열대, 온대, 한대 지방의 수종에 따라서 크게 다르다. 온대지방의 경우 온대 북부지역 수종(냉온대 수종)과 온대 남부지역 수종(난대성 수종)의 내한성(耐寒性, cold hardiness)이 서로 다르므로, 특정 온도가 유발하는 저온 스트레스는 상대적이라고 할 수 있다.

1) 생육과 생존의 최저온도

생물이 생육(生育, growth)할 수 있는 최저온도는 생존(生存, survival)할 수 있는 최저온도와 다르며, 생존온도보다 더 높다. 어떤 박테리아는 -22℃에서 자랄 수 있으며, 지의류(바위옷, lichens)는 남극에서 -10℃에서 왕성하게 광합성을 할 수 있다. 오스트리아의 알프스 산맥에서 자라는 진달래류도 -8℃에서 광합성을 할 수 있다.

생물이 생존할 수 있는 최저온도는 그 한계가 없다고 할 수 있다. 왕성하게 자라고 있는 식물은 빙점 근처에서도 치명적으로 피해를 입지만, 자연적으로 서서히 순화한 식물은 아주 낮은 온도에서도 생존할 수 있다. 순화(馴化, acclimation)한 식물은 -40℃에서도 쉽게 생존하며, 버드나무류와 침엽수류는 생존할 수 있는 최저온도의 한계가 없다고 추측된다. 서양측백나무는 서서히 온도를 낮추면 -85℃에서도 죽지 않는다.

2) 저온순화

온대지방의 수목이 가을에 서서히 낮은 온도에 노출되면 기상변화에 적응하는 저온순화(低溫馴化, cold acclimation) 현상이 생기는데, 순화된 수목이 빙점 이하에 노출될 때에는 동해(凍害)를 거의 받지 않는다. 즉 처음 얼음 결정이 세포간극에서 생기며, 세포 내에 있는 수분이 세포 밖으로 이동하여 얼음 결정의 중심부인 빙핵(氷核, ice nucleus)에 모여 결정이 커지게 된다. 수분을 잃어버린 세포액은 농축되어 빙점이 더 내려가며 탈수상태에서 견디게 된다. 이 경우 -48℃까지 물이 얼지 않고 액체 상태로 남아 있는 과냉각(過冷却, deep supercooling) 상태가 되지만, 빙핵이 있거나 작은 충격으로도 얼음이 형성된다. 온대지방 활엽수의 사부, 목부 유세포, 동아, 종자 등에서 볼 수 있으며, 목부 유세포는 -38~-47℃에서 과냉각에 의한 동결이 이루어진다.

내한성이 매우 큰 수목인 자작나무, 오리나무, 사시나무, 버드나무류는 한대림(寒帶林, boreal forests)에서 자라는데, 과냉각에 의한 동결현상이 나타나지 않는 대신, 세포간극에서 결빙이 일어나면서 탈수가 진행되면 세포 내 흡착수(吸着水, bound water)를 제외한 모든 수분이 세포 밖으로 빠져나가고, 세포는 극심한 탈수상태에서 견디게 된다. 이러한 수종은 -196℃의 액체질소 처리에서도 살아 남는다(Salisbury와 Ross, 1992).

3) 냉해

냉해(冷害, chilling injury)는 보통 생육기간 동안에 빙점(氷點, freezing point) 이상의 온도에서 나타나는 저온 피해를 말한다.

열대와 아열대 지방의 수목은 15℃ 이하에서, 온대지방의 수목은 빙점 근처에서 피해가 나타난다. 특히 야간에 구름이 전혀 없어 지표온도가 급속히 내려갈 때 관찰된다. 열대지방의 커피나무 잎은 야간에 5℃에서 12시간 노출되면 잎이 괴사하며, 열대지방의 과일은 5℃보다 더 높은 온도에서도 피해를 받는데, 바나나는 12℃, 귤과 망고는 8~12℃에서 피해가 나타난다. 온대지방의 수목은 열대지방의 수목보다 저온에 더 잘 견디지만, 개화와 결실에 취약하다. 봄철 사과나무와 배나무는 0~5℃에서 수분과 수정에서 피해를 입어 수정이 되지 않거나, 늦여름과 가을에 온도가 너무 낮아서 광합성이 제대로 이뤄지지 않아 과일(예: 사과)의 당도가 낮아지거나 신맛을 내는 경우를 냉해로 부른다.

냉해를 유발하는 기작은 세포의 원형질막과 세포소기관(organelle)의 막 구조 변화에서 찾아볼 수 있다. 막 구조에 대한 지질학설은 평소에 막이 액정(液晶, liquid crystalline) 상태로 존재한다고 말하는데, 이러한 상태에서 막에 존재하는 효소가 제 기능을 발휘하면서 막의 투과성이 유지된다. 온도가 내려가면 막의 지질이 고체 겔(solid gel)화하면서 수축하며, 이로 인하여 막에 틈새가 생겨서 물질들이 새어나가 막이 제구실을 하지 못하게 된다. 막을 형성하는 인지질은 지방산을 함유하고 있는데, 포화지방산으로 된 지질은 불포화지방산 지질보다 더 높은 온도에서 고체화하기 때문에 저온에 더 취약하다. 따라서 냉해에 대한 저항성은 막 구조에서 포화지방산과 불포화지방산의 비율에 의해 결정된다고 믿어지며, 막지질을 구성하는 불포화지방산의 비율이 큰 식물은 그 비율이 작은 식물보다 저온에 대한 저항성이 커진다.

4) 동해

동해(凍害, freezing injury)는 빙점 이하의 낮은 온도에서 나타나는 식물의 피해를 말한다. 식물이 순화되지 않은 상태에서 빙점 이하의 온도에 노출되거나, 순화된 식물이라도 빠른 속도로 빙점 이하의 온도에 노출되거나, 견딜 수 없을 만큼 낮은 온도에 노출되면 식물은 동해를 입는다.

동해의 첫 번째 원인은, 온도가 빙점 이하로 내려갈 때 세포 내에서 얼음 결정(ice crystal)이 형성되어 세포막을 파손시키기 때문이다. 독일가문비나무의 침엽과 눈, 줄기가 얼면 세포막이 파손되면서 후에 세포 내의 전해질이 밖으로 유출되어 피해를 입는다. 두 번째 원인은 얼음 결정이 세포 밖에 생기더라도 원형질이 탈수상태를 견디지 못하기 때문이다.

저온순화가 되더라도 근본적으로 내한성이 약한 수종은 동해를 쉽게 입는다. 동백나무의 잎은 -12℃에서 피해를 입는데, 이는 저온순화에 관계없이 나타나며 난대수종의 한계점으로 보인다.

서리(frost injury, 상해(霜害)) 피해는 봄철에 새싹이 돋아나온 후 생기는 늦서리(late frost, 만상(晩霜))와 가을에 발생하는 첫서리(early frost, 조상(朝霜))로 나눌 수 있다. 새순이 야간에 -3~-5℃에 노출되면 얼어 죽는데(〈그림 16-3〉 참조), 세포 내 얼음 결정이 생겨 세포막을 파괴시키며, 침엽수에서 엽육조직의 붕괴와 세포질 응고현상을 볼 수 있다. 늦서리는 식물호르몬이 왕성하게 분비되는 시기에 관찰되기 때문에 대부분 다시 새순이 돋으면 자연적으로 회복된다. 반면 첫서리는 주로 자유생장을 하는 수목에서 관찰되는데, 심할 경우 나무 모양이 훼손되거나 나무가 죽는 경우도 있다.

한겨울에 수간의 남쪽 부위가 햇빛에 가열되면 그늘진 북쪽의 수간보다 20℃ 이상 온도 차이가 생겨서 일시적으로 조직의 해빙현상이 나타나는데, 일몰 후에 급격히 온도가 떨어지면서 조직이 동결하여 형성층 조직이 피해를 받는 동계피소(冬季皮燒, winter sunscald) 현상이 나타난다. 이 외에 수간이 동결하는 과정에서 단열이 되어 있는 안쪽 목재(심재)보다 바깥쪽 목재(변재)가 더 수축하기 때문에, 남쪽 수피가 낮에 녹았다가 밤에 얼면서 수직 방향으로 균열이 일어나는 상렬(霜裂, frost crack) 피해도 나타난다.

상륜(霜輪, frost ring)은 생육기간 중에 서리로 인하여 형성층의 시원세포에서 유래한 어린 세포(cambial derivatives)가 일시적으로 피해를 입으면서 나이테에 상처를 남긴 것이다.

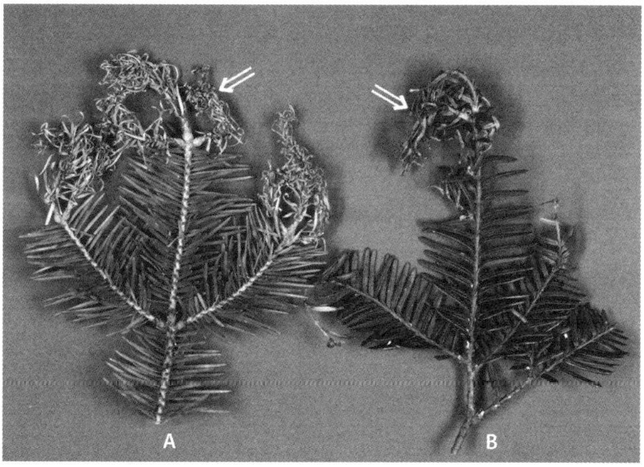

〈그림 16-3〉 봄철 늦서리 피해(화살표)로 새순이 죽은 전나무(A)와 주목(B)

봄철 늦서리 피해는 식물호르몬이 왕성하게 분비되는 시기에 발생하기 때문에 새순이 다시 돋으면서 대부분 자연적으로 회복된다.

5) 내한성

온대지방에서 자라는 수목은 겨울철 빙점 이하의 낮은 온도에서 견딜 수 있는 내한성(耐寒性, cold hardiness)을 갖는다. 〈표 16-2〉와 같이 내한성은 위도가 높은 분포지에서 자라는 수종, 즉 버드나무, 자작나무, 사시나무, 잎갈나무, 가문비나무, 전나무 등에서 높게 나타나서 -80℃까지 견딜 수 있다.

내한성은 수종에 따라서 크게 차이가 있으며, 소나무속 내에서도 북쪽 원산지인 폰데로사소나무, 몬티콜라잣나무(*Pinus monticola*), 콘토르타소나무(*Pinus contorta*) 등은 -60~-80℃에서 견디지만, 남부 소나무인 대왕소나무, 습지소나무 등은 -15℃까지만 견딜 수 있다.

(1) 기후품종

내한성은 한 수종 내에서도 지역품종에 따라 크게 차이가 나타나서 기후품종(氣候品種, climatic race)으로 인정하고 있으며, 설탕단풍, 폰데로사소나무, 루브라참나무 등에서 볼 수 있다. 일반적으로 북부 산지가 남부 산지보다 내한성이 크며, 이러한 특성은 생물계절학(生物季節學, phenology)과 관련이 있다. 즉 미송의 북부 산지는 남부 산지보다 동아 형성이 이르기 때문에 가을에 첫서리(早霜)의 피해를 적게 받으며, 독일가문비나무의 경우에는 봄

〈표 16-2〉 북미산 수종 분포지의 최저온도와 내한성의 한계(Sakai와 Weiser, 1973)

내한성 분류	수종명	나무명	분포지의 최저온도(℃)	내한성의 한계(℃)	구분
약	*Quercus virginiana*	버지니아참나무	-3.9~-6.7	-7~-8	상록수
중	*Magnolia grandiflora*	태산목	-9~-12	-15~-20	상록수
중	*Liquidamber styraciflua*	풍향수류	-18~-20	-25~-30	낙엽수
강	*Ulmus americana*	미국느릅나무	-37~-46	-40~-50	낙엽수
극강	*Betula papyrifera*	백자작나무	-46 이하	-80 이하	낙엽수
극강	*Populus deltoides*	미루나무	-32~-34	-80 이하	낙엽수
극강	*Salix nigra*	검은버드나무	-32~-34	-80 이하	낙엽수

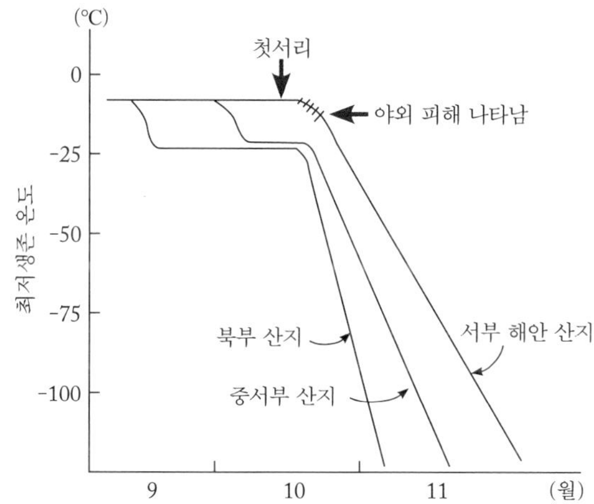

〈그림 16-4〉 미네소타주에 심은 층층나무 산지에 따른 시기별 내한성 차이(Weiser, 1970)

에 늦게 동아가 트는 산지를 골라서 북부의 추운 지방에 심으면 늦서리(晩霜)의 피해를 피할 수 있다. 미네소타주에 심은 층층나무(*Cornus stolonifera*)의 경우에도 북부 산지는 9월부터 내한성이 증가하는 반면에, 해안 산지는 10월 첫서리가 올 때까지 내한성이 생기지 않아 피해를 입게 된다(〈그림 16-4〉 참조).

(2) 내한성의 발달

① 발달 단계

온대지방 식물에서 내한성의 발달 과정은 보통 다음 세 단계, 즉 전휴면(前休眠, predormancy), 진정휴면(眞正休眠, true dormancy), 후휴면(後休眠, post dormancy)으로 진행된다고 알려졌으나(〈그림 16-4〉의 북부 산지와 중서부 산지), 자작나무, 너도밤나무, 참나무류의 경우 중간 단계 없이 두 단계로 진행된다고 알려졌다(Sakai와 Larcher, 1987).

첫 단계는 가을에 온도가 10℃ 정도로 내려가면서 일장이 짧아지면 피토크롬(phytochrome)이 짧아지는 일장을 감지하여 생장을 정지하면서 휴면에 들어간다. 냉온대 지방(cool temperate zone)에서 자라는 수목은 짧아지는 일장과 낮아지는 온도에 의해 내한성이 증가하며, 유칼리와 같은 난온대 지방(warm temperate zone)의 수종은 일장에는 반응을 보이지 않고 온도변화에 의해 내한성이 증가한다.

둘째 단계는 빙점 가까이 온도가 내려갈 때 단백질과 막지질의 합성이 이루어지면서 구조적인 변화가 생긴다. 이에 따라서 건강한 수목은 내한성을 제대로 갖게 되며, 병에 걸리거나 무기염류가 결핍되거나 탄수화물이 축적되지 않은 수목은 이런 합성능력이 부족하여 내한성이 제대로 생기지 않는다.

단계적으로 내한성이 발달되면 수목은 동시에 휴면상태에 들어가기 때문에, 겨울철에 잠깐 따뜻한 기간이 계속되더라도 내한성을 유지하게 된다.

② 생화학적 변화

내한성이 발달하는 과정에 생기는 생화학적 변화는 여러 가지가 알려져 있으나, 그중에서 당류, 지질, 수용성 단백질의 함량이 증가하는 것을 들 수 있다. 온도가 빙점 근처로 내려가 첫서리가 올 때까지 전분이 설탕으로 바뀌어 축적되며, 인지질과 당단백질(glycoprotein; 수용성 단백질에 해당)의 함량이 증가한다. 독일가문비나무의 경우 막의 지질 함량이 2배로 늘어나 저온에 의한 막의 고체 겔(solid gel)화를 방지한다. 포플러의 경우 온도가 낮아질 때 미세구조의 변화를 보면, 소포체(小胞體, endoplasmic reticulum, ER)의 수가 증가하고 액포의 크기가 작아지면서 그 속에 지방질 같은 물질(osmiophilic materials)이 축적된다. 이러한 변화로 인하여 세포 내 수분 함량이 감소하고 원형질의 빙점이 낮아지면서 기후순화가 완성된다.

내한성이 증가하면서 뚜렷하게 증가하는 것은 당류(sugar)이다. 당류는 전분의 가수분해로 생기며, 당류 중에서도 특히 설탕(sucrose) 함량이 증가하는데, 아까시나무의 수피에서도 〈그림 6-6〉과 같이 가을철에 당류의 함량이 늘어난다. 이것은 생장 정지와 호흡작용의 감소로 인하여 탄수화물의 이용이 감소하기 때문에 가능하다. 당류는 주로 액포 내에 저장됨으로써 탈수에 의한 피해를 적게 해준다.

내한성과 더불어 증가하는 단백질에는 동결방지 단백질(혹은 항결빙 단백질, antifreeze protein, AFP)도 포함되어 있다. AFP는 침엽수를 포함하여 여러 식물에서 발견되었는데, 저온에 노출되어야 비로소 합성된다. 겨울 호밀의 경우 저온에 순화하면서 에틸렌 가스가 생산되어 AFP의 합성을 유도하며, AFP가 원형질막과 합쳐지면서 밖에 있는 세포벽 표면을 덮는다. AFP는 세포벽과 세포간극에 있는 얼음 결정의 물분자와 결합하여 얼음 결정이 커지는 것을 방지한다(Hopkins와 Huner, 2009).

4. 바람 스트레스

바람(wind)은 화분과 종자 비산에 도움을 주고, 엽면의 공기 경계층(air boundary layer)의 두께에 영향을 주어 더운 여름날 햇빛으로 잎의 온도가 상승하는 것을 막아주며, CO_2 확산에 의한 공급을 촉진시켜 주는 긍정적인 면이 있다. 반면 과도한 증산작용, 풍도, 줄기의 기형 유도, 기공폐쇄, 잎의 손상, 토양침식 등 부정적인 면도 있다.

숲이 조성되면 바람의 속도가 상당히 감소하는데, 상록수림뿐만 아니

〈표 16-3〉 미국에서 관찰된 숲의 풍속감소 효과(Kittredge, 1948)

수종명(지역명)	나무명	숲 밖의 평균 풍속(km/h)	숲 내 풍속 감소율(%)
Pinus monticola (아이다호)	몬티콜라잣나무	2.4	82
Pinus banksiana (네브라스카)	방크스소나무	13.1	72
Aspen (콜로라도)	포플러류	5.3	68
Pseudotsuga menziesii (콜로라도)	미송	3.9	67
Pinus ponderosa (애리조나)	폰데로사소나무	9.0	49

라 낙엽수림도 이러한 방풍효과가 있음이 증명되고 있다(〈표 16-3〉 참조). 따라서 방풍림(防風林, windbreak 혹은 shelterbelt)을 조성하면 수목생장에 유리한 여러 가지 환경조건을 만들 뿐만 아니라, 증발산량이 감소하고 토양의 수분관계가 개선되어 주변 농작물의 수확량도 증가한다.

1) 풍해

풍해(風害, wind damage)는 바람에 의해 나타나는 물리적·생리적 피해를 말한다. 그중에서 수관이 한쪽으로 몰리는 기형(畸形)은 주풍(主風, prevailing wind)이 일정하게 불고 있는 지역에서 연간 풍속이 24km/hr(초속 6.6m) 정도 될 때 심하게 나타나는데, 이것은 내륙지방 평지에서 불고 있는 평균 풍속인 초속 1m보다 훨씬 빠른 속도이다. 기형을 가진 수목은 주로 바람이 세게 부는 바닷가와 고산지대의 수목한계선(樹木限界線, timberline)에서 볼 수 있다. 풍도(風倒, windthrow 혹은 blowdown)는 바람에 수간이 부러지거나(windsnap) 뿌리째 뽑히는 것(uprooted)을 의미하는데, 일반적으로 침엽수가 활엽수보다 피해가 더 크며, 특히 목재 강도가 낮은 소나무류, 가문비나무, 전나무류가 더 잘 부러진다.

일단 수간이 한쪽으로 기울면 수간과 수관의 무게로 인하여 압력이 가중되며, 폭우가 동반하면 토양이 부드러워져 뿌리째 뽑히는 경우가 늘어난다. 건강한 혼효림의 경우에는 수관이 크고 다른 나무보다 키가 큰 우세목(dominant tree)과 숲 가장자리(edge)에서 자라는 나무가 다른 나무보다 풍도에 약하다. 뿌리썩음병에 걸린 나무는 건강한 나무보다 풍도의 위험이 훨씬 크다. 라디아타소나무의 경우 뽕나무버섯류(*Armillariella*)와 사시나무류의 경우 말굽버섯류(*Fomes applanatus*)가 유발하는 뿌리썩음병에 의해서 쉽게 쓰러진다.

2) 생장

바람에 자주 노출된 수목은 수고생장이 감소하는 반면, 바람에 견디기 위해서 직경생장과 뿌리생장이 촉진된다. 바람이 심하게 부는 곳, 특히 수목 한계선 근처에서는 수고가 낮고, 수관이 깃발형(krummholz)으로 한쪽으로 발달하며, 포복성으로 되는 경우도 많다. 화분에 심은 사시나무류 실험에서 초속 6m의 바람은 잎의 생장을 반으로 감소시키고 괴사현상을 유발했으며, 전나무류의 경우에도 잎의 신장생장을 감소시켰다.

수목의 직경생장은 바람에 의해 일반적으로 촉진되고 초살도(梢殺度, tapering)가 증가한다. 수목은 평소에 바람에 노출됨으로써 뿌리발달이 촉진되어 바람에 대한 저항성이 증가한다. 테다소나무를 흔들리지 않게 붙잡아 두면 밑동의 직경생장이 감소하여 초살도가 작아지고, 풍도에 대한 저항성도 작아진다. 잎갈나무류의 경우에도 자유롭게 흔들리는 나무에서 목재생산량이 더 많으며, 대신 붙잡아둔 나무는 수고생장이 더 촉진된다.

이와 같이 바람이 불면 나무가 직경생장과 뿌리생장을 촉진하여 스스로 버티는 생리를 조경수 관리에 응용할 수 있다. 이식한 나무를 지속적으로 지주(support)로 매어놓으면 나무가 바람을 감지하지 못해 밑동생장과 뿌리생장이 저조해져 바람에 견디는 능력을 갖지 못하므로, 3년 차에는 지주를 제거해야 한다.

수간의 횡단면상에서 본 직경생장도 바람에 의해 불균형을 이룬다. 즉 형성층의 세포분열은 바람이 불어가는 쪽(leeward)에서 주로 일어나기 때문

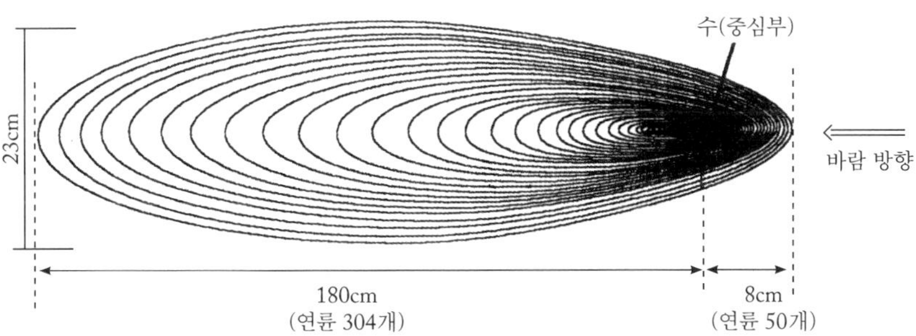

〈그림 16-5〉 미국 캘리포니아주 해안가 약 300년생 쿠프레수스(*Cupressus macrocarpa*)의 지상 7m 부위에서 바람에 의한 연륜의 편심생장(Oosting, 1956)

에 연륜이 한쪽으로 몰려 편심생장(偏心生長, eccentric growth)을 하여 긴 장·타원형의 모양을 갖게 된다. 극단적인 형태의 직경생장을 쿠프레수스에서 볼 수 있는데(〈그림 16-5〉 참조), 중심부가 편중되어 있어 바람이 불어오는 쪽으로 50개의 연륜에서 8cm의 생장을 보인 반면에, 반대쪽으로 304개의 연륜에서 180cm의 생장을 보였다(Oosting, 1956).

3) 이상재 형성

바람에 의해 수목이 한쪽으로 기울면 형성층의 세포분열이 비정상으로 편심생장을 하여 이상재(異常材, reaction wood)를 생산한다. 이상재는 바람이 수간을 구부리려는 힘에 저항하여 똑바로 서기 위해 나타내는 반응으로, 수직 방향으로부터 2° 정도만 기울어도 생긴다.

침엽수류는 수간이 기울어지거나 비탈에서 자랄 경우 바람이 불어가는 쪽 혹은 비탈 아래쪽에 이상재가 생기는데, 이것을 압축이상재(壓縮異常材, compression wood)라 하며, 아래쪽 형성층의 세포분열이 촉진되어 목부조직이 비대해지는 반면, 위쪽(바람이 불어오는 쪽)의 세포분열은 억제되어 편심생장을 한다(〈그림 16-6A〉 참조). 해부학적으로도 정상적인 목재의 구조와 다른데, 가도관의 길이가 짧고 세포벽이 두꺼워서 춘재-추재의 구별이 비교적 어려우며, 횡단면상에서 가도관이 둥글게 보이고 세포간극이 크다.

활엽수류는 수간이 기울어지거나 비탈에서 자랄 경우 바람이 불어오는 쪽(windward) 혹은 비탈의 위쪽에 이상재가 생겨서 신장이상재(伸張異常材, tension wood)라고 한다. 해부학적으로 볼 때 바람이 불어오는 쪽(위쪽)에 교질섬유(膠質纖維, gelatinous fiber)가 다량으로 생기며 도관의 크기와 수가 감소하는 대신, 두꺼운 세포벽을 가진 섬유의 수가 증가한다. 이로 인하여 설탕단풍처럼 경사지의 위쪽 나이테가 넓어지면서 편심생장을 하는 경우도 있으나(〈그림 16-6B〉 참조), 오동나무나 개오동나무와 같이 그렇지 않은 경우도 있다.

이상재의 형성은 식물호르몬의 재분배로 인하여 유도된다. 압축이상재

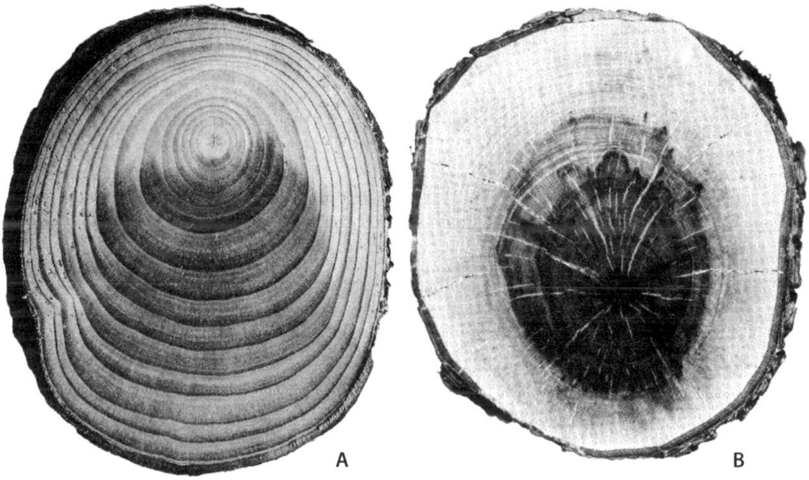

〈그림 16-6〉 침엽수의 압축이상재(A)와 활엽수의 신장이상재(B)

A: 침엽수(소나무)의 압축이상재는 경사지 아래쪽 형성층의 세포분열이 촉진되어 나이테가 비대해진다. B: 활엽수의 신장이상재(설탕단풍)는 경사지 위쪽의 나이테가 넓어져 비대해진다.

(자료 출처) A: 서울대 이필우 교수, B: Kozlowski(1971).

의 경우 기울어진 수간 아래쪽에 옥신(auxin)의 농도가 증가하여 세포분열이 촉진되고 넓은 연륜을 갖게 된다. 정아나 수간에 IAA를 처리하면 압축이상재가 생기는데, 천연적으로 생긴 이상재와 구별이 되지 않는다.

옥신 이외에 에틸렌(ethylene)도 이상재 형성에 관련된다고 보이는데, 에스렐(ethrel; ethylene을 생산하는 약제)을 라디아타소나무에 처리하면 압축이상재가 생긴다. 반면 곧게 서 있는 (한국) 소나무에 에틸렌을 처리하면 압축이상재가 생기지 않지만, 수간을 기울이면 둥글고 두꺼운 세포벽을 가지면서 리그닌(lignin) 함량이 높은 압축이상재를 형성한다. 또한 스트로브잣나무의 수간을 기울이면 에틸렌이 생산되면서 아래쪽에 압축이상재가 생긴다. 이와 같은 현상은 에틸렌이 스트레스(도복 위험)를 감지하여 반응을 유도함으로써 쓰러짐을 방지(세포분열 촉진)하는 것으로 해석할 수 있다. 에틸렌은 스트레스 호르몬(stress hormone)으로 알려져 있다(14장 9절 참조).

활엽수의 경우에도 이상재 형성은 비슷한 호르몬 기작에 의해 형성되지만, 형성생리가 침엽수와 대조적이다. 즉 반응이 기울어진 수간 위쪽에서 나타나며, 옥신 결핍으로 유도된다. 신장이상재의 경우 기울어진 수간 위쪽에 옥신의 농도가 감소하여 생긴다. 기울어진 수간 위쪽에 옥신을 처리하면 신장이상재 형성이 억제되며, 대신 옥신의 길항제(拮抗劑, antagonist)인 TIBA(triiodobenzoic acid)를 처리하면 이상재의 형성이 촉진되는 것으로 보아 짐작할 수 있다. 신장이상재 도관의 크기와 수가 감소하는 것도 옥신 결핍에서 비롯된다.

4) 증산작용

일반적으로 바람은 엽면의 공기 경계층(air boundary layer)의 두께를 감소시킴으로써 증산작용을 증가시킨다. 이러한 경향은 수분공급이 충분하고 풍속이 비교적 느릴 때 관찰되는 현상이지만, 풍속이 증가하면 수종에 따라 다른 반응을 나타낸다. 〈그림 16-7〉과 같이 여러 수종을 대상으로 풍속 증가에 따른 증산량을 조사해 보면, 오리나무와 잎갈나무는 풍속이 증가함에 따라 증산량이 증가하였지만, 독일가문비나무와 잣나무류는 감소하였다. 특히 진달래류는 급격히 증산량이 감소하였는데, 이것은 기공을 빨리 닫기 때문에 나타나는 현상이다.

바람에 의하여 기공이 닫히는 속도는 수종에 따라 차이가 있다. 설탕단풍은 비교적 작은 기공을 가지고 있으며(〈표 2-4〉 참조) 탈수가 되면 빠른 속도로 기공을 닫지만, 미국물푸레나무는 기공이 더 크며 표면이 왁스(wax)로 덮여 있어 기공이 닫히는 속도가 느리기 때문에 더 많은 증산작용을 하게 된다.

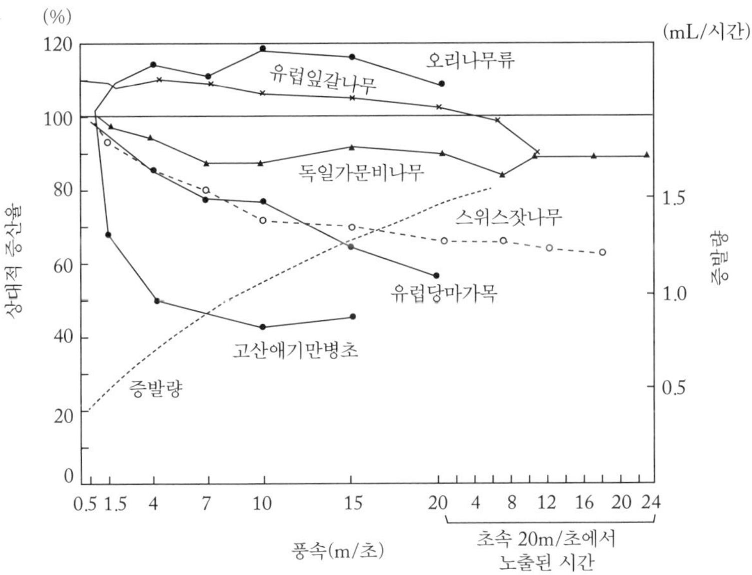

〈그림 16-7〉 풍속 증가에 따른 목본식물의 증산량 변화(Tranquillini, 1969)

5. 대기오염 스트레스

대기오염은 아주 경미할 때에는 수목에 피해가 없거나 생장을 촉진하는 경우도 있다. 그러나 만성적으로 오염의 정도가 증가하면 광합성과 무기양분 흡수를 방해하여 수목의 생장을 직접적으로 감소시키거나 수목의 건강상태를 해쳐 2차적으로 병해충 감염을 유발한다. 더 심하거나 급성적인 대기오염은 수목을 고사시킨다.

1) 대기오염 물질

대기오염(大氣汚染, air pollution)은 대기 중에 있는 물질이 정상적인 농도 이상으로 존재할 때 일컫는 말이다. 대기오염 물질(air pollutants)은 기체, 액체 혹은 고체 형태로 존재하며, 천연적으로 생기거나 인공적으로 생긴다. 오염원(汚染源, pollution source)에서 직접적으로 발생하는 오염물질을 1차 오

〈표 16-4〉 수목에 영향을 주는 대기오염 물질

형태	종류
황화합물	SO_x(SO_2, SO_3^{2-}, SO_4^{2-}), H_2S(황화수소)
질소화합물	NH_3(암모니아), NOx(NO, NO_2, N_2O)
탄화수소 및 산소화물	CH_4(메탄), C_2H_2(아세틸렌), 알코올, 에테르, 페놀, 알데히드
할로겐 화합물	HF, HBr, Br_2, CF_4, NH_4F
광화학 산화물	O_3, NO_3^-, PAN(peroxyacetylnitrate)
미립자(particulate)	검댕, 먼지, 미세먼지, 중금속(Pb, As, Cd, Cu, Ti 등)

염물질(primary pollutant)이라고 하며, 방출된 물질로부터 대기권에서 새롭게 형성된 물질을 2차 오염물질(secondary pollutant)이라고 한다. 〈표 16-4〉에 수목생장에 영향을 끼치는 여러 가지 대기오염 물질을 분류하였다. 표에는 탄소산화물(炭素酸化物, carbon oxide)이 포함되어 있지 않은데, 이산화탄소(CO_2)는 현재 지구 생태계에서 그 농도가 증가하고 있지만, 4장 7절에서 언급한 대로 식물에 부정적으로 작용하지 않으며, 일산화탄소(CO)는 100ppm 이하에서는 식물에 피해를 주지 않기 때문에 수목에는 오염물질이라고 할 수 없다.

2) 병징

수목의 여러 기관 중에서 외부 환경의 변화에 가장 예민하게 반응을 나타내는 곳은 유세포가 집중적으로 모여 있으면서 대사활동이 가장 왕성한 잎이다. 대기오염 물질은 기공을 통해 잎 속으로 들어가 엽조직에 피해를 주기 때문에, 가장 먼저 나타나는 병징(病徵, symptom)은 잎의 황화현상(黃化現象, chlorosis)이다. 만성피해(慢性被害, chronic injury)는 대기오염이 치명 농도 이하에서 장기간 계속될 때 황화현상으로 서서히 나타나는데, 기공 주변의 엽육조직에서 먼저 피해가 나타나면서 일부 조직의 괴사(壞死, necrosis)가 동반된다. 급성피해(急性被害, acute injury)는 치명적인 농도에 급속히 노출될 경우 기공이 있는 하표피와 엽육조직이 붕괴하고 엽록체가 뒤틀리면서 책상조직도 파괴된다. 통도조직은 비교적 피해를 적게 받는다.

오염물질이 한 가지일 경우에는 병징이 비교적 독특하게 나타나는데, 활엽수의 경우 아황산가스에 노출되면 잎 가장자리 조직과 엽맥 사이에 있는 조직이 먼저 황화현상을 일으킨다. 오존의 피해는 수종에 따라서 다르게 나타나지만, 잎에 주근깨 같은 작은 반점(斑點, fleck)이 많이 생긴다. PAN의 피해는 잎 뒷면에 광택이 나면서 후에 청동색으로 변색한다. 불소(弗素, F)는 기체 형태의 오염물질 중에서 가장 독성이 크게 나타나는 물실로 체내에 계속 축적되는데, 황화현상이 잎 가장자리에서 주맥(主脈, main

〈표 16-5〉 대기오염 물질에 의한 수목의 병징과 발단농도(Smith, 1990에서 요약)

오염물질	병징		발단농도 (ppm)
	활엽수	침엽수	
아황산가스 (SO_2)	잎의 끝부분과 엽맥 사이 조직의 괴사, 물에 젖은 것 같은 모양(엽육조직 피해)	물에 젖은 것 같은 모양, 적갈색 변색	민감 수종: 0.3~0.6에서 3시간, 1.0~1.5에서 5분 저항 수종: 0.8에서 3시간, 2.0에서 5분
질소산화물 (NOx)	초기: 흩어진 회녹색 반점, 잎의 가장자리 괴사, 엽맥 사이 조직 괴사(엽육조직 피해)	초기: 잎 끝의 자홍색~적갈색 변색, 잎의 기부까지 확대, 고사 부위와 건강 부위의 경계선 뚜렷	1에서 100시간, 1.6~2.6에서 48시간, 20에서 1시간
오존 (O_3)	잎 표면에 주근깨 같은 반점 형성, 책상조직이 먼저 붕괴, 반점이 합쳐져 표면이 백색화	잎 끝의 고사, 황색 반점, 왜성 및 황화된 잎, 조기낙엽	0.06~0.17에서 4시간, 0.1~0.25에서 2시간, 0.2~0.51에서 1시간
PAN (peroxyacetyl nitrate)	잎 뒷면에 광택이 나면서 후에 청동색으로 변색, 고농도에서 잎 표면도 피해(엽육조직 피해)	황화현상, 조기낙엽	0.2~0.3에서 8시간
불소 (F)	초기: 잎 끝의 황화, 잎 가장자리로 확대, 중륵을 따라 안으로 확대, 황화조직의 고사	잎 끝의 고사, 고사 부위와 건강 부위의 경계선 뚜렷	조직 내 함량($\mu g/g$) 민감 수종: 100, 저항 수종: 4,000, 0.75~50$\mu g/m^3$ 노출에서 수 시간 혹은 수 일간
중금속 (heavy metals)	엽맥 사이 조직의 황화현상, 잎 끝과 가장자리의 고사, 조기낙엽, 잎의 왜성화, 유엽에서 먼저 발병	잎의 신장 억세, 유엽 끝의 황화현상, 잎 기부로 고사 확대	조직 내 함량(ppm): Cd 7.0, Cu 128, Pb 135, Hg 25, Ni 37, V 7.7, Zn 740

vein) 혹은 중륵(中肋, midrib)을 따라 안으로 확대된다. 침엽수의 잎은 활엽수만큼 특징이 잘 나타나지 않지만, 아황산가스의 경우 잎의 끝부분이 적갈색으로 변한다. 만성적인 피해가 계속되면 2년생 이상 된 잎이 대부분 고사하고, 1년생 잎만 남게 된다.

잎의 표면에 있는 왁스층은 천연적으로도 마모되지만, 산성비(acid rain)나 대기오염 물질에 의해 마모가 촉진되어 왁스층의 두께가 얇아지며, 물방울이 잎에 납작하게 붙어서 물방울과의 접촉각(接觸角, contact angle)이 작아진다. 왁스층이 붕괴되면 잎에서 여러 가지 물질이 용탈되어 양분결핍을 나타내기도 한다. 〈표 16-5〉에 여러 가지 오염물질의 병징, 급성피해를 일으키는 발단농도(發端濃度, threshold dose)를 표시하였다.

3) 독성기작

대기오염 물질이 식물에 피해를 주는 독성기작(毒性機作)은 오염물질마다 다르지만, 근본적으로 엽록소 감소, 광합성 감소, 호흡량 증가, 잎의 노쇠 촉진 등을 유발한다. 특히 오존(O_3)은 가시적 피해를 가져오기 전의 낮은 농도에서도 잣나무, 참나무류, 단풍나무, 포플러에서 오존노출량에 비례하여 광합성을 감소시킬 정도로 예민한 반응을 불러온다.

(1) 아황산가스

아황산가스(sulfur dioxide, SO_2)는 기공으로 흡수되면 엽육조직 표면의 수분에 용해되어 일부는 중아황산염(HSO_3^- bisulfite)으로, 대부분은 아황산염(SO_3^{2-}) 형태로 변한다. 식물은 아황산염(SO_3^{2-})을 해독하기 위하여 황산염(SO_4^{2-})으로 산화시킨 후, 황(S) 대사 과정으로 이용하거나 황화수소(H_2S)로 환원시켜 기체 형태로 배출시킨다. 아황산염(SO_3^{2-})을 환원시키는 데에는 아황산 환원효소(sulfite reductase, SiR)와 광합성에 관련하는 환원된 페레독신(ferredoxin)이 사용되기 때문에 광합성 작용이 방해를 받는다. 특히 페레독신은 광합성에서 전자전달 기능을 담당하는데, 이 과정이 방해되면 여러 가지 독소가 생산되어 효소 기능과 막의 기능을 방해한다. 아황산염(SO_3^{2-})은 케톤이나 알데히드와 반응하여 히드록시술포네이트(hydroxysulfonate)를 형성하는데, 이것이 DNA와 RNA의 피리미딘(pyrimidine)과 반응한다. 이와 같은 복합적인 생화학적 변화로 인하여 가문비나무의 경우 기공의 개폐작용에도 이상을 초래하며, 기타 아미노산 대사, ATP 대사 등을 비정상으로 만든다(〈그림 16-8A〉 참조).

(2) 질소산화물

질소산화물(窒素酸化物, nitrogen oxides, NO_X)은 주로 자동차 배기가스에서 유래하며, 일산화질소(NO), 이산화질소(NO_2), 아산화질소(N_2O)를 통틀어 칭한다. 아황산가스(SO_2), 오존(O_3), PAN보다 피해가 적은 편이며, 1ppm 이상의 높은 농도에서 피해를 유발한다. 질소산화물 중에서는 NO_2(nitrogen dioxide)의 피해가 가장 큰데, NO_2는 기공을 통해 들어가면 엽육세포 표면의 물분자와 결합하여 아질산(HNO_2^-)과 질산(HNO_3)으로 변한다. 독성은 낮은 pH로 인하여 나타나기도 한다. 아미노산과 핵산으로부터 아미노기를 제거하는 탈아미노 반응(deamination)을 일으키며, 질산은 불포화 화합물과 반응하여 자유기(free radical)를 생산하여 조직을 파괴하는데, 이로 인하여 광합성이 억제되고(특히 NO_2^-; nitrite의 피해가 더 큼) 초산대사(acetate metabolism)가 방해된다.

(3) 오존

오존(ozone, O_3)은 주로 자동차 매연에 함유되어 있는 NO_X가 더운 여름 맑게 갠 날 대기권에서 자외선에 의해 산화될 때 생기는데, 기공을 통해 들어가면 엽육세포 표면의 물분자에 쉽게 용해되며, 초산화물(superoxide, O_2^-)과 OH·라디칼(OH·radical, hydroxyl radical) 같은 자유기를 형성하여 조직을 파괴한다. 식물은 방어작용으로 페록시다아제(peroxidase)와 카탈라아제(catalase) 효소를 생산하여 라디칼(radical)과 과산화수소(H_2O_2)를 제거하려

〈그림 16-8〉 아황산가스와 오존에 의한 피해

A: 아황산가스(SO_2)에 의한 곰솔 잎의 피해(잎 끝에 갈변현상이 생기며, 갈변한 죽은 조직과 산 조직의 경계선이 뚜렷하다). B: 오존(O_3)에 의한 포플러 잎의 피해. 포플러의 경우 성엽이 오존 피해를 먼저 받는다(작은 주근깨 같은 반점이 무수히 많이 생기고, 더 진전되면 갈색 반점이 크게 생긴다).

고 노력하며, 이로 인하여 호흡량이 크게 증가한다.

오존은 NADH, RNA, DNA, IAA, 단백질, 지질 등을 산화시키는 능력이 강하다. 이로 인해 세포막과 세포소기관의 막의 기능을 마비시키고, 엽록체의 기능장애를 일으켜 광합성을 방해하며, 줄기에서 뿌리로 이동하는 탄수화물의 양이 감소하여 뿌리의 발달이 둔화되는 것이 오존의 후유증이다.

오존 피해는 침엽수보다 생장이 빠른 활엽수에서 더 예민하게 나타나고, 어린잎이 항산화 물질을 더 왕성하게 만들기 때문에 저항성이 있으며, 따라서 초기 증상이 성엽에서 먼저 나타난다(〈그림 16-8B〉 참조).

(4) PAN

PAN(peroxyacetyl nitrate)은 다음과 같이 자동차 매연에서 발생한 NO_X와 탄화수소(炭化水素, hydrocarbon)가 자외선에 의해 광화학 산화반응(photochemical oxidation)으로 형성되는 2차 오염물질로, 광화학 산화물 중에서 가장 독성이 크다.

$$NO_X + \text{탄화수소} \xrightarrow{\text{자외선, } O_2} O_3 + PAN$$

PAN이 기공을 통해 들어가면 오존만큼 용해도가 높지는 않지만 물에 용해되며 불안전하기 때문에 다른 물질로 분해된다. 오존과 마찬가지로 세포막과 세포소기관의 막 기능을 마비시키며, -SH(sulfhydryl)기를 가진 효소와 반응하여 기능을 정지시키고, 지방산의 합성을 방해하며, 황을 함유한 화합물을 산화시킨다. 이로 인하여 탄수화물과 호르몬 대사를 비정상으로 만들고 광합성을 교란한다.

(5) 불소

불소(弗素, F, fluoride)는 알루미늄 제련소와 비료공장(예: 인광석)에서 주로 불화수소(hydrogen fluoride, HF) 가스 형태로 발생하는데, 기체상태의 오염물질 중에서 가장 독성이 크며, 체내에 흡수되면 계속 누적된다. 불소는 식물의 기공과 각피층을 통해 흡수되며, 금속 양이온과 결합하여 무기영양상태를 교란하고, 여러 가지 효소와 결합하여 효소의 작용을 방해한다. 이로 인해 세포벽 형성, 산소 흡수, 전분 합성 등이 억제된다. 소나무가 가문비나무보다 불소에 더 예민하다.

(6) 중금속

중금속(重金屬, heavy metals)에 의한 독성은 카드뮴(Cd), 구리(Cu), 납(Pb), 수은(Hg), 니켈(Ni), 바나듐(V), 아연(Zn), 크롬(Cr), 코발트(Co), 탈륨(Tl) 등에 의해 생긴다. 효소작용 방해, 항대사제(antimetabolite) 역할, 주요 대사

〈그림 16-9〉 토양 내 카드뮴(Cd)에 의한 박달나무 잎의 피해(국립산림과학원 제공)

물질의 침전 혹은 분해, 세포막의 투과성 변경, 그리고 주요 원소를 대치함으로써 여러 가지 생리적 기능의 장애를 초래한다(〈그림 16-9〉 참조). 어린잎에서 먼저 병징이 나타난다.

(7) 미세먼지

일반적으로 먼지(dust, 분진(粉塵))라고 할 때는 입자의 직경이 크고 바람에 의해서 날리는 흙이나, 화산폭발, 산불, 꽃가루 등 자연적으로 발생하는 물질과, 피부껍질, 머리카락, 의복·섬유, 석탄과 내연기관 연소에서 생기는 검댕(soot) 등 인간활동에 의해서 발생하는 물질을 의미한다. 부유먼지(suspended particulate matter, SPM)는 보통 직경이 50μm 이하의 입자를 의미한다. 에어로졸(aerosol)은 기체 중에 고체와 액체 입자가 분산된 것을 의미하며, 연기나 먼지, 안개, 구름을 예로 들 수 있다.

미세먼지(particulate 혹은 particulate matter, PM)는 공기 중에 떠다니는 고체형 혹은 액체형의 미세입자를 뜻한다. 보통 직경이 10μm보다 작은 먼지를 의미하는데, 직경이 2.5~10μm인 것을 PM_{10}, 1.0~2.5μm인 것을 $PM_{2.5}$,

1.0μm 이하인 것은 PM_1로 분류한다. 반면 초미세먼지(ultra particulate matter)는 보통 직경이 2.5μm보다 작은 입자를 말한다.

미세먼지는 먼지폭풍, 황사, 토양이나 도로 먼지, 바닷소금, 화산재, 산불, 화석연료 연소, 냉각탑, 볏단 소각, 꽃가루 등에서 발생한다. 꽃가루(pollen, 화분(花粉))의 직경은 5~200μm까지 다양하지만, 목본식물의 화분은 직경이 10μm(자작나무)부터 98μm(전나무)까지 있어 좁은 의미에서는 미세먼지로 분류되지 않을 수도 있다. 버드나무 화분은 인간에게 알레르기를 유발하지만 침엽수 화분은 그렇지 않다. 미세먼지는 인간의 호흡기를 통해 들어와 세계보건기구(WHO)에 의하면 1급 발암물질의 역할을 한다고 알려져 있다.

나무와 숲은 미세먼지를 흡착하거나 정화하는 기능을 갖고 있다. 수목은 잎과 수피의 표면이 불규칙하고 거칠기 때문에 미세먼지를 흡착할 수 있다. 또한 큐티클층에 부착된 미세먼지는 그 속으로 함몰되거나 광합성을 하면서 기공 안으로 들어가 흡수되어 정화되기도 한다. 수목의 기공 크기는 단풍나무의 경우 17μm부터 은행나무의 경우 56μm까지 다양하지만(〈표 2-4〉 참조), 대부분의 미세먼지가 기공을 통해 안으로 들어갈 수 있다.

수목이 미세먼지를 흡착하는 능력은 잎과 수피의 구조와 숲의 형태에 따라서 상당히 차이가 있다. 상록성이며, 잎이 작고 엽량이 많으며, 털이 많고, 표면이 거칠고, 가장자리에 굴곡이 많으면 흡착능력이 커진다. 따라서 잎이 작은 침엽수가 활엽수보다 흡착능력이 더 크다. 침엽수 중에서 주목, 측백나무, 낙우송, 엽초가 있는 소나무류, 활엽수 중에서 처진자작나무, 느릅나무, 팥배나무류가 흡착능력이 우수하다. 수피의 흡착능력은 거친 수피를 가진 참나무류가 매끈한 수피를 가진 전나무보다 더 우수한 것으로 알려져 있다. 숲의 형태도 큰 영향을 미치는데, 초본, 관목, 교목으로 복층림을 이루고 있는 우거진 숲은 식생의 표면적이 더 넓기 때문에 단순한 숲보다 흡착능력이 더 크다.

미세먼지가 수목에 미치는 영향에 대해서는 미세먼지의 크기와 농도에 따라서 차이가 있다. 미세먼지는 수목의 증산작용을 촉진하고 건조저항성을 감소시키는 것으로 알려져 있다. 황사와 같이 입자가 크고 고농도로 작용할 경우 소나무, 잣나무, 참나무류 묘목의 수고와 직경생장을 크게 감소시킨다. 잎의 미세먼지 흡착능력이 큰 수종일수록 기공전도도와 엽록소의 감소로 인해서 광합성이 더 감소한다. 이러한 현상은 봄과 가을에 미세먼지의 농도가 높을 때 주로 나타난다. 반대로 여름철 미세먼지 농도가 낮을 때에는 미세먼지가 햇빛을 산란시켜 수관 하부의 음엽이 광합성을 더 많이 하는 경향이 관찰되기도 한다(김현석, 2019).

미세먼지 노출량이 많은 도로변의 나무는 중금속 미세먼지의 영향으로 노출량이 적은 공원의 나무보다 더 큰 영향을 받게 된다. 그러나 미세먼지로 잎이 황화현상을 보이거나 나무가 고사하는 경우는 잘 관찰되지 않는다.

4) 수목생장

(1) 영양생장

산성비(acid rain, pH 5.6 이하)는 대기오염 물질인 아황산가스(SO_2)와 질소산화물(NOx)이 햇빛에 의하여 산화되어 황산기(sulfate, $SO4^{2-}$)와 질산기(nitrate, NO_3^-) 형태로 존재하며, 산림에 산성비가 내리는 초기에는 비료 역할을 하기 때문에 수목의 생장이 촉진되는 경우가 자주 있다. 그러나 토양의 산성화가 진전되면 생장장애가 나타나기 시작한다.

기체상태의 오염물질과 미립자 오염물질은 수목의 영양생장을 감소시키는데, 그 예가 많이 알려져 있다. 테다소나무의 경우 산성비와 오존으로 인하여 수고생장이 감소하며, 은단풍과 미루나무는 오존에 노출되면 잎의 생장이 감소한다. 이러한 생장 감소는 자작나무(*Betula pendula*)의 경우에는 오존으로 엽조직이 파괴되면서 가스교환이 장애를 받음으로써 나타난다. 피해를 입은 가문비나무의 잎에서는 옥신(IAA) 함량이 감소한다. 낙엽송, 소나무와 곰솔의 경우 SO_2에 노출되면 직경생장이 감소하며, 불소(F) 역시 미송에서 직경생장을 감소시킨다.

뿌리의 생장도 대기오염 물질에 의해 둔화된다. 미송의 경우 오존이나 SO_2에 노출되면 탄소동화물질이 주로 해독작용에 쓰이기 때문에 뿌리로 이동하지 않아 뿌리의 발달이 현저히 둔화되고 호흡량이 감소한다. 테다소나무와 참나무 균근의 형성도 SO_2에 의해 감소하며, 산성비도 스트로브잣나무의 균근 형성을 감소시킨다. 뿌리와 균근의 발달이 억제되면 궁극적으로 가문비나무와 같이 내건성이 감소하게 되어 산림쇠퇴(山林衰退, forest decline)의 한 원인이 된다.

(2) 생식생장

대기오염 물질은 수목의 생식생장에도 두 가지 측면에서 영향을 끼친다. 일반적으로 수목의 잎에 가해지는 피해는 수목의 활력을 감소시킴으로써 생식생장으로 분배할 탄수화물의 양이 부족하여 간접적으로 영향을 끼치거나 생식기관에 직접적인 피해를 줌으로써 나타난다. 〈그림 16-10〉에 생식생장 단계별로 대기오염의 영향을 받는 부분을 표시하였는데, 대부분의 단계에서 영향을 받게 된다(Smith, 1990).

우선 화아 원기 형성 단계에서 대기오염으로 광합성이 감소하여 탄수화물의 양이 부족해지면 생식생장을 자극하는 호르몬의 생산이 부적절하게 되며, 따라서 원기 형성이 저조해진다. 화분관의 생장도 대기오염으로 부진해지는데, 0.225ppm의 SO_2에서 화분관의 발아가 저조해지며, 단풍나

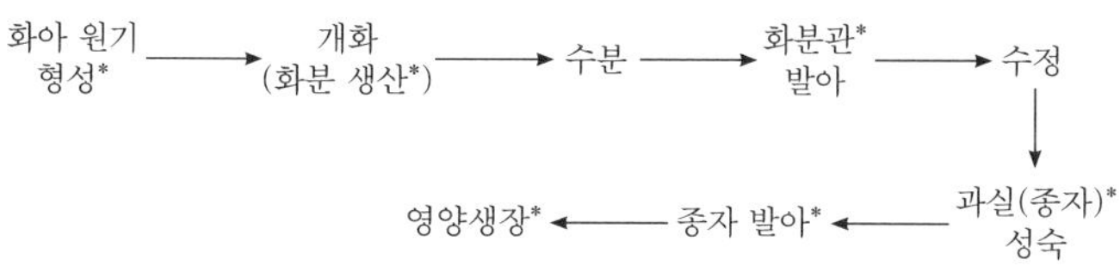

〈그림 16-10〉 대기오염에 의해 수목의 생식생장이 영향을 받는 단계(Smith, 1990의 변형)
*로 표시된 부분이 영향을 받는 단계이다.

무류도 산성연무 처리로 비슷한 경향을 보인다. 과실의 성숙도 영향을 받는데, 대기오염으로 구주소나무 솔방울의 크기와 종자 수가 감소하며, 노르웨이소나무와 스트로브잣나무의 경우에도 종자의 무게, 충실 종자의 비율, 종자발아 능력이 대기오염으로 감소한다. 종자의 발아율도 대기오염으로 감소하는데, 노르웨이소나무를 5pphm(0.05ppm)의 SO_2로 처리할 때 발아율이 반으로 감소한다.

산림의 수종 구성도 대기오염이 생식생장에 영향을 줌으로써 변화하게 된다. 예를 들면, 캐나다 뉴펀들랜드 지방의 인광석 광산 근처에서 불소 오염으로 인해 침엽수의 종자 생산이 저조하여 활엽수로 대체되는 것이 관찰되었다.

5) 조직용탈

조직용탈(組織溶脫, vegetative leaching)은 강우, 이슬, 연무(mist), 안개 등의 수용액에 의해 조직 내 물질이 조직 밖으로 빠져나가는 것을 의미한다. 강우는 조직 내의 무기염을 용탈시키는데, 모든 종류의 필수원소가 용탈되지만 그중에서 특히 칼륨(K)이 가장 많이 용탈되며, 그다음으로 칼슘(Ca), 마그네슘(Mg), 망간(Mn)이 용탈된다. 그 밖에 당, 아미노산, 유기산, 호르몬, 비타민, 페놀류 등의 유기물도 용탈된다.

대기오염 물질은 수목의 잎 표면 각피층의 왁스(wax)를 침식시켜 조직용탈을 유도하며, 수간류(樹幹流, stemflow)와 통과우량(通過雨量, throughfall)은 여러 가지 물질을 용해시켜 씻어내린다. 독일가문비나무의 경우 산성비로 K, Mg, Mn, Zn(아연)이 용탈되어 양분의 불균형을 초래하며 잎의 황화현상을 가져온다. 이때 SO_2나 O_3과 같은 산화물질이 산성비와 함께 작용하면 용탈작용이 가속화된다.

6) 수목의 저항성과 방어기작

대기오염에 대한 저항성은 수종에 따라, 잎의 나이에 따라, 생육조건에 따라 차이가 있다. 예외가 많이 있지만 수목의 대기오염 저항성은 대개 다음과 같이 요약할 수 있다.

① 속성수(速成樹)가 천천히 자라는 수종보다 대기오염에 약한 편이다. 속성수일수록 기공을 크게 열어 광합성을 많이 하면서 오염물질이 더 많이 들어오기 때문이다. 포플러류는 소나무류보다 오존에 더 예민한 반응을 보인다.

② 어린잎과 새순이 성숙잎보다 대기오염에 더 강하다. 어린잎이 SO_2, O_3, PAN에 대항하여 항산화 물질을 더 많이 만들기 때문에 저항성이 높아진다. 따라서 대기오염 피해는 침엽수, 활엽수 공통으로 성숙잎에서 먼저 나타나 조기낙엽을 유발하며, 새순과 어린잎이 살아있으므로 피해를 극복할 수 있다.

③ 광합성을 많이 하는 건강한 개체가 그렇지 않은 개체보다 항산화 물질을 더 많이 만들어 SO_2, O_3, PAN의 독성을 빨리 제거한다. 즉 햇빛을 충분히 받는 개체가 그늘에서 자라는 개체나 병든 개체보다 대기오염에 더 강하다.

④ 생장을 억제하면 저항성이 증가한다. 관수를 자주 하면 생장이 좋아지지만 그만큼 기공이 크게 열려 공해물질을 더 많이 흡수하여 피해가 커질 수 있다.

⑤ 질소비료는 생장을 촉진하여 저항성이 낮아지고, 칼륨비료는 환경스트레스에 대한 저항성을 높여 대기오염 저항성도 높아진다.

식물의 대기오염에 대한 방어기작은 산화력이 큰 SO_2, O_3, PAN에 대한 방어 차원에서 항산화 물질(抗酸化物質, antioxidant)을 만드는 기작으로 설명할 수 있다. 식물이 가지고 있는 항산화 기작은 항산화 효소(해독효소) 생산, 항산화 물질에 해당하는 카로티노이드(carotenoid) 생산, 그리고 활성산소를 제거하는 비타민 C 생산이다. 식물은 다양한 항산화 효소를 생산하는데, 페록시다아제(peroxidase)와 카탈라아제(catalase)를 예로 들

수 있다. SOD(superoxide dismutase)는 슈퍼옥시드(superoxide)를 제거하고, APX(ascorbate peroxidase)는 과산화수소(H_2O_2)를 제거하며, GPOX(guaiacol peroxidase)는 페록사이드(peroxide)를 제거한다. 해안소나무(*Pinus pinaster*)가 SO_2에 대한 저항성이 라디아타소나무보다 월등하게 큰 것은 이 세 가지 효소의 활동이 왕성하기 때문이다.

6. 염분 스트레스

식물은 고농도의 염분(鹽分, salt)을 가진 토양에서 살아남는 염생식물(鹽生植物, halophyte)과 살아남지 못하는 비염생식물(非鹽生植物, glycophyte)로 나눌 수 있다. 진정한 내염성을 가진 육상수목으로 열대지방에서 자라는 야자나무류와 해변무궁화(*Hibiscus tiliaceus*)는 쓰나미(tsunami) 피해를 극복한다(〈그림 16-11〉 참조). 국내 목본식물 중에서 바닷가에서 자라는 순비기나무(*Vitex*)와 위성류(*Tamarix*)가 염생식물로 분류되지만, 바닷물이 직접 덮치면 살아남지 못하기 때문에 대신 염분이 있는 바닷바람에 견디는 내조성(耐潮性) 수목으로 간주해야 한다.

염분 스트레스(salt stress)는 사막지역, 바닷가, 염분을 함유한 관개수 사용 시 식물에 발생한다. 식물은 염분으로 수분퍼텐셜이 낮아진 토양에서 수분을 흡수해야 하고, 토양 중의 나트륨(Na^+)과 염소(Cl^-) 이온의 독성으로부터 뿌리를 보호해야 한다. 바닷가에서 더 잘 자라는 갯능쟁이(*Atriplex*)는 염분을 계속 흡수하여 체내의 수분퍼텐셜을 더 낮춤으로써 맞대응하는 염분축적자(salt accumulator)로 분류된다. 반면 망그로브(mangrove)는 염분을 철저히 배제하면서 대신 프롤린(proline), 갈락토실 글리세롤(galactosyl glycerol), 유기산(organic acid)을 축적하여 삼투압을 낮추는 염분조절자(salt regulator)로 분류된다. 염생식물이 삼투조절 물질로 가지고 있는 화합물에는 프롤린, 글리신 베타인(glycine betaine, trimethylglycine), 만니톨(mannitol),

〈그림 16-11〉 육상식물 중 내염성이 가장 강한 야자나무류(A)와 해변무궁화(*Hibiscus tiliaceus*)(B)
2004년 12월 26일 인도네시아 쓰나미 피해로 초토화된 바닷가에서 야자나무와 해변무궁화가 유일하게 살아남아 있다.

소르비톨(sorbitol), 설탕 등이 있다. 망그로브는 침투하는 염분을 밖으로 배출하는 염류샘(salt gland)도 가지고 있다(〈그림 10-4〉 참조).

염분이 많은 토양에서 식물은 칼륨(K^+)을 흡수하는 데 어려움이 있다. 칼륨 흡수 과정에서 나트륨(Na^+)이 함께 경쟁하여 이를 방해하기 때문이다. 이 경우 토양 중에 칼슘(Ca^{++})이 충분히 있으면 식물이 칼륨을 쉽게 흡수하게 되어 나트륨의 독성을 해결해 준다. 과다한 나트륨이 원형질막 표면을 둘러싸 제 기능을 하지 못해 칼륨이 새어나올 때, 칼슘이 이를 방지하고 원형질막을 보호하는 것으로 알려져 있다.

염분 스트레스가 있을 때 식물이 방어용 단백질을 합성하기도 한다. 그 중에서 오스모틴(osmotin)은 분자량이 적은 단백질이다. 담배의 경우 염분 스트레스를 받을 때 아브시스산(abscisic acid)이 생산되면서 오스모틴 단백질 합성이 진행되는데, 염분 스트레스를 극복하는 데 도움을 준다고 한다. 아직 목본식물에서 그 존재가 확인되지는 않았다.

7. 생물적 스트레스

생물적 스트레스(biotic stress)는 병균이나 곤충의 공격을 받을 때 나타난다. 식물이 병원균의 공격을 받으면 여러 가지 2차 대사물질을 만들어 자신을 방어하는 과민반응(過敏反應, hypersensitive reaction)을 보인다. 대표적으로 만들어지는 2차 대사물질로 테르페노이드(terpenoid), 글리코시드(glycoside), 알칼로이드(alkaloid) 같은 피토알렉신(phytoalexin; 미생물 공격에 대한 방어용으로 합성되는 저분자 물질의 총칭)과 이소플라보노이드(isoflavonoid)를 들 수 있으며, 리그닌(lignin)을 세포벽에 추가해 장벽을 만들어 병원균의 전파를 막기도 한다. 피토알렉신의 예로서 강낭콩의 파세올린(phaseolin)과 완두콩의 피사틴(pisatin)을 들 수 있으며, 수목의 경우에는 피나무에서 발견되는 세스키테르펜(sesquiterpenes; 정유의 일종, 〈표 8-3〉 참조)과 포도껍질에 있는 페놀(phenol)의 일종인 레스베라트롤(resveratrol)이 알려져 있다.

미생물의 공격을 받으면 살리실산(salicylic acid)이 생산되어 병원성 관련 단백질(pathogenesis-related protein, PR단백질)의 합성을 유도한다. PR단백질은 박테리아와 곰팡이의 세포벽을 녹일 수 있다. 예를 들어 미생물의 세포벽을 분해하는 β-1,3-glucanase와 미생물의 단백질 분해효소(proteinase)를 무력화하는 프로테아제 억제제(proteinase inhibitor)를 생산하여 대항한다. 식물이 곤충의 공격을 받으면 어린 조직에서 재스몬산(jasmonic acid)이 생산되어 신호를 전달하는 2차 전달자(second messenger)의 역할을 하여 다른 방어물질의 생산을 촉진한다.

미생물의 공격에 의한 국부적인 자극은 과민반응을 유도하며, 시간이 지나면서 그 신호가 전신으로 확산되어 식물이 전신획득 저항성(systemic acquired resistance, SAR)을 갖게 된다. 이런 신호전달 과정에 살리실산이 관여하는 것으로 알려져 있다(이진범 등, 2016).

8. 산림쇠퇴

산림쇠퇴(山林衰退, forest decline)란 넓은 지역에서 자라는 한 수종 혹은 여러 수종에서 활력이 점진적으로 혹은 급격히 감퇴하거나 집단으로 고사하는 현상을 뜻하며, 산림고사(山林枯死, forest dieback)라고도 한다. 산림쇠퇴 현상은 1970년대 초에 서독의 전나무(*Abies alba*)에서 처음 관찰된 후, 독일과 유럽, 북미주에서 참나무류, 너도밤나무와 가문비나무 등에서 관찰되었다(Smith, 1990).

산림쇠퇴는 분포가 불규칙하며 주로 성숙림에서 관찰되는데, 무생물적 요인에 의해 쇠퇴가 시작된 후, 최종적으로는 생물적 요인에 의해 수목이 죽게 된다.

산림쇠퇴 증상으로서 눈에 띄는 것은 수목의 활력(活力, vigor) 감소와 고사이다. 잎의 크기 감소, 줄기와 절간 및 직경생장 감소, 황화현상, 조기 낙엽, 가지 고사, 수관 쇠퇴, 부정아 발생, 세근 고사 등 수목의 건강이 점진적으로 나빠진다. 침엽수의 경우에는 침엽이 수년간 살아 있는 것이 정상인데 2~3년생 침엽이 먼저 황화현상을 나타내면서 탈락하며, 이는 수관 아래쪽에서부터 시작된다.

산림쇠퇴의 원인은 수종과 대륙에 따라서 약간의 차이가 있으나, 여러 스트레스 요인이 복합적으로 작용하여 나타나는 복합 스트레스설(multiple stress hypothesis)이 가장 유력하다(Prinz, 1987). 이 주장의 1차적인 원인은 만성적인 대기오염(SO_2, O_3, NOx)으로 인한 생장 감소와 광합성 조직의 파괴, 산성비에 의해서 잎의 왁스층 붕괴로 인한 무기양분(K, Mg, Ca)의 용탈과 뿌리의 양분흡수 장애로 야기된 무기영양의 불균형, 토양 산성화로 인한 토양 알루미늄(Al) 독성 등이다. 2차적인 원인은 1960년대부터 20년간 계속된 한발, 저온, 바람 등의 불규칙한 기후조건에 대한 저항성 약화와 활력이 약해진 수목에 대한 병해충(뿌리썩음병, 나무좀)의 피해이다.

산림쇠퇴 현상은 1970년대와 1980년대에 산업화가 진행된 유럽과 북미 동북부 지역에서 심각한 수준을 보였지만, 그 이후 국제적으로 대기오염 수준을 강화하면서 화력발전소의 탈황(脫黃)장치와 자동차 매연 저감장치의 의무화를 통해 대기의 질이 향상되고 산성비 사례가 감소함으로써 지금은 그 피해가 줄어들고 있다. 대신 기후변화로 인한 건조피해가 세계적으로 증가하고 있다. 우리나라의 경우에는 공단 주변에서만 급성 피해가 관찰되며, 만성적인 산림쇠퇴 현상은 기후변화와 연관되어 제주도의 구상나무림에서 관찰되고 있다.

9. 수분 스트레스

수분부족으로 인하여 생기는 수분 스트레스는 10장 6절을, 내건성에 관한 것은 10장 7절을 참고한다.

10. 복토와 심식

농업에서 객토(客土, soil dressing 혹은 soil conditioning)는 새로 개간한 땅과 계속된 농사로 땅이 척박해질 때 씨앗을 뿌리기 전에 좋은 흙을 가져와 토양을 개량하는 농사법이다. 토목에서 성토(盛土, banking 혹은 fill)는 수목이 자라지 않는 낮은 지역에 흙을 대량으로 부어 땅을 높이는 공사를 말한다.

조경에서 복토(覆土, soil fill)는 이미 나무가 자라고 있는 곳에 흙을 부어 땅의 높이가 높아지는 것을 말하며, 심식(深植, deep planting)은 나무를 옮겨

심을 때 쓰러질 것을 염려하여 전보다 깊게 심는 행위를 말한다. 복토와 심식은 살아 있는 나무에 어떤 영향을 미칠까? 나무뿌리는 지상부의 잎과 마찬가지로 쉬지 않고 호흡을 한다. 가는 뿌리는 수명이 1년 정도이기 때문에 봄부터 가을까지 쉬지 않고 새로 만들어지며, 세포분열을 하느라 호흡작용을 매우 활발하게 한다. 호흡작용에는 산소가 반드시 필요한데, 산소는 땅속 깊이 들어갈수록 그 농도가 희박해진다.

가는 뿌리는 산소공급이 쉬운 토양 표면 근처에서만 자라며, 가는 뿌리의 90% 이상이 지표면 20cm 깊이 이내에 모여 있다. 우거진 숲에 가면 두꺼운 낙엽층 바로 밑에 가는 뿌리들이 많이 모여 있는 것을 봐도 알 수 있다. 복토와 심식은 이미 자라고 있는 근계(根系) 위에 흙을 덮는 행위이므로 뿌리의 산소공급을 방해한다. 복토가 나무생장에 미치는 영향은 복토의 깊이와 흙의 종류(토성)에 따라 매우 다르게 나타난다. 토양입자가 작아 공기 유통이 안 되는 진흙으로 깊게 복토하면 뿌리는 수개월 내로 죽는 반면, 입자가 굵은 왕모래로 복토하면 산소공급이 어느 정도 이루어져 그 영향이 훨씬 적게 나타난다. 어떤 종류의 흙이건 20~30cm 이상 복토하면 뿌리생

〈그림 16-12〉 복토로 인해 땅속에 묻힌 밑동이 썩어버린 목련(화살표 부분)

장에 지장을 준다.

복토와 심식 피해로 인한 초기 증상은 새로 나온 잎의 황화현상과 왜소화, 가지생장 위축, 그리고 조기낙엽이다. 더 진행되면 가지 끝부터 서서히 죽어 내려와서 마치 가지마름병(지고병(枝枯病))처럼 보이면서 수관의 크기가 작아진다. 이때 뿌리도 함께 외곽으로부터 안쪽으로 서서히 죽어 들어오지만, 겉으로 보이지 않아 초기 진단에 어려움이 있다.

복토는 뿌리의 생장 억제 이외에도 땅속에 묻힌 나무 밑동의 수피에도 악영향을 준다(〈그림 16-12〉 참조). 수피가 땅속에 묻혀 과다한 수분으로 썩으면 형성층도 죽게 되고, 잎에서 만든 설탕을 뿌리로 내려보내는 사부(篩部)조직이 붕괴되면서 설탕 이동이 중단되어 뿌리가 죽는다. 이러한 수피의 부패는 매우 서서히 진행되기 때문에 나무가 완전히 죽는 데 20년 혹은 그 이상이 걸리기도 한다.

11. 기후변화와 지구온난화

1) 광합성과 증산작용

지구온난화(地球溫暖化, global warming)는 대기 중의 CO_2 농도가 증가하여 생기는 현상으로, 기후변화(氣候變化, climate change)를 초래한다. 기후변화는 식물에 여러 가지 측면에서 영향을 미친다. 우선 공기 중의 CO_2 농도가 증가하면 광합성이 증가한다. CO_2 가스는 기공으로 들어가서 엽육세포의 세포벽과 세포막을 어렵게 통과하여 물로 포화된 세포질에 탄산이온(HCO_3^-)으로 용해되어야 비로소 엽록체가 CO_2를 이용할 수 있는데, 공기 중 CO_2 농도가 0.04%로 낮은 편이기 때문에 광합성을 담당하는 엽록체의 루비스코(Rubisco) 효소는 항상 CO_2가 부족하게 된다.

루비스코 효소는 CO_2와 O_2를 동시에 기질(基質, substrate)로 이용하여 광합성 혹은 광호흡을 하는데, O_2 농도는 21%로 높아 친화력이 커서 광호흡을 쉽게 진행하며, 반면 CO_2 농도는 낮아서 광합성이 느리게 진행된다. 따라서 CO_2의 증가는 광호흡보다 광합성을 더 증가시킨다. 예를 들어 C-3 식물의 경우 CO_2 농도가 2배로 늘어나면 광합성이 25~75% 증가하는 반면, C-4 식물은 CO_2 증가에 따른 광합성 증가량이 거의 없는 편이다.

광합성(특히 암반응)은 효소에 의한 화학반응이기 때문에 온도의 영향을 받는다. 온도상승은 광합성에 영향을 미치지만, 식물은 수분공급이 원활하면 온도상승에 잘 적응할 수 있다. 광합성에 적합한 온도는 식물(열대와 온대 식물)에 따라서, 그리고 자라는 환경(평지와 고산지대)에 따라서 다른데, CO_2 농도가 증가하면 적정온도도 상승하는 경향이 있다.

그러나 지구온도가 2℃ 상승하더라고 광합성 속도가 크게 증가하지 않을 것으로 보인다. 온도상승은 대기를 더 건조하게 만들어 증산작용을 촉진하여 기공이 적게 열릴 가능성이 있기 때문이다. CO_2 농도가 증가하거나 기후변화로 낮과 밤의 온도차가 줄어들면 기공이 닫히는 경향이 있어 증산작용은 감소한다. 또한 고산지대의 식물은 평소에 온도가 낮기 때문에 광합성량이 적은 편이며, CO_2가 증가하더라도 낮은 온도 때문에 광합성량이 많이 증가하지 않는다.

2) 식생변화와의 관계

식물이 광합성으로 생장하기 위해서는 토양에서 무기양분을 흡수해야 하며, 기후변화에 따른 식물의 생장은 무기양분의 영향을 받게 된다. 토양 미생물이 유기물을 분해하는 데 온도에 비례하여 활동이 활발해지므로, 무기양분의 공급은 온도의 영향을 받는다. 온도상승은 미생물에 의한 유기물의 광물질화를 촉진하여 무기양분의 공급을 증가시키므로 양분이 결핍된 토양, 특히 산림토양의 경우 광합성을 증가시킨다.

기후변화는 CO_2 농도와 온도를 함께 상승시켜 전 지구적 측면에서 산림 생태계의 생산성을 증가시킬 것으로 예상된다. 그러나 국부적으로는 잦은 폭염과 가뭄으로 인하여 적응능력이 부족한 식생의 도태가 진행되고,

숲의 종 구성이 단순화되며, 수분이 부족해지는 곳에서는 사막이 확대될 것으로 추측된다.

기후변화는 국부적인 강수량에 영향을 주며, 토양수분도 식물생장에 큰 영향을 미친다. 기공은 토양에 수분이 충분히 있어야 지속적으로 열려서 광합성을 수행할 수 있으며 증산작용도 원활해져 무기양분의 이동이 가능해진다.

앞에서 언급한 대로, 식물의 생장은 광합성, 증산작용, 무기양분과 수분 흡수 같은 기본적인 생리적 대사를 통해 이루어지므로, 기후변화가 식생에 미치는 영향은 CO_2 농도, 온도, 토양의 무기양분, 수분이용과의 복잡한 상호작용에 의해서 결정되며, 식물 고유의 유전적 특성(지역품종의 개념)도 영향을 미친다. 결국 CO_2와 온도의 상승 정도, 지역 기후의 특성, 토양의 수분과 양분 제한 정도에 따라서 식생변화(vegetation change)와 식생천이(plant succession)는 지역적으로 그리고 대륙별로 다르게 나타난다고 할 수 있다(Kirschbaum, 2004).

3) 지구온난화와 수목 관리

2005년 기준으로 지구의 평균기온이 0.74℃ 상승하고, 한반도의 기온은 1.6℃가량 상승했다고 한다. 현재의 추세로 보면 세계 기온은 10년마다 0.2℃씩 상승하고 있다(IPCC, 2018). 이 정도의 온도상승만으로 수목에 치명적인 피해나 큰 스트레스를 주는 것은 아니다. 그러나 위험한 것은 지구온난화에 따른 잦은 기상이변이다. 여름에 폭염, 겨울에 한파 혹은 이상난동(異常暖冬, warm winter)이 찾아오기 때문이다. 건강한 산림수목은 어느 정도의 온도변화, 특히 한파를 감내할 수 있다. 문제는 여름철 폭염과 겨울철 이상난동 시 동반되는 가뭄이다. 지구온난화로 인한 가장 심각한 문제는 결국 수분부족 현상이다.

한국과 같이 경사지에만 숲이 만들어져 있고 과거에 산림이 파괴되어 표토(表土, 겉흙, surface soil)가 씻겨나가 토심(土深, soil depth)이 얕아진 산림

〈그림 16-13〉 지구온난화 현상으로 겨울철 이상난동과 가뭄이 겹쳐 봄철에 대규모로 말라죽은 잣나무 조림지(2007년 5월 충북 진천)(사진: 나용준 제공)

에서 수분부족은 자주 관찰된다. 특히 늦은 봄과 장마가 끝난 8월과 9월 폭염 중에 나타나는 가뭄, 따뜻한 겨울, 건조한 봄 날씨, 지연되는 장마로 인하여 비가 오지 않을 때 자주 관찰된다. 강우가 동반되지 않은 건조한 이상난동이 찾아올 때 낙엽수인 참나무류는 증산작용을 거의 하지 않지만, 상록수인 소나무, 잣나무, 주목, 향나무는 증산작용을 하기 때문에 수분 스트레스를 심하게 받는다. 결국 해토가 된 후 봄철에 잎이 누렇게 죽는 현상이 발생하여 마치 추운 겨울의 동계건조(冬季乾燥; 늦은 겨울 북향 땅이 얼어 있을 때 훈풍으로 과다한 증산작용에 의한 상록수의 건조 피해) 증상과 흡사하지만, 정반대로 지구온난화로 인한 피해이다(〈그림 16-13〉 참조). 따라서 옮겨심은 나무(특히 상록수와 가는 가지가 많은 낙엽수)는 이상난동과 가뭄이 함께 동반될 때에는 겨울철에도 관수를 해야 한다.

12. 수목의 노화와 수명

동물은 일정한 수명(壽命, longevity)이 있는 반면, 수목은 수천 년간 살아남으므로 잘 노화하지 않는다고 할 수 있다. 인간의 경우 심장, 허파, 간, 콩팥 등 중요한 장기가 노쇠하면 수명을 다하게 된다. 대신 수목은 동물처럼 노쇠해지는 장기를 가지고 있지 않으며, 매년 새싹을 내보내 어린 조직을 만들어 냄으로써 다시 젊어진다고 할 수 있다. 매년 새싹을 만들면서 쓰러지지 않고 버티면 나무는 미국 네바다주의 롱가에바잣나무(*Pinus longaeva*)처럼 5천 년을 살 수 있다. 그러나 수목은 자라는 과정에서 갖가지 스트레스를 받으면서 조금씩 노화한다. 수목의 노화(老化, aging)는 다음과 같은 원인으로 설명할 수 있다(Kramer와 Kozlowski, 1979)

첫째, 생식생장과 영양생장 간의 경쟁이다. 열매는 양분을 독점하기 때문에 나머지 조직에 영향을 준다. 자작나무의 경우 종자 풍년이 오면 수관이 쇠퇴하는 경우가 자주 관찰된다. 사과나무건 소나무건 열매를 제거하면 잎과 줄기의 영양생장이 촉진된다. 그러나 열매가 어느 정도까지 나머지 조직에 양분 불균형과 노쇠를 초래하는지에 대해서는 잘 알려져 있지 않다.

둘째, 동화작용과 이화작용 간의 불균형이 생긴다. 동화작용(同化作用, anabolism)은 광합성과 같이 저분자 화합물에서 고분자 화합물을 합성하는 과정으로 에너지를 생산한다. 이화작용(異化作用, catabolism)은 호흡과 같이 고분자 화합물을 저분자 화합물로 분해하는 과정이며 에너지를 소비한다. 수목이 몸체가 커지면서 동화작용을 하는 잎보다 이화작용을 하는 수간과 뿌리의 비율이 커지면 에너지 생산보다 소비와 호흡작용이 증가하면서 조금씩 노화한다는 해석이다.

셋째, 물질의 장거리 이동이 어려워진다. 수목의 키가 커지면서 탄수화물, 물, 무기양분, 호르몬을 장거리로 이동해야 하는데, 거리가 멀어질수록 이동이 점점 더 어려워진다. 사과나무뿐만 아니라 일반 거목에서도 뿌리로부터 거리가 멀어질수록 가지의 활력이 떨어진다. 수분과 무기양분이 부족

〈그림 16-14〉 벚나무(A)와 주목(B)의 수피 및 목부조직 상태

수명이 짧은 벚나무(A)의 수피와 목부조직은 쉽게 부패하는 반면, 1,400년 동안 장수하는 주목(B)의 수피와 목부조직은 잘 썩지 않는다.

할 때 뿌리로부터 가장 멀리 있는 눈과 가지가 먼저 쇠약해진다.

넷째, 병해충과 부패에 대한 저항성이 낮아진다. 나이가 들수록 특수 병원균에 대한 저항성이 약해지고, 가지가 부러질 때마다 부후균에 감염될 위험성이 더 커진다. 즉 바이러스 수가 몸속에서 증가하며, 죽은 세포로 구성되어 저항력이 약해진 심재가 부패할 가능성이 점점 더 커져 바람에 쓰러질 위험성이 생긴다. 장수하는 수종은 심재가 잘 부패하지 않도록 목재부후에 대한 방어벽을 구축하는 능력(목재부후 구획화, compartmentalizaton of decay in trees, CODIT)이 크며, 산불에도 견디는 능력이 있다.

국내에서 수명이 짧은 수종으로는 포플러, 버드나무, 오동나무, 벚나무 등이 있으며, 장수하는 수종은 정부에서 천연기념물 노거수와 보호수로 지정한 경우가 많은데 주목, 향나무, 은행나무, 소나무, 곰솔, 백송, 느티나무,

회화나무, 팽나무, 왕버들, 굴참나무, 이팝나무, 매실나무 등이 있다. 장수하는 수종은 목재 부패에 대한 저항성이 있으며, 부러진 가지와 수간의 상처를 치유하여 잘 마무리하는 특징이 있다.

인용 및 참고 문헌

강영희 등. 2009.『식물생리학』. 지구문화사. p. 528.

고민규, 이경준. 1988.「인공산성우가 모래밭버섯과 비단그물버섯 균근균으로 접종한 리기테다소나무 묘목의 생장에 미치는 영향」.『한국임학회지』77: 453-459.

곽병화, 윤경은. 2017.『식물생리학』. 향문사. p. 370.

권영명 외 14명. 2003.『최신식물생리학』. 아카데미서적. p. 479.

김삼순, 김양섭, 성재모, 신관철, 박완희, 민경희, 이경준. 1990.『한국산 버섯도감』. 유풍출판사. p. 391.

김준호, 안정선, 송승달. 1994.「한국산 보리수나무속 식물의 질소고정능에 관한 기초연구」. 과학기술부 기초연구과제 보고서. p. 227.

김현석. 2019.「미세먼지와 산림」.『수목보호』24: 11-23.

변종영, 윤성중, 이인중, 김도순. 2017.『작물생리학』. 향문사. p. 470.

산지보전협회. 2006.『나무건강』. 나무교실자료 제3호 수목관리실무기술(편집: 이경준). p. 196.

우수영. 2021.『수목환경생리학』. 월드사이언스. p. 502.

윤국병. 1977.『조경배식학』. 일조각. p. 319.

이경준. 2015.『수목의학』. 서울대학교출판문화원. p. 446.

이경준, 구창덕, 김판기, 임종환, 한심희. 2020.『기초수목생리학』. 산림청, 임업진흥원. p. 259.

이경준, 이승제. 2022.『전면개정판 조경수식재관리기술』. 서울대학교출판문화원. p. 446.

이경준, 이재순, 이정주, 이석구. 1984.「화분비산량과 구과 생존률 조사 및 구과분석을 통한 채종원의 종자생산 효율의 분석」.『임목육종연구보고』20: 116-125.

이진범, 고석찬, 문병용, 박인호, 박휜범, 전현석. 2016.『식물생리학』제2판. 라이프사이언스. p. 349.

이필우. 1994.『한국산 목재의 구조: 현미경적 해부』. 정민사. p. 321.

임열재(저자 대표). 2015.『과수학총론』. 향문사. p. 381.

Association of Official Seed Analysts. 1970. *Tetrazolium Testing Handbook for Agricultural Seeds*. (*Assoc. Off. Seed Anal.*)

Babikova, Z., L. Gilbert, T. J. A. Bruce, M. Birkett, J. C. Caufield, C. Woodcock, J. A. Pickett, and D. Johnson. 2013. "Underground signals carried through common mycelial networks warn neighbouring plants of aphid attack." *Ecology Letters* 16: 835-843.

Barker, A. V. and D. J. Pilbeam. 2010. *Handbook of Plant Nutrition*. CRC Press.

Berg, B. and C. McClaugherty. 2020. *Plant Litter: Decomposition, Humus Formation, Carbon Sequestration*. 4th ed. Springer.

Bernards, M. A. 2002. "Demystifying suberin." *Can. J. Bot.* 80: 227-240.

Bhatla, S. C. and M. A. Lal. 2018. *Plant Physiology, Development and Metabolism*. Springer. p. 1237.

Binkley, D. and R. F. Fisher. 2018. *Ecology and Management of Forest Soils*. 5th ed. John Wiley and Sons. p. 456.

Boyer, J. S. 1995. *Measuring the Water Status of Plants and Soils*. Academic Press.

Brix, H. 1972. "Nitrogen fertilization and water effects on photosynthesis and early-wood-latewood production in Douglas-fir." *Can. J. For. Res.* 2: 467-478.

Buchanan, B. B., W. Gruissem, and R. L. Jones. 2002. *Biochemistry and Molecular Biology of Plants*. American Society of Plant Physiologists.

Bugbee, B. and F. B. Salisbury. 1988. "Exploring the limits of crop productivity: Photosynthetic efficiency of wheat in high irradiance environments." *Plant Physiol.* 88: 869-878.

Burns, G. P. 1923. "Measurement of solar radiant energy in plant habitats." *Ecol.* 4: 189-195.

Caldwell, M. M. 1987. "Competition between root systems in natural communities." pp. 167-185. in *Root Development and Function-Effects of the Physical Environment*. P. J. Gregory, J. V. Lake, and K. A. Rose (eds.). Cambridge University Press.

Ching, T. M. 1966. "Compositional changes of Douglas-fir seeds during germination." *Plant Physiol.* 41: 1313-1319.

Chung, H. H. and R. L. Barnes. 1977. "Photosynthate allocation in *Pinus taeda*. I. Substrate requirements for synthesis of shoot biomass." *Can. J. For. Res.* 7: 106-111.

Chung, H. H. and R. L. Barnes. 1980. "Photosynthate allocation in *Pinus taeda*. III. photosynthate economy: Its production, consumption, and balance in shoots during the growing season." *Can. J. For. Res.* 10: 348-356.

Clark, F. B. and F. G. Liming. 1953. "Sprouting of blackjack oak in the Missouri Ozarks." *U. S. For. Serv. Cent. St. For. Exp. Stn. Tech. Pap.* 137.

Crang, R., S. Lyons-Sobaski, and R. Wise (eds.). 2018. *Plant Anatomy: A Concept-Based Approach to the Structure of Seed Plants*. Springer.

Cresti, M., P. Gori, and E. Pacini (eds.). 1988. "Sexual reproduction in higher plants." Proc. 10th Intern. Symp. Sexual Reproduction in Higher Plants. May 30-June 4, 1988. Univ. of Siena, Springer-Verlag. p. 502.

Davies, W. J., T. T. Kozlowski, and J. Pereira. 1974a. "Effects of wind on transpiration and stomatal aperture of woody plants." *Bull. Roy. Soc. N. Z.* 12: 433-438.

Davies, W. J., T. T. Kozlowski, and K. J. Lee. 1974b. "Stomatal characteristics of

Pinus resinosa and *Pinus strobus* in relation to transpiration and antitranspirant efficiency." *Can. J. For. Res.* 4: 571-574.

deKroon, H. and J. W. Visser (eds.). 2003. *Root Ecology*. Springer.

DeLucia, E. H. 1986. "Effect of low root temperature on net photosynthesis, stomatal conductance and carbohydrate concentration in Engelmann spruce (*Picea engelmannii* Parry ex Engelm.) seedlings." *Tree Physiol.* 2: 143-154.

Dickison, W. C. 2000. *Integrative Plant Anatomy*. Academic Press.

Dickmann, D. I. and T. T. Kozlowski. 1969. "Seasonal growth patterns of ovulate strobili of *Pinus resinosa* in central Wisconsin." *Can. J. Bot.* 47: 839-848.

Downs, R. J. 1962. "Photocontrol of growth and dormancy in woody plants." pp. 133-148. in *Tree Growth*. T. T. Kozlowski (ed.). Ronald Press.

Embleton, T. W., W. W. Jones, and R. G. Platt. 1975. "Plant nutrition and citrus fruit crop quality and yield." *Hort. Sci.* 10: 48-50.

Epron, D., M. Dannoura, and T. Holtta. 2019. "Introduction to the invited issue on phloem function and dyfunction." *Tree Physiol.* 39: 167-172.

Epstein, E. and A. J. Bloom. 2005. *Mineral Nutrition of Plants: Principles and Perspectives*. 2nd ed. Sinauer Associates, Inc.

Esau, K. 1965. *Plant Anatomy*. 2nd ed. John Wiley and Sons. p. 767.

Esau, K. 1977. *Anatomy of Seed Plants*. 2nd ed. John Wiley and Sons. p. 550.

Ewers, F. W. and R. Schmid. 1981. "Longevity of needle fascicles of *Pinus longaeva* (brisltecone pine) and other North American pines." *Oecologia* 51: 107-115.

Fritschen, L. J., L. Cox, and R. Kinerson. 1973. "A 28-meter Douglas-fir in a weighing lysimeter." *For. Sci.* 19: 256-261.

Fryer, J. H. and F. T. Ledig. 1972. "Microevolution of photosynthetic temperature optimum in relation to the elevational complex gradient." *Can. J. Bot.* 50: 1231-1235.

Glock, W. S., R. A. Studhalter, and S. R. Agerter. 1960. "Classification and multiplicity of growth layers in the branches of trees at the extreme lower forest border." *Smithson. Misc. Collect.*, 4421.

Greene, E. M. 1980. "Cytokinin production by microorganism." *The Bot. Rev.* 46: 25-74.

Grier, C. C. and R. S. Logan. 1977. "Old-growth *Pseudotsuga menziesii* communities of a western Oregon watershed: Biomass distribution and production budgets." *Ecol. Monograph.* 47: 373-400.

Haupt, A. W. 1953. *Plant Morphology*. McGraw-Hill.

Hedden, P. and S. G. Thomas (eds.). 2006. *Plant Hormone Signaling*. Blackwell Publisher.

Hellkvist, J., G. P. Richads, and P. G. Jarvis. 1974. "Vertical gradients of water potential and tissue water relations in Sitka spruce trees measured with the pressure chamber." *J. Appl. Ecol.* 11: 637-667.

Hiron, A. D. and P. A. Thomas. 2018. *Applied Tree Biology*. Wiley-Blackwell Ltd. p. 432.

Hodges, J. D. 1967. "Patterns of photosynthesis under natural enviromental conditions." *Ecology* 48: 234-242.

Holmes, J. W. and S. Y. Shim. 1968. "Diurnal changes in stem diameter of Canary Island pine trees (*Pinus canariensis* C. Smith) caused by soil water stress and microclimate." *J. Exp. Bot.* 19: 219-232.

Hom, J. L. and W. C. Oechel. 1983. "The photosynthetic capacity, nutrient content and nutrient use efficiency of different needle age classes of black spruce (*Picea mariana*) found in interior Alaska." *Can. J. For. Res.* 13: 834-839.

Hopkins, W. G. and N. P. A. Huner. 2009. *Introduction to Plant Physiology*. 4th ed. John Wiley and Sons. p. 503.

Hsiao, T. C., E. Acevedo, E. Ferreres, and D. W. Henderson. 1976. "Water stress, growth, and osmotic adjustment." *Philos. Trans. Roy. Soc. London Ser. B.* 273: 479-500.

Idzojtic, M. 2019. *Dendrology: Cones, Flowers, Fruits, and Seeds*. Academic Press. p. 767.

IPCC. 2018. "Special report on global warming of 1.5℃." Intergovernmental Panel on Climate Change (IPCC).

Johnson, P., S. Shifley, R. Rogers, D. C. Dey, and J. M. Kabrick. 2019. *The Ecology and Silviculture of Oaks*. 3rd ed. CABI Publishing. p. 640.

Kimmins, J. P. 1987. *Forest Ecology*. Macmillan.

Kimmins, J. P. 2004. *Forest Ecology*. 3rd ed. Prentice Hall, Upper Saddle River. p. 611.

Kinerson, R. S. 1975. "Relationships between plant surface area and respiration in loblolly pine." *J. Appl. Ecol.* 12: 965-971.

Kirschbaum, M. U. F. 2004. "Direct and indirect climate change effects on photosynthesis and transpiration." *Plant Biol.* 6: 242-253.

Kittredge, J. 1948. *Forest Influences: The Effects of Woody Vegetation on Climate, Water, and Soil*. McGraw-Hill. p. 394.

Koch, G. W., S. C. Sillett, G. M. Jennings, and S. D. Davis. 2004. "The limits to tree height." *Nature* 428: 851-854.

Kozlowski, T. T. 1943. "Transpiration rates of some forest tree species during the dormant season." *Plant Physiol.* 18: 252-260.

Kozlowski, T. T. 1971. *Growth and Development of Trees*. Vol. I & II. Academic Press.

Kozlowski, T. T. 1992. "Carbohydrate sources and sinks in woody plants." *Bot. Rev.* 58: 107-222.

Kozlowski, T. T. and C. H. Winget. 1963. "Patterns of water movement in forest trees." *Bot. Gaz. Chicago*. 124: 301-311.

Kozlowski, T. T. and S. G. Pallardy. 1997. *Growth Control in Woody Plants*. Academic Press. p. 641.

Kozlowski, T. T. and S. G. Pallardy. 2002. "Acclimation and adaptive responses of woody plants to environmental stresses." *Bot. Rev*. 68: 270-334.

Kozlowski, T. T., P. J. Kramer, and S. G. Pallardy. 1991. *The Physiological Ecology of Woody Plants*. Academic Press. p. 657.

Kramer, P. J. 1957. "Some effects of various combinations of day and night temperatures and photoperiod on the growth of loblolly pine seedlings." *For. Sci*. 3: 45-55.

Kramer, P. J. 1983. *Water Relations of Plants*. Academic Press.

Kramer, P. J. and T. T. Kozlowski. 1960. *Physiology of Trees*. McGraw-Hill.

Kramer, P. J. and T. T. Kozlowski. 1979. *Physiology of Woody Plants*. Academic Press. p. 811.

Krotkov, G. 1941. "The respiratory metabolism of McIntosh apples during ontogeny as determined at 22℃." *Plant Physiol*. 16: 799-812.

Krueger, K. W. 1967. "Nitrogen, phosphorus and carbohydrate in expanding and year-old Douglas-fir shoots." *For. Sci*. 13: 352-356.

Lambers, H. and R. S. Oliveira. 2019. *Plant Physiological Ecology*. Springer-Verlag.

Landsberg, J. J. and S. T. Gower. 1997. *Applications of Physiological Ecology to Forest Management*. Academic Press. p. 354.

Larcher, W. 1975. *Physiological Plant Ecology*. Springer-Verlag.

Larcher, W. 2003. *Physiological Plant Ecology*. 4th ed. Springer-Verlag.

Larson, P. R. 1969. "Wood formation and the concept of wood quality." *Yale Sch. For. Bull*. 74.

Lassoie, J. P. and T. H. Hinckley. 1991. *Techniques and Approaches in Forest Tree Ecophysiology*. CRC Press.

Lee, K. J. 1979. "Factors affecting cone initiation in pines: A review." *Res. Rep. Inst. For. Genet*. 15: 45-85. Suwon, Korea.

Leonardi, C. and F. Stagi. 2019. *The Architecture of Trees*. Princeton Architectural Press. p. 320.

Lewis, T. E. (ed.). 1995. *Tree Rings as Indicators of Ecosystem Health*. CRC Press.

Lichtenthaler, H. K., C. Buschmann, M. Doll, H.-J. Fietz, T. Bach, U. Kozel, D. Meier, and U. Rahmsdorf. 1981. "Photosynthetic activity, chloroplast ultrastructure, and leaf characteristics of high-light and low-light plants and of sun and shade leaves." *Photosynth. Res*. 2: 115-141.

Loach, K. 1967. "Shade tolerance in tree seedlings. I. Leaf photosynthesis and respiration in plants raised under artificial shade." *New Phytol*. 66: 607-621.

Lutz, H. H. and R. F. Chandler, Jr. 1946. *Forest Soils*. Wiley. p. 514.

Lyr, H. and G. Hoffmann. 1967. "Growth rates and growth periodicity of tree roots." *Int. Rev. For. Res.* 2: 181-206.

Marschner, P. (ed.). 2011. *Marschner's Mineral Nutrition of Higher Plants*. 3rd ed. Academic Press. p. 684.

Marschner, P. and Z. Rengel. 2007. *Nutrient Cycling in Terrestrial Ecosystems*. Springer. p. 397.

McCree, K. J. 1972. "The action spectrum, absorbance and quantum yield of photosynthesis in crop plants." *Agric. Meteorol.* 9: 191-216.

McGregor, W. H. D. and P. J. Kramer. 1963. "Seasonal trends in rates of photosynthesis and respiration of loblolly pine." *Am. J. Bot.* 50: 760-765.

Milburn, J. A. and P. E. R. O'Malley. 1984. "Freeze-induced sap absorption in *Acer pseudoplatanus*: A possible mechanism." *Can. J. Bot.* 62: 2101-2106.

Moller, C. M., D. Muller, and J. Nielson. 1954. "Graphic presentation of dry matter production of European beech." *Forst. Fors. Danm.* 21: 327-335.

Murneek, A. E. 1942. "Quantitative distribution of nitrogen and carbohydrates in apple trees." *Mo. Agric. Exp. Stn. Res. Bull.* p. 348.

Neale, D. and N. Wheeler (eds.). 2019. *The Conifers: Genomes, Variation and Evolution*. Springer-Verlag. p. 700.

Nelson, D. L. and M. M. Coxi. 2005. *Lehninger Principle of Biochemistry*. 4th ed. Freeman.

Nobel, P. S. 2005. *Physicochemical And Environmental Plant Physiology*. 3rd ed. Academic Press.

Odum, E. P. 1971. *Fundamentals of Ecology*. 3rd ed. W. B. Saunders Co. p. 574.

Oland, K. 1963. "Changes in the content of dry matter and major nutrient elements of apple foliage during senescence and abscission." *Physiol. Plant.* 16: 682-694.

Oosting, H. J. 1956. *The Study of Plant Communities: An Introduction to Plant Ecology*. 2nd ed. W. H. Freeman and Co. p. 440.

Owens, J. N. 1991. "Flowering and seed set." pp. 247-327. in *Physiology of Trees*. A. S. Rhagavendra (ed.). Wiley.

Pallardy, S. G. 2008. *Physiology of Woody Plants*. 3rd ed. Elsevier Inc. p. 454.

Pallardy, S. G. and T. T. Kozlowski. 1980. "Cuticle development in the stomatal region of *Populus* clones." *New Phytol.* 85: 363-368.

Parkinson, J. A. 1984. "Nitrogen and phosphorus retranslocation from needles of Douglas-fir growing on three site-types." *M. Sc. Thesis Univ. of B. C.* Vancouver. p. 116.

Pate, S. S. 1986. "Xylem-to-phloem transfer: Vital component of the nitrogen-partitioning system of a nodulated legume." pp. 445-462. in *Phloem Transport*. J.

Cronshaw, W. J. Lucas, and R. T. Giaquinta (eds.). Alan R. Liss.

Paul, L. R., B. K. Chapman, and C. P. Chanway. 2007. "Nitrogen fixation associated with *Suillus tomentosus* tuberculate ectomycorrhizae on *Pinus contorta* var. *latifolia*." *Annals of Botany* 99: 1101-1109.

Pauley, S. S. 1958. "Phototropism in relation to tree improvement." pp. 557-571. in *The Physiology of Forest Trees*. K. V. Thimann (ed.). Ronald.

Pisek, A., W. Larcher, W. Moser, and I. Pack. 1969. "Cardinal temperature of photosynthesis and optimal temperature of seed sources from different elevation." *Flora* (Abt. B) 158: 608-630.

Poland, J. 2018. *The Field Key to Winter Twigs*. Botanical Society of Britain and Ireland. p. 262.

Prinz, B. 1987. "Major hypotheses, factors, and causes of forest damage in Europe." *Environment* 29: 11-37.

Ralston, C. W. and A. B. Prince. 1965. "Accumulation of dry matter and nutrients by pine and hardwood forests in the lower Piedmont of North Carolina." pp. 77-94. in *Forest-Soil Relationships in North America*. C. T. Youngberg (ed.). Oregon State University Press.

Rogers, B. L., L. P. Batjer, and A. H. Thompson. 1953. "Seasonal trend of several nutrient elements in Delicious apple leaves expressed on a percent and unit area basis." *Proc. Am. Soc. Hort. Sci.* 61: 1-5.

Rogers, K. and T. Kirkham. 2019. *Trees Owner's Workshop Manual: Broadleaf and Conifer Models*. Haynes Publishing Group. p. 192.

Rogers, W. S. and G. C. Head. 1969. "Factors affecting the distribution of roots in perennial woody plants." pp. 280-295. in *Root Growth*. W. J. Whittington (ed.). Butterworths.

Ross, H. H., C. A. Ross, and J. R. P. Ross. 1982. *A Textbook of Entomology*. 4th ed. John Wiley & Sons. p. 666.

Rout, G. R. and A. B. Das (eds.). 2013. *Molecular Stress Physiology of Plants*. Springer.

Rudolph, T. D. 1964. "Lammas growth and prolepsis in jack pine in the Lake States." *For. Sci. Monogr.* No. 6.

Russell, T., C. Cutler, and M. Walters. 2020. *The World Encyclopedia of Trees*. Anness Publishing. p. 512.

Rutter, A. J. 1968. "Water consumption by forests." pp. 23-84. in *Water Deficits and Plant Growth*. Vol. II. T. T. Kozlowski (ed.). Academic Press.

Ryan, D. F. and F. H. Bormann. 1982. "Nutrient resorption in a northern hardwood forest." *BioScience* 32: 29-32.

Sakai, A. and C. J. Weiser. 1973. "Freezing resistance of trees in North America with reference to tree regions." *Ecology* 54: 118-126.

Sakai, A. and W. Larcher. 1987. *Frost Survival of Plants*. Springer-Verlag.

Salisbury, F. B. and C. W. Ross. 1992. *Plant Physiology*. 4th ed. Wadsworth Publ. Co. p. 682.

Satoo, T. 1956. "Drought resistance of some conifers at the first summer after their emergence." *Bull. Tokyo Univ. For.* 51: 1-108.

Scholander, P. E., H. T. Hammel, E. D. Bradstreet, and E. A. Hemmingsen. 1965. "Sap pressure in vascular plants." *Science* 148: 339-346.

Schomaker, C. E. and V. J. Rudolph. 1964. "Nutritional relationships affecting height growth of planted yellow-poplar in southwestern Michigan." *Forest Sci.* 10: 66-76.

Schopmeyer, C. S. 1974. *Seeds of Woody Plants in the United States*. USDA Agric. Handb. No. 450. Forest Service, USDA. p. 883.

Schubert, A. 1939. "Untersuchungen über den Transpirationstrom der Nadelhölzer und den Wasserbedarf von Fichte und Lärche." *Tharandter Frostl. Jahrb.* 90: 821-883.

Schweingruber, F. H. 1990. *Microscopic Wood Anatomy*. Verlag Kessel. p. 226.

Schweingruber, F. H., P. Steiger, and A. Boerner. 2019. *Bark Anatomy of Trees and Shrubs in the Temperate Northern Hemisphere*. Springer-Verlag. p. 394.

Scott, P. 2008. *Photosynthesis: The Ultimate in Autotrophy in Physiology and Behaviour of Plants*. Wiley and Sons.

Shants, H. L. 1927. "Drought resistance and soil moisture." *Ecology*. 8: 145-157.

Shaw, M. 1954. "Chloroplasts in the stomata of *Allium cepa* L." *New Phytol.* 53: 344-347.

Siminovitch, D., C. M. Wilson, and D. R. Briggs. 1953. "Studies on the chemistry of the living bark of black locust tree in relation to frost hardiness. V. Seasonal transformations and variations in the carbohydrates: Starch-sucrose interconversions." *Plant Physiol.* 28: 383-400.

Sinha, S. K. 2014. *A Textbook of Plant Physiology*. Centrum Press.

Sionit, N., B. R. Strain, H. Hellmers, G. H. Riechers, and C. H. Jaeger. 1985. "Long-term atmospheric CO_2 enrichment affects the growth and development of *Liquidamber styraciflua* and *Pinus taeda* L. seedlings." *Can. J. For. Res.* 15: 468-471.

Slabaugh, P. E. 1957. "Effects of live crown removal on the growth of red pine." *J. For.* 55: 904-906.

Smith, S. E. and D. J. Read. 1997. *Mycorrhizal Symbiosis*. Academic Press.

Smith, W. H. 1990. *Air Pollution and Forests: Interaction between Air Contaminants and Forest Ecosystems*. 2nd ed. Springer-Verlag. p. 618.

Smith, W. K. and T. M. Hinckley (eds.). 1995. *Ecophysiology of Coniferous Forests*. Academic Press. p. 338.

Smith, W. K. and T. M. Hinckley (eds.). 1995. *Resource Physiology of Conifers: Acquisition, Allocation, and Utilization*. Academic Press. p. 396.

Stanley, R. G. and H. F. Linskens. 1974. *Pollen Biology, Biochemistry, and Management.* Springer-Verlag. p. 307.

Switzer, G. L., L. E. Nelson, and W. H. Smith. 1968. "The mineral cycle in forest stands." pp. 1-9. in *Forest Fertilization: Theory and Practice.* Tenn. Valley Auth., Muscle Shoals.

Taiz, L. and E. Zeiger. 2010. *Plant Physiology.* 5th ed. Sinauer Associates. Inc.

Taiz, L., E. Zeiger, I. M. Moller, and A. Murphy. 2015. *Plant Physiology and Development.* 6th ed. Sinauer Associates. p. 761.

Tappeiner, J. C. 1969. "Effect of cone production on branch, needle, and xylem ring growth of Sierra Nevada Douglas-fir." *Forest Sci.* 15: 171-194.

Toole, V. K., E. H. Toole, S. B. Hendricks, H. S. Borthwick, and A. G. Snow. Jr. 1961. "Responses of seeds of *Pinus virginiana* to light." *Plant Physiol.* 36: 285-290.

Tranquillini, W. 1969. "Photosynthese und Transpiration einiger Holzarten bei verschieden starkem Wind." *Centralbl. Cesamte Fortstwes.* 86: 35-48.

Truog, E. 1947. "Soil reaction influence on availability of plant nutrients." *Soil Sci. Soc. Amer. Proc.* 11: 305-308.

Villiers, T. A. 1975. *Dormancy and the Survival of Plants.* Arnold.

Waring, R. H. and W. H. Schlesinger. 1985. *Forest Ecosystems: Concepts and Management.* Academic Press. p. 340.

Watson, G. W. 1986. "Cultural practices can influence root development or better transplanting success." *J. Environ. Hortic.* 4: 32-34.

Weiser, C. J. 1970. "Cold resistance and injury in woody plants." *Science* 169: 1269-1278.

Wells, C. G., J. R. Jorgensen, and C. E. Burnette. 1975. "Biomass and mineral elements in a thinned loblolly pine plantation at age 16." *U. S. For. Serv. Res. Pap. SE.* 126.

Westwood, M. N. 1978. *Temperate-Zone Pomology.* Freeman.

Williamson, M. J. 1966. "Premature abscissions and white oak acorn crops." *For. Sci.* 12: 19-21.

Wojtkowski, P. A. 2019. *Undoing the Damage: Silviculture for Ecologists and Environmental Scientists.* CRC Press. p. 320.

Woodman, J. N. 1971. "Variation of net photosynthesis within the crown of a large forest-grown conifer." *Photosynthetica* 5: 50-54.

Ying, C. C. and W. T. Bagley. 1976. "Genetic variation of eastern cottonwood in an eastern Nebraska provenance study." *Silvae Genet.* 25: 67-73.

Young, J. A., and C. G. Young. 1992. *Seeds of Woody Plants in North America.* Revised and Enlarged Edition. Dioscorides Press. p. 407.

Young, R. A. 1982. *Introduction to Forest Science.* John and Wiley and Sons. p. 554.

Zahner, R. 1968. "Water deficits and growth of trees." pp. 191-254. in *Water and Plant Growth*. T. T. Kozlowski (ed.). Vol. 2. Academic Press.

Zahner, R. and F. W. Whitmore. 1960. "Early growth of radically thinned loblolly pine." *J. For*. 58: 628-634.

Zimmermann, M. H. and H. Zieger. 1975. "Appendix III: List of sugars and sugar alcohols in sieve-tube exudates." pp. 408-504. in *Transports in Plants: I. Phloem transport*. M. H. Zimmermann and J. A. Milburn (eds.). in *Encyclopedia of Plant Physiology*. New Series. A. Piron and M. H. Zimmermannn (eds.). Springer-Verlag.

Zisa, R. P., H. G. Halverson, and B. J. Stout. 1980. "Establishment and early growth of conifers on compost soil in urban areas." *USDA For. Serv. Res. Pap. NE*. 451.

찾아보기

국문

ㄷ

ㄹ

ㅁ

ㅂ

ㅇ

ㅈ

ㅊ

ㅎ

영문

A

B

C

M

N

O

P

T

U

V

W

X

Z

이경준(李景俊)

서울대학교 농과대학 임학과 학사
미국 위스콘신대학교 임학과 석사(수목생리학)
미국 플로리다대학교 임학과 박사 및 박사 후 과정(수목생리학)
산림청 임목육종연구소 전문직연구원
서울대학교 농업생명과학대학 산림과학부 조교수, 부교수, 교수
미국 워싱턴대학교 국비파견 연구교수
서울대학교 식물병원 설립, 초대원장 및 외래임상의
사단법인 한국산림과학회 회장
사단법인 한국산림유전생리학회 초대회장
사단법인 한국나무병원협회 초대회장
한국임업단체총연합회 부회장
문화재청 문화재전문위원 및 문화재위원회 위원
서울특별시 건설기술심의회 위원(조경분야)
국제과학재단(IFS) 학술위원
사단법인 한국산림정책연구회 회장
(유)도성개발 브레인트리생명공학연구소 소장
(현)서울대학교 산림과학부 명예교수
(현)산림녹화UNESCO기록유산등재추진위원회 위원장
(현)사단법인 한국밀원수조림육성협회 초대회장

주요 저서

『조경수 식재관리기술』(서울대학교출판문화원), 『수목의학』(서울대학교출판문화원, 대한민국학술원 우수도서), 『조경수 병해충 도감』(공저, 서울대학교출판문화원, 대한민국학술원 우수도서), 『문답으로 배우는 조경수 관리지식』(향문사), 『산림과학개론』(대표저자, 향문사), 『한국의 천연기념물-노거수편』(아카데미서적), 『산에 미래를 심다』(서울대학교출판문화원), 『한국의 산림녹화, 어떻게 성공했나?』(기파랑), 『한국의 산림녹화 70년』(대표저자, 한국학중앙연구원), 『이야기가 있는 나무백과』(공편, 서울대학교출판문화원, 세종도서 교양부문), *Successful Reforestation in South Korea*(CreateSpace, Amazon Publ.), *Seventy Years of Reforestation in the Republic of Korea*(대표저자, SNU Press)